数据结构与算法详解

陈　锐　张志锋　马军霞 等编著

人民邮电出版社

北　京

图书在版编目（CIP）数据

数据结构与算法详解 / 陈锐等编著. -- 北京 : 人民邮电出版社, 2021.2
ISBN 978-7-115-54666-1

Ⅰ. ①数… Ⅱ. ①陈… Ⅲ. ①算法分析－高等学校－教材②数据结构－高等学校－教材 Ⅳ. ①TP311.12

中国版本图书馆CIP数据核字(2020)第153027号

内 容 提 要

本书旨在讲解数据结构和算法的核心知识。本书主要内容包括线性表、栈、队列、串、数组、广义表、树、图、查找算法、排序算法、递推算法、递归算法、枚举算法、贪心算法、回溯算法、数值算法和实用算法等。本书适合计算机专业的学生、软件开发专业人员等阅读。

◆ 编　　著　陈　锐　张志锋　马军霞　等
　责任编辑　谢晓芳
　责任印制　王　郁　焦志炜
◆ 人民邮电出版社出版发行　　北京市丰台区成寿寺路 11 号
　邮编　100164　　电子邮件　315@ptpress.com.cn
　网址　https://www.ptpress.com.cn
　三河市君旺印务有限公司印刷
◆ 开本：787×1092　1/16
　印张：29.75
　字数：802 千字　　　　2021 年 2 月第 1 版
　印数：1 – 2 000 册　　　2021 年 2 月河北第 1 次印刷

定价：119.00 元

读者服务热线：(010)81055410　印装质量热线：(010)81055316
反盗版热线：(010)81055315
广告经营许可证：京东市监广登字 20170147 号

前　言

写作本书的目的是对数据结构与算法知识做一个梳理，并对数据结构和算法方面的各种实例进行归类，同时提供相应实例的代码，为越来越多需要学习这方面知识的读者提供帮助。面对与日俱增的数据，运行效率成为制约软件系统的关键因素之一，数据结构和算法显得尤为重要。因此，具备扎实的数据结构与算法基础是计算机相关从业人员的必备技能。

编写本书的过程也是作者重新学习的过程，作者在调试程序上花费了不少时间，但是每一次都有很大收获。因为在调试程序的过程中总会遇到一些新的问题，在解决这些问题时，作者对算法有了更深入的理解，同时提高了程序调试水平。

在数据结构和算法中，栈的初始化部分为什么要用二级指针，其他函数却用一级指针呢？虽然很多读者已经了解了一级指针和二级指针，但是并没有深入理解它们之间的区别，没有考虑过在什么地方应该使用一级指针，什么地方应该使用二级指针，以及为什么要将指针作为函数参数进行传递。要搞懂这些问题，需要认真思考，因为要返回一个地址，所以就用了二级指针。

本书不仅讲解了数据结构和算法的基础知识，还融合了数据结构和算法方面的大量实例，这些实例都经过精心调试，能够保证算法的正确性。调试程序是一件花费时间的事情，但是只有亲自动手调试，才能深刻理解算法思想，发现错误和不足。在调试程序的过程中，自身水平会得到提高。因此，建议读者多动手，上机调试程序，即使把程序“敲”一遍，也会比不动手效果好。

本书的许多实例选自部分高校的考研题目。这些考研题目非常具有代表性，它们涵盖了数据结构的各个方面，同时考查了数据结构的基础知识和算法设计思想。

参与编写本书的有郑州轻工业大学的陈锐、张志锋、马军霞、崔建涛、李璞、王博、赵晓君。其中，陈锐编写了第1～4章，张志锋编写了第9～11章，马军霞编写了第12～15章，崔建涛编写了第6～7章，李璞编写了第5章，王博编写了第8章，赵晓君编写了第16～18章。

由于水平有限，书中难免存在一些不足之处，希望读者通过邮箱235668080@qq.com与作者联系。

本书内容

本书涵盖数据结构和算法等内容，可作为计算机专业人士的工具书，适合C/C++程序员阅读，也可作为数据结构和算法初学者的参考用书。

本书分为两部分。第一部分涵盖线性表、栈、队列、串、数组、广义表、树、图等内容，第二部分涵盖查找算法、排序算法、递推算法、递归算法、枚举算法、贪心算法、回溯算法等内容。

本书选取的实例具有代表性、趣味性和实用性。第一部分不仅注重基础知识的讲解，还给出了基本运算的实现，其中大部分的实例来自高校的考研题目，注重理论与实践相结合。第二部分的不少实例极具趣味性，例如，“求 n 个数中的最大者”“和式分解”“大牛生小牛问题”巧妙地利用递归算法来实现。在算法实例的选取上，本书还注重实用性，尽量将实例与实际工作、生活相结合，例如，加油点问题、找零钱问题、阿拉伯数字与中文大写金额的转换等。

此外，为了帮助读者熟悉 C 语言的调试技术，本书最后通过具体的实例讲解如何用 Visual C++ 6.0 调试程序。

本书特点

本书具有以下特点。

- 结构合理。内容和实例先易后难，循序渐进。
- 涵盖学习经验总结。在讲解知识点、分析实例及调试程序时，加入了作者在学习过程中的经验总结，指出了初学者常犯的错误，让读者少走弯路。
- 代码均通过调试。所有代码在 Visual C++ 6.0 中调试过。代码也可以在 Visual Studio 2003 以上版本中直接运行，在代码最后加上 system("pause")使程序暂停，以便查看运行结果。

如何使用本书

本书涵盖大量数据结构和算法的实现代码，读者在使用本书的过程中，若需要用到对应功能，可以直接调用，不需要重新编写代码。这些已经实现的算法的代码可帮助读者理解相关知识点。要想真正学好数据结构与算法，还需要多编写代码，或者至少要理解每段代码的功能。

可以将本书作为一本教材从头到尾阅读，也可以将本书作为一本工具书，需要时查阅。

本书的算法都是使用 C/C++实现的，但是并不涉及面向对象的知识，仅仅考虑到输入和输出的方便。有的代码中用 cin 代替了 scanf 函数，用 cout 代替了 printf 函数。

如何学好数据结构与算法

在学习数据结构和算法之前，需要读者熟练掌握 C/C++，包括基本语法、指针、函数及结构体。在学习数据结构和算法的过程中，读者也可以提高使用 C/C++的水平。

在阅读本书的过程中，既需要理解算法思想，又需要上机实践，在计算机上验证算法思想和编写的程序是否正确。对于难以理解的算法，特别是递归、树和图的算法，可以根据程序在纸上画一遍流程图，不要怕麻烦，这不是浪费时间。在学习数据结构与算法的过程中，一定不能偷懒，不能只动脑不动手。除了理解算法思想外，还要实现每个算法。只有实现算法，才能真正解决日常生活中的实际问题，将所学知识应用于实际生活中。我们学数据结构与算法的目的有两个。一是在理论层次上学会算法设计，二是要用 C/C++/Java/Python 等语言实现算法，正确运行程序。设计的算法正确不正确不是想象出来的，而是通过编译器检验出来的。即使一个人设计算法的能力很强，也不能保证他写出的程序不需要修改就可以直接在计算机上成功运行。因此，设计算法然后在计算机上运行是非常重要的，只有这样才能真正学好数据结构和算法。

关于开发

在写作本书和之前学习数据结构与算法的过程中，与读者一样，作者也经常遇到这样或那样的问题，但是现在越来越少了。因为接触多了，每遇到一个问题，就想办法去解决它。其实，C 语言、数据结构和算法并没有那么复杂。记得在写本书第 4 章时，需要通过键盘输入两个字符串，但是直接使用 C 语言提供的 gets 函数或 C++的 cin 输入流，会遇到莫名其妙的问题：当输入一个字符串完毕后按 Enter 键，就会出现跳过第二个输入提示的问题。有时因为第一个字符串中包含了空格，有时因为连续用了几个 gets 函数。既然直接使用 gets 函数或 cin 输入流都不好，那么我们可以尝试使用最原始的 getchar 函数，把它与 while 语句结合起来使用，以输入一个字符串，这个字符串可以包含空格。假设我们以回车符作为结束标志，代码如下。

```
while((ch=getchar())!='\n')
{
     str[i++]=ch;
}
```

这样就巧妙地解决了上面的问题。

本书中，特别是在第一部分，我们把基本运算单独放在一个.h 文件中，以便对代码进行重用。每章的算法调用基本比较模式化，经常会使用一些输入或输出的功能，因此我们就可以把这些比较常用的功能写成一个函数，避免重复编码，这就是软件工程的思想，今后大家编写程序时也要养成这个习惯。

程序调试

如何快速找出程序中出错的位置和原因，以便程序正确运行？针对程序调试问题，应该首先选择一个比较适合自己的开发工具，比如 Visual C++就是一个很成熟的开发工具。对于语法错误，编译器会直接定位错误行，并给出相应的错误提示；对于逻辑错误和运行时错误，对可能出现问题的代码段设置断点，跟踪、查看变量在程序运行过程中的变化情况，针对输入的数据进行分析，就能很快找出问题。

虽然本书展示了所有实例的完整代码，但是建议读者在计算机上“敲”代码，在“敲”代码的过程中去体会算法设计思想。你也许会输入错误，也许会为一个小错误苦恼半天，但经过多次检查和调试，终将找到错误的原因并且解决问题，直到程序正常运行。只有经历了痛苦、挣扎、喜悦的反复过程，你才可能成为一名经验丰富的 C/C++程序员。计算机是一门科学，也是一门技术，算法思想虽然很重要，但再优秀的算法也需要验证，只有验证了，才知道它是否可行，在验证的过程中才能发现问题。

致谢

在本书的编写过程中，作者得到了很多老师的大力支持与帮助，在此表示感谢。感谢人民邮电出版社的各位编辑，在他们的努力下本书才得以顺利出版。

在本书的编写过程中，许多热心的朋友提出了有用的反馈意见。感谢网友 puppypyb。感谢中国科学院大学的胡英鹏，中国科学技术大学的王启，华中科技大学的杨梨花，西安电子科技大学的杜坚，西安交通大学的郝昊天，华东师范大学的牛颖楠，南京航空航天大学的韩琦文，南京理工大学的邓裕彬，北京工业大学的潘姝妤，电子科技大学的丁亮、吕鑫垚，上海海事大学的左伟康，福州大学的李川，湘潭大学的王乾，天津职业技术师范大学的董春妹，桂林电子科技大学的曹礼，郑州大学的张杨、张冬冬，成都理工大学的张良，西华师范大学的刘富腾，衡水学院的杨帅，重庆电子工程职业学院的冯博，湖南女子学院的李奇，湖北汽车工业学院的李兴海，黄淮学院的于景波，九江学院的樊美林，信阳师范学院的周亚林，云南大学的袁宏磊，广东技术师范大学的欧阳镇，江苏省扬州中学的张佑杰，浙江工业大学的陈文邦，北京邮电大学世纪学院的昂超，兴义民族师范学院的鲜一峰，赶集网的康钦谋，山东趣维网络科技有限公司的刘晓倩，中国航空计算技术研究所的王泉，中兴通讯股份有限公司的杨柯，华为技术有限公司的卢春俊，云南昆船设计研究院的夏翔，大唐电信科技股份有限公司的张天广，腾讯科技有限公司的杨凡，浪潮集团的郭鹏，三星集团的欧晓哲。很多网友也提出了宝贵建议，这里不再一一列举，祝他们学业有成，事业进步。

作 者

服务与支持

本书由异步社区出品，社区（https://www.epubit.com/）为你提供相关资源和后续服务。

提交勘误

作者和编辑尽最大努力来确保书中内容的准确性，但难免会存在疏漏。欢迎你将发现的问题反馈给我们，帮助我们提升图书的质量。

当你发现错误时，请登录异步社区，按书名搜索，进入本书页面，单击“提交勘误”，输入勘误信息，单击“提交”按钮即可（见下图）。本书的作者和编辑会对你提交的勘误进行审核，确认并接受后，你将获赠异步社区的 100 积分。积分可用于在异步社区兑换优惠券、样书或奖品。

详细信息　写书评　提交勘误

页码：　页内位置（行数）：　勘误印次：

字数统计

提交

扫码关注本书

扫描下方二维码，你将会在异步社区微信服务号中看到本书信息及相关的服务提示。

与我们联系

我们的联系邮箱是 contact@epubit.com.cn。

如果你对本书有任何疑问或建议，请你发邮件给我们，并请在邮件标题中注明本书书名，以便我们更高效地做出反馈。

如果你有兴趣出版图书、录制教学视频，或者参与图书翻译、技术审校等工作，可以发邮件给我们；有意出版图书的作者也可以到异步社区在线投稿（直接访问 www.epubit.com/contribute 即可）。

如果你所在学校、培训机构或企业想批量购买本书或异步社区出版的其他图书，也可以发邮件给我们。

如果你在网上发现有针对异步社区出品图书的各种形式的盗版行为，包括对图书全部或部分内容的非授权传播，请你将怀疑有侵权行为的链接发邮件给我们。你的这一举动是对作者权益的保护，也是我们持续为你提供有价值的内容的动力之源。

关于异步社区和异步图书

“异步社区”是人民邮电出版社旗下 IT 专业图书社区，致力于出版精品 IT 图书和相关学习产品，为作译者提供优质出版服务。异步社区创办于 2015 年 8 月，提供大量精品 IT 图书和电子书，以及高品质技术文章和视频课程。更多详情请访问异步社区官网 https://www.epubit.com。

“异步图书”是由异步社区编辑团队策划出版的精品 IT 专业图书的品牌，依托于人民邮电出版社近几十年的计算机图书出版积累和专业编辑团队，相关图书在封面上印有异步图书的 LOGO。异步图书的出版领域包括软件开发、大数据、人工智能、测试、前端、网络技术等。

异步社区

微信服务号

目　录

第一部分　数据结构

第二部分 算 法

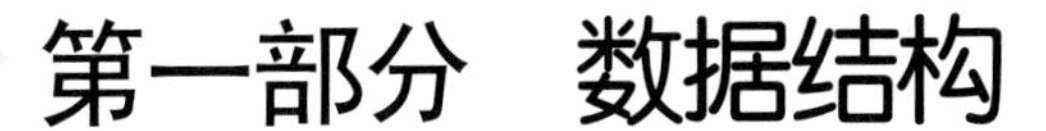

第一部分　数据结构

数据结构主要研究数据的逻辑结构和存储结构，以及对数据的各种操作，是深入学习算法设计与分析、操作系统、编译原理、软件工程等的重要基础。随着计算机应用领域的不断扩展，非数值计算问题已成为计算机应用领域处理的主要问题之一，简单的数据结构已经不能满足需要，无论是系统软件设计还是应用软件设计，均涉及复杂的数据结构处理。好的算法是建立在解决实际问题过程中对数据结构的描述上的。因此，掌握扎实的数据结构的基本知识和技能对于今后的专业学习和软件开发是十分必要的。该部分主要介绍线性表、栈、队列、串、数组、广义表、树和图等方面的知识和应用。

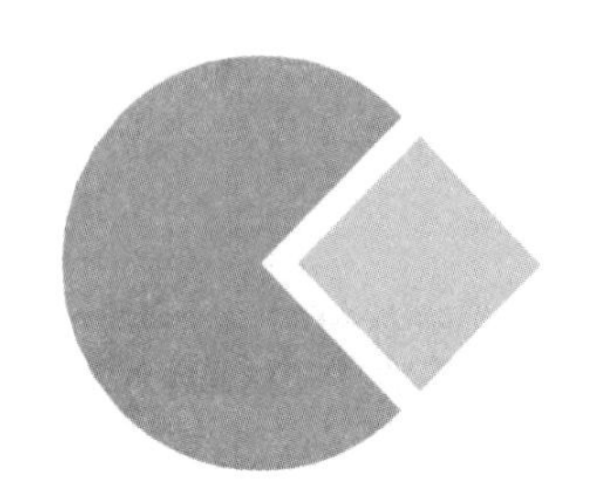

第0章　基础知识

在学习数据结构和算法方面的内容之前，本章先介绍有关数据结构的基本概念，帮助读者为今后的学习扫清障碍。

0.1 基本概念和术语

本节主要介绍有关数据结构的一些基本概念和术语，以便读者对数据结构有一个初步的认识。

1. 数据

数据（data）是能被计算机识别并能被输入计算机中进行处理的符号的集合。换言之，数据就是计算机化的信息。早期的计算机主要应用于数值计算，数据量小且结构简单，数据只包括整型、实型和布尔型，仅能用于算术运算与逻辑运算。那时的程序设计人员把主要精力放在程序设计的技巧上，并不重视计算机中数据的组织。

随着计算机软件、硬件的发展与应用领域的不断扩大，计算机应用领域也发生了战略性转移，非数值运算处理所占的比例越来越大，现在几乎达到 90%以上，数据的概念被大大扩展了。数据不仅包括整型、实型等数值类型，还包括字符、声音、图像、视频等非数值类型。多种信息通过编码被归到数据的范畴，大量复杂的非数值数据需要处理，数据的组织显得越来越重要。例如，王鹏的身高是 172cm，王鹏是关于一个人姓名的描述数据，172cm 是关于身高的描述数据。一张照片是图像数据，一部电影是视频数据。

2. 数据元素

数据元素（data element）是数据的基本单位，在计算机程序中通常被作为一个整体考虑和处理。一个数据元素可由若干个**数据项**（data item）组成，数据项是数据不可分割的最小单位。例如，一个学校的教职工基本情况表包括工号、姓名、性别、籍贯、所在院系、出生年月及职称等数据项。教职工基本情况如表 0.1 所示。表中的一行就是一个数据元素，也称为一条记录。

表 0.1　　教职工基本情况

工号	姓名	性别	籍贯	所在院系	职称
2006002	李四	男	河南	计算机学院	教授
2013026	赵六	女	北京	软件学院	副教授
2015028	张三	男	陕西	软件学院	副教授
2019016	王五	男	山东	软件学院	讲师

3. 数据对象

数据对象（data object）是性质相同的数据元素的集合，是数据的一个子集。例如，对于正整数来说，数据对象是集合 N={1, 2, 3,…}；对于字母字符数据来说，数据对象是集合 C={‘A’,‘B’,‘C’, …, ‘a’, ‘b’, ‘c’,…}。

4. 数据结构

数据结构（data structure）即数据的组织形式，它是相互之间存在一种或多种特定关系的数据元素的集合。在现实世界中，任何事物都是有内在联系的，而不是孤立存在的。同样，在计算机中，数据元素不是孤立的、杂乱无序的，而是具有内在联系的。例如，表 0.1 所示的教职工基本情况是一种表结构，图 0.1 所示的学校的组织机构是一种层次结构，图 0.2 所示的城市之间的交通路线是一种图结构。

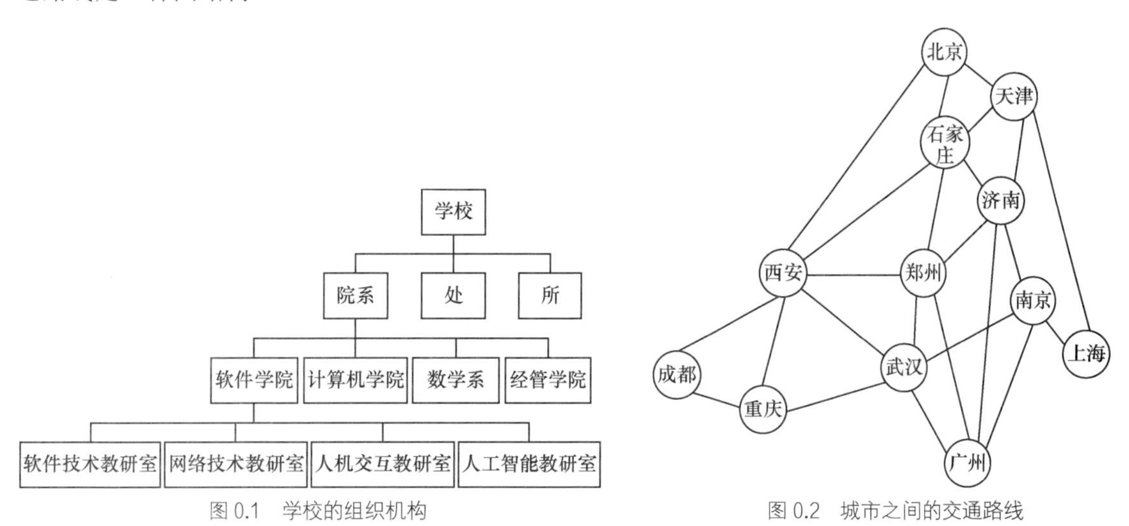

图 0.1　学校的组织机构

图 0.2　城市之间的交通路线

5. 数据类型

数据类型（data type）用来刻画一组性质相同的数据及对其所能进行的操作。数据类型是按照数据取值范围的不同进行划分的。在高级语言中，每个变量、常量和表达式都有各自的取值范围，数据类型就说明了变量、常量和表达式的取值范围和所能进行的操作。例如，C 语言中规定了字符类型所占空间是 8 位，这样就确定了它的取值范围，同时也定义了在其范围内可以进行赋值运算、比较运算等操作。

在 C 语言中，按照取值范围的不同，数据类型还可以分为原子类型和结构类型两类。原子类型是不可以再分解的基本类型，包括整型、实型、字符型等；结构类型是由若干个类型组合而成的，是可以再分解的。例如，整型数组是由若干整型数据组成的，它们的类型都是相同的。

0.2 数据的逻辑结构与存储结构

数据结构的主要任务就是通过分析数据对象的结构特征，包括逻辑结构及数据对象之间的关系，将逻辑结构表示成计算机可实现的存储结构，从而便于计算机处理。

0.2.1　逻辑结构

数据的**逻辑结构**（logical structure）是指数据对象中数据元素之间的逻辑关系。数据元素之间存在不同的逻辑关系，主要分为以下 4 种结构类型。

集合结构。结构中的数据元素除了同属于一个集合外，数据元素之间没有其他关系。这就像数学中的自然数集合，集合中的所有元素都属于该集合，除此之外，没有其他特性。例如，数学中的正整数集合{1,2,3,5,6,9}，集合中的元素除了均属于正整数外，元素之间没有其他关系。数据结构中的集合类似于数学中的集合。集合结构如图 0.3 所示。

线性结构。结构中的数据元素之间是一对一的关系。线性结构如图 0.4 所示。数据元素之间有一种先后的次序关系，*a*、*b*、*c* 是一个线性表，其中，*a* 是 *b* 的“前驱”，*b* 是 *a* 的“后继”。

树形结构。结构中的数据元素之间存在一种一对多的层次关系，树形结构如图 0.5 所示。这就像大学的组织结构图，大学下面是教学的院系、处、所及一些教研室。

图结构。结构中的数据元素是多对多的关系，图 0.6 所示为一个图结构。城市之间的交通路线图就是多对多的关系，假设 *a*、*b*、*c*、*d*、*e*、*f*、*g* 是 7 个城市，城市 *a* 和城市 *b*、*e*、*f* 之间都存在一条直达路线，城市 *b* 和 *a*、*c*、*f* 之间也存在一条直达路线。

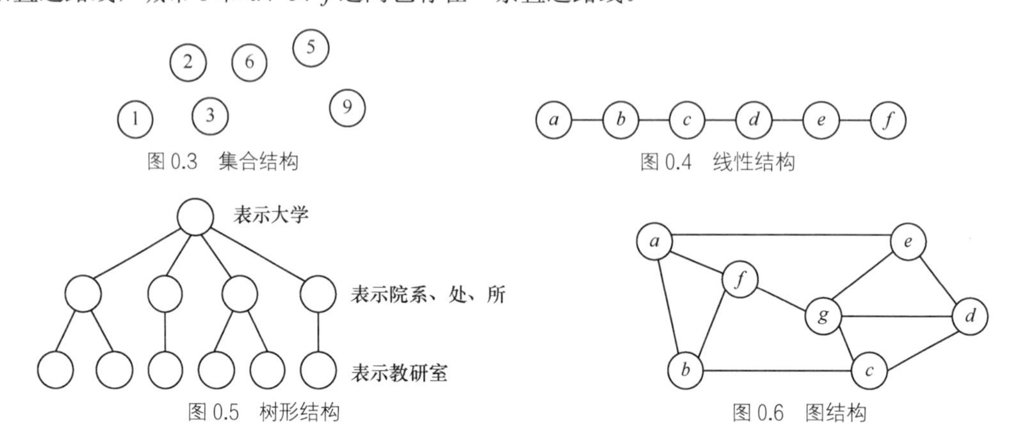

图 0.3　集合结构　　图 0.4　线性结构

图 0.5　树形结构　　图 0.6　图结构

0.2.2　存储结构

存储结构（storage structure）也称为**物理结构**（physical structure），指的是数据的逻辑结构在计算机中的存储形式。数据的存储结构应能正确反映数据元素之间的逻辑关系。

数据元素的存储结构形式通常有两种——顺序存储结构和链式存储结构。顺序存储结构是把数据元素存放在一组地址连续的存储单元里，其数据元素间的逻辑关系和物理关系是一致的。顺序存储结构如图 0.7 所示。链式存储结构是把数据元素存放在任意的存储单元里，这些存储单元可以是连续的，也可以是不连续的，数据元素的物理关系并不能反映其逻辑关系，因此需要借助指针来表示数据元素之间的逻辑关系。链式存储结构如图 0.8 所示。

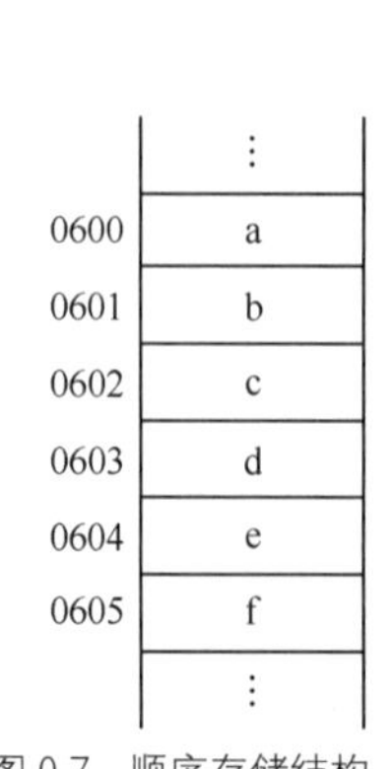

图 0.7　顺序存储结构

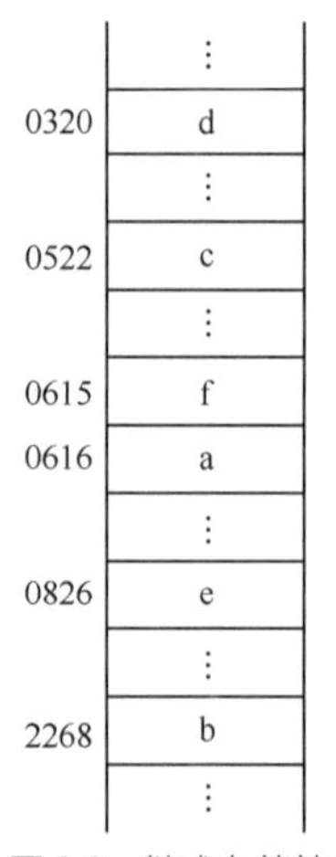

图 0.8　链式存储结构

数据的逻辑结构和存储结构是密切相关的，一个算法的设计取决于选定的数据逻辑结构，而算法的实现依赖于所采用的存储结构。对于顺序存储结构，可用 C 语言中的一维数组类型来描述；对于链式存储结构，可用 C 语言中的自引用类型即结构体来描述。

0.3 抽象数据类型及其描述

为了在计算机上实现某种操作，需要把处理的对象描述成计算机能识别的形式，即一定形式的数据类型，并定义其上的一组操作。

0.3.1 什么是抽象数据类型

抽象数据类型（Abstract Data Type，ADT）是描述具有某种逻辑关系的数学模型，并定义在该数学模型上进行的一组操作。抽象数据类型描述的是一组逻辑上的特性，与数据在计算机内部的表示无关。

0.3.2 抽象数据类型的描述

抽象数据类型其实是根据数据结构的研究对象进行定义的，包含了数据对象、数据对象间的关系及其基本运算。本书把抽象数据类型分为两个部分来描述，即数据对象集合和基本操作集合。其中，数据对象集合部分描述了数据对象的定义及数据对象中元素之间的关系，基本操作集合部分描述了数据对象的运算。数据对象和数据关系的定义可采用数学符号和自然语言描述，基本操作的定义格式如下。

> 基本操作名（参数表）：初始条件和操作结果描述。

例如，队列的抽象数据类型描述如下。

1. 数据对象集合

队列的数据对象集合为$\{a_1, a_2,\cdots, a_n\}$，每个数据元素都具有相同的数据类型。

队列中的数据元素之间是一对一的关系。除第一个元素 a_1 外，每一个元素有且只有一个直接前驱元素；除最后一个元素 a_n 外，每一个元素有且只有一个直接后继元素。

2. 基本操作集合

（1）InitQueue(&Q)：初始化操作，建立一个空队列 Q。这就像日常生活中医院新增一个挂号窗口，前来看病的人就可以排队在这里挂号。

（2）QueueEmpty(Q)：若 Q 为空队列，返回 1；否则，返回 0。这就像判断挂号窗口前是否还有人在排队挂号。

（3）EnQueue(&Q,e)：把元素 e 插入队列 Q 的队尾。这就像新来挂号的人都要到队列的最后排队挂号。

（4）DeQueue(&Q,&e)：删除 Q 的队首元素，并用 e 返回其值。这就像排在最前面的人挂完号离开队列。

（5）Gethead(Q,&e)：用 e 返回 Q 的队首元素。这就像询问当前排队挂号的人是谁一样。

（6）ClearQueue(&Q)：将队列 Q 清空。这就像所有排队的人都挂完号离开队列。

0.4 算法

在数据类型建立起来之后，就要对这些数据类型进行操作，建立起运算的集合即程序。运算策略的好坏直接决定着计算机程序运行效率的高低。

0.4.1　数据结构与算法的关系

数据结构与算法关系密切，两者既有联系又有区别。数据结构与算法的关系可用一个公式描述，即程序=算法+数据结构。数据结构是算法实现的基础，算法要依赖于某种数据结构来实现。设计算法的实质就是对实际问题中需要处理的数据选择一种恰当的存储结构，并在选定的存储结构上描述解决问题的步骤。

数据结构与算法的区别在于数据结构关注的是数据的逻辑结构、存储结构以及基本操作，而算法更多的是关注如何在数据结构的基础上解决实际问题。算法是一种编程思想，数据结构则是这种思想的基础。

0.4.2　什么是算法

算法（algorithm）是特定问题的求解步骤的描述，在计算机中表现为有限的操作序列。操作序列包括了一组操作，其中的每一个操作都完成特定的功能。例如，求 *n* 个数中最大数的问题，其算法描述如下。

（1）定义一个变量 max 和一个数组 *a*，分别用来存放最大数和 *n* 个数，并假定数组中第一个数最大，把第一个数赋给 max。

```
max=a[0];
```

（2）依次把数组 *a* 中其余的 $n-1$ 个数与 max 进行比较，遇到较大的数时，将其赋给 max。

```
for(i=1;i<n;i++)
   {if(max<a[i])
   max=a[i];}
```

最后，max 就是 *n* 个数中的最大数。

0.4.3　算法的五大特性

算法具有以下五大特性。

（1）**有穷性**。有穷性指的是算法在执行有限的步骤之后，会自动结束而不会出现无限循环，并且每一个步骤都在可接受的时间内完成。

（2）**确定性**。算法的每一个步骤都具有确定的含义，不会出现二义性。算法在一定条件下只有一条执行路径，也就是相同的输入只能有唯一的输出。

（3）**可行性**。算法的每一步都必须是可行的，也就是说，每一步都能够通过执行有限次数完成。

（4）**输入**。算法具有零个或多个输入。

（5）**输出**。算法至少有一个或多个输出。可以直接输出，也可以返回一个或多个值。

0.4.4　算法的描述

算法的描述方式有多种，如使用自然语言、伪代码（或称为类语言）、程序流程图及程序设计语言（如 C 语言）等。其中，自然语言描述中可以用汉字或英文等文字描述；伪代码类似于程序，但是不能直接运行；程序流程图的优点是直观，但是不易被直接转化为可运行的程序；采用 C、C++、Java 等程序设计语言描述算法，很容易把算法转换为可运行的程序。

为了方便读者学习和上机操作，本书所有算法均采用 C 语言描述，所有程序均可直接在计算机上运行。

0.5 算法分析

一个好的算法往往可以使程序尽可能快地运行，往往以算法效率和存储空间作为衡量算法性能的重要依据。

0.5.1 算法设计的 4 个目标

一个好的算法应该实现以下 4 个目标。

1. 算法的正确性

算法的**正确性**是指算法至少应该包括对于输入、输出和处理的无歧义性描述，能正确反映需求，且能够得到问题的正确答案。

通常算法的正确性应包括以下 4 个层次。

（1）算法对应的程序没有语法错误。

（2）对于几组输入数据均能得到满足规格要求的输出。

（3）对于精心选择的、典型的、苛刻的几组输入数据均能得到满足规格要求的输出。

（4）对于一切合法的输入都能得到满足规格要求的输出。

对于这 4 层算法正确性的含义，达到第 4 层的正确性是极困难的，所有不同输入数据的数量大得惊人，逐一验证的方法是不现实的。一般情况下，我们把前 3 个层次作为衡量一个算法是否正确的标准。

2. 可读性

可读性好有助于人们对算法的理解，晦涩难懂的程序往往隐含不易被发现的错误，难以调试和修改。

3. 鲁棒性

鲁棒性是指当输入数据不合法时，算法也应该能做出反应或进行处理，而不会产生异常或莫名其妙的输出结果。例如，求一元二次方程 $ax^2+bx+c=0(a\neq0)$的根的算法，需要考虑多种情况，先判断 b^2-4ac 的值的正负，如果其值为正数，则该方程有两个不同的实根；如果其值为负数，则表明该方程无实根；如果其值为 0，则表明该方程只有一个实根。如果 a=0，则该方程又变成了一元一次方程。此时，若 b=0，还要处理除数为 0 的情况。如果输入的 a、b、c 不是数值型，还要提示用户输入错误。

4. 高效率和低存储量

效率指的是算法的执行时间。对于同一个问题，如果有多个算法能够解决，执行时间越短的算法效率越高，执行时间越长的算法效率越低。存储量指算法在执行过程中需要的最大存储空间。效率和存储量都与问题的规模有关，如求 100 个人的平均分与求 1000 个人的平均分所花的执行时间和存储空间显然有一定的差别。设计算法时应尽量选择高效率和低存储量的算法。

0.5.2 算法的时间复杂度

算法执行时间需通过依据该算法编制的程序在计算机上运行时所耗费的时间来度量，而一个算法在计算机上的执行时间通常用时间复杂度进行度量。

在进行算法分析时，语句总的执行次数 $T(n)$是关于问题规模 n 的函数，通过分析 $T(n)$随 n 的变化情况来确定 $T(n)$的数量级。算法的时间复杂度也就是算法的时间量度，记作 $T(n)=O(f(n))$。

$O(f(n))$表示随问题规模 n 的增大，算法的执行时间的增长率和 $f(n)$的增长率相同，称作算法的**渐近时间复杂度**（asymptotic time complexity），简称时间复杂度。其中，$f(n)$是问题规模 n 的某个函数。

一般情况下，随着 n 的增大，$T(n)$的增长率较低的算法为最优的算法。例如，请分别对以下 3 个程序段中的基本操作 $k=k+1$ 的时间复杂度进行分析。

```
k=k+1;
for(i=1;i<=n;i++)
   k=k+1;
for(i=1;i<=n;i++)
for(j=1;j<=n;j++)
   k=k+1;
```

程序段 1 的时间复杂度为 $O(1)$，称为常量阶；程序段 2 的时间复杂度为 $O(n)$，称为线性阶；程序段 3 的时间复杂度为 $O(n^2)$，称为平方阶。

一些常见的时间复杂度量级从小到大依次是 $O(1)<O(\log_2 n)<O(n)<O(n^2)<O(n^3)<O(2^n)<O(n!)$。

时间复杂度是衡量算法性能的重要指标之一。一般情况下，具有指数级的时间复杂度的算法是当 n 足够小时才使用的算法。具有常量阶、线性阶、对数阶、平方阶和立方阶的时间复杂度的算法是常用的算法。一些常见函数的增长率如图 0.9 所示。

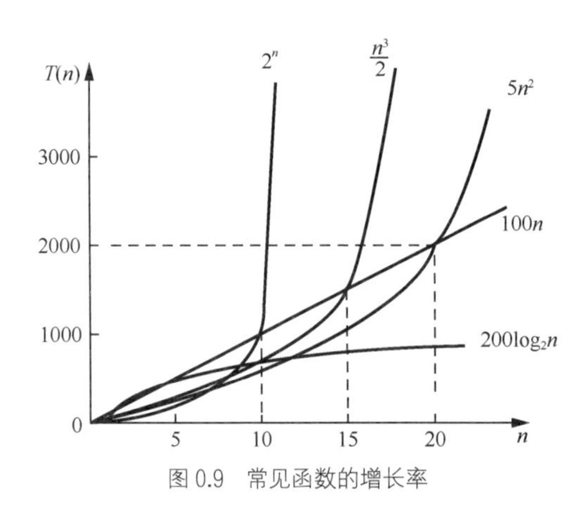

图 0.9　常见函数的增长率

一般情况下，算法的时间复杂度只需要考虑问题规模 n 的增长率或阶数。例如以下程序段。

```
for(i=2;i<=n;i++)
   for(j=2;j<=i-1;j++)
   {
      k++;
      a[i][j]=x;
   }
```

一条语句的执行时间等于该条语句的重复执行次数和执行该语句一次所需时间的乘积，其中该语句的重复执行次数称为**语句频度**（frequency count）。

语句 k++的执行次数关于 n 的增长率为 n^2，它是语句频度$(n-1)(n-2)/2$ 中增长最快的项。

在某些情况下，算法中基本操作的重复执行次数除了依赖数据集大小，还依赖数据集初始值状态。例如，以下的冒泡排序算法中基本操作的重复执行次数就依赖初始数据的排列状态。

```
void BubbleSort(int a[],int n)
{
   int i,j,t;
   change=TRUE;
   for(i=1;i<=n-1&&change;i++)
   {
      change=FALSE;
          for(j=1;j<=n-i;j++)
             if(a[j]>a[j+1])
             {
                   t=a[j];
                   a[j]=a[j+1];
                   a[j+1]=t;
                   change=TRUE;
             }
      }
}
```

交换相邻两个整数为该算法中的基本操作。当数组 a 中的初始序列从小到大有序排列时，基本操作的执行次数为 0；当数组中初始序列从大到小排列时，基本操作的执行次数为 $n(n-1)/2$。对这类算法的分析有两种方法：一种方法是计算所有情况的平均值，这种方法计算出的时间复杂度称为平均时间复杂度；另一种方法是计算最坏情况下的时间复杂度，这种方法计算出的时间复杂度称为最坏时间复杂度。若数组 a 中初始输入数据出现 $n!$ 种排列情况的概率相等，则冒泡排序的平均时间复杂度为 $T(n)=O(n^2)$。

然而，在很多情况下，若各种输入数据出现的概率难以确定，算法的平均复杂度也就难以确定。因此，更常用的办法是讨论算法在最坏情况下的时间复杂度，即分析最坏情况以估算算法执行时间的上界。例如，对于上面的冒泡排序，当数组 a 中初始序列从大到小有序排列时，则冒泡排序算法在最坏情况下的时间复杂度为 $T(n)=O(n^2)$。讨论时间复杂度时，若没有特殊说明，一般都指的是最坏情况下的时间复杂度。

0.5.3 算法的空间复杂度

空间复杂度（space complexity）是算法所需存储空间的量度，记作 $S(n)=O(f(n))$。其中，n 为问题的规模，$f(n)$为算法所占存储空间。一般情况下，一个程序在计算机上执行时，除了需要存储程序本身的指令、常数、变量和输入数据外，还需要存储对数据进行操作的存储单元。若输入数据所占存储空间只取决于问题本身，和算法无关，那么只需要分析该算法在实现时所需的辅助存储空间元即可。若算法执行时所需的辅助存储空间相对输入数据量而言是个常数，则称此算法在原地工作，空间复杂度为 $O(1)$。

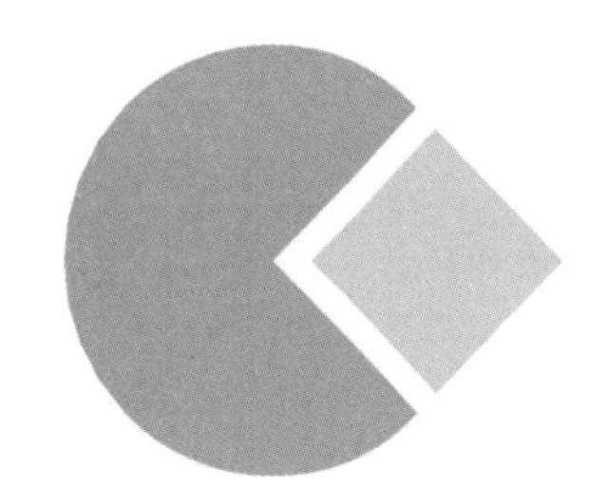

第1章　线性表

线性表是一种最基本、最常用的数据结构，表中的元素呈线性关系。线性表、栈、队列和串都属于线性结构，线性结构的特点是：除了第一个元素没有直接前驱元素，最后一个元素没有直接后继元素外，其他元素有唯一的前驱元素和唯一的后继元素。

1.1 顺序表及其应用

【定义】

线性表是由 n 个类型相同的数据元素组成的有限序列，记为 $(a_1, a_2,\cdots, a_{i-1}, a_i, a_{i+1},\cdots, a_n)$。线性表的数据元素之间存在着序偶关系，即数据元素之间具有一定的次序。在线性表中，数据元素 a_{i-1} 位于 a_i 的前面，a_i 又在 a_{i+1} 的前面，我们把 a_{i-1} 称为 a_i 的直接前驱元素，a_i 称为 a_{i+1} 的直接前驱元素。a_i 称为 a_{i-1} 的直接后继元素，a_{i+1} 称为 a_i 的直接后继元素。

线性表 $(a_1, a_2,a_3, a_4, a_5, a_6)$的逻辑结构如图 1.1 所示。

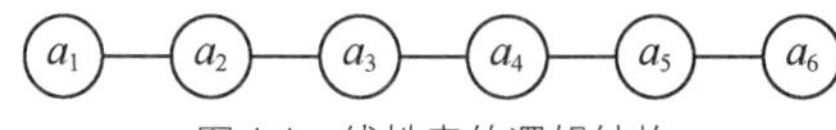

图 1.1　线性表的逻辑结构

线性表按照存储方式可以分为顺序存储和链式存储。线性表的顺序存储指的是将线性表中的各个元素依次存放在一组地址连续的存储单元中。

线性表中第 i 个元素的存储位置与第一个元素 a_1 的存储位置满足以下关系。

$$\mathrm{LOC}(a_i)=\mathrm{LOC}(a_1)+(i-1)m$$

其中，m 表示一个元素占用的存储单元数量，第一个元素的位置 $\mathrm{LOC}(a_1)$称为起始地址或基地址。

线性表的这种表示称为线性表的顺序存储结构或顺序映像。通常，将以这种方式存储的线性表称为顺序表。

【特点】

顺序表具有以下特征：逻辑上相邻的元素，在物理上也是相邻的。只要确定了第一个元素的起始位置，线性表中的任意元素都可以随机存取。因此，线性表的顺序存储结构是一种随机存取的存储结构。

【存储结构】

```
#define ListSize 100
typedef struct
{
    DataType list[ListSize];
    int length;
}SeqList;
```

其中，DataType 表示数据元素类型，list 用于存储线性表中的数据元素，length 表示线性表中数据元素的个数，SeqList 是结构类型名。

如果要定义一个顺序表，代码如下。

```
SeqList L;
```

如果要定义一个指向顺序表的指针，代码如下。

```
SeqList *L;
```

【基本运算】

（1）初始化线性表。

```
void InitList(SeqList *L)
/*初始化线性表*/
{
    L->length=0;     /*把线性表的长度设置为 0*/
}
```

（2）判断线性表是否为空。

```
int ListEmpty(SeqList L)
/*判断线性表是否为空*/
{
    if(L.length==0)
        return 1;
    else
        return 0;
}
```

（3）按序号查找。

```
int GetElem(SeqList L,int i,DataType *e)
/*查找线性表中第 i 个元素*/
{
    if(i<1||i>L.length)/*在查找第 i 个元素之前，判断该序号是否合法*/
    return -1;
    *e=L.list[i-1];     /*将第 i 个元素的值赋值给 e*/
    return 1;
}
```

（4）按内容查找。

```
int LocateElem(SeqList L,DataType e)
/*查找线性表中元素值为 e 的元素*/
{
    int i;
    for(i=0;i<L.length;i++)
        if(L.list[i]==e)
            return i+1;
    return 0;
}
```

（5）插入操作。要在顺序表中的第 i 个位置插入元素 e，首先将第 i 个位置以后的元素依次向后移动 1 个位置，然后把元素 e 插入第 i 个位置。

例如，要在顺序表(3,15,49,20,23,44,18,36)的第 5 个元素之前插入一个元素 22，需要先将序号为 8、7、6、5 的元素依次向后移动一个位置，然后在第 5 个位置插入元素 22，顺序表就变成了(3,15,49,20,22,23,44,18,36)，如图 1.2 所示。

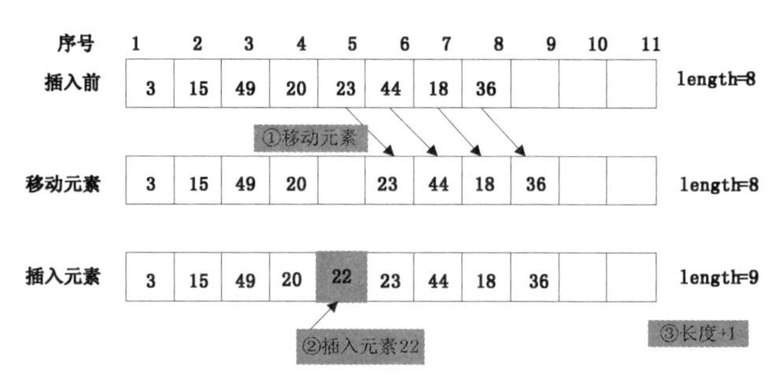

图 1.2　在顺序表中插入元素 22 的过程

```
int InsertList(SeqList *L,int i,DataType e)
/*在顺序表的第 i 个位置插入元素 e*/
{
    int j;
    if(i<1||i>L->length+1)/*在插入元素前，判断插入位置是否合法*/
    {
        printf("插入位置 i 不合法! \n");
        return -1;
    }
    else if(L->length>=ListSize)     /*在插入元素前，判断顺序表是否已满*/
    {
        printf("顺序表已满，不能插入元素。\n");
        return 0;
    }
    else
    {
        for(j=L->length;j>=i;j--)     /*将第 i 个位置以后的元素依次后移*/
            L->list[j]=L->list[j-1];
        L->list[i-1]=e;              /*把元素插入第 i 个位置*/
        L->length=L->length+1;     /*将顺序表的表长增 1*/
        return 1;
     }
}
```

插入元素的位置 i 的合法范围应该是 $1 \leqslant i \leqslant$ L->length+1。当 $i=1$ 时，插入位置在第一个元素之前；当 i=L->length+1 时，插入位置在最后一个元素之后。当插入位置是 i=L->length+1 时，不需要移动元素；当插入位置是 $i=0$ 时，则需移动所有元素。

（6）删除第 i 个元素。在进行删除操作时，先判断顺序表是否为空。若非空，接着判断序号是否合法。若非空且合法，则将要删除的元素赋给 e，并把该元素删除，将表长减 1。

例如，要删除顺序表(3,15,49,20,22,23,44,18,36)的第 4 个元素，则需要将序号为 5、6、7、8、9 的元素依次向前移动一个位置，这样就删除了第 4 个元素，最后将表长减 1，如图 1.3 所示。

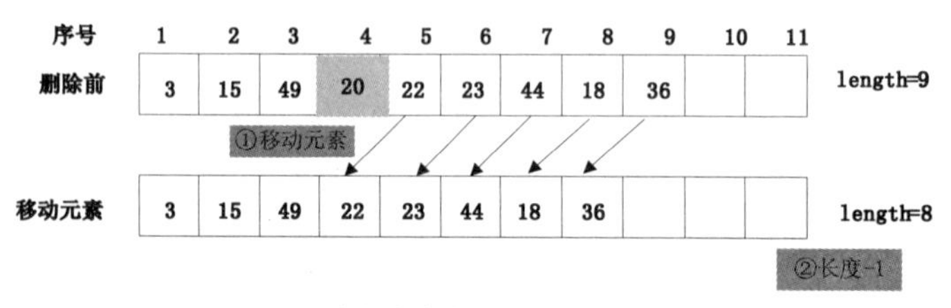

图 1.3　在顺序表中删除元素 20 的过程

```
int DeleteList(SeqList *L,int i,DataType *e)
{
    int j;
    if(L->length<=0)
    {
        printf("顺序表已空，不能进行删除!\n");
        return 0;
    }
    else if(i<1||i>L->length)
    {
        printf("删除位置不合适!\n");
        return -1;
    }
    else
    {
        *e=L->list[i-1];
        for(j=i;j<=L->length-1;j++)
           L->list[j-1]=L->list[j];
        L->length=L->length-1;
        return 1;
    }
}
```

被删除元素的位置 i 的合法范围应该是 $1 \leqslant i \leqslant$ L->length。当 i=1 时，表示要删除第一个元素，对应 C 语言数组中的第 0 个元素；当 i=L->length 时，要删除的是最后一个元素。

（7）求线性表的长度。

```
int ListLength(SeqList L)
{
    return L.length;
}
```

（8）清空顺序表。

```
void ClearList(SeqList *L)
{
    L->length=0;
}
```

如何使用顺序表的基本运算？

将以上顺序表存储结构的定义及基本运算保存在 SeqList.h 文件中，在使用时可通过 #include"SeqList.h"使用这些基本运算。

1.1.1 将两个有序的线性表合并为一个有序的线性表

问题描述

顺序表 A 和顺序表 B 的元素都是非递减排列的，利用顺序表的基本运算，将它们合并成一个顺序表 C，要求 C 也是非递减排列的。例如，若 A=(8,17,17,25,29)，B=(3,9,21,21,26,57)，则 C=(3,8,9,17,17,21,21,25,26,29,57)。

【分析】

顺序表 C 是一个空表，首先取出顺序表 A 和 B 中的元素，并将这两个顺序表中的元素进行比较。如果 A 中的元素 m_1 大于 B 中的元素 n_1，则将 B 中的元素 n_1 插入 C 中，继续取出 B 中下一个元素 n_2 并与 A 中元素 m_1 比较；如果 A 中的元素 m_1 小于或等于 B 中的元素 n_1，则将 A 中的元素

m_1插入 C 中，继续取出 A 中的下一个元素 m_2 与 B 中的元素 n_1 比较。依次比较，直到一个表中元素比较完毕，将另一个表中的剩余元素插入 C 中。

☞第 1 章\实例 1-01.c

```
/*********************************************
*实例说明：合并两个有序的线性表为一个有序的线性表
*********************************************/
#include<stdio.h>                    /*包含输入/输出头文件*/
#define ListSize 200
typedef int DataType;                /*元素类型定义为整型*/
#include"SeqList.h"                  /*包含顺序表的基本运算*/
void MergeList(SeqList A,SeqList B,SeqList *C);
/*合并顺序表 A 和 B 中元素的函数声明*/
void main()
{
    int i,flag;
    DataType a[]={8,17,17,25,29};
    DataType b[]={3,9,21,21,26,57};
    DataType e;
    SeqList A,B,C;
    InitList(&A);
    InitList(&B);
    InitList(&C);
    for(i=1;i<=sizeof(a)/sizeof(a[0]);i++)/*将数组 a 中的元素插入顺序表 A 中*/
    {
        if(InsertList(&A,i,a[i-1])==0)
        {
            printf("位置不合法");
            return;
        }
    }
    for(i=1;i<=sizeof(b)/sizeof(b[0]);i++)/*将数组 b 中的元素插入顺序表 B 中*/
    {
        if(InsertList(&B,i,b[i-1])==0)
        {
            printf("位置不合法");
            return;
        }
    }
    printf("顺序表 A 中的元素：\n");  /*输出顺序表 A 中的每个元素*/
    for(i=1;i<=A.length;i++)
    {
        flag=GetElem(A,i,&e);        /*返回顺序表 A 中的每个元素到 e 中*/
        if(flag==1)
            printf("%4d",e);
    }
    printf("\n");
    printf("顺序表 B 中的元素：\n");  /*输出顺序表 B 中的每个元素*/
    for(i=1;i<=B.length;i++)
    {
        flag=GetElem(B,i,&e);
        if(flag==1)
            printf("%4d",e);
    }
    printf("\n");
    printf("将顺序表 A 和 B 中的元素合并得到 C：\n");
    MergeList(A,B,&C);               /*将顺序表 A 和 B 中的元素合并*/
```

```
    for(i=1;i<=C.length;i++)        /*显示合并后顺序表 C 中的所有元素*/
    {
        flag=GetElem(C,i,&e);
        if(flag==1)
            printf("%4d",e);
    }
    printf("\n");
}
void MergeList(SeqList A,SeqList B,SeqList *C)
/*合并顺序表 A 和 B 的元素到顺序表 C 中，并保持元素非递减排序*/
{
    int i,j,k;
    DataType e1,e2;
    i=1;j=1;k=1;
    while(i<=A.length&&j<=B.length)
    {
        GetElem(A,i,&e1);
        GetElem(B,j,&e2);
        if(e1<=e2)
        {
            InsertList(C,k,e1);            /*将较小的一个元素插入顺序表 C 中*/
            i++;                           /*往后移动一个位置，准备比较下一个元素*/
            k++;
        }
        else
        {
            InsertList(C,k,e2);
            j++;
            k++;
        }
    }
    while(i<=A.length)                     /*如果顺序表 A 中元素还有剩余，顺序表 B 中已经没有元素*/
    {
        GetElem(A,i,&e1);
        InsertList(C,k,e1);
        i++;
        k++;
    }
    while(j<=B.length)                     /*如果顺序表 B 中元素还有剩余，顺序表 A 中已经没有元素*/
    {
        GetElem(B,j,&e2);
        InsertList(C,k,e2);
        j++;
        k++;
    }
    C->length=A.length+B.length;           /* 顺序表 C 的长度等于顺序表 A 和顺序表 B 的长度的和*/
}
```

运行结果如图 1.4 所示。

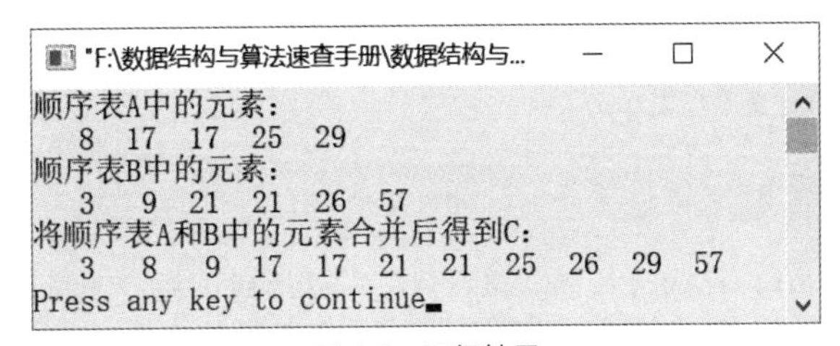

图 1.4　运行结果

如何调用顺序表的头文件？

在程序中，需要调用头文件 SeqList.h 时，因为其中包含数据类型 DataType 和表示顺序表长度的宏名 ListSize，所以在包含命令#include"SeqList.h"前首先需要给宏名赋值，并进行类型定义，其语句次序如下。

```
#define ListSize 200
typedef int DataType;
#include"SeqList.h"
```

1.1.2　将两个无序的线性表合并为一个线性表

问题描述

假设线性表 LA 和 LB 分别表示两个集合 *A* 和 *B*，利用线性表的基本运算，实现新的集合 LA = LA∪LB，即扩大线性表 LA，将存在于线性表 LB 中且不存在于 LA 中的元素插入 LA 中。

【分析】

为了依次从线性表 LB 中取出每个元素，并将该元素依次与线性表 LA 中的元素进行比较，可调用 LocateElem(SeqList L,DataType e)。若 LA 中不存在该元素，则将该元素插入 LA 中。

☞第 1 章\实例 1-02.c

```
/*********************************************
*实例说明：将两个无序的线性表元素合并（相同元素只保留一个）
*********************************************/
#include<stdio.h>
#define ListSize 200
typedef int DataType;
#include"SeqList.h"
void UnionAB(SeqList *A,SeqList B);
void main()
{
    int i,flag;
    DataType e;
    DataType a[]={81,32,61,12,39,25};
    DataType b[]={12,44,39,16,28,6,61,76};
    SeqList LA,LB;
    InitList(&LA);
    InitList(&LB);
    for(i=0;i<sizeof(a)/sizeof(a[0]);i++)        /*将数组 a 中的元素插入 LA 中*/
    {
        if(InsertList(&LA,i+1,a[i])==0)
        {
            printf("位置不合法");
            return;
        }
    }
    for(i=0;i<sizeof(b)/sizeof(b[0]);i++)        /*将数组 a 中的元素插入表 LB 中*/
    {
        if(InsertList(&LB,i+1,b[i])==0)
```

```
        {
            printf("位置不合法");
            return;
        }
    }
    printf("顺序表LA中的元素：\n");
    for(i=1;i<=LA.length;i++)          /*输出顺序表LA中的每个元素*/
    {
        flag=GetElem(LA,i,&e);         /*返回顺序表LA中的每个元素并放入e中*/
        if(flag==1)
            printf("%4d",e);
    }
    printf("\n");
    printf("顺序表LB中的元素：\n");
    for(i=1;i<=LB.length;i++)          /*输出顺序表LB中的每个元素*/
    {
        flag=GetElem(LB,i,&e);         /*返回顺序表LB中的每个元素并放入e中*/
        if(flag==1)
            printf("%4d",e);
    }
    printf("\n");
    printf("将在顺序表LB中但不在顺序表LA中的元素插入LA中：\n");
    UnionAB(&LA,LB);                   /*将在顺序表LB中但不在顺序表LA中的元素插入顺序表LA中*/
    for(i=1;i<=LA.length;i++)          /*输出顺序表LA中的所有元素*/
    {
        flag=GetElem(LA,i,&e);
        if(flag==1)
            printf("%4d",e);
    }
    printf("\n");
}
void UnionAB(SeqList *LA,SeqList LB)
/*删除LA中出现LB的元素的函数实现*/
{
    int i,flag,pos;
    DataType e;
    for(i=1;i<=LB.length;i++)
    {
        flag=GetElem(LB,i,&e);
        if(flag==1)
        {
            pos=LocateElem(*LA,e);     /*在顺序表LA中查找和顺序表LB中取出的元素e相等的元素*/
            if(!pos)
                InsertList(LA,LA->length+1,e);/*若找到该元素，将其插入顺序表LA中*/
        }
    }
}
```

运行结果如图1.5所示。

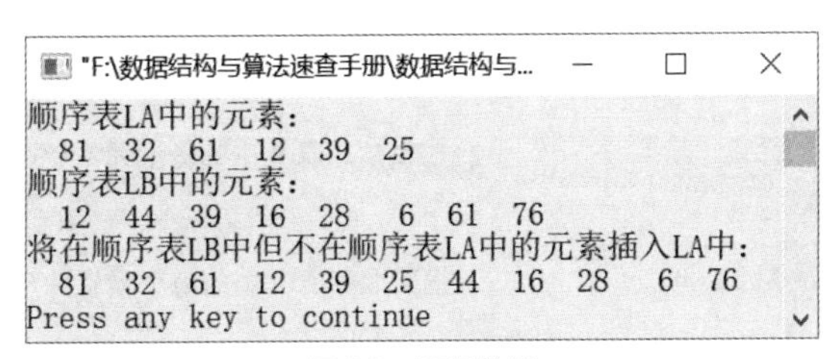

图1.5 运行结果

1.1.3　求两个线性表的差集

问题描述

利用线性表的基本运算实现，如果在线性表 A 中出现的元素，在线性表 B 中也出现，则将 A 中该元素删除。

【分析】

其实这是求两个线性表的差集，即 $A-B$。依次检查线性表 B 中的每一个元素，如果在线性表 A 中也出现，则在 A 中删除该元素。

☞第 1 章\实例 1-03.c

```
/*********************************************
*实例说明：求两个线性表的差集
*********************************************/
#include<stdio.h>
#define ListSize 200
typedef int DataType;
#include"SeqList.h"
void DelElem(SeqList *A,SeqList B);
void main()
{
    int i,j,flag;
    DataType e;
    SeqList A,B;
    InitList(&A);
    InitList(&B);
    for(i=1;i<=10;i++)
    {
        if(InsertList(&A,i,i*2+10)==0)
        {
            printf("位置不合法");
            return;
        }
    }
    for(i=1,j=10;i<=8;j=j+2,i++)            /*插入顺序表 B 中 8 个元素*/
    {
        if(InsertList(&B,i,j+i*2)==0)
        {
            printf("位置不合法");
            return;
        }
    }
    printf("顺序表 A 中的元素：\n");           /*输出顺序表 A 中的每个元素*/
    for(i=1;i<=A.length;i++)
    {
        flag=GetElem(A,i,&e);               /*返回顺序表 A 中的每个元素并放入 e 中*/
        if(flag==1)
            printf("%4d",e);
    }
    printf("\n");
    printf("顺序表 B 中的元素：\n");           /*输出顺序表 B 中的每个元素*/
    for(i=1;i<=B.length;i++)
    {
        flag=GetElem(B,i,&e);               /*返回顺序表 B 中的每个元素并放入 e 中*/
        if(flag==1)
            printf("%4d",e);
    }
```

```
    printf("\n");
    printf("将在A中出现的B的元素删除后,A中的元素(即A-B): \n");
    DelElem(&A,B);                              /*将在顺序表A中出现的顺序表B的元素删除*/
    for(i=1;i<=A.length;i++)                   /*显示删除后顺序表A中所有元素*/
    {
        flag=GetElem(A,i,&e);
        if(flag==1)
            printf("%4d",e);
    }
    printf("\n");
}
void DelElem(SeqList *A,SeqList B)
/*求A-B，即删除顺序表A中出现的B的元素*/
{
    int i,flag,pos;
    DataType e;
    for(i=1;i<=B.length;i++)
    {
        flag=GetElem(B,i,&e);
        if(flag==1)
        {
            pos=LocateElem(*A,e);               /*在顺序表A中查找元素e*/
            if(pos>0)                           /*如果该元素存在*/
                DeleteList(A,pos,&e);           /*则将其从顺序表A中删除*/
        }
    }
}
```

运行结果如图1.6所示。

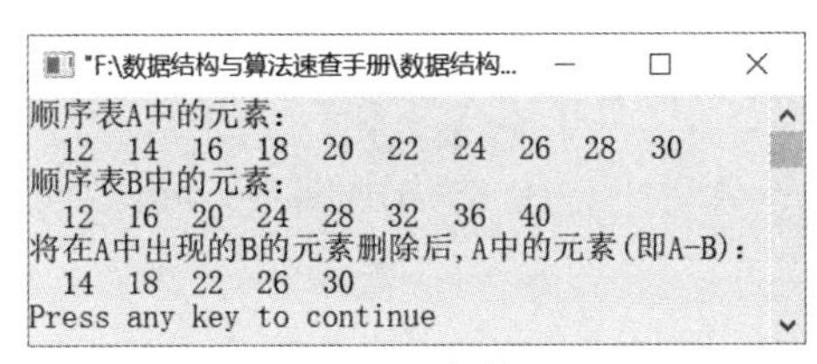

图1.6　运行结果

1.1.4　分解顺序表，使左边的元素小于或等于0，右边的大于0

问题描述

实现一个算法，把一个顺序表分解成两个部分，使顺序表中小于或等于0的元素位于左边，大于0的元素位于右边。要求不占用额外的存储空间。例如，顺序表(−12,3,−6,−10,20,−7,9,−20)经过分解调整后变为(−12,−20,−6,−10,−7,20,9,3)。

【算法思想】

设置两个指示器 i 和 j，分别扫描顺序表中的元素，i 和 j 分别从顺序表的左边和右边开始扫描。如果 i 遇到小于或等于0的元素，略过不处理，继续向前扫描；如果遇到大于0的元素，暂停扫描。如果 j 遇到大于0的元素，略过不处理，继续向前扫描；如果遇到小于或等于0的元素，暂停扫描。如果 i 和 j 都停下来，则交换 i 和 j 指向的元素。重复执行直到 $i \geqslant j$ 为止。

☞第1章\实例1-04.c

```
/**********************************************
*实例说明：分解顺序表，使左边的元素小于或等于0，右边的大于0
**********************************************/
```

```
#include<stdio.h>
#define ListSize 200
typedef int DataType;
#include"SeqList.h"
void SplitSeqList(SeqList *L);
void main()
{
    int i,flag,n;
    DataType e;
    SeqList L;
    int a[]={88,-9,-28,19,-31,22,-50,62,-76};
    InitList(&L);                        /*初始化顺序表 L*/
    n=sizeof(a)/sizeof(a[0]);
    for(i=1;i<=n;i++)                    /*将数组 a 的元素插入顺序表 L 中*/
    {
        if(InsertList(&L,i,a[i-1])==0)
        {
            printf("位置不合法");
            return;
        }
    }
    printf("顺序表 L 中的元素: \n");     /*输出顺序表 L 中的每个元素*/
    for(i=1;i<=L.length;i++)
    {
        flag=GetElem(L,i,&e);            /*返回顺序表 L 中的每个元素并放入 e 中*/
        if(flag==1)
            printf("%4d",e);
    }
    printf("\n");
    printf("顺序表 L 调整后(左边元素小于或等于 0,右边元素大于 0):\n");
    SplitSeqList(&L);                    /*调整顺序表*/
    for(i=1;i<=L.length;i++)             /*输出调整后顺序表 L 中的所有元素*/
    {
        flag=GetElem(L,i,&e);
        if(flag==1)
            printf("%4d",e);
    }
    printf("\n");
}
void SplitSeqList(SeqList *L)
/*将顺序表 L 分成两个部分*/
{
    int i,j;                             /*定义两个指示器 i 和 j*/
    DataType e;
    i=0,j=(*L).length-1;                 /*指示器 i 与 j 分别指示顺序表的左边和右边元素*/
    while(i<j)
    {
        while(L->list[i]<=0)
            i++;
        while(L->list[j]>0)
            j--;
        if(i<j)
        {
            e=L->list[i];
            L->list[i]=L->list[j];
            L->list[j]=e;
        }
```

```
    }
}
```

运行结果如图 1.7 所示。

```
"F:\数据结构与算法速查手册\数据结构与算...
顺序表L中的元素:
  88  -9 -28  19 -31  22 -50  62 -76
顺序表L调整后(左边元素小于或等于0,右边元素大于0):
 -76  -9 -28 -50 -31  22  19  62  88
Press any key to continue
```

图 1.7 运行结果

1.1.5 求两个任意长度的整数之和

问题描述

试设计一种表示任意长度的整数的数据结构，并设计计算任意给定的两个整数之和的算法。

【分析】

C 语言提供的整数范围为$-2^{31}\sim2^{31}-1$，超出这个范围的整数该如何存储呢？可以利用数组来存储，数组中的每一个元素存放一个数字，数组 A 和 B 分别存储两个整数，在将两个整数相加时，从数组低位到高位依次将对应位相加，如果和大于 9，则将高位加上进位 1，并将和减去 10 后存储到当前位。

☞第 1 章\实例 1-05.c

```c
/**********************************************
*实例说明：求两个任意长度的整数之和
**********************************************/
#include<stdio.h>
#define MaxLen 100
typedef int sqlist[MaxLen];
int input(sqlist A)
{
    int i;
    for(i=0;i<MaxLen;i++)
        A[i]=0;
    printf("输入一个正整数的各位(输入-1结束)\n");
    i=0;
    while(1)
    {
        scanf("%d",&A[i]);
        if(A[i]<0)
            break;
        i++;
    }
    return i;
}
void output(sqlist A,int low,int high)
{
    int i;
    for(i=low;i<high;i++)
        printf("%d",A[i]);
    printf("\n");
}
void move(sqlist A,int na)
{
    int i;
    for(i=0;i<na;i++)
```

```
        A[MaxLen-i-1]=A[na-i-1];
}
int add(sqlist *A,int na,sqlist B,int nb)
{
    int nc,i,j,length=0;
    if(na>nb)
        nc=na;
    else
        nc=nb;
    move(*A,na);
    move(B,nb);
    for(i=MaxLen-1;i>=MaxLen-nc;i--)
    {
        j=(*A)[i]+B[i];
        if(j>9)/*和大于 9*/
        {
            (*A)[i-1]=(*A)[i-1]+1;          /*高位加上 1*/
            (*A)[i]=j-10;                   /*和减去 10 后存储到当前位*/
        }
        else
            (*A)[i]=j;
        if(i==MaxLen-nc)                    /*处理最高位*/
        {
            if(j>9)
            {
                (*A)[i-1]=1;
                length=nc+1;
            }
            else
                length=nc;
        }
    }
    return length;
}
void main()
{
    sqlist A,B;
    int na,nb,nc;
    na=input(A);
    nb=input(B);
    printf("整数 A:");
    output(A,0,na);
    printf("整数 B:");
    output(B,0,nb);
    nc=add(&A,na,B,nb);
    printf("相加后的结果:");
    output(A,MaxLen-nc,MaxLen);
}
```

运行结果如图 1.8 所示。

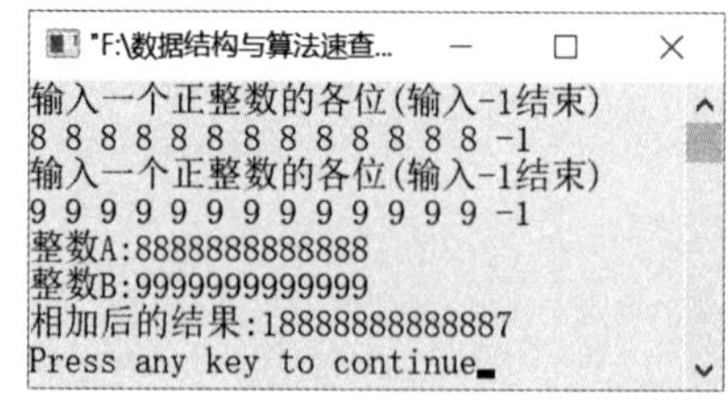

图 1.8　运行结果

1.1.6 求两个元素序列的中位数

问题描述

设有一个长度为 L（$L \geqslant 1$）的升序序列 S，位于序列中位置为 $\lceil L/2 \rceil$ 的元素称为 S 的中位数。例如，如果有序列 $S1$={21, 23, 25, 27, 29}，则 25 为 $S1$ 的中位数。对于两个元素序列，其中位数为两个元素序列中元素合并在一起后的中位数，如果 $S2$={12, 14, 16, 18, 30}，则 $S1$ 和 $S2$ 的中位数是 21。要求设计一个时间和空间尽可能高效的算法，求两个升序序列 A 和 B 的中位数。

【分析】

这是某年全国考研计算机统考试题。为了设计一个尽可能高效的算法得到两个升序序列中的中位数，可通过不断缩小两个元素序列的长度，这样就可以减少运算次数。分别求两个升序序列 A 和 B 的中位数，记作 mida 和 midb，求 A 和 B 的中位数的算法过程如下。

（1）若 mida==midb，则 mida 或 midb 即为中位数。

（2）若 mida<midb，则舍弃 A 中较小的一半，同时舍弃 B 中较大的一半，舍弃的元素个数必须相等。

（3）若 mida>midb，则舍弃 A 中较大的一半和 B 中较小的一半，舍弃的元素个数必须相等。

令 A 和 B 中剩下的元素序列重复执行以上过程，直到两个序列均只剩下一个元素为止，其中较小者即为中位数。

☞第 1 章\实例 1-06

```
/*********************************************
*实例说明：求两个元素序列的中位数
*********************************************/
#include<stdio.h>
#define ListSize 200
typedef int DataType;
#include"SeqList.h"
int MidSeqList(SeqList A, SeqList B);
void DispList(SeqList L);
void main()
{
    int i,n;
    DataType mid;
    SeqList A,B;
    int a[]={21, 23, 25, 27, 29};
    int b[]={12, 14, 16, 18, 30};
    InitList(&A);     /*初始化顺序表 A*/
    InitList(&B);     /*初始化顺序表 B*/
    n=sizeof(a)/sizeof(a[0]);
    for(i=1;i<=n;i++)                  /*将数组 a 的元素插入顺序表 A 中*/
        if(InsertList(&A,i,a[i-1])==0)
        {
            printf("位置不合法");
            return;
        }
    }
    n=sizeof(b)/sizeof(b[0]);
    for(i=1;i<=n;i++)                  /*将数组 b 的元素插入顺序表 B 中*/
    {
        if(InsertList(&B,i,b[i-1])==0)
        {
```

```
                printf("位置不合法");
                return;
            }
        }
    printf("顺序表 A 中的元素：\n");
    DispList(A);
    printf("\n");
    printf("顺序表 B 中的元素：\n");
    DispList(B);
    printf("\n");
    mid=MidSeqList(A,B);                        /*求 A 和 B 的中位数*/
    printf("顺序表 A 和 B 中的中位数为%d\n",mid);
}
DataType MidSeqList(SeqList A, SeqList B)
/*求 A 和 B 中的中位数*/
{
    int first1,first2,last1,last2,mid1,mid2;     /*定义指示器*/
    first1=first2=1;    /*first1 和 first2 分别指示顺序表 A 和 B 的最左端元素*/
    last1=last2=A.length;/*last1 和 last2 分别指示顺序表 A 和 B 的最右端元素*/
    while(first1!=last1 || first2!=last2)
    {
        mid1=(first1+last1)/2;/*mid1 指示顺序表 A 的中位数*/
        mid2=(first2+last2)/2;/*mid2 指示顺序表 B 的中位数*/
        if(A.list[mid1-1]==B.list[mid2-1])/*若两个序列的中位数相等*/
            return A.list[mid1];
        else if(A.list[mid1-1]<B.list[mid2-1])/*若 A 的中位数小于 B 的中位数*/
        {/*则取 A 的右端元素和 B 的左端元素组成新的序列*/
            if((first1+last1)%2==0)/*若元素个数为奇数*/
            {
                first1=mid1;
                last2=mid2;
            }
            else
            {
                first1=mid1+1;
                last2=mid2;
            }
        }
        else                          /*若 A 的中位数大于 B 的中位数*/
        {/*则取 B 的右端元素和 A 的左端元素组成新的序列*/
            if((first2+last2)%2==0)
            {
                last1=mid1;
                first2=mid2;
            }
            else
            {
                last1=mid1;
                first2=mid2+1;
            }
        }
    }
    return A.list[first1-1] < B.list[first2-1] ? A.list[first1-1] : B.list[first2-1];
}
void DispList(SeqList L)
/*输出顺序表 L 中的每个元素*/
{
    int i,flag;
    DataType e;
```

```
        for(i=1;i<=L.length;i++)
        {
            flag=GetElem(L,i,&e);
            if(flag==1)
                printf("%4d",e);
        }
}
```

运行结果如图 1.9 所示。

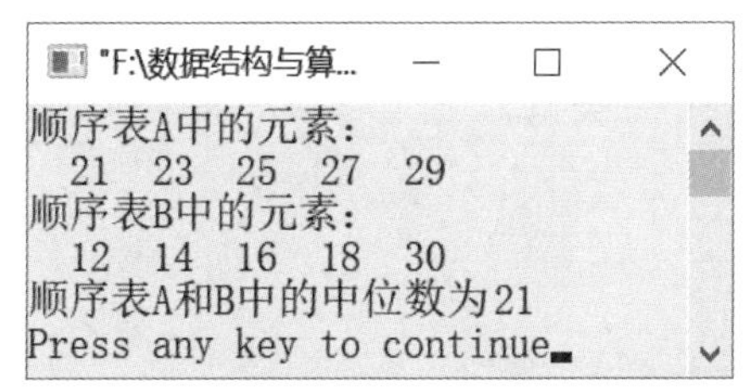

图 1.9　运行结果

1.2 单链表及其应用

【定义】

所谓线性表的链式存储，是采用一组任意的存储单元存放线性表的元素。这组存储单元可以是连续的，也可以是不连续的。为了表示元素 a_i 与其直接后继 a_{i+1} 的逻辑关系，还需要存储一个指示其直接后继元素的信息（即直接后继元素的地址）。这两部分构成的存储结构称为**节点**（node）。即节点包括两个域——数据域和指针域。节点结构如图 1.10 所示。

通过指针域将线性表中的 n 个节点按照逻辑顺序链接在一起就构成了单链表。

一般情况下，我们只关心单链表中节点的逻辑顺序，而不关心它的实际存储位置。通常用箭头表示指针，把单链表表示成通过箭头链接起来的序列。线性表(Kang,Geng,Guan,Chen,Zhou,Hua,Feng)的单链表的逻辑状态如图 1.11 所示。

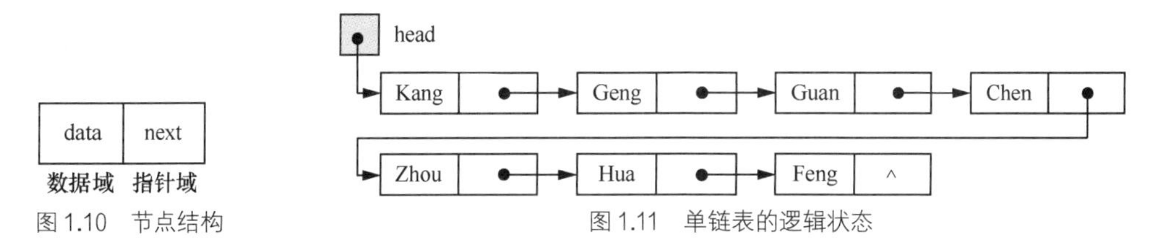

图 1.10　节点结构　　图 1.11　单链表的逻辑状态

为了便于实现插入、删除等操作，在单链表的第一个节点之前增加一个节点，称为头节点。头节点的数据域可以存放如单链表的长度等信息，头节点的指针域存放第一个节点的地址信息，使其指向第一个节点。带头节点的单链表如图 1.12 所示。

若带头节点的单链表为空链表，则头节点的指针域为“空”，如图 1.13 所示。

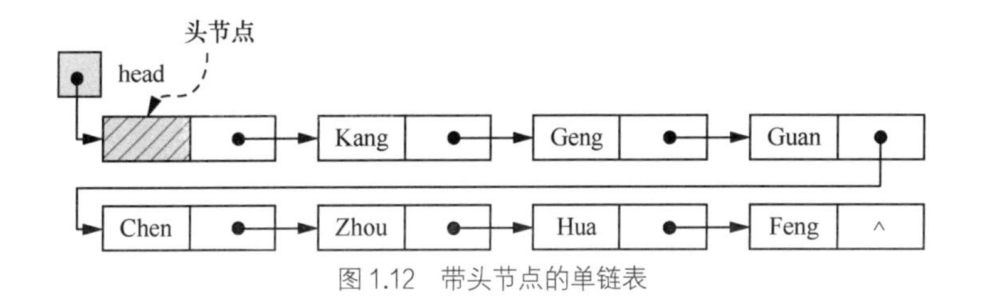

图 1.12　带头节点的单链表

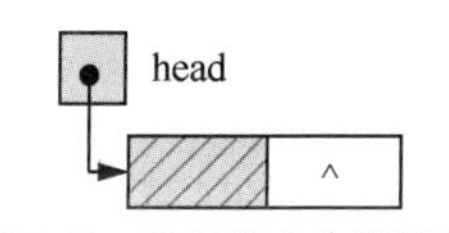

图 1.13　带头节点的单链表

【存储结构】

单链表的存储结构用 C 语言描述如下。

```
typedef struct Node
{
    DataType data;
    struct Node *next;
}ListNode,*LinkList;
```

其中，ListNode 是单链表的节点类型，LinkList 是指向单链表节点的指针类型。如果有以下定义，则 L 被定义为指向单链表的指针类型。

```
LinkList L;
```

以上语句相当于以下定义。

```
ListNode *L;
```

【基本运算】

（1）初始化单链表。

```
void InitList(LinkList *head)
/*初始化单链表*/
{
    if((*head=(LinkList)malloc(sizeof(ListNode)))==NULL)
       exit(-1);
    (*head)->next=NULL;
}
```

（2）判断单链表是否为空。若单链表为空，返回 1；否则，返回 0。

```
int ListEmpty(LinkList head)
/*判断单链表是否为空*/
{
    if(head->next==NULL)
        return 1;
    else
        return 0;
}
```

（3）按序号查找操作。

```
ListNode *Get(LinkList head,int i)
/*按序号查找单链表中的第 i 个节点。若查找成功，则返回该节点的指针；否则，返回 NULL*/
{
    ListNode *p;
    int j;
    if(ListEmpty(head))
        return NULL;
    if(i<1)
        return NULL;
    j=0;
    p=head;
    while(p->next!=NULL&&j<i)
    {
        p=p->next;
        j++;
    }
    if(j==i)
        return p;
    else
```

```
        return NULL;
}
```

（4）查找元素值与 e 相等的节点。

```
ListNode *LocateElem(LinkList head,DataType e)
/*按内容查找单链表中元素值与 e 相等的节点。若查找成功，则返回对应节点的节点指针；否则，返回 NULL*/
{
    ListNode *p;
    p=head->next;
    while(p)
    {
        if(p->data!=e)
            p=p->next;
        else
            break;
    }
    return p;
}
```

（5）定位操作，确定节点在单链表中的序号。从头指针出发，依次访问每个节点，并将节点的元素值与 e 比较。如果相等，返回该序号；如果没有与 e 相等的元素值，返回 0。

```
int LocatePos(LinkList head,DataType e)
/*查找线性表中元素值与 e 相等的节点*/
{
    ListNode *p;
    int i;
    if(ListEmpty(head))        /*查找第 i 个节点前，判断链表是否为空*/
        return 0;
    p=head->next;              /*指针 p 指向第一个节点*/
    i=1;
    while(p)
    {
        if(p->data==e)         /*找到与 e 相等的元素值*/
            return i;          /*返回该节点序号*/
        else
        {
            p=p->next;
            i++;
        }
    }
    if(!p)                    /*若没有找到与 e 相等的元素值*/
    return 0;                 /*返回 0 */
}
```

（6）在第 i 个位置插入元素 e。

先来看如何在单链表中插入一个节点。假设存储元素 e 的节点为 p 指向的节点，要将 p 指向的节点插入 pre 和 pre->next 之间，无须移动节点，只需要改变 p 和 pre 指针的指向即可。先把*pre 的直接后继节点变成*p 的直接后继节点，然后把*p 变成*pre 的直接后继节点，如图 1.14 所示，代码如下。

```
p->next=pre->next;
pre->next=p;
```

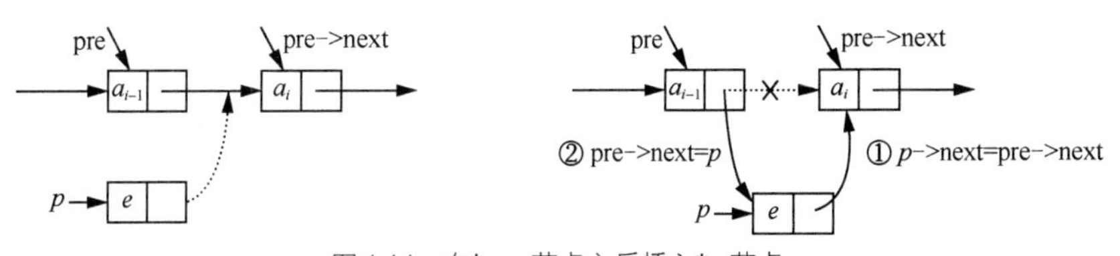

图 1.14　在*pre 节点之后插入*p 节点

注意： 不能颠倒插入节点操作的顺序。如果先执行 pre->next=p，后执行 p->next=pre->next，则第一条代码就会覆盖 pre->next 的地址，pre->next 的地址就变成了 p 的地址，执行 p->next=pre->next 就等于执行 p->next=p，这样 pre->next 就会与上级断开链接，如图 1.15 所示。

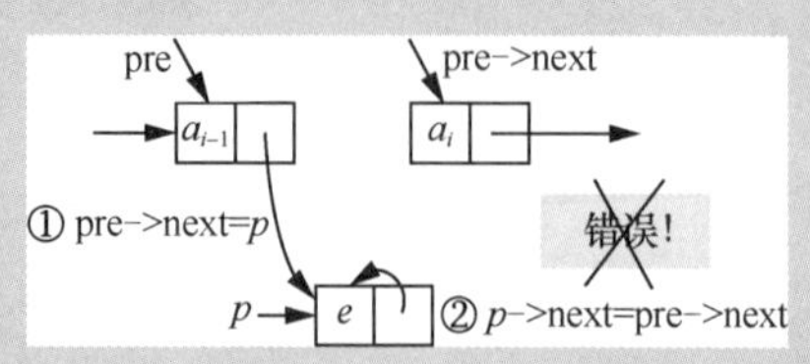

图 1.15　颠倒插入操作顺序后，*(pre->next)节点与上一个节点断开链接

在单链表的第 i 个位置插入一个新元素 e 的步骤如下。

① 在单链表中找到其直接前驱节点，即第 i-1 个节点，并由指针 pre 指向该节点，如图 1.16 所示。

② 申请一个新节点空间，由 p 指向该节点，将 e 赋值给 p 所指向节点的数据域。

③ 修改*p 和*pre 节点的指针域，如图 1.17 所示。

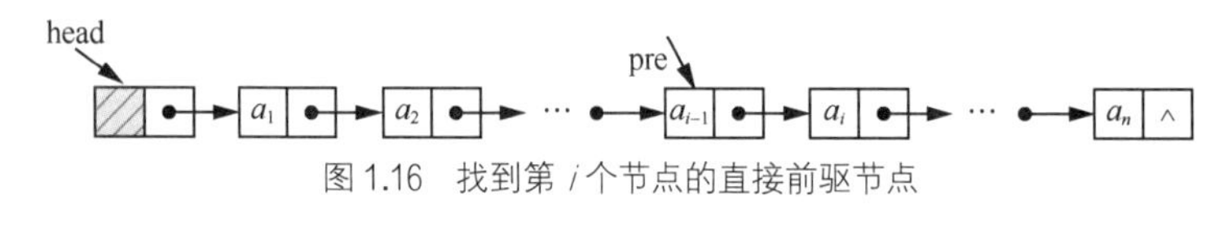

图 1.16　找到第 i 个节点的直接前驱节点

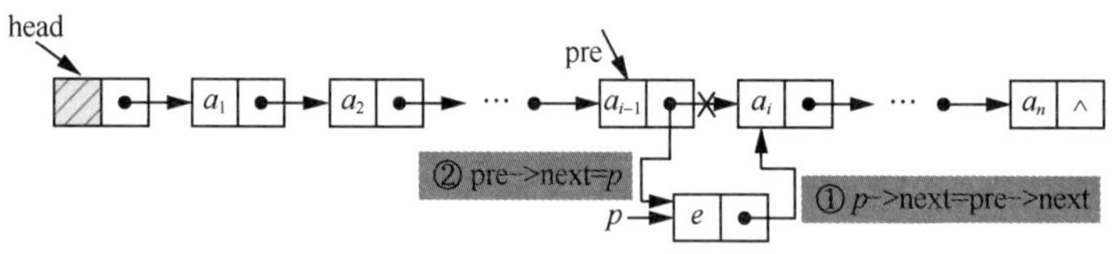

图 1.17　将新节点插入第 i 个位置

在单链表中插入元素 e 的算法实现如下。

```
int InsertList(LinkList head,int i,DataType e)
/*在单链表中第 i 个位置插入一个节点，节点存放元素 e*/
{
    ListNode *pre,*p;     /*定义第 i 个节点的前驱节点指针 pre，指针 p 指向新生成的节点*/
    int j;
    pre=head;              /*指针 p 指向头节点*/
    j=0;
    while(pre->next!=NULL&&j<i-1)/*找到第 i - 1 个节点，即第 i 个节点的前驱节点*/
    {
       pre=pre->next;
       j++;
    }
    if(j!=i-1)             /*如果没找到，则说明插入位置错误*/
    {
        printf("插入位置错误! ");
        return 0;
    }
    /*新生成一个节点，并将 e 赋值给该节点的数据域*/
    if((p=(ListNode*)malloc(sizeof(ListNode)))==NULL)
        exit(-1);
    p->data=e;
```

```
    /*插入节点操作*/
    p->next=pre->next;
    pre->next=p;
    return 1;
}
```

（7）删除第 i 个节点。

先来观察删除单链表中的第 i 个节点是如何操作的。假设 p 指向第 i 个节点，要将*p 节点删除，只需将它的直接前驱节点的指针（即 pre 的指针域）直接指向它的直接后继节点即可，如图 1.18 所示。

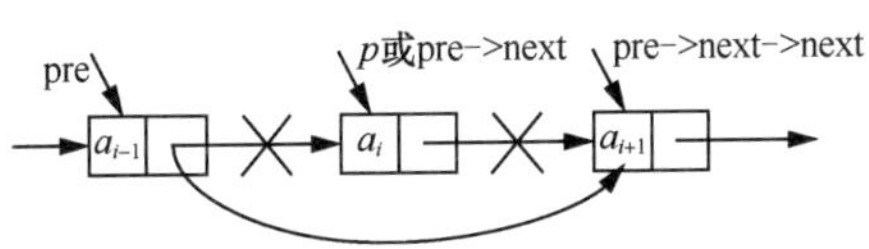

图 1.18 删除*pre 节点的直接后继节点

删除单链表中第 i 个节点的步骤如下。

① 找到第 i 个节点的直接前驱节点（即第 i–1 个节点）和第 i 个节点，分别用 pre 和 p 指向这两个节点，如图 1.19 所示。

② 将*p 节点的数据域赋给 e，并删除第 i 个节点，即 pre–>next=p–>next。

③ 释放*p 的节点空间。删除过程如图 1.20 所示。

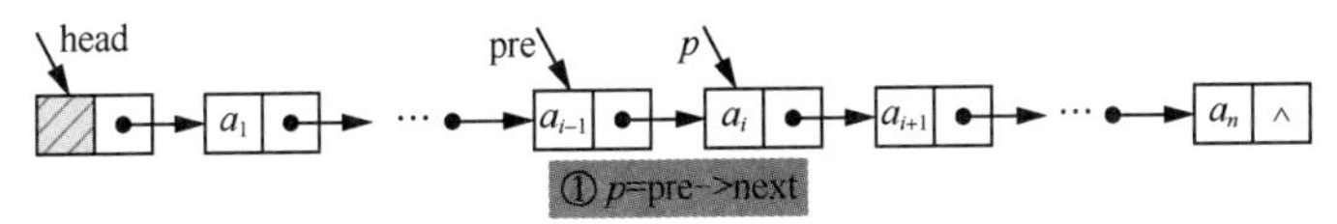

图 1.19 找到第（i–1）个节点和第 i 个节点

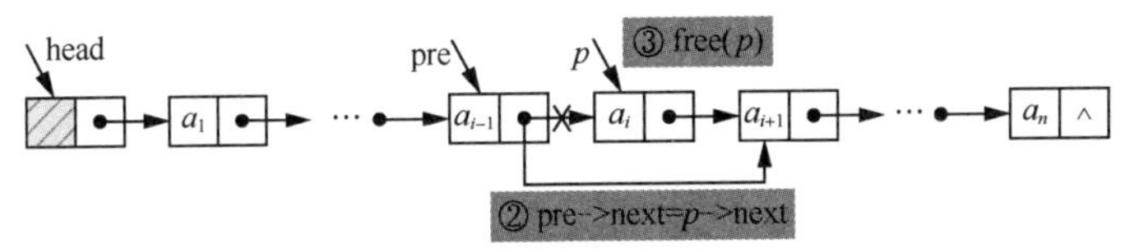

图 1.20 删除第 i 个节点

删除第 i 个节点的算法实现如下。

```
int DeleteList(LinkList head,int i,DataType *e)
/*删除单链表中的第 i 个位置的节点。删除成功返回 1，失败返回 0*/
{
    ListNode *pre,*p;
    int j;
    pre=head;
    j=0;
    while(pre->next!=NULL&&pre->next->next!=NULL&&j<i-1)
    /*判断是否找到前驱节点*/
    {
        pre=pre->next;
        j++;
    }
    if(j!=i-1)        /*如果没找到要删除的节点的位置，则说明删除位置有误*/
    {
        printf("删除位置有误");
        return 0;
    }
    p=pre->next;
    *e=p->data;
    pre->next=p->next;
    free(p);          /*释放 p 指向的节点*/
```

```
    return 1;
}
```

注意：在查找第(i-1)个节点时，要注意不可遗漏判断条件 pre->next->next!=NULL，以确保第 i 个节点非空。如果没有此判断条件，且 pre 指针指向单链表的最后一个节点，那么在执行循环后的 "p=pre->next；*e=p->data" 操作时，p 指针指向的就是 NULL 指针域，这样就会产生致命错误。

（8）求表长操作。

```
int ListLength(LinkList head)
/*求表长操作*/
{
    ListNode *p;
    int count=0;
    p=head;
    while(p->next!=NULL)
    {
        p=p->next;
        count++;
    }
    return count;
}
```

（9）销毁链表操作。

```
void DestroyList(LinkList head)
/*销毁链表*/
{
    ListNode *p,*q;
    p=head;
    while(p!=NULL)
    {
        q=p;
        p=p->next;
        free(q);
    }
}
```

以上基本运算存放在#include"LinkList.h"文件中，供其他函数在需要这些基本运算时调用。

1.2.1 逆置单链表

问题描述

实现算法，将一个单链表逆置。所谓单链表的逆置，就是将一个单链表中的所有节点按照逆序存放。例如，一个单链表中有 5 个节点，节点中分别存放的数据是 A、B、C、D、E，逆置后单链表中的节点数据次序是 E、D、C、B、A，如图 1.21 所示。

图 1.21 单链表逆置前后的状态

【分析】

将一个单链表逆置其实就是用头插法建立单链表。定义一个空链表，分别将原单链表中的第一个节点、第二个节点，……，第 n 个节点依次插入新单链表的头部，即插入的节点成为新单链表的第一个节点。例如，将单链表 1 逆置为单链表 2 的过程如图 1.22（a）～（f）所示。

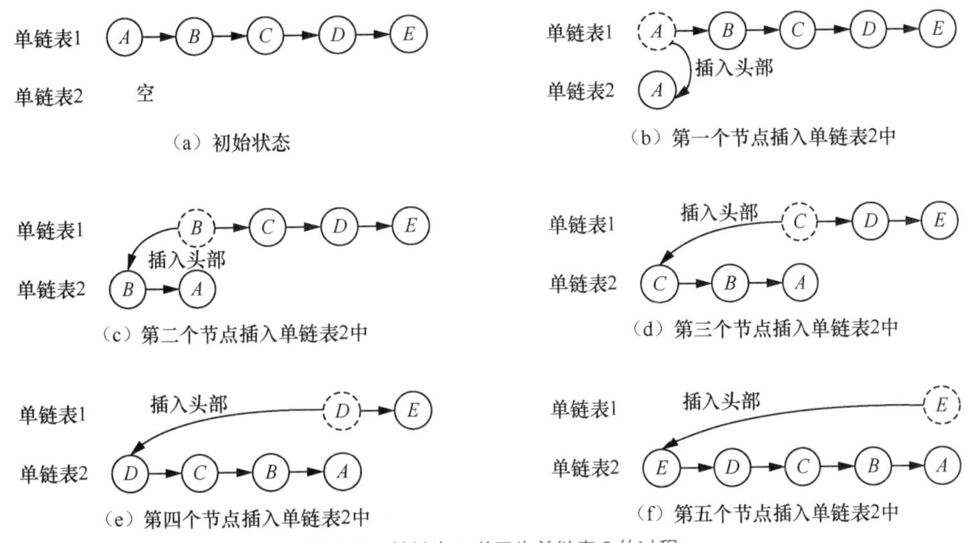

图 1.22　单链表 1 逆置为单链表 2 的过程

从图 1.22 可以看出，依次将单链表 1 的每个节点插入单链表 2 的头部，就得到了一个单链表 1 的逆置单链表。

假设已经创建了一个带头节点的单链表，其中节点包含工号、姓名和籍贯等信息，如图 1.23 所示。

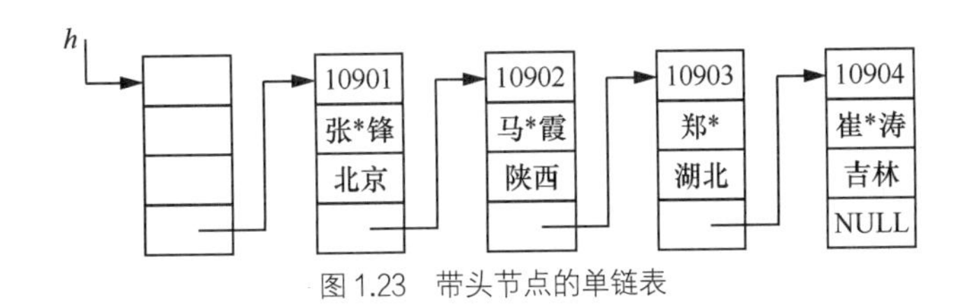

图 1.23　带头节点的单链表

单链表逆置就是指依次取出单链表中的每个节点，用头插法建立新单链表的过程。初始时，有 h->next=NULL。然后从单链表中依次取出每个节点，将其插入新单链表的头部，这样就得到了一个逆置单链表。例如，将 p 指向的单链表的第一个节点插入 h 指向的空单链表的过程如图 1.24（a）～（d）所示。

初始时，h 指向头节点，将头节点的指针域设置为 NULL，表示得到的逆置单链表为空，如图 1.24（a）所示。然后准备将第一个节点插入该空单链表中，先让 q 指向原单链表的第一个节点，即将要插入新单链表的节点，p 指向原单链表的第二个节点，表示原单链表的头指针，如图 1.24（b）所示。接下来要将 q 指向的节点插入 h 指向的单链表中。先将 q 指向的节点的指针域指向 h 指向的下一个节点，即 q->next=h->next，此时，h->next=NULL，所以 q 的指针域为空，如图 1.24（c）所示。最后让 h 的指针域指向 q，即要插入的节点。这样 h 指向的单链表中就有了一个节点如图 1.24（d）所示。

接下来，将 p 指向的原单链表的第 2 个节点插入 h 指向的单链表中。先让 q 指向 p，然后让 p 指向下一个节点以记录原节点的位置。按照以上方法将工号为“10902”的节点插入逆置单链表的过程如图 1.25（a）和（b）所示。

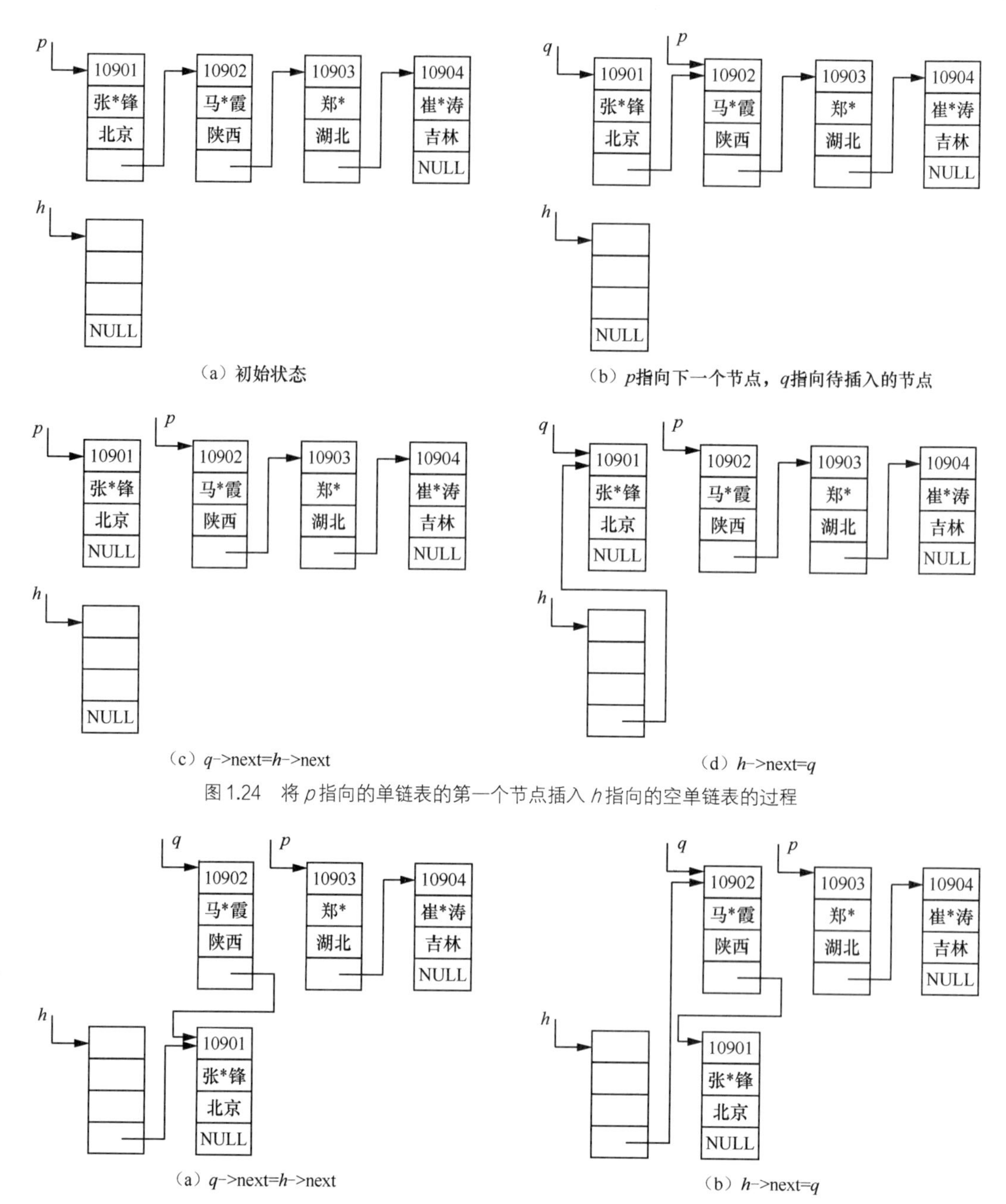

（a）初始状态　　（b）*p*指向下一个节点，*q*指向待插入的节点

（c）*q*->next=*h*->next　　（d）*h*->next=*q*

图 1.24　将 *p* 指向的单链表的第一个节点插入 *h* 指向的空单链表的过程

（a）*q*->next=*h*->next　　（b）*h*->next=*q*

图 1.25　插入第 2 个节点的过程

按照以上方法，即可实现将单链表逆置。

☞第 1 章\实例 1-07.c

```
/*********************************************
*实例说明：将单链表逆置
*********************************************/
#include<stdio.h>
struct Node                                    /*定义节点类型*/
{
    long no;
    char name[20];
```

```
    char addr[30];
    struct Node *next;
};
typedef struct Node ListNode;
ListNode *CreateList();
ListNode * ReverseList(ListNode *h);
void DispList(ListNode *h);
void main()
{
    ListNode *head,*p;
    head=CreateList();
    DispList(head);
    head=ReverseList(head);
    DispList(head);
}
ListNode *CreateList()
{
    ListNode *pre,*cur,*h;
    int i,n;
    h=NULL;
    printf("输入节点个数: \n");
    scanf("%d",&n);
    for(i=0;i<n;i++)
    {
        cur=(ListNode *)malloc(sizeof(ListNode));       /*生成新节点*/
        cur->next=NULL;
        if(h==NULL)
            h=cur;
        else
            pre->next=cur;
        scanf("%d %s %s",&cur->no,cur->name,cur->addr);     /*输出单链表的节点的数据*/
        pre=cur;                          /*pre 指向当前节点，即最后一个节点*/
    }
    return h;                             /*返回头指针*/
}
void DispList(ListNode *h)
{
    ListNode *p=h;
    printf("学号  姓名  地址\n");
    while(p!=NULL)
    {
        printf("%d %s %s\n",p->no,p->name,p->addr);
        p=p->next;
    }
}
ListNode  * ReverseList(ListNode *h)
/*将单链表逆置*/
{
    ListNode *q,*p=h;                    /*p 指向第一个节点*/
    h=(ListNode*)malloc(sizeof(ListNode));
    h->next=NULL;
    while(p)
    {
        q=p;
        p=p->next;
        q->next=h->next;
        h->next=q;
```

```
    }
    return h->next;                    /*返回单链表的第一个节点的指针*/
}
```

运行结果如图 1.26 所示。

图 1.26　运行结果

1.2.2　求两个单链表的差集

问题描述

利用单链表的基本运算求 *A*–*B*。即如果单链表 *A* 中出现的元素，在 *B* 中也出现，则删除 *A* 中的该元素。例如，单链表 *A* 中的元素为(22,7,15,56,89,38,44,65,109,83)，*B* 中的元素为(15,9,22,89,33,65,90,83)，则执行 *A*–*B* 操作后，*A* 中的元素为(7,56,38,44,109)。

【分析】

这是上海大学考研试题，下面是一个求两个集合 *A* 和 *B* 之差 *C*=*A*–*B* 的算法，即当且仅当 *e* 是 *A* 中的一个元素，但不是 *B* 中的一个元素时，*e* 才是 *C* 中的一个元素。集合用有序单链表表示，先把集合 *A*、*B* 中的元素按递增顺序排列，*C* 为空；操作完成后，*A*、*B* 保持不变，*C* 中元素按递增顺序排列。函数 Append(last，*e*)把新节点元素 *e* 链接在由指针 last 指向的节点的后面，并返回新节点的地址。函数 Difference(*A*，*B*)实现集合运算 *A*–*B*，并返回表示结果集合 *C* 的单链表的头节点的地址。在执行 *A*–*B* 运算之前，用于表示结果集合的单链表中首先增加一个头节点，以方便新节点的添加。当 *A*–*B* 运算执行完毕后，再删除并释放表示结果集合的单链表的头节点。

☞第 1 章\实例 1-08.c

```
/*********************************************
*实例说明：求单链表的差集
*********************************************/
#include<stdio.h>
#include<malloc.h>
#include<stdlib.h>
typedef int DataType;
#include"LinkList.h"                   /*包含单链表实现文件*/
void SortList(LinkList S);
ListNode *Append(ListNode *last,DataType e);
ListNode *Difference(ListNode *A,ListNode *B);
void main()
{
    int i;
    DataType a[]={22,7,15,56,89,38,44,65,109,83};
    DataType b[]={15,9,22,89,33,65,90,83};
```

```
    LinkList A,B,C;                    /*声明单链表A、B、C*/
    ListNode *p;
    InitList(&A);                      /*初始化单链表A*/
    InitList(&B);                      /*初始化单链表B*/
    /*将数组a中的元素插入单链表A中*/
    for(i=1;i<=sizeof(a)/sizeof(a[0]);i++)
    {
        if(InsertList(A,i,a[i-1])==0)
        {
            printf("位置不合法");
            return;
        }
    }
    /*将数组b中的元素插入单链表B中*/
    for(i=1;i<=sizeof(b)/sizeof(b[0]);i++)
    {
        if(InsertList(B,i,b[i-1])==0)
        {
            printf("位置不合法");
            return;
        }
    }
    printf("单链表A中的元素有%d个：\n",ListLength(A));
    p=A->next;
    while(p!=NULL)
    {
        printf("%4d",p->data);        /*输出单链表A中的每个元素*/
        p=p->next;
    }
    printf("\n");
    printf("单链表B中的元素有%d个：\n",ListLength(B));
    p=B->next;
    while(p!=NULL)
    {
        printf("%4d",p->data);        /*输出单链表B中的每个元素*/
        p=p->next;
    }
    printf("\n");
    SortList(A);
    SortList(B);
    C=Difference(A,B);
    printf("单链表C中的元素：\n");
    p=C;
    while(p!=NULL)
    {
        printf("%4d",p->data);
        p=p->next;
    }
    printf("\n");
}
void SortList(LinkList S)
/*利用选择排序法对单链表S中的元素进行排序*/
{
    ListNode *p,*q,*r;
    DataType t;
    p=S->next;
    while(p->next)
    {
```

```
        r=p;
        q=p->next;
        while(q)
        {
            if(r->data>q->data)
                r=q;
            q=q->next;
        }
        if(p!=r)
        {
            t=p->data;
            p->data=r->data;
            r->data=t;
        }
        p=p->next;
    }
}
ListNode *Append(ListNode *last,DataType e)
//释放头节点
{
    last->next=(ListNode*)malloc(sizeof(ListNode));
    last->next->data=e;
    return last->next;
}
ListNode *Difference(ListNode *A,ListNode *B)
//求 A-B，将结果存放在 C 中
{
    ListNode *C,*last;
    C=last=(ListNode*)malloc(sizeof(ListNode));
    while(A!=NULL&&B!=NULL)
        if(A->data<B->data)
        {
            last=Append(last,A->data);
            A=A->next;
        }
        else if(A->data==B->data)
        {
            A=A->next;
            B=B->next;
        }
        else
            B=B->next;
    while(A!=NULL)                //如果 A 中还有剩余元素，则把剩余元素追加到 C 中
    {
        last=Append(last,A->data);
        A=A->next;
    }
    last->next=NULL;          //最后一个节点的指针域设置为空
    last=C;
    C=C->next;                //指向第一个节点
    free(last);               //释放头节点
    return C;
}
```

运行结果如图 1.27 所示。

这个算法也可以利用单链表的基本运算实现（无须对单链表进行排序）。对于单链表 A 中的每个元素，在单链表 B 中进行查找，如果在 B 中存在与 A 相同的元素，则将元素从 A 中删除。算法

如下。

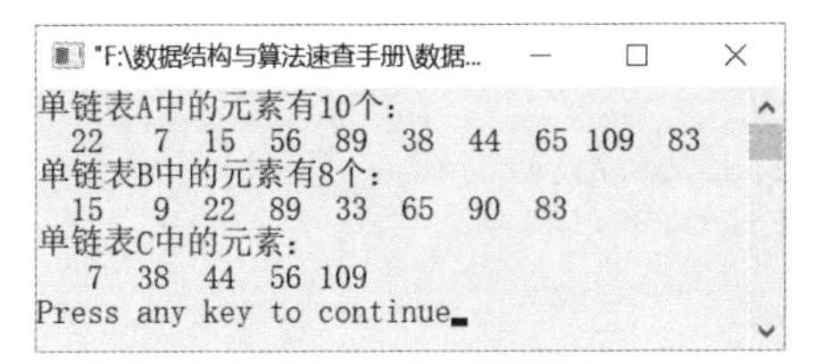

图 1.27 运行结果

```
void DelElem(LinkList A,LinkList B)
/*删除在单链表 A 中出现的单链表 B 的元素的算法实现*/
{
    int i,pos;
    DataType e;
    ListNode *p;
    /*在单链表 B 中，取出每个元素与单链表 A 中的元素比较，如果相等，则删除单链表 A 中元素对应的节点*/
    for(i=1;i<=ListLength(B);i++)
    {
        p=Get(B,i);                    /*取出单链表 B 中的每个节点，将指针返回给 p*/
        if(p)
        {
            pos=LocatePos(A,p->data);
            if(pos>0)
                DeleteList(A,pos,&e);
        }
    }
}
```

1.2.3 合并两个单链表

问题描述

已知两个单链表 A 和 B，其中的元素都是非递减排列的，实现算法将单链表 A 和 B 合并成一个有序递减的单链表 C（值相同的元素只保留一个），并要求利用原单链表的节点空间。例如，A=(12,16,21,33,35,87,102)，B=(3,5,21,23,35,99,123)，则合并后 C=(123,102,99,87,35,33,23,21,16,12,5,3)。

【分析】

此题为单链表合并问题。利用头插法建立单链表，使先插入的元素值小的节点在单链表末尾，后插入的元素值大的节点在单链表开头。初始时，单链表 C 为空（插入的是 C 的第一个节点），将单链表 A 和 B 中有较小的元素值的节点插入 C 中；单链表 C 不为空时，比较 C 和将插入节点的元素值，当值不同时，插入 C 中，当值相同时，释放该节点。当 A 和 B 中有一个单链表为空时，将剩下的节点依次插入 C 中。

☞第 1 章\实例 1-09.c

```
/*********************************************
*实例说明：合并两个单链表
*********************************************/
#include<stdio.h>
#include<malloc.h>
#include<stdlib.h>
typedef int DataType;
#include"LinkList.h"                              /*单链表基本运算实现文件*/
```

```
void MergeList(LinkList A,LinkList B,LinkList *C);/*函数声明：将单链表 A 和 B 的元素合并到 C 中*/
void main()
{
   int i;
   DataType a[]={12,16,21,33,35,87,102};
   DataType b[]={3,5,21,23,35,99,123};
   LinkList A,B,C;
   ListNode *p;
   InitList(&A);
   InitList(&B);
   for(i=1;i<=sizeof(a)/sizeof(a[0]);i++)
   /*利用数组元素创建单链表 A*/
   {
       if(InsertList(A,i,a[i-1])==0)
       {
           printf("插入位置不合法!");
           return;
       }
    }
    for(i=1;i<=sizeof(b)/sizeof(b[0]);i++)
    /*利用数组元素创建单链表 B*/
    {
       if(InsertList(B,i,b[i-1])==0)
       {
           printf("插入位置不合法!");
           return;
       }
    }
    printf("单链表 A 中的元素有%d 个：\n",ListLength(A));
    for(i=1;i<=ListLength(A);i++)      /*输出单链表 A*/
   {
        p=Get(A,i);      /*返回单链表 A 中的每个节点的指针*/
        if(p)
            printf("%4d",p->data);  /*输出单链表 A 中的每个元素*/
    }
    printf("\n");
    printf("单链表 B 中的元素有%d 个：\n",ListLength(B));
    for(i=1;i<=ListLength(B);i++)      /*输出单链表 B*/
    {
        p=Get(B,i);      /*返回单链表 B 中的每个节点的指针*/
        if(p)
            printf("%4d",p->data);      /*输出单链表 B 中的每个元素*/
    }
        printf("\n");
    MergeList(A,B,&C);      /*将单链表 A 和 B 中的元素合并到单链表 C 中*/
    printf("将单链表 A 和 B 合并成一个有序递减的单链表 C(包含%d 个元素)：\n",ListLength(C));
    for(i=1;i<=ListLength(C);i++)
    {
        p=Get(C,i);          /*返回单链表 C 中的每个节点的指针*/
        if(p)
            printf("%4d",p->data);      /*输出单链表 C 中的所有元素*/
    }
    printf("\n");
}
void MergeList(LinkList A,LinkList B,LinkList *C)
```

```
{
    ListNode *pa,*pb,*qa,*qb;    /*定义指向单链表 A、B 的指针*/
    pa=A->next;    /*pa 指向单链表 A*/
    pb=B->next;    /*pb 指向单链表 B*/
    free(B);    /*释放单链表 B 的头节点*/
    *C=A;    /*初始化单链表 C，利用单链表 A 的头节点作为 C 的头节点*/
    (*C)->next=NULL;
    while(pa&&pb)
    {
        if(pa->data<pb->data)  /*pa 指向元素值较小的节点时，将 pa 指向的节点插入单链表 C 中*/
        {
            qa=pa;
            pa=pa->next;
            if((*C)->next==NULL)     /*单链表 C 为空时，直接将节点插入单链表 C 中*/
            {
               qa->next=(*C)->next;
               (*C)->next=qa;
            }
            else if((*C)->next->data<qa->data)
            {
                qa->next=(*C)->next;
                (*C)->next=qa;
            }
            else/*否则，释放元素值相同的节点*/
                free(qa);
        }
        else/*pb 指向元素值较小的节点时，将 pb 指向的节点插入单链表 C 中*/
        {
            qb=pb;
            pb=pb->next;
            if((*C)->next==NULL)/*单链表 C 为空时，直接将节点插入单链表 C 中*/
            {
               qb->next=(*C)->next;
               (*C)->next=qb;
            }
            else if((*C)->next->data<qb->data)
            {
               qb->next=(*C)->next;
               (*C)->next=qb;
            }
            else/*否则，释放元素值相同的节点*/
               free(qb);
        }
    }
    while(pa)/*若 pb 为空、pa 非空，则将 pa 指向的后继节点插入单链表 C 中*/
    {
        qa=pa;
        pa=pa->next;
        if((*C)->next&&(*C)->next->data<qa->data)
        {
            qa->next=(*C)->next;
            (*C)->next=qa;
        }
        else
            free(qa);
    }
```

```
    while(pb)/*若 pa 为空、pb 非空，则将 pb 指向的后继节点插入单链表 C 中*/
    {
        qb=pb;
        pb=pb->next;
        if((*C)->next&&(*C)->next->data<qb->data)
        {
            qb->next=(*C)->next;
            (*C)->next=qb;
        }
        else
            free(qb);
    }
}
```

运行结果如图 1.28 所示。

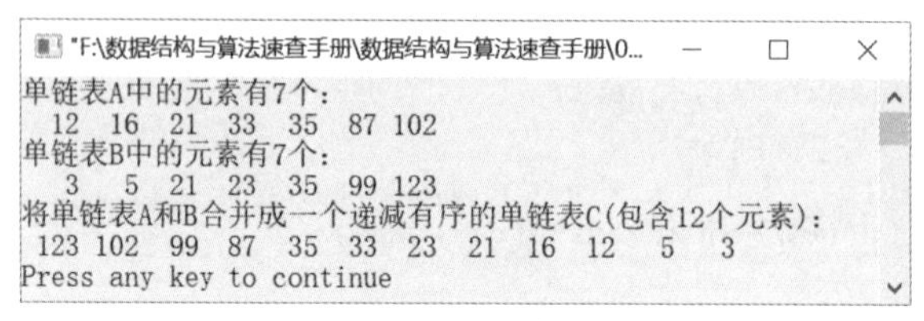

"F:\数据结构与算法速查手册\数据结构与算法速查手册\0...
单链表A中的元素有7个:
12 16 21 33 35 87 102
单链表B中的元素有7个:
3 5 21 23 35 99 123
将单链表A和B合并成一个递减有序的单链表C(包含12个元素):
123 102 99 87 35 33 23 21 16 12 5 3
Press any key to continue

图 1.28　运行结果

1.2.4　找出单链表表示的两个单词共同后缀起始地址

问题描述

假定采用带头节点的单链表保存单词，当两个单词有相同的后缀时，则可共享相同的后缀存储空间。例如，“loading”和“being”的存储映像如图 1.29 所示。

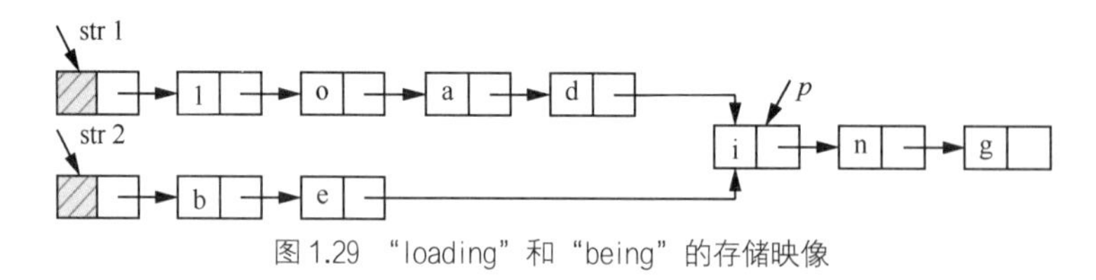

图 1.29　“loading”和“being”的存储映像

设 str1 和 str2 分别指向两个单词所在单链表的头节点，链表节点结构为 | data | next |，请设计一个时间上尽可能高效的算法，找出由 str1 和 str2 所指的两个链表共同后缀的起始位置（图 1.29 中字符 i 所在节点的位置 p）。

【分析】

该题为某年全国计算机考研题目。令指针 p 和 q 分别指向 str1 和 str2，扫描两个链表，当 p 和 q 指向同一个地址时，即找到共同后缀的起始位置。

设 str1 和 str2 指向的链表长度分别为 m 和 n。将两个链表以表尾对齐，令指针 p 和 q 分别指向 str1 和 str2 的头节点，若 $m \geqslant n$，则指针 p 先扫描，使 p 指向链表的第（$m-n+1$）个节点；若 $m<n$，则让 q 先扫描 str2，使 q 指向链表中的第（$n-m+1$）个节点，即令指针 p 和 q 所指向的节点到表尾的长度相等。反复让指针 p 和 q 同步向后移动，当 p 和 q 指向同一个位置时停止，即为共同后缀的起始地址。

☞第 1 章\实例 1-10

```
/*********************************************
*实例说明：找出单链表表示的两个单词的共同后缀起始地址
**********************************************/
```

```
#include<stdio.h>
#include<malloc.h>
#include<stdlib.h>
typedef char DataType;
#include"LinkList.h"                /*包含单链表基本操作实现文件*/
ListNode *FindAddr(LinkList A, LinkList B);     /*函数声明：查找单链表 A 和 B 的共同后缀起始地址
*/
void CreateList(LinkList *A, LinkList *B, DataType a[], DataType b[], int n, int m);
void DispList(LinkList L);
void main()
{
    DataType a[]={'l','o','a','d','i','n','g'};
    DataType b[]={'b','e'};
    LinkList A,B;                   /*声明单链表 A 和 B*/
    ListNode *p;
    int n=sizeof(a)/sizeof(a[0]);
    int m=sizeof(b)/sizeof(b[0]);
    CreateList(&A,&B,a,b,n,m);/*创建单链表 A 和 B*/
    printf("单链表 A 中的元素：\n");
    DispList(A);
    printf("\n 单链表 B 中的元素：\n");
    DispList(B);
    p=FindAddr(A,B);                    /*求单链表 A 和 B 的共同后缀起始地址*/
    printf("\nA 和 B 的共同后缀起始地址是%p, 起始元素是%2c\n",p,p->data);
}
ListNode *FindAddr(LinkList A, LinkList B)
/*求单链表 A 和 B 的共同后缀起始地址*/
{
    int m,n;
    ListNode *p,*q;
    m=ListLength(A);
    n=ListLength(B);
    for(p=A;m>n;m--)
        p=p->next;
    for(q=B;m<n;n--)
        q=q->next;
    while(p->next!=NULL && p->next!=q->next)
    {
        p=p->next;
        q=q->next;
    }
    return p->next;
}
void CreateList(LinkList *A, LinkList *B, DataType a[], DataType b[], int n, int m)
/*创建具有共同后缀的单链表 A 和 B*/
{
    int i;
    ListNode *p,*q;
    InitList(A);                    /*初始化单链表 A*/
    InitList(B);                    /*初始化单链表 B*/
    for(i=1;i<=n;i++)       /*利用数组元素创建单链表 A*/
    {
        if(InsertList(*A,i,a[i-1])==0)
        {
            printf("插入位置不合法!");
            return;
        }
    }
    q=*A;
    while(q->next!=NULL && q->data!='i')
```

```
        q=q->next;
    if(q->next==NULL)
    {
        printf("error!");
        exit(-1);
    }
    for(i=1;i<=m;i++)      /*利用数组元素创建单链表 B*/
    {
        if(InsertList(*B,i,b[i-1])==0)
        {
            printf("插入位置不合法!");
            return;
        }
    }
    /*令单链表 A 和 B 共享共同后缀*/
    p=*B;
    while(p->next!=NULL)
        p=p->next;
    p->next=q;
}
void DispList(LinkList L)
/*输出单链表 L*/
{
    LinkList p=L->next;
    while(p)
    {
        printf("%4c",p->data);
        p=p->next;
    }
}
```

运行结果如图 1.30 所示。

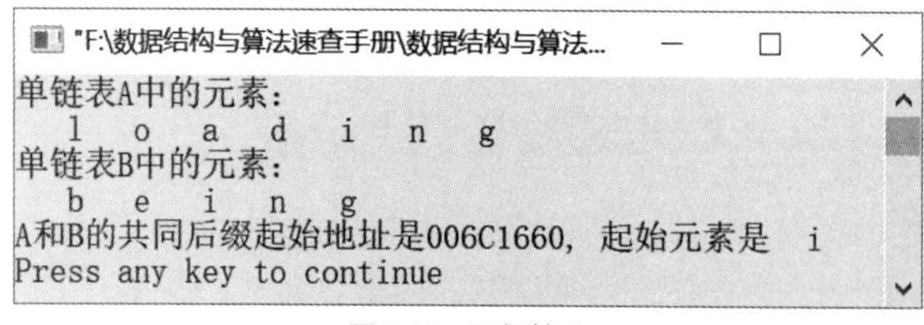

图 1.30　运行结果

1.2.5　找出单链表中倒数第 *k* 个位置上的节点

问题描述

已知一个带头节点的单链表，节点结构为 | data | next |，假设该链表只给出了头指针 list，在不改变链表的前提下，请设计一个尽可能高效的算法，查找链表中倒数第 *k* 个位置上的节点（*k* 为正整数）。若查找成功，输出该节点的 data 域的元素值，并返回 1；否则，返回 0。

【分析】

该题为某年计算机考研全国统考试题。定义两个指针变量 *p* 和 *q*，初始时均指向首节点（头节点的下一个节点）。先让 *p* 沿着链表向后移动，并用计数器 count 进行计数，当 *p* 指向第 *k* 个节点时，即 *k*==count，使 *q* 从第一个节点开始与 *p* 指针向后同步移动。当 *p* 指向最后一个节点时，*q* 指向的节点就是倒数第 *k* 个节点。具体算法步骤如下。

（1）令 *p* 和 *q* 均指向链表的首节点，令 count=0。

（2）若 p 为 NULL，则转向步骤（5）。

（3）若 count==k，则令 q 指向下一个节点；否则，使 count=count+1。

（4）令 p 指向下一个节点，转向步骤（2）。

（5）若 count==k，则查找成功，输出该节点的 data 域的元素值，并返回 1；否则，表示查找失败，返回 0。

☞第 1 章\实例 1-11.c

```
/*********************************************
*实例说明：找出单链表中倒数第 k 个位置上的节点
*********************************************/
#include<stdio.h>
#include<malloc.h>
#include<stdlib.h>
typedef int DataType;
#include"LinkList.h"
int Search_K_Reverse(LinkList L, int k, DataType *e);
void DispList(LinkList L);
void main()
{
    DataType a[]={10,20,30,40,50,60,70,80,90,100},e;
    LinkList L;                         /*声明单链表 L*/
    int n=sizeof(a)/sizeof(a[0]),flag,i,k;
    InitList(&L);                       /*初始化单链表 L*/
    /*将数组 a 中元素插入单链表 L 中*/
    for(i=1;i<=sizeof(a)/sizeof(a[0]);i++)
    {
        if(InsertList(L,i,a[i-1])==0)
        {
            printf("位置不合法");
            return;
        }
    }
    printf("单链表 L 中的元素有%d 个：\n",ListLength(L));
    DispList(L);
    printf("\n 请输入要查找 L 中倒数第几个节点元素值 k=(1≤k≤%d):",n);
    scanf("%d",&k);
    flag=Search_K_Reverse(L,k,&e);
    if(flag==1)
        printf("L 中倒数第%d 个节点的元素值是%2d\n",k,e);
    else
        printf("L 中不存在倒数第%d 个元素\n",k,e);
}
int Search_K_Reverse(LinkList L, int k, DataType *e)
{
    int count=0;
    ListNode *p,*q;
    p=q=L->next;
    while(p!=NULL)
    {
        if(count<k)
            count++;
        else
            q=q->next;
        p=p->next;
    }
    if(count<k)
```

```
            return 0;
        else
        {
            *e=q->data;
            return 1;
        }
}
void DispList(LinkList L)
/*输出单链表 L*/
{
    LinkList p=L->next;
    while(p)
    {
        printf("%4d",p->data);
        p=p->next;
    }
}
```

运行结果如图 1.31 所示。

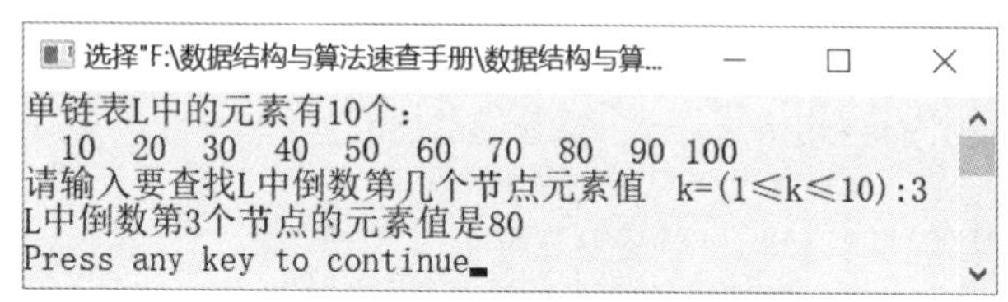

图 1.31　运行结果

1.3 循环单链表及其应用

【定义】

循环单链表（circular linked list）是一种首尾相连的单链表。将单链表的最后一个节点的指针域由空指针改为指向头节点或第一个节点，整个单链表就形成一个环，我们称这样的单链表为循环单链表。

与单链表类似，循环单链表也可分为带头节点的循环单链表和不带头节点的循环单链表两种。对于不带头节点的循环单链表，当单链表非空时，最后一个节点的指针域指向头节点，如图 1.32 所示。对于带头节点的循环单链表，当单链表为空链表时，头节点的指针域指向头节点本身，如图 1.33 所示。

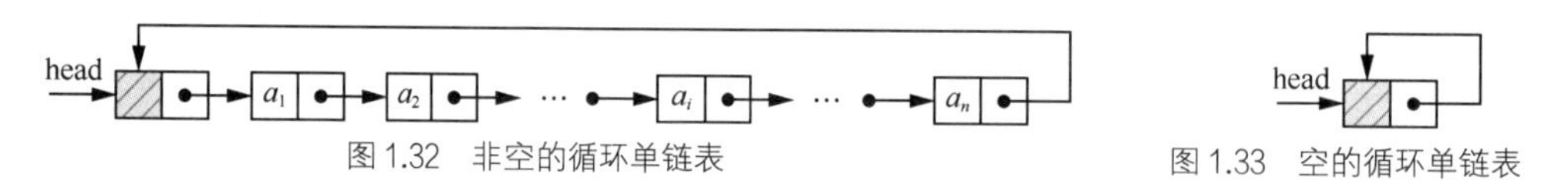

图 1.32　非空的循环单链表

图 1.33　空的循环单链表

1.3.1　分解一个循环单链表为两个循环单链表

问题描述

已知一个带头节点的循环单链表中的数据元素含有正数和负数，试实现一个算法，创建两个循环单链表，使一个循环单链表中只含正数，另一个循环单链表只含负数。例如，创建一个循环单链表(55,106,−29,−203,761,329,−76,432,87)，分解后变成两个循环单链表，一个只含有正数，一个只含有负数，即(55,106,761,329,432,87)和(−29,−203,−76)。

【分析】

初始时，先创建两个空的单链表 ha 和 hb，然后依次查看指针 p 指向的节点的元素值，如果值为正数，则将其插入 ha 中；否则，将其插入 hb 中。最后，使最后一个节点的指针域指向头节点，构成循环单链表。

☞第 1 章\实例 1-12.c

```
/********************************************
*实例说明：将一个循环单链表分解成两个循环单链表
********************************************/
#include<stdio.h>
#include<malloc.h>
#include<stdlib.h>
/*单链表类型定义*/
typedef int DataType;
typedef struct Node
{
    DataType data;
    struct Node *next;
}ListNode,*LinkList;
/*函数声明*/
LinkList CreateCycList();               /*创建一个循环单链表*/
void Split(LinkList ha,LinkList hb);
/*按 ha 中元素值的正负将 ha 分成两个循环单链表 ha 和 hb*/
void DispCycList(LinkList head);        /*输出循环单链表*/
void main()
{
    LinkList ha,hb=NULL;
    ListNode *s,*p;
    ha=CreateCycList();
    p=ha;
    while(p->next!=ha)                  /*找 ha 的最后一个节点，p 指向该节点*/
        p=p->next;
    /*为 ha 添加哨兵节点*/
    s=(ListNode*)malloc(sizeof(ListNode));
    s->next=ha;
    ha=s;
    p->next=ha;
    /*创建一个空的循环单链表 hb*/
    s=(ListNode*)malloc(sizeof(ListNode));
    s->next=hb;
    hb=s;
    Split(ha,hb);
    printf("输出循环单链表 A(正数):\n");
    DispCycList(ha);
    printf("输出循环单链表 B(负数):\n");
    DispCycList(hb);
}
void Split(LinkList ha,LinkList hb)
/*将一个循环单链表 ha 分解成两个循环单链表，其中 ha 中的元素为正数，hb 中的元素为负数*/
{
    ListNode *ra,*rb,*p=ha->next;
    int v;
    ra=ha;
    ra->next=NULL;
    rb=hb;
    rb->next=NULL;
    while(p!=ha)
    {
        v=p->data;
        if(v>0)                     /*若元素值大于 0，插入 ha 中*/
```

```
        {
            ra->next=p;
            ra=p;
        }
        else                        /*若元素值小于 0，插入 hb 中*/
        {
            rb->next=p;
            rb=p;
        }
        p=p->next;
    }
    ra->next=ha;                    /*构成循环单链表 ha*/
    rb->next=hb;                    /*构成循环单链表 hb*/
}
LinkList CreateCycList()
/*创建循环单链表*/
{
    ListNode *h=NULL,*s,*t=NULL;
    DataType e;
    int i=1;
    printf("创建一个循环单链表(输入 0 表示创建链表结束):\n");
    while(1)
    {
        printf("请输入第%d 个节点的 data 域值:",i);
        scanf("%d",&e);
        if(e==0)
            break;
        if(i==1)
        {
            h=(ListNode*)malloc(sizeof(ListNode));
            h->data=e;
            h->next=NULL;
            t=h;
        }
        else
        {
            s=(ListNode*)malloc(sizeof(ListNode));
            s->data=e;
            s->next=NULL;
            t->next=s;
            t=s;
        }
        i++;
    }
    if(t!=NULL)
        t->next=h;
    return h;
}
void DispCycList(LinkList h)
/*输出循环单链表*/
{
    ListNode *p=h->next;
    if(p==NULL)
    {
        printf("链表为空!\n");
        return;
    }
    while(p->next!=h)
    {
        printf("%4d",p->data);
        p=p->next;
```

```
        }
        printf("%4d",p->data);
        printf("\n");
    }
```

运行结果如图 1.34 所示。

```
"F:\数据结构与算法速查手册\数据结...
创建一个循环单链表(输入0表示创建链表结束):
请输入第1个节点的data域值:55
请输入第2个节点的data域值:106
请输入第3个节点的data域值:-29
请输入第4个节点的data域值:-203
请输入第5个节点的data域值:761
请输入第6个节点的data域值:329
请输入第7个节点的data域值:-76
请输入第8个节点的data域值:432
请输入第9个节点的data域值:87
请输入第10个节点的data域值:0
输出循环单链表A(正数):
  55 106 761 329 432  87
输出循环单链表B(负数):
 -29 -203 -76
Press any key to continue
```

图 1.34　运行结果

单链表与循环单链表的操作有何不同？

从以上算法容易看出，循环单链表的创建与单链表的创建基本一样，只是最后增加了两条语句，

```
if(t!=NULL)
    t->next=h;
```

使最后一个节点的指针指向第一个节点，构成一个循环单链表。

1.3.2　构造 3 个循环单链表

问题描述

已知 L 为指向单链表中头节点的指针，每个节点的数据域都存放一个字符，该字符可能是英文字母字符、数字字符或其他字符。实现算法，根据该单链表构造 3 个带头节点的循环单链表——ha、hb、hc，使得每个循环单链表只含有同一类字符。

【分析】

该题是东北大学考研题目的变形，为了便于编写程序，这里为单链表增加了一个头节点。这个题目考查单链表的基本操作（单链表和循环单链表的操作基本相同）。首先为 3 个循环单链表建立头节点并初始化。若要将一个单链表分解成 3 个循环单链表，可按照每个字符的 ASCII 码进行分类。若遇到 A～Z 和 a～z 的字符，将其插入 ha 中；若遇到 0～9 的字符，将其插入 hb 中；若遇到剩下的字符，将其插入 hc 中。

☞第 1 章\实例 1-13.cpp

```
/*********************************************
*实例说明：将一个单链表分解成 3 个循环单链表
*********************************************/
#include<stdio.h>
#include<malloc.h>
#include<stdlib.h>
#include<iostream.h>
```

```
#include<iomanip.h>
/*宏定义和单链表类型定义*/
typedef char DataType;
#include"LinkList.h"
LinkList CreateList(DataType a[],int n);/*根据给定的数组创建单链表*/
void Decompose(LinkList L,LinkList *ha,LinkList *hb,LinkList *hc);
/*分解单链表为 3 个循环单链表*/
void DispList(LinkList L);
void DispCycList(LinkList head);
int CycListLength(LinkList head);
void main()
{
    LinkList h,ha,hb,hc;
    int n;
    DataType a[]={'a','X','0','$','@','%','p','m','3','9','y','*','i','&'};
    n=sizeof(a)/sizeof(a[0]);
    h=CreateList(a,n);
    Decompose(h,&ha,&hb,&hc);
    cout<<"大小写英文字母的字符有"<<CycListLength(ha)<<"个，分别是"<<endl;
    DispCycList(ha);
    cout<<"数字字符的有:"<<CycListLength(hb)<<"个，分别是"<<endl;
    DispCycList(hb);
    cout<<"其他字符有:"<<CycListLength(hc)<<"个，分别是"<<endl;
    DispCycList(hc);
}
LinkList CreateList(DataType a[],int n)
//根据数组中的元素创建单链表
{
    LinkList L;
    int i;
    InitList(&L);           //初始化单链表 L
    for(i=1;i<=n;i++)       //将数组 a 中的元素插入单链表 L 中
    {
        if(InsertList(L,i,a[i-1])==0)
        {
            printf("插入位置不合法!");
            return NULL;
        }
    }
    DispList(L);
    return L;
}
void Decompose(LinkList L,LinkList *ha,LinkList *hb,LinkList *hc)
/*将带头节点的单链表 L 分解为 3 个带头节点的循环单链表 ha、hb 和 hc，其中 ha 仅含英文字母字符，hb 仅含数字字符，hc 仅含其他字符*/
{
    ListNode *p,*q;
    p=L->next;
    *ha=(LinkList)malloc(sizeof(ListNode));
    *hb=(LinkList)malloc(sizeof(ListNode));
    *hc=(LinkList)malloc(sizeof(ListNode));
    (*ha)->next=(*ha);
    (*hb)->next=(*hb);
    (*hc)->next=(*hc);
    while(p)
    {
        if((p->data>='A' && p->data<='Z')||(p->data>='a' && p->data<'z'))
        {
            q=p;
            p=p->next;
```

```
            q->next=(*ha)->next;
            (*ha)->next=q;
        }
        else if(p->data>='0' && p->data<='9')
        {
            q=p;
            p=p->next;
            q->next=(*hb)->next;
            (*hb)->next=q;
        }
        else
        {
            q=p;
            p=p->next;
            q->next=(*hc)->next;
            (*hc)->next=q;
        }
    }
}
void DispList(LinkList L)
//输出单链表中的元素
{
    int i;
    LinkList p;
    cout<<"单链表 L 中的元素有"<<ListLength(L)<<"个"<<endl;
    for(i=1;i<=ListLength(L);i++)        /*输出单链表 L 中的每个元素*/
    {
        p=Get(L,i);                      /*返回单链表 L 中的每个节点的指针*/
        if(p)
            cout<<setw(4)<<p->data;      /*输出单链表 L 中的每个元素*/
    }
    cout<<endl;
}
void DispCycList(LinkList h)
//输出循环单链表中的元素
{
    ListNode *p=h->next;
    if(p==NULL)
    {
        cout<<"链表为空!"<<endl;
        return;
    }
    while(p->next!=h)
    {
        cout<<setw(4)<<p->data;
        p=p->next;
    }
    cout<<setw(4)<<p->data;
    cout<<endl;
}
int CycListLength(LinkList head)
//求循环单链表的长度
{
    ListNode *p;
    int count=0;
    p=head;
    while(p->next!=head)
    {
        p=p->next;
        count++;
    }
```

```
    return count;
}
```

运行结果如图 1.35 所示。

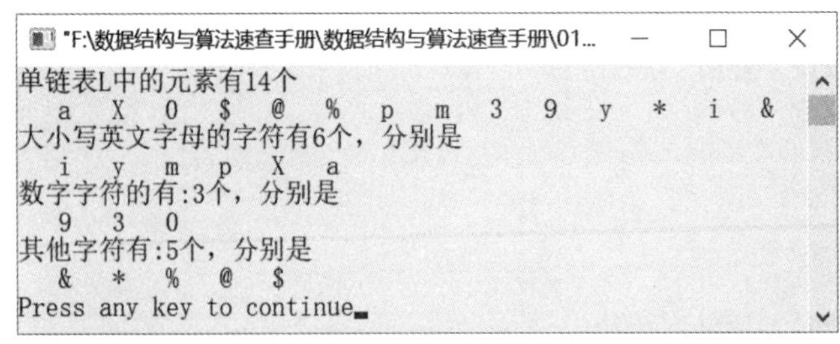

图 1.35　运行结果

求循环单链表长度和求单链表长度的判断条件分别是什么？它们有何区别？

在输出循环单链表的长度时，要注意循环单链表和单链表的判断条件不同，单链表的判断条件是 while(p->next!=NULL)，而循环单链表的判断条件是 while(p->next!=head)。否则，就会出现死循环，不显示这一部分的输出结果。

1.3.3　约瑟夫问题

问题描述

约瑟夫问题是一个很有意思的游戏。所谓约瑟夫问题，就是有 n 个人，编号分别是 1，2，3，…，n。他们围坐在一张圆桌周围，从编号为 k 的人开始报数，数到 m 的人出列。然后下一个人又从 1 开始报数，数到 m 的人出列。以此类推，直到坐在圆桌周围的人都出列。例如，若 n=7，k=2，m=3，则出列的人的顺序依次是 4、7、3、1、6、2、5。

要解决这个问题，需要先创建一个循环单链表，循环单链表就像一群小孩子手拉手围成一个大圆圈。将单链表的最后一个节点和第一个节点首尾相连就构成了循环单链表，如图 1.36 所示。

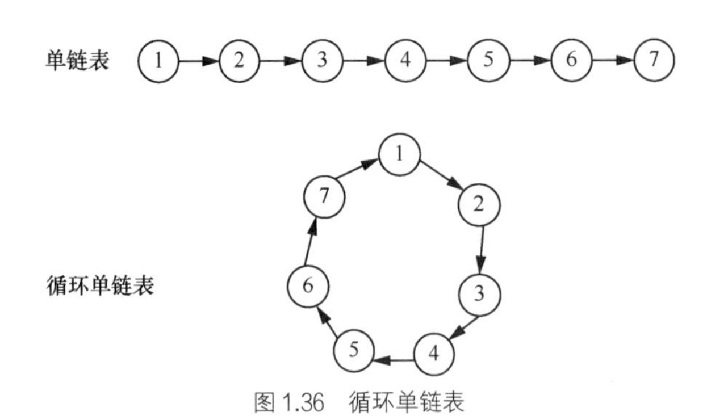

图 1.36　循环单链表

在图 1.36 中，将最后一个节点与第一个节点相连构成一个循环单链表。

【分析】

要解决约瑟夫问题，就要将循环单链表中的节点依次从循环单链表中删除。可以将这个问题分为以下两个小问题。

1. 寻找开始报数的人——从循环单链表的第一个节点出发找到第 *k* 个节点

首先需要找到开始报数的人，也就是循环单链表的第 *k* 个节点。需要从循环单链表的头指针出发，依次计数，直到 *k*。这需要定义一个指针 *p*，让 *p* 指向 head。通过 for 循环实现计数，*p* 指向的节点就是第 *k* 个节点。代码如下。

```
p=head;                          /*使 p 指向第一个节点*/
for(i=1;i<k;i++)                 /*通过循环令 p 指向开始报数的人*/
{
    r=p;
    p=p->next;
}
```

如果 *k*=3，则指针 *p* 和 *r* 的变化情况如图 1.37（a）～（c）所示。

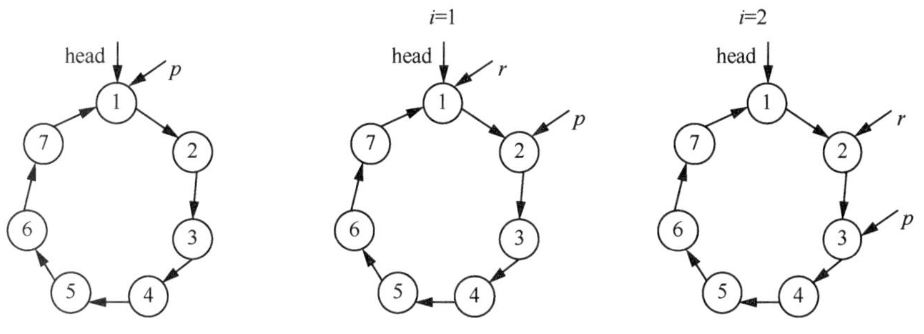

（a）初始时，让*p*指向第一个节点　（b）*i*<*k*，*p*指向第二个节点　（c）*i*<*k*，*p*指向第三个节点

图 1.37　在寻找第 *k* 个节点时指针 *p* 和 *r* 的变化情况

当 *i*=2 时，不再执行循环，*p* 指向的节点就是开始报数的节点，*r* 指向前一个节点。

2. 报数为 *m* 的人出列——删除计数为 *m* 的节点

从 *p* 指向的节点开始计数，使用循环进行计数。代码如下。

```
for(i=1;i<m;i++)                 /*找到报数为 m 的人*/
{
    r=p;
    p=p->next;
}
```

最后 *p* 指向要删除的节点，*r* 指向前一个节点。如果 *m*=2，则要删除的节点是编号为 5 的节点。删除 *p* 指向的节点的过程如图 1.38（a）～（d）所示。

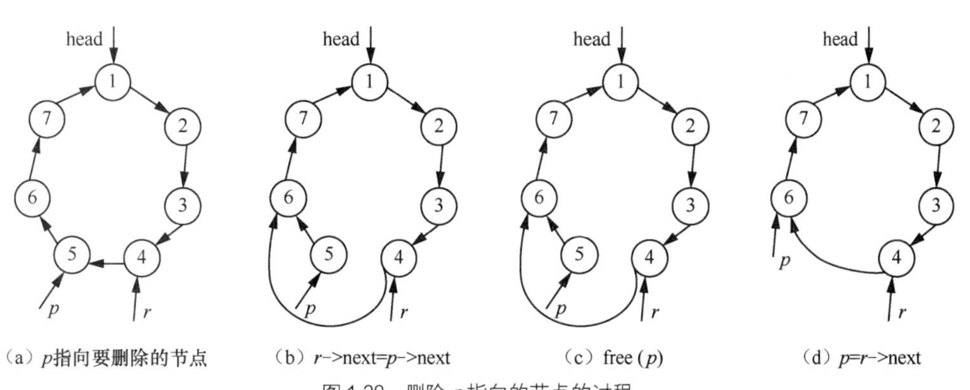

（a）*p*指向要删除的节点　（b）*r*->next=*p*->next　（c）free (*p*)　（d）*p*=*r*->next

图 1.38　删除 *p* 指向的节点的过程

删除 p 指向的节点的代码如下。

```
r->next=p->next;                /*将报数为 m 的人即 p 指向的节点脱链*/
free(p);                        /*释放 p 指向的节点的空间*/
```

删除节点之后，需要将 p 指向下一个节点以便下一次报数。代码如下。

```
p=r->next;                        /*令 p 指向下一次开始报数的人*/
```

☞第 1 章\实例 1-14.c

```
/**********************************************
*实例说明：约瑟夫问题
**********************************************/
#include<stdio.h>
#include<stdlib.h>
void Josephus(int n,int k,int m);          /*函数声明*/
typedef struct node{
    int data;
    struct node *next;
}ListNode,*LinkList;                       /*定义节点类型*/

void main()
{
    int n,k,m;
    printf("请依次输入总人数、开始报数的序号及出列人所报的数:\n");
    scanf("%d,%d,%d",&n,&k,&m);            /*输入总人数、第一个开始报数的人、出列的人所报的数*/
    Josephus(n,k,m);                       /*调用函数*/
}
void Josephus(int n,int k,int m)
/*n 表示总人数，k 表示第一个报数的人，报数为 m 的人出列*/
{
    LinkList p,r,head=NULL;                /*定义指向节点的指针，其中头指针 head 初始时为 NULL*/
    int i;
/*-------------------------建立循环链表-------------------------*/
    for(i=1;i<=n;i++)
    {
        p=(LinkList)malloc(sizeof(ListNode));          /*生成新节点*/
        p->data=i;                                     /*为节点元素赋值*/
        if(head==NULL)
            head=p;
        else
            r->next=p;
        r=p;
    }
    p->next=head;                                      /*使链表循环起来*/
/*-------------------------寻找开始报数的人-------------------------*/
    p=head;                                            /*使 p 指向第一个节点*/
    for(i=1;i<k;i++)                                   /*通过循环令 p 指向开始报数的人*/
    {
        r=p;
        p=p->next;
    }
/*-------------------------删除报数为 m 的人-------------------------*/
    while(p->next!=p)                                  /*如果链表中的节点多于 1 个*/
    {
        for(i=1;i<m;i++)                               /*找到报数为 m 的人*/
        {
            r=p;
```

```
            p=p->next;
        }
        r->next=p->next;                          /*使报数为 m 的人（即 p 指向的节点）脱链*/
        printf("被删除的元素: %d\n",p->data);       /*输出出列的人的序号*/
        free(p);                                  /*释放 p 指向的节点的空间*/
        p=r->next;                                /*令 p 指向下一次开始报数的人*/
    }
    printf("最后被删除的元素是%d\n",p->data);        /*输出最后一个出列的人的序号*/
```

运行结果如图 1.39 所示。

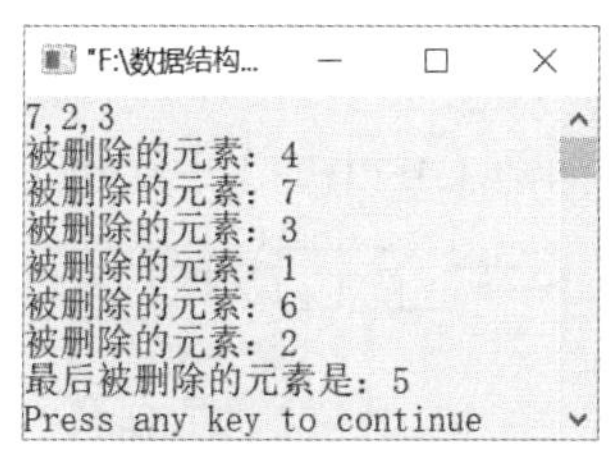

图 1.39　运行结果

1.4 双向链表及其应用

【定义】

双向链表（double linked list）就是链表中的每个节点都有两个指针域：一个指向直接前驱节点，另一个指向直接后继节点。双向链表的每个节点都有 3 个域——data 域、prior 域和 next 域。双向链表的节点结构如图 1.40 所示。

prior	data	next
指向直接前驱节点	数据域	指向直接后继节点

图 1.40　双向链表的节点结构

其中，data 域为数据域，存放数据元素；prior 域为前驱节点指针域，指向直接前驱节点；next 域为后继节点指针域，指向直接后继节点。

双向链表和循环链表结合就构成了双向循环链表（double circular linked list）。一个带头节点的双向循环链表如图 1.41 所示。带头节点的双向循环链表为空的情况如图 1.42 所示，带头节点的双向循环链表为空的判断条件是 head->prior==head 或 head->next==head。

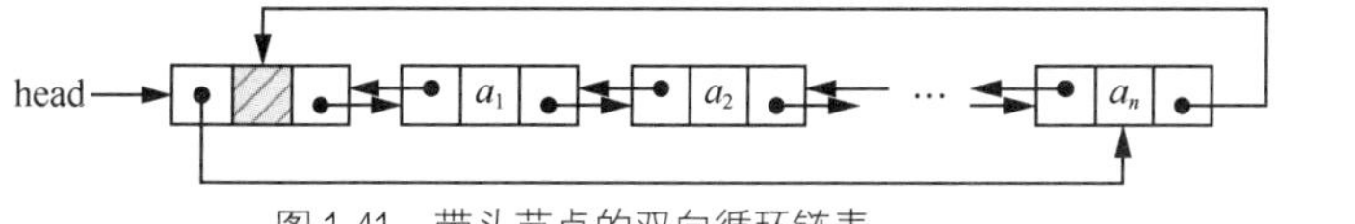

图 1.41　带头节点的双向循环链表

head

图 1.42　带头节点的空的双向循环链表

在带头节点的双向循环链表中，若双向循环链表为空，则有 p=p->prior->next=p->next->prior。双向循环链表中，既可以根据节点的前驱节点指针域向前查找，也可以根据后继节点指针域向后查找，因此给节点的查找带来了很大便利。

【存储结构】

```
typedef struct Node
{
    DataType data;
    struct Node *prior;
    struct Node *next;
}DListNode,*DLinkList;
```

【基本运算】

双向链表中的大多数操作和单链表的操作相同，如求链表的长度、查找链表的第 i 个节点等。

因为双向链表中节点有两个指针域，所以插入和删除操作比单链表要稍微复杂一些，需要同时修改两个指针域的指针指向。

1. 插入操作（在第 *i* 个位置插入元素值为 *e* 的节点）

（1）找到第 *i* 个节点，用 *p* 指向该节点。

（2）申请一个新节点，由 *s* 指向该节点，将 *e* 放入数据域。

（3）修改 *p* 和 *s* 指向的节点的指针域：修改 *s* 的 prior 域，使其指向 *p* 的直接前驱节点，即 *s*->prior=*p*->prior；修改 *p* 的直接前驱节点的 next 域，使其指向 *s* 指向的节点，即 *p*->prior->next=*s*；修改 *s* 的 next 域，使其指向 *p* 指向的节点，即 *s*->next=*p*；修改 *p* 的 prior 域，使其指向 *s* 指向的节点，即 *p*->prior=*s*。修改指针的顺序如图 1.43 中的①～④所示。

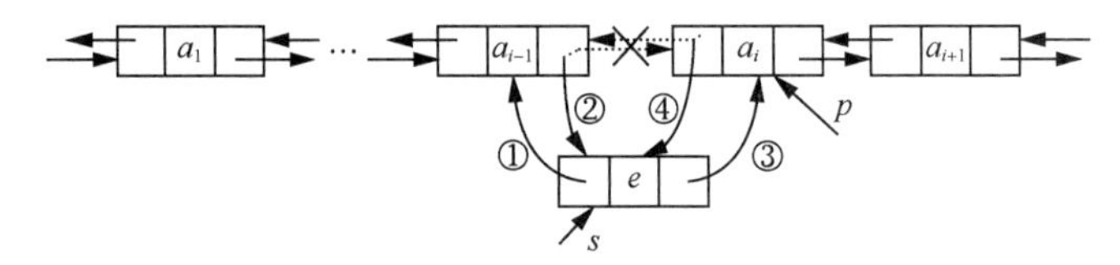

图 1.43　修改指针的顺序

插入操作算法实现如下所示。

```
int InsertDList(DListLink head,int i,DataType e)
{
    DListNode *p,*s;
    int j;
    p=head->next;
    j=0;
    while(p!=head&&j<i)
    {
        p=p->next;
        j++;
    }
    if(j!=i)
    {
        printf("插入位置不正确");
        return 0;
    }
    s=(DListNode*)malloc(sizeof(DListNode));
    if(!s)
        return -1;
    s->data=e;
    s->prior=p->prior;
    p->prior->next=s;
    s->next =p;
    p->prior=s;
    return 1;
}
```

2. 删除操作（删除第 *i* 个节点）

（1）找到第 *i* 个节点，用 *p* 指向该节点。

（2）使 *p* 指向的节点与双向链表断开，这需要修改 *p* 指向的节点的直接前驱节点和直接后继节点的指针域。首先修改 *p* 的直接前驱节点的 next 域，使其指向 *p* 的直接后继节点，即 *p*->prior->next=*p*->next；其次修改 *p* 的直接后继节点的 prior 域，使其指向 *p* 的直接前驱节点，即 *p*->next->prior=*p*->prior，如图 1.44 所示。

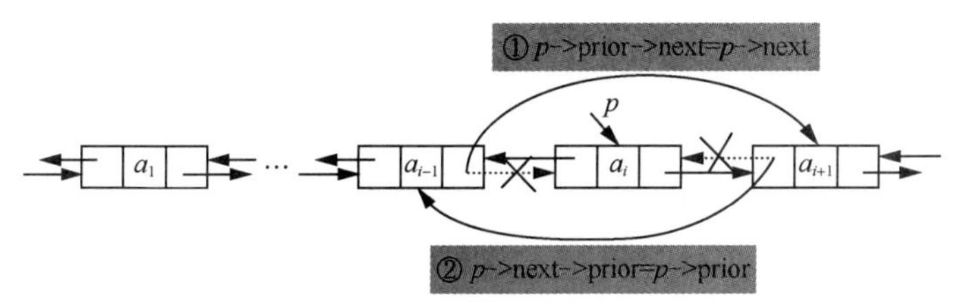

图 1.44 双向链表的删除节点操作过程

删除操作算法实现如下所示。

```
int DeleteDList(DListLink head,int i,DataType *e)
{
    DListNode *p;
    int j;
    p=head->next;
    j=0;
    while(p!=head&&j<i)
    {
        p=p->next;
        j++;
    }
    if(j!=i)
    {
        printf("删除位置不正确");
        return 0;
     }
     p->prior->next=p->next;
     p->next->prior =p->prior;
     free(p);
     return 1;
}
```

1.4.1 双向链表的创建与插入操作

问题描述

创建一个带头节点的含 n 个元素的双向链表 H，并在双向链表 H 中第 i 个位置插入一个元素。例如，创建一个双向链表('a', 'b', 'c', 'd', 'e', 'f', 'g')，元素为字符型数据，在双向链表中第 5 个位置插入元素 y，则双向链表变为('a', 'b', 'c', 'd', 'y', 'e', 'f', 'g')。

【分析】

主要考察双向链表的基本操作，双向链表的基本操作与单链表类似，只是双向链表的每个节点有两个指针域。

☞第 1 章\实例 1-15.c

```
/*******************************************
*实例说明：在双向链表中插入一个元素
*******************************************/
/*包含头文件*/
#include<stdio.h>
#include<conio.h>
#include<stdlib.h>
/*类型定义*/
typedef char DataType;
typedef struct Node
{
    DataType data;
    struct Node *prior;
    struct Node *next;
}DListNode,*DLinkList;
```

```
/*函数声明*/
DListNode *GetElem(DLinkList head,int i);
void PrintDList(DLinkList head);
int CreateDList(DLinkList head,int n);
int InsertDList(DLinkList head,int i,char e);
/*函数实现*/
int InitDList(DLinkList *head)
/*初始化双向循环链表*/
{
    *head=(DLinkList)malloc(sizeof(DListNode));
    if(!head)
       return -1;
    /*使头节点的 prior 指针和 next 指针指向自己*/
    (*head)->next=*head;
    (*head)->prior=*head;
    return 1;
}
int CreateDList(DLinkList head,int n)
/*创建双向循环链表*/
{
    DListNode *s,*q;
    int i;
    DataType e;
    q=head;
    for(i=1;i<=n;i++)
    {
        printf("输入第%d 个元素",i);
        e=getchar();
        s=(DListNode*)malloc(sizeof(DListNode));
        s->data=e;
        /*将新生成的节点插入双向循环链表*/
        s->next=q->next;
        q->next=s;
        s->prior=q;
        head->prior=s;
        /*这里要注意头节点的 prior 域指向新插入的节点*/
        q=s;        /*q 始终指向最后一个节点*/
        getchar();
    }
    return 1;
}
int InsertDList(DLinkList head,int i,DataType e)
/*在双向循环链表的第 i 个位置插入元素 e*/
{
    DListNode *p,*s;
    p=GetElem(head,i);          /*查找链表中的第 i 个节点*/
    if(!p)
        return 0;
    s=(DListNode*)malloc(sizeof(DListNode));
    if(!s)
        return -1;
    s->data=e;
    /*将 s 节点插入双向循环链表*/
    s->prior=p->prior;
    p->prior->next=s;
    s->next=p;
    p->prior=s;
    return 1;
}
DListNode *GetElem(DLinkList head,int i)
```

```
/*查找插入的位置*/
{
    DListNode *p;
    int j;
    p=head->next;
    j=1;
    while(p!=head&&j<i)
    {
        p=p->next;
        j++;
    }
    if(p==head||j>i)            /*如果位置不正确，则返回 NULL*/
        return NULL;
    return p;
}
void main()
{
    DLinkList h;
    int n;
    int pos;
    char e;
    InitDList(&h);
    printf("输入元素个数：");
    scanf("%d",&n);
    getchar();
    CreateDList(h,n);
    printf("链表中的元素：");
    PrintDList(h);
    printf("请输入插入的元素及位置：");
    scanf("%c",&e);
    getchar();
    scanf("%d",&pos);
    InsertDList(h,pos,e);
    printf("插入元素后链表中的元素：");
    PrintDList(h);
}
void PrintDList(DLinkList head)
/*输出双向循环链表中的每一个元素*/
{
    DListNode *p;
    p=head->next;
    while(p!=head)
    {
        printf("%c",p->data);
        p=p->next;
    }
    printf("\n");
}
```

运行结果如图 1.45 所示。

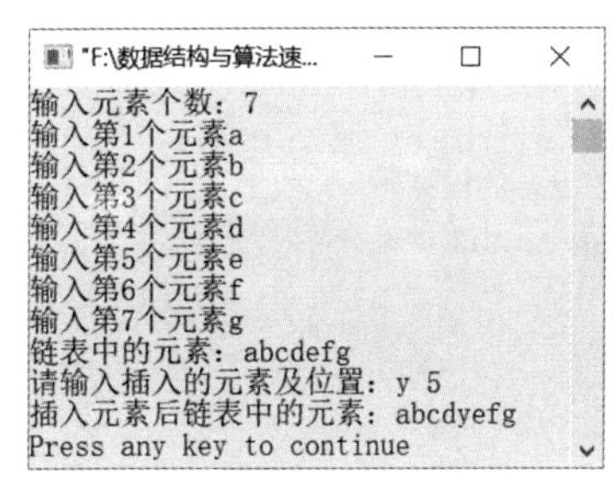

图 1.45 运行结果

双向链表的插入操作的语句顺序可以颠倒吗？

双向链表的插入和删除操作需要修改节点的 prior 域和 next 域，比单链表要复杂，因此要注意修改节点的指针域的顺序。

在创建双向循环链表时，首先要让指针 *q* 始终指向链表的最后一个节点，将 *s* 指向动态生成的节点，然后在链表的最后插入 *s* 指向的节点。插入节点时，注意，语句 *s*->next=*q*->next 和 *q*->next=*s* 的顺序不能颠倒。

1.4.2　约瑟夫问题（双向链表）

问题描述

有 *n* 个小朋友，编号分别为 1，2，…，*n*，将小朋友按编号围成一个圆圈，他们按顺时针方向从编号为 *k* 的人由 1 开始报数，报数为 *m* 的人出列，在他之后的一个人重新从 1 开始报数，数到 *m* 的人出列，照这样重复下去，直到所有的人都出列。实现一个算法，输入 *n*、*k* 和 *m*，按照出列顺序输出编号。

【分析】

解决约瑟夫问题可以分为 3 个步骤。第 1 步，创建一个具有 *n* 个节点的不带头节点的双向循环链表（模拟编号为 1～*n* 的圆圈可以利用循环单链表实现，这里采用双向循环链表实现），编号从 1 到 *n*，代表 *n* 个小朋友。第 2 步，找到第 *k* 个节点，即第一个开始报数的人。第 3 步，编号为 *k* 的人从 1 开始报数，并开始计数，报到 *m* 的人出列即将该节点删除。继续从下一个节点开始报数，直到最后一个节点被删除。

☞第 1 章\实例 1-16.c

```
/********************************************
*实例说明：约瑟夫问题（双向链表）
*********************************************/
#include<stdio.h>
#include<malloc.h>
#include<stdlib.h>
/*双向链表类型定义*/
typedef int DataType;
typedef struct Node
{
    DataType data;
    struct Node *prior;
    struct Node *next;
}DListNode,*DLinkList;
/*函数声明*/
DLinkList CreateDCList(int n);
/*创建一个长度为 n 的双向循环链表的函数声明*/
void Josephus(DLinkList head,int n,int m,int k);
/*在长度为 n 的双向循环链表中，报数为 m 的出列*/
int InitDList(DLinkList *head);
void main()
{
    DLinkList h;
    int n,k,m;
    printf("输入环中人的个数 n=");
```

```
    scanf("%d",&n);
    printf("输入开始报数的序号 k=");
    scanf("%d",&k);
    printf("报数为 m 的人出列 m=");
    scanf("%d",&m);
    h=CreateDCList(n);
    Josephus(h,n,m,k);
}
void Josephus(DLinkList head,int n,int m,int k)
/*在长度为 n 的双向循环链表中，从第 k 个人开始报数，数到 m 的人出列*/
{
    DListNode *p,*q;
    int i;
    p=head;
    for(i=1;i<k;i++)              /*从第 k 个人开始报数*/
    {
        q=p;
        p=p->next;
    }
    while(p->next!=p)
    {
        for(i=1;i<m;i++)          /*数到 m 的人出列*/
        {
          q=p;
          p=p->next;
        }
        q->next=p->next;          /*将 p 指向的节点删除，即报数为 m 的人出列*/
        p->next->prior=q;
        printf("%4d",p->data);    /*输出被删除的节点*/
        free(p);
        p=q->next;                /*p 指向下一个节点，重新开始报数*/
    }
    printf("%4d\n",p->data);
}
DLinkList CreateDCList(int n)
/*创建双向循环链表*/
{
    DLinkList head=NULL;
    DListNode *s,*q;
    int i;
    for(i=1;i<=n;i++)
    {
        s=(DListNode*)malloc(sizeof(DListNode));
        s->data=i;
        s->next=NULL;
        /*将新生成的节点插入双向循环链表*/
        if(head==NULL)
        {
          head=s;
          s->prior=head;
          s->next=head;
        }
        else
        {
          s->next=q->next;
          q->next=s;
```

```
                s->prior=q;
                head->prior=s;
            }
            q=s;            /*q 始终指向双向循环链表的最后一个节点*/
        }
        return head;
}
int InitDList(DLinkList *head)
/*初始化双向循环链表*/
{
        *head=(DLinkList)malloc(sizeof(DListNode));
        if(!head)
            return -1;
        /*使头节点的 prior 指针和 next 指针指向自己*/
        (*head)->next=*head;
        (*head)->prior=*head;
        return 1;
}
```

运行结果如图 1.46 所示。

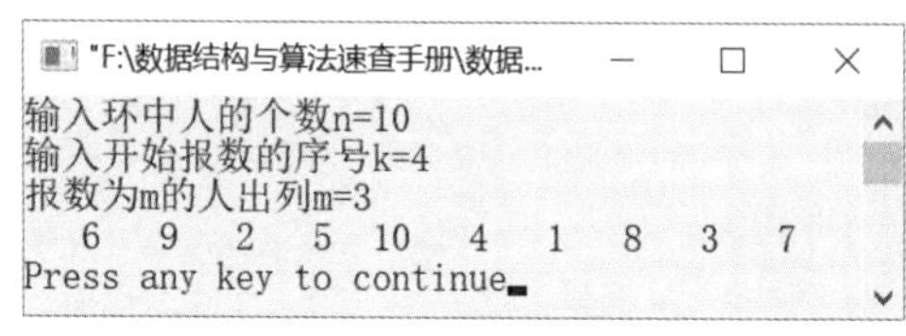

图 1.46　运行结果

1.5 线性表的典型应用

1.5.1　将两个一元多项式相加

问题描述

要求用链表表示一元多项式，并实现算法求两个多项式的和。例如，输入两个多项式 $3x^2+2x+1$ 和 $5x^3+3x+2$，输出结果为 $5x^3+3x^2+5x+3$。

【分析】

假设一元多项式表示为

$$P_n(x)=a_nx^n+a_{n-1}x^{n-1}+\ldots+a_1x+a_0$$

一元多项式的每一项都由系数和指数构成，因此要表示一元多项式，需要定义一个结构体。结构体由 coef 和 exp 两个部分构成，分别表示系数和指数。代码如下。

```
struct node
{
    float coef;         /*系数*/
    int exp;            /*指数*/
};
```

如果用结构体数组表示一元多项式的每一项，则需要 $n+1$ 个数组元素存放一元多项式（假设 n 为最高次幂）。当指数不连续且指数之间跨度非常大的时候（例如，一元多项式 $2x^{500}+1$），则需要数组的长度为 501，这显然会浪费很多内存空间。

为了有效利用内存空间，可以使用链表表示一元多项式，一元多项式的每一项都使用节点表示，节点由 3 个部分构成，分别是系数、指数和指针域。节点的结构如图 1.47 所示。

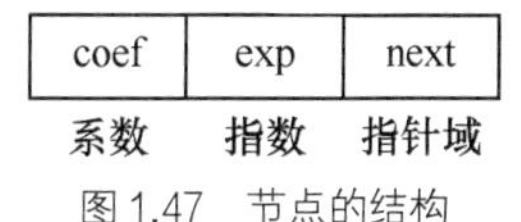

图 1.47　节点的结构

节点用 C 语言描述如下。

```
struct node
{
    float coef;              /*系数*/
    int exp;                 /*指数*/
    struct node *next;       /*指针域*/
};
```

为了操作上的方便，将链表的节点按照指数从高到低进行排列，即降幂排列。由最高次幂为 n 的一元多项式构成的链表如图 1.48 所示。

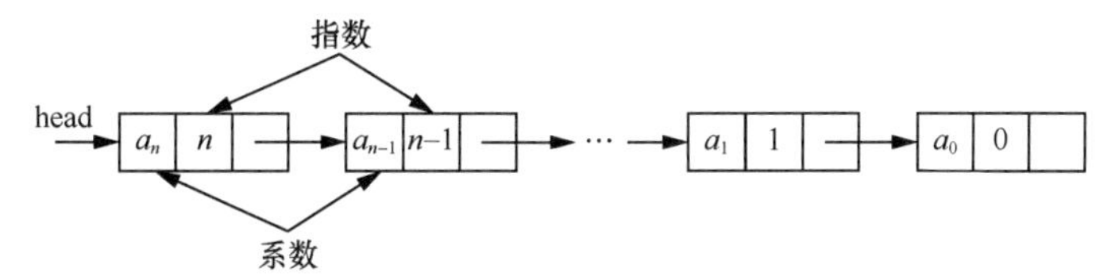

图 1.48　由最高次幂为 n 的一元多项式的构成的链表

两个一元多项式 $p(x)=3x^2+2x+1$ 和 $q(x)=5x^3+3x+2$ 的链表表示如图 1.49 所示。

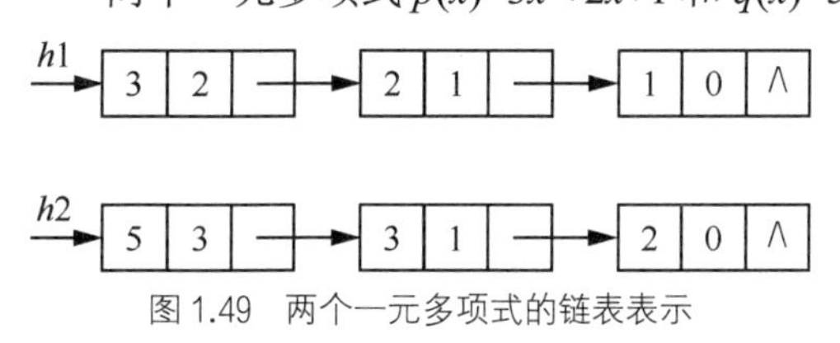

图 1.49　两个一元多项式的链表表示

如果要将两个一元多项式相加，则需要比较两个一元多项式的指数项。当两个一元多项式的两项中指数相同时，才将系数相加。如果两个一元多项式的指数不等，则求和后的一元多项式中该项的系数是其中一个多项式的系数。代码如下。

```
if(s1->exp==s2->exp)          /*如果两个指数相等，则将系数相加*/
{
    c=s1->coef+s2->coef;
    e=s1->exp;
    s1=s1->next;
    s2=s2->next;
}
else if(s1->exp>s2->exp)      /*如果 s1 的指数大于 s2 的指数，则将 s1 的指数作为结果*/
{
    c=s1->coef;
    e=s1->exp;
    s1=s1->next;
}
else                          /*如果 s1 的指数小于或等于 s2 的指数，则将 s2 的指数作为结果*/
{
    c=s2->coef;
    e=s2->exp;
    s2=s2->next;
}
```

其中，$s1$ 和 $s2$ 分别指向两个表示一元多项式的链表。因为链表的节点是按照指数从大到小排列的，所以在指数不等时，将指数大的作为结果，指数小的还要继续进行比较。例如，如果当前 $s1$ 指向系数为 3、指数为 2 的节点，即(3,2)，$s2$ 指向节点(3,1)，因为 $s1$->exp>$s2$->exp，所以将 $s1$ 指向的节点作为结果。在 $s1$ 指向(2,1)时，还要与 $s2$ 指向的(3,1)相加，得到(5,1)。

如果相加后系数不为 0，则需要生成一个节点存放到链表中。代码如下。

```
if(c!=0)
{
    p=(ListNode*)malloc(sizeof(ListNode));
    p->coef=c;
    p->exp=e;
    p->next=NULL;
    if(s==NULL)
        s=p;
    else
        r->next=p;
    r=p;
}
```

如果一个链表已经到达末尾，而另一个链表还有节点，则需要将剩下的节点插入新链表中，代码如下。

```
while(s1!=NULL)
{
    c=s1->coef;
    e=s1->exp;
    s1=s1->next;
    if(c!=0)
    {
        p=(ListNode*)malloc(sizeof(ListNode));
        p->coef=c;
        p->exp=e;
        p->next=NULL;
        if(s==NULL)
            s=p;
        else
            r->next=p;
        r=p;
    }
}
while(s2!=NULL)
{
    c=s2->coef;
    e=s2->exp;
    s2=s2->next;
    if(c!=0)
    {
        p=(ListNode*)malloc(sizeof(ListNode));
        p->coef=c;
        p->exp=e;
        p->next=NULL;
        if(s==NULL)
            s=p;
        else
            r->next=p;
        r=p;
    }
}
```

最后，*s* 指向的链表就是两个多项式的和的链表。

☞第 1 章\实例 1-17.c

```
/**********************************************
*实例说明：求两个一元多项式的和
**********************************************/
//创建多项式。依次输入多项式的系数和指数。当输入 0、0 时，即系数和指数都为 0 时，输入结束
```

```
#include<stdio.h>
#include<stdlib.h>
struct node
{
   int exp;
    float coef;
    struct node *next;
};
typedef struct node ListNode;
ListNode *CreatePoly()
/*创建多项式链表*/
{
   ListNode *h=NULL,*p,*q=NULL;
   int e;
   float c;
   printf("请输入系数和指数:");
   scanf("%f,%d",&c,&e);
   while(e!=0||c!=0)
   {
       p=(ListNode*)malloc(sizeof(ListNode));
       p->coef=c;
       p->exp=e;
       p->next=NULL;
       if(h==NULL)
           h=p;
       else
           q->next=p;
       q=p;
       printf("请输入系数和指数:");
          scanf("%f,%d",&c,&e);
   }
   return h;
}
//输出多项式。为了避免在指数为 0 时输出指数，指定当指数为 0,则只输出系数
 void DispPoly(ListNode *h)
 /*输出多项式*/
 {
   ListNode *p;
   p=h;
   while(p!=NULL)
   {
       if(p->exp==0)
           printf("%.2f",p->coef);
       else
           printf("%fx^%d",p->coef,p->exp);
       p=p->next;
       if(p!=NULL)
           printf("+");
   }
   printf("\n");
 }
//求两个多项式的和
 ListNode *AddPoly(ListNode *h1,ListNode *h2)
 /*将两个多项式相加*/
 {
    ListNode *p,*r=NULL,*s1,*s2,*s=NULL;
    float c;
    int e;
    s1=h1;
    s2=h2;
    while(s1!=NULL&&s2!=NULL)
```

```
    {
        if(s1->exp==s2->exp)
        {
            c=s1->coef+s2->coef;
            e=s1->exp;
            s1=s1->next;
            s2=s2->next;
        }
        else if(s1->exp>s2->exp)
        {
            c=s1->coef;
            e=s1->exp;
            s1=s1->next;
        }
        else
        {
            c=s2->coef;
            e=s2->exp;
            s2=s2->next;
        }
        if(c!=0)
        {
            p=(ListNode*)malloc(sizeof(ListNode));
            p->coef=c;
            p->exp=e;
            p->next=NULL;
            if(s==NULL)
                s=p;
            else
                r->next=p;
            r=p;
        }
    }
    while(s1!=NULL)
    {
        c=s1->coef;
        e=s1->exp;
        s1=s1->next;
        if(c!=0)
        {
            p=(ListNode*)malloc(sizeof(ListNode));
            p->coef=c;
            p->exp=e;
            p->next=NULL;
            if(s==NULL)
                s=p;
            else
                r->next=p;
            r=p;
        }
    }
    while(s2!=NULL)
    {
        c=s2->coef;
        e=s2->exp;
        s2=s2->next;
        if(c!=0)
        {
            p=(ListNode*)malloc(sizeof(ListNode));
            p->coef=c;
            p->exp=e;
            p->next=NULL;
```

```
                if(s==NULL)
                    s=p;
                else
                    r->next=p;
                r=p;
            }
        }
        return s;
    }
//在使用完链表后，需要释放链表所占用的内存空间
    void DeletePoly(ListNode *h)
    /*释放链表所占用的内存空间*/
    {
        ListNode *p,*r=h;
        while(r!=NULL)
        {
            p=r->next;
            free(r);
            r=p;
        }
    }
//测试部分
    void main()
    {
        ListNode *head1,*head2,*head;
        printf("创建第一个多项式:\n");
        head1=CreatePoly();
        printf("创建第二个多项式:\n");
        head2=CreatePoly();
        printf("将两个多项式相加:\n");
        head=AddPoly(head1,head2);
        DispPoly(head);
        DeletePoly(head);
}
```

运行结果如图 1.50 所示。

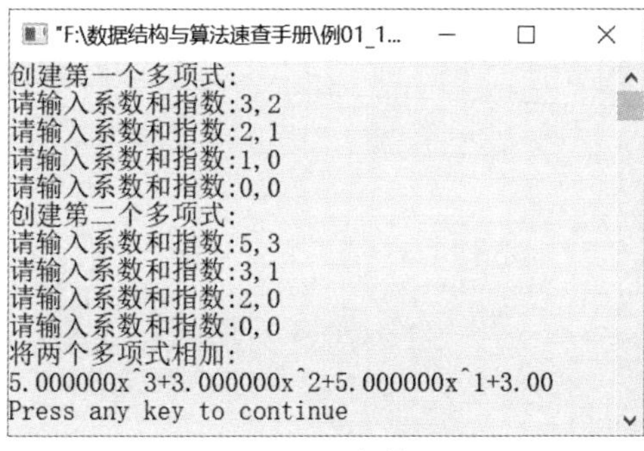

图 1.50 运行结果

1.5.2 将两个一元多项式相乘

问题描述

将两个一元多项式相乘，要求用链表实现。例如，分别输入两个一元多项式 $5x^4+3x^2+3x$ 和 $7x^3+5x^2+6x$，输出结果为 $35x^7+25x^6+51x^5+36x^4+33x^3+18x^2$。

【分析】

两个一元多项式的相乘运算，需要将一个一元多项式的每一项的指数与另一个一元多项式的每一项

的指数相加，并将其系数相乘。假设有两个多项式 $A_n(x)=a_nx^n+a_{n-1}x^{n-1}+\cdots+a_1x+a_0$ 和 $B_m(x)=b_mx^m+b_{m-1}x^{m-1}+\cdots+b_1x+b_0$，要将这两个多项式相乘，就是将多项式 $A_n(x)$中的每一项与 $B_m(x)$相乘，相乘的结果用线性表表示为$((a_n\times b_m,n+m),(a_{n-1}\times b_m,n+m-1),\cdots,(a_1,1),(a_0,0))$。

例如，两个多项式 $A(x)$和 $B(x)$相乘后得到 $C(x)$。

$$A(x)=5x^4+3x^2+3x$$

$$B(x)=7x^3+5x^2+6x$$

$$C(x)=35x^7+25x^6+51x^5+36x^4+33x^3+18x^2$$

以上一元多项式可以表示成链式存储结构，如图 1.51 所示。

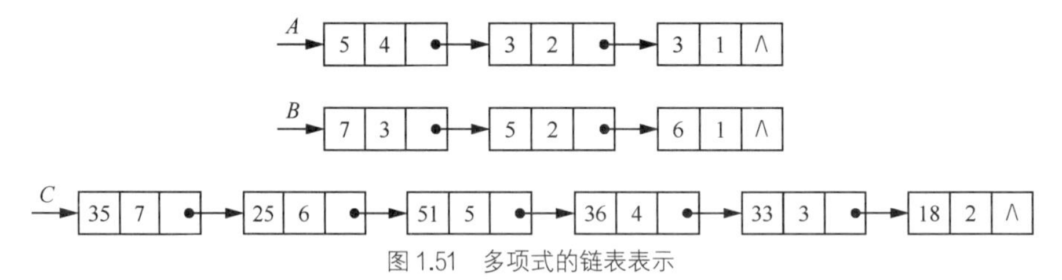

图 1.51　多项式的链表表示

算法思想如下。设 A、B 与 C 分别是一元多项式 $A(x)$、$B(x)$和 $C(x)$对应链表的头指针，要计算 $A(x)$和 $B(x)$的乘积，先计算出 $A(x)$和 $B(x)$的最高指数和，即 4+3=7，则 $A(x)$和 $B(x)$的乘积 $C(x)$的指数范围为 0～7。然后将 $A(x)$的各项按照指数降序排列，将 $B(x)$的各项按照指数升序排列。分别设置两个指针 pa 和 pb，pa 用来指向表示 $A(x)$的链表，pb 用来指向表示 $B(x)$的链表，从两个链表的第一个节点开始计算指数和，并将其与 k 比较（k 为指数和的范围，从 7 到 0 递减），使链表的指数和呈递减排列。若指数和小于 k，则 pb=pb->next；若指数和等于 k，则求出两个一元多项式系数的乘积，并将其存入新节点中；若和大于 k，则 pa=pa->next。这样就可以得到一元多项式 $A(x)$和 $B(x)$的乘积 $C(x)$。算法结束后将表示 $B(x)$的链表逆置，将其恢复原样。

☞第 1 章\实例 1-18.c

```
/*********************************************
*实例说明：求两个一元多项式的乘积
*********************************************/
1  #include<stdio.h>
2  #include<stdlib.h>
3  #include<malloc.h>
4  /*一元多项式节点类型定义*/
5  typedef struct polyn
6  {
7       float coef;                    /*存放一元多项式的系数*/
8       int expn;                      /*存放一元多项式的指数*/
9       struct polyn *next;
10 }PolyNode, *PLinkList;
11 PLinkList CreatePolyn()
12 /*创建一元多项式，使一元多项式各项呈指数递减排列*/
13 {
14     PolyNode *p,*q,*s;
15     PolyNode *head=NULL;
16     int expn2;
17     float coef2;
18     head=(PLinkList)malloc(sizeof(PolyNode));
19     /*动态生成一个头节点*/
20     if(!head)
```

```
21          return NULL;
22          head->coef=0;
23          head->expn=0;
24          head->next=NULL;
25          do
26          {
27             printf("输入系数 coef(系数和指数都为 0 结束)");
28             scanf("%f",&coef2);
29             printf("输入指数 exp(系数和指数都为 0 结束)");
30             scanf("%d",&expn2);
31             if((long)coef2==0&&expn2==0)
32                 break;
33             s=(PolyNode*)malloc(sizeof(PolyNode));
34             if(!s)
35                 return NULL;
36             s->expn=expn2;
37             s->coef=coef2;
38             q=head->next;          /*q 指向链表的第一个节点，即表尾*/
39             p=head;                /*p 指向 q 的前驱节点*/
40             while(q&&expn2<q->expn)
41             /*将新输入的指数与 q 指向的节点的指数比较*/
42             {
43                p=q;
44                q=q->next;
45             }
46             if(q==NULL||expn2>q->expn)
47             /*q 指向要插入节点的位置，p 指向要插入节点的前驱节点*/
48             {
49                p->next=s;          /*将 s 节点插入链表中*/
50                s->next=q;
51             }
52             else
53                q->coef+=coef2; /*若指数与链表中节点的指数相同，则将系数相加*/
54          } while(1);
55          return head;
56 }
57 PolyNode *MultiplyPolyn(PLinkList A,PLinkList B)
58 /*多项式的乘积*/
59 {
60          PolyNode *pa,*pb,*pc,*u,*head;
61          int k,maxExp;
62          float coef;
63          head=(PLinkList)malloc(sizeof(PolyNode));       /*动态生成头节点*/
64          if(!head)
65             return NULL;
66          head->coef=0.0;
67          head->expn=0;
68          head->next=NULL;
69          if(A->next!=NULL&&B->next!=NULL)
70             maxExp=A->next->expn+B->next->expn;/*maxExp 为两个链表指数的和的最大值*/
71          else
72             return head;
73          pc=head;
74          B=Reverse(B);
75          for(k=maxExp;k>=0;k--)
76          {
```

```
77              pa=A->next;
78              while(pa!=NULL&&pa->expn>k)/*寻找 pa 的开始位置*/
79                 pa=pa->next;
80                 pb=B->next;
81              while(pb!=NULL&&pa!=NULL&&pa->expn+pb->expn<k) /*如果和小于 k，使pb 指向下一个节点*/
82                 pb=pb->next;
83              coef=0.0;
84              while(pa!=NULL&&pb!=NULL)
85              {
86                if(pa->expn+pb->expn==k)        /*如果在链表中找到对应的节点，即和等于 k，求相应的系数*/
87               {
88                   coef+=pa->coef*pb->coef;
89                   pa=pa->next;
90                   pb=pb->next;
91                }
92                else if(pa->expn+pb->expn>k)  /*如果和大于 k，则使 pa 指向下一个节点*/
93                   pa=pa->next;
94                else
95                   pb=pb->next;                 /*如果和小于 k，则使 pb 指向下一个节点*/
96              }
97              if(coef!=0.0)
98              /*如果系数不为 0，则生成新节点，将系数和指数分别赋值给新节点，并将新节点插入链表中*/
99             {
100                 u=(PolyNode*)malloc(sizeof(PolyNode));
101                 u->coef=coef;
102                 u->expn=k;
103                 u->next=pc->next;
104                 pc->next=u;
105                 pc=u;
106             }
107          }
108         B=Reverse(B);         /*完成一元多项式相乘后，将 B(x)的各项呈指数递减形式排列*/
109         return head;
110 }
111 void OutPut(PLinkList head)
112 /*输出一元多项式*/
113 {
114     PolyNode *p=head->next;
115     while(p)
116     {
117       printf("%1.1f",p->coef);
118       if(p->expn)
119          printf("*x^%d",p->expn);
120       if(p->next&&p->next->coef>0)
121          printf("+");
122       p=p->next;
123     }
124 }
125 PolyNode *Reverse(PLinkList head)
126 /*将生成的链表逆置，使一元多项式呈指数递增形式排列*/
127 {
128     PolyNode *q,*r,*p=NULL;
129     q=head->next;
130     while(q)
131     {
132        r=q->next;
133        q->next=p;
134        p=q;
135        q=r;
```

```
136     }
137     head->next=p;        /*将头节点的指针指向已经逆置后的链表*/
138     return head;
139 }
140 void main()
141 {
142     PLinkList A,B,C;
143     A=CreatePolyn();
144     printf("A(x)=");
145     OutPut(A);
146     printf("\n");
147     B=CreatePolyn();
148     printf("B(x)=");
149     OutPut(B);
150     printf("\n");
151     C=MultiplyPolyn(A,B);
152     printf("C(x)=A(x)*B(x)=");
153     OutPut(C);                  /*输出结果*/
154     printf("\n");
155 }
```

运行结果如图 1.52 所示。

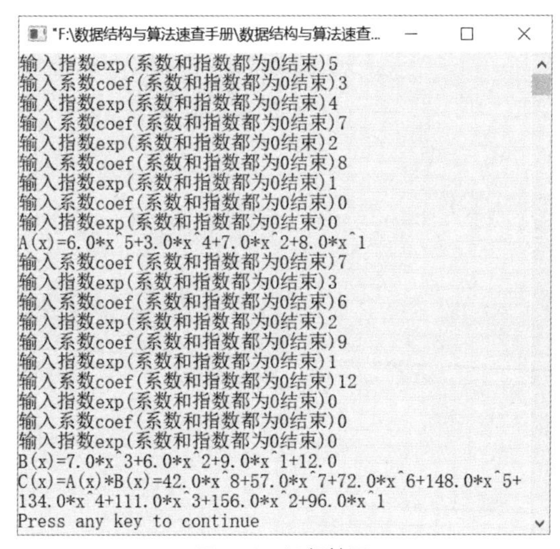

图 1.52 运行结果

【说明】

在第 5～9 行中，定义一元多项式的节点，包括两个域——系数域和指数域。

在第 18～24 行中，动态生成头节点，初始时链表为空。

在第 27～31 行中，输入系数和指数，当系数和指数都输入为 0 时，输入结束。

在第 38～45 行中，从链表的第一个节点开始寻找新节点的插入位置。

在第 46～51 行中，将 *q* 指向的新节点插入链表的相应位置，插入后使链表中每个节点按照指数从大到小排列，即降幂排列。

在第 66～72 行中，以两个一元多项式的指数的最大值之和作为一元多项式相乘后的最高指数项，若一元多项式中有一个为空，则相乘后结果为空，直接返回一个空链表。

在第 73 行中，初始时，pc 指向的是一个空链表，将 pb 指向的链表逆置，使其指数按降序排列。

在第 77～82 行中，分别在 pa 和 pb 指向的链表中寻找可能开始的位置，保证两个链表中节点

的指数相加为 k。

在第 87～92 行中，若指数之和为 k，则将两个节点的系数相乘。

在第 93～94 行中，若指数之和大于 k，则需要从 pa 指向的节点的下一个节点开始查找。

在第 95～96 行中，若指数之和小于 k，则需要从 pb 指向的节点的下一个节点开始查找。

在第 98～107 行中，若两个系数相乘后不为 0，则创建一个新节点，并将系数和指数存入其中，把该节点插入 pc 所指向的链表中。

在第 109 行中，将 pb 指向的链表逆置，恢复原样。

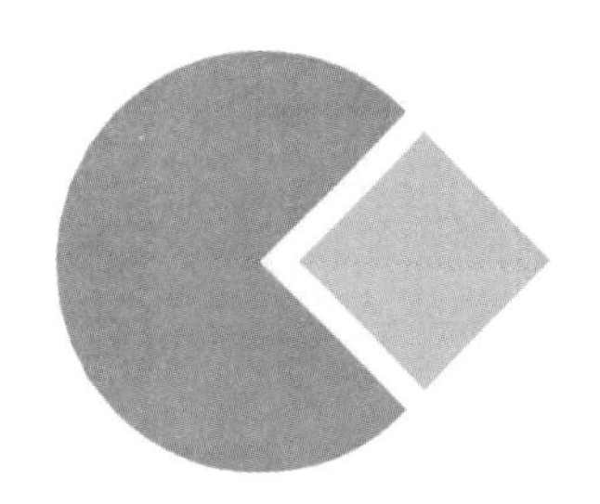

第2章　栈

栈（stack）是一种操作受限的线性表。栈具有线性表的结构特点：除了第一个元素和最后一个元素外，其他元素只有一个前驱元素和一个后继元素。栈的限制在于它只允许在表的一端进行插入和删除操作。在日常生活中，有许多栈的例子，进制转换、表达式求值、括号匹配使用的都是栈的"后进先出"设计思想。

2.1　顺序栈及其应用

【定义】

栈也称为堆栈，它是限定仅在表尾进行插入和删除操作的线性表。对于栈来说，表尾（允许操作的一端）称为栈顶（top），另一端称为栈底（bottom）。栈顶是动态变化的，它由一个称为栈顶（top）指针的变量指示。当表中没有元素时，称为空栈。

栈的插入操作称为入栈或进栈，删除操作称为出栈或退栈。

在栈 $S=(a_1,a_2,\cdots,a_n)$中，a_1 称为栈底元素，a_n 称为栈顶元素，由栈顶指针 top 指示。栈中的元素按照 a_1，a_2，…，a_n 的顺序入栈，当前的栈顶元素为 a_n，如图 2.1 所示。

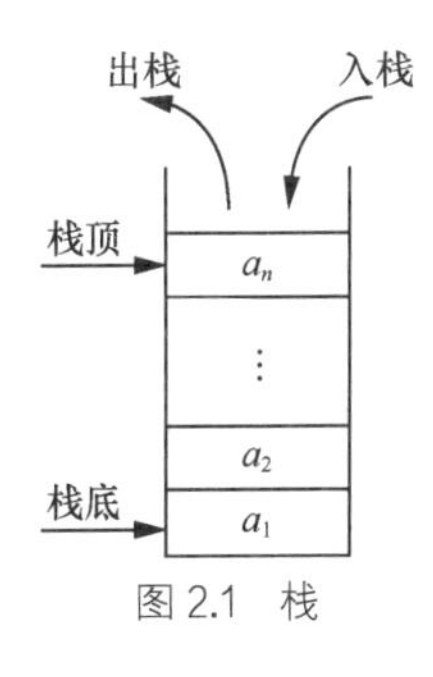

图 2.1　栈

按照存储方式，可以将栈分为顺序栈和链栈。采用顺序存储结构的栈称为顺序栈。与顺序表一样，可利用数组存储顺序栈中的元素，同时增加一个栈顶指针 top，指向栈顶元素。当 top=0 时表示空栈。

当栈中元素已经有 StackSize 个时，称为栈满。如果继续进行入栈操作则会产生溢出，称为上溢。对空栈进行出栈操作，称为下溢。

【特点】

栈是一种后进先出（Last In First Out，LIFO）的线性表。最先入栈的元素一定位于栈底，最后入栈的元素一定位于栈顶。每次删除的元素是栈顶元素，也就是最后入栈的元素。

【存储结构】

栈的存储结构的 C 语言描述如下。

```
#define StackSize 100
typedef struct
{
    DataType stack[StackSize];
    int top;
}SeqStack;
```

其中，DataType 为数据元素的数据类型，stack 是用于存储栈中的数据元素的数组，top 为栈顶指针。

【基本运算】

顺序栈的基本运算如下（以下算法的实现保存在文件 SeqStack.h 中）。

（1）初始化栈。

```
void InitStack(SeqStack *S)
/*初始化栈*/
{
    S->top=0;                    /*把栈顶指针置为 0*/
}
```

（2）判断栈是否为空。

```
int StackEmpty(SeqStack S)
/*判断栈是否为空*/
{
    if(S.top==0)                  /*如果栈顶指针 top 为 0*/
        return 1;                 /*返回 1*/
    else                          /*否则*/
        return 0;                 /*返回 0*/
}
```

（3）取栈顶元素。

```
int GetTop(SeqStack S, DataType *e)
/*取栈顶元素，将栈顶元素值返回给 e*/
{
     if(S.top<=0)                  /*如果栈为空*/
     {
       printf("栈已经空!\n");
       return 0;
     }
     else                          /*否则*/
     {
        *e=S.stack[S.top-1];       /*取栈顶元素*/
         return 1;
     }
}
```

（4）将元素 e 入栈。

```
int PushStack(SeqStack *S,DataType e)
/*将元素 e 入栈*/
{
    if(S->top>=StackSize)          /*如果栈已满*/
    {
        printf("栈已满，不能将元素入栈! \n");
        return 0;
    }
    else                           /*否则*/
    {
        S->stack[S->top]=e;        /*元素 e 入栈*/
        S->top++;                  /*修改栈顶指针*/
        return 1;
    }
}
```

（5）将栈顶元素出栈。

```
int PopStack(SeqStack *S,DataType *e)
/*将栈顶元素出栈，并将其赋给 e*/
{
```

```
    if(S->top==0)                /*如果栈为空*/
    {
        printf("栈中已经没有元素，不能进行出栈操作!\n");
        return 0;
    }
    else                         /*否则*/
    {
        S->top--;                /*先修改栈顶指针，即出栈*/
        *e=S->stack[S->top];     /*将出栈元素赋给 e*/
        return 1;
    }
}
```

（6）求栈的长度。

```
int StackLength(SeqStack S)
/*求栈的长度*/
{
    return S.top;
}
```

（7）清空栈。

```
void ClearStack(SeqStack *S)
/*清空栈*/
{
    S->top=0;                    /*将栈顶指针置为 0*/
}
```

以上顺序栈存储结构的定义和基本运算保存在 SeqStack.h 文件中，在使用时可通过#include "SeqStack.h"调用这些基本运算。

2.1.1 将元素分别入栈和出栈

问题描述

利用顺序栈的基本运算，将元素 A、B、C、D、E、F、G、H 依次入栈，再将栈顶元素即 H 和 G 出栈，然后把 X 和 Y 入栈，最后将元素全部出栈，并依次输出出栈元素。

【分析】

主要考查栈的基本运算的算法思想，通过这个简单实例应学会如何通过栈的基本运算实现具体的功能。

☞第 2 章\实例 2-01.c

```
/*********************************************
*实例说明：入栈和出栈
*********************************************/
#include<stdio.h>
#include<stdlib.h>
/*类型定义*/
typedef char DataType;
#include "SeqStack.h"                /*包含栈的基本运算实现*/
void main()
{
    SeqStack S;                      /*定义一个栈*/
    int i;
    DataType a[]={'A','B','C','D','E','F','G','H'};
```

```
    DataType e;
    InitStack(&S);                              /*初始化栈*/
    for(i=0;i<sizeof(a)/sizeof(a[0]);i++)/*将数组 a 中的元素依次入栈*/
    {
        if(PushStack(&S,a[i])==0)
        {
            printf("栈已满，不能入栈！");
            return;
        }
    }
    printf("依次出栈的元素是");
    if(PopStack(&S,&e)==1)                  /*元素 H 出栈*/
        printf("%4c",e);
    if(PopStack(&S,&e)==1)                  /*元素 G 出栈*/
        printf("%4c",e);
    printf("\n");
    printf("当前的栈顶元素是");
    if(GetTop(S,&e)==0)                     /*取栈顶元素*/
    {
        printf("栈已空！");
        return;
    }
    else
        printf("%4c\n",e);
    printf("将元素 G、H 依次入栈。\n");
    if(PushStack(&S,'G')==0)                /*元素 G 入栈*/
    {
        printf("栈已满，不能入栈！");
        return;
    }
    if(PushStack(&S,'H')==0)                /*元素 H 入栈*/
    {
        printf("栈已满，不能入栈！");
        return;
    }
    printf("当前栈中的元素个数是%d\n",StackLength(S)); /*输出栈中元素个数*/
    printf("将栈中元素出栈，出栈的序列是\n");
    while(!StackEmpty(S))                   /*如果栈不空，将所有元素出栈*/
    {
        PopStack(&S,&e);
        printf("%4c",e);
    }
    printf("\n");
}
```

运行结果如图 2.2 所示。

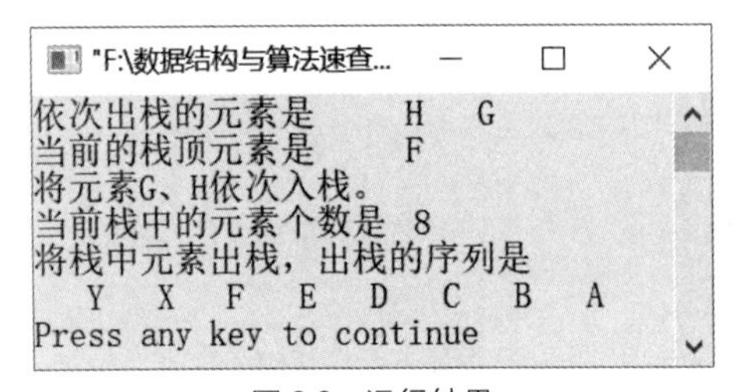

图 2.2 运行结果

如何调用顺序栈的头文件？

因为顺序栈的存储结构定义中含有数据类型 DataType 和表示顺序表长度的宏名 ListSize，所以在调用头文件 SeqStack.h 时，需要在#include"SeqStack.h"前先给宏名赋值、进行数据类型定义，其语句次序如下。

```
#define ListSize 200
typedef int DataType;
#include"SeqStack.h"
```

2.1.2 共享栈的入栈和出栈操作

问题描述

有两个栈 S_1 和 S_2 都采用顺序结构存储，并且共享一个存储区。为了尽可能多地利用存储空间，减小溢出的可能性，采用栈底固定、栈顶迎面增长的方式实现共享栈，试设计 S_1 和 S_2 有关入栈和出栈的算法。

【分析】

该题是哈尔滨工业大学的考研试题，主要考查共享栈的算法设计。

在使用顺序栈时，定义的存储空间过大，可能造成有些栈的空闲空间并没有被有效利用。为了使栈的存储空间能被充分利用，可以让多个栈共享一个足够大的连续存储空间，通过移动栈顶指针，从而使多个栈的存储空间互相补充，存储空间得到有效利用，这就是共享栈的设计思想。

最常见的是两个栈的共享。栈的共享原理是利用栈底固定、栈顶迎面增长的方式实现的。这可通过两个栈共享一个一维数组实现。两个栈的栈底设置在数组的两端。当有元素入栈时，栈顶位置从栈的两端迎面增长；当两个栈的栈顶相遇时，栈满。

用一维数组表示的共享栈如图 2.3 所示。

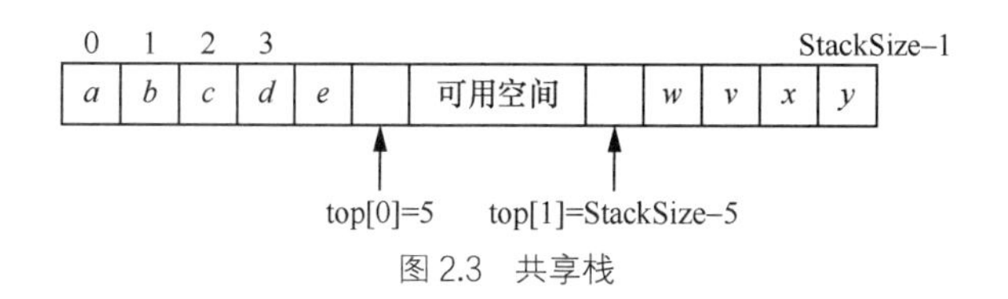

图 2.3 共享栈

【存储结构】

栈的存储结构的 C 语言描述如下。

```
typedef struct
{
    DataType stack[StackSize];
    int top[2];
}SSeqStack;
```

其中，top[0]和 top[1]分别是指向两个栈顶的指针。

☞第 2 章\实例 2-02.c

```
/*********************************************
```

```
*实例说明：共享栈的基本操作
*********************************************/
#include<stdio.h>
#include<stdlib.h>
#define StackSize 100
typedef char DataType;
#define CHAR1 "左端栈的栈顶元素是%c，右端栈的栈顶元素是%c\n"
#define CHAR2 "%5c"
#include "SSeqStack.h"          /*包含共享栈的基本类型定义和基本操作实现*/
void main()
{
    SSeqStack S;                /*定义一个共享栈*/
    int i;
    DataType a[]={'a','b','c','d','e','f'};
    DataType b[]={'p','w','x','y','z'};
    DataType e1,e2;
    InitStack(&S);              /*初始化共享栈*/
    for(i=0;i<sizeof(a)/sizeof(a[0]);i++)
    {
        if(PushStack(&S,a[i],1)==0)
        {
            printf("栈已满，不能入栈!");
            return;
        }
    }
    for(i=0;i<sizeof(b)/sizeof(b[0]);i++)
    {
        if(PushStack(&S,b[i],2)==0)
        {
            printf("栈已满，不能入栈!");
            return;
        }
    }
    if(GetTop(S,&e1,1)==0)
    {
        printf("栈已空");
        return;
    }
    if(GetTop(S,&e2,2)==0)
    {
        printf("栈已空");
        return;
    }
    printf(CHAR1,e1,e2);
    printf("左端栈的出栈的元素次序是");

    while(!StackEmpty(S,1))     /*将左端栈元素出栈*/
    {
        PopStack(&S,&e1,1);
        printf(CHAR2,e1);
    }
    printf("\n");
    printf("右端栈的出栈的元素次序是");
    while(!StackEmpty(S,2))     /*将右端栈元素出栈*/
    {
        PopStack(&S,&e2,2);
        printf(CHAR2,e2);
    }
    printf("\n");
}
```

其中，共享栈的基本运算实现在文件 SSeqStack.h 中，其代码如下。

```
typedef struct
```

```
{
    DataType stack[StackSize];
    int top[2];
}SSeqStack;
void InitStack(SSeqStack *S)
/*共享栈的初始化*/
{
    S->top[0]=0;
    S->top[1]=StackSize-1;
}
int GetTop(SSeqStack S, DataType *e,int flag)
/*取栈顶元素*/
{
    switch(flag)
    {
      case 1:                              /*flag 为 1，表示要取左端栈的顶部元素*/
          if(S.top[0]==0)
              return 0;
          *e=S.stack[S.top[0]-1];
          break;
      case 2:                              /*flag 为 2，表示要取右端栈的顶部元素*/
          if(S.top[1]==StackSize-1)
              return 0;
          *e=S.stack[S.top[1]+1];
          break;
      default:
      return 0;
    }
    return 1;
}
int PushStack(SSeqStack *S,DataType e,int flag)
/*将元素 e 入共享栈*/
{
    if(S->top[0]==S->top[1])              /*如果共享栈已满*/
        return 0;                         /*返回 0，入栈失败*/
    switch(flag)
    {
        case 1:
            S->stack[S->top[0]]=e;
            S->top[0]++;
            break;
        case 2:
            S->stack[S->top[1]]=e;
            S->top[1]--;
            break;
        default:
        return 0;
    }
    return 1;                            /*返回 1，入栈成功*/
}
int PopStack(SSeqStack *S,DataType *e,int flag)
{
    switch(flag)                         /*在执行出栈操作之前，判断哪个栈中要进行出栈操作*/
    {
        case 1:
            if(S->top[0]==0)
              return 0;
          S->top[0]--;
```

```
            *e=S->stack[S->top[0]];
            break;
        case 2:
            if(S->top[1]==StackSize-1)
                return 0;
            S->top[1]++;
            *e=S->stack[S->top[1]];
            break;
        default:
        return 0;
    }
    return 1;                           /*返回 1，出栈操作成功*/
}
int StackEmpty(SSeqStack S,int flag)
/*判断栈是否为空*/
{
    switch(flag)
    {
        case 1:                         /*flag 为 1，表示判断左端的栈是否为空*/
            if(S.top[0]==0)
                return 1;
            break;
        case 2:                         /*flag 为 2，表示判断右端的栈是否为空*/
            if(S.top[1]==StackSize-1)
                return 1;
            break;
       default:
       printf("输入的 flag 参数错误!");
       return -1;
    }
    return 0;
}
```

运行结果如图 2.4 所示。

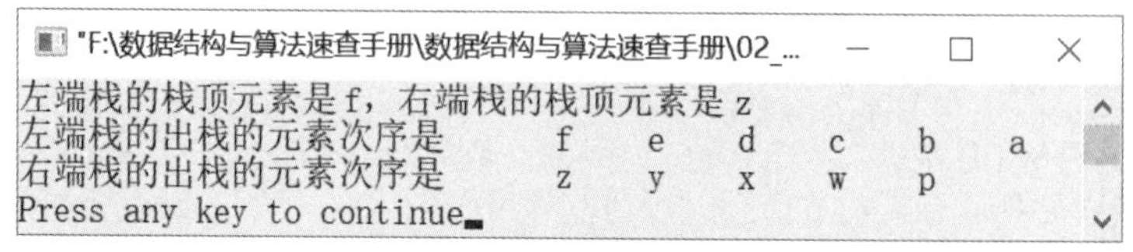

图 2.4 运行结果

在设计共享栈时，要注意两个栈的栈顶指针变化和栈满、栈空判断条件。

2.1.3 求 $C(n,m)$的值

问题描述

试利用栈的后进先出思想，实现递归算法，求 $C(4,3)$的值，并给出栈的变化过程。

【分析】

组合数 $C(n,m)$的递归算法设计思想如下。

$C(n,m)=C(n-1,m)+C(n-1,m-1)$，当 $n>m$，$n\geqslant 0$，$m\geqslant 0$ 时。

已知条件是：当 $n\geqslant 0$ 时，有 $C(n,0)=1$，$C(n,n)=1$。

利用递归计算 $C(n,m)$的值很容易实现，为了模拟递归的运算过程，可利用一个栈"stack"。定义

一个二维数组 stack[MAXSIZE][3]来模拟栈，其中 stack[top][1]用来存放当前层组合数的值，stack[top][2]存放当前层 *n* 的值，stack[top][3]存放当前层 *m* 的值，即表示 $C(n,m)$的值存放在 stack[top][1]中。

假设要计算 $C(4,3)$的值。首先初始化 stack，将 0、4、3 分别入编号为 1、2、3 的栈，然后分以下 3 种情况讨论。

（1）若编号为 1 的栈顶元素值为 0，则需要对 $C(4,3)$分解，将(0,4−1,3)入栈，也就是计算 $C(4,3-1)$的值。

（2）若编号为 1 的栈顶元素值大于 0 且次栈顶元素值为 0，表示已得到 $C(4,3-1)$的值，需要求 $C(4-1,3-1)$的值，将(0,4,4−1,3−1)入栈。

（3）若编号为 1 的栈顶元素和次栈顶元素值都大于 0，则退栈两次，计算新的编号为 1 的栈顶元素值，也就是计算 $C(4,3)=C(4,3-1)+C(4-1,3-1)$。

☞第 2 章\实例 2-03.c

```
/*********************************************
*实例说明：利用栈的后进先出思想求 C(n,m)的值
*********************************************/
#include<stdio.h>
#define MAXSIZE 100
int Comb(int n,int m);
void main()
{
    int n,m;
    printf("请输入 n 和 m:");
    scanf("%d,%d",&n,&m);
    printf("栈顶指针   [top][1]  [top][2]  [top][3]\n");
    printf("C(%d,%d)=%8d\n",n,m,Comb(n,m));
}
int Comb(int n,int m)
//计算 C(n,m)的值
{
    int s1,s2,tag=0;                  //tag 是为了避免重复输出
    int stack[MAXSIZE][3],top=1;      //定义栈并初始化栈
    if (n<m || n<0 || m<0)
    {
        printf("n，m 值不正确!" );
        return -1;
    }
    stack[top][1]=0;                  //栈顶编号为 1 的栈的初始化，初值 0 入栈
    stack[top][2]=n;                  //栈顶编号为 2 的栈的初始化，初值 n 入栈
    stack[top][3]=m;                  //栈顶编号为 3 的栈的初始化，初值 m 入栈
    do
    {
        printf("top=%d:%8d,%8d,%8d\n",
        top,stack[top][1],stack[top][2],stack[top][3]);
        if (stack[top][1]==0)
        //若编号为 1 的栈顶元素值为 0，则表示要对 C(n,m)分解，将(0,n-1,m)入栈，计算 C(n,m-1)的值
        {
            top++;
            stack[top][1]=0;
            stack[top][2]=stack[top-1][2]-1;
            stack[top][3]=stack[top-1][3];
            if (stack[top][3]==0 || stack[top][2]==stack[top][3])
```

```
            //若编号为 3 的栈顶元素值为 0 或编号为 2 的栈顶元素值等于编号为 3 的栈顶元素值，则给编号为 1 的
            //栈顶元素赋初值 1
            {
                stack[top][1]=1;
            }
            tag=1;
        }
        if (top>=2 && stack[top][1]>0 && stack[top-1][1]==0)
        {
            printf("top=%d:%8d,%8d,%8d\n",top,stack[top][1],stack[top][2],stack[top][3]);
            top++;
            stack[top][1]=0;
            stack[top][2]=stack[top-2][2]-1;
            stack[top][3]=stack[top-2][3]-1;
            if (stack[top][3]==0 || stack[top][2]==stack[top][3])
                stack[top][1]=1;
                tag=1;
        }
        if (top>2 && stack[top][1]>0 && stack[top-1][1]>0)
        {
            if(tag)
            {
                printf("top=%d:%8d,%8d,%8d\n",top,stack[top][1],stack[top][2],stack[top][3]);
                tag=0;
            }
            s1=stack[top][1];
            s2=stack[top-1][1];
            top=top-2;
            stack[top][1]=s1+s2;
        }
    } while (top>1);//若栈中只有一个元素时，则完成计算，退出循环
    return(stack[1][1]);
}
```

运行结果如图 2.5 所示。

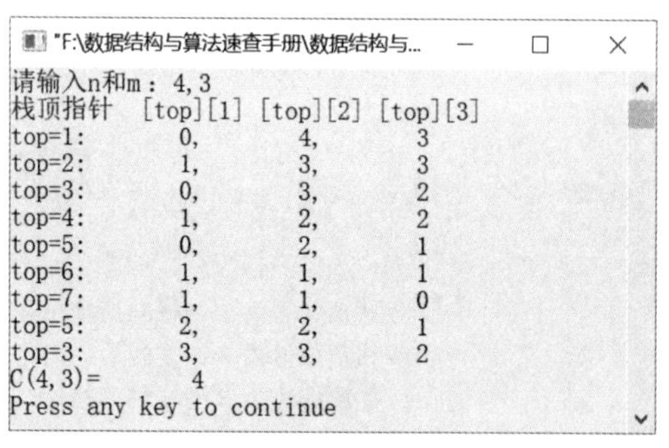

图 2.5 运行结果

本算法中有 3 条输出语句，在计算 $C(n,m-1)$、$C(n-1,m-1)$和 $C(n,m)$的值的过程中，有可能会重复输出栈顶元素，可设置一个标志 tag，避免重复输出。

2.1.4 求 Ackermann(*m*,*n*)的值

问题描述

试利用栈的后进先出思想，实现非递归算法，求 Ackermann(3,2)的值，并给出栈的变化过程。Ackermann 的递归定义如下。

$$\text{Ackermann}(m,n)=\begin{cases} n+1 & m=0 \\ \text{Ackermann}(m-1,1) & m\neq 0,n=0 \\ \text{Ackermann}(m-1,\text{Ackermann}(m,n-1)) & m\neq 0,n\neq 0 \end{cases}$$

【分析】

与计算 $C(n,m)$的方法类似，为了模拟递归的运算过程，可利用一个栈“st”。定义一个结构体数组 st[MAXN]来模拟栈，其中 st [top].m 和 st[top].n 分别存放 m 和 n 的值，st [top].f 存放当前层求出的 Ackermann 的值，增加一个 tag 表示是否已经求出当前层的 Ackermann 的值。

首先初始化栈，令 top=−1，然后根据输入的 m、n 值，将 m 和 n 存放到 st[0].m 和 st[0].n 中，且令 st[0].top=0，表示未求出当前层的 Ackermann 的值。然后当栈不为空时，分以下两种情况讨论。

（1）若未计算出当前栈顶的 Ackermann 的值，则分 3 种情况进行处理：若 m=0，则直接计算出 Ackermann 的值，并将 tag 置为 1，表示已经求出当前的 Ackermann 的值；若 $m\neq 0$ 且 n=0，则令 m−1、n 为 1，分别赋给 st[0].m 和 st[0].n，并且将 tag 置为 0，表示未求出 Ackermann 的值，将以上数据入栈；若 $m\neq 0$ 且 $n\neq 0$，则将 m 和 n−1 分别赋给 st[0].m 和 st[0].n，表示未求出 Ackermann 的值，将以上数据入栈。

（2）若已计算出栈顶的 Ackermann 的值，则分两种情况进行处理：若 n=0，则用栈顶元素的值更新 top−1 的值，设置 tag 为 1，并将栈顶元素出栈；若 $m\neq 0$ 且 $n\neq 0$，则用 m−1 和栈顶的 f 值更新 top−1 的值，设置 tag 为 0，并将栈顶元素出栈。

若栈中只有一个元素，并且 tag 为 1，则表明已求出 Ackermann 的值，将栈中的 st[top].f 值返回。

☞第 2 章\实例 2-04.cpp

```
/*********************************************
*实例说明：利用栈的后进先出思想求 Ackermann(m,n)的值
*********************************************/
#include<iostream.h>
#define MAXN 100
typedef struct
{
    int m,n;
    int f;
    int tag;
}Stack;
Stack st[MAXN];
int Ackermann(int m,int n)
//Ackermann(m,n)的非递归算法
{
    int top=-1;      //栈指针初始化为-1，表示栈空
    top++;           //初值入栈
    st[top].m=m;
    st[top].n=n;
    st[top].tag=0;
    while(top > -1)                    //栈不空时循环求解
    {
        if (st[top].tag==0)            //未计算出栈顶元素的 f 值
        {
            if (st[top].m==0)          // Ackermann(m,n)=n+1，直接求解出 Ackermann 的值
            {
                st[top].f=st[top].n+1;
                st[top].tag=1;         //表示已求出当前层的 f 值
            }
```

```
            else if (st[top].n==0)  //Ackermann(m,n)=Ackermann(m-1,1)，入栈
            {
                top++;
                st[top].m=st[top-1].m-1;
                st[top].n=1;
                st[top].tag=0;          //表示未求出 Ackermann 的值
            }
            else                        //Ackermann(m,n)=Ackermann(m-1,Ackermann(m,n-1))，入栈
            {
                top++;
                st[top].m=st[top-1].m;
                st[top].n=st[top-1].n-1;
                st[top].tag=0;
            }
        }
        else if (st[top].tag==1)           //若已计算出当前栈顶元素值
        {
            if (top>0 && st[top-1].n==0) //若 n=0，则更新 f 值，并将原栈顶元素出栈
            {
                st[top-1].f=st[top].f;
                st[top-1].tag=1;
                top--;
            }
            else if (top > 0)             //若 n≠0 且 m≠0，则更新 f 值，并将原栈顶元素出栈
            {
                st[top-1].m=st[top-1].m-1;
                st[top-1].n=st[top].f;
                st[top-1].tag=0;
                top--;
            }
        }
        if(top==0 && st[top].tag==1)      //若栈中只有一个元素，且已求出 f 值
            break; //退出循环
    }
    return st[top].f;
}
void main()
{
    int s,m,n;
    char flag;
    while(1)
    {
        cout<<"请输入 m 和 n 的值（整数）:"<<endl;
        cin>>m>>n;
        s=Ackermann(m,n);
        cout<<"Ackermann("<<m<<",n)的值:"<<s<<endl;
        cout<<"继续吗(y or Y)? 退出(n or N)? "<<endl;
        cin>>flag;
        if(flag=='y' || flag=='Y')
            continue;
        else if(flag='n' || flag=='N')
            break;
    }
}
```

运行结果如图 2.6 所示。

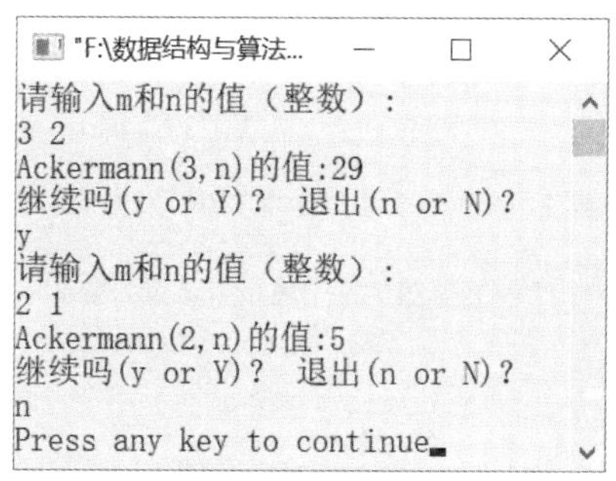

图 2.6 运行结果

【注意】

求 Ackermann 的值时，分入栈和出栈两个过程，在将临时数据入栈时，需要设置标志 tag 表明是否已求出当前层的 Ackermann 的值。入栈阶段在更新 st[top].*m* 和 st[top].*n* 的值时需要与出栈阶段的变量更新相互对应。

2.2 链栈及其应用

【定义】

采用链式存储结构的栈称为链栈或链式栈。链栈是由若干个节点构成的，而节点又由数据域和指针域组成。在链栈中，节点的数据域存储栈中的元素值，指针域表示节点之间的关系。

插入和删除元素的一端称为栈顶，栈顶由栈顶指针 top 指示。因为插入和删除操作都在栈顶指针的位置进行，所以为了操作上的方便，通常在链栈的第一个节点之前设置一个头节点。栈顶指针 top 指向头节点，头节点的指针指向链栈的第一个节点，如图 2.7 所示。

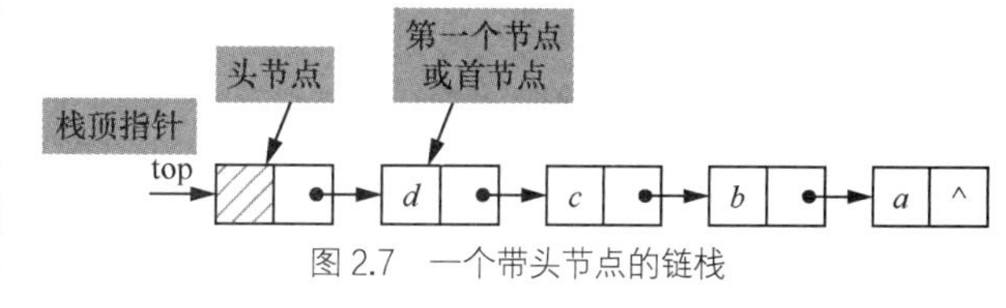

图 2.7 一个带头节点的链栈

最先入栈的元素在链栈的尾端，最后入栈的元素在链栈的顶部。链栈的操作都在链栈的顶部位置进行，因此链栈的基本操作的时间复杂度都为 $O(1)$。

由于链栈采用链式存储结构，不必事先估计链栈的最大容量，只要系统有可用的空间，就可随时为节点申请空间，因此在插入节点时不必考虑链栈空间是否已满的问题。使用完节点后，应释放其空间。

【特点】

最先入栈的元素一定是栈底元素，最后入栈的元素一定是栈顶元素。每次删除的元素都是栈顶元素，也就是最后入栈的元素。因此，链栈是一种后进先出的线性表。

【存储结构】

链栈的存储结构的 C 语言描述如下。

```
typedef struct node
{
    DataType data;
    struct node *next;
}LStackNode,*LinkStack;
```

【基本运算】

（1）初始化链栈。

```
void InitStack(LinkStack *top)
/*链栈的初始化*/
{
    if((*top=(LinkStack)malloc(sizeof(LStackNode)))==NULL)    /*为头节点分配存储空间*/
        exit(-1);
    (*top)->next=NULL;          /*将链栈的头节点指针域置为空*/
}
```

（2）判断链栈是否为空。

```
int StackEmpty(LinkStack top)
/*判断链栈是否为空*/
{
    if(top->next==NULL)         /*如果头节点的指针域为空*/
        return 1;               /*返回 1*/
    else                        /*否则*/
        return 0;               /*返回 0*/
}
```

（3）将元素 e 入栈。先动态生成一个节点，用 p 指向该节点，将元素 e 赋给*p 节点的数据域，然后将新节点插入链栈的第一个节点之前。要把新节点插入链栈中，令 p->next=top->next，top->next=p，如图 2.8 所示。

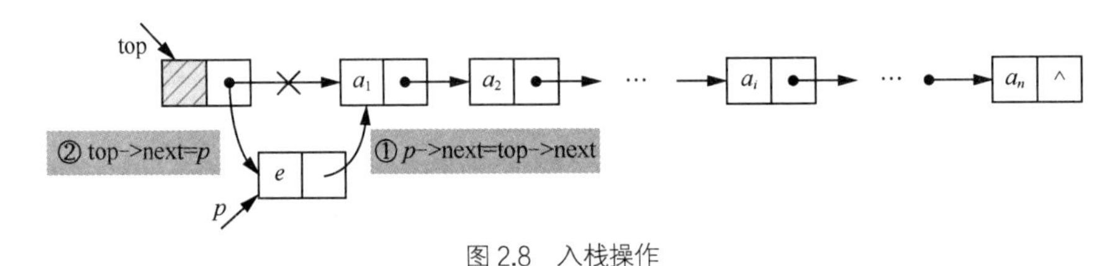

图 2.8　入栈操作

注意：在插入新节点时，插入节点的语句顺序不能颠倒。

将元素 e 入栈的算法实现如下。

```
int PushStack(LinkStack top, DataType e)
/*将元素 e 入栈，入栈成功返回 1*/
{
    LStackNode *p;          /*定义指针 p，指向新生成的节点*/
    if((p=(LStackNode*)malloc(sizeof(LStackNode)))==NULL) /*生成新节点*/
    {
        printf("内存分配失败!");
        exit(-1);
    }
    p->data=e;
    p->next=top->next;
    top->next=p;
    return 1;
}
```

（4）将栈顶元素出栈。进行出栈操作前，先判断链栈是否为空。如果链栈为空，则返回 0，表示出栈操作失败；否则，将栈顶元素出栈，并将栈顶元素值赋给 e，最后释放节点空间，返回 1，表示出栈操作成功。出栈操作如图 2.9 所示。

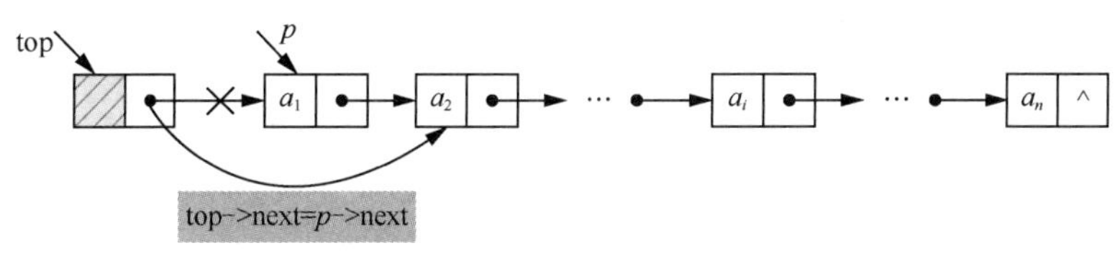

图 2.9 出栈操作

```
int PopStack(LinkStack top,DataType *e)
/*将栈顶元素出栈*/
{
    LStackNode *p;
    p=top->next;
    if(!p)                          /*判断链栈是否为空*/
    {
        printf("栈已空");
        return 0;
    }
    top->next=p->next;              /*将栈顶节点与链栈断开，即出栈*/
    *e=p->data;                     /*将出栈元素赋值给 e*/
    free(p);                        /*释放 p 指向的节点的空间*/
    return 1;
}
```

（5）取栈顶元素。

```
int GetTop(LinkStack top,DataType *e)
/*取栈顶元素*/
{
    LStackNode *p;
    p=top->next;                    /*指针 p 指向栈顶节点*/
    if(!p)                          /*如果链栈为空*/
    {
        printf("栈已空");
        return 0;
    }
    *e=p->data;                     /*将 p 指向的节点的元素值赋给 e*/
    return 1;
}
```

（6）求链栈的长度。

```
int StackLength(LinkStack top)
/*求链栈的长度*/
{
    LStackNode *p;
    int count=0;
    p=top;
    while(p->next!=NULL)
    {
        p=p->next;
        count++;
    }
```

```
    return count;                   /*返回链栈的长度*/
}
```

（7）销毁链栈。

```
void DestroyStack(LinkStack top)
/*销毁链栈*/
{
    LStackNode *p,*q;
    p=top;
    while(!p)                       /*如果链栈还有节点*/
    {
        q=p;                        /*q 指向要释放的节点*/
        p=p->next;                  /*p 指向下一个节点，即下一次要释放的节点*/
        free(q);                    /*释放 q 指向的节点的空间*/
    }
}
```

以上基本运算保存在文件 SeqStack.h 中，方便其他函数调用。

2.2.1　将十进制数转换为八进制数

问题描述

利用链表将十进制数 2020 转换为对应的八进制数。

【分析】

一般情况下，把十进制数转换为八进制数、二进制数等可采用辗转相除法。将十进制数 2020 转换为八进制数的过程如图 2.10 所示。

转换后的八进制数为$(3744)_8$。如图 2.10 所示，被除数除以 8 得到商后，记下余数，又将商作为新的被除数继续除以 8，直到商为 0 为止，把得到的余数从低位到高位排列起来就是转换后的八进制数。由此得到十进制数 N 转换为八进制数的算法如下。

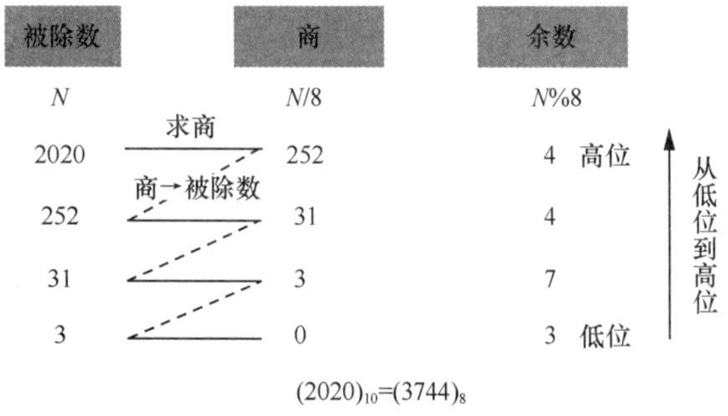

（1）将 N 除以 8，记下其余数。

（2）判断商是否为 0，如果为 0，结束程序；否则，将商赋给 N，转到步骤（1）继续执行。

被除数	商	余数	
N	$N/8$	$N\%8$	
2020	252	4	高位
252	31	4	
31	3	7	
3	0	3	低位

求商　商→被除数　从低位到高位

$(2020)_{10}=(3744)_8$

图 2.10　将十进制数 2020 转换为八进制数的过程

得到的余数序列的逆序就是所求的八进制数。需要注意的是，这些得到的八进制数是从低位到高位产生的，最先得到的余数是八进制数的最低位，最后得到的余数是八进制数的最高位。得到余数的位序正好与八进制数的位序相反，这恰好可利用栈的后进先出特性，把先得到的余数放入栈保存，最后依次出栈正好就是所求的八进制数。

☞第 2 章\实例 2-05.c

```
/********************************************
*实例说明：将十进制数转换为对应的八进制数
********************************************/
#include<stdio.h>
#include<stdlib.h>
typedef int DataType;
typedef struct node
```

```
{
    DataType data;
    struct node *next;
}LStackNode,*LinkStack;
void Coversion(int N)
/*利用链表模拟栈将十进制数转换为八进制数*/
{
    LStackNode *p,*top=NULL;
    /*定义指向节点的指针和栈顶指针 top，并初始化链栈为空*/
    do
    {
        p=(LStackNode*)malloc(sizeof(LStackNode));
        /*生成新节点*/
        p->data=N%8;                /*将余数送入新节点的数据域*/
        p->next=top;                /*将新节点插入原栈顶节点之前*/
        top=p;                      /*使新插入的节点成为栈顶节点*/
        N=N/8;
    }while(N!=0);
    while(top!=NULL)                /*如果链栈不空，则从栈顶开始输出栈顶元素*/
    {
        p=top;                      /*p 指向栈顶*/
        printf("%d",p->data);       /*输出栈顶元素*/
        top=top->next;              /*栈顶元素出栈*/
        free(p);                    /*释放栈顶节点*/
    }
}
void main()
{
    int n;
    printf("请输入一个十进制数:\n");
    scanf("%d",&n);
    printf("转换后的八进制数为\n");
    Coversion(n);
    printf("\n");
}
```

运行结果如图 2.11 所示。

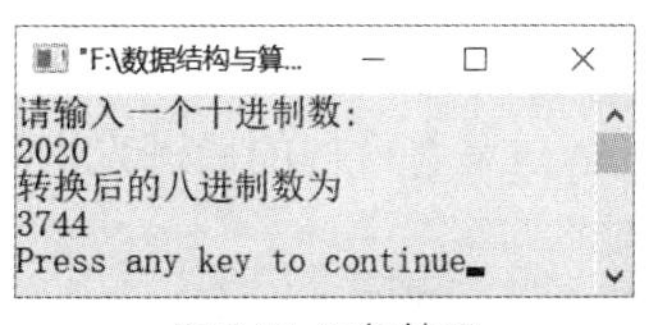

图 2.11 运行结果

除了利用链表实现进制转换，如何直接利用栈的基本运算将十进制数转换为八进制数？

利用进制转换的算法思想，直接利用栈的基本运算将十进制数转换为八进制数的算法实现如下。

```
void Coversion(int N)
/*利用栈的基本操作将十进制数转换为八进制数*/
{
    SeqStack S;                     /*定义一个栈*/
```

```
    int x;                      /*x 用来保存每一次得到的余数*/
    InitStack(&S);              /*初始化栈*/
    while(N>0)
    {
        x=N%8;                  /*将余数存入 x 中*/
        PushStack(&x);          /*余数入栈*/
        N=/8;                   /*将得到的商赋值给 N，作为新的被除数*/
    }
     while(!StackEmpty(S))    /*如果栈不空，将栈中元素依次出栈*/
    {
        PopStack(&S,&x);
        printf("d",x);         /*输出八进制数*/
    }
}
```

2.2.2 检查表达式中的括号是否匹配

问题描述

任意给定一个数学表达式如{(12−5)×3−[22+(3×4−19)/3]}+(34−21)×2，试设计一个算法判断表达式的括号是否匹配。

【什么是括号匹配】

在计算机中，常见的括号有 3 种——花括号、方括号和圆括号。“{”和“}”、“[”和“]”、“(”和“)”分别是匹配的括号。括号的嵌套顺序是任意的，即{[]}、[()]和{[]()}等为正确的格式，{()}}和([{}()])]等为不正确的格式。例如，括号序列如图 2.12 所示。

```
{ [ ( ) ( ) ] }
1 2 3 4 5 6 7 8
```

图 2.12 括号序列

当计算机接收了第 1 个括号“{”后，它期待着与第 8 个括号“}”匹配，而等来的是第 2 个括号“[”。此时，第 1 个括号的期望就会下降一级，第 7 个括号“]”成为最紧迫的要求，而出现的是第 3 个括号是“(”，这样最期望出现的括号就变成了“)”，第 2 个括号的期望下降一级。在第 4 个括号“)”出现之后，第 3 个括号的期望得到满足，这样第 2 个括号的期望又成了当前最紧迫的要求。但是，第 5 个括号“(”的出现后，迫切需要第 6 个括号“)”出现。以此类推，直到第 1 个括号的期望得到满足，即第 8 个括号“}”出现之后，所有括号的期望才得到满足，表明这个括号序列是匹配的。

【分析】

从上面可以看出，括号匹配的处理过程符合栈的后进先出的特点。因此，解决括号匹配问题可以利用栈来实现。算法思想如下。

（1）设置一个栈，每读入一个括号，如果是左括号，则直接入栈。

（2）如果读入的是右括号，且与当前栈顶的左括号是同类型的，则说明这一对括号序列是匹配的，将栈顶的左括号出栈；否则，不匹配。如果栈已经为空，则说明缺少左括号，该括号序列不匹配。

（3）如果输入序列已经读完，而栈中仍然有等待匹配的左括号，则说明缺少右括号，该括号序列不匹配。

（4）如果读入的是数字字符，则不进行处理，直接读入下一个字符。

（5）当输入序列和栈同时变为空时，说明括号完全匹配。

☞第 2 章\实例 2-06.c

```
/**********************************************
*实例说明：检查表达式中的括号是否匹配
```

```
********************************************/
#include<stdio.h>
#include<malloc.h>
#include<stdlib.h>
#include "string.h"
/*宏定义和链栈类型定义*/
typedef char DataType;
typedef struct node
{
    DataType data;
    struct node *next;
}LStackNode,*LinkStack;
#include"LinkStack.h"                       /*包含链栈实现文件*/
int Match(DataType e,DataType ch);          /*检验括号是否匹配函数*/
void main()
{
    LinkStack S;
    char *p;
    DataType e;
    DataType ch[60];
    InitStack(&S);                          /*初始化链栈*/
    printf("请输入算术表达式(可以包含括号'{}','[]','()'):\n");
    gets(ch);
    p=ch;                                   /*p 指向输入的括号表达式*/
    while(*p)                               /*判断 p 指向的字符是否是字符串结束标记*/
    {
        switch(*p)
        {
            case '(':
            case '[':
            case '{':
                PushStack(S,*p++);          /*如果是左括号,则将括号入栈*/
                break;
            case ')':
            case ']':
            case '}':
                if(StackEmpty(S))           /*如果是右括号且栈已空,则说明缺少左括号*/
                {
                    printf("缺少左括号.\n");
                    return;
                }
                else
                {
                    GetTop(S,&e);
                    /*若栈不空,且读入的是右括号,则取出栈顶的括号*/
                    if(Match(e,*p))
                    /*将栈顶的括号与读入的右括号进行比较*/
                    PopStack(S,&e);
                    /*若栈顶括号与读入的右括号匹配,则将栈顶的括号出栈*/
                    else
                    /*若栈顶括号与读入的括号不匹配,则说明此括号序列不匹配*/
                    {
                        printf("左右括号不匹配.\n");
                        return;
                    }
```

```
                }
                default:    /*若是其他字符，则不处理，直接将 p 指向下一个字符*/
                p++;
            }
        }
        if(StackEmpty(S))
            /*如果字符序列读入完毕，且栈已空，说明括号序列匹配*/
            printf("括号匹配\n");
        else/*如果字符序列读入完毕，且栈不空，说明缺少右括号*/
            printf("缺少右括号\n");
}
int Match(DataType e,DataType ch)
/*判断左右两个括号是否为同类型的括号*/
{
     if(e=='('&&ch==')')
        return 1;
     else if(e=='['&&ch==']')
        return 1;
     else if(e=='{'&&ch=='}')
        return 1;
     else
        return 0;
}
```

运行结果如图 2.13 所示。

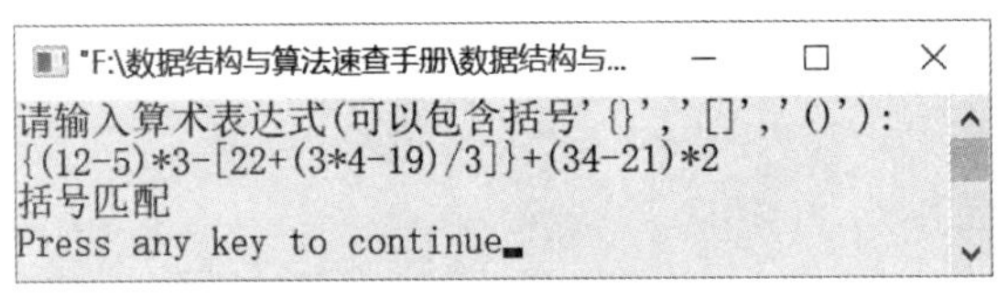

图 2.13　运行结果

2.2.3　求算术表达式的值

问题描述

通过键盘输入一个算术表达式，如 21-(15+7×9)/3，要求将其转换为后缀表达式，并计算该算术表达式的值。

【分析】

表达式求值是高级程序设计语言中编译器设计的一个基本问题。它的实现基于栈的后进先出特性。

一个算术表达式是由操作数（运算对象）、运算符和分界符（括号）组成的有意义的式子。运算符从操作数的个数上可分为单目运算符和双目运算符，从运算类型上可分为算术运算符、关系运算符、逻辑运算符等。在此为了简化问题，我们假设运算符只包含加、减、乘、除双目运算符，分界符只包含左、右两种圆括号。

例如，一个算术表达式为 $a-(b+c*d)/e$，这种算术表达式中的运算符总是出现在两个操作数之间，这种算术表达式称为中缀表达式。计算机编译系统在计算一个算术表达式之前，要将中缀表达式转换为后缀表达式，然后对后缀表达式进行计算。后缀表达式中，算术运算符出现在操作数之后，并且不含括号。

计算机在求解算术表达式的值时分为以下两个步骤。

（1）将中缀表达式转换为后缀表达式。

（2）依据后缀表达式计算算术表达式的值。

1. 将中缀表达式转换为后缀表达式

要将一个算术表达式的中缀形式转化为相应的后缀形式，首先要了解算术四则运算的规则。算术四则运算的规则如下。

（1）算术运算的优先级——先乘除，后加减。

（2）有括号先算括号内的，后算括号外的，多层括号由内到外进行计算。

（3）同级别的运算从左到右进行计算。

上面的算术表达式转换为后缀表达式如下。

$$a \quad b \quad c \quad d \quad * \quad + \quad e \quad / \quad -$$

不难看出，转换后的后缀表达式具有以下 3 个特点。

（1）后缀表达式与中缀表达式的操作数出现的顺序相同，只是运算符的先后顺序改变了。

（2）后缀表达式不出现括号。

（3）后缀表达式的操作符出现在操作数之后。

后缀表达式也叫逆波兰表达式，是波兰逻辑学家简·卢卡西维茨（Jan Lukasiewicz）于 1929 年提出的表示方法。每个运算符都位于操作数之后，因此称为后缀表达式。

后缀表达式既无括号也无优先级的约束，因此只需要从左到右依次扫描后缀表达式的各个字符，遇到运算符时，直接对运算符前面的两个操作数进行运算即可。

如何将中缀表达式转换为后缀表达式呢？可以设置一个栈，用于存放运算符。依次读入中缀表达式中的每个字符，如果是操作数，则直接输出。如果是运算符，则比较栈顶元素与当前运算符的优先级，然后进行处理，直到整个中缀表达式处理完毕。我们约定“#”作为后缀表达式的结束标志，假设θ_1为栈顶运算符，θ_2为当前扫描的运算符。则中缀表达式转换为后缀表达式的算法描述如下。

（1）初始化栈，并将“#”入栈。

（2）若当前读入的字符是操作数，则将该操作数输出，并读入下一字符。

（3）若当前读入的字符是运算符，则记作θ_2，并将θ_2与栈顶的运算符θ_1比较。若θ_1优先级低于θ_2，则将θ_2入栈；若θ_1优先级高于θ_2，则将θ_1出栈并将其作为后缀表达式输出。然后继续比较新的栈顶运算符θ_1与当前运算符θ_2的优先级。若θ_1的优先级与θ_2相等，且θ_1为“(”，θ_2为“)”，则将θ_1出栈，继续读入下一个字符。

（4）如果θ_2的优先级与θ_1相等，且θ_1和θ_2都为“#”，则将θ_1出栈，栈为空。完成中缀表达式转换为后缀表达式，算法结束。

运算符的优先关系如表 2.1 所示。其中，“>”“<”“=”分别表示θ_1的优先级大于、小于、等于θ_2的优先级。

表 2.1　　运算符的优先关系

θ_1 \ θ_2	+	−	*	/	(	)	#
+	>	>	<	<	<	>	>
−	>	>	<	<	<	>	>
*	>	>	>	>	<	>	>
/	>	>	>	>	<	>	>
(	<	<	<	<	<	=	
)	>	>	>	>		>	>
#	<	<	<	<	<		=

利用上述算法，将中缀表达式 $a-(b+c*d)/e$ 转换为后缀表达式的输出过程如表 2.2 所示（为了便于描述，在表达式的末尾加一个结束标记“#”）。

表 2.2　　　　中缀表达式 $a-(b+c*d)/e$ 转换为后缀表达式的输出过程

步骤	中缀表达式	栈	输出后缀表达式	步骤	中缀表达式	栈	输出后缀表达式
1	a-(b+c*d)/e#	#		9	)/e#	#-(+*	abcd
2	-(b+c*d)/e#	#	a	10	/e#	#-(+	abcd*
3	(b+c*d)/e#	#-	a	11	/e#	#-(	abcd*+
4	b+c*d)/e#	#-(	a	12	/e#	#-	abcd*+
5	+c*d)/e#	#-(	ab	13	e#	#-/	abcd*+
6	c*d)/e#	#-(+	ab	14	#	#-/	abcd*+e
7	*d)/e#	#-(+	abc	15	#	#-	abcd*+e/
8	d)/e#	#-(+*	abc	16	#	#	abcd*+e/-

2. 后缀表达式的计算

在计算后缀表达式时，需要设置两个栈——operator 栈和 operand 栈。其中，operator 栈用于存放运算符，operand 栈用于存放操作数和中间运算结果。具体算法思路如下。

依次读入后缀表达式中的每个字符，如果是操作数，则将操作数入 operand 栈；如果是运算符，则将操作数出栈两次，然后对操作数进行当前操作符的运算，直到整个后缀表达式处理完毕。

☞第 2 章\实例 2-07.cpp

```
/*********************************************
*实例说明：求算术表达式的值
*********************************************/
#include<stdio.h>
#include<stdlib.h>
#include<string.h>
#include<iostream.h>
typedef char DataType;
#include"LinkStack.h"
#define MAXSIZE 50
/*operand 栈定义
typedef struct
{
    float data[MAXSIZE];
    int top;
}OpStack;
/*函数声明*/
void TranslateExpress(char s1[],char s2[]);
float ComputeExpress(char s[]);
void main()
{
    char a[MAXSIZE],b[MAXSIZE];
    float f;
    cout<<"请输入一个算术表达式："<<endl;
    gets(a);
    cout<<"中缀表达式为："<<a;
    TranslateExpress(a,b);
    cout<<endl<<"后缀表达式为："<<b<<endl;
    f=ComputeExpress(b);
    cout<<"计算结果："<<f<<endl;
}
float ComputeExpress(char a[])
```

```
/*计算后缀表达式的值*/
{
    OpStack S;
    int i=0,value;
    float x1,x2;
    float result;
    S.top=-1;
    while(a[i]!='\0')
    {
        if(a[i]!=' '&&a[i]>='0'&&a[i]<='9')
        /*如果当前字符是数字字符*/
        {
            value=0;
            while(a[i]!=' ')
            {
                value=10*value+a[i]-'0';
                i++;
            }
            S.top++;
            S.data[S.top]=value;     /*处理之后将数字入栈*/
        }
        else                         /*如果当前字符是运算符*/
        {
            switch(a[i])      /*将栈中的数字出栈两次，然后用当前的运算符进行运算，再将结果入栈*/
            {
                case '+':
                    x1=S.data[S.top];
                    S.top--;
                    x2=S.data[S.top];
                    S.top--;
                    result=x1+x2;
                    S.top++;
                    S.data[S.top]=result;
                    break;
                case '-':
                    x1=S.data[S.top];
                    S.top--;
                    x2=S.data[S.top];
                    S.top--;
                    result=x2-x1;
                    S.top++;
                    S.data[S.top]=result;
                    break;
                case '*':
                    x1=S.data[S.top];
                    S.top--;
                    x2=S.data[S.top];
                    S.top--;
                    result=x1*x2;
                    S.top++;
                    S.data[S.top]=result;
                    break;
                case '/':
                    x1=S.data[S.top];
                    S.top--;
                    x2=S.data[S.top];
                    S.top--;
                    result=x2/x1;
                    S.top++;
                    S.data[S.top]=result;
                    break;
            }
```

```
            i++;
        }
    }
    if(!S.top!=-1)                  /*如果栈不空，则将结果出栈，并返回*/
    {
        result=S.data[S.top];
        S.top--;
        if(S.top==-1)
            return result;
        else
        {
            printf("表达式错误");
            exit(-1);
        }
    }
}
void TranslateExpress(char str[],char exp[])
/*把中缀表达式转换为后缀表达式*/
{
    LinkStack S;                    /*定义一个栈，用于存放运算符*/
    char ch;
    DataType e;
    int i=0,j=0;
    InitStack(&S);
    ch=str[i];
    i++;
    while(ch!='\0')                 /*依次扫描中缀表达式中的每个字符*/
    {
        switch(ch)
        {
            case'(':                /*如果当前字符是左括号，则将其入栈*/
                PushStack(S,ch);
                break;
            case')':                /*如果是右括号，则将栈中的运算符出栈，并将其存入数组 exp 中*/
                while(GetTop(S,&e)&&e!='(')
                {
                    PopStack(S,&e);
                    exp[j]=e;
                    j++;
                    exp[j]=' ';     /*加上空格*/
                    j++;
                }
                PopStack(S,&e);     /*将左括号出栈*/
                break;
            case'+':
            case'-':                /*如果遇到的是"+"和"-"，因为其优先级低于栈顶运算符的优先级，
                                    所以先将栈顶运算符出栈，并将其存入数组exp中，然后将当前运算符入栈*/
                while(!StackEmpty(S)&&GetTop(S,&e)&&e!='(')
                {
                    PopStack(S,&e);
                    exp[j]=e;
                    j++;
                    exp[j]=' ';     /*加上空格*/
                    j++;
                }
                PushStack(S,ch);    /*当前运算符入栈*/
                break;
            case'*':                /*如果遇到的是"*"和"/"，则先将同级运算符出栈，并存入数组
                                    exp 中，然后将当前的运算符入栈*/
            case'/':
                while(!StackEmpty(S)&&GetTop(S,&e)&&e=='/'||e=='*')
```

```
                {
                    PopStack(S,&e);
                    exp[j]=e;
                    j++;
                    exp[j]=' ';         /*加上空格*/
                    j++;
                }
                PushStack(S,ch);        /*当前运算符入栈*/
                break;
            case' ':                    /*如果遇到空格，忽略*/
                break;
            default:                    /*如果遇到的是操作数，则将操作数直接送入数组 exp 中，并在其
                                        后添加一个空格，用来分隔数字字符*/
                while(ch>='0'&&ch<='9')
                {
                    exp[j]=ch;
                    j++;
                    ch=str[i];
                    i++;
                }
                i--;
                exp[j]=' ';
                j++;
        }
        ch=str[i];                  /*读入下一个字符，准备处理*/
        i++;
    }
    while(!StackEmpty(S))           /*将栈中所有剩余的运算符出栈，送入数组 exp 中*/
    {
        PopStack(S,&e);
        exp[j]=e;
        j++;
        exp[j]=' ';                 /*加上空格*/
        j++;
    }
    exp[j]='\0';
}
```

运行结果如图 2.14 所示。

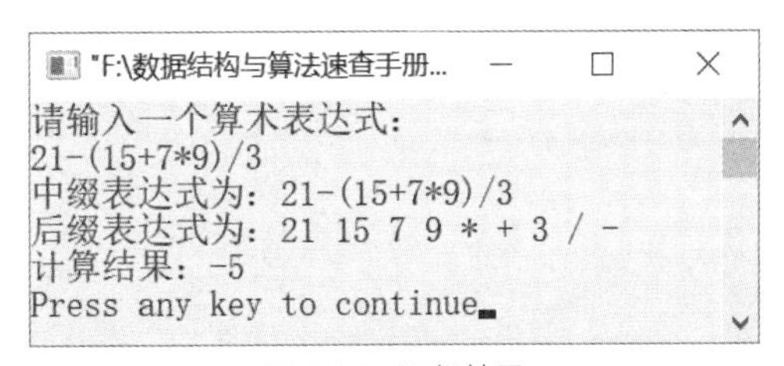

图 2.14 运行结果

注意： 在中缀表达式转换为后缀表达式的过程中，每输出一个数字字符时，都需要在其后补一个空格，与其他相邻数字字符隔开。若把一串数字字符放在一起，会无法区分它是一个数字还是两个数字。

这个算法利用了栈的链式存储结构和基本运算来实现。在调试程序时，由于误将以下代码中的语句 PopStack(S,&e)错写成 PopStack(&S,&e)，因此造成了运行时错误，程序直接崩溃。

```
    while(!StackEmpty(S)&&GetTop(S,&e)&&e!='(')
    {
        PopStack(S,&e);
        exp[j]=e;
        j++;
        exp[j]=' ';          /*加上空格*/
        j++;
    }
```

这是许多初学 C/C++或数据结构的朋友经常遇到的问题。遇到这样的问题时，要找出哪一行出现了错误，就需要用到 Visual C++的调试工具。Visual C++的调试工具可以单步跟踪调试，先设置好断点，然后按 F10 或 F11 键单步跟踪每一条语句。发现了错误程序就直接停止，这样就找到了错误行，然后仔细检查就可以很容易地纠正错误。

以上几个实例是通过调用链栈的基本运算实现的。当然，也可以通过调用顺序栈的基本运算实现，它们的使用方法和算法思想是完全一样的。如果仅仅是作为这些基本运算的使用者，那么我们只需要考虑如何利用栈的基本运算，而不需要关心这些运算具体是如何实现的。

2.2.4　判断字符串是否中心对称

问题描述

设字符串以单链表形式存储，单链表的表头指针为 L，节点结构由 data 和 next 两个域组成，其中 data 域存储字符型元素。请设计算法判断该字符串是否中心对称。例如，abcba 中心对称，abcdcab 不中心对称。

【分析】

这个题目主要考查栈的巧妙使用。可以使用栈的后进先出特性来判断单链表中的元素是否中心对称。将单链表的前一半元素依次入栈，在处理单链表的后一半元素时，当访问单链表的一个元素时，就从栈中弹出一个元素，将两个元素进行比较。若相等，则将单链表中下一个元素与栈中再弹出的元素进行比较，直到单链表中的最后一个元素。这时如果栈为空，则单链表中心对称；否则，单链表不中心对称。

☞第 2 章\实例 2-08.cpp

```
/*******************************************
*实例说明：判断字符串是否为中心对称
*******************************************/
#include<stdio.h>
#include<stdlib.h>
#include<string.h>
#include<iostream.h>
typedef char DataType;
#include"LinkList.h"
#define MAXSIZE 100
void CreateList(LinkList *L,DataType str[MAXSIZE]);
int SymmetryString(LinkList L);
void main()
{
    DataType a[MAXSIZE],b[MAXSIZE];
    LinkList L;
    int flag1,flag2;
    cout<<"请输入一个字符串："<<endl;
    cin>>a;
    CreateList(&L,a);
    flag1=SymmetryString(L);
    if(flag1==1)
```

```
        cout<<"对称中心!"<<endl;
    else
        cout<<"不中心对称!"<<endl;
    cout<<"请输入一个字符串: "<<endl;
    cin>>b;
    CreateList(&L,b);
    flag2=SymmetryString(L);
    if(flag2==1)
        cout<<"中心对称!"<<endl;
    else
        cout<<"不中心对称!"<<endl;
}
int SymmetryString(LinkList L)
/*判断字符串是否中心对称*/
{
    char str[MAXSIZE];
    int i=1,n;
    ListNode *p;
    n=ListLength(L);                //n 为单链表中节点的个数
    p=L->next;                      //p 指向第一个节点
    for(i=0;i<n/2;i++)              //将单链表中前一半元素入栈
       {
          str[i]=p->data;
          p=p->next;
       }
       i--;                         //恢复最后的 i 值
    if(n%2)                         //若 n 为奇数，则跳过中心节点
       p=p->next;
       while(p!=NULL && str[i]==p->data)     //将前半部分元素和后半部分元素进行比较
       {
           i--;
           p=p->next;
       }
    if(i==-1)                       //若为空栈，则表明单链表中心对称
           return 1;
    else                            //否则，单链表不中心对称
           return 0;
}
void CreateList(LinkList *L,DataType str[MAXSIZE])
//根据字符数组 str 创建单链表
{
    int i;
    InitList(L);
    for(i=0;str[i]!='\0';i++)
          InsertList(*L,i+1,str[i]);
}
```

运行结果如图 2.15 所示。

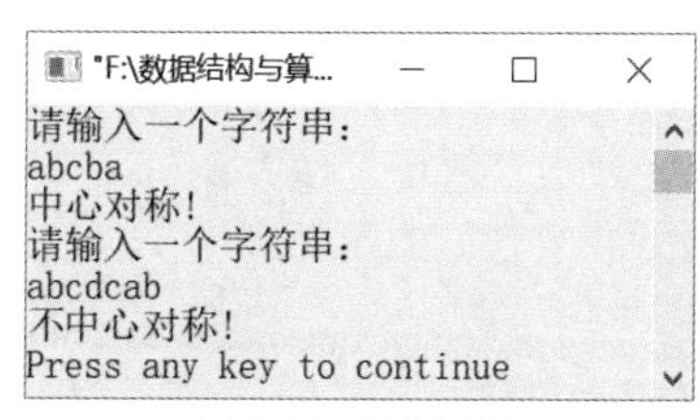

图 2.15 运行结果

当 n 为偶数时，单链表中前一半元素和后一半元素个数相等；当 n 为奇数时，单链表的最中间的元素不用比较，所以需要执行 *p=p*->next，使 *p* 指向下一个节点，然后开始与栈中的元素进行比较。

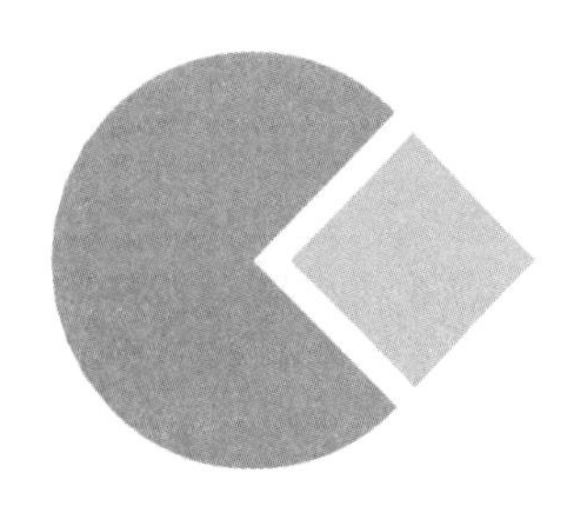

第3章　队列

队列作为一种操作受限的线性表，它只允许在表的一端进行插入，另一端进行删除。队列具有“先进先出”的特性，其应用非常广泛，主要应用在树的层次遍历、图的广度优先遍历、键盘的输入缓冲区、操作系统的资源分配等方面。

3.1 顺序队列及其应用

【定义】

队列（queue）是一种先进先出（First In First Out，FIFO）的线性表，它只允许在表的一端插入元素，另一端删除元素。其中，允许插入的一端称为队尾（rear），允许删除的一端称为队头（front）。

一个队列为 $q=(a_1, a_2,\cdots, a_i,\cdots, a_n)$，如图 3.1 所示，那么 a_1 为队头元素，a_n 为队尾元素。最先进入队列的元素也会最先出来，只有当最先进入队列的元素都出来之后，后进入队列的元素才能退出。

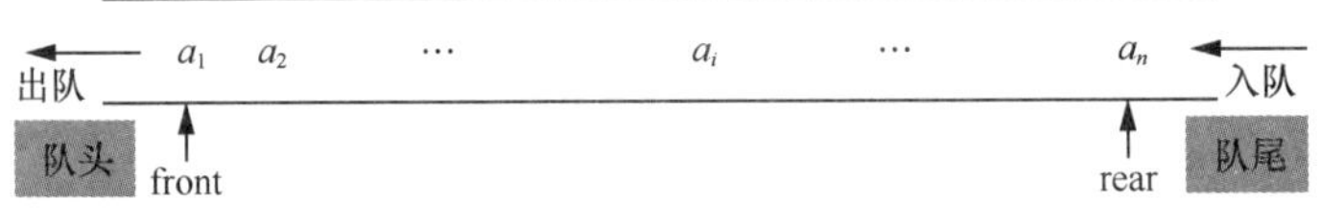

图 3.1　队列

在日常生活中，人们去银行办理业务需要排队，这就类似于我们提到的队列。每一个新来办理业务的人就需要按照机器自动生成的编号排队等待，只有前面的人办理完毕，才能轮到排在后面的人办理业务。新来的人进入排队状态就相当于入队，前面的人办理完业务离开就相当于出队。

队列有两种存储结构——顺序存储和链式存储。采用顺序存储结构的队列称为顺序队列，采用链式存储结构的队列称为链式队列。

【顺序队列】

顺序队列通常采用一维数组存储队列中的元素。另外，增加两个指针，分别指示数组中存放的队头元素和队尾元素。其中，指向队头元素的指针称为队头指针 front，指向队尾元素的指针称为队尾指针 rear。

队列为空时，队头指针 front 和队尾指针 rear 都指向下标为 0 的存储单元，当元素 a、b、c、d、e、f、g 依次进入队列后，元素 a～g 分别存放在下标为 0～6 的存储单元中，队头指针 front 指向元素 a，队尾指针 rear 指向元素 g 的下一位置，如图 3.2 所示。

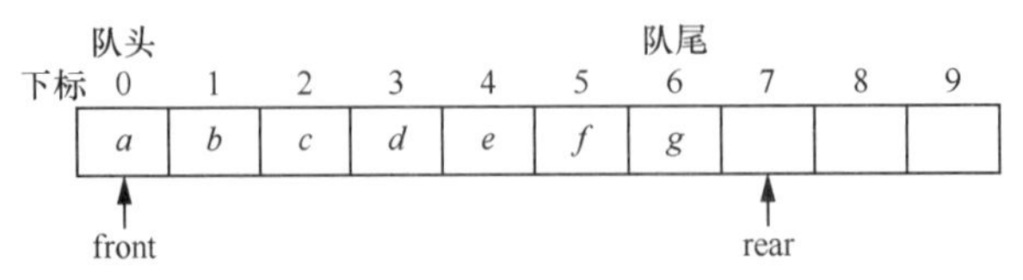

图 3.2　顺序队列

【假溢出】

按照前面介绍的顺序存储方式，队列容易出现“假溢出”。所谓假溢出，就是经过多次插入和删除操作后，实际上队列还有存储空间，但是又无法向队列中插入元素。

例如，在图 3.2 所示的队列中删除 *a* 和 *b*，然后依次插入 *h*、*i* 和 *j*。当插入 *j* 后，就会出现队尾指针 rear 越出数组的下界而造成假溢出，如图 3.3 所示。

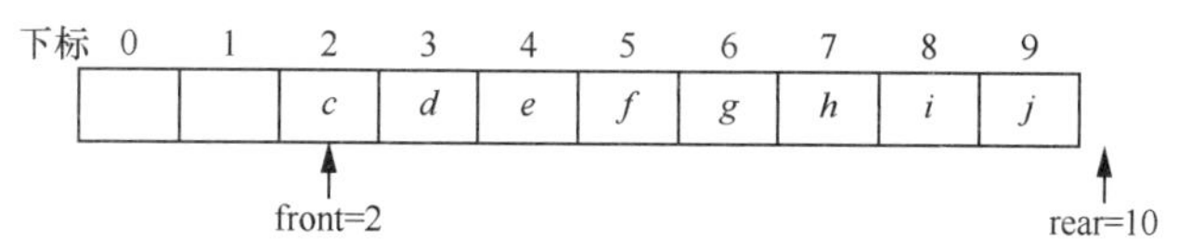

图 3.3 删除 *a* 和 *b*，插入 *h*、*i* 和 *j* 后出现的假溢出

【顺序循环队列】

当队尾指针 rear 或队头指针 front 到达存储空间的最大值时（假定队列的存储空间为 QueueSize），让队尾指针或队头指针转化为 0，就可以将元素插入队列的空闲存储单元中，从而有效地利用存储空间，消除假溢出。

如图 3.3 所示，插入元素 *j* 之后，将 rear 变为 0，就可以将 *j* 插入下标为 0 的存储单元中，这样顺序队列就构成了一个逻辑上首尾相连的顺序循环队列。

要把用数组表示的顺序队列构成顺序循环队列，只需要一个简单的取余操作。例如，当队尾指针 rear=9（假设 QueueSize=10）时，若要将新元素入队，则先令 rear=(rear+1)%10，这样 rear 就等于 0，利用取余操作就实现了队列的逻辑上的首尾相连，然后将元素存入队列的第 0 号存储单元。

【队空和队满】

在顺序循环队列中，队空和队满时队头指针 front 和队尾指针 rear 同时都会指向同一个存储单元，即 front==rear，如图 3.4（a）与（b）所示。

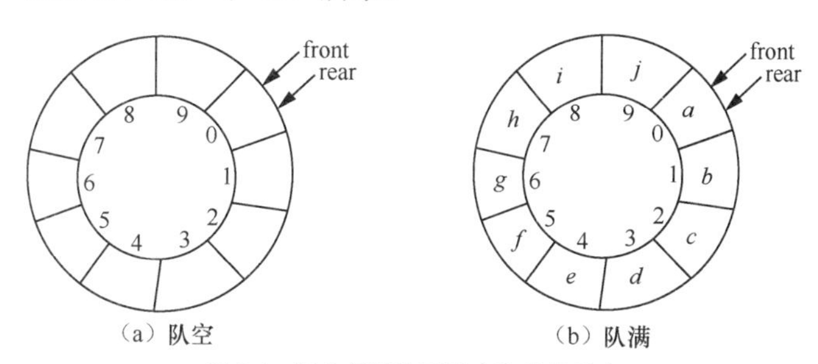

图 3.4 顺序循环队列队空和队满状态

如何区分队空和队满呢？有两个方法。

（1）增加一个标志位。设标志位为 tag，初始时，有 tag=0；当入队成功时，有 tag=1；出队成功时，有 tag=0。队空的判断条件为 front==rear&&tag==0，队满的判断条件为 front==rear&&tag==1。

（2）少用一个存储单元。队空的判断条件为 front==rear，队满的判断条件为 front==(rear+1)%QueueSize。队满状态如图 3.5 所示。

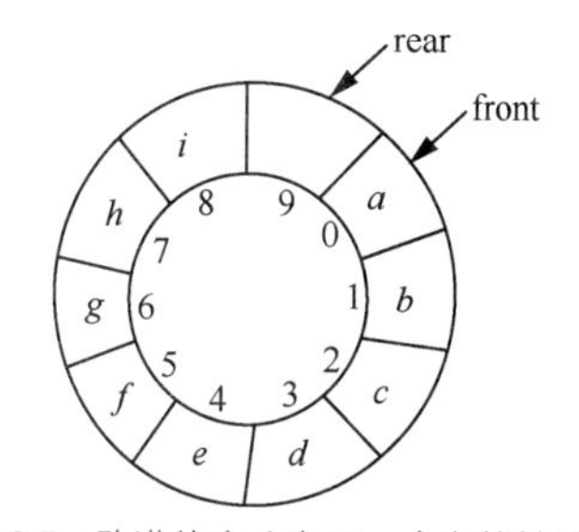

图 3.5 队满状态（少用一个存储单元）

【存储结构】

队列的存储结构的 C 语言描述如下。

```
#define  QueueSize  100              /*队列的容量*/
```

```
typedef struct Squeue
{
    DataType queue[QueueSize];
    int front,rear;                 /*队头指针和队尾指针*/
}SeqQueue;
```

其中，数组 queue 用来存储队列中的元素，front 与 rear 分别为队头指针和队尾指针，它们的取值范围为 0～QueueSize。

【基本运算】

顺序循环队列的基本运算如下，以下基本运算保存在文件 SeqQueue.h 中。

（1）初始化顺序循环队列。

```
void InitQueue(SeqQueue *SCQ)
/*顺序循环队列的初始化*/
{
    SCQ ->front=SCQ ->rear=0;/*把队头指针和队尾指针同时置为 0*/
}
```

（2）判断顺序循环队列是否为空。

```
int QueueEmpty(SeqQueue SCQ)
/*判断顺序循环队列是否为空*/
{
   if(SCQ.front==SCQ.rear)          /*当顺序循环队列为空时*/
       return 1;                    /*返回 1*/
   else                             /*否则*/
       return 0;                    /*返回 0*/
}
```

（3）将元素 *e* 入队。

```
int EnQueue(SeqQueue *SCQ,DataType e)
/*将元素 e 插入顺序循环队列 SCQ 中*/
{
   if(SCQ->front==(SCQ->rear+1)%QueueSize)
   /*插入新元素之前，判断队尾指针是否达到数组的最大值，即是否会产生假溢出*/
       return 0;
   SCQ->queue[SCQ->rear]=e;              /*在队尾插入元素 e*/
   SCQ->rear=(SCQ->rear+1)%QueueSize;  /*队尾指针向后移动一个位置*/
   return 1;
}
```

（4）队头元素出队。

```
int DeQueue(SeqQueue *SCQ,DataType *e)
/*队头元素出队，并将该元素赋给 e*/
{
   if(SCQ->front==SCQ->rear)                   /*元素出队前，判断队列是否为空*/
       return 0;
   else
   {
       *e=SCQ->queue[SCQ->front];              /*将要出队的元素赋给 e*/
       SCQ->front=(SCQ->front+1)%QueueSize;/*将队头指针向后移动一个位置，指向新的队头*/
       return 1;
   }
}
```

（5）取队头元素。

```
int GetHead(SeqQueue SCQ,DataType *e)
/*取队头元素，并将该元素赋给 e，成功返回 1，否则返回 0*/
{
    if(SCQ.front==SCQ.rear)          /*在取队头元素之前，判断队列是否为空*/
       return 0;
    else
    {
       *e=SCQ.queue[SCQ.front];      /*把队头元素赋给 e*/
       return 1;
    }
}
```

（6）清空队列。

```
void ClearQueue(SeqQueue *SCQ)
/*清空队列*/
{
    SCQ->front=SCQ->rear=0;          /*将队头指针和队尾指针都置为 0*/
}
```

3.1.1 将顺序循环队列中的元素分别入队和出队

问题描述

要求顺序循环队列的存储空间全部能够得到有效利用，请采用设置标志位 tag 的方法解决假溢出问题，实现顺序循环队列的元素入队和出队的算法。

【分析】

考查顺序循环队列的元素入队和出队的算法思想如下。

设标志位为 tag，初始时 tag=0，当元素入队成功时，令 tag=1；出队成功时，令 tag=0。顺序循环队列为空的判断条件为 front==rear&&tag==0，顺序循环队列满的判断条件为 front==rear&&tag==1。

☞第 3 章\实例 3-01.cpp

```
/*********************************************
*实例说明：利用标志位 tag 实现顺序循环队列的元素入队和出队
*********************************************/
#define QUEUESIZE 100
#include<math.h>
typedefint DataType;              /*将元素的类型设置为整型*/
#define MAXSIZE 100
#include<stdio.h>
typedef struct Squeue             /*顺序循环队列的类型定义*/
{
    DataType queue[QUEUESIZE];
    int front,rear;               /*队头指针和队尾指针*/
    int tag;                      /*队列空、满的标志位*/
}SCQueue;
void PrintData(DataType e);
int CheckType(DataType e);
void InitQueue(SCQueue *SCQ)
/*为了将顺序循环队列初始化为空队列，需要把队头指针和队尾指针同时置为 0，且标志位置为 0*/
{
    SCQ->front=SCQ->rear=0;       /*队头指针和队尾指针都置为 0*/
    SCQ->tag=0;                   /*标志位置为 0*/
```

```
}
int QueueEmpty(SCQueue SCQ)
/*判断顺序循环队列是否为空*/
{
    if(SCQ.front==SCQ.rear&&SCQ.tag==0)
            return 1;
    else
            return 0;
}
int EnQueue(SCQueue *SCQ,DataType e)
/*将元素 e 插入顺序循环队列 SCQ 中*/
{
    if(SCQ->front==SCQ->rear&&SCQ->tag==1)
    /*在插入新的元素之前，判断是否队尾指针达到数组的最大值，即是否会产生假溢出*/
    {
            printf("顺序循环队列已满，不能入队！");
            return 1;
    }
    else
    {
        SCQ->queue[SCQ->rear]=e;        /*在队尾插入元素 e*/
        SCQ->rear=SCQ->rear+1;          /*队尾指针向后移动一个位置，指向新的队尾*/
        SCQ->tag=1;                     /*插入成功*/
        return 1;
    }
}
int DeQueue(SCQueue *SCQ,DataType *e)
/*删除顺序循环队列中的队头元素，并将该元素赋值给 e*/
{
    if(QueueEmpty(*SCQ))/*在删除元素之前，判断队列是否为空*/
    {
        printf("顺序循环队列已是空队列，不能再进行出队操作！");
        return 0;
    }
    else
    {
        *e=SCQ->queue[SCQ->front];      /*将出队的元素赋值给 e*/
        SCQ->front=SCQ->front+1;        /*队头指针向后移动一个位置，指向新的队头元素*/
        SCQ->tag=0;                     /*出队成功*/
        return 1;
    }
}
void DisplayQueue(SCQueue SCQ)
/*输出顺序循环队列中的元素*/
{
    int i;
    if(QueueEmpty(SCQ))     /*判断顺序循环队列是否为空*/
        return;
    if(SCQ.front<SCQ.rear)
    /*如果队头指针值小于队尾指针值，则把队头指针到队尾指针之间指向的元素依次输出*/
        for(i=SCQ.front;i<SCQ.rear;i++)
            printf("%4d",SCQ.queue[i]);
    else
    /*如果队头指针值大于队尾指针值，则把队尾指针到队头指针之间指向的元素依次输出*/
    for(i=SCQ.front;i<SCQ.rear+QUEUESIZE;i++)
    printf("%4d",SCQ.queue[i%QUEUESIZE]);
```

```
    printf("\n");
}
void main()
{
    SCQueue Q;                          /*定义一个顺序循环队列*/
    int e;                              /*定义一个字符类型变量，用于存放出队的元素*/
    int a[]={1,2,3,4},i;
    InitQueue(&Q);                      /*初始化顺序循环队列*/
    /*将数组中的 4 个元素依次入队*/
    for(i=0;i<sizeof(a)/sizeof(a[0]);i++)
        EnQueue(&Q,a[i]);
    /*将顺序循环队列中的元素显示输出*/
    printf("队列中元素：");
    DisplayQueue(Q);
    /*将顺序循环队列中的队头元素出队*/
    i=0;
    while(!QueueEmpty(Q))
    {
        printf("队头元素第%d 次出队\n",++i);
        DeQueue(&Q,&e);
        printf("出队的元素：");
        printf("%d\n",e);
    }
void PrintData(DataType e)
/*元素的输出（调用函数时不需要格式控制符）*/
{
    int n;
    n=CheckType(e);
    switch(n)
    {
        case 1:                 //字符型
              printf("%4c\n",e);
              break;
        case 2:                 //整型
              printf("%4d\n",e);
              break;
        case 3:                 //浮点型
              printf("%8.2f\n",e);
              break;
    }
}
int CheckType(DataType e)
/*判断 e 是浮点数、整数还是字母字符*/
{
    char str[MAXSIZE];
    int a;
    float b;
    if(fabs(e-(int)e)>1e-6)
           return 3;
    if(e>='A'&&e<='Z'||e>='a'&&e<='z')
           return 1;
    else
           return 2;
}
```

运行结果如图 3.6 所示。

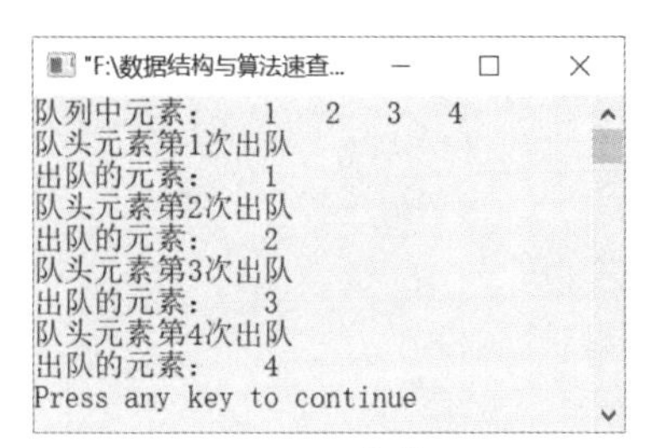

图 3.6　运行结果

前文中，我们经常使用字符或整数作为测试数据，但还需要对用途不同的数据类型进行重新定义，如 typedef int DataType 或 typedef char DataType。针对不同类型的数据，在输出时需要用不同的格式控制符，如%c 或%d，这不利于后期的软件维护，会导致在维护时需要重新对程序进行修改。为了避免这个问题，我们专门利用一个函数 PrintData 来输出不同类型的数据，输出前还需要对数据类型进行判断，假设这里的数据类型比较简单，本书中只用到整型、字符型和浮点型。

对于经常使用的功能，我们可将其单独写成一个函数。一方面，避免重复开发，方便今后直接调用；另一方面，方便以后的软件维护。

3.1.2　舞伴配对

问题描述

假设在周末舞会上，男士们和女士们进入舞厅时，各自排成一队。跳舞开始时，依次从男队和女队的开头各出一人配成舞伴。若两队初始人数不相同，则较长的那一队中未配对者等待下一轮。现要求设计一个算法模拟上述舞伴配对问题。

【分析】

先入队的男士或女士先出队配成舞伴。因此该问题具体有典型的先进先出特性，可用队列作为算法的数据结构。

在算法实现时，假设男士和女士的记录存放在一个数组中作为输入，然后依次扫描该数组的各元素，并根据性别来决定是进入男队还是女队。当这两个队列构造完成之后，依次将两个队列当前的开头元素出队来配成舞伴，直至某队列变空为止。此时，若某队列仍有等待配对者，则算法输出此队列中等待者的人数及排在队头的等待者的名字，他（或她）将是下一轮开始时第一个可获得舞伴的人。

☞第 3 章\实例 3-02.cpp

```
/**************** ****************************
*实例说明：舞伴配对
**********************************************/
#include<stdio.h>
typedef struct
{
    char name[20];
    char sex;                  /*性别，'F'或'f'表示女性，'M'或'm'表示男性*/
}Person;
typedef Person DataType;      /*将队列中元素的数据类型定义为Person*/
```

```
#include"SeqQueue.h"
void DancePartner(DataType dancer[],int num)
/*结构数组dancer中存放跳舞的男女，num是跳舞的人数*/
{
    int i;
    DataType p;
    SeqQueue Mdancers,Fdancers;
    InitQueue(&Mdancers);           /*男队初始化*/
    InitQueue(&Fdancers);           /*女队初始化*/
    for(i=0;i<num;i++)
    {                               /*依次将跳舞者依其性别入队*/
        p=dancer[i];
        if(p.sex=='F'||p.sex=='f')
            EnQueue(&Fdancers,p);   /*进入女队*/
        else
            EnQueue(&Mdancers,p);   /*进入男队*/
    }
    printf("配对成功的舞伴分别是: \n");
    while(!QueueEmpty(Fdancers)&&!QueueEmpty(Mdancers))
    {
        /*依次输入男女舞伴名*/
        DeQueue(&Fdancers,&p);      /*女士出队*/
        printf("%s   ",p.name);     /*输出出队女士名*/
        DeQueue(&Mdancers,&p);      /*男士出队*/
        printf("%s\n",p.name);      /*输出出队男士名*/
    }
    if(!QueueEmpty(Fdancers))       /*输出女士剩余人数及队头女士的名字*/
    {
        printf("还有%d名女士等待下一轮\n",DancerCount(Fdancers));
        GetHead(Fdancers,&p);       /*取队头元素*/
        printf("%s 将在下一轮中最先得到舞伴 \n",p.name);
    }
    else if(!QueueEmpty(Mdancers)) /*输出男队剩余人数及队头者名字*/
    {
        printf("还有%d名男士等待下一轮\n",DancerCount(Mdancers));
        GetHead(Mdancers,&p);
        printf("%s 将在下一轮中最先得到舞伴\n",p.name);
    }
}
int DancerCount(SeqQueue Q)
/*队列中等待配对的人数*/
{
    return (Q.rear-Q.front+QueueSize)%QueueSize;
}
void main()
{
    int i,n;
    DataType dancer[30];
    printf("请输入舞池中排队的人数:");
    scanf("%d",&n);
    for(i=0;i<n;i++)
    {
        printf("姓名:");
        scanf("%s",dancer[i].name);
        getchar();
        printf("性别:");
        scanf("%c",&dancer[i].sex);
```

```
    }
    DancePartner(dancer,n);
}
```

运行结果如图 3.7 所示。

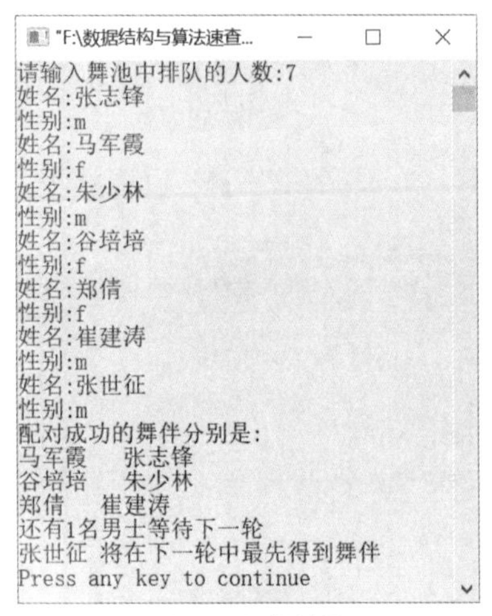

图 3.7　运行结果

3.1.3　模拟轮渡管理

问题描述

某汽车轮渡口，过江渡船每次能载 10 辆车过江。过江车辆分为客车类和货车类，上船有以下规定：同类车先到先上船，客车先于货车上船，且每上 4 辆客车，才允许上一辆货车；若等待客车不足 4 辆，则以货车代替，若无货车等待则允许客车都上船。设计一个算法模拟轮渡管理。

【分析】

（1）初始时，上船汽车数（count）、上船客车数（countbus）、上船货车数（counttruck）均为 0。

（2）输入命令 e 或 E 表示有汽车来过江，可按客车、货车分别进入相应的队列排队。

（3）输入命令 o 或 O 表示渡船到渡口，可按排队顺序将汽车或客车上船。

① 若上船汽车数 count<4，且客车队列非空，则将客车队列的队头汽车出队上船。同时，进行计数，即 count 和 countbus 增 1。

② 若上船客车数 countbus≥4 或客车队列为空，且货车队列非空，则将货车队列的队头汽车出队上船。将 countbus 置为 0，并进行计数，即 count 和 counttruck 增 1。

③ 若货车队列为空且客车队列非空，则将客车队列的队头汽车出队上船。count 和 countbus 增 1，将 counttruck 置为 0。

（4）输入命令 q 或 Q 表示退出程序。

☞第 3 章\实例 3-03.c

```
/**********************************************
*实例说明：模拟轮渡管理
**********************************************/
#include<stdio.h>
typedef int DataType;
#include "SeqQueue.h"
```

```
void FerryManage()
{
    SeqQueue bus,truck;/*bus 表示客车队列，truck 表示货车队列*/
    char ch;
    DataType n;          /*n 为车号*/
    int tag;             /*tag 是标志，tag=1 表示客车，tag=2 表示货车*/
    int count=0,countbus=0,counttruck=0;
    InitQueue(&bus);
    InitQueue(&truck);
    while(1)
    {
        fflush(stdin);
        printf("输入命令(e 或 E 表示入队，o 或 O 表示出队，q 或 Q 表示退出)：\n");
        scanf("%c",&ch);
        switch (ch)
        {
           case 'e':
           case 'E':
                printf("请输入车号(整数)：");
                scanf("%d",&n);
                printf("是客车(1)还是货车(2)：");
                scanf("%d",&tag);
                if (tag==1)
                   EnQueue(&bus,n);
                else
                   EnQueue(&truck,n);
                   break;
            case 'o':
            case 'O':
                while (count<10)
                {
                    if (count<4 &&!QueueEmpty(bus))/*客车出队*/
                    {
                        DeQueue(&bus,&n);
                        printf("上船的车号为：%d\n",n);
                        count++;
                        countbus++;
                    }
                    else if (!QueueEmpty(truck))     /*货车出队*/
                    {
                        countbus=0;
                        DeQueue(&truck,&n);
                        printf("上船的车号为：%d\n",n);
                        count++;
                        counttruck++;
                    }
                    else if (!QueueEmpty(bus))
                    {
                        counttruck=0;
                        DeQueue(&bus,&n);
                        printf("上船的车号为：%d\n",n);
                        count++;
                        countbus++;
                    }
                    else
                    {
                        printf("排队轮渡的车辆少于 10 辆.\n" );
                        return;
                    }
            }
```

```
            break;
        case 'q':
        case 'Q':
            break;
        }
        if (ch=='q' || ch=='Q')
            break;
    }
}
void main()
{
    FerryManage();
}
```

运行结果如图 3.8 所示。

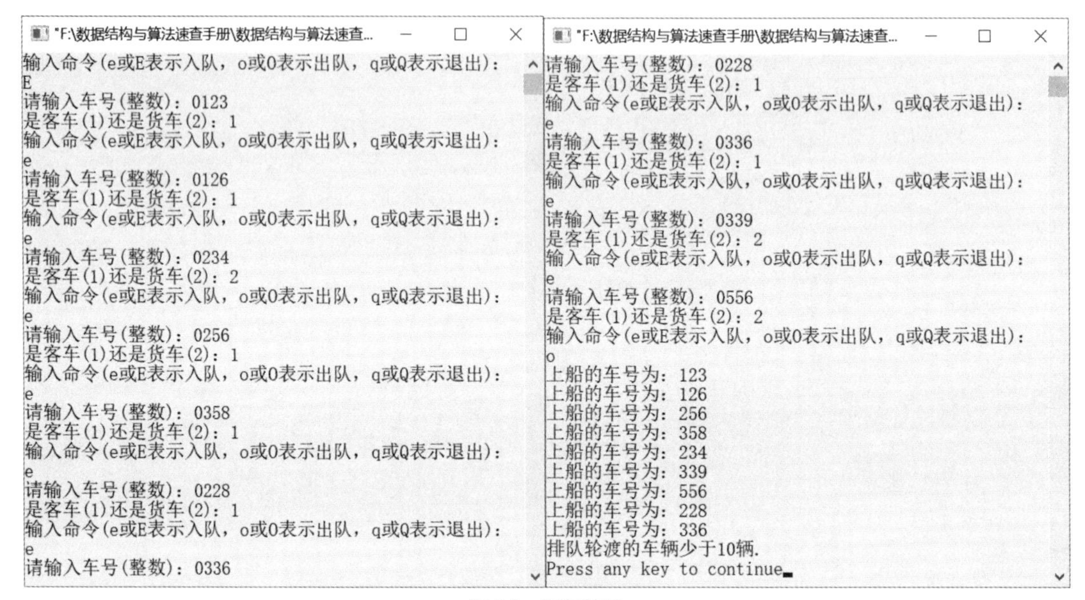

图 3.8　运行结果

【注意】

每输入一个客车或货车信息，按 Enter 键后，回车符就会被下一轮循环中的 scanf 函数自动接收。为了避免这种情况出现，在 scanf 函数前面加入 fflush(stdin)，以清除缓存中的字符，这样就不会出现以上情况了。这是大家在使用 C 语言中的 scanf 函数、getch 函数、getchar 函数过程中经常会遇到的问题，遇到这类问题可通过调用 fflush 函数解决。

3.2 链式队列及其应用

【定义】

链式队列通常用链表实现。在链式队列中，分别需要一个指向队头与队尾的指针表示队头和队尾，这两个指针分别称为队头指针和队尾指针。不带头节点的链式队列和带头节点的链式队列分别如图 3.9、图 3.10 所示。

对于带头节点的链式队列，当链式队列为空时，队头指针 front 和队尾指针 rear 都指向头节点，如图 3.11 所示。

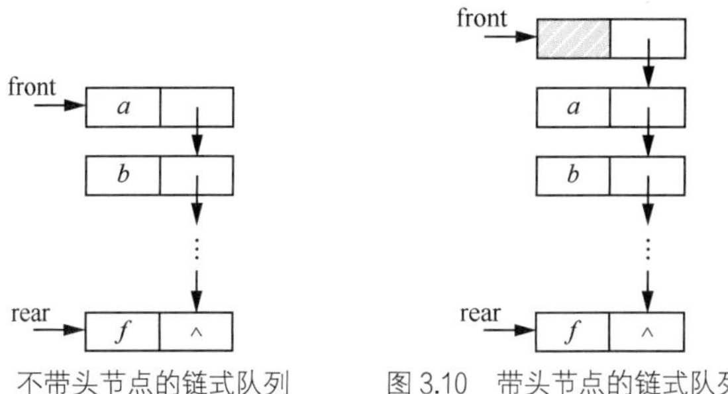

图 3.9　不带头节点的链式队列　　图 3.10　带头节点的链式队列

front
rear

图 3.11　带头节点的空链式队列

【循环链式队列】

首尾相连的链式队列就构成了链式循环队列。在链式循环队列中，可以只设置队尾指针，而不需设置队头指针，一个只设置队尾指针的链式循环队列如图 3.12 所示。链式循环队列 LQ 为空的判断条件为 LQ.rear->next==LQ.rear，如图 3.13 所示。

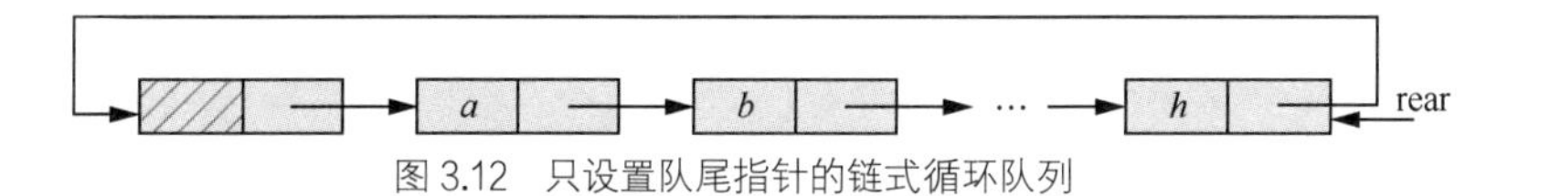

图 3.12　只设置队尾指针的链式循环队列

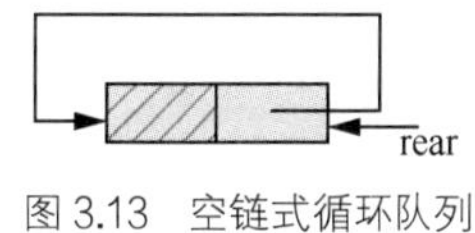

图 3.13　空链式循环队列

【存储结构】

链式队列的存储结构的 C 语言描述如下。

```
/*节点类型定义*/
typedef struct QNode
{
    DataType data;
    struct QNode* next;
}LQNode,*QueuePtr;
/*队列类型定义*/
typedef struct
{
    QueuePtr front;
    QueuePtr rear;
}LinkQueue;
```

【基本运算】

（1）初始化链式队列。

```
void InitQueue(LinkQueue *LQ)
/*初始化链式队列*/
{
    LQ->front=LQ->rear=(LQNode*)malloc(sizeof(LQNode));
    if(LQ->front==NULL)
        exit(-1);
    LQ->front->next=NULL;      /*把头节点的指针域置为空*/
}
```

（2）判断链式队列是否为空。

```
int QueueEmpty(LinkQueue LQ)
/*判断链式队列是否为空，为空返回 1，否则返回 0*/
{
    if(LQ.rear==LQ.front)          /*当链式队列为空时*/
        return 1;                  /*返回 1*/
    else                           /*否则*/
```

```
        return 0;                    /*返回 0*/
}
```

（3）将元素 e 入队，在链式队列中插入元素时，只需要移动队尾指针；删除元素时，只需要移动队头指针。例如，在链式队列中插入 a、b、c 的指针变化情况如图 3.14（a）与（b）所示。

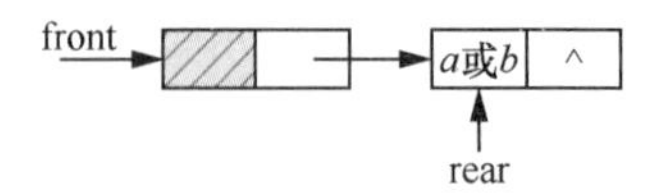

（a）在链式队列中插入一个元素a或b

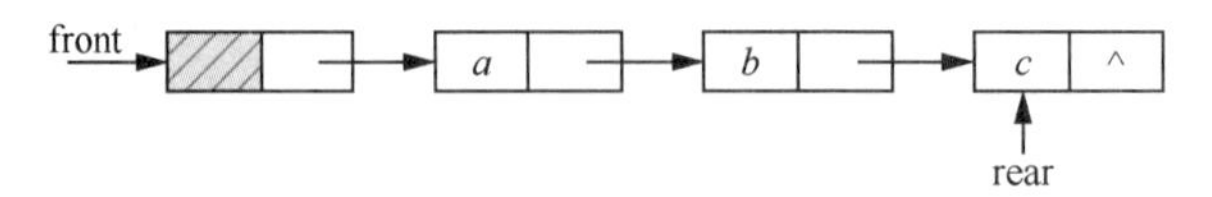

（b）在链式队列中插入一个元素c

图 3.14　在链式队列中插入元素的指针变化情况

算法实现如下。

```
int EnQueue(LinkQueue *LQ,DataType e)
/*将元素 e 插入链式队列 LQ 中，插入成功返回 1*/
{
    LQNode *s;
    s=(LQNode*)malloc(sizeof(LQNode));/*为将要入队的元素申请一个节点的空间*/
    if(!s) /*如果申请空间失败，则退出并返回参数-1*/
           exit(-1);
           s->data=e;
           s->next=NULL;
           LQ->rear->next=s;
           LQ->rear=s;
           return 1;
}
```

在链式队列中插入元素 e，先让链式队列中的最后一个节点的指针域指向待插入的节点，然后将队尾指针指向该节点，如图 3.15 所示。

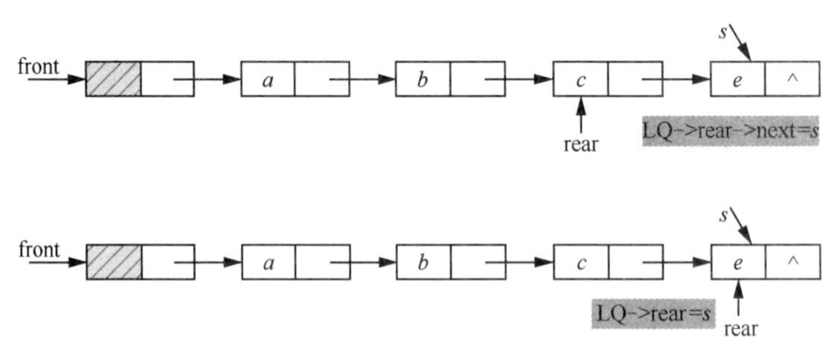

图 3.15　将元素 e 入队的操作过程

（4）将队头元素出队，即删除链式队列中的队头元素。删除队头元素的指针变化情况如图 3.16 所示。

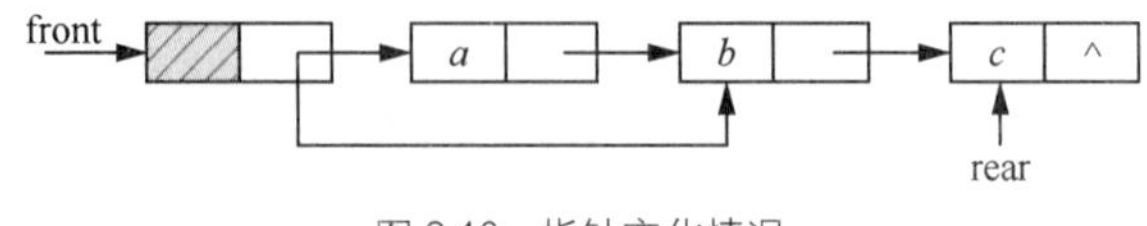

图 3.16　指针变化情况

算法实现如下。

```
int DeQueue(LinkQueue *LQ,DataType *e)
/*删除链式队列中的队头元素节点，并将该元素赋给 e*/
{
     LQNode *s;
     if(LQ->front==LQ->rear)        /*先判断链式队列是否为空*/
        return 0;
     else
     {
        s=LQ->front->next;
        *e=s->data;
        LQ->front->next=s->next;
        if(LQ->rear==s)
            LQ->rear=LQ->front;
        free(s);
        return 1;
     }
}
```

（5）取队头元素。

```
int GetHead(LinkQueue LQ,DataType *e)
/*取链式队列中的队头元素，并将该元素赋给 e*/
{
     LQNode *s;
     if(LQ.front==LQ.rear)       /*取队头元素之前，判断链式队列是否为空*/
        return 0;
     else
     {
        s=LQ.front->next;
        *e=s->data;
        return 1;
     }
}
```

（6）清空链式队列。

```
void ClearQueue(LinkQueue *LQ)
/*清空链式队列*/
{
    while(LQ->front!=NULL)
    {
        LQ->rear=LQ->front->next;
        free(LQ->front);
        LQ->front=LQ->rear;
    }
}
```

以上基本运算保存在文件 LinkQueue.h 中。

3.2.1 队列在杨辉三角中的应用

问题描述

输出杨辉三角。杨辉三角是一个由数字排列成的三角形数表，一个 8 阶的杨辉三角如图 3.16 所示。

【分析】

杨辉三角，又称贾宪三角，是二项式系数在三角形中的一种几何排列。北宋时期的贾宪首先使用“贾宪三角”进行高次开方运算。南宋的杨辉所著的《详解九章算法》一书中，也记录了图 3.17 中的三角形数表，并说明此表引自贾宪的《释锁算术》。因此，杨辉三角又称贾宪三角。

```
              1
            1   1
          1   2   1
        1   3   3   1
      1   4   6   4   1
    1   5  10  10   5   1
  1   6  15  20  15   6   1
1   7  21  35  35  21   7   1
```

图 3.17　8 阶的杨辉三角

1. 杨辉三角具有以下性质

（1）第 1 行只有一个数。

（2）第 i 行有 i 个数。

（3）第 i 行最左边和最右边的数均为 1。

（4）每个数等于上一行的左右两个数之和，即第 n 行的第 i 个数等于第 n–1 行的第 i–1 个数和第 i 个数之和。

2. 构造队列

杨辉三角的第 i 行元素是根据第 i–1 行元素得到的，因此可用队列先保存上一层元素，然后将队列元素依次出队得到下一层的元素。构造杨辉三角分为两个部分——两端元素值为 1 的部分是已知的，剩下的元素就是要构造的部分。

以第 8 行元素为例，利用队列来构造杨辉三角（假设 Q 是顺序循环队列）的过程如下。

（1）在第 8 行，第一个元素入队，EnQueue(&*Q*,1)。

（2）第 8 行的中间 6 个元素可通过已经入队的第 7 行元素得到。首先取出第 7 行的第一个元素并将其出队，DeQueue(&*Q*,&*t*)，将该元素存入临时数组（用于输出），temp[*k*++]=*t*，*t* 就是上一行的左边那个元素。其次取出右边那个元素，GetHead(*Q*,&*e*)，*e* 为队头元素，但是并不将其出栈，因为下一次操作还要用到它。再次将左边的元素和右边的元素相加，得到本层元素。最后将元素 *t* 入队，EnQueue(&*Q*,*t*)。

（3）第 7 行最后一个元素出队，DeQueue (&*Q*,&*t*)，就是将上一行的最后一个 1 出队。

（4）第 8 行最后一个元素入队，EnQueue(&*Q*,1)，就是将本行的最后一个 1 入队。

至此，第 8 行的所有元素都已经入队。其他行的入队操作类似。

注意，在循环结束后，还有最后一行元素在队列里。在最后一行元素入队之后，要将杨辉三角输出。为了输出杨辉三角中的每一行，需要设置一个临时数组 temp[MAXSIZE]来存储每一行的元素，然后在一行结束时输出该行元素。

☞第 3 章\实例 3-04.c

```
/********************************************
*实例说明：输出杨辉三角
*******************************************/
#include<stdio.h>
#include<malloc.h>
typedef int DataType;
#define MAXSIZE 100
#include "LinkQueue.h"
void PrintArray(int a[],int n,int N);
void YangHuiTriangle(int N);
void main()
{
```

```
    int n;
    printf("请输入要输出的行数: n=");
    scanf("%d",&n);
    YangHuiTriangle(n);
}
void YangHuiTriangle(int N)
/*链式队列实现输出杨辉三角*/
{
    int i,k,n;
    DataType e,t;
    int temp[MAXSIZE];
    LinkQueue Q;
    k=0;
    InitQueue(&Q);
    EnQueue(&Q,1);
    for(n=2;n<=N;n++)
    /*产生第 n 行元素并入队，同时将第 n-1 行的元素保存在临时数组中*/
    {
        k=0;
        EnQueue(&Q,1);            /*第 n 行的第一个元素入队*/
        for(i=1;i<=n-2;i++)
        /*利用队列中第 n-1 行元素产生第 i 行的中间 n-2 个元素并入队*/
        {
            DeQueue(&Q,&t);
            temp[k++]=t;
            GetHead(Q,&e);
            t=t+e;
            EnQueue(&Q,t);
        }
        DeQueue(&Q,&t);
        temp[k++]=t;
        /*将第 n-1 行的最后一个元素存入临时数组*/
        PrintArray(temp,k,N);
        EnQueue(&Q,1);
    }
    k=0;
    while(!QueueEmpty(Q))
    {
        DeQueue(&Q,&t);
        temp[k++]=t;
        if(QueueEmpty(Q))
            PrintArray(temp,k,N);
    }
}
void PrintArray(int a[],int n,int N)
/*输出数组中的元素，使其能够以正确的形式输出*/
{
    int i;
    static count=0;                      /*记录输出的行*/
    for(i=0;i<N-count;i++)               /*输出空格*/
        printf("   ");
    count++;
    for(i=0;i<n;i++)                     /*输出数组中的元素*/
        printf("%6d",a[i]);
    printf("\n");
}
```

运行结果如图 3.18 所示。

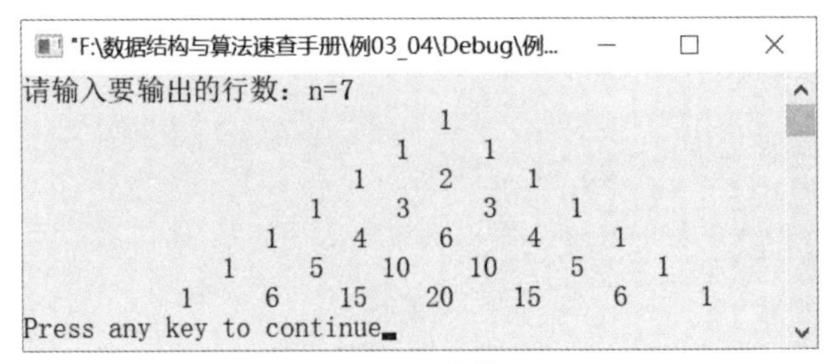

图 3.18　运行结果

我们利用链式队列的基本运算实现杨辉三角的输出。当然，也可以使用数组模拟队列实现，有兴趣的读者不妨自己尝试一下。

3.2.2　判断字符串是否为回文

问题描述

实现一个算法，判断任意给定的字符序列是否为回文。所谓回文是指把字符序列的中间字符作为基准，两边字符完全相同，即从两个方向看，都是相同的字符序列。例如，字符序列“ABCDEFEDCBA”为回文，而字符序列“xabcdcaax”不是回文。

【分析】

这个题目考查对栈的后进先出思想和队列的先进先出思想的理解，判断是否为回文可通过构造栈和队列来实现。具体做法是先把一个字符序列分别入队和入栈，然后将字符序列出队和出栈。该做法基于字符序列出队的顺序和出栈的顺序刚好相反。同时，比较出队的字符和出栈的字符是否相等。若相等，则继续取出队列和栈中的下一个字符进行比较，直到栈和队列为空，表明该字符序列为回文；若有字符不相等，则该字符序列不是回文。

☞第 3 章\实例 3-05.c

```
/*********************************************
*实例说明：判断是否为回文
*********************************************/
#include<stdio.h>
#include<stdlib.h>
#include<string.h>
#include<malloc.h>
typedef char DataType;                          /*数据类型为字符类型*/
#include"LinkStack.h"
#include"LinkQueue.h"
void PrintStackQueue(LStackNode *LStack,LinkQueue LQueue);
void main()
{
    DataType str1[]="ABCDEFEDCBA";
    DataType str2[]="xabcdcaax";
    int i;
    LinkQueue LQueue1,LQueue2;
    LStackNode *LStack1,*LStack2;
    InitQueue(&LQueue1);
    InitQueue(&LQueue2);
    InitStack(&LStack1);
    InitStack(&LStack2);
    for(i=0;i<strlen(str1);i++)
    {
```

```
        EnQueue(&LQueue1,str1[i]);      /*字符序列 1 入队*/
        PushStack(LStack1,str1[i]);     /*字符序列 1 入栈*/
    }
    for(i=0;i<strlen(str2);i++)
    {
        EnQueue(&LQueue2,str2[i]);      /*字符序列 2 入队*/
        PushStack(LStack2,str2[i]);     /*字符序列 2 入栈*/
    }
    printf("字符序列 1: %s\n",str1);
    PrintStackQueue(LStack1,LQueue1);
    printf("字符序列 2: %s\n",str2);
    PrintStackQueue(LStack2,LQueue2);
}
void PrintStackQueue(LStackNode *LStack,LinkQueue LQueue)
{
    DataType st,qu;
    printf("出队序列出栈序列\n");
    while(!StackEmpty(LStack))      /*判断链栈 1 是否为空*/
    {
       DeQueue(&LQueue,&qu);
       PopStack(LStack,&st);
       printf("%5c",qu);
       printf("%10c\n",st);
       if(qu!=st)
       {
            printf("该字符序列不是回文\n");
            return;
       }
    }
         printf("该字符序列是回文\n");
}
```

运行结果如图 3.19 所示。

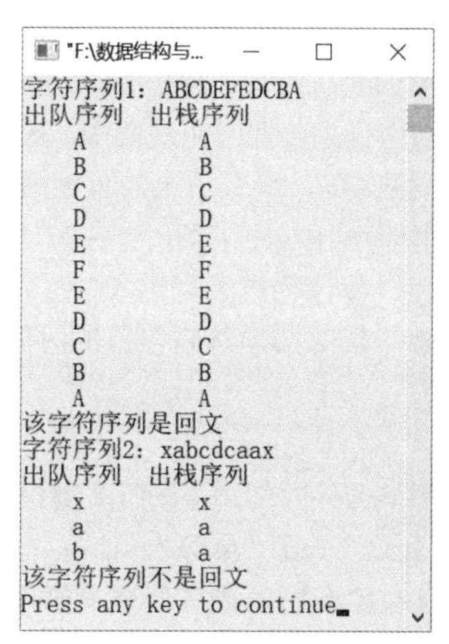

图 3.19 运行结果

【常见错误】

因为需要将字符序列 1 和字符序列 2 分别入队、入栈，所以直接按照以下方式实现。

```
for(i=0;i<strlen(str1);i++)
```

```
{
    EnQueue(&LQueue1,str1[i]);      /*依次把字符序列 1 入队*/
    PushStack(LStack1,str1[i]);     /*依次把字符序列 1 入栈*/
    EnQueue(&LQueue2,str2[i]);      /*依次把字符序列 2 入队*/
    PushStack(LStack2,str2[i]);     /*依次把字符序列 2 入栈*/
}
```

运行结果如图 3.20 所示。

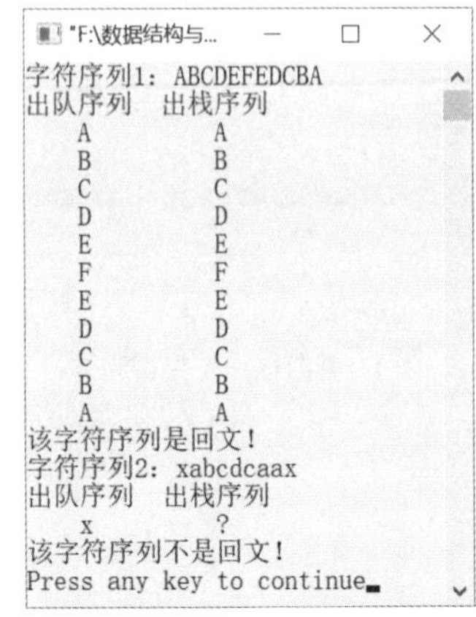

图 3.20　运行结果

在字符序列 2 的入栈操作这一行设置断点，在调试过程中将字符序列 2 入 LStack2 之后，又多进入了两个字符。问题出在 for 循环的控制上，即结束条件出现了错误，这是因为字符序列 1 和字符序列 2 两个字符序列的长度不等，才会出现以上错误。这就需要分别对字符序列 1 和字符序列 2 执行入栈和入队操作。

3.3　栈和队列的综合应用——停车场管理

设停车场是一个可停放 *n* 辆汽车的狭长通道，且只有一个大门可供汽车进出。汽车按到达时间的先后顺序，在停车场内依次由北向南排列（大门在最南端，最先到达的第一辆汽车停放在停车场的最北端）。若停车场内已经停满 *n* 辆汽车，那么后来的车辆只能在门外的便道上等候。一旦有车辆离开，则排在便道上的第一辆汽车即可开入停车场。当停车场内某辆汽车要离开时，在它之后进入的车辆必须先退出停车场为它让路，待该辆汽车开出大门外，其他车辆再按原次序进入停车场。每辆停放在停车场的汽车在它离开停车场时必须按它停留的时间长短缴纳费用。试按以上要求编写程序模拟停车场管理过程。

【分析】

以栈模拟停车场，以队列模拟停车场外的便道，按照从键盘读入数据的次序进行停车场模拟管理。每一组输入数据包括汽车的“到达”（或“离开”）信息、车牌号及到达（或离开）的时刻 3 个数据项。若车辆到达，则输出汽车在停车场内或者便道上的停车位置；若车辆离开，则输出汽车在停车场停留的时间和应缴纳的费用（便道上停留的时间不收费）。

输入数据为(‘A’, 1, 5)、(‘A’, 2, 10)、(‘D’, 1, 15)、(‘A’, 3, 20)、(‘A’, 4, 25)、(‘A’, 5, 30)、(‘D’, 2, 35)、(‘D’, 4, 40)、(‘E’, 0, 0)。其中，A 表示到达，D 表示离开，E 表示输入结束。(‘A’, 1, 5)表示 1 号牌照汽车在 5 这个时刻到达，(‘D’, 1, 15)表示 1 号牌照汽车在 15 这个时刻离开。

当有汽车准备停车时，先判断栈是否已满。如果栈未满，则将汽车数据入栈；如果栈满，则将汽车数据入队。当有汽车离开时，先依次将栈中的元素出栈，并依次暂存到另一个栈中，等该汽车离开后，再将暂存栈中的元素依次入停车场栈，并将队列中的汽车数据入停车场栈。

一个模拟停车场管理程序的部分实现代码如下。

```
#include<stdio.h>            /*包含输入输出头文件*/
#include<stdlib.h>           /*包含定义的 5 种类型、一些宏和通用工具函数*/
#include<time.h>             /*获取系统时间所用函数*/
#include<conio.h>            /*定义了通过控制台进行数据输入和数据输出的函数*/
#include<windows.h>          /*设置光标信息*/

#define MaxSize 10           /*定义的大小，即栈长度*/
#define PRICE 2              /*每车每小时收费值*/
#define BASEPRICE 2          /*基础停车费*/
#define Esc 27               /*退出系统*/
#define Exit 3               /*结束对话*/
#define Stop 1               /*停车*/
#define Drive 2              /*取车*/

int jx=0,jy=32;              /*全局变量日志输出位置*/

typedef struct
{
    int hour;
    int minute;
}Time,*PTime;                /*时间节点*/

typedef struct               /*定义栈元素的类型，即车辆信息节点*/
{
    int num ;                /*车牌号*/
    Time arrtime;            /*到达时刻或离开时刻*/
}CarNode;

typedef struct               /*定义栈,模拟停车场*/
{
    CarNode stack[MaxSize];
    int top;
}SeqStackCar;

typedef struct node          /*定义队列节点的类型*/
{
    int num;                 /*车牌号*/
    struct node *next;
}QueueNode;

typedef struct               /*定义队列,模拟便道*/
{
    QueueNode *front,*rear;
}LinkQueueCar;

/*函数声明*/
PTime Get_Time();
CarNode GetCarInfo();
void ClearScreen(int a);
void GotoXY(int x,int y);
void PrintLog(Time t,int n,int io,char ab,int po,double f);
void DispParAnimation(int a,int num,int x0,int y0);
void DisLeavAnimation(int a,int po,int num);
```

```
/*初始化栈*/
void InitSeqStack(SeqStackCar *s)
{
    s->top=-1;
}
/*汽车入栈*/
int EnterCar(SeqStackCar *s,CarNode x)
{
    if(s->top==MaxSize-1)
          return 0;
    else
    {
         s->stack[++s->top]=x;
         return 1;
    }
}
/*栈顶元素出栈*/
CarNode OutCar(SeqStackCar *s)
{
    CarNode x;
    if(s->top<0)
    {
        x.no=0;
        x.arrtime.hour=0;
        x.arrtime.minute=0;
        return x;                              //如果栈空,返回空值
    }
    else
    {
        s->top--;
        return s->stack[s->top+1];         //栈不空,返回栈顶元素
    }
}
/*初始化队列*/
void InitLinkQueue(LinkQueueCar *q)
{
    q->front=(QueueNode*)malloc(sizeof(QueueNode));   //动态生成一个新节点
    if(q->front!=NULL)
    {
        q->rear=q->front;
        q->front->next=NULL;
        q->front->no=0;
    }
}
/*数据入队*/
void EnQueue(LinkQueueCar *q,int e)
{
    QueueNode *p;
    p=(QueueNode*)malloc(sizeof(QueueNode));
    p->no=e;
    p->next=NULL;
    q->rear->next=p;
    q->rear=p;
    q->front->no++;
}
/*数据出队*/
int DeQueue(LinkQueueCar *q)
```

```
{
    QueueNode *p;
    int n;
    if(q->front==q->rear)                          //队空返回 0
        return 0;
    else
    {
        p=q->front->next;
        q->front->next=p->next;
        if(p->next==NULL)
              q->rear=q->front;
        n=p->no;
        free(p);
        q->front->no--;
        return n;                                  //返回出队的车辆数据
    }
}
/*********************         车辆到达        ***************************/
//参数：栈，队列，车辆信息
//返回值：空
//功能：对传入的车辆进行入栈，栈满则入队
void ArriveCar(SeqStackCar *s,LinkQueueCar *lq,CarNode e)
{
    int flag;
    flag=EnterCar(s,e);          //入栈
    if (flag==0)                 //栈满
    {
        EnQueue(lq,e.no);                 //入队
        DispParAnimation(1,lq->front->no,0,23);
        PrintLog(e.arrtime,e.no,1,'B',lq->front->no,0);
        ClearScreen(0);
        printf("您的车停在便道%d 号车位上\n",lq->front->no);   //更新对话
    }
    else
    {
        DispParAnimation(0,s->top+1,0,23);
        PrintLog(e.arrtime,e.no,1,'P',s->top+1,0);
        ClearScreen(0);
        printf("您的车停在停车场%d 号车位上\n",s->top+1);      //更新对话
    }
    ClearScreen(1);
    printf("按任意键继续");
    getch();
}
/**************************        车辆离开        ************************************/
//参数：栈指针 s1，暂存栈指针 s2，队列指针 p，车辆信息 e
//返回值：空
//功能：查找栈中 s1 指向的节点的 e 并出栈，栈中没有则查找队列 p 指向的节点并出队，输出离开时的收费信息
void LeaveCar(SeqStackCar *s1,SeqStackCar *s2,LinkQueueCar *p,CarNode e)
{
    double fee=0;
    int position=s1->top+1;                        //车辆所在车位
    int n,flag=0;
    CarNode y;
    QueueNode *q;
    while((s1->top > -1)&&(flag!=1))               //当栈不空且未找到 e
    {
        y=OutCar(s1);
        if(y.no!=e.no)
```

```
        {
            n=EnterCar(s2,y);
            position--;
        }
        else
            flag=1;
    }
    if(y.no==e.no)                              //找到 e
    {
        GotoXY(33,12);
        printf("%d:%-2d",(e.arrtime.hour-y.arrtime.hour),(e.arrtime.minute-y.arrtime.
        minute) );
        fee=BASEPRICE+((e.arrtime.hour-y.arrtime.hour)*60+(e.arrtime.minute-y.arrtime
        .minute))*PRICE;
        GotoXY(45,12);
        printf("%.1f 元\n",fee);
        ClearScreen(0);
        printf("确认您的车辆及收费信息");
        ClearScreen(1);
        printf("按任意键继续");
        getch();
        while(s2->top>-1)
        {
            y=OutCar(s2);
            flag=EnterCar(s1,y);
        }
        n=DeQueue(p);
        if(n!=0)
        {
            y.no=n;
            y.arrtime=e.arrtime;
            flag=EnterCar(s1,y);
            DisLeavAnimation(p->front->no+1,position,s1->top+1); //出栈动画,队列成员入栈
            PrintLog(e.arrtime,e.no,0,'P',position,fee);
            PrintLog(y.arrtime,y.no,1,'P',s1->top+1,0);
        }
        else
        {
            DisLeavAnimation(0,position,s1->top+2);
            PrintLog(e.arrtime,e.no,0,'P',position,fee);
        }
    }
    else                                        //若栈中无 e
    {
        while(s2->top > -1)                     //还原栈
        {
            y=OutCar(s2);
            flag=EnterCar(s1,y);
        }
        q=p->front;
        flag=0;
        position=1;
        while(flag==0&&q->next!=NULL)   //若队列不空且未找到 e
        if(q->next->no!=e.no)
        {
              q=q->next;
              position++;
        }
        else                                    //找到 e
        {
              q->next=q->next->next;
```

```
                p->front->no--;
                if(q->next==NULL)
                p->rear=p->front;
                GotoXY(33,17);
                printf("0:0");
                GotoXY(48,17);
                printf("0 元");
                ClearScreen(0);
                printf("您的车将离开便道");
                ClearScreen(1);
                printf("按任意键继续");
                getch();
                DisLeavAnimation(-1,position,p->front->no+1);    //出队动画
                PrintLog(e.arrtime,e.no,0,'B',position,0);
                flag=1;
            }
            if(flag==0)                                          //未找到 e
            {
                ClearScreen(0);
                printf("停车场和便道上均无您的车");
                ClearScreen(1);
                printf("按任意键继续");
                getch();
            }
        }
}
/*获取系统时间*/
PTime Get_Time()
{
    Time *t;
    time_t timer;
    struct tm *tblock;
    t=(Time*)malloc(sizeof(Time));
    timer=time(NULL);
    tblock=localtime(&timer);
    t->minute=tblock->tm_min;
    t->hour=tblock->tm_hour;
    return t;
}
/*将光标移动到(x,y)*/
void GotoXY(int x,int y)
{
    COORD coord;
    coord.X=x;
    coord.Y=y+3;
    SetConsoleCursorPosition(GetStdHandle(STD_OUTPUT_HANDLE),coord);
}
/*画出系统界面*/
void PanitPL()
{
    int i,j,x,y,a[2][4]={{2,0,0,1},{-2,0,0,-1}};        //方向
    GotoXY(5,4);
    x=18,y=2;                                            //起始点
    for(i=0;i<2;i++)
    {
        for(j=0;j<20;j++)
        {
            x+=a[i][0];
            y+=a[i][1];
            GotoXY(x,y);
```

```
            printf("  ");
        }
        x+=a[i][0];
        y+=a[i][1];
        GotoXY(x,y);
        if(i==0)
            printf("  ");
        else
            printf("  ");
        for(j=0;j<12;j++)
        {
            x+=a[i][2];
            y+=a[i][3];
            GotoXY(x,y);
            printf("  ");
        }
        x+=a[i][2];
        y+=a[i][3];
        GotoXY(x,y);
        if(i==0)
            printf("  ");
        else
            printf("  ");
    }
    GotoXY(22,4);
    printf("小张: ");
    GotoXY(22,7);
    printf("顾客: ");
    GotoXY(22,10);
    printf("*********** 停车信息 ***********");
    GotoXY(23,11);
    printf("车牌号: ");
    GotoXY(42,11);
    printf("时间: ");
    GotoXY(23,12);
    printf("停车时长: ");
    GotoXY(42,12);
    printf("收费: ");
}

//输入车辆信息
CarNode GetCarInfo()
{
    PTime T;
    CarNode x;
    ClearScreen(0);
    printf("请输入您的车牌号\n");
    ClearScreen(1);
    printf("在下面输入车辆信息");
    ClearScreen(2);
    scanf("%d",&(x.no));
    T=Get_Time();
    x.arrtime=*T;
    GotoXY(48,11);
    printf("%d:%d",x.arrtime.hour,x.arrtime.minute);
    getch();
    return x;
}
//输出停车场
```

```
void PrintStopPlace()
{
    GotoXY(0,16);
    printf("                              停车场管理日志\n\n");
    printf("  时间车牌号进(1)/出(0)      车位(B便道/P停车场)     收费(元)   ");
}
//输出日志记录
void PrintLog(Time t,int n,int io,char ab,int po,double f)
{
    jy++;
    GotoXY(jx,jy);
    printf("  时间车牌号进(1)/出(0)      车位(B便道/P停车场)     收费(元)");
    if(io==0)
        printf(" /%.1f",f);
    GotoXY(jx,jy);
    printf("                       /      %d          /  %c:%d",io,ab,po);
    GotoXY(jx,jy);
    printf("  %d:%d /  %d",t.hour,t.minute,n);
}
void DispParAnimation(int a,int num,int x0,int y0)
{
    static char *car="【██】";
    int x=0,y=22;
    if(a==0)
    {
       x=(num+6)*6;
       for(;x0<72;x0++)
       {
           GotoXY(x0,y0);
           printf("%s",car);
           Sleep(30);
           GotoXY(x0,y0);
           printf("        ");
       }
       for(;y0<y;y0++)
       {
           GotoXY(x0,y0);
           printf("%s",car);
           Sleep(100);
           GotoXY(x0,y0);
           printf("        ");
       }
       for(;x0>x;x0--)
       {
           GotoXY(x0,y0);
           printf("%s",car);
           Sleep(50);
           GotoXY(x0,y0);
           printf("        ");
       }
       GotoXY(x,y);
       printf("%s",car);
    }
    else
    {
        x=(12-num)*6;
        y=y-3;
        for(;x0<x;x0++)
        {
            GotoXY(x0,y0);
            printf("%s",car);
            Sleep(30);
```

```
            GotoXY(x0,y0);
            printf("      ");
         }
         GotoXY(x,y);
         printf("%s",car);
      }
   }
   void main( )
   {
      int i,flag;
      char ch;
      SeqStackCar s1,s2;                                   //停车场栈和暂存栈
      LinkQueueCar p;                                      //队列
      InitSeqStack(&s1);
      InitSeqStack(&s2);
      InitLinkQueue(&p);
      printf("                              南京路停车场管理系统\n");
      printf("***************      亲爱的顾客，欢迎光临东风路停车场      ******************\n");
      printf("       收费标准：基础费 2 元，每小时收取 2 元\n");
      printf("       假设车牌号仅由阿拉伯数字组成");
      PanitPL();
      PrintStopPlace();
      GotoXY(0,-3);
      ch=0;                  //接收按键
      while(1)               //按 Esc 键退出系统
      {
         for(i=2;i>-1;i--)                                //初始化对话框
               ClearScreen(i);
         printf("按 Esc 键退出系统,按其他键开始对话");
         ch=getch();
         if(ch==Esc)
         {
              ClearScreen(0);
              break;
         }
         while(1)
         {
            ClearScreen(2);
            GotoXY(28,4);
            printf("欢迎来到停车场！ 我是管理员小张。");
            GotoXY(28,5);
            printf("请您选择需要的服务         ");
            GotoXY(28,7);
            printf("    1.我要停车");
            GotoXY(28,8);
            printf("    2.我要取车");
            GotoXY(28,9);
            printf("    3.结束对话");       //输出对话框完成
            scanf("%d",&flag);
            GotoXY(28,11);
            printf(">>");
            if(flag==Exit)
            {
                  printf("结束服务。");
                  break;
            }
            switch(flag)
            {
               case Stop:                                  //停车
```

```
                        ArriveCar(&s1,&p,GetCarInfo() );
                        break;
                    case Drive:                                 //取车
                        LeaveCar(&s1,&s2,&p,GetCarInfo() );
                        break;
                }
            }
        }
}
```

运行结果如图 3.21（a）与（b）所示。

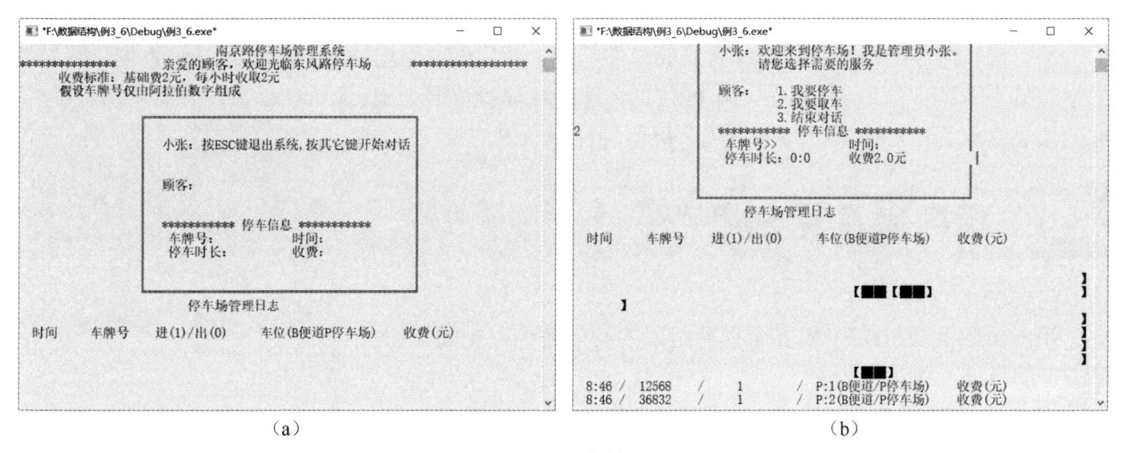

（a）　　　　（b）

图 3.21　运行结果

本程序不仅涵盖了栈和队列的基本操作实现及知识，还熟练使用了 C 语言中的一些关于字符屏幕和时间方面的函数，如 GotoXY 函数、localtime 函数等。

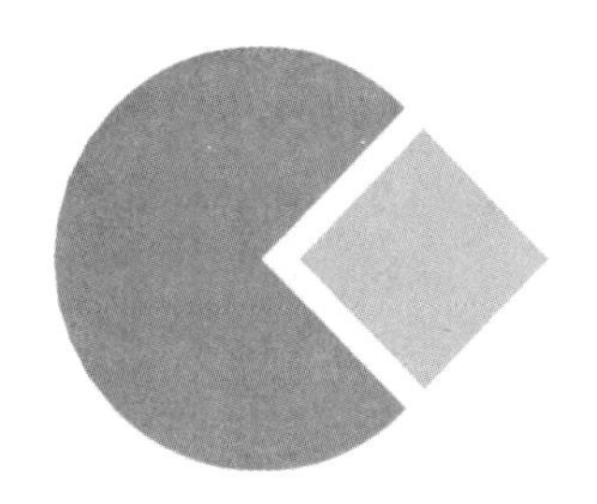

第4章 串

字符串，简称串，它也是一种重要的线性结构。计算机中处理的大部分数据是串数据，例如学生学籍信息系统中的姓名、性别、家庭住址、院系名称等数据都属于串数据。串广泛应用于各行各业的信息管理、信息检索、问答系统、机器翻译等系统的处理中。

4.1 顺序串及其应用

【定义】

串（string）是由零个或多个字符组成的有限序列，一般记作

$$S="a_1a_2\cdots a_n"$$

其中，S 是串名，用双引号括起来的字符序列是串的值，a_i（$1\leqslant i\leqslant n$）可以是字母、数字或其他字符，n 是串的长度。当 $n=0$ 时，S 为空串（null string）。

串中任意个连续的字符组成的子序列称为该串的子串。相应地，包含子串的串称为主串。通常将字符在串中的序号称为该字符在串中的位置。子串在主串中的位置以子串的第一个字符在主串中的位置来表示。

例如，a、b、c、d 是 4 个串。

```
a="A Professor of Zhengzhou University of Light Industry",b="Zhengzhou University
of Light Industry", c="University", d="Professor"
```

它们的长度分别为 53、38、10、9，b、c 和 d 均是 a 的子串，c 又是 b 的子串。b 和 c 在 a 中位置分别是 16 和 26，c 在 b 中的位置是 11，d 在 a 中的位置是 3。

只有当两个串的长度相等，且串中各个对应位置的字符均相等，两个串才是相等的。例如，上面的 4 个串 a、b、c、d 两两都不相等。

注意：考虑到与 C 语言表示方法统一，本书提到的串都用双引号标注。但是，双引号并不属于串本身的内容，双引号的作用仅仅是为了将字符型数据与整型、浮点型数据区别开来。

【特点】

串有两种存储方式——顺序存储和链式存储。常用的是顺序存储方式，操作起来更方便。

【顺序串的表示】

采用顺序存储结构的串称为顺序串，又称定长顺序串。一般采用字符型数组存放顺序串。

在串的顺序存储结构中，确定串的长度有两种方法。一种方法就是在串的末尾加上一个结束标记。在 C 语言中，定义一个串时，系统会自动在串的末尾添加“\0”作为结束标记。例如，若定义

如下字符数组：

```
char str[]="Zhengzhou University";
```

则串"Zhengzhou University"在内存中的存放形式如图 4.1 所示。

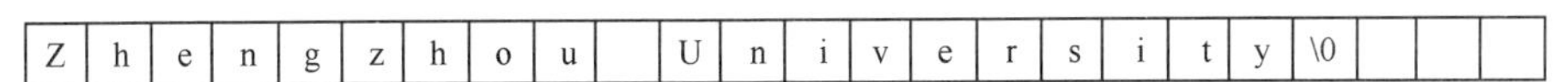

图 4.1　"Zhengzhou University"在内存中的存放形式

其中，数组名 str 指示串的起始地址，“\0”表示串的结束。因此，串"Zhengzhou University"的长度为 20，不包括结束标记“\0”。但是串长还需要调用 strlen 函数或统计字符个数才能得到。

另一种方法是增加一个变量 length，用来存放串的长度。例如，用 length 表示串"Zhengzhou University"长度的方法如图 4.2 所示。

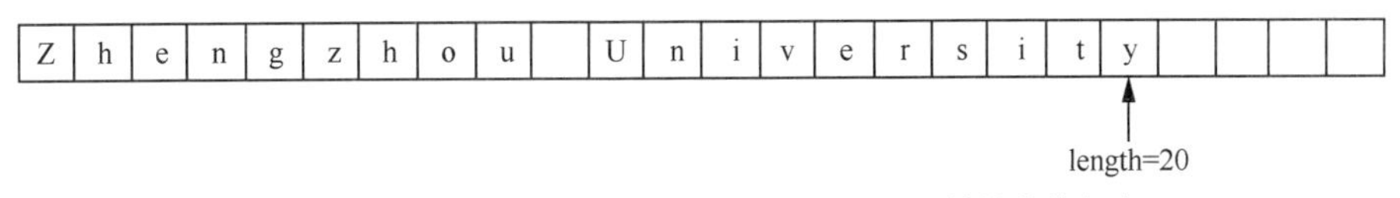

图 4.2　利用 length 表示"Zhengzhou University"的长度的方法

【存储结构】

顺序串的存储结构的 C 语言描述如下。

```
#define MAXSIZE 100
typedef struct
{
    char str[MAXSIZE];
    int length;
}SeqString;
```

其中，str 是存储串的字符数组名，length 为串的长度。

【基本运算】

以下串的基本运算保存在文件 SeqString.h 中。

（1）串的赋值。

```
void StrAssign(SeqString *S,char cstr[])
/*串的赋值操作*/
{
    int i=0;
    for(i=0;cstr[i]!='\0';i++)    /*将常量 cstr 中的字符赋值给串 S*/
        S->str[i]=cstr[i];
        S->length=i;
}
```

（2）判断串是否为空。

```
int StrEmpty(SeqString S)
/*判断串是否为空*/
{
    if(S.length==0)         /*如果串的长度等于 0*/
        return 1;           /*返回 1*/
    else                    /*否则*/
        return 0;           /*返回 0*/
}
```

（3）求串的长度。

```
int StrLength(SeqString S)
/*求串的长度*/
{
    return S.length;
}
```

（4）串的复制。

```
void StrCopy(SeqString *T,SeqString S)
/*串的复制操作*/
{
    int i;
    for(i=0;i<S.length;i++)          /*将串S的字符赋值给串T*/
        T->str[i]=S.str[i];
    T->length=S.length;              /*将串S的长度赋值给串T*/
}
```

（5）比较两个串的大小。

```
int StrCompare(SeqString S,SeqString T)
/*串的比较操作*/
{
    int i;
    for(i=0;i<S.length&&i<T.length;i++)
        if(S.str[i]!=T.str[i])
            return (S.str[i]-T.str[i]);
    return (S.length-T.length);
}
```

（6）在串 *S* 的第 pos 位置插入串 *T*。若插入成功，返回 1；否则，返回 0。

串的插入操作的具体实现分为以下 3 种情况。

- 若在串 *S* 中插入串 *T* 后串长不超过能容纳的最长字符数，即(S->length+T.length)≤MaxLen，则先将串 *S* 中第 pos 个位置之后的字符向后移动 len 个位置，然后将串 *T* 插入串 *S* 中即可。
- 若将串 *T* 插入串 *S* 后，串长超过能容纳的最长字符数但串 *T* 能完全插入串 *S* 中，即(S->length+T.length)>MaxLen，则将串 *S* 中第 pos 个位置之后的字符往后移 len 个位置后，串 *S* 中的部分字符被舍弃。
- 若将串 *T* 插入串 *S* 后，(S->length+T.length)>MaxLen 且串 *T* 不能完全插入串 *S* 中，则串 *T* 中部分字符和串 *S* 中第 len 个位置之后的字符均被舍弃。

算法实现如下。

```
int StrInsert(SeqString *S,int pos,SeqString T)
/*串的插入*/
{
    int i;
    if(pos<0||pos-1>S->length)     /*插入位置不正确，返回0*/
    {
        printf("插入位置不正确");
        return 0;
    }
    if(S->length+T.length<=MaxLen)
    /*若插入后串长小于或等于MaxLen，串T完整地插入串S中*/
    {
       /*在插入串T前，将串S中第pos个位置之后的字符向后移动len个位置*/
        for(i=S->length+T.length-1;i>=pos+T.length-1;i--)
            S->str[i]=S->str[i-T.length];
```

```
        /*将串 T 插入串 S 中*/
        for(i=0;i<T.length;i++)
            S->str[pos+i-1]=T.str[i];
        S->length=S->length+T.length;
        return 1;
    }
    /*若串 T 可以完全插入串 S 中，但串 S 中的字符将会被截掉*/
    else if(pos+T.length<=MaxLen)
    {
        for(i=MaxLen-1;i>T.length+pos-1;i--)/*将串 S 中第 pos 个位置之后的字符整体移动到数组的最后*/
            S->str[i]=S->str[i-T.length];
        for(i=0;i<T.length;i++)                 /*将串 T 插入串 S 中*/
            S->str[i+pos-1]=T.str[i];
        S->length=MaxLen;
        return 0;
    }
    /*若串 T 不能完全插入串 S 中，串 T 中会有字符被舍弃*/
    else
    {
        for(i=0;i<MaxLen-pos;i++)/*将串 T 直接插入串 S 中，插入之前不需要移动串 S 中的字符*/
            S->str[i+pos-1]=T.str[i];
        S->length=MaxLen;
        return 0;
    }
}
```

（7）删除串 *S* 中第 pos 个位置开始的 len 个字符。

```
int StrDelete(SeqString *S,int pos,int len)
/*在串 S 中删除第 pos 个位置开始的 len 个字符*/
{
    int i;
    if(pos<0||len<0||pos+len-1>S->length)/*如果参数不合法，则返回 0*/
    {
        printf("删除位置不正确，参数 len 不合法");
        return 0;
    }
    else
    {
        for(i=pos+len;i<=S->length-1;i++)/*将串 S 的第 pos 个位置以后的 len 个字符覆盖掉*/
            S->str[i-len]=S->str[i];
        S->length=S->length-len;          /*修改串 S 的长度*/
        return 1;
    }
}
```

（8）将串 *S* 连接在串 *T* 的末尾。串的连接操作可分为两种情况：如果连接后串长（T->length+S.length)≤MaxLen，则直接将串 *S* 连接在串 *T* 的尾部；如果连接后串长(T->length+S.length)>MaxLen 且串 *T* 的长度小于 MaxLen，则串 *S* 会有字符丢失。算法实现如下。

```
int StrConcat(SeqString *T,SeqString S)
/*将串 S 连接在串 T 的末尾*/
{
    int i,flag;
    /*若连接后的串长小于或等于 MaxLen，将串 S 直接连接在串 T 末尾*/
    if(T->length+S.length<=MaxLen)
    {
        for(i=T->length;i<T->length+S.length;i++)/*串 S 直接连接在串 T 的末尾*/
            T->str[i]=S.str[i-T->length];
        T->length=T->length+S.length;              /*修改串 T 的长度*/
```

```
            flag=1;                                 /*修改标志，表示串S完整连接到串T中*/
        }
    /*若连接后串长大于MaxLen，串S部分被连接在串T末尾*/
        else if(T->length<MaxLen)
        {
            for(i=T->length;i<MaxLen;i++)           /*将串S部分连接在串T的末尾*/
                T->str[i]=S.str[i-T->length];
            T->length=MaxLen;                       /*修改串T的长度*/
            flag=0;                                 /*修改标志，表示串S部分被连接在串T中*/
        }
        return flag;
    }
```

（9）清空串操作。

```
void StrClear(SeqString *S)
/*清空串，只需要将串的长度置为0即可*/
{
    S->length=0;
}
```

4.1.1　利用串的基本运算进行赋值、插入和删除等操作

问题描述

利用串的基本运算对串进行赋值、比较、插入、删除、连接等操作。

【分析】

主要考查串的赋值、插入、删除等基本运算。

☞第4章\实例4-01.cpp

```
/*********************************************
*实例说明：利用串的基本运算进行赋值、插入、删除等操作
*********************************************/
#include<stdio.h>
#include<stdlib.h>
#include<string.h>
#include<iostream.h>
#define MAX 255
#include"SeqString.h"
int DelSubString(SeqString *S,int pos,int n);
void DelAllString(SeqString *S1,SeqString *S2);
void StrPrint(SeqString S)
/*串的输出*/
{
    int i=0;
    for(i=0;i<S.length;i++)
        cout<<S.str[i];
    cout<<endl;
}
void DispPrompt()
{
    printf("\n\t*****************************************");
    printf("\n\t*           串的基本操作及其应用            *");
    printf("\n\t***************************************\n");
    printf("\t *       1.串的赋值        2.串比较          *\n");
    printf("\t *       3.串的长度        4.串的连接 *\n");
    printf("\t *       5.串的插入        6.串的删除         *\n");
    printf("\t *       7.清空串          8.退出     *\n");
```

```
    printf("\t***************************************\n");
}
void main()
{
    int i,pos,k;
    char str[MAX];
    SeqString S,T;
    while(1)
    {
        DispPrompt();
        printf("请选择选项<1-8>: ");
        scanf(" %d",&k);
        if(k<0||k>8)
        {
            cout<<"输入有误，请重新输入!";
            cout<<"\n";
            continue;
        }
        switch(k)
        {
            case 1:
                   cout<<"串的赋值:\n";
                   cout<<"请输入两个串!\n";
                   cout<<"请输入 1 个串; ";
                   cin>>str;
                   StrAssign(&S,str);
                   cout<<"你输入的串为 "<<endl;
                   StrPrint(S);
                   printf("\n");
                   break;
            case 2:
                   cout<<"串的比较:\n";
                   cout<<"请输入两个串!\n";
                   cout<<"请输入第 1 个串; ";
                   cin>>str;
                   StrAssign(&S,str);
                   cout<<"请输入第 2 个串; ";
                   cin>>str;
                   StrAssign(&T,str);
                   i=StrCompare(S,T);
                   if(i==0)
                      cout<<"两个串相等!"<<endl;
                   else if(i<0)
                      cout<<"第 1 个串比第 2 个串短"<<endl;
                   else
                      cout<<"第 1 个串比第 2 个串长!"<<endl;
                   break;
            case 3:
                   cout<<"求串的长度:\n";
                   cout<<"请输入串: "<<endl;
                   cin>>str;
                   StrAssign(&S,str);
                   i=StrLength(S);//调用函数
                   cout<<"串的长度为"<<i<<endl;
                   break;
            case 4:
                   printf("串连接\n");
                   cout<<"请输入第 1 个串; ";
                   cin>>str;
```

```
                StrAssign(&S,str);
                cout<<"请输入第 2 个串; ";
                cin>>str;
                StrAssign(&T,str);
                i=StrConcat(&S,T);
                if(i==0)
                    cout<<"连接失败!"<<endl;
                else
                {
                    cout<<"连接后的新串为"<<endl;
                    StrPrint(S);
                }
                break;
            case 5:
                cout<<"串插入:\n";
                cout<<"请输入主串:"<<endl;
                cin>>str;
                StrAssign(&S,str);
                cout<<"请输入要插入的串:"<<endl;
                cin>>str;
                StrAssign(&T,str);
                cout<<"请输入要插入的位置:"<<endl;
                cin>>pos;
                StrInsert(&S,pos,T);
                cout<<"插入后主串变为"<<endl;
                StrPrint(S);
                cout<<endl;
                break;
            case 6:
                cout<<"请输入主串:"<<endl;
                cin>>str;
                StrAssign(&S,str);
                cout<<"请输入子串:"<<endl;
                cin>>str;
                StrAssign(&T,str);
                DelAllString(&S,&T);
                cout<<"删除所有子串后的串:"<<endl;
                StrPrint(S);
                break;
            case 7:
                StrClear(&S);
                break;
                case 8:
                break;
            }
    }
}
int Index(SeqString *S1,SeqString *S2)
{
    int i=0,j,k;
    while(i<S1->length)
    {
        j=0;
        if(S1->str[i]==S2->str[j])
        {
            k=i+1;
            j++;
            while(k<S1->length && j<S2->length && S1->str[k]==S2->str[j])
            {
                k++;
                j++;
            }
```

```
            if(j==S2->length)
                break;
            else
                i++;
        }
        else
            i++;
    }
    if(i>=S1->length)
        return -1;
    else
        return i+1;
}
int DelSubString(SeqString *S,int pos,int n)
{
    int i;
    if(pos+n-1>S->length)
        return 0;
    for(i=pos+n-1;i<S->length;i++)
        S->str[i-n]=S->str[i];
    S->length=S->length-n;
    S->str[S->length]='\0';
    return 1;
}
int StrLength(SeqString *S)
{
    return S->length;
}
void DelAllString(SeqString *S1,SeqString *S2)
{
    int n;
    n=Index(S1,S2);
    while(n>=0)
    {
        DelSubString(S1,n,StrLength(S2));
        n=Index(S1,S2);
    }
}
```

运行结果如图 4.3 所示。

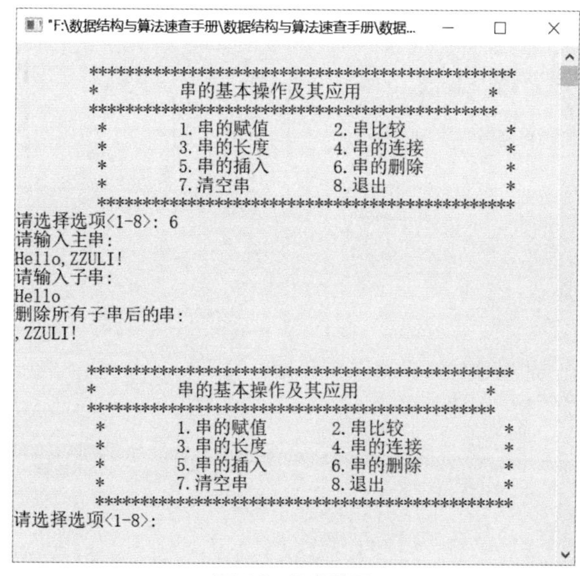

图 4.3　运行结果

4.1.2　将浮点数转换为对应的串

问题描述

用C语言将函数void ftoa(double f,char s[])中的浮点数*f*转换为相应的串，存放在*s*中。其中，浮点型数最多保留4位小数。例如，1234.67转换为1234.67，–56.789867转换为–56.7898。

【分析】

该题是北京航空航天大学某年的考研试题。将浮点数转换为相应的串时可分为两个部分进行转换。先将浮点数的整数部分转换为串，然后将浮点数的小数部分转换为串。转换时需要取出浮点数中的每一位数字，然后加上48，这个数字就转换为字符了。

【存储结构】

这里使用的存储结构如下。

```
typedef struct
{
    DataType stack[StackSize];
    int top[2];
}SSeqStack;
```

其中，top[0]和top[1]分别是指向两个栈顶的指针。

☞第4章\实例4-02.cpp

```
/*******************************************
*实例说明：将浮点数转换为对应的串
*******************************************/
#include<iostream.h>
#define MAX 255
void ftoa(double f,char s[]);
void main()
{
    double f;
    char s[MAX];
    cout<<"请输入一个浮点数:"<<endl;
    cin>>f;
    ftoa(f,s);
    cout<<"转换后的串为"<<s<<endl;
}
void ftoa(double f,char s[])
{
    int i,j,len,t,n;
    double sign;
    if((sign=f)<0)
        f=-f;
    n=(int)f;
    i=0;
    do
    {
        s[i++]=n%10+48;
    } while(n/=10);
    if(sign<0)
        s[i++]='-';
    len=i;
    for(i=0,j=len-1;i<len/2;i++,j--)
    {
        t=s[i];
        s[i]=s[j];
```

```
        s[j]=t;
    }
    f-=(int)f;
    s[len++]='.';
    for(i=0;i<4;i++)
    {
        f*=10;
        s[len++]=((int)f)%10+48;
    }
    while(s[len-1]=='0')
        len--;
    s[len]='\0';
}
```

运行结果如图 4.4 所示。

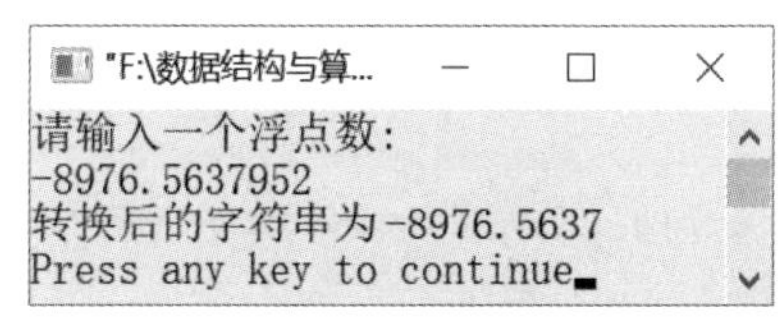

图 4.4 运行结果

4.1.3 求最长公共子串

问题描述

求两个串的最长公共子串。例如，若两个串分别为 S 和 T，其中 S="Icomefromzhengzhou"，T="YoucozhengTo"，则最长公共子串为"zheng"。

【分析】

该题是上海大学考研试题。

用指针 i 指示串 S，用指针 j 指示串 T。对每个 i，从 i 开始依次与串 T 中的字符向后进行比较，若对应字符相等，则当前公共子串长度增加 1。若不相等，则将标志 flag 置为 0，结束当前的比较，将当前得到的公共子串长度保存起来，并记下公共子串的开始位置，然后从串 T 的当前字符开始与串 S 的第一个位置的字符进行比较，直到到达串 T 的最后一个字符为止，这样第一趟比较结束。

接下来从串 S 的第二个位置起开始与串 T 的第一个位置的字符进行比较，重复以上过程，直到串 T 的最后一个字符为止，第二趟比较结束。以此类推，直到到达串 S 的最后一个字符。

☞第 4 章\实例 4-03.cpp

```
/********************************************
*实例说明：求两个串的最长公共子串
*********************************************/
#include<iostream.h>
#include<stdio.h>
#include"SeqString.h"
#define MAX 255
void MaxComStr(SeqString S,SeqString T,int *index,int *length);
void main()
{
    char str1[MAX],str2[MAX];
    int index,length,i;
    SeqString S,T;
    cout<<"请输入第 1 个串:"<<endl;
    cin>>str1;
    StrAssign(&S,str1);
    cout<<"请输入第二个串:"<<endl;
```

```
    cin>>str2;
    StrAssign(&T,str2);
    MaxComStr(S,T,&index,&length);
    cout<<"最长公共子串为"<<endl;
    for(i=index;i<index+length;i++)
        cout<<S.str[i];
    cout<<endl;
}
void MaxComStr(SeqString S,SeqString T,int *index,int *length)
//求串 S 和串 T 的最长公共子串
{
    int i,j,k,length1,flag;
    *index=0;
    *length=0;
    i=0;
    while(i<S.length)
    {
        j=0;
        while(j<T.length)
        {
            if(S.str[i]==T.str[j])//如果串 S 和串 T 的当前对应字符相等
            {
                k=1;
                length1=1;
                flag=1;
                while(flag)
                {
                   if(i+k<S.length&&j+k<T.length&&S.str[i+k]==T.str[j+k])
                   //如果在串 S 和串 T 的长度内，对应字符相等，则指针 k 后移比较下一个字符
                   {
                        length1=length1+1;//当前公共子串长度加 1
                        k++;
                   }
                    else
                        flag=0;//串 S 和串 T 对应的字符不等，则将标记置为 0
                }
                if(length1>*length)//如果一次比较结束，且当前得到的公共子串长度大于*length，则
                //保存到*length 中
                {
                    *index=i;
                    *length=length1;
                }
                j+=k;//将串 T 的第 j+k 个字符与串 S 的第 i 个字符比较
            }
            else
                j++;//从串 T 的下一个字符开始与串 S 的第 i 个字符比较
        }
        i++;            //将串 S 的下一个字符开始与串 T 进行比较
    }
}
```

运行结果如图 4.5 所示。

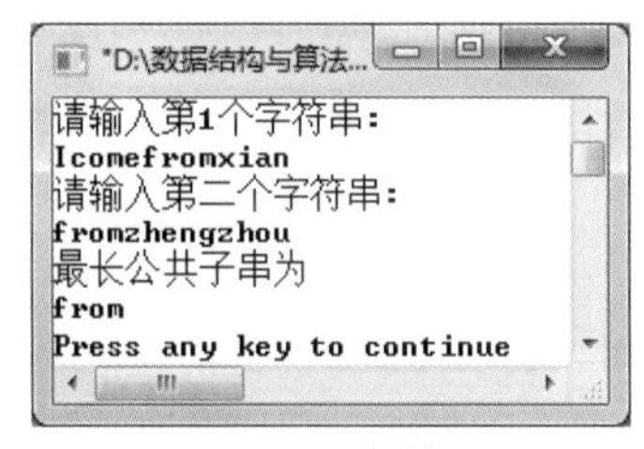

图 4.5　运行结果

4.1.4 求等值子串

问题描述

如果串中的一个子串（其长度大于 1）的各个字符均相等，则称之为等值子串。试设计一个算法，输入串 *S*，以“\n”作为结束输入标志，如果串 *S* 中不存在等值子串，则输出信息“无等值子串!”；否则，求出一个长度最大的等值子串并输出。例如，若 *S*="123abc678bcde"，则输出“无等值子串!”；若 *S*="abcaaabcdddabcdbbbbacbdbbddac"，则输出"bbbb"。

【分析】

该题是华中科技大学某年考研题目。它主要考查串的查找操作，在查找过程中对等值字符进行统计。从串的第一个字符开始与后续字符进行比较，如果相等，则继续将第一个字符与后续字符比较，并记下相等字符的个数；若不相等，保存当前最长等值子串的起始位置和长度，然后把当前字符作为起始位置往后进行比较，直到最后一个字符为止。比较结束后，取出最长等值子串并输出。

西北大学某年的考研题目也曾出现求最长字符平台的问题。一个串中的任意一个子串中，若各字符均相同，则称这个子串为字符平台。

☞第 4 章\实例 4-04.cpp

```
/*********************************************
*实例说明：判断串中是否存在等值子串
*********************************************/
#include<iostream.h>
#include<iomanip.h>
#include<stdio.h>
#include"SeqString.h"
void InputString(char str[]);
void MaxEqSubStr(SeqString S,SeqString *T);
void SubString(SeqString S,SeqString *T,int s,int length);
void StrPrint(SeqString S);
void main()
{
    char str[MaxLen];
    SeqString S,T;
    cout<<"请输入一个串:"<<endl;
    InputString(str);
    StrAssign(&S,str);
    MaxEqSubStr(S,&T);
    cout<<"请输入一个串:"<<endl;
    InputString(str);
    StrAssign(&S,str);
    MaxEqSubStr(S,&T);
}
void InputString(char str[])
//接收输入的字符
{
    char ch;
    int i=0;
    while((ch=getchar())!='\n')
    {
        str[i++]=ch;
    }
    str[i]='\0';
}
void MaxEqSubStr(SeqString S,SeqString *T)
//求最大等值子串
```

```
{
    int i=0,start1=0,start2=0,length1=1,length2=1;//start1、start2 存放最大等值子串的起始位置
    while(i<S.length)
    {
        i++;
        if(S.str[i]==S.str[start2])                //若当前字符与起始位置字符相等，则长度加 1
            length2++;
        else
        {
            if(length2>length1)    //若当前最大子串长度较大，则保存之
            {
                start1=start2;
                length1=length2;
            }
            start2=i;              //从当前位置重新比较
            length2=1;             //恢复长度到原始状态
        }
    }
    if(length1<2)
        cout<<"无等值子串！"<<endl;
    else
    {
        SubString(S,T,start1,length1);
        StrPrint(*T);
    }
}
void SubString(SeqString S,SeqString *T,int s,int length)
//取出串 S 中的等值子串到串 T 中
{
    int j=0,i;
    for(i=s;i<s+length;i++)
          T->str[j++]=S.str[i];
    T->length=length;
}
void StrPrint(SeqString S)
{
    int i;
    for(i=0;i<S.length;i++)
        cout<<S.str[i];
    cout<<endl;
}
```

运行结果如图 4.6 所示。

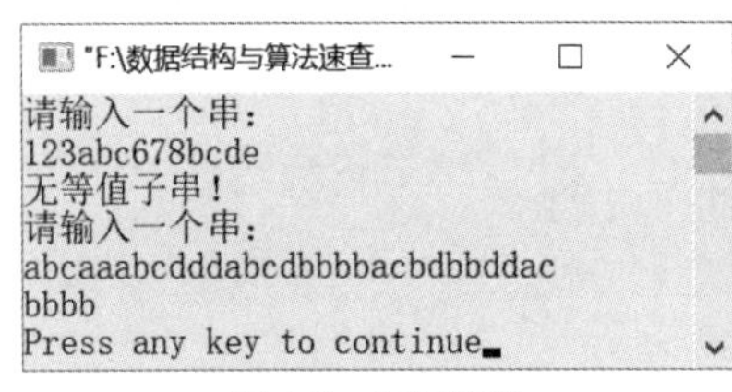

图 4.6　运行结果

4.1.5　将长度为 5 的单词转换为大写形式

问题描述

已知一篇英文文章存放在数组 xx 中，请将长度为 5 的单词全部用大写表示，将其他字符删除。处理后的串以行为单位重新存入数组 xx 中，要求得到的新单词以空格分隔。

☞第 4 章\实例 4-05.cpp

```
/*******************************************
*实例说明：将长度为 5 的单词用大写表示，将其他字符删除
*******************************************/
1  #include<stdio.h>
2  #include<string.h>
3  #include<ctype.h>
4  #include<stdlib.h>
5  int MaxLine=4;
6  char xx[][80]={{"Confidence is power—the power to attract,persuade,influence, and succeed."},
7  {"Confidence isn't an inherited trait, it' s a learned one."},
8  {"That promise is a cleaner and healthier world."},{"Friendship is a kind of human
   relations."}};
9  void Dispose()
10 {
11     int i,j;
12     char word[21],yy[80],*p;
13     for(i=0;i<MaxLine;i++)
14     {
15         p=xx[i];                          /*p 指向第 i 行串*/
16         j=0;
17         memset(word,'\0',21);
18         memset(yy,'\0',80);
19         while(*p)
20         {
21             if(isalpha(*p))               /*如果当前字符是英文字母*/
22             {
23                 word[j++]=*p++;
24                 if(*p)
25                     continue;
26             }
27             if(strlen(word)==5)           /*如果单词的长度是 5*/
28             {
29                 for(j=0;j<5;j++)
30                     if(word[j]>='a'&&word[j]<='z')
31                         word[j]=word[j]-32;
32                 strcat(yy,word);
33                 strcat(yy," ");
34             }
35             memset(word,'\0',21);
36             while(*p&&(!isalpha(*p)))
37                 p++;
38             j=0;
39         }
40         strcpy(xx[i],yy);                 /*将处理后的字母存入数组 xx */
41     }
42 }
43 void main()
44 {
45     int i;
46     printf("原文如下：\n");
47     for(i=0;i<MaxLine;i++)
48         printf("%s\n",xx[i]);
49     Dispose();
50     printf("修改后的内容如下：\n");
51     for(i=0;i<MaxLine;i++)
52         printf("%s\n",xx[i]);
53 }
```

【说明】

第 6～8 行将英文文章存入数组 xx。

第 15 行用指针 *p* 指向当前要处理的串，即指向当前行的英文单词。

第 17 行将数组 word 的内存单元置为空。

第 18 行将数组 yy 的内存单元置为空。

第 19～39 行处理当前行中的每一个字符。

第 21～26 行将英文字母存入数组 word 中。

第 27～34 行如果单词的长度为 5，则存入数组 yy。

第 35 行重新将数组 word 置为空。

第 36～37 行继续处理剩下的字符。

第 40 行将当前行长度为 5 的单词存入数组 xx 的第 *i* 行。

第 47～48 行输出处理前的文本内容。

第 51～52 行输出处理后的文本内容。

运行结果如图 4.7 所示。

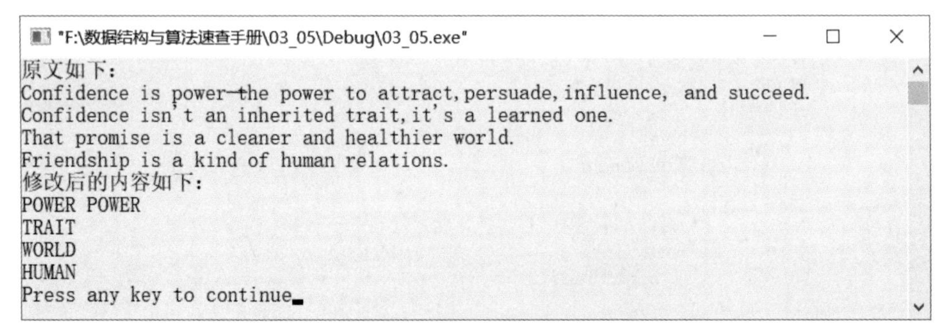

图 4.7 运行结果

4.1.6 将小写字母 a 左、右两边的串互换

问题描述

一篇英文文章存放在数组 xx 中，请设计一个算法，要求以行为单位将串中的所有小写字母“a”左边的串移动到字母“a”的右边，然后将小写字母“a”删除，余下的串移动到字母“a”的左边。最后将处理后的串重新存入数组 xx 中。

例如，假设有以下串。

```
In the open times, if you want to do business with foreigners.
Today, most of valuable books are written inEnglish,
```

则经过处理后的结果如下。

```
nt to do business with foreigners. In the open times, if you w
re written inEnglish,Today, most of valuable books
```

☞第 4 章\实例 4-06.cpp

```
/*********************************************
*实例说明：将字母"a"左边的串移动到右边，右边的移动到左边
*********************************************/
1  #include<stdio.h>
2  #include<string.h>
```

```
3  char xx[][80]={{"In the open times, if you want to do business
4  with foreigners."},
5  {"Today, most of valuable books are written in English,"},
6  {"If you know mush English, you will read newspapers
7  and magazines."},
8  {"English is very important to us, but many students
9  don't know why."}};
10 int MaxLine=4;
11 void Dispose()
12 {
13       int i;
14       char yy[80],*p;
15       for(i=0;i<MaxLine;i++)
16       {
17             p=strchr(xx[i],'a');                      /*查找字符"a",并返回地址*/
18             while(p!=NULL)
19             {
20                 memset(yy,'\0',80);                   /*将数组 yy 的内容置为空*/
21                 memcpy(yy,xx[i],p-xx[i]);             /*将左边的串存入数组 yy*/
22                 strcpy(xx[i],xx[i]+(p-xx[i])+1);      /*将右边的串存入数组 xx*/
23                 strcat(xx[i],yy);                     /*将右边的串存入数组 xx 的最后*/
24                 p=strchr(xx[i],'a');                  /*继续查找字符"a"*/
25             }
26         }
27  }
28  void main()
29  {
30        int i;
31        printf("处理前:\n");
32        for(i=0;i<MaxLine;i++)
33             puts(xx[i]);
34        Dispose();
35        printf("处理后:\n");
36        for(i=0;i<MaxLine;i++)
37            puts(xx[i]);
38  }
```

【说明】

第 17 行在数组 xx 中查找第 *i* 行中的字符“a”，返回“a”所在的地址。

第 20 行将数组 yy 的内容置为空。

第 21 行字符“a”左边的串存入数组 yy。

第 22 行将字符“a”右边的串存入数组 xx，即数组 xx 存放以后要处理的串。注意，第 22 行代码中，参数 xx[i]+(p-xx[i])+1 中的圆括号不可以省略，即不可以写成以下形式。

```
strcpy(xx[i],xx[i]+p-xx[i]+1);
```

第 23 行将数组 yy 中的串连接到数组 xx 的末尾，即把“a”右边的串存放在“a”的左边，把“a”左边的串存放在“a”的右边。

第 24 行继续在数组 xx 中查找字符“a”。

运行结果如图 4.8 所示。

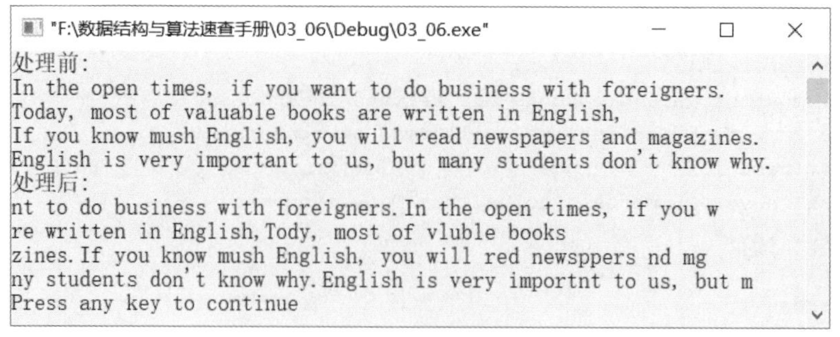

图 4.8　运行结果

4.2　串的模式匹配

串的模式匹配也称为子串的定位操作，即查找子串在主串中出现的位置。它是经常用到的一个算法，也是数据结构中的一个难点。常见的串的模式匹配算法有两种——暴力（brute force）算法和 KMP 算法。

【暴力算法】

子串的定位操作通常称为串的模式匹配，是各种串处理操作中最重要的操作之一。设有主串 S 和子串 T，如果在主串 S 中找到一个与子串 T 相等的串，则返回子串 T 的第一个字符在主串 S 中的位置。其中，主串 S 又称为目标串，子串 T 又称为模式串。

暴力算法的思想是：从主串 S="$s_0s_1\cdots s_{n-1}$"的第 pos 个字符开始与模式串 T="$t_0t_1\cdots t_{m-1}$"的第一个字符比较，如果相等，则继续逐个比较后续字符；否则，从主串的下一个字符开始重新与模式串 T 的第一个字符比较，以此类推。如果在主串 S 中存在与模式串 T 相等的连续字符序列，则匹配成功，函数返回模式串 T 中第一个字符在主串 S 中的位置；否则，函数返回−1，表示匹配失败。

假设主串 S="ababcabcacbab"，模式串 T="abcac"，S 的长度 n=13，T 的长度 m=5。用变量 i 表示主串 S 中当前正在比较字符的下标，变量 j 表示模式串 T 中当前正在比较字符的下标。模式匹配的过程如图 4.9 所示。

第1趟匹配　i=2
a b a b c a b c a c b a b
a b c a c
j=2

第2趟匹配　i=1
a b a b c a b c a c b a b
a b c a c
j=0

第3趟匹配　i=6
a b a b c a b c a c b a b
a b c a c
j=4

第4趟匹配　i=3
a b a b c a b c a c b a b
a b c a c
j=0

第5趟匹配　i=4
a b a b c a b c a c b a b
a b c a c
j=0

第6趟匹配　i=10
a b a b c a b c a c b a b
a b c a c　匹配成功
j=5

图 4.9　模式匹配的过程

【KMP 算法】

KMP 算法是由 D.E. Knuth、J.H. Morris、V.R. Pratt 共同提出的，因此称为 KMP 算法（Knuth-Morris-Pratt 算法）。KMP 算法在暴力算法的基础上有较大改进，可在 $O(n+m)$时间数量级上完成串的模式匹配，主要消除了主串指针的回退，使算法效率有了大幅度提高。

根据暴力算法，若遇到不相等的字符，需要将模式串整个后移一位，再从头逐个比较。这样做虽然可行，但是效率很低，因为要将主串和模式串的指针都退回到原来的位置，将已经比较过的字符重新比较一遍。

KMP 算法的思想是在每一趟匹配过程中出现不等字符时，不需要回退主串的指针，而是利用前面已经得到的“部分匹配”结果，将模式串向右滑动若干个字符后，继续与主串中的当前字符进行比较。

设主串 *S*="ababcabcacbaab"，模式串 *T*="abcac"。KMP 算法的匹配过程如图 4.10 所示。

从图 4.10 中可以看出，KMP 算法的匹配次数由原来的 6 减少为 3。而对于图 4.9 所示的暴力算法，在第 3 趟匹配过程中，当 i=6、j=4 时，主串中的字符与模式串中的字符不相等，又从 i=3、j=0 开始比较。经过仔细观察，其实 i=3、j=0，i=4、j=0，i=5、j=0 这 3 次比较都是没有必要的。从第 3 趟的部分匹配可得出，$S_2=T_0$='a'，$S_3=T_1$='b'，$S_4=T_2$='c'，$S_5=T_3$='a'，$S_6 \neq T_4$。因为 $S_3=T_1$ 且 $T_0 \neq T_1$，所以 $S_3 \neq T_0$，没有必要从 i=3、j=0 开始比较。又因为 $S_4=T_2$ 且 $T_0 \neq T_2$，所以 $S_4 \neq T_0$，S_4 与 T_0 也没有必要从 i=4、j=0 开始比较。又因为 $S_5=T_3$ 且 $T_0=T_3$，$S_5=T_0$，所以也没有必要将 S_5 与 T_0 进行比较。

也就是说，根据第 3 趟的部分匹配可以得出结论，暴力算法的第 4 趟、第 5 趟是没有必要的，第 6 趟也没有必要将主串的第 6 个字符与模式串的第 1 个字符比较。

因此，只需要将模式串向右滑动 3 个字符，从 i=6、j=1 开始比较。同理，在第 1 趟匹配过程中，当出现字符不相等时，只需将模式串向右滑动 2 个字符从 i=2、j=0 开始比较即可。在整个 KMP 算法中，主串中的 i 没有回退。

下面来讨论一般情况。设主串 S="$s_0s_1\cdots s_{n-1}$"，模式串 T="$t_0t_1\cdots t_{m-1}$"。在模式匹配过程中，若出现字符不匹配的情况，即当 $s_i \neq t_j$（$0 \leqslant i<n$，$0 \leqslant j<m$）时，有

$$"s_{i-j}s_{i-j+1}\cdots s_{i-1}"="t_{j-k}t_{j-k+1}\cdots t_{j-1}" \tag{4-1}$$

即说明至少在字符“s_i”之前有一部分字符是相等的。

若模式串（即子串）中存在首尾重叠的真子串，即

$$"t_0t_1\cdots t_{k-1}"="t_{j-k}t_{j-k+1}\cdots t_{j-1}" \tag{4-2}$$

根据式（4-1）和式（4-2），可以得出，

$$"s_{i-k}s_{i-k+1}\cdots s_{i-1}"="t_0t_1\cdots t_{k-1}"$$

模式串与主串不匹配时，已有的重叠情况如图 4.11 所示。

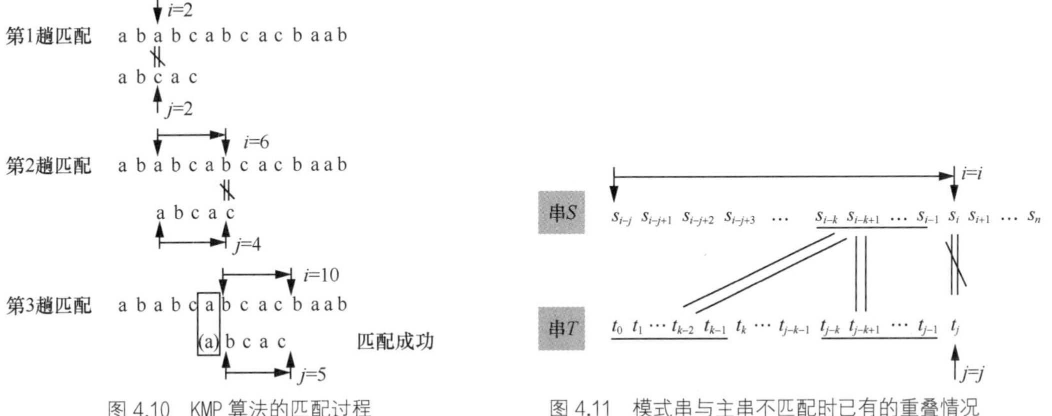

图 4.10 KMP 算法的匹配过程　　图 4.11 模式串与主串不匹配时已有的重叠情况

因此，在匹配的过程中，当主串中的第 i 个字符与模式串中的第 j 个字符不等时，仅需将模式串向右滑动，使 s_i 与 t_k 对齐，接着进行后续字符的比较。此时，模式串中子串"$t_0t_1\cdots t_{k-1}$"必定与主串中的子串"$s_{i-k}s_{i-k+1}\cdots s_{i-1}$"相等，如图 4.12 所示。

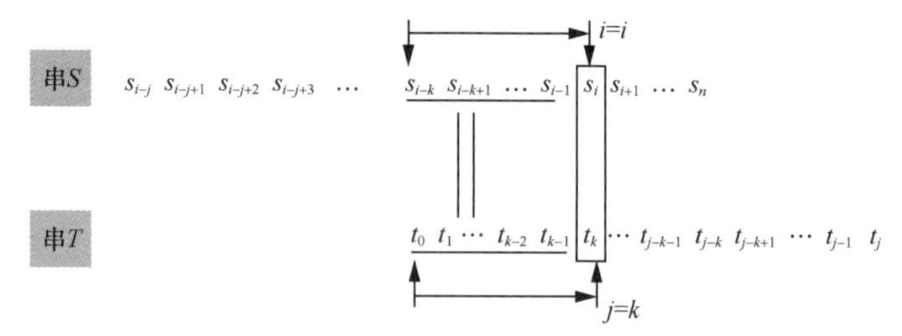

图 4.12　根据重叠情况向右滑动子串

【求 next 函数值】

下面就来确定模式串需要滑动的具体位置。令 next[j]=k，则 next[j]表示当模式串中的第 j 个字符与主串中的对应的字符不相等时，需要重新与主串比较的模式串字符位置，也就是需要将模式串滑动到第几个字符与主串比较。将模式串中的 next 函数定义如下。

$$\text{next}[j]=\begin{cases}-1 & j=0\\ \max\{k|0<k<j\text{且}"t_0t_1\cdots t_{k-1}"="t_{j-k}t_{j-k+1}\cdots t_{j-1}"\} & \text{该集合非空}\\ 0 & \text{其他情况}\end{cases}$$

其中，第 1 种情况下，next[j]函数是为了方便算法设计而定义的；第 2 种情况下，如果子串（模式串）中存在首尾重叠的真子串，则 next[j]的值就是 k，即模式串中最长子串的长度；第 3 种情况下，如果模式串中不存在首尾重叠的子串，则从子串的第一个字符开始比较。

由此可以得到模式串"abcac"的 next 函数值如表 4.1 所示。

表 4.1　模式串"abcac"的 next 函数值

j	0	1	2	3	4
模式串	a	b	c	a	c
next[j]	−1	0	0	0	1

KMP 算法的模式匹配过程如下。

如果模式串 T 中存在真子串"$t_0t_1\cdots t_{k-1}$"="$t_{j-k}t_{j-k+1}\cdots t_{j-1}$"，那么当模式串 T 的 t_j 与主串 S 的 s_i 不相等时，则按照 next[j]=k 将模式串向右滑动，将主串中的 s_i 与模式串的 t_k 开始比较。如果 $s_i=t_k$，则主串与模式串的 i 和 j 各自增 1，继续比较下一个字符；如果 $s_i\neq t_k$，则按照 next[next[j]]将模式串继续向右滑动，将主串中的 s_i 与模式串中的第 next[next[j]]个字符进行比较；如果仍然不相等，则按照以上方法，将模式串继续向右滑动，直到 next[j]=−1 为止。这时，模式串不再向右滑动，从 s_{i+1} 开始与 t_0 进行比较。

利用 next 函数的模式匹配过程如图 4.13 所示。

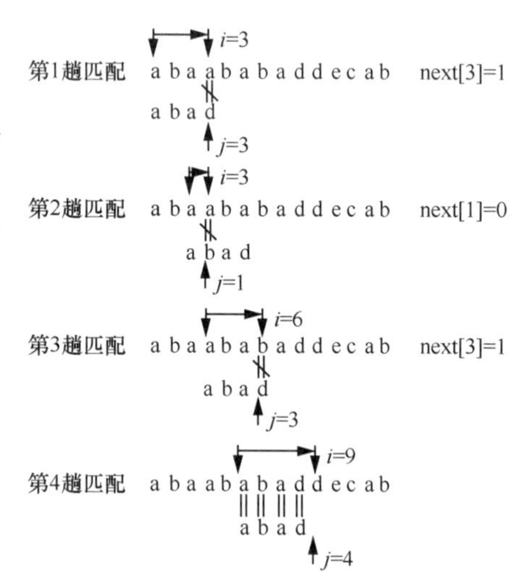

图 4.13　利用 next 函数的模式匹配过程

KMP 模式匹配算法是建立在模式串的 next 函数值已知的基础上的。下面来讨论如何求模式串的 next 函数值。

从上面的分析可以看出，模式串的 next 函数值的取值与主串无关，仅与模式串相关。根据模式串的 next 函数定义，next 函数值可用递推的方法得到。

设 next[j]=k，表示在模式串 T 中存在以下关系。

$$"t_0t_1\cdots t_{k-1}"="t_{j-k}t_{j-k+1}\cdots t_{j-1}"$$

其中，$0<k<j$，k 为满足等式的最大值，即不可能存在 $k'>k$ 满足以上等式。计算 next[j+1]的值需要考虑以下两种情况。

（1）若 $t_j=t_k$，则表示在模式串 T 中满足以下关系，并且不可能存在 $k'>k$ 满足以上等式。

$$"t_0t_1\cdots t_k"="t_{j-k}t_{j-k+1}\cdots t_j"$$

因此有

$$next[j+1]=k+1，即 next[j+1]=next[j]+1$$

（2）若 $t_j\neq t_k$，则表示在模式串 T 中满足以下关系。

$$"t_0t_1\cdots t_k"\neq"t_{j-k}t_{j-k+1}\cdots t_j"$$

此时，已经有"$t_0t_1\cdots t_{k-1}$"="$t_{j-k}t_{j-k+1}\cdots t_{j-1}$"，但是 $t_j\neq t_k$。把模式串 T 向右滑动到 k'=next[k]（$0<k<j$），如果有 $t_j=t_{k'}$，则表示模式串中有"$t_0t_1\cdots t_{k'}$"="$t_{j-k'}t_{j-k'+1}\cdots t_j$"，因此得到

$$next[j+1]=k'+1，即 next[j+1]=next[k]+1$$

如果 $t_j\neq t_{k'}$，则将模式串继续向右滑动到第 next[k']个字符与 t_j 比较。如果仍不相等，则将模式串继续向右滑动到下标为 next[next[k']]的字符与 t_j 比较。以此类推，直到 t_j 和模式串中某个字符相等或不存在任何 k'（$1<k'<j$）满足"$t_0t_1\cdots t_{k'}$"="$t_{j-k'}t_{j-k'+1}\cdots t_j$"，则有

$$next[j+1]=0$$

以上讨论是根据 next 函数的定义得到 next 函数值的方法。例如，模式串 T="abcdabcdabe"的 next 函数值如表 4.2 所示。

表 4.2　模式串 T="abcdabcdabe"的 next 函数值

j	0	1	2	3	4	5	6	7	8	9
模式串	c	b	c	a	a	c	b	c	b	c
next[j]	−1	0	0	1	0	0	1	2	3	2

例如，在已经得到前 3 个字符的 next 函数值的基础上，求 next[3]。因为 next[2]=1 且 $t_2=t_0$，所以 next[3]=next[2]+1=2。接着求 next[4]，因为 $t_2=t_0$，但"t_2t_3"≠"t_0t_1"，所以需要将 t_3 与下标为 next[1]=0 的字符即 t_0 比较。因为 $t_0\neq t_3$，所以 next[4]=1。

模式匹配

问题描述

设计算法比较暴力算法与 KMP 算法的效率。例如主串 S="cabaadcabaababaabacabababab"，模式串 T="abaabacababa"，统计暴力算法与 KMP 算法在匹配过程中的比较次数，并输出模式串的 next 函数值。

【分析】

通过主串的模式匹配比较暴力算法与 KMP 算法的效率。暴力算法也是常用的算法之一，毕竟它不需要计算 next 函数值。在模式串与主串的许多部分匹配的情况下，KMP 算法的优越性才会显示出来。

☞第 4 章\实例 4-07.cpp

```
/*********************************************
*实例说明：串的模式匹配
**********************************************/
```

```
#include<stdio.h>
#include<stdlib.h>
#include<string.h>
#include"SeqString.h"
#include<iostream.h>
#include<iomanip.h>
int B_FIndex(SeqString S,int pos,SeqString T,int *count);
int KMP_Index(SeqString S,int pos,SeqString T,int next[],int *count);
void GetNext(SeqString T,int next[]);
void PrintArray(SeqString T,int next[],int length);
void main()
{
    SeqString S,T;
    int count1=0,count2=0,find;
    int next[40];
    StrAssign(&S,"bcdamnbacabaabaabacababafabacabababab");          /*为主串 S 赋值*/
    StrAssign(&T,"abaabacababa");          /*给模式串 T 赋值*/
    GetNext(T,next);                       /*求 next 函数值*/
    cout<<"模式串 T 的 next 和改进后的 next 值:"<<endl;
    PrintArray(T,next,StrLength(T));       /*输出模式串 T 的 next 值*/
    find=B_FIndex(S,1,T,&count1);          /*暴力模式的串匹配*/
    if(find>0)
        cout<<"暴力算法的比较次数为"<<count1<<endl;
    find=KMP_Index(S,1,T,next,&count2);
    if(find>0)
        cout<<"利用 next 的 KMP 算法的比较次数为"<<count2<<endl;
    StrAssign(&S,"bcdabcacbdaacabcabaacaabcabcabcbccbcabccbdcabcb");/*为主串 S 赋值*/
    StrAssign(&T,"abcabcbc");              /*给模式串 T 赋值*/
    GetNext(T,next);                       /*求 next 函数值*/
    PrintArray(T,next,StrLength(T));       /*输出模式串 T 的 next 值*/
    find=B_FIndex(S,1,T,&count1);          /*暴力模式的串匹配*/
    if(find>0)
        cout<<"暴力算法的比较次数为"<<count1<<endl;
    find=KMP_Index(S,1,T,next,&count2);
    if(find>0)
        cout<<"利用 next 的 KMP 算法的比较次数为"<<count2<<endl;
}
void PrintArray(SeqString T,int next[],int length)
/*模式串 T 的 next 值输出函数*/
{
    int j;
    cout<<"j:\t\t";
    for(j=0;j<length;j++)
        cout<<setw(3)<<j;
    cout<<endl;
    cout<<"模式串:\t\t";
    for(j=0;j<length;j++)
        cout<<setw(3)<<T.str[j];
    cout<<endl;
    cout<<"next[j]:\t";
    for(j=0;j<length;j++)
        cout<<setw(3)<<next[j];
    cout<<endl;
}
int B_FIndex(SeqString S,int pos,SeqString T,int *count)
/*在主串 S 中的第 pos 个位置开始查找模式串 T*/
{
    int i,j;
    i=pos-1;
    j=0;
```

```
    *count=0;     /*count 保存主串与模式串的比较次数*/
    while(i<S.length&&j<T.length)
    {
        if(S.str[i]==T.str[j])
        /*若主串 S 和模式串 T 中对应位置字符相等，则继续比较下一个字符*/
        {
            i++;
            j++;
        }
        else /*若当前对应位置的字符不相等，则从主串 S 的下一个字符开始，与模式串 T 的第 0 个字符开始比较*/
        {
            i=i-j+1;
            j=0;
        }
        (*count)++;
    }
    if(j>=T.length)/*如果在主串 S 中找到模式串 T，则返回模式串 T 在主串 S 的位置*/
        return i-j+1;
    else
        return -1;
}
int KMP_Index(SeqString S,int pos,SeqString T,int next[],int *count)
/*KMP 模式匹配算法。利用模式串 T 的 next 函数在主串 S 中的第 pos 个位置开始查找模式串 T，如果找到返回模式串在主串的位置；否则，返回-1*/
{
    int i,j;
    i=pos-1;
    j=0;
    *count=0;     /*count 保存主串与模式串的比较次数*/
    while(i<S.length&&j<T.length)
    {
        if(j==-1||S.str[i]==T.str[j])/*如果 j=-1 或当前字符相等，则继续比较后面的字符*/
        {
         i++;
         j++;
        }
      else               /*如果当前字符不相等，则将模式串向右移动*/
         j=next[j];
        (*count)++;
    }
    if(j>=T.length)     /*若匹配成功，返回模式串在主串中的位置；否则，返回-1*/
       return i-T.length+1;
    else
       return -1;
}
void GetNext(SeqString T,int next[])
/*求模式串 T 的 next 函数值并存入 next 数组*/
{
    int j,k;
    j=0;
    k=-1;
    next[0]=-1;
    while(j<T.length)
    {
       if(k==-1||T.str[j]==T.str[k])/*若 k=-1 或当前字符相等，则继续比较后面的字符并将函数值存入
       next 数组*/
       {
          j++;
          k++;
```

```
            next[j]=k;
        }
        else          /*若当前字符不相等，则将模式串向右移动继续比较*/
            k=next[k];
    }
}
```

运行结果如图 4.14 所示。

```
"F:\数据结构与算法速查手册\数据结构与算法速查手...
模式串T的next和改进后的next值:
j:              0  1  2  3  4  5  6  7  8  9 10 11
模式串:          a  b  a  a  b  a  c  a  b  a  b  a
next[j]:       -1  0  0  1  1  2  3  0  1  2  3  2
暴力算法的比较次数为33
利用next的KMP算法的比较次数为34
j:              0  1  2  3  4  5  6  7
模式串:          a  b  c  a  b  c  b  c
next[j]:       -1  0  0  0  1  2  3  0
暴力算法的比较次数为56
利用next的KMP算法的比较次数为51
Press any key to continue
```

图 4.14　运行结果

下面是模式匹配算法的一个应用，也是对模式匹配算法的一个简单变形。

```
int Pattern_index(SeqString *subs, SeqString *s)
{
    int i, j, k;
    for(i=0;s->str[i];i++)
       for(j=i,k=0;s->str[j]==subs->str[k]|| subs->str[k]=='?';j++,k++)
          if(subs->str[k+1]=='\0')
       return i+1;
    return -1;
}
```

上面的算法中，Pattern_Index()是一个实现串通配符匹配的函数，其中的通配符只有“?”，它可以和任意字符匹配成功。该算法与模式匹配算法的唯一区别是第二个 for 循环中多了一个条件——subs->str[k]=='?'。例如，Pattern_Index("?re"，"you are my friend")返回的结果是 5。

以上关于串的算法实现都是用数组实现的，当然，也可以采用链式结构存储串。西北大学、清华大学、华中科技大学等院校在考研复试时也曾出现过假定串采用链式结构存储的考题。例如，设主串 s、模式串 t 分别以单链表方式存储，t 和 s 的每个字符都用节点表示，假定存储结构如下。

```
typedef struct Node
{
    char data;
    Struct Node *next;
}ListNode,*LinkList;
```

求模式串 t 在主串 s 中第一次出现时的指针位置。请读者尝试实现该算法。

第5章 数组

前面几章介绍的线性表、栈、队列和串都属于线性结构，本章的数组和下一章的广义表可看作线性结构的推广。数组中的元素本身可以具有某种结构，而且元素的结构相同。数组中的元素可以是单个元素也可以是一个线性表。

5.1 一维数组及其应用

【定义】

数组（array）是由类型相同的元素构成的有序集合，每个元素称为一个数组元素，数组中的元素依次存储在 n 个连续内存单元中。数组中的元素可以是单个不可分的基本数据类型的元素，也可以是可继续再分的向量或其他结构，但这些元素都属于同一种类型，因此数组可看作一般线性表的推广。例如，一维数组可看作线性表，二维数组可看作“元素为一维数组（线性表）”的线性表。

若数组 A 中每个元素 q_i 是简单的基本数据类型的元素，这种情况下，A 就是一个一维数组。若每个元素 $\boldsymbol{q}_i$ 表示一个行向量，$\boldsymbol{q}_i=[a_{i,0}\ a_{i,1}\ \cdots\ a_{i,n-1}]$，则 $\boldsymbol{A}$ 就是一个二维数组，如图 5.1 所示。若每个元素 $\boldsymbol{q}_j$ 是一个列向量，$\boldsymbol{q}_j=[a_{0,j}\ a_{1,j}\ \cdots\ a_{m-1,j}]^{\mathrm{T}}$，则 $\boldsymbol{A}$ 也是一个二维数组，如图 5.2 所示。

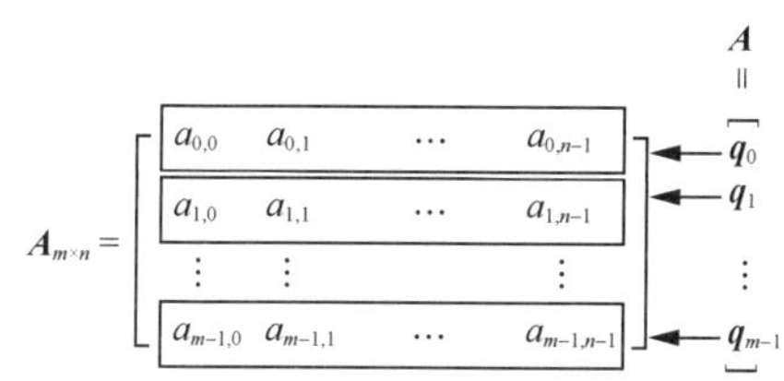

图 5.1 每个元素看作行向量的二维数组

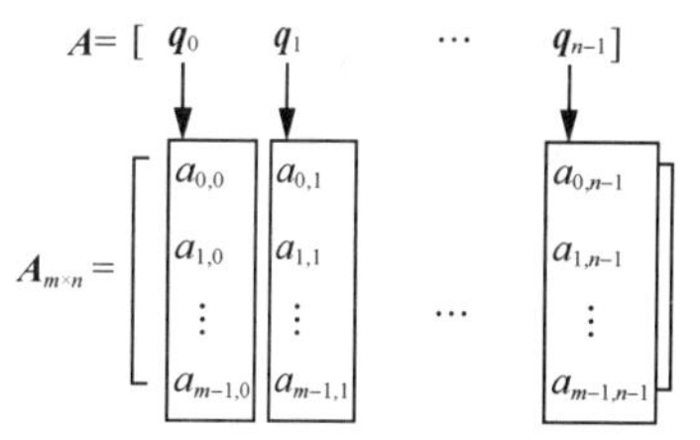

图 5.2 每个元素看作列向量的二维数组

因此，二维数组可看作线性表的线性表。同理，一个 n 维数组也可以看作一个线性表，其中线性表中的每个元素都是 n−1 维的数组。

【顺序存储】

对于一个数组，一旦确定了维数和各维的长度，则该数组的元素个数就是确定的。一般不对数据进行插入和删除操作，数组不涉及元素的移动操作。

数组是多维的结构，而计算机的存储器是一维（线性）结构。如果要将一个多维的结构存放在一个一维的存储单元里，就需要先将多维的数组转换成一维的线性序列，才能将其存放在存储器中。

数组的存储方式有两种。一种是以行序为主序的存储方式，另一种是以列序为主序的存储方式。二维数组 A 以行序为主序的存储顺序为 $a_{0,0},a_{0,1},\cdots,a_{0,n-1},a_{1,0},a_{1,1},\cdots,a_{1,n-1},\cdots,a_{m-1,0},a_{m-1,1},\cdots,a_{m-1,n-1}$，以

列序为主序的存储顺序为 $a_{0,0},a_{1,0},\cdots,a_{m-1,0},a_{0,1},a_{1,1},\cdots,a_{m-1,1},\cdots,a_{0,n-1},a_{1,n-1},\cdots,a_{m-1,n-1}$。

根据数组中元素的连续存储特性，只要给定数组的下标（起始地址），就很容易得到任何一个元素的存储地址。设每个元素占 d 个存储单元，则二维数组 A 中的任何一个元素 a_{ij} 的存储地址可以由以下公式确定。

$$\mathrm{Loc}(i,j)=\mathrm{Loc}(0,0)+(in+j)\ d$$

其中，Loc(i, j)表示元素 a_{ij} 的存储地址，Loc(0,0)表示元素 a_{00} 的存储地址，即二维数组的起始地址（也称为基地址）。

推广到更一般的情况，可以得到 n 维数组中元素的存储地址与数组的下标之间的关系。

$$\mathrm{Loc}(j_1, j_2,\cdots, j_n)=\mathrm{Loc}(0,0,\cdots,0)+(b_1b_2\cdots b_{n-1}j_0+b_2b_3\cdots b_{n-1}j_1+\cdots+b_{n-1}j_{n-2}+j_{n-1})\ d$$

其中，b_i（$1\leqslant i\leqslant n-1$）是第 i 维的长度，j_i 是数组的第 i 维下标。

5.1.1　查找第 k 小元素

问题描述

在数组 a 的前 n 个元素中找出第 k（$1\leqslant k\leqslant n$）小的元素。例如，数组（98,33,21,102,45,5,32,11,65,82,193,321,34,72）中第 5 小的元素是 33。

【分析】

该题是上海大学某年的考研试题。要查找第 k 小元素，并不需要完全对数组中的元素进行排序，可利用快速排序算法思想，只对部分元素进行排序就可找到第 k 小元素。

一趟排序结束后，若 $i=k$，则说明找到了第 k 小元素，算法结束。若 $i<k$，则说明第 k 小元素介于下标 i+1 到 high；若 $i>k$，则说明第 k 小元素介于下标 low 到 $i-1$。最后返回第 k 小元素 $a[k]$。

☞第 5 章\实例 5-01.cpp

```
/*********************************************
*实例说明：查找数组中前 n 个数的第 k 小元素
*********************************************/
#include<iostream.h>
#include<iomanip.h>
#define MAX 100
int Search_K_Min(int a[],int n,int k);
void PrintArray(int a[],int n);
void main()
{
    int a[]={98,33,21,102,45,5,32,11,65,82,193,321,34,72};
    int n,k,x;
    n=sizeof(a)/sizeof(a[0]);
    cout<<"请输入要查找第几小的元素值:"<<endl;
    cin>>k;
    x=Search_K_Min(a,n,k);
    cout<<"数组中的元素:"<<endl;
    PrintArray(a,n);
    cout<<"第"<<k<<"小的元素值是";
    cout<<x<<endl;
}
int Search_K_Min(int a[],int n,int k)
//利用快速排序思想在数组 a 中查找第 k 小元素
{
    int low,high,i,j,t;
```

```
    k--;
    low=0;
    high=n-1;
    do
    {
        i=low;
        j=high;
        t=a[low];               //将a[low]作为枢轴元素（即基准元素），其他元素需要与该元素比较
        do
        {
            while(i<j && t<a[j])
            //若当前元素大于枢轴元素t，则将j向左移动比较下一个元素
                j--;
            if(i<j)          //若当前元素小于或等于枢轴t，则将当前元素存入a[i]
                a[i++]=a[j];
            while(i<j && t>=a[i])
            //若当前元素小于或等于枢轴元素t，则将i向右移动比较下一个元素
                i++;
            if(i<j)          //若当前元素大于枢轴t，则将当前元素存入a[j]
                a[j--]=a[i];
        } while(i<j);
        a[i]=t;
        if(i==k)
            break;
        if(i<k)
            low=i+1;
        else
            high=i-1;
    } while(i!=k);
    return a[k];              //返回找到的第k小元素
}
void PrintArray(int a[],int n)
//输出数组a中的元素
{
    int i;
    for(i=0;i<n;i++)
        cout<<setw(4)<<a[i];
    cout<<endl;
}
```

运行结果如图5.3所示。

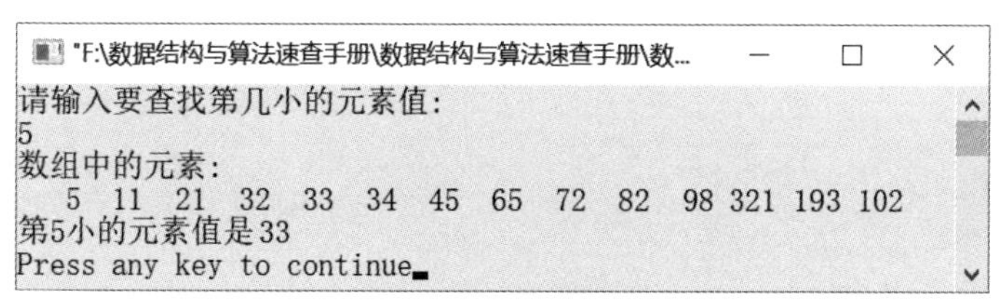

图5.3　运行结果

5.1.2　将奇数移动到偶数的左边

问题描述

将数组 $c[1:n]$ 中所有奇数移动到偶数之前，要求时间复杂度为 $O(n)$。

【分析】

该题是西北大学某年的考研试题。设置两个指示器 i 和 j，分别从第一个元素开始向右和从

最后一个元素开始向左扫描，*i* 遇到奇数略过，遇到偶数暂停；*j* 遇到偶数略过，遇到奇数暂停；如果 *i*<*j*，则交换 *i* 和 *j* 指向的元素，直到 *i*≥*j* 结束。这样左边的元素就为奇数，右边的元素就为偶数。

☞第 5 章\实例 5-02.cpp

```
/**********************************************
*实例说明：将奇数移动到偶数的左边
**********************************************/
#include<iostream.h>
#include<iomanip.h>
#define MAX 100
void SplitArray(int c[],int n);
void PrintArray(int a[],int n);
void main()
{
    int n;
    int c[]={29,54,68,32,49,21,396,207,181};
    n=sizeof(c)/sizeof(c[0]);
    cout<<"数组 c 中的元素:"<<endl;
    PrintArray(c,n);
    cout<<"数组 c 调整后(左边元素为奇数,右边元素为偶数):"<<endl;
    SplitArray(c,n);              /*调整数组中的元素*/
    PrintArray(c,n);
}
void SplitArray(int c[],int n)
/*将数组 a 分成两个部分：左边是奇数，右边是偶数*/
{
    int i,j,t;                    /*定义两个指示器 i 和 j*/
    i=0,j=n-1;                    /*指示器 i 和 j 分别指示数组的左边和右边元素*/
    while(i<j)
    {
        while(c[i]%2!=0)
            i++;
        while(c[j]%2==0)
            j--;
        if(i<j)
        {
            t=c[i];
            c[i]=c[j];
            c[j]=t;
        }
    }
}
void PrintArray(int a[],int n)
//输出数组 a 中的元素
{
    int i;
    for(i=0;i<n;i++)
        cout<<setw(4)<<a[i];
    cout<<endl;
}
```

运行结果如图 5.4 所示。

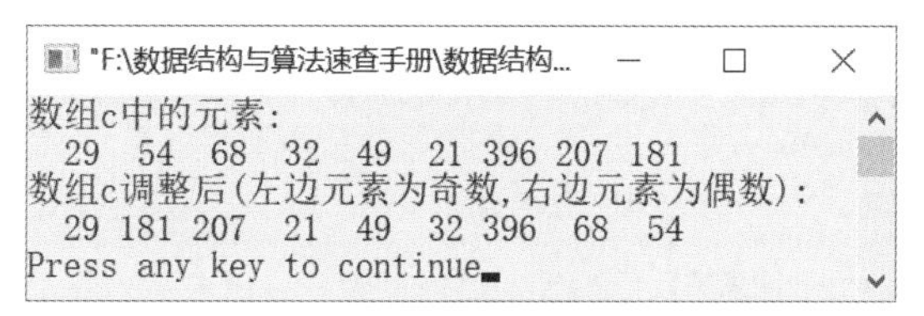

图 5.4 运行结果

5.2 二维数组（矩阵）及其应用

【定义】

二维数组也称为矩阵（matrix），关于矩阵的算法经常在各种考试和面试过程中出现，它主要考查被测试者的逻辑思维能力、对下标的灵活运用及对 C 语言的掌握程度，这种题目通常有较高的难度，通常需要使用二重循环实现矩阵。经典的矩阵算法有输出魔方阵、内螺旋矩阵、逆螺旋矩阵、外螺旋矩阵、蛇形方阵、折叠方阵等。

5.2.1 输出魔方阵

问题描述

河图是一个 3 阶魔方阵的例子。魔方阵又称“纵横图”，是指组成元素为自然数 1, 2, ⋯, n^2 的 n 阶方阵，其中每个元素值都不相等，且每行、每列以及主、副对角线上元素之和都相等。

例如，3 阶魔方阵如图 5.5 所示。

图 5.5 3 阶魔方阵

【分析】

构造魔方阵的方法如下。

（1）将 1 放在第一行的中间一列。

（2）从 2 到 $n×n$，依次按规则存放，每一个元素存放的行号比前一个元素的行号小 1，列号大 1。例如，6 在 5 的上一行的后一列。

（3）如果上一个元素的行号为 1，则下一个元素的行号为 n。例如，8 在第 1 行，9 在最后一行，且列号加 1。

（4）当上一个元素的列号为 n 时，下一个元素的列号应为 1，行号减 1。例如，2 在最后一列，3 在第 1 列，行号减 1。

（5）如果按上面规则确定的位置上已有元素，或上一个元素在第 1 行、第 n 列时，则把下一个元素放在上一个元素的下面。例如，按上面的规定，4 应该放在第 1 行、第 2 列，但该位置已经被占据，所以 4 就放在 3 的下面。

☞第 5 章\实例 5-03.cpp

```
/*******************************************
*实例说明：输出魔方阵
*******************************************/
1  #include<stdio.h>
2  #define N 20
3  void main()
4  {
5      int a[N][N],n,i,j,k;
6      /*输入矩阵的阶*/
7      while(1)
```

```
8        {
9            printf("请输入一个正整数 n(n≤20,n 是奇数):");
10           scanf("%d",&n);
11           if(n!=0&&n<=20&&n%2!=0)
12           {
13               printf("%d 阶魔方阵\n",n);
14               break;
15           }
16       }
17       /*初始化二维数组*/
18       for(i=0;i<n;i++)
19           for(j=0;j<n;j++)
20               a[i][j]=0;
21       /*构造魔方阵*/
22           i=0;
23           j=n/2;
24           a[i][j]=1;                  /*1 放在第 1 行中间一列*/
25           k=2;
26           while(k<=n*n)
27           {
28               i=i-1;              /*行号减 1*/
29               j=j+1;              /*列号增 1*/
30               /*如果上一个元素位于第 1 行第 n 列，则下一个元素应在上一个元素的下面*/
31               if(i<0&&j>n-1)
32               {
33                   i=i+2;
34                   j=j-1;
35               }
36               else
37               {
38               /*如果上一个元素位于第 1 行，则下一个元素应位于最后一行*/
39                   if(i<0)
40                       i=n-1;
41               /*如果上一个元素位于第 n 列，则下一个元素应位于第 1 列*/
42                   if(j>n-1)
43                       j=0;
44               }
45               if(a[i][j]==0)      /*当前的元素保存到数组中*/
46                   a[i][j]=k;
47               else    /*如果已经有元素存在，则放在上一个元素的下面*/
48               {
49                   i=i+2;
50                   j=j-1;
51                   a[i][j]=k;
52               }
53               k++;                /*k 加 1，准备存放下一个元素*/
54           }
55           /*输出魔方阵*/
56           for(i=0;i<n;i++)
57           {
58               for(j=0;j<n;j++)
59                   printf("%4d",a[i][j]);
60               printf("\n");
61           }
62   }
```

运行结果如图 5.6 所示。

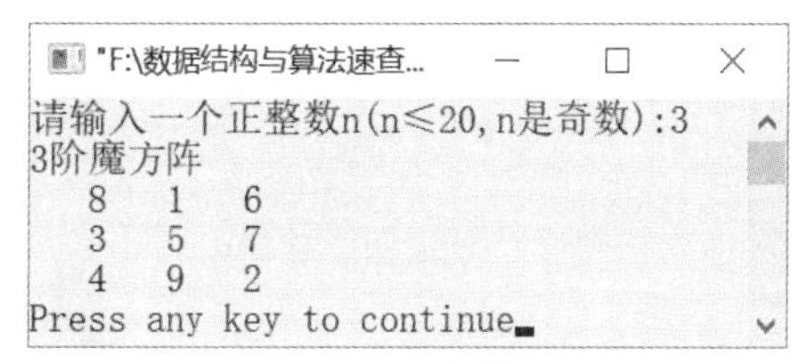

图 5.6　运行结果

【说明】

第 7～16 行输入一个小于或等于 20 且为奇数的正整数。

第 18～20 行初始化数组 *a*。

第 22～24 行在第 1 行中间一列放置一个 1。

第 28～29 行先让行号减 1，列号加 1。

第 31～35 行中，如果上一个元素位于第 1 行第 *n* 列，则将下一个元素放在上一个元素的下面。

第 39～40 行中，如果上一个元素在第 1 行，则下一个元素在最后一行。

第 42～43 行中，如果上一个元素在第 *n* 列，则下一个元素在第 1 列。

第 45～46 行将当前的元素保存到数组中。

第 47～52 行中，如果相应的位置已经有元素存在，则将当前的元素放在上一个元素的下面。

第 56～61 行输出魔方阵。

5.2.2　输出内螺旋矩阵

问题描述

输出内螺旋矩阵。例如，一个 5×5 内螺旋矩阵如图 5.7 所示。

【分析】

通过观察，发现一个 $n \times n$ 内螺旋矩阵可以分为 $(n+1)/2$ 圈，可以使用循环控制圈数。每圈中的元素可以分为上、右、下、左 4 个方向，在内层循环中可以用 4 个循环控制每圈中的 4 个方向的元素输出。其中，4 个方向有如下规则。

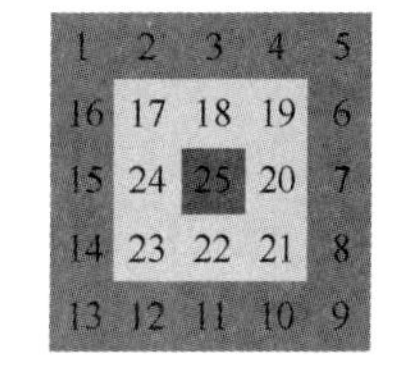

图 5.7　5×5 内螺旋矩阵

- 上：行号不变，列号依次加 1。
- 右：行号依次加 1，列号不变。
- 下：行号不变，列号依次减 1。
- 左：行号依次减 1，列号不变。

☞第 5 章\实例 5-04.cpp

```
/***********************************************
*实例说明：输出内螺旋矩阵
***********************************************/
1   #include<stdio.h>
2   #define N 20
3   void main()
4   {
5       int i,j,n,k=1,a[N][N];
6       printf("请输入一个正整数(1≤N≤20):");
7       scanf("%d",&n);
8       printf("********内螺旋矩阵********\n");
9       for(i=0;i<=n/2;i++)             /*控制圈数*/
10      {
```

```
11          for(j=i;j<n-i;j++)          /*生成上方元素*/
12              a[i][j]=k++;
13          for(j=i+1;j<n-i;j++)        /*生成右方元素*/
14              a[j][n-i-1]=k++;
15          for(j=n-i-2;j>i;j--)        /*生成下方元素*/
16              a[n-i-1][j]=k++;
17          for(j=n-i-1;j>i;j--)        /*生成左方元素*/
18              a[j][i]=k++;
19      }
20      for(i=0;i<n;i++)
21      {
22          for(j=0;j<n;j++)
23              printf("%5d",a[i][j]);
24          printf("\n");
25      }
26  }
```

运行结果如图 5.8 所示。

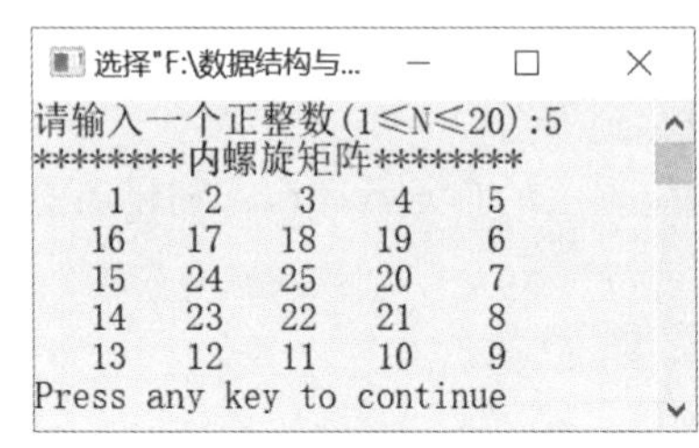

图 5.8 运行结果

【说明】

第 9 行中，外层 for 循环控制矩阵的圈数。

第 11～12 行输出上方的元素，行号不变，列号依次加 1。

第 13～14 行输出右方的元素，行号加 1，列号保持不变。

第 15～16 行输出下方的元素，行号不变，列号依次减 1。

第 17～18 行输出左方的元素，行号依次减 1，列号保持不变。

第 20～25 行输出内螺旋矩阵中的元素。

5.2.3 输出逆螺旋矩阵

问题描述

输出逆螺旋矩阵。例如，一个 5×5 逆螺旋矩阵如图 5.9 所示。

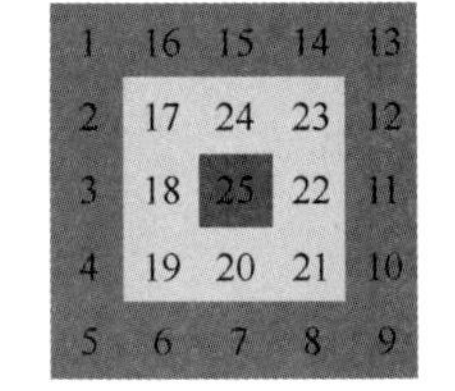

图 5.9 5×5 逆螺旋矩阵

【分析】

与内螺旋矩阵类似，$n \times n$ 逆螺旋矩阵也可以分为$(n+1)/2$ 圈，每一圈分为 4 个方向输出。其中，4 个方向有如下规则。

- 左：行号依次加 1，列号保持不变。
- 下：行号保持不变，列号依次加 1。
- 右：行号依次减 1，列号保持不变。
- 上：行号保持不变，列号依次减 1。

☞第 5 章\实例 5-05.cpp

```
/*********************************************
*实例说明：输出逆螺旋矩阵
```

```
**********************************************/
1  #include<stdio.h>
2  #define N 100
3  void CreateArray(int a[N][N],int n);
4  void OutPut(int s[N][N],int n);
5  void main()
6  {
7      int n,a[N][N];
8      printf("请输入一个正整数n(1<n<100):");
9      scanf("%d",&n);                  /*输入逆螺旋矩阵阶数*/
10     CreateArray(a,n);                /*调用数组函数*/
11     printf("********逆螺旋矩阵: ********\n");
12     OutPut(a,n);                     /*调用输出函数*/
13 }
14 void CreateArray(int a[N][N],int n)
15 /*创建逆螺旋矩阵*/
16 {
17     int p,i,j,k,m;
18     m=(n+1)/2;                       /*求逆螺旋矩阵圈数*/
19     p=1;
20     for(k=0;k<m;k++)                 /*用循环控制产生的圈数*/
21     {
22         for(i=k;i<n-k;i++)
23             a[i][k]=p++;             /*生成左方元素*/
24         for(j=k+1;j<n-k;j++)
25             a[n-k-1][j]=p++;         /*生成下方元素*/
26         for(i=n-k-2;i>=k;i--)
27             a[i][n-k-1]=p++;         /*生成右方元素*/
28         for(j=n-k-2;j>k;j--)
29             a[k][j]=p++;             /*生成上方元素*/
30     }
31 }
32 void OutPut(int s[N][N],int n)
33 /*定义输出函数*/
34 {
35     int i,j;
36     for(i=0;i<n;i++)
37     {
38         for(j=0;j<n;j++)
39             printf("%4d",s[i][j]);
40         printf("\n");
41     }
42 }
```

运行结果如图 5.10 所示。

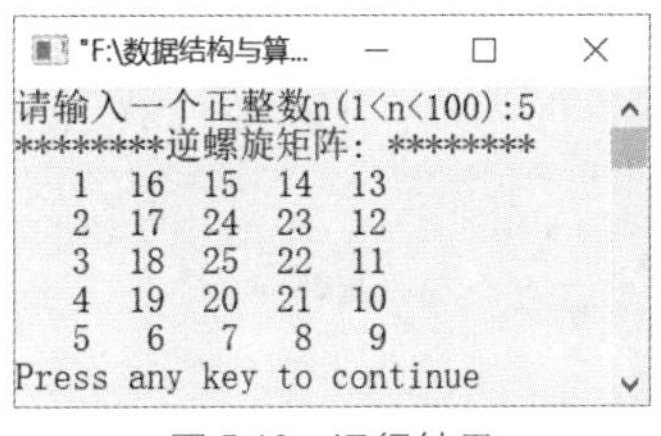

图 5.10 运行结果

【说明】

第 18 行求逆螺旋矩阵的圈数。

第 20 行求外层 for 循环控制逆螺旋矩阵的圈数。

第 22～23 行生成左方的元素，行号依次加 1，列号保持不变。

第 24～25 行生成下方的元素，行号保持不变，列号依次加 1。

第 26～27 行生成右方的元素，行号依次减 1，列号保持不变。

第 28～29 行生成上方的元素，行号保持不变，列号依次减 1。

5.2.4　输出外螺旋矩阵

问题描述

输出外螺旋矩阵。例如，5×5 和 6×6 外螺旋矩阵如图 5.11（a）与（b）所示。

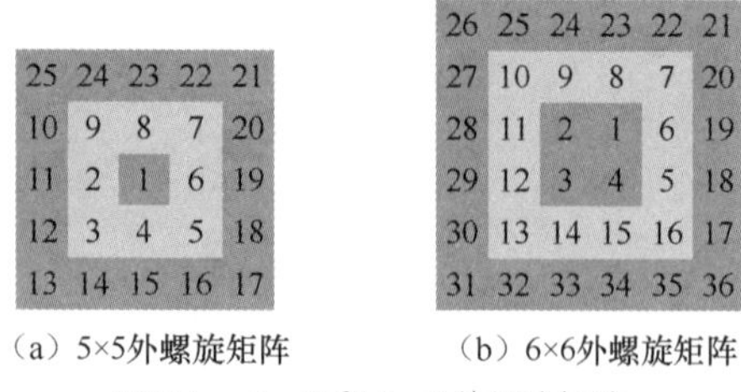

（a）5×5外螺旋矩阵　　（b）6×6外螺旋矩阵

图 5.11　5×5 和 6×6 外螺旋矩阵

【分析】

外螺旋矩阵实际上是由外到内数值逐一减小的内螺旋矩阵，对于奇数阶的外螺旋矩阵来说，起始顶点为 a_{11}。

☞第 5 章\实例 5-06.c

```
/*********************************************
*实例说明：输出外螺旋矩阵
*********************************************/
1  #include<stdio.h>
2  #define N 20
3  void CreateArray(int a[N][N],int n);
4  void OutPut(int a[N][N],int n);
5  void main()
6  {
7      int n,a[N][N];
8      printf("请输入一个正整数n(1<n<20):");
9      scanf("%d",&n);                /*输入外螺旋矩阵的阶数*/
10     CreateArray(a,n);              /*调用创建外螺旋矩阵的函数*/
11     printf("********外螺旋矩阵：********\n");
12     OutPut(a,n);                   /*调用输出函数*/
13 }
14 void CreateArray(int a[N][N],int n)
15 /*创建外螺旋矩阵*/
16 {
17     int p,i,j,k;
18     p=n*n;
19     for(k=1;k<=n/2;k++)            /*控制圈数*/
20     {
21         for(j=k;j<=n-k;j++)
22             a[k][j]=p--;                /*生成上方元素*/
23         for(i=k;i<=n-k;i++)
24             a[i][n-k+1]=p--;            /*生成右方元素*/
25         for(j=n-k+1;j>k;j--)
26             a[n-k+1][j]=p--;            /*生成下方元素*/
```

```
27         for(i=n-k+1;i>k;i--)
28             a[i][k]=p--;                 /*生成左方元素*/
29     }
30     if(n%2!=0)
31         a[n/2+1][n/2+1]=1;
32 }
33 void OutPut(int a[N][N],int n)
34 /*定义输出函数*/
35 {
36     int i,j;
37     for(i=1;i<=n;i++)
38     {
39         for(j=1;j<=n;j++)
40             printf("%4d",a[i][j]);
41         printf("\n");
42     }
43 }
```

运行结果如图 5.12 所示。

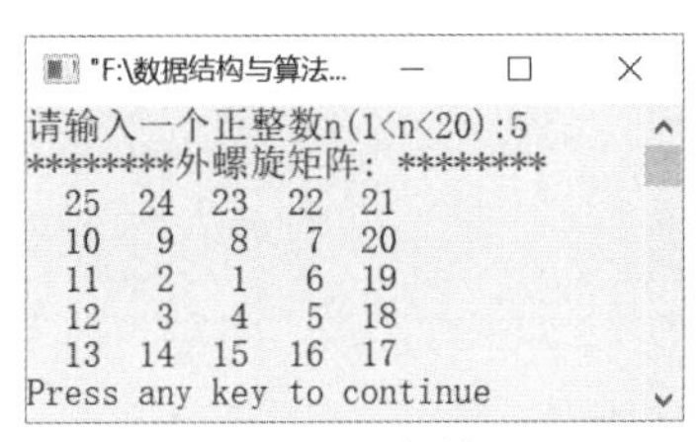

图 5.12　运行结果

【说明】

第 19 行控制外螺旋矩阵的圈数。

第 21～22 行生成上方的元素，行号不变，列号依次加 1。

第 23～24 行生成右方的元素，行号依次加 1，列号不变。

第 25～26 行生成下方的元素，行号不变，列号依次减 1。

第 27～28 行生成左方的元素，行号依次减 1，列号不变。

第 30～31 行将最后一个元素存放到最中间。

第 37～42 行输出外螺旋矩阵元素。

5.2.5　输出蛇形方阵

问题描述

输出蛇形方阵，将自然数 1, 2, …, n^2 按照蛇形方式依次存入 $n \times n$ 矩阵中。例如，n=5 时的蛇形方阵如图 5.13 所示。

图 5.13　5×5 蛇形方阵

【分析】

这是南京航空航天大学和上海大学某年的考研试题。从 a_{11} 开始到 a_{nn} 为止，依次填入自然数，交替为每一斜行从左上元素到右下元素或从右下元素到左上元素填数。通过观察，发现蛇形方阵有以下特点。

（1）对于奇数的斜行来说，下一个元素的行号比上一个元素的行号大 1，列号小 1。

（2）对于偶数的斜行来说，下一个元素的行号比上一个元素的行号小 1，列号大 1。

（3）对于前 n 个斜行来说，奇数斜行中的元素从蛇形方阵的第 1 行开始计数，偶数斜行中的元素从蛇形方阵第 1 列开始计数。

（4）对于大于 n 的斜行来说，奇数斜行的元素从蛇形方阵的第 n 列开始计数，偶数斜行的元素从蛇形方阵的第 n 行开始计数。

☞第 5 章\实例 5-07.cpp

```
/*********************************************
*实例说明：输出蛇形方阵
*********************************************/
1  #include<stdio.h>
2  #define N 20
3  void main()
4  {
5      int i,j,a[N][N],n,k;
6      printf("请输入矩阵的阶 n= ");
7      scanf("%d",&n);
8      k=1;
9      /*输出上三角（前 n 个斜行）*/
10      for(i=1;i<=n;i++)
11          for(j=1;j<=i;j++)
12          {
13              if(i%2==0)
14                  a[i+1-j][j]=k;
15              else
16                  a[j][i+1-j]=k;
17              k++;
18          }
19          /*输出下三角（后 n-1 个斜行）*/
20          for(i=n+1;i<2*n;i++)
21              for(j=1;j<=2*n-i;j++)
22              {
23                  if(i%2==0)
24                      a[n+1-j][i-n+j]=k;
25                  else
26                      a[i-n+j][n+1-j]=k;
27                  k++;
28              }
29              printf("********蛇形方阵********\n");
30              for(i=1;i<=n;i++)
31              {
32                  for(j=1;j<=n;j++)
33                      printf("%4d",a[i][j]);
34                  printf("\n");
35              }
36  }
```

运行结果如图 5.14 所示。

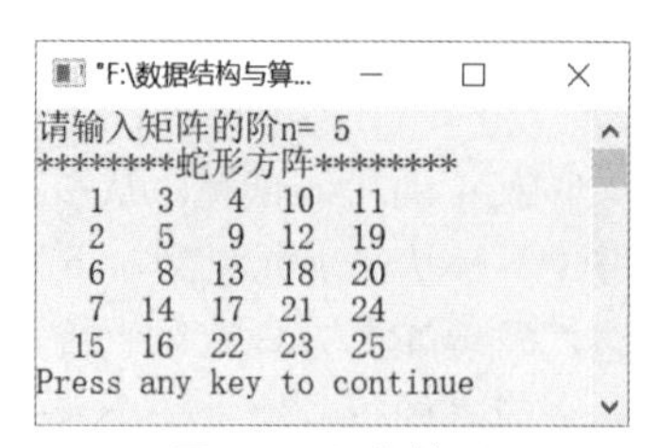

图 5.14　运行结果

【说明】

第 10～18 行输出前 n 个斜行的元素。

第 13～14 行中，如果斜行是偶数斜行，那么元素的列下标正好等于蛇形方阵中元素的列下标，行下标依次减 1。

第 15～16 行中，如果斜行是奇数斜行，那么元素的行下标正好等于蛇形方阵中元素的列下标，列下标依次加 1。

第 20～28 行输出后（$n-1$）个斜行的元素。

第 23～24 行中，如果斜行是偶数斜行，那么元素的行下标依次减 1，列下标依次加 1。

第 25～26 行中，如果斜行是奇数斜行，那么元素的行下标依次加 1，列下标依次减 1。

第 30～35 行输出蛇形方阵。

5.2.6 输出折叠方阵

问题描述

折叠方阵就是按指定的折叠方向排列的正整数方阵。例如，一个 5×5 折叠方阵如图 5.15 所示。起始数位于方阵的左上角，然后每一层从上到下，接着从右往左依次递增。

1	2	5	10	17
4	3	6	11	18
9	8	7	12	19
16	15	14	13	20
25	24	23	22	21

图 5.15　5×5 折叠方阵

【分析】

若 $n=5$，则输出折叠方阵的层数是 5。输出每一层时分为两个步骤：从上到下，列数不变，行数递增；从右往左，行数不变，列数递减。假设将输出的折叠方阵数据存放在二维数组 ***a*** 中，从上往下输出时，对于对角线上的数据，即行号 x<层数 i，使行号 x 加 1，有 x++；从右往左输出时，对于对角线以下的数据，即行号 $x \geqslant$ 层数 i，有列号 y--。

☞第 5 章\实例 5-08.cpp

```
/*******************************************
*实例说明：输出折叠方阵
*********************************************/
#include<stdio.h>
#define N 50
void main()
{
    int a[N][N],n,i,x,y,k;
    printf("请输入起始数:");
    scanf("%d",&k);
    printf("请输入折叠方阵的行数:");
    scanf("%d",&n);
    a[0][0]=k;
    for(i=1;i<n;i++)
    {
        x=0;
        y=i;
        k++;
        a[x][y]=k;
        while(x<i)
            a[++x][y]=++k;
        while(y>=1)
            a[x][--y]=++k;
    }
    printf("折叠方阵为\n");
    for(x=0;x<n;x++)
    {
        for(y=0;y<n;y++)
            printf("%4d",a[x][y]);
        printf("\n");
```

```
        }
}
```

运行结果如图 5.16 所示。

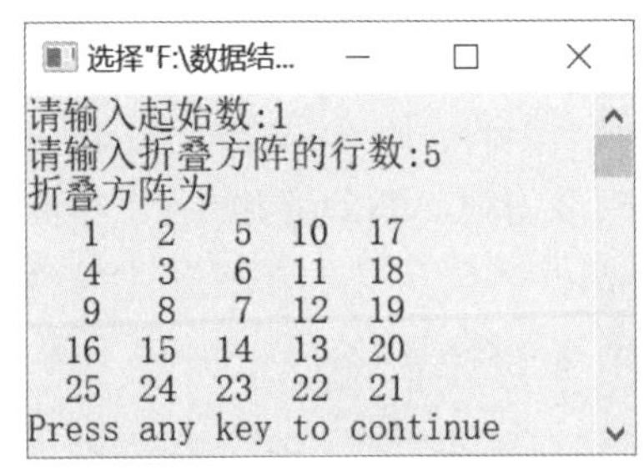

图 5.16　运行结果

5.3 特殊矩阵的压缩存储及其应用

【压缩存储】

有些高阶矩阵中，非零的元素非常少。若使用二维数组存储元素，将造成存储空间的浪费，因此可只存储部分元素，从而提高存储空间的利用率。通常的做法是为多个相同值的元素只分配一个存储单元，对值为 0 的元素不分配存储单元。这种存储方式称为矩阵的压缩存储。我们把非零元素非常少（远小于行数×列数）或元素分布呈一定规律的矩阵称为特殊矩阵。对称矩阵、三角矩阵和对角矩阵都属于特殊矩阵。

【对称矩阵】

如果一个 n 阶的矩阵 $\boldsymbol{A}$ 中的元素满足以下性质，则称这种矩阵为 n 阶对称矩阵。

$$A_{ij}=A_{ji} \qquad (0\leqslant i,\ j\leqslant n-1)$$

对于对称矩阵，每一对对称元素的值都相同，我们只需要为每一对对称元素分配一个存储单元即可，这样就可以将 n^2 个元素存储在 $n(n+1)/2$ 个存储单元里。n 阶的对称矩阵和下三角矩阵如图 5.17（a）与（b）所示。

$$\boldsymbol{A}_{n\times n}=\begin{bmatrix} a_{0,0} & a_{0,1} & \cdots & a_{0,n-1} \\ a_{1,0} & a_{1,1} & \cdots & a_{1,n-1} \\ \vdots & \vdots & & \vdots \\ a_{n-1,0} & a_{n-1,1} & \cdots & a_{n-1,n-1} \end{bmatrix}$$

（a）对称矩阵

$$\boldsymbol{A}_{n\times n}=\begin{bmatrix} a_{0,0} & & & \\ a_{1,0} & a_{1,1} & & \\ \vdots & \vdots & & \\ a_{n-1,0} & a_{n-1,1} & \cdots & a_{n-1,n-1} \end{bmatrix}$$

（b）下三角矩阵

图 5.17　n 阶对称矩阵和下三角矩阵

假设用一维数组 s 存储对称矩阵 $\boldsymbol{A}$ 的上三角或下三角元素，则一维数组 s 的下标 k 与 n 阶对称矩阵 $\boldsymbol{A}$ 的元素 a_{ij} 之间的对应关系如下。

$$k=\begin{cases} \dfrac{i(i+1)}{2}+j & i\geqslant j \\ \dfrac{j(j+1)}{2}+i & i<j \end{cases}$$

当 $i\geqslant j$ 时，矩阵 $\boldsymbol{A}$ 以下三角形式存储，$\dfrac{i(i+1)}{2}+j$ 为矩阵 $\boldsymbol{A}$ 中的元素的线性排序编号；当 $i<j$

时，矩阵 $\boldsymbol{A}$ 以上三角形式存储，$\frac{j(j+1)}{2}+i$ 为矩阵 $\boldsymbol{A}$ 中的元素的线性排序编号。任意给定一组下标 (i,j)，就可以确定矩阵 $\boldsymbol{A}$ 在一维数组 s 中的存储位置。我们将 s 称为 n 阶对称矩阵 $\boldsymbol{A}$ 的压缩存储。

【三角矩阵】

三角矩阵可分为两种——上三角矩阵和下三角矩阵。其中，下三角元素均为常数 c 或 0 的 n 阶矩阵称为上三角矩阵，上三角元素均为常数 c 或 0 的 n 阶矩阵称为下三角矩阵。$n\times n$ 的上三角矩阵和下三角矩阵如图 5.18（a）与（b）所示。

$$\boldsymbol{A}_{n\times n}=\begin{bmatrix} a_{0,0} & a_{0,1} & \cdots & a_{0,n-1} \\ c & a_{1,1} & \cdots & a_{1,n-1} \\ \vdots & \vdots & & \vdots \\ c & c & \cdots & a_{n-1,n-1} \end{bmatrix}$$

（a）上三角矩阵

$$\boldsymbol{A}_{n\times n}=\begin{bmatrix} a_{0,0} & c & \cdots & c \\ a_{1,0} & a_{1,1} & \cdots & c \\ \vdots & \vdots & & \vdots \\ a_{n-1,0} & a_{n-1,1} & \cdots & a_{n-1,n-1} \end{bmatrix}$$

（b）下三角矩阵

图 5.18　$n\times n$ 的上三角矩阵和下三角矩阵

上三角矩阵的压缩原则是只存储上三角的元素，不存储下三角的 0 元素（或只用一个存储单元存储下三角的非零元素）。下三角矩阵的存储原则与此类似。如果用一维数组来存储三角矩阵，则需要存储 $n(n+1)/2+1$ 个元素。一维数组的下标 k 与矩阵的下标 (i,j) 的对应关系如下。

对于上三角矩阵，

$$k=\begin{cases} \frac{i(2n-i+1)}{2}+j-i & i\leqslant j \\ \frac{n(n+1)}{2} & i>j \end{cases}$$

对于下三角矩阵，

$$k=\begin{cases} \frac{i(i+1)}{2}+j & i\geqslant j \\ \frac{n(n+1)}{2} & i<j \end{cases}$$

其中，第 $k=\frac{n(n+1)}{2}$ 个位置存放的是常数 c 或者 0 元素。上述公式可根据等差数列推导得出。

【对角矩阵】

对角矩阵（也叫带状矩阵）是另一类特殊的矩阵。所谓对角矩阵，就是所有的非零元素都集中在以主对角线为中心的带状区域内（对角线的个数为奇数）。也就是说，除了主对角线和主对角线上、下若干条对角线上的元素外，其他元素的值为 0。一个 3 对角矩阵如图 5.19 所示。

$$\boldsymbol{A}_{6\times 6}=\begin{bmatrix} 7 & 9 & 0 & 0 & 0 & 0 \\ 22 & 3 & 8 & 0 & 0 & 0 \\ 0 & 6 & 1 & 32 & 0 & 0 \\ 0 & 0 & 58 & 3 & 8 & 0 \\ 0 & 0 & 0 & 5 & 9 & 12 \\ 0 & 0 & 0 & 0 & 2 & 28 \end{bmatrix}$$

图 5.19　3 对角矩阵

通过观察，我们发现以上对角矩阵具有以下特点。

当 i=0, j=0、1 时，即第一行有两个非零元素；当 $0<i<n-1$, $j=i-1$、i、$i+1$ 时，即第 2 行到第 $n-1$ 行之间有 3 个非零元素；当 $i=n-1$, $j=n-2$、$n-1$ 时，即最后一行有两个非零元素。除此以外，其他元素为 0。

除了第 1 行和最后 1 行的非零元素为两个之外，其余各行非零元素为 3 个。因此，若用一维数组存储这些非零元素，则需要 $2+3(n-2)+2=3n-2$ 个存储单元。

下面来确定一维数组的下标 k 与矩阵中的元素下标 (i,j) 之间的关系。先确定下标为 (i,j) 的元素与第 1 个元素在一维数组中的关系，$\mathrm{Loc}(i,j)$ 表示 a_{ij} 在一维数组中的地址，$\mathrm{Loc}(0,0)$ 表示第 1 个元素在一维数组中的地址。

$Loc(i,j)$=$Loc(0,0)$+前（i−1）行的非零元素个数+第 i 行的非零元素个数。其中，前（i−1）行（行号从 0 开始编号）的非零元素个数为 3i−1，第 i 行的非零元素个数为 j−i+1。其中，

$$j-i=\begin{cases}-1 & i>j\\ 0 & i=j\\ 1 & i<j\end{cases}$$

因此，$Loc(i,j)=Loc(0,0)+3i-1+j-i+1=Loc(0,0)+2i+j$，则 $Loc(i,j)= Loc(0,0)+2i+j$。

上三角矩阵的压缩存储

问题描述

实现一个算法，将一个以行为主序压缩存储的一维数组转换为以列为主序压缩存储的一维数组。例如，设有一个 $n×n$ 的上三角矩阵 $\boldsymbol{A}$ 的上三角元素已按行为主序压缩存储在数组 b 中，请设计一个算法将 b 中元素按列为主序压缩存储在数组 c 中。当 n=5，上三角矩阵 $\boldsymbol{A}$ 如图 5.20 所示。

其中，b=(1,2,3,4,5,6,7,8,9,10,11,12,13,14,15)，c= (1,2,6,3,7,10,4,8,11,13,5,9,12,14,15)。

【分析】

本题是软件设计师考试题目和上海交通大学考研题目，主要考查学生对特殊矩阵的压缩存储中数组下标的灵活使用程度。用 i 和 j 分别表示上三角矩阵中元素的行、列下标，用 k 表示压缩矩阵中元素的下标。最重要的是找出以行为主序和以列为主序的数组下标的对应关系（初始时 i=0，j=0，k=0），即，

$$\boldsymbol{A}_{5\times5}=\begin{bmatrix}1&2&3&4&5\\0&6&7&8&9\\0&0&10&11&12\\0&0&0&13&14\\0&0&0&0&15\end{bmatrix}$$

图 5.20　5×5 上三角矩阵 $\boldsymbol{A}$

$$c[j\,(j+1)/2+i]=b[k]$$

其中，$j(j+1)/2+i$ 是根据等差数列得出的。根据这个对应关系，直接把 b 中的元素赋给 c 中对应位置的元素即可。但是读出 c 中一列即 b 中的一行（1、2、3、4、5）元素之后，还要改变行下标 i 和列下标 j；开始读 6、7、8 元素时，列下标 j 需要从 1 开始，行下标也需要增加 1。以此类推，可以得出以下修改行下标和列下标的方法。

当一行还没有结束时，j 增加 1；否则，i 增加 1 并修改下一行的元素个数及 i、j 的值，直到 $k=n(n+1)/2$ 为止。

☞第 5 章\实例 5-09.cpp

```
/**********************************************
*实例说明：将一个以行为主序压缩存储的一维数组转换为以列为主序压缩存储的一维数组
**********************************************/
#include<iostream.h>
#include<iomanip.h>
#define MAX 200
void CreateArray(int a[][MAX],int n);
void PrintArray(int a[MAX][MAX],int n);
void Trans(int b[],int c[],int n);
int PriorRow(int a[][MAX],int n,int b[]);
void main()
{
    int a[MAX][MAX],b[MAX],c[MAX],n,m,i;
    cout<<"请输入一个整数（<100）:"<<endl;
    cin>>n;
    CreateArray(a,n);
    cout<<"二维数组为"<<endl;
    PrintArray(a,n);
    m=PriorRow(a,n,b);
```

```
    cout<<"数组 b 中的元素:"<<endl;
    for(i=0;i<m;i++)
        cout<<setw(4)<<b[i];
    cout<<endl;
    Trans(b,c,n);
    cout<<"数组 c 中的元素:"<<endl;
    for(i=0;i<m;i++)
        cout<<setw(4)<<c[i];
    cout<<endl;
}
int PriorRow(int a[MAX][MAX],int n,int b[])
//以行为主序压缩存储上三角矩阵到 b 中
{
    int i,j,k=0;
    for(i=0;i<n;i++)
        for(j=i;j<n;j++)
            b[k++]=a[i][j];
    return k;
}
void CreateArray(int a[][MAX],int n)
//创建一个上三角矩阵的二维数组
{
    int i,j,m;
    m=1;
    for(i=0;i<n;i++)
    {
        for(j=0;j<i;j++)
            a[i][j]=0;
        for(j=i;j<n;j++)
            a[i][j]=m++;
    }
}
void PrintArray(int a[MAX][MAX],int n)
//输出矩阵
{
    int i,j;
    for(i=0;i<n;i++)
    {
        for(j=0;j<n;j++)
            cout<<setw(4)<<a[i][j];
        cout<<endl;
    }
}
void Trans(int b[],int c[],int n)
/*将 b 中元素以列为主序压缩存储到 c 中*/
{
    int step=n,count=0,i=0,j=0,k;
    for(k=0;k<n*(n+1)/2;k++)
    {
        count++;                    /*记录一行是否读完*/
        c[j*(j+1)/2+i]=b[k];

        if(count==step)
        {
            step--;
            count=0;
            i++;
            j=n-step;
        }
        else
            j++;
    }
}
```

运行结果如图 5.21 所示。

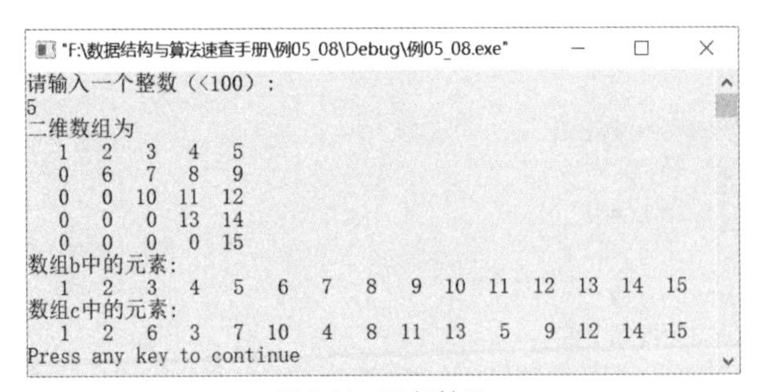

图 5.21　运行结果

5.4 稀疏矩阵的压缩存储及其应用

【定义】

假设在 $m \times n$ 矩阵中，有 t 个元素不为 0。令 $\delta = \dfrac{t}{m \times n}$，$\delta$ 为矩阵的稀疏因子，如果 $\delta \leqslant 0.05$，则称矩阵为稀疏矩阵。若矩阵中大多数元素值为 0，只有很少的非零元素，那么这样的矩阵就是稀疏矩阵。

例如，图 5.22 所示为一个 6×7 稀疏矩阵。

$$M_{6\times 7} = \begin{bmatrix} 0 & 0 & 0 & 5 & 0 & 0 & 0 \\ 0 & 8 & 0 & 0 & 0 & 0 & 0 \\ 0 & 0 & 6 & 3 & 0 & 0 & 0 \\ 9 & 0 & 0 & 0 & 15 & 0 & 0 \\ 0 & 0 & 9 & 3 & 0 & 0 & 0 \\ 0 & 0 & 0 & 0 & 1 & 0 & 0 \end{bmatrix}$$

图 5.22　6×7 稀疏矩阵

【三元组表示】

为了节省内存单元，我们需要对稀疏矩阵进行压缩存储。在进行压缩存储的过程中，我们可以只存储稀疏矩阵的非零元素，为了表示非零元素在稀疏矩阵中的位置，还需存储非零元素的行号和列号(i, j)。这样通过存储非零元素的行号、列号和元素值就可以将稀疏矩阵压缩存储，我们把这种存储方式称为稀疏矩阵的稀疏矩阵的三元组表示。稀疏矩阵的三元组节点结构如图 5.23 所示。

图 5.22 所示的 9 个非零元素的三元组表示如下。

$$((0,3,5),(1,1,8),(2,2,6),(2,3,3),(3,0,9),(3,4,15),(4,2,9),(4,3,3),(5,4,1))$$

将这些三元组按照行序为主序存储在一维数组中，如图 5.24 所示，我们将这种采用顺序存储结构的三元组称为三元组顺序表，其中 k 表示一维数组的下标。

i	*j*	*e*
非零元素的行号	非零元素的列号	非零元素的值

图 5.23　稀疏矩阵的三元组节点结构

k	*i*	*j*	*e*
0	0	3	5
1	1	1	8
2	2	2	6
3	2	3	3
4	3	0	9
5	3	4	15
6	4	2	9
7	4	3	3
8	5	4	1

图 5.24　稀疏矩阵的三元组存储结构

用 C 语言描述三元组顺序表的类型。

```
#define MAXSIZE 100
typedef struct                          /*三元组类型定义*/
```

```
{
    int i;                          /*非零元素的行号*/
    int j;                          /*非零元素的列号*/
    DataType e;
}Triple;
typedef struct
{
    Triple data[MAXSIZE];
    int m;                          /*稀疏矩阵的行数*/
    int n;                          /*稀疏矩阵的列数*/
    int len;                        /*稀疏矩阵中非零元素的个数*/
}TriSeqMatrix;
```

【稀疏矩阵的转置】

稀疏矩阵（三元组表示）的基本运算包括创建稀疏矩阵的创建、稀疏矩阵的销毁、稀疏矩阵的转置、稀疏矩阵的复制和输出等，这些基本运算都保存在文件 TriSeqMatrix.h 中。

稀疏矩阵的转置就是要将稀疏矩阵中元素由原来的存放位置(i,j)变为(j, i)，也就是将元素的行列互换。例如，图 5.22 所示的 6×7 稀疏矩阵，经过转置后变为 7×6 的稀疏矩阵，并且稀疏矩阵的元素也要以主对角线为准进行交换。

将稀疏矩阵进行转置进行方法：将稀疏矩阵 ***M*** 的三元组表示中的行号和列号互换就可以得到转置后的稀疏矩阵 ***N***，如图 5.25 所示。行、列号互换后，为了保证转置后的稀疏矩阵仍按照行为主序排列，还需要将行、列号重新进行排序。转置前后和排序后的稀疏矩阵的三元组顺序表表示如图 5.26（a）～（c）所示。

(i, j, e) ——→ (j, i, e)
稀疏矩阵***M***　　稀疏矩阵***N***

图 5.25　稀疏矩阵转置

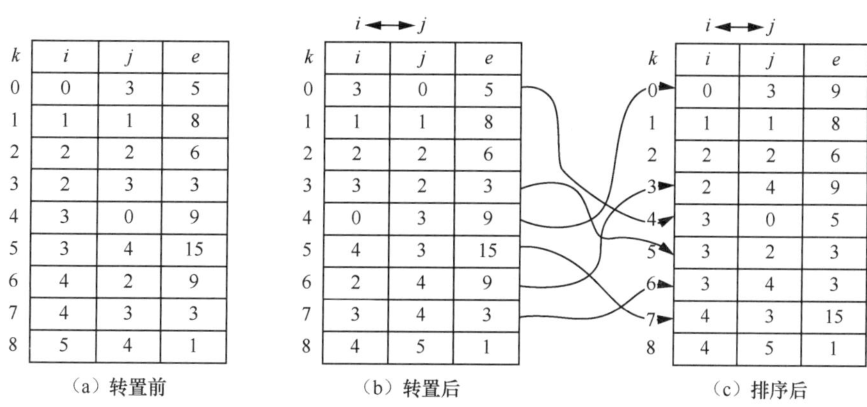

（a）转置前

k	i	j	e
0	0	3	5
1	1	1	8
2	2	2	6
3	2	3	3
4	3	0	9
5	3	4	15
6	4	2	9
7	4	3	3
8	5	4	1

（b）转置后

k	i	j	e
0	3	0	5
1	1	1	8
2	2	2	6
3	3	2	3
4	0	3	9
5	4	3	15
6	2	4	9
7	3	4	3
8	4	5	1

（c）排序后

k	i	j	e
0	0	3	9
1	1	1	8
2	2	2	6
3	2	4	9
4	3	0	5
5	3	2	3
6	3	4	3
7	4	3	15
8	4	5	1

图 5.26　稀疏矩阵转置和排序后的三元组顺序表表示

另外，还有一种方法可以避免这种排序，那就是以列为主序进行转置，转置后的三元组顺序表刚好是以行为主序优先存放的。

算法思想：扫描三元组顺序表 m，第 1 趟扫描 m，找到 j=0 的元素，将行号和列号互换后存入三元组顺序表 n 中；第 2 趟扫描 m，找到 j=1 的元素，将行号和列号互换后存入三元组顺序表 n 中；以此类推，直到所有元素都存放到 n 中。最终得到的三元组顺序表 n 如图 5.27 所示。

稀疏矩阵的转置算法实现如下。

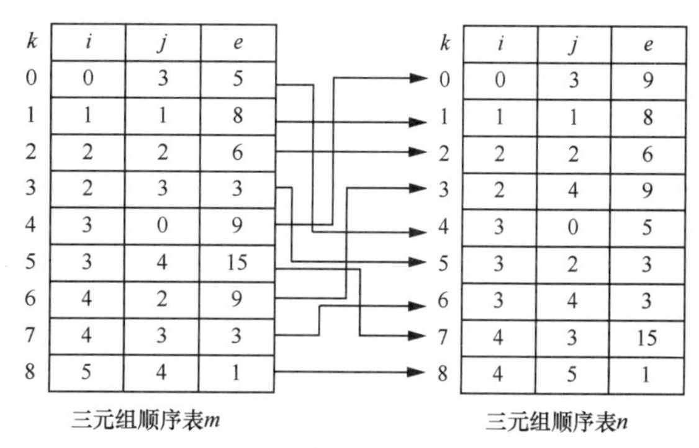

三元组顺序表*m*

k	i	j	e
0	0	3	5
1	1	1	8
2	2	2	6
3	2	3	3
4	3	0	9
5	3	4	15
6	4	2	9
7	4	3	3
8	5	4	1

三元组顺序表*n*

k	i	j	e
0	0	3	9
1	1	1	8
2	2	2	6
3	2	4	9
4	3	0	5
5	3	2	3
6	3	4	3
7	4	3	15
8	4	5	1

图 5.27　最终得到的三元组顺序表 n

```
void TransposeMatrix(TriSeqMatrix M,TriSeqMatrix *N)
/*稀疏矩阵的转置*/
{
    int i,k,col;
    N->m=M.n;
    N->n=M.m;
    N->len=M.len;
    if(N->len)
    {
        k=0;
        for(col=0;col<M.n;col++)      /*按照列号扫描三元组顺序表*/
            for(i=0;i<M.len;i++)
                if(M.data[i].j==col)
                /*若元素列号是当前列，则进行转置*/
                {
                    N->data[k].i=M.data[i].j;
                    N->data[k].j=M.data[i].i;
                    N->data[k].e=M.data[i].e;
                    k++;
                }
    }
}
```

通过分析该转置算法，发现其时间复杂度主要是在 for 语句的两层循环上，因此算法的时间复杂度是 $O(n\text{len})$。当非零元素的个数 len 与 $m\times n$ 同数量级时，算法的时间复杂度就变为 $O(mn^2)$了。如果稀疏矩阵仍然采用二维数组存放，则转置算法如下。

```
for(col=0;col<M.n;++col)
    for(row=0;row<M.len;row++)
        N[col][row]=M[row][col];
```

以上算法的时间复杂度为 $O(nm)$。由此可以看出，采用三元组顺序表存储稀疏矩阵虽然节省了存储空间，但时间复杂度增加了。在算法设计过程中，时间复杂度和空间复杂度就是两个此消彼长的量，降低了时间复杂度，就势必要以牺牲空间复杂度为代价，反之亦然。算法设计就是对时间复杂度和空间复杂度的一种折中考虑。为了降低时间复杂度，可考虑用稀疏矩阵的快速转置算法，这里不再介绍，具体请参考《零基础学数据结构》（第 2 版，机械工业出版社）。

稀疏矩阵的相加

问题描述

设有两个 4×4 的稀疏矩阵 $\boldsymbol{A}$ 和 $\boldsymbol{B}$，相加得到稀疏矩阵 $\boldsymbol{C}$，如图 5.28 所示。请实现算法，要求利用三元组表示法实现两个稀疏矩阵的相加，并用矩阵形式输出结果。

$$\boldsymbol{A}_{4\times4}=\begin{bmatrix}7&0&6&0\\0&22&0&0\\0&0&0&0\\0&0&0&-6\end{bmatrix}\quad \boldsymbol{B}_{4\times4}=\begin{bmatrix}0&0&0&8\\0&-7&0&5\\0&0&0&0\\0&0&12&1\end{bmatrix}\quad \boldsymbol{C}_{4\times4}=\begin{bmatrix}7&0&6&8\\0&15&0&5\\0&0&0&0\\0&0&12&-5\end{bmatrix}$$

图 5.28　两个稀疏矩阵的相加

【分析】

先比较两个稀疏矩阵 $\boldsymbol{A}$ 和 $\boldsymbol{B}$ 的行号，如果行号相等，则比较列号；如果行号与列号都相等，则将对应的元素值相加，并将行号 m 与列号 n 都加 1 再比较下一个元素；如果行号相等，列号不相等，则将列号较小的稀疏矩阵的元素值赋给稀疏矩阵 $\boldsymbol{C}$，并将列号较小的元素继续与下一个元素比较；如果行号与列号都不相等，则将行号较小的稀疏矩阵的元素值赋给 **C**，并将行号小的元素与下一个元素比较。

将两个稀疏矩阵中的对应元素相加，需要考虑以下 3 种情况。

（1）**A** 中的元素非零且 **B** 中的元素非零，但是结果可能为 0，若结果为 0，则不保存该元素；若结果不为 0，则将结果保存到 **C** 中。

（2）**A** 中的下标为(i,j)的位置存在非零元素 A_{ij}，而 **B** 中不存在非零元素，则只需要将该元素值赋给 **C**。

（3）**B** 中的下标为(i,j)的位置存在非零元素 B_{ij}，而 **A** 中不存在非零元素，则只需要将该元素值赋给 **C**。

为了将结果以矩阵形式输出，可以先将一个二维数组的全部元素初始化为 0，然后确定每一个非零元素的行号和列号，将该非零元素存入对应位置，最后输出该二维数组。

☞第 5 章\实例 5-10.cpp

```
/*********************************************
*实例说明：将两个稀疏矩阵相加并以矩阵形式输出结果
*********************************************/
#include<stdlib.h>
#include<stdio.h>
#include<malloc.h>
#include<iostream.h>
#include<iomanip.h>
typedef int DataType;
#include"TriSeqMatrix.h"
int AddMatrix(TriSeqMatrix A,TriSeqMatrix B,TriSeqMatrix *C);
void PrintMatrix(TriSeqMatrix M);
void PrintMatrix2(TriSeqMatrix M);
int CompareElement(int a,int b);
void main()
{
    TriSeqMatrix M,N,Q;
    CreateMatrix(&M);
    PrintMatrix2(M);
    CreateMatrix(&N);
    PrintMatrix2(N);
    AddMatrix(M,N,&Q);
    PrintMatrix(Q);
    PrintMatrix2(Q);
}
int CreateMatrix(TriSeqMatrix *M)
/*创建稀疏矩阵*/
{
    int i,m,n;
    DataType e;
    int flag;
    printf("请输入稀疏矩阵的行数、列数及非零元素个数：");
    scanf("%d,%d,%d",&M->m,&M->n,&M->len);
    if(M->len>MaxSize)
        return 0;
    for(i=0;i<M->len;i++)
    {
        do
        {
            printf("请按行为主序输入第%d个非零元素所在的行(0~%d),列(0~%d),元素值:",i+1,M->m-1, M->n-1);
            scanf("%d,%d,%d",&m,&n,&e);
            flag=0;                          /*初始化标志位*/
            if(m<0||m>M->m||n<0||n>M->n)     /*如果行号或列号正确，标志位为1*/
                flag=1;                      /*如果输入的顺序正确，标志位为1*/
```

```
        if(i>0&&m<M->data[i-1].i||m==M->data[i-1].i&&n<=M->data[i-1].j)
                flag=1;
        }while(flag);
        M->data[i].i=m;
        M->data[i].j=n;
        M->data[i].e=e;
    }
    return 1;
}
void PrintMatrix(TriSeqMatrix M)
/*输出稀疏矩阵*/
{
    int i;
    cout<<"稀疏矩阵是"<<M.m<<"行×"<<M.n<<"列，共"<<M.len<<"个非零元素"<<endl;
    cout<<"行    列    元素值"<<endl;
    for(i=0;i<M.len;i++)
        cout<<setw(2)<<M.data[i].i<<setw(6)<<M.data[i].j
            <<setw(8)<<M.data[i].e<<endl;
}
void PrintMatrix2(TriSeqMatrix M)
/*按矩阵形式输出稀疏矩阵*/
{
    int k,i,j;
    DataType a[MaxSize][MaxSize];
    for(i=0;i<M.m;i++)          //初始化数组 a，将全部元素置为 0
        for(j=0;j<M.n;j++)
            a[i][j]=0;
    for(k=0;k<M.len;k++)        //将非零元素存入数组 a
    {
        if(M.data[k].e!=0)
        {
           i=M.data[k].i;
           j=M.data[k].j;
           a[i][j]=M.data[k].e;
        }
    }
    cout<<"稀疏矩阵(按矩阵形式输出):"<<endl;
    for(i=0;i<M.m;i++)          //按矩阵形式输出数组 a 中的元素
    {
        for(j=0;j<M.n;j++)
            cout<<setw(4)<<a[i][j];
        cout<<endl;
    }
}
int AddMatrix(TriSeqMatrix A,TriSeqMatrix B,TriSeqMatrix *C)
/*将两个稀疏矩阵 A 和 B 对应的元素值相加，得到另一个稀疏矩阵 C*/
{
    int m=0,n=0,k=-1;
    if(A.m!=B.m||A.n!=B.n)
    /*如果两个稀疏矩阵的行数与列数不相等，则不能够进行相加运算*/
        return 0;
    C->m=A.m;
    C->n=A.n;
    while(m<A.len&&n<B.len)
    {
        switch(CompareElement(A.data[m].i,B.data[n].i))
        /*比较两个稀疏矩阵对应元素的行号*/
        {
           case -1:
               C->data[++k]=A.data[m++];/*将稀疏矩阵中行号小的元素赋值给稀疏矩阵 C*/
               break;
           case  0:/*如果稀疏矩阵 A 和 B 的行号相等，则比较列号*/
               switch(CompareElement(A.data[m].j,B.data[n].j))
               {
                  case -1:     /*如果稀疏矩阵 A 的列号小于稀疏矩阵 B 的列号，则将稀疏矩阵 A 的元素
```

```
                                              赋值给稀疏矩阵 C*/
                                            C->data[++k]=A.data[m++];
                                        break;
                                  case  0:/*如果稀疏矩阵 A 和稀疏矩阵 B 的行号、列号均相等，则将两元素相加，存入稀疏矩阵 C*/
                                        C->data[++k]=A.data[m++];
                                        C->data[k].e+=B.data[n++].e;
                                        if(C->data[k].e==0)
                                        /*若两个元素的和为 0，则不保存*/
                                         k--;
                                   break;
                              case  1:/*如果稀疏矩阵 A 的列号大于稀疏矩阵 B 的列号，则将稀疏矩阵 B 的元素赋值给稀疏矩阵 C*/
                                      C->data[++k]=B.data[n++];
                                }
                                break;
                         case  1:/*如果稀疏矩阵 A 的行号大于稀疏矩阵 B 的行号,则将稀疏矩阵 B 的元素赋值给稀疏矩阵 C*/
                               C->data[++k]=B.data[n++];
                       }
              }
              while(m<A.len)
              /*如果稀疏矩阵 A 的元素还没处理完毕，则将稀疏矩阵 A 中的元素赋值给稀疏矩阵 C*/
                    C->data[++k]=A.data[m++];
              while(n<B.len)
              /*如果稀疏矩阵 B 的元素还没处理完毕，则将稀疏矩阵 B 中的元素赋值给稀疏矩阵 C*/
                    C->data[++k]=B.data[n++];
                    C->len=k+1;                     /*修改非零元素的个数*/
                    if(k>MaxSize)
                    return 0;
              return 1;
        }
        int CompareElement(int a,int b)
        /*比较两个稀疏矩阵的元素值大小。若前者小于后者，返回-1；若相等，返回 0；若前者大于后者，返回 1*/
        {
              if(a<b)
                    return -1;
              if(a==b)
                    return 0;
              return 1;
        }
```

运行结果如图 5.29 所示。

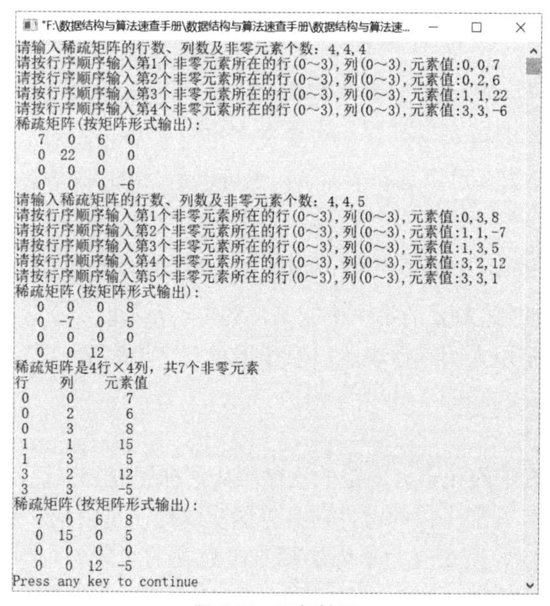

图 5.29　运行结果

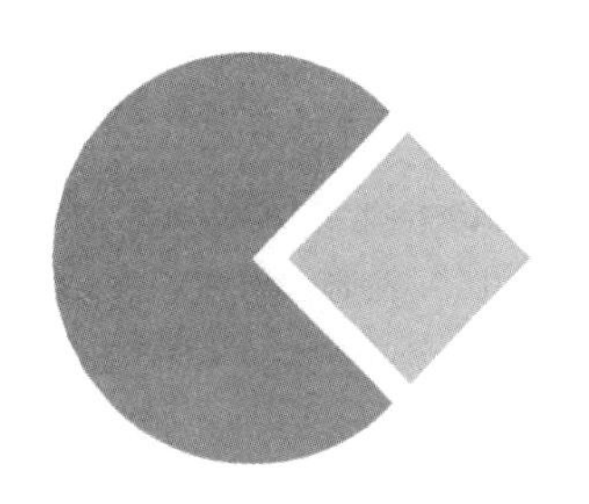

第6章 广义表

与数组一样，广义表也是线性表的一种推广。它是一种递归定义的数据结构，但其数据元素的类型可以不同，其元素可以是普通元素，也可以是广义表。广义表被广泛应用于人工智能等领域的表处理语言 LISP 中，它把广义表作为基本的数据结构，就连程序也表示成一系列的广义表。

6.1 头尾链表表示的广义表及其应用

【定义】

广义表简称表（list），是由 n 个元素 $a_1,a_2,a_3,\cdots,a_n$ 组成的有限序列。当 n=0 时广义表称为空表。在一个非空的广义表中，其元素 a_i 可以是某一确定类型的对象（这种元素称为单元素或原子），也可以是由单元素或原子构成的表（这种元素称为子表或表元素）。

显然，广义表的定义是递归的。广义表记作 GL=$(a_1,a_2,a_3,\cdots,a_n)$。其中，GL 是广义表的名字，n 是广义表的长度。

在广义表 GL 中，a_1 称为广义表 GL 的表头（head），其余元素组成的表$(a_2,a_3,\cdots,a_n)$称为表尾（tail）。例如以下广义表。

（1）A=()，A 是长度为 0 的空表。

（2）B=(a)，B 是一个长度为 1 且元素为原子的广义表（其实就是一般的线性表）。

（3）C=(a,(b,c))，C 是长度为 2 的广义表。其中，第 1 个元素是原子 a，第 2 个元素是一个子表(b,c)。

（4）D=(A,B,C)，D 是一个长度为 3 的广义表，这 3 个元素都是子表，第 1 个元素是一个空表 A。

（5）E=(a,E)，E 是一个长度为 2 的递归广义表，相当于 E=(a,(a,(a,(a,(a,…)))))。

任何一个非空广义表的表头可以是一个原子，也可以是一个广义表，但表尾一定是一个广义表。例如以下表头和表尾。

Head(A)=()，Tail(A)=()；Head(C)=A，Tail(C)=((B,C))；Head(D)=A，Tail(D)=(B,C)。

其中，Head(A)表示取广义表 A 的第一个元素，Tail(A)表示取广义表 A 的最后一个元素。

习惯上，广义表的名字用大写字母表示，原子用小写字母表示。

【性质】

广义表有如下性质。

（1）有次序性。广义表中的元素有固定的次序。从某种程度上来说，广义表是线性排列的，可以把广义表看成线性表的一种推广；同时，它具有层次结构，可以把它看成树的一种推广。

（2）有长度。广义表的长度定义为最外层括号中包含的元素的个数。表中的元素个数是有限的，也可以是空表。

（3）有深度。广义表的深度定义为括号的最大重数，空表的深度为 1。

（4）可递归。

（5）可共享。即子表可被多个广义表共享。

【存储结构】

由于广义表中的元素可以是原子，也可以是广义表，因此难以用顺序存储结构表示广义表。广义表中有两种元素——原子和子表。因此需要两种结构的节点：一种是原子节点，用来表示原子；一种是表节点，用来表示表元素。一般用链式方式表示广义表，有两种存储结构——头尾链表存储结构和扩展线性链表存储结构。

其中，头尾链表存储结构由两种节点构成，分别是表节点和原子节点。表节点包含 3 个域——标志域、指向表头的指针域和指向表尾的指针域。原子节点包含两个域——标志域和值域。表节点和原子节点的存储结构如图 6.1 所示。

其中，tag=1 表示是子表，hp 和 tp 分别指向表头节点与表尾节点；tag=0 表示原子，atom 用于存储原子的值。

用头尾链表存储结构表示广义表 A=()，B=(a)，C=(a,(b,c))，D=(A,B,C)，E=(a,E)，如图 6.2 所示。

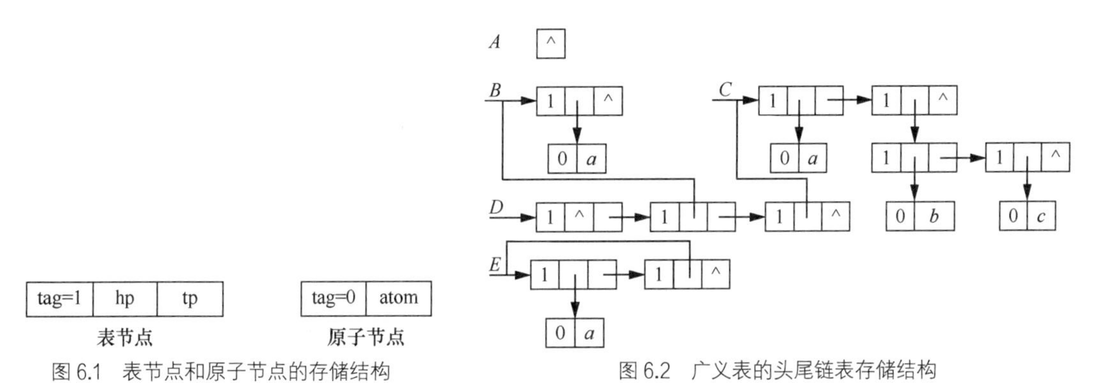

图 6.1　表节点和原子节点的存储结构　　　图 6.2　广义表的头尾链表存储结构

广义表的头尾链表存储结构的类型描述如下。

```
typedef enum{ATOM,LIST}ElemTag;
//ATOM=0 表示原子，LIST=1 表示子表
struct GLNode
{
    ElemTag tag;                    //标志位 tag 用于区分是原子还是子表
    union
    {
        AtomType atom;              //AtomType 是用户自定义类型，atom 是原子节点的值域
        struct
        {
            struct GLNode *hp,*tp;  //hp 指向表头，tp 指向表尾
        }ptr;
    };
};
typedef struct GLNode *GList,GLNode;
```

创建广义表并求其长度和深度

问题描述

实现一个算法，使用头尾链表存储结构创建广义表，并求该广义表的开头元素、末尾的第一个元素、长度和深度。

【分析】

该问题主要考查对广义表的头尾链表存储结构的表示及基本操作。因为广义表是递归定义的，所以可以使用递归的方法创建广义表，求广义表的开头元素、末尾元素、长度和深度。

☞第 6 章\实例 6-01.cpp

```
/********************************************
*实例说明：创建广义表并求其长度和深度
********************************************/
#include<stdio.h>
#include<malloc.h>
#include<stdlib.h>
#include<string.h>
#include<iostream.h>
typedef char AtomType;
typedef enum{ATOM,LIST}ElemTag;      /*ATOM=0 表示原子，LIST=1 表示子表*/
struct GLNode
{
    ElemTag tag;                     /*标志位 tag 用于区分元素是原子还是子表*/
    union
    {
        AtomType atom;               /*AtomType 为用户自己义类型，atom 是原子节点的值域*/
        struct
        {
            struct GLNode *hp,*tp;   /*hp 指向表头，tp 指向表尾*/
        }ptr;
    };
};
typedef struct GLNode *GList,GLNode;
#include"SeqString.h"
void CreateList(GList *L,SeqString S);
void DistributeString(SeqString *Str,SeqString *HeadStr);
void PrintGList2(GList L );
void StrPrint(SeqString S);
int SubString(SeqString *Sub,SeqString S,int pos,int len);
int GListLength(GList L);
int GListDepth(GList L);
GLNode* GetHead(GList L);
GLNode* GeTail(GList L);
void main()
{
    GList L;
    SeqString S;
    int depth,length;
    //将字符串赋值给 S
    StrAssign(&S,"(a,b,c,(a,(a,b,(a,b,c,d),e,f)))");
    CreateList(&L,S);              //由串创建广义表 L
    cout<<"广义表"<<endl;
    PrintGList2(L);                //输出广义表
    cout<<endl;
    cout<<"表头元素是"<<GetHead(L)->atom<<endl;
    cout<<"表尾的第一个元素是"<<GeTail(L)->atom<<endl;
    length=GListLength(L);         //求广义表的长度
    cout<<"广义表 L 的长度 length="<<length<<endl;
    depth=GListDepth(L);           //求广义表的深度
    cout<<"广义表 L 的深度 depth="<<depth<<endl;
}
void CreateList(GList *L,SeqString S)
//采用头尾链表存储结构创建广义表
{
```

```
    SeqString Sub,HeadSub,Empty;
    GList p,q;
    StrAssign(&Empty,"()");
    if(!StrCompare(S,Empty))/*如果输入的串是空串，则创建一个空的广义表*/
        *L=NULL;
    else
    {
        if(!(*L=(GList)malloc(sizeof(GLNode))))/*为广义表生成一个节点*/
            exit(-1);
        if(StrLength(S)==1)
        {
            (*L)->tag=ATOM;
            (*L)->atom=S.str[0];
        }
        else        /*如果是子表*/
        {
            (*L)->tag=LIST;
            p=*L;
            SubString(&Sub,S,2,StrLength(S)-2);
            /*删除 S 最外层的括号，然后赋值给 Sub*/
            do
            {
                DistributeString(&Sub,&HeadSub);
                /*将 Sub 分离出表头和表尾分别赋值给 HeadSub 与 Sub*/
                CreateList(&(p->ptr.hp),HeadSub);
                /*递归调用生成广义表*/
                q=p;
                if(!StrEmpty(Sub))
                /*如果表尾不空，则生成节点 p，并将表尾指针指向 p*/
                {
                    if(!(p=(GLNode *)malloc(sizeof(GLNode))))
                        exit(-1);
                    p->tag=LIST;
                    q->ptr.tp=p;
                }
            }while(!StrEmpty(Sub));
            q->ptr.tp=NULL;
        }
    }
}
void DistributeString(SeqString *Str,SeqString *HeadStr)
/*将 Str 分离成两个部分，HeadStr 为第一个逗号之前的子串，Str 为逗号后的子串*/
{
    int len,i,k;
    SeqString Ch,Ch1,Ch2,Ch3;
    len=StrLength(*Str);                /*len 为 Str 的长度*/
    StrAssign(&Ch1,",");
    StrAssign(&Ch2,"(");
    StrAssign(&Ch3,")");
    SubString(&Ch,*Str,1,1);            /*Ch 保存 Str 的第一个字符*/
    for(i=1,k=0;i<=len&&StrCompare(Ch,Ch1)||k!=0;i++)
    /*搜索 Str 最外层的第一个括号*/
    {
        SubString(&Ch,*Str,i,1);        /*取出 Str 的第一个字符*/
        if(!StrCompare(Ch,Ch2))         /*如果第一个字符是"(", 则令 k 加 1*/
            k++;
        else if(!StrCompare(Ch,Ch3))    /*如果当前字符是")", 则令 k 减 1*/
            k--;
```

```
    }
    if(i<=len)                          /*Str 中存在",", 它是第 i-1 个字符*/
    {
        SubString(HeadStr,*Str,1,i-2);  /*HeadStr 保存 Str 中","前的字符*/
        SubString(Str,*Str,i,len-i+1);  /*Str 保存 Str 中","后的字符*/
    }
    else                                /*Str 中不存在","*/
    {
        StrCopy(HeadStr,*Str);          /*将 Str 的内容复制到 HeadStr 中*/
        StrClear(Str);                  /*清空 Str*/
    }
}
void PrintGList2(GList L )
//输出广义表
{
    GLNode *p;
    if(!L)
        cout<<"()";
    else
    {
        if(L->tag==ATOM)
            cout<<L->atom;
        else
        {
            p=NULL;
            cout<<'(';
            p=L;
            while(p)
            {
                PrintGList2(p->ptr.hp);
                p=p->ptr.tp;
                if(p)
                    cout<<',';
            }
            cout<<')';
        }
    }
}
void StrPrint(SeqString S)
//输出 S 中的字符
{
    int i;
    for(i=0;i<S.length;i++)
    {
        printf("%c",S.str[i]);
    }
    printf("\n");
}
int SubString(SeqString *Sub,SeqString S,int pos,int len)
//将 S 中第 pos 个字符开始的 len 个字符赋给 Sub
{
    int i;
    if(pos<0||len<0||pos+len-1>S.length)
    {
        printf("参数 pos 和 len 不合法");
        return 0;
    }
    else
    {
        for(i=0;i<len;i++)
            Sub->str[i]=S.str[i+pos-1];
```

```
            Sub->length=len;
            return 1;
        }
}
GLNode* GetHead(GList L)
{
    GLNode *p;
    if(!L)                              /*如果广义表为空表，则返回 1*/
    {
        printf("该广义表是空表!");
        return NULL;
    }
    p=L->ptr.hp;                        /*将广义表的表头指针赋值给 p*/
    if(!p)
        printf("该广义表的表头是空表!");
    else if(p->tag==LIST)
        printf("该广义表的表头是非空的子表!");
    else
        printf("该广义表的表头是原子!");
    return p;
}
GLNode* GeTail(GList L)
{
    if(!L)                              /*如果广义表为空表，则返回 1*/
    {
        printf("该广义表是空表! ");
        return NULL;
    }
    return L->ptr.tp;                   /*如果广义表不是空表，则返回指向表尾节点的指针*/
}
int GListLength(GList L)
//求广义表的长度
{
    int length=0;
    while(L)                            /*如果广义表非空，则将 p 指向表尾节点，统计表的长度*/
    {
        L=L->ptr.tp;
        length++;
    }
    return length;
}
int GListDepth(GList L)
//求广义表的深度
{
    int max,depth;
    GLNode *p;
    if(!L)                              /*如果广义表非空，则返回 1*/
        return 1;
    if(L->tag==ATOM)                    /*如果广义表是原子，则返回 0*/
        return 0;
    for(max=0,p=L;p;p=p->ptr.tp)        /*逐层处理广义表*/
    {
        depth=GListDepth(p->ptr.hp);
        if(max<depth)
            max=depth;
    }
    return max+1;
}
```

运行结果如图 6.3 所示。

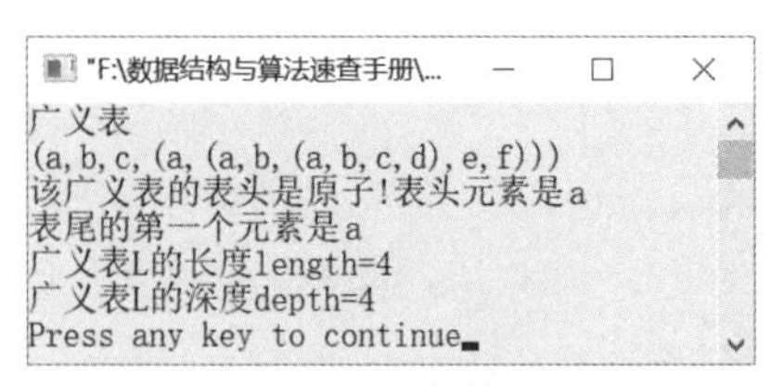

图 6.3　运行结果

6.2 扩展线性链表表示的广义表及其应用

【节点结构】

用扩展线性链表表示广义表时，广义表也包含两种节点——表节点和原子节点。这两种节点都包含 3 个域。其中，表节点由标志域 tag、表头指针域 hp 和表尾指针域 tp 构成；原子节点由标志域 tag、原子的值域 atom 和表尾指针域 tp 构成。

标志域 tag 用来区分当前节点是表节点还是原子节点，当 tag=0 时为原子节点，tag=1 时为表节点；hp 和 tp 分别指向广义表的开头与结尾；atom 用来存储原子节点的值。扩展线性链表的节点存储结构如图 6.4 所示。

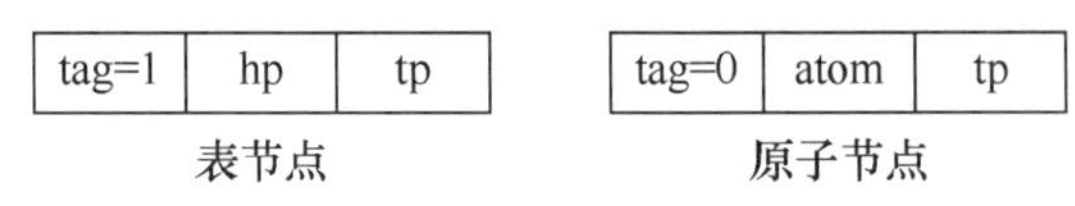

图 6.4　扩展线性链表的节点存储结构

例如，A=()，B=(a)，C=(a,(b,c))，D=(A,B,C)，E=(a,E)，则广义表 A、B、C、D、E 的扩展线性链表存储结构如图 6.5 所示。

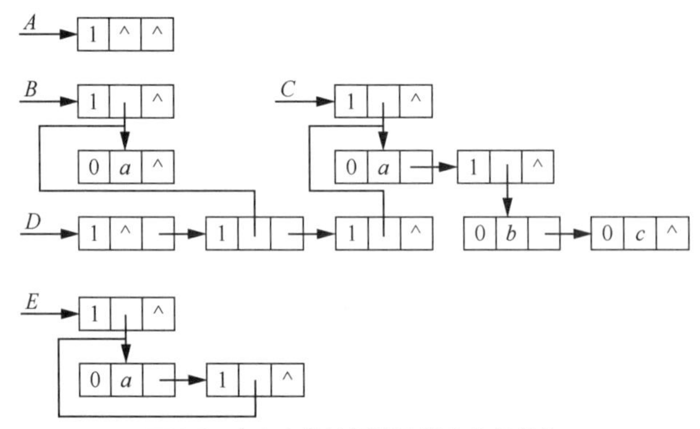

图 6.5　广义表的扩展线性链表存储结构

【存储结构】

```
typedef enum{ATOM,LIST}ElemTag;    /*ATOM=0 表示原子，LIST=1 表示子表*/
typedef struct
{
    ElemTag tag;                   /*标志域 tag 用于区分元素是原子还是子表*/
    union
    {
        AtomType atom;             /*AtomType 是用户自定义类型，atom 是原子节点的值域*/
        struct GLNode *hp;         /*hp 指向表头*/
    }ptr;
    struct GLNode *tp;             /*tp 指向表尾*/
}*GList,GLNode;
```

创建广义表并求其长度和深度

问题描述

实现算法，利用扩展线性链表表示法创建广义表，要求在输入广义表的同时实现创建广义表，设广义表按(a,b,(a,(a,b,c),d),e,f)的形式输入，并求广义表的深度和长度。

【分析】

该题是北京工业大学考研试题。广义表中的元素有原子和子表，在读入输入的字符串时，遇到左括号“(”就递归构创建表；若遇到原子，就建立原子节点；若读入逗号“,”，就递归创建后序子表；若 *n* 为 0，就创建含空格字符的空表，直到遇到输入结束符“\n”为止。

☞第 6 章\实例 6-02.cpp

```
/*********************************************
*实例说明：创建和输出广义表并求其长度和深度
*********************************************/
#include<stdio.h>
#include<stdlib.h>
#include<iostream.h>
typedef char AtomType;                    //元素类型为字符型
typedef enum{ATOM,LIST}ElemTag;/*ATOM=0 表示原子，LIST=1 表示子表*/
//广义表的存储结构
struct GNode
{
    ElemTag tag;                          //标志域
    union
    {
        AtomType atom;                    //值域
        struct GNode *hp;                 //表头指针
    };
    struct GNode *tp;
};
int LengthGList(struct GNode *GL);        //求广义表的长度
int DepthGList(struct GNode *GL);         //求广义表的深度
void CreateGList(struct GNode **GL);      //建立广义表的存储结构
void PrintGList(struct GNode *GL);        //输出广义表
int SearchGList(struct GNode *GL, AtomType e);
void main()
{
    int flag;
    AtomType e;
    struct GNode *GL;
    cout<<"输入一个广义表(按 Enter 键结束)."<<endl;
    CreateGList(&GL);
    cout<<"输出广义表："<<endl;
    PrintGList(GL);
    cout<<endl;
    cout<<"广义表的长度：";
    cout<<LengthGList(GL->hp)<<endl;
    cout<<"广义表的深度：";
    cout<<DepthGList(GL->hp)<<endl;
    cout<<"请输入要查找的元素:"<<endl;
    cin>>e;
    flag=SearchGList(GL,e);
```

```
    if(flag)
        cout<<"广义表中存在查找的元素。"<<endl;
    else
        cout<<"要查找的元素不存在。"<<endl;
}
void CreateGList(struct GNode **GL)
//建立扩展线性链表表示的广义表的存储结构
{
    char ch;
    scanf("%c", &ch);
    if(ch=='#')
        *GL = NULL;
    else if(ch=='(')
    {
        *GL = (struct GNode*)malloc(sizeof(struct GNode));
        (*GL)->tag = LIST;
        CreateGList(&((*GL)->hp));
    }
    else
    {
        *GL = (struct GNode*)malloc(sizeof(struct GNode));
        (*GL)->tag = ATOM;
        (*GL)->atom = ch;
    }
    scanf("%c", &ch);                    //输入的字符可以是逗号、右括号或分号
    if(*GL==NULL)
        ;
    else if(ch==',')
        CreateGList(&((*GL)->tp));
    else if((ch==')') || (ch=='\n'))
        (*GL)->tp = NULL;
}
void PrintGList(struct GNode *GL)
//输出广义表
{
    if(GL->tag==LIST)
    {
        printf("(");
        if(GL->hp==NULL)
            printf("#");
        else
            PrintGList(GL->hp);
        printf(")");
    }
    else
        printf("%c", GL->atom);
    if(GL->tp!=NULL)
    {
        printf(",");
        PrintGList(GL->tp);
    }
}
int SearchGList(struct GNode *GL, AtomType e)
//查找等于e的原子节点
{
    while(GL!=NULL)
    {
```

```
        if(GL->tag == LIST)
        {
            if(SearchGList(GL->hp, e))
                return 1;
        }
        else
        {
            if(GL->atom == e)
                return 1;
        }
        GL = GL->tp;
    }
    return 0;
}
int LengthGList(struct GNode *GL)
//求广义表的长度
{
    if(GL!=NULL)
        return(1 + LengthGList(GL->tp));
    else
        return(0);
}
int DepthGList(struct GNode *GL)
//求广义表的深度
{
    int dep,max=0;
    while(GL!=NULL)                         //遍历表中每一个节点，求出所有子表的最大深度
    {
        if(GL->tag==LIST)
        {
            dep = DepthGList(GL->hp);       //递归调用求一个子表的深度
            if(dep > max)
                max = dep;                  //max 为同一层子表中深度的最大值
        }
        GL = GL->tp;                        //使 GL 指向同一层的下一个节点
    }
    return max + 1;                         //返回表的深度
}
```

运行结果如图 6.6 所示。

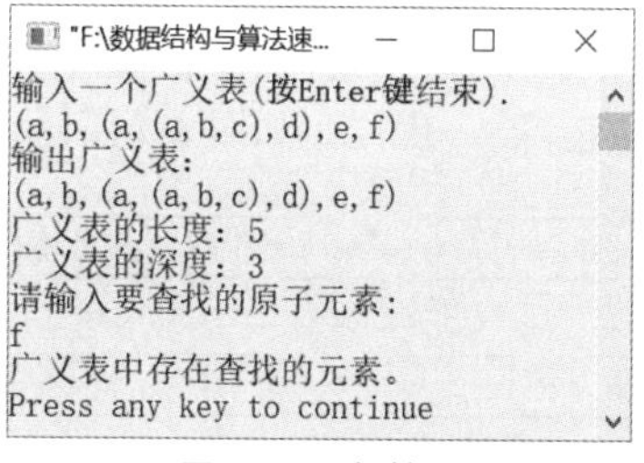

图 6.6　运行结果

6.3　广义表的综合应用——导师-学生制管理

随着高校教学改革的不断深入，本科生和研究生的培养质量日益受到重视。为了提高本科生的培养质量，体现因材施教和个性化培养，很多学校实行了导师-学生制管理。一个班级的学生被分给若干名导师管理，每位导师指导 n 名学生，若该导师同时还指导研究生，那么其研究生也可直接

指导本科生。导师-学生制管理问题中的数据元素具有如下形式。

（1）导师指导研究生和本科生：(导师,((研究生 1,(本科生 1,…,本科生 m_1)),(研究生 2,(本科生 1,…,本科生 m_2))…))。

（2）导师不指导研究生，直接指导本科生：(导师,(本科生 1,…,本科生 m))。

其中，导师信息包括姓名、职称，研究生和本科生信息包括姓名、班级。要求完成以下功能。

- 建立：建立导师-研究生-本科生广义表。
- 插入：将某位本科生或研究生信息插入广义表的相应位置。
- 删除：将某位本科生或研究生信息从广义表中删除。
- 查询：查询导师指导研究生、本科生的情况。
- 统计：某导师带了多少名研究生和本科生。
- 输出：将某导师所指导的学生信息输出。
- 退出：程序结束。

要求利用头尾链表存储结构的广义表实现导师-学生制管理的广义表。

定义导师、学生节点结构如下。

```
typedef struct GLNode
{
    char name[100];          /*导师或学生的姓名*/
    char position[100];      /*导师节点表示职称，学生节点表示班级*/
    int type;                /*节点类型：0 代表导师，1 代表研究生，2 代表本科生*/
struct ptr
{
    struct GLNode *hp;       /*hp 指向表头，即指向下级的首节点*/
    struct GLNode *tp;       /*tp 指向表尾，即同级的下一节点*/
}ptr;
}GList;
```

广义表中的人员信息由 3 部分组成，分别是姓名、职称（或班级）和人员类型。例如：张志锋-教授-0、李雷-一班-1、韩梅梅-一班-2。姓名、职称（或班级）、人员类型用“-”分隔开，如张志锋-教授-0，“张志锋”表示姓名，“教授”表示职称，“0”表示人员的类型是导师；李雷-二班-1，“李雷”表示姓名，“二班”表示班级，“1”表示人员的类型是研究生；韩梅梅-一班-2，“韩梅梅”表示姓名，“一班”表示班级，“2”表示人员的类型是本科生。

导师-本科生制管理的广义表((张志锋-教授-0,(李雷-二班-1,韩梅梅-一班-2)),(马军霞-副教授-0,(杜牧-一班-1,刘晓燕-二班-1,(王冲-一班-2)))如图 6.7 所示。

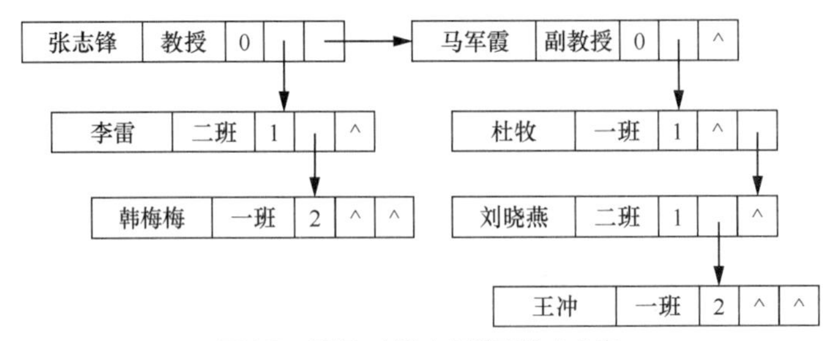

图 6.7　导师-本科生制管理的广义表

部分代码如下。完整的代码参见本书配套的源代码。

```
#include<stdio.h>
```

```
#include<stdlib.h>
#include<string.h>
#define YES 1
#define NO 0
typedef struct GLNode           //定义存储中缀表达式的节点类型
{
    char name[100];
    char position[100];
    int type;
    struct
    {
        struct GLNode *hp;     /*hp 指向同级的下一个节点*/
        struct GLNode *tp;     /*tp 指向下级的首节点*/
    }ptr;
}GList;

GList *CreateGList()
/*建立广义表*/
{
    GList *L,*p,*q,*r,*s;      /*L 指向头节点，p 指向导师节点，q 指向研究生节点，r 指向本科生节点*/
    int i,j,flag;
    char ch[100];
    flag=1;
    L=p=q=r=s=NULL;
    while(flag)
    {
        printf("请输入人员信息(输入格式: 张志锋-教授-0): ");
        scanf("%s",ch);
        s =(GList *)malloc(sizeof(GList));
        if(!s)
            printf("内存空间分配失败! ");
        /*将字符串中的导师（或学生）信息转换为学生节点*/
        for(j=0,i=0;ch[i] != '-';j++,i++)
            s->name[j] = ch[i];
        s->name[j] = '\0';
        i=i+1;
        for(j=0;ch[i] != '-';j++,i++)
            s->position[j] = ch[i];
        s->position[j] = '\0';
        i=i+1;
        s->type = ch[i] - 48;
        s->ptr.hp=NULL;
        s->ptr.tp=NULL;
        switch(s->type)
        {
            case 0:
                if(L)                /*若 s 为导师信息的非首节点*/
                    p->ptr.hp=s;
                else                 /*若 s 为导师信息的首节点*/
                    L=s;
                p=s;
                r=q=s;
                break;
            case 1:
                if(p->ptr.tp)        /*若 s 为研究生信息的非首节点*/
                    q->ptr.hp=s;
```

```
                else                    /*若 s 为研究生信息的首节点*/
                    q->ptr.tp=s;
                q=s;
                r=s;
                break;
            case 2:
                if(q->ptr.tp)           /*若 s 为本科生信息的非首节点*/
                    r->ptr.hp=s;
                else                    /*若 s 为本科生信息的首节点*/
                    r->ptr.tp=s;
                r=s;
                break;
            default:
                printf("节点有误");
                break;
            }
            printf("1: 继续添加; 0: 添加结束");
            scanf("%d",&flag);
    }
    return L;
}
void QueryInfo(GList *L)
/*查询信息*/
{
    GList *p,*q,*r;
    char name[100];
    int find=NO;
    p = L;
    printf("\n 请输入要查询人员的姓名: \n");
    scanf("%s",name);
    while(p != NULL&&find==NO)
    {
        q=p->ptr.tp;            /*q 指向下一级首节点*/
        if(!strcmp(p->name,name))
        {
            printf("\n 查询结果: 姓名-%s, 职称-%s, 类型-导师\n",p->name,p->position);
            find=YES;
        }
        else
        {
            if(q!=NULL && q->type == 2)          // 该导师带本科生
            {
                r = q;
                while(r!= NULL)
                {
                    if(!strcmp(r->name,name))
                    {
                        printf("\n 查询结果: 姓名-%s, 班级-%s, 类型-本科生\n",r->name,r->position);
                        printf("导师:姓名:%s, 职称:%s\n",p->name,p->position);
                        find=YES;
                    }
                    r=r->ptr.hp;
                }
            }
            else if(q!=NULL)
            {
```

```
                while(q!= NULL)
                {
                    r = q->ptr.tp;
                    if(!strcmp(q->name,name))
                    {
                        printf("\n查询结果:姓名-%s, 班级-%s, 类型-研究生\n",q->name,q->position);
                        printf("导师:姓名:%s, 职称:%s\n",p->name,p->position);
                        find=YES;
                    }
                    while(r!= NULL)
                    {
                        if(!strcmp(r->name,name))
                        {
                            printf("\n查询结果:姓名-%s, 班级-%s, 类型-本科生\n",r->name,r->position);
                            printf("导师:姓名-%s, 职称-%s\n",p->name,p->position);
                            printf("研究生:姓名-%s, 班级-%s\n",q->name,q->position);
                            find=YES;
                        }
                        r=r->ptr.hp;
                    }
                    q = q->ptr.hp;
                }
            }
            p=p->ptr.hp;
        }
    }
    if(!find)
         printf("查询失败!\n");
    printf("\n");
}
```

运行本书配套的源代码中的完整代码，得到的结果如图 6.8（a）～（c）所示。

```
"F:\数据结构\导师研究生\Debug\导师研究生.exe"
************************导师-学生制管理系统************************
*                          0.退出                                  *
*                          1.建立广义表                            *
*                          2.输出广义表                            *
*                          3.统计导师的研究生、本科生人数          *
*                          4.查询信息                              *
*                          5.插入学生                              *
*                          6.删除学生                              *
************(输入格式：张志锋-副教授-0，李雷-一班-2)************
请输入要操作的编号(0~6)：1
请输入人员信息(输入格式：张志锋-教授-0)：张志锋-教授-0
1：继续添加；0：添加结束1
请输入人员信息(输入格式：张志锋-教授-0)：李雷-二班-1
1：继续添加；0：添加结束1
请输入人员信息(输入格式：张志锋-教授-0)：韩梅梅-一班-2
1：继续添加；0：添加结束1
请输入人员信息(输入格式：张志锋-教授-0)：马军霞-副教授-0
1：继续添加；0：添加结束1
请输入人员信息(输入格式：张志锋-教授-0)：杜牧-一班-1
1：继续添加；0：添加结束1
请输入人员信息(输入格式：张志锋-教授-0)：刘晓燕-二班-1
1：继续添加；0：添加结束1
请输入人员信息(输入格式：张志锋-教授-0)：王冲-一班-2
1：继续添加；0：添加结束0
************************导师-学生制管理系统************************
*                          0.退出                                  *
*                          1.建立广义表                            *
*                          2.输出广义表                            *
*                          3.统计导师的研究生、本科生人数          *
*                          4.查询信息                              *
*                          5.插入学生                              *
*                          6.删除学生                              *
************(输入格式：张志锋-副教授-0，李雷-一班-2)************
请输入要操作的编号(0~6)：
```

（a）

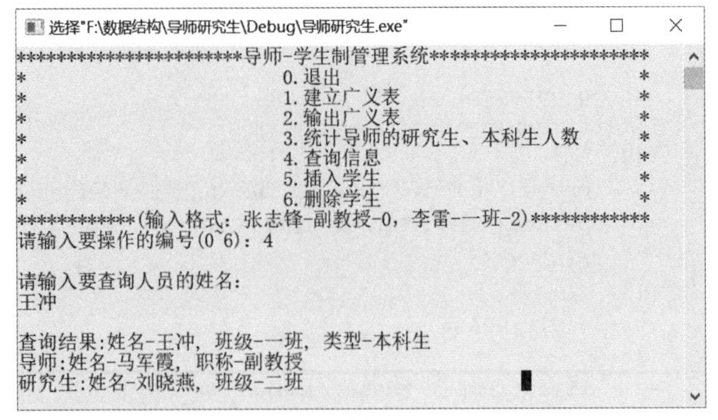
选择"F:\数据结构\导师研究生\Debug\导师研究生.exe"
************************导师-学生制管理系统**********************
* 0.退出 *
* 1.建立广义表 *
* 2.输出广义表 *
* 3.统计导师的研究生、本科生人数 *
* 4.查询信息 *
* 5.插入学生 *
* 6.删除学生 *
************(输入格式：张志锋-副教授-0，李雷-一班-2)************
请输入要操作的编号(0~6)：4
请输入要查询人员的姓名：
王冲
查询结果:姓名-王冲，班级-一班，类型-本科生
导师:姓名-马军霞，职称-副教授
研究生:姓名-刘晓燕，班级-二班

(b)

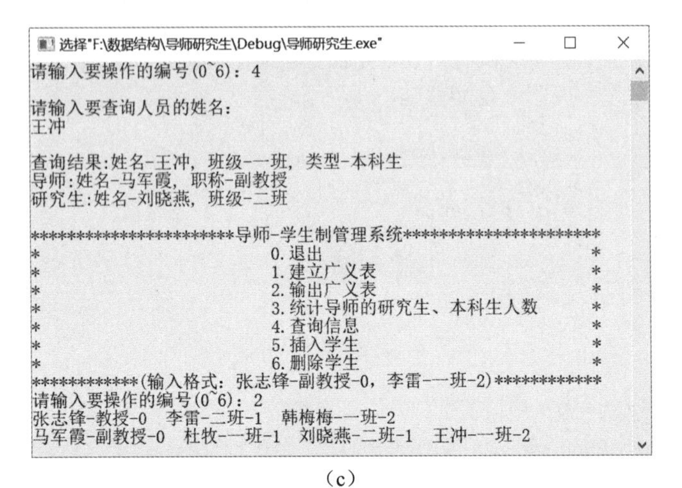
选择"F:\数据结构\导师研究生\Debug\导师研究生.exe"
请输入要操作的编号(0~6)：4
请输入要查询人员的姓名：
王冲
查询结果:姓名-王冲，班级-一班，类型-本科生
导师:姓名-马军霞，职称-副教授
研究生:姓名-刘晓燕，班级-二班
************************导师-学生制管理系统**********************
* 0.退出 *
* 1.建立广义表 *
* 2.输出广义表 *
* 3.统计导师的研究生、本科生人数 *
* 4.查询信息 *
* 5.插入学生 *
* 6.删除学生 *
************(输入格式：张志锋-副教授-0，李雷-一班-2)************
请输入要操作的编号(0~6)：2
张志锋-教授-0 李雷-二班-1 韩梅梅-一班-2
马军霞-副教授-0 杜牧-一班-1 刘晓燕-二班-1 王冲-一班-2

(c)

图 6.8　运行结果

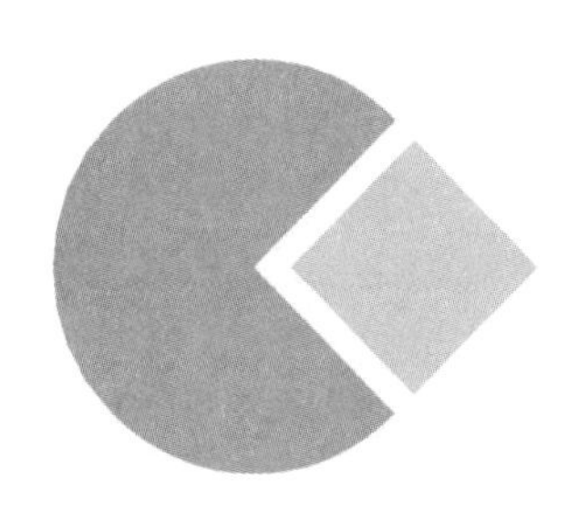

第7章　树

本章讨论的树、二叉树等树形结构（简称树）属于非线性数据结构。具体地讲，树是一种层次结构，这种层次结构的特点是如果存在前驱节点，则一定是唯一的；如果存在后继节点，则可以是多个。简言之，树中的节点之间是一对多的关系。树在日常生活中得到了广泛应用，如文件管理中的目录结构、人类社会的族谱和各种社会机构的组织都可用树来形象表示。

7.1　树的表示及创建二叉树

【定义】

树（tree）是由 n（$n\geqslant 0$）个节点构成的有限集合 T。如果 $n=0$，则称为空树；否则，任何一棵非空树中具有以下特点。

（1）有且只有一个称为根（root）的节点。

（2）当 $n>1$ 时，其余 $n-1$ 个节点可以划分为 m 个有限集合 $T_1,T_2,\cdots,T_m$，且这 m 个有限集合互不相交，其中 T_i（$1\leqslant i\leqslant m$）又是一棵树，称为根的子树（subtree）。

图 7.1 所示给出了树的逻辑结构。

在图 7.1 中，(a）是一棵只有根节点的树，(b）是一棵拥有 13 个节点的树。其中，A 是根节点，其余节点分成 3 个互不相交的子集——$T_1=\{B,E,F,K,L\}$，$T_2=\{C,G,H,I,M\}$和 $T_3=\{D,J\}$。其中，T_1、T_2 和 T_3 分别是一棵树，它们都是根节点 A 的子树。T_1 的根节点是 B，其余的 4 个节点又分为两个互不相交的子集——$T_{11}=\{E,K,L\}$和 $T_{12}=\{F\}$。其中，T_{11} 和 T_{12} 都是 T_1 的子树，E 是 T_{11} 的根节点，$\{K,L\}$是 E 的子树。

树的末端节点称为叶子节点。图 7.1（b）中的 K、L、F、G、H、M 和 J 都是叶子节点。

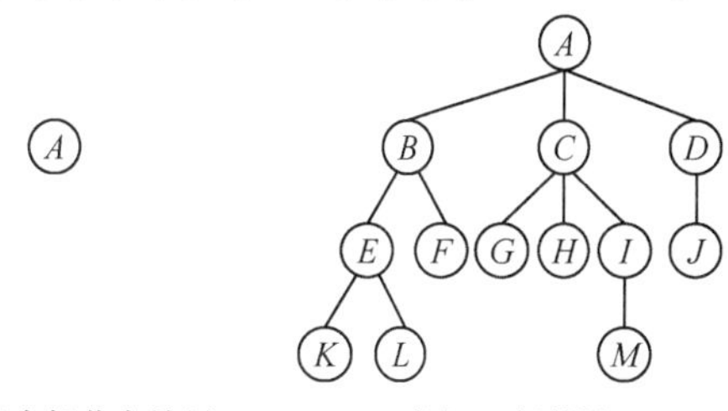

图 7.1　树的逻辑结构

【存储结构】

一般情况下，树的存储结构有 3 种表示法——双亲表示法、孩子表示法和子节点-兄弟节点表示法。

1. 双亲表示法

双亲表示法是利用一组连续的存储单元存储树的每个节点，并利用一个指示器指示节点的双亲节点在树中的相对位置。双亲表示法的节点结构和数组表示如图 7.2（a）与（b）所示。

其中，data 域存放数据元素信息，parent 域存放该节点的双亲节点在数组中的下标。树的根节点的双亲位置用-1 表示。

使用双亲表示法的树的存储结构定义如下。

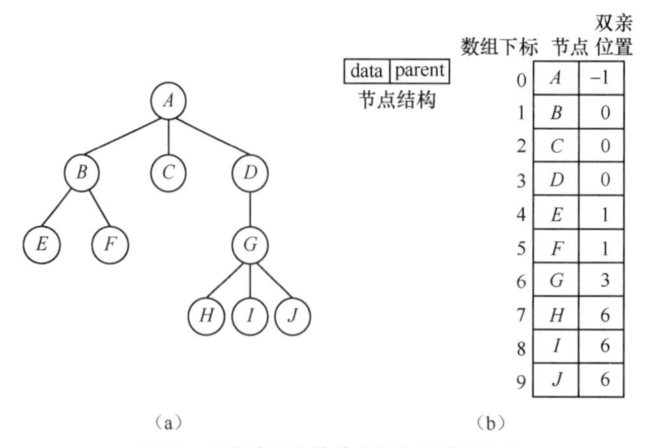

图 7.2　双亲表示法的节点结构和数组表示

```
#define MaxSize 200
typedef struct PNode          /*双亲表示法的节点定义*/
{
    DataType data;
    int parent;               /*指示节点的双亲节点*/
}PNode;
typedef struct                /*双亲表示法的类型定义*/
{
    PNode node[MaxSize];
    int num;                  /*节点的个数*/
}PTree;
```

在采用双亲表示法存储树结构时，根据给定节点查找其双亲节点非常容易。我们可通过反复调用求双亲节点的函数，找到树的根节点。

2. 孩子表示法

孩子表示法是将双亲节点的子节点构成一个链表，然后让双亲节点的指针指向这个链表，我们把这样的链表称为孩子链表。若树中有 n 个节点，就有 n 个孩子链表。n 个节点的数据和头指针构成一个顺序表。要使用孩子表示法，需要设计两个节点结构：一个用于存储双亲节点信息，称为表头节点，其中 parent 为数据域，firstchild 为指针域，指向第一个子节点；一个用于存储子节点信息，其中 child 为数据域，存储该节点在数组中的下标，next 为指针域，指向下一个子节点。表头节点和子节点如图 7.3（a）所示。树的孩子表示法如图 7.3（b）所示，其中，“^”表示空。

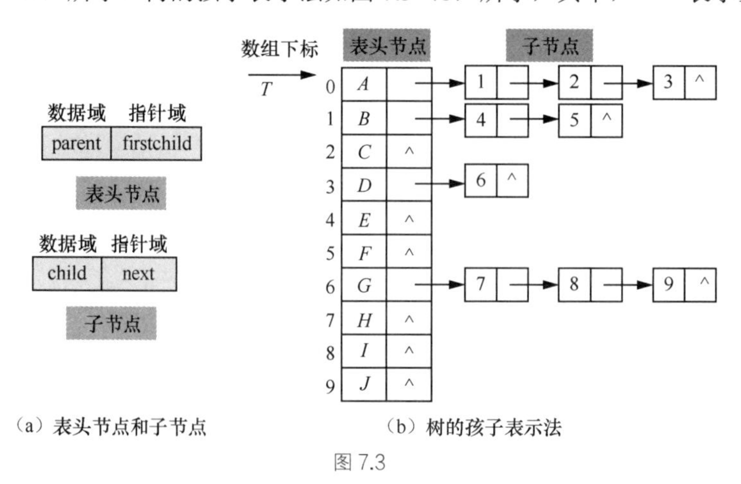

（a）表头节点和子节点　　（b）树的孩子表示法

图 7.3

树的孩子表示法的存储结构定义如下。

```
#define MAXSIZE 200
typedef struct CNode                    /*子节点*/
{
    int child;
    struct CNode *next;                 /*指向下一个节点*/
}ChildNode;
typedef struct                          /*表头结构*/
{
    DataType data;
    ChildNode *firstchild;              /*孩子链表的指针*/
}DataNode;
typedef struct                          /*孩子表示法类型定义*/
{
    DataNode node[MAXSIZE];
    int num,root;                       /*节点的个数，根节点在顺序表中的位置*/
}CTree;
```

树的孩子表示法使得已知一个节点查找其子节点变得非常容易。通过表头节点指针指向的孩子链表，可找到该节点的每个子节点。但是通过孩子表示法查找双亲节点并不方便，可将双亲表示法与孩子表示法结合起来，即在表头节点的顺序表中增加一个表示双亲节点位置的域，这样无论查找双亲节点还是子节点都非常方便，图 7.4 所示为将两者结合起来的带双亲的孩子链表。

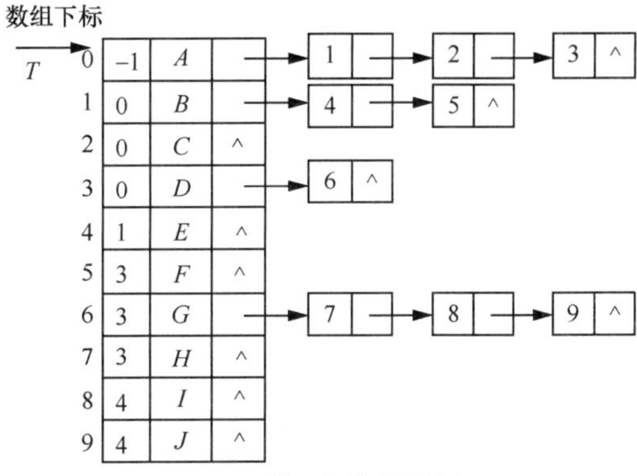

图 7.4　带双亲的孩子链表

3. 子节点-兄弟节点表示法

子节点-兄弟节点表示法，也称为树的二叉链表表示法。子节点-兄弟节点表示法采用链表作为存储结构，节点包含一个数据域和两个指针域。其中，数据域存放节点的数据信息，一个指针域用来指示节点的第一个子节点，另一个指针域用来指示节点的下一个兄弟节点。

图 7.2 所示的树的对应的子节点-兄弟节点表示法和节点结构如图 7.5（a）与（b）所示。

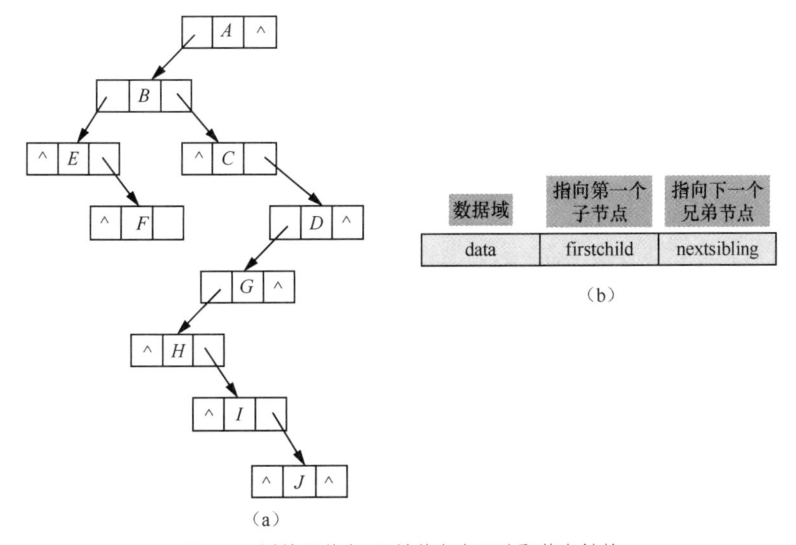

图 7.5　树的子节点-兄弟节点表示法和节点结构

树的子节点-兄弟节点表示法的存储结构定义如下。

```
typedef struct CSNode                             /*子节点-兄弟节点表示法的类型*/
{
    DataType data;
    struct CSNode *firstchild,*nextsibling; /*指向第一个子节点和下一个兄弟节点*/
}CSNode,*CSTree;
```

其中，指针 firstchild 指向节点的第一个子节点，nextsibling 指向节点的下一个兄弟节点。

子节点-兄弟节点表示法是树常用的存储结构，利用树的子节点-兄弟节点表示法可以实现树的各种操作。例如，要查找上图树中 G 的第 3 个子节点，只需要从 G 的 firstchild 域出发找到第一个子节点，然后顺着节点的 nextsibling 域走两步。

二叉树（binary tree）是由 n（$n \geqslant 0$）个节点构成的另一种树形结构。其中，每个节点最多只有两棵子树（即二叉树中不存在度大于 2 的节点），并且二叉树的子树有左右之分（称为左子节点和右子节点），次序不能颠倒。若 n=0，则称该二叉树为空二叉树。其中，度指的是节点的度，即一个节点拥有的子树的个数。例如，图 7.6 中节点 C 有两棵子树，度为 2。此外，树的度指的是树中所有节点的度的最大值。

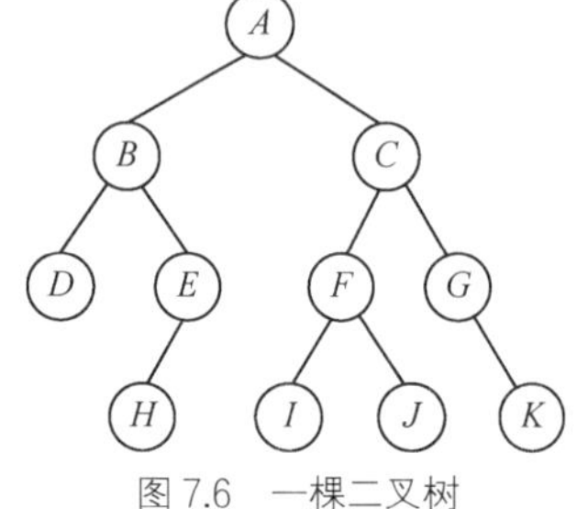

图 7.6　一棵二叉树

在二叉树中，任何一个节点的度只可能是 0、1 和 2。

在图 7.6 所示的二叉树中，D 是 B 的左子节点，E 是 B 的右子节点，H 是 E 的左子节点，D 没有左子节点也没有右子节点。

二叉树的存储结构有两种——顺序存储结构和链式存储结构。其中，链式存储结构最常用。

在图 7.7（a）所示的完全二叉树（见 7.3.3 节）中，每个节点的编号很容易计算。因此，一棵完全二叉树的节点可以按照从上到下、从左到右的顺序依次存储在一维数组中。完全二叉树的顺序存储表示如图 7.7（b）所示。

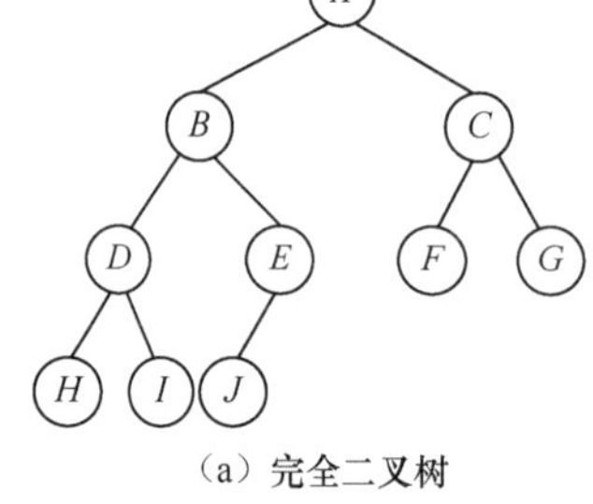

（a）完全二叉树

节点编号	1	2	3	4	5	6	7	8	9	10
数组	A	B	C	D	E	F	G	H	I	J

（b）完全二叉树的顺序存储表示

图 7.7　完全二叉树

对于非完全二叉树（见图 7.8（a）和（b）），若将节点也按照以上方法存放在一维数组中，就有许多存储空间不能被充分使用（为了表示节点之间的逻辑关系，一维数组需要将非完全二叉树中不存在的节点位置空出来）。如图 7.8（c）所示，其中“^”表示对应位置的节点不存在。

这种存储方式极大地浪费了存储空间。在只有右子节点，而没有左子节点的情况下，一维数组实际只存储了 k 个有效节点，却需要占用 2^k-1 个存储单元。

链式存储结构中，二叉树的节点由一个数据元素及左、右两个指针构成。为了表示二叉树，每个节点应至少包含 3 个域——data 域、lchild 域和 rchild 域。其中，data 域为数据域，用于存放节点信息；lchild 域指向左子节点；rchild 域指向右子节点。利用这种节点结构得到的二叉树称为二叉链表。

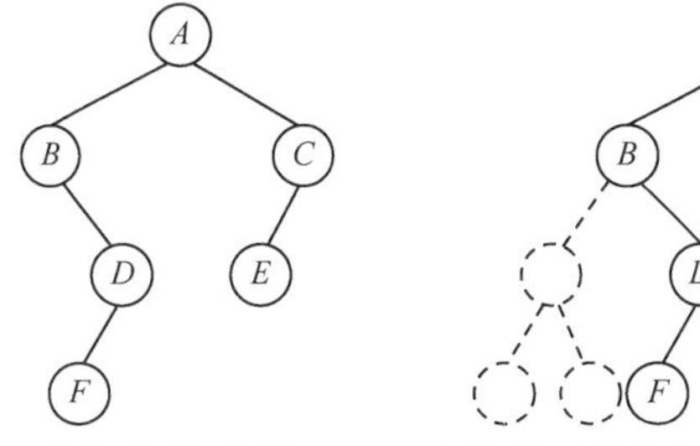

（a）非完全二叉树

（b）非完全二叉树对应的完全二叉树形式

节点编号	1	2	3	4	5	6	7	8	9	10
数组	A	B	C	^	D	E	^	^	^	F

（c）二叉树的顺序存储表示

图 7.8　非完全二叉树

二叉树的节点结构和二叉链表如图 7.9（a）和（b）所示。

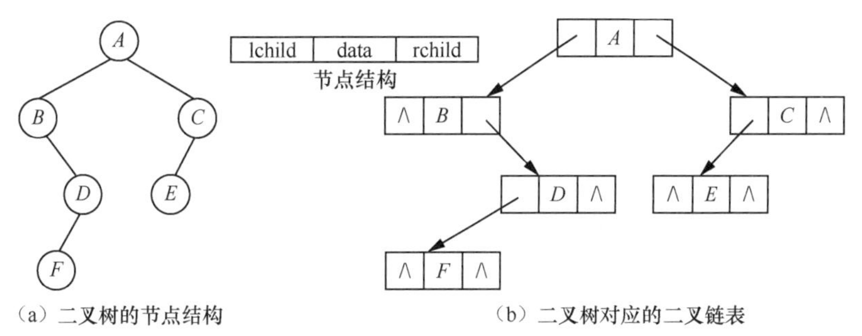

（a）二叉树的节点结构　　（b）二叉树对应的二叉链表

图 7.9　二叉树的节点结构和二叉链表

这里使用的存储结构如下。

```
typedef struct Node                    /*二叉链表存储结构类型定义*/
{
    DataType data;                     /*数据域*/
    struct Node *lchild;               /*指向左子节点*/
    struct Node *rchild;               /*指向右子节点*/
}*BiTree,BitNode;
```

以下运算的具体实现保存在文件 LinkBiTree.h 中。

（1）二叉树的初始化。

```
void InitBitTree(BiTree *T)
/*二叉树的初始化*/
{
    *T=NULL;
}
```

（2）销毁二叉树。

```
void DestroyBitTree(BiTree *T)
/*销毁二叉树*/
{
    if(*T)                                    /*如果二叉树是非空二叉树*/
    {
       if((*T)->lchild)
          DestroyBitTree(&((*T)->lchild));
       if((*T)->rchild)
          DestroyBitTree(&((*T)->rchild));
       free(*T);
       *T=NULL;
    }
}
```

（3）二叉树的插入操作。

【分析】

如果指针 p 指向的是非空二叉树，则判断 LR 的值。如果 LR 为 0，则将子树 c 插入 T 中，使 c 成为节点*p 的左子树，节点*p 原来的左子树成为 c 的右子树；如果 LR 为 1，则将子树 c 插入 T 中，使 c 成为节点*p 的右子树，节点*p 原来的右子树成为 c 的右子树。这里的 c 与 T 不相交且右子树为空。

```
int InsertChild(BiTree p,int LR,BiTree c)
/*二叉树的插入操作*/
{
    if(p)                               /*如果 p 指向的非空二叉树*/
    {
        if(LR==0)
        {
            c->rchild=p->lchild;        /**p 原来的左子树成为 c 的右子树*/
            p->lchild=c;                /*子树 c 成为*p 的左子树*/
        }
        else
        {
            c->rchild=p->rchild;        /**p 原来的右子树成为 c 的右子树*/
            p->rchild=c;                /*子树 c 成为*p 的右子树*/
        }
        return 1;
    }
    return 0;
}
```

（4）返回二叉树的左子节点的元素值。

```
DataType LeftChild(BiTree T,DataType e)
/*返回二叉树的左子节点的元素值*/
{
    BiTree p;
    if(T)                               /*如果二叉树非空*/
    {
       p=Point(T,e);                    /*p 是元素值为 e 的节点的指针*/
       if(p&&p->lchild)                 /*如果 p 不为空且*p 的左子节点存在*/
          return p->lchild->data;       /*返回*p 的左子节点的元素值*/
}
    return;
}
```

（5）返回二叉树的右子节点的元素值。

```
DataType RightChild(BiTree T,DataType e)
/*返回二叉树的右子节点的元素值*/
{
    BiTree p;
    if(T)                               /*如果二叉树非空*/
    {
       p=Point(T,e);                    /*p 是元素值为 e 的节点的指针*/
       if(p&&p->rchild)                 /*如果 p 不为空且*p 的右子节点存在*/
           return p->rchild->data;      /*返回*p 的右子节点的元素值*/
    }
    return;
}
```

（6）返回二叉树中给定节点的指针。在二叉树中查找元素值为 e 的节点。如果找到该节点，则将该节点的指针返回；否则，返回 NULL。

【分析】

定义一个队列 Q，用来存放二叉树中节点的指针。从根节点出发，判断节点的值是否等于 e。如果相等，则返回该节点的指针；否则，将指向该节点的左子节点的指针和指向右子节点的指针入队。然后将队头的指针出队，判断该指针指向的节点的元素值是否等于 e。若相等，则返回该节点的指针；否则，继续将指向左子节点的指针和指向右子节点的指针入队。重复执行此操作，直到队列已空。

```
BiTree Point(BiTree T,DataType e)
/*查找元素值为 e 的节点的指针*/
{
    BiTree Q[MaxSize];                  /*定义一个队列，用于存放二叉树中节点的指针*/
    int front=0,rear=0;                 /*初始化队列*/
    BitNode *p;
    if(T)                               /*如果二叉树非空*/
    {
        Q[rear]=T;
        rear++;
        while(front!=rear)              /*如果队列非空*/
        {
            p=Q[front];                 /*取出队头指针*/
            front++;                    /*将队头指针出队*/
            if(p->data==e)
                return p;
            if(p->lchild)               /*如果左子节点存在，将左子节点的指针入队*/
            {
                Q[rear]=p->lchild;      /*左子节点的指针入队*/
                rear++;
            }
            if(p->rchild)               /*如果右子节点存在，将右子节点的指针入队*/
            {
                Q[rear]=p->rchild;      /*右子节点的指针入队*/
                rear++;
            }
        }
    }
    return NULL;
}
```

（7）删除子树操作。先判断 p 指向的子树是否已空，如果非空，则判断 LR 的值。如果 LR 为 0，则删除 p 指向节点的左子树；如果 LR 为 1，则删除 p 指向节点的右子树。如果删除成功，返回 1；否则，返回 0。

```
int DeleteChild(BiTree p,int LR)
/*二叉树的删除操作*/
{
    if(p)                                   /*如果 p 不空*/
    {
       if(LR==0)
          DestroyBitTree(&(p->lchild));     /*删除左子树*/
       else
          DestroyBitTree(&(p->rchild));     /*删除右子树*/
       return 1;
    }
```

```
    return 0;
}
```

7.1.1　采用广义表创建二叉树

问题描述

已知某二叉树采用广义表作为输入，请实现一个非递归算法，创建该二叉树的二叉链表存储结构。关于采用广义表创建二叉树的约定如下。

（1）广义表中的一个字母表示一个节点的数据信息。

（2）每个根节点作为由子树构成的广义表的名字放在广义表的前面。

（3）每个节点的左子树与右子树之间用逗号分开。若只有右子树而无左子树，则逗号不能省略。

（4）整个广义表的末尾由一个特殊符号“@”作为结束标志。

【分析】

该题是清华大学和北京航空航天大学的考研试题。首先来了解一下二叉树的广义表代表的含义。例如，“*A*(*B*(*D*),*C*(*F*(,*E*),*G*))@”表示一棵二叉树，该二叉树的根节点为 *A*，其左子节点为 *B*，右子节点为 *C*，而 *D* 是 *B* 的左子节点，*F* 和 *G* 分别是 *C* 的左、右子节点，*E* 是 *F* 的右子节点。这棵二叉树对应的图形化表示如图 7.10 所示。

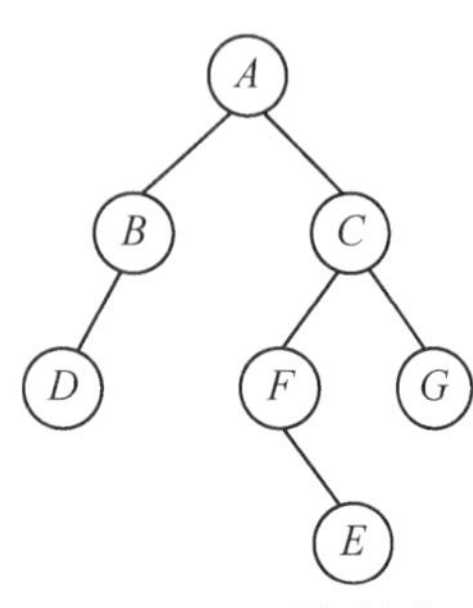

图 7.10　二叉树对应的图形化表示

本题类似于算术表达式求值和先序遍历的非递归过程。主要问题是建立某节点的左子树后，如何建立该节点的右子树。为此，设置一个栈，用来存放根节点的指针，便于创建二叉树。这里采用栈，是因为顺序读取广义表所表示的二叉树节点具有后进先出的特性。

在算法中，依次读取广义表中的元素，根据不同情况按以下方式处理。

（1）若遇到左括号，可能接下来读取的元素是左子节点，需要将双亲节点入栈，同时将标志 k 置为 1。

（2）若遇到逗号，下一个读取的元素一定是右子节点，将标志 k 置为 2。

（3）若遇到右括号，表明当前层读取结束，需要退回到上一层，上一层的元素将成为新的双亲节点。

（4）若遇到字符，创建一个新节点，并将当前字符存入数据域，然后将该节点插入对应的子树中。根据 k 的值进行以下处理：若 k 为 1，则使该节点成为栈顶元素节点的左子节点；若 k 为 2，则使该节点成为栈顶元素节点的右子节点。

☞第 7 章\实例 7-01.cpp

```
/*********************************************
*实例说明：采用广义表创建二叉树
*********************************************/
#include<iostream.h>
#include<malloc.h>
#include<stdio.h>
typedef char DataType;
#define  MAXSIZE 200
typedef struct BiTnode
{
    DataType data;
    struct  BiTnode *lchild,*rchild;
}*BiTree,BitNode;
int CreateBiTree(BiTree *T, DataType *str);
void DispBTNode(BiTree T);
```

```
int CreateBiTree(BiTree *T, DataType *str)
{
    BiTree S[MAXSIZE],  p=NULL;
    int top=0,k=0,j=0;
    char ch;
    *T=NULL;
    ch=str[j];
    while(ch!='@')
    {
        switch(ch)
        {
            case '(':
                S[top++]=p;
                k=1;
                break;
            case ')':
                top--;
                break;
            case ',':
                k=2;
                break;
            default:
                p=(BiTree)malloc(sizeof(BitNode));
                p->data=ch;
                p->lchild=p->rchild=NULL;
                if (*T==NULL)            //根节点
                    *T=p;                //创建根节点
                else                     //已建立二叉树根节点
                {
                    switch(k)            //根据k值建立与栈顶节点的关系
                    {
                    case 1:
                        S[top-1]->lchild=p;
                        break;
                    case 2:
                        S[top-1]->rchild=p;
                        break;
                    }
                }
            break;
        }
        ch=str[++j];                     //读下一个字符
    }
    return 1;
}
void main()
{
    int n,len=0;
    char ch,str[MAXSIZE];
    BiTree T;
    cout<<"输入广义表,以'@'结束: "<<endl;
    while((ch=getchar())!='\n')
    {
        str[len++]=ch;
    }
    n=CreateBiTree(&T,str);
    if(n==1)
        cout<<"创建成功."<<endl;
    else
        cout<<"创建失败."<<endl;
```

```
    DispBTNode(T);
}
void DispBTNode(BiTree T)
{
    BitNode *qu[MAXSIZE];
    BitNode *p;
    int front,rear,n;
    n = 0;    //初始化层号
    front=rear=0;
    qu[rear++]=NULL;
    p = T;
    if(p!= NULL)
    {
        qu[rear ++] = p;
    }
    do
    {
        p = qu[front ++];
        if (p == NULL)
        {
            qu[rear++] = NULL;   //队列中进入空指针作为分层标志
            n++;                 //层号加 1
            printf("\n");
        }
        else
        {
            cout<<"第"<<n<<"层:"<<p->data<<endl;
            if (p->lchild != NULL)
            {
                qu[rear++] = p->lchild;
            }
            if (p->rchild != NULL)
            {
                qu[rear++] = p->rchild;
            }
        }
    } while (front!=rear-1);
}
```

运行结果如图 7.11 所示。

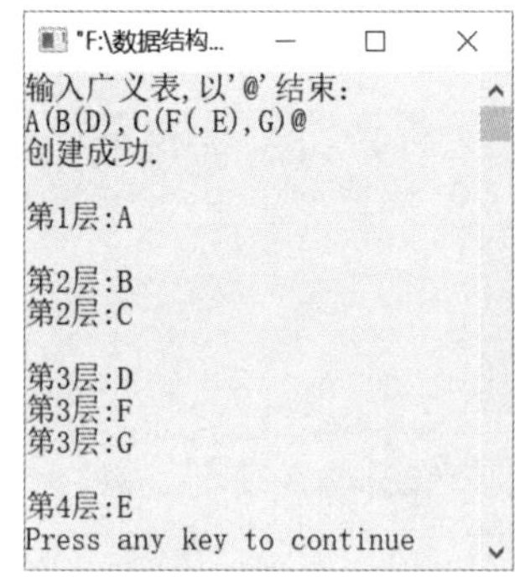

图 7.11　运行结果

7.1.2　创建二叉树

问题描述

编写创建二叉树的算法，要求二叉树按照二叉链表方式存储。

【分析】

该题是西北大学考研试题。可以按照先序遍历的顺序创建二叉树，即先输入根节点，然后输入左子树，最后输入右子树。输入时，如果有左子（或右子）节点，则输入节点元素；如果没有，则输入“#”。例如，对于图 7.12（a）所示的二叉树，它的输入节点序列就是图 7.12（b）所示二叉树的先序遍历序列，即 *ABE##FG###D#G##*。

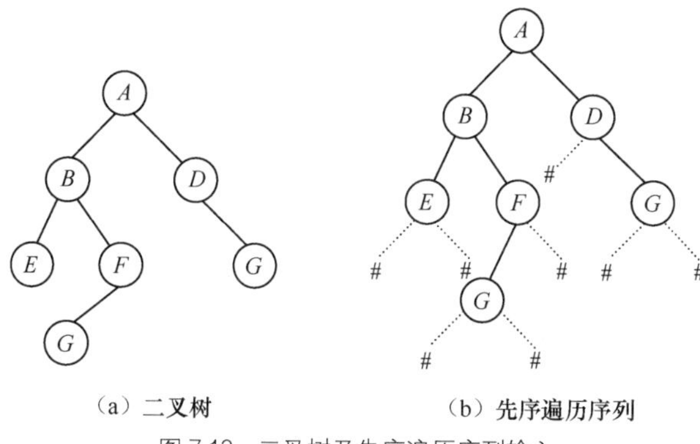

图 7.12　二叉树及先序遍历序列输入

☞第 7 章\实例 7-02.cpp

```
/********************************************
*实例说明：创建二叉树
********************************************/
#include<stdio.h>
#include<malloc.h>
#include<stdlib.h>
#include<iostream.h>
typedef char DataType;
typedef struct Node                      /*二叉链表存储结构类型定义*/
{
    DataType data;                       /*数据域*/
    struct Node *lchild;                 /*指向左子节点*/
    struct Node *rchild;                 /*指向右子节点*/
}*BiTree,BitNode;
void CreateBitTree(BiTree *T);
void PreOrderTraverse(BiTree T);         /*二叉树的先序遍历递归函数声明*/
void InOrderTraverse(BiTree T);          /*二叉树的中序遍历递归函数声明*/
void PostOrderTraverse(BiTree T);        /*二叉树的后序遍历递归函数声明*/
void InitBitTree(BiTree *T);
void DestroyBitTree(BiTree *T);
void main()
{
    BiTree T;
    InitBitTree(&T);
    cout<<"根据输入二叉树的先序序列创建二叉树('#'表示为空)："<<endl;
    CreateBitTree(&T);
    cout<<"二叉树的先序序列："<<endl;
    PreOrderTraverse(T);
    printf("\n");
    cout<<"二叉树的中序序列："<<endl;
    InOrderTraverse(T);
    printf("\n");
    cout<<"二叉树的后序序列："<<endl;
    PostOrderTraverse(T);
```

```
    cout<<endl;
    DestroyBitTree(&T);
}
void CreateBitTree(BiTree *T)
/*创建二叉树的递归实现*/
{
    DataType ch;
    scanf("%c",&ch);
    if(ch=='#')
        *T=NULL;
    else
    {
        *T=(BiTree)malloc(sizeof(BitNode));      /*生成根节点*/
        if(!(*T))
            exit(-1);
        (*T)->data=ch;
        CreateBitTree(&((*T)->lchild));          /*构造左子树*/
        CreateBitTree(&((*T)->rchild));          /*构造右子树*/
    }
}
void DestroyBitTree(BiTree *T)
/*销毁二叉树*/
{
    if(*T)                                       /*如果二叉树是非空二叉树*/
    {
        if((*T)->lchild)
            DestroyBitTree(&((*T)->lchild));
        if((*T)->rchild)
            DestroyBitTree(&((*T)->rchild));
        free(*T);
        *T=NULL;
    }
}
void InitBitTree(BiTree *T)
/*二叉树的初始化操作*/
{
    *T=NULL;
}
void PreOrderTraverse(BiTree T)
/*先序遍历二叉树的递归实现*/
{
    if(T)                                       /*如果二叉树非空*/
    {
        printf("%2c",T->data);                  /*访问根节点*/
        PreOrderTraverse(T->lchild);            /*先序遍历左子树*/
        PreOrderTraverse(T->rchild);            /*先序遍历右子树*/
    }
}
void InOrderTraverse(BiTree T)
/*中序遍历二叉树的递归实现*/
{
    if(T)                                       /*如果二叉树非空*/
    {
        InOrderTraverse(T->lchild);             /*中序遍历左子树*/
        printf("%2c",T->data);                  /*访问根节点*/
        InOrderTraverse(T->rchild);             /*中序遍历右子树*/
    }
}
void PostOrderTraverse(BiTree T)
/*后序遍历二叉树的递归实现*/
```

```
{
    if(T)                                          /*如果二叉树非空*/
    {
        PostOrderTraverse(T->lchild);              /*后序遍历左子树*/
        PostOrderTraverse(T->rchild);              /*后序遍历右子树*/
        printf("%2c",T->data);                     /*访问根节点*/
    }
}
```

运行结果如图 7.13 所示。

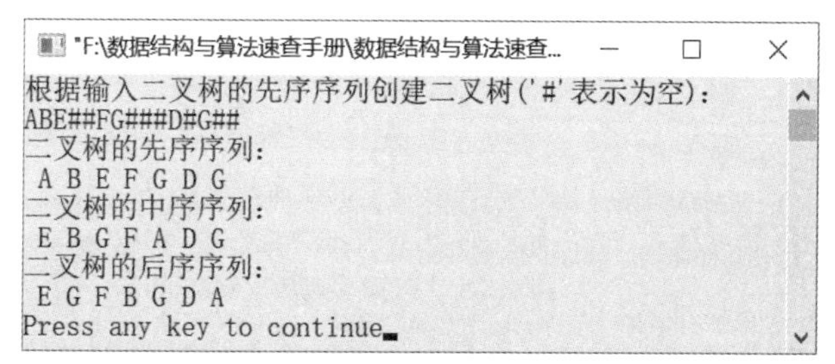

图 7.13　运行结果

7.2 二叉树的遍历

【定义】

遍历二叉树（traversing binary tree），即按照某种规律对二叉树的每个节点进行访问，使得每个节点仅被访问一次。这里的访问，是指统计节点的数据信息、输出节点信息等。

二叉树的遍历不同于线性表的遍历。对于二叉树来说，每个节点有两棵子树，这就需要寻找一个方法，使得二叉树的节点能按照某种规律排列在一个线性队列上，从而便于遍历。因此，二叉树的遍历过程其实也是将二叉树的非线性序列转换成一个线性序列的过程。

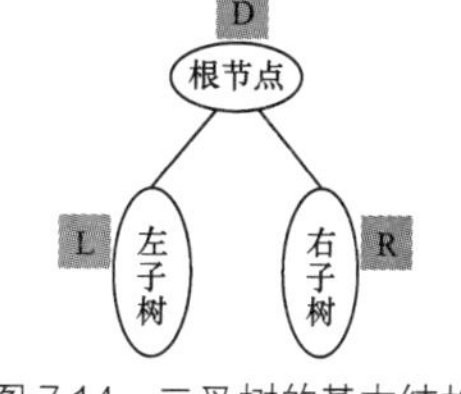

图 7.14　二叉树的基本结构

根据二叉树的定义，二叉树是由根节点、左子树和右子树构成的。二叉树的基本结构如图 7.14 所示。如果能依次遍历这 3 个部分，那就是遍历了整棵二叉树。如果用 D、L、R 分别代表遍历根节点、遍历左子树和遍历右子树，就有 6 种遍历方式——DLR、DRL、LDR、LRD、RDL 和 RLD。

如果限定先左后右的次序，那么只剩下 3 种遍历方式——DLR、LDR 和 LRD。其中，DLR 称为先序（根）遍历，LDR 称为中序（根）遍历，LRD 称为后序（根）遍历。

【先序遍历】

二叉树的先序遍历的递归定义如下。

如果二叉树为空，则执行空操作。如果二叉树非空，则执行以下操作。

（1）访问根节点。

（2）先序遍历左子树。

（3）先序遍历右子树。

根据二叉树的先序遍历的递归定义，图 7.15 所示的二叉树的先序序列为 *A*、*B*、*D*、*G*、*E*、*H*、*I*、*C*、*F*、*J*。

在二叉树的先序遍历过程中，对二叉树的每一棵子树重复执行以上的递归遍历操作，就可以得到先序序列。例如，在遍历根节点 *A* 的左子树{*B*,*D*,*E*,*G*,*H*,*I*}时，根据先序遍历的递归定义，先访问根节点 *B*，然后遍历 *B* 的左子树{*D*,*G*}，最后遍历 *B* 的右子树{*E*,*H*,*I*}。具体过程为：访问过 *B* 之后，开始遍历 *B* 的左子树{*D*,*G*}，在左子树{*D*,*G*}中，先访问根节点 *D*，因为 *D* 没有左子树，所以遍历其右子树，右子树只有一个节点 *G*，所以访问 *G*；*B* 的左子树遍历完毕，按照以上方法遍历 *B* 的右子树。最后得到根节点 *A* 的左子树的先序序列——*B*、*D*、*G*、*E*、*H*、*I*。

依据二叉树的先序遍历递归定义，可得到二叉树的先序遍历递归算法。

```
void PreOrderTraverse(BiTree T)
/*先序遍历二叉树的递归实现*/
{
    if(T)                                       /*如果二叉树非空*/
    {
        printf("%2c",T->data);                  /*访问根节点*/
        PreOrderTraverse(T->lchild);            /*先序遍历左子树*/
        PreOrderTraverse(T->rchild);            /*先序遍历右子树*/
    }
}
```

下面介绍二叉树的先序遍历非递归算法实现，并利用栈来实现二叉树先序遍历的非递归算法。

从二叉树的根节点开始，访问根节点，然后将根节点的指针入栈，重复执行以下两个操作。

（1）如果该节点的左子节点存在，则访问左子节点，并将左子节点的指针入栈，重复执行此操作，直到节点的左子节点不存在。

（2）将栈顶的元素（指针）出栈，如果该指针指向的右子节点存在，则将当前指针指向右子节点。

重复执行以上两个操作，直到栈空为止。以上算法的执行流程如图 7.16 所示。

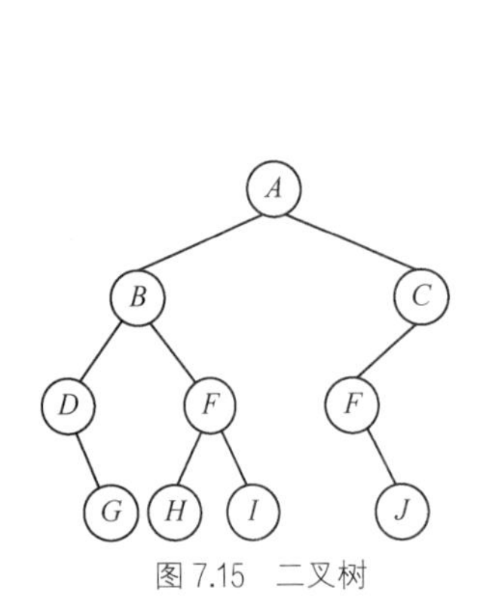

图 7.15　二叉树

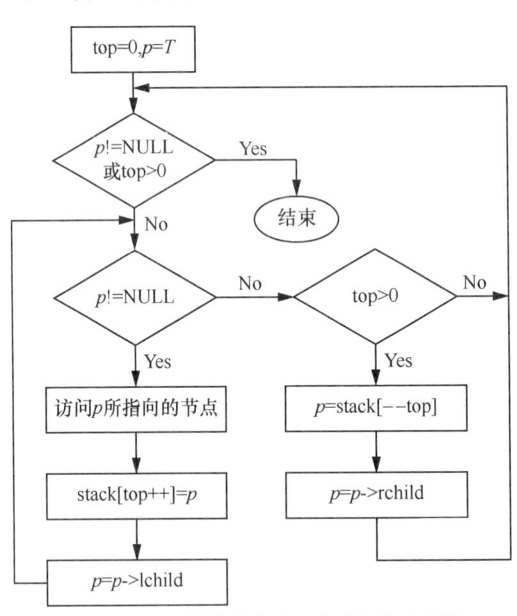

图 7.16　二叉树的先序遍历非递归算法流程

二叉树的先序遍历非递归算法实现如下。

```
void PreOrderTraverse(BiTree T)
/*先序遍历二叉树的非递归算法实现*/
{
    BiTree stack[MaxSize];                      /*定义一个栈，用于存放节点的指针*/
```

```
        int top;                                /*定义栈顶指针*/
        BitNode *p;                             /*定义一个节点的指针*/
        top=0;                                  /*初始化栈*/
        p=T;
        while(p!=NULL||top>0)
        {
            while(p!=NULL)                      /*如果 p 非空，则访问根节点，遍历左子树*/
            {
                printf("%2c",p->data);          /*访问根节点*/
                stack[top++]=p;                 /*将 p 入栈*/
                p=p->lchild;                    /*遍历左子树*/
            }
            if(top>0)                           /*如果栈非空*/
            {
                p=stack[--top];                 /*栈顶元素出栈*/
                p=p->rchild;                    /*遍历右子树*/
            }
        }
    }
```

以上算法直接利用数组来模拟栈。当然，也可以直接定义一个栈。如果用链栈来实现该算法，则需要将数据类型改为指向二叉树节点的指针类型。

【中序遍历】

二叉树的中序遍历的递归定义如下。

如果二叉树为空，则执行空操作；如果二叉树非空，则执行以下操作。

（1）中序遍历左子树。

（2）访问根节点。

（3）中序遍历右子树。

根据二叉树的中序遍历的递归定义，图 7.15 的二叉树的中序序列为 *D*、*G*、*B*、*H*、*E*、*I*、*A*、*F*、*J*、*C*。

在二叉树的中序遍历过程中，对每一棵二叉树的子树重复执行以上的递归遍历操作，就可以得到二叉树的中序序列。

例如，如果要中序遍历根节点 *A* 的左子树{*B*,*D*,*E*,*G*,*H*,*I*}，则根据中序遍历的递归定义，需要先中序遍历 *B* 的左子树{*D*,*G*}，然后访问根节点 *B*，最后中序遍历 *B* 的右子树{*E*,*H*,*I*}。在左子树{*D*,*G*}中，*D* 是根节点，没有左子树，因此先访问根节点 *D*，接着遍历 *D* 的右子树。因为右子树只有一个节点 *G*，所以直接访问 *G*。

在左子树遍历完毕之后，再访问根节点 *B*，最后要遍历 *B* 的右子树{*E*,*H*,*I*}。*E* 是右子树{*E*,*H*,*I*}的根节点，需要先遍历左子树{*H*},因为左子树只有一个 *H*，所以直接访问 *H*。然后，访问根节点 *E*。最后，遍历右子树{*I*}。右子树也只有一个节点，所以直接访问 *I*，*B* 的右子树访问完毕。因此，*A* 的左子树的中序序列为 *D*、*G*、*B*、*H*、*E*、*I*。

从中序遍历的序列可以看出，*A* 左边的序列是 *A* 的左子树序列，右边是 *A* 的右子树序列。同样，*B* 的左边是其左子树序列，右边是其右子树序列。根节点把二叉树的中序序列分为左右两棵子树序列，左边为左子树序列，右边为右子树序列。

依据二叉树的中序遍历递归定义，可得到二叉树的中序遍历递归算法。

```
void InOrderTraverse(BiTree T)
/*中序遍历二叉树的递归实现*/
{
    if(T)                                       /*如果二叉树非空*/
```

```
        {
            InOrderTraverse(T->lchild);          /*中序遍历左子树*/
            printf("%2c",T->data);               /*访问根节点*/
            InOrderTraverse(T->rchild);          /*中序遍历右子树*/
        }
    }
```

下面来介绍二叉树中序遍历的非递归算法实现。

从二叉树的根节点开始，将根节点的指针入栈，执行以下两个操作。

（1）如果该节点的左子节点存在，则将左子节点的指针入栈，重复执行此操作，直到节点的左子节点不存在。

（2）将栈顶的元素（指针）出栈，并访问该指针指向的节点，如果该指针指向的右子节点存在，则将当前指针指向右子节点。

重复执行以上两个步骤，直到栈已空。以上算法的流程如图 7.17 所示。

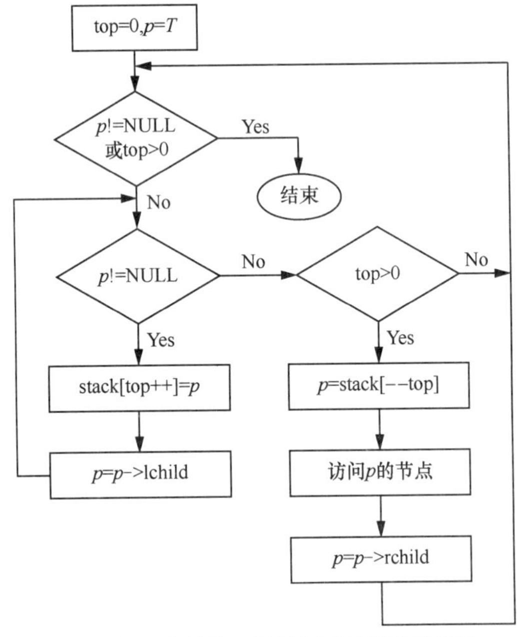

图 7.17　二叉树的中序遍历非递归算法的流程

二叉树的中序遍历非递归算法实现如下。

```
void InOrderTraverse(BiTree T)
/*中序遍历二叉树的非递归算法实现*/
{
    BiTree stack[MaxSize];                  /*定义一个栈，用于存放节点的指针*/
    int top;                                /*定义栈顶指针*/
    BiNode *p;                              /*定义一个节点的指针*/
    top=0;                                  /*初始化栈*/
    p=T;
    while(p!=NULL||top>0)
    {
        while(p!=NULL)                      /*如果 p 非空，则访问根节点，遍历左子树*/
        {
            stack[top++]=p;                 /*将 p 入栈*/
            p=p->lchild;                    /*遍历左子树*/
```

```
        }
        if(top>0)                               /*如果栈非空*/
        {
            p=stack[--top];                     /*栈顶元素出栈*/
            printf("%2c",p->data);              /*访问根节点*/
            p=p->rchild;                        /*遍历右子树*/
        }
    }
}
```

【后序遍历】

二叉树的后序遍历的递归定义如下。

如果二叉树为空，则执行空操作。如果二叉树非空，则执行以下操作。

（1）后序遍历左子树。

（2）后序遍历右子树。

（3）访问根节点。

根据二叉树的后序遍历递归定义，图 7.15 所示的二叉树的后序序列为 *G*、*D*、*H*、*I*、*E*、*B*、*J*、*F*、*C*、*A*。

在二叉树的后序遍历过程中，对每一棵二叉树的子树重复执行以上的递归遍历操作，就可以得到二叉树的后序序列。

例如，如果要后序遍历根节点 *A* 的左子树{*B*,*D*,*E*,*G*,*H*,*I*}，根据后序遍历的递归定义，需要先后序遍历 *B* 的左子树{*D*,*G*}，然后后序遍历 *B* 的右子树为{*E*,*H*,*I*}，最后访问根节点 *B*。在左子树{*D*,*G*}中，*D* 是根节点，没有左子树，因此遍历 *D* 的右子树；因为右子树只有一个节点 *G*，所以直接访问 *G*，接着访问根节点 *D*。

在左子树遍历完毕之后，需要遍历 *B* 的右子树{*E*,*H*,*I*}。*E* 是右子树{*E*,*H*,*I*}的根节点，需要先遍历左子树{*H*},因为左子树只有一个节点 *H*，所以直接访问 *H*。然后，遍历右子树{*I*}，右子树也只有一个节点 *I*，所以直接访问 *I*。接着，访问子树{*E*,*H*,*I*}的根节点 *E*。此时，*B* 的左、右子树均访问完毕。最后，访问节点 *B*。因此，*A* 的左子树的后序序列为 *G*、*D*、*H*、*I*、*E*、*B*。

依据二叉树的后序遍历递归定义，可得到二叉树的后序遍历递归算法。

```
void PostOrderTraverse(BiTree T)
/*后序遍历二叉树的递归实现*/
{
    if(T)                                       /*如果二叉树非空*/
    {
        PostOrderTraverse(T->lchild);           /*后序遍历左子树*/
        PostOrderTraverse(T->rchild);           /*后序遍历右子树*/
        printf("%2c",T->data);                  /*访问根节点*/
    }
}
```

下面来介绍二叉树后序遍历的非递归算法实现。

从二叉树的根节点开始，将根节点的指针入栈，执行以下两个操作。

（1）如果该节点的左子节点存在，则将左子节点的指针入栈，重复执行此操作，直到节点的左子节点不存在。

（2）取栈顶元素（指针）并赋给 *p*，如果 *p*->rchild==NULL 或 *p*->rchild=*q*，即 *p* 没有右子节点或右子节点已经访问过，则访问根节点，即 *p* 指向的节点，并用 *q* 记录刚刚访问过的节点的指针，将栈顶元素退栈；如果 *p* 有右子节点且右子节点没有被访问过，则执行 *p*=*p*->rchild。

重复执行步骤（1）和（2），直到栈已空。以上算法思想的流程如图 7.18 所示。

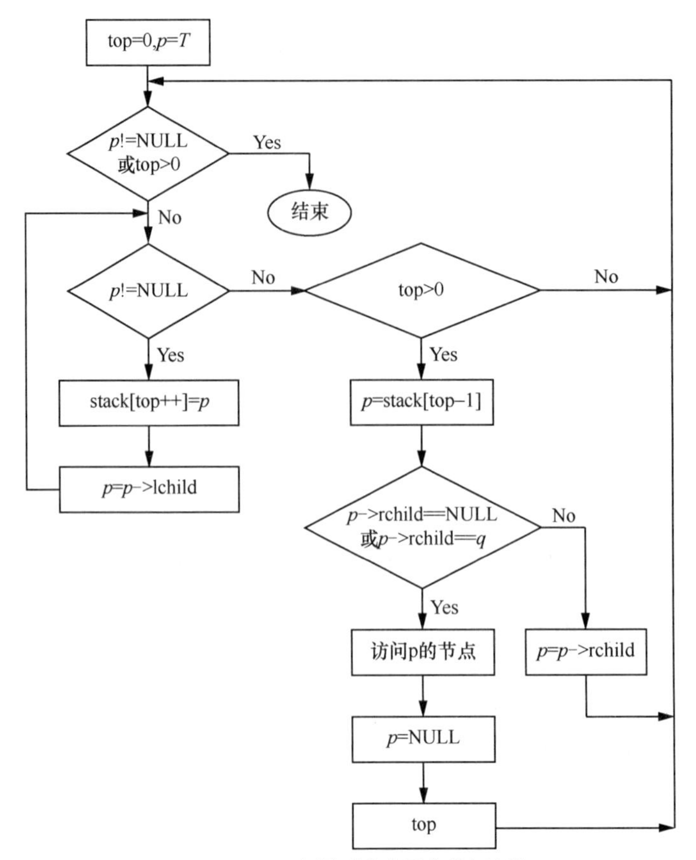

图 7.18　二叉树的后序遍历非递归流程

二叉树的后序遍历非递归算法实现如下。

```
void PostOrderTraverse(BiTree T)
/*后序遍历二叉树的非递归实现*/
{
    BiTree stack[MaxSize];
    int top;
    BiNode *p,*q;
    top=0;
    p=T,q=NULL;
    while(p!=NULL||top>0)
    {
        while(p!=NULL)                          /*如果 p 非空，则访问根节点，遍历左子树*/
        {
            stack[top++]=p;
            p=p->lchild;
        }
        if(top>0)                               /*如果栈非空*/
        {
            p=stack[top-1];                     /*取栈顶元素*/
            if(p->rchild==NULL||p->rchild==q)
            {
                printf("%2c",p->data);
                q=p;
                p=NULL;
                top--;
            }
```

```
            else
                p=p->rchild;
        }
    }
}
```

7.2.1 非递归先序遍历二叉树

问题描述

编写算法，要求非递归实现二叉树的先序遍历。

【分析】

这是同济大学考研试题。从二叉树的根节点开始，访问根节点，然后将根节点的指针入栈，重复执行以下两个操作。

（1）如果该节点的左子节点存在，则访问左子节点，并将左子节点的指针入栈，重复执行此操作，直到节点的左子节点不存在。

（2）将栈顶的元素（指针）出栈，如果该指针指向的右子节点存在，则将当前指针指向右子节点。重复执行以上两个操作，直到栈空为止。

例如，图 7.19 所示的二叉树的先序遍历序列为 *A*、*B*、*C*、*D*、*E*、*F*、*G*、*H*、*I*。

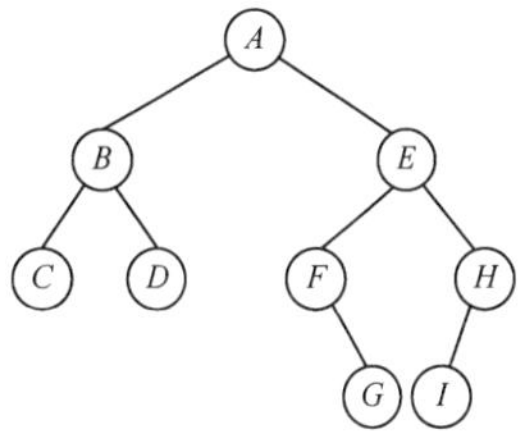

图 7.19 一棵二叉树

☞第 7 章\实例 7-03.cpp

```
/**********************************************
*实例说明：二叉树的非递归先序遍历
**********************************************/
#include<stdio.h>
#include<malloc.h>
#include<stdlib.h>
#include<iostream.h>
#include<iomanip.h>
typedef char DataType;
#define MAXSIZE 100
typedef struct Node                         /*二叉链表存储结构类型定义*/
{
    DataType data;                          /*数据域*/
    struct Node *lchild;                    /*指向左子节点*/
    struct Node *rchild;                    /*指向右子节点*/
}*BiTree,BitNode;
void CreateBitTree(BiTree *T,char str[]);
void TreePrint(BiTree T,int nLayer);
void PreOrderTraverse(BiTree T);
void DestroyBitTree(BiTree *T);
void main()
{
    BiTree root;
    cout<<"根据广义表输入形式(A(B(C,D),E(F(,G),H(I)))建立二叉树:"<<endl;
    CreateBitTree(&root,"(A(B(C,D),E(F(,G),H(I)))");
    cout<<"树状显示二叉树:"<<endl;
    TreePrint(root,0);
    cout<<"先序遍历二叉树:"<<endl;
    PreOrderTraverse(root);
    cout<<endl;
    DestroyBitTree(&root);
}
void PreOrderTraverse(BiTree T)
```

```
/*先序遍历二叉树的非递归实现*/
{
    BiTree stack[MAXSIZE];                  /*定义一个栈，存放节点的指针*/
    int top;                                /*定义栈顶指针*/
    BitNode *p;                             /*定义一个节点的指针*/
    top=0;                                  /*初始化栈*/
    p=T;
    while(p!=NULL||top>0)
    {
        while(p!=NULL)
        {
            cout<<setw(3)<<p->data;
            stack[top++]=p;
            p=p->lchild;
        }
        if(top>0)
        {
            p=stack[--top];
            p=p->rchild;
        }
    }
}
void TreePrint(BiTree T,int level)
/*按树状输出的二叉树*/
{
    int i;
    if(T==NULL)
        return;
    TreePrint(T->rchild,level+1);
    for(i=0;i<level;i++)
        printf("   ");
    printf("%c\n",T->data);
    TreePrint(T->lchild,level+1);
}
void  CreateBitTree(BiTree *T,char str[])
/*利用括号嵌套的字符串创建二叉链表*/
{
    char ch;
    BiTree stack[MAXSIZE];                  /*定义栈，存放二叉树中的节点的指针*/
    int top=-1;                             /*初始化栈顶指针*/
    int flag,k;
    BitNode *p;
    *T=NULL,k=0;
    ch=str[k];
    while(ch!='\0')                         /*如果字符串没有结束*/
    {
        switch(ch)
        {
            case '(':
                stack[++top]=p;
                flag=1;
                break;
            case ')':
                top--;
                break;
            case ',':
                flag=2;
                break;
```

```
            default:
                p=(BiTree)malloc(sizeof(BitNode));
                p->data=ch;
                p->lchild=NULL;
                p->rchild=NULL;
                if(*T==NULL)                    /*若是第一个节点，表示其为根节点*/
                    *T=p;
                else
                {
                    switch(flag)
                   {
                    case 1:
                        stack[top]->lchild=p;
                        break;
                    case 2:
                        stack[top]->rchild=p;
                        break;
                    }
                }
            }
        ch=str[++k];
    }
}
void DestroyBitTree(BiTree *T)
/*销毁二叉树操作*/
{
    if(*T)                              /*如果是非空二叉树*/
    {
        if((*T)->lchild)
            DestroyBitTree(&((*T)->lchild));
        if((*T)->rchild)
            DestroyBitTree(&((*T)->rchild));
        free(*T);
        *T=NULL;
    }
}
```

运行结果如图 7.20 所示。

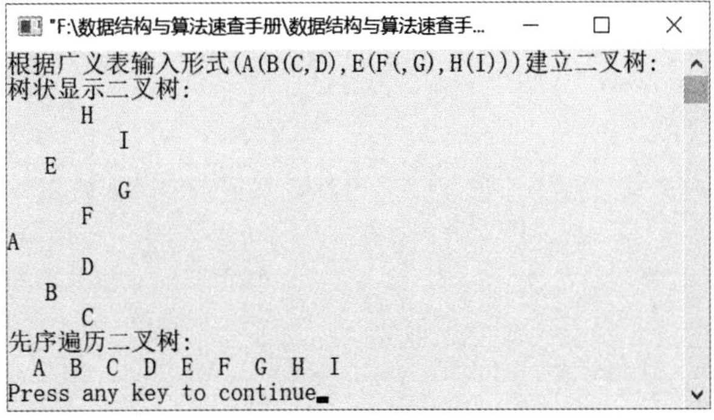

图 7.20　运行结果

7.2.2　按层次遍历二叉树

问题描述

已知二叉树采用二叉链表存储，编写算法，实现按层次遍历二叉树。

【分析】

这是西北大学考研试题。定义一个队列，从二叉树的根节点开始，依次将每一层指向节点的指针入队。然后将队头元素出队，并输出该指针指向的节点值，如果该节点的左、右子节点不空，则将左、右子节点的指针入队。重复执行以上操作，直到队空为止。最后得到的序列就是二叉树层次的输出序列。

☞第 7 章\实例 7-04.cpp

```
/*********************************************
*实例说明: 按层次遍历二叉树
*********************************************/
#include<stdio.h>
#include<malloc.h>
#include<stdlib.h>
#include<iostream.h>
#include<iomanip.h>
typedef char DataType;
#define MAXSIZE 100
typedef struct Node                              /*二叉链表存储结构类型定义*/
{
    DataType data;                               /*数据域*/
    struct Node *lchild;                         /*指向左子节点*/
    struct Node *rchild;                         /*指向右子节点*/
}*BiTree,BitNode;
#include"LinkBiTree.h"
void CreateBitTree(BiTree *T,char str[]);       /*利用括号嵌套的字符串创建二叉树的函数声明*/
void LevelTraverse(BiTree T);
void main()
{
    BiTree root;
    cout<<"根据广义表输入形式(A(B(C,D),E(F(,G),H(I)))创建二叉树:"<<endl;
    CreateBitTree(&root,"(A(B(C,D),E(F(,G),H(I)))");
    cout<<"树状显示二叉树:"<<endl;
    TreePrint(root,0);
    cout<<"按层次遍历二叉树:"<<endl;
    LevelTraverse(root);
    cout<<endl;
    DestroyBitTree(&root);
}
void LevelTraverse(BiTree T)
/*按层次输出二叉树中的节点*/
{
    BiTree queue[MAXSIZE];              /*定义一个队列，用于存放节点的指针*/
    BitNode *p;
    int front,rear;
    front=rear=-1;
    rear++;
    queue[rear]=T;
    while(front!=rear)
    {
        front=(front+1)%MAXSIZE;
        p=queue[front];
        cout<<setw(3)<<p->data;
        if(p->lchild!=NULL)
        {
            rear=(rear+1)%MAXSIZE;
            queue[rear]=p->lchild;
```

```
            }
            if(p->rchild!=NULL)             /*如果右子节点非空，则将右子节点指针入队*/
            {
                rear=(rear+1)%MAXSIZE;
                queue[rear]=p->rchild;
            }
        }
    }
```

运行结果如图 7.21 所示。

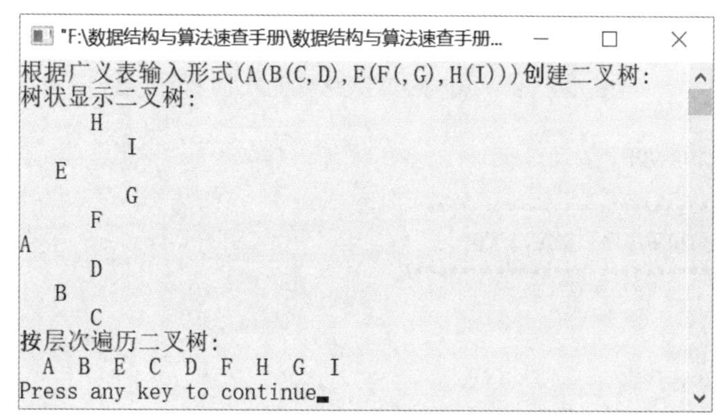

图 7.21 运行结果

【说明】

为了增强代码的复用性，这里把创建二叉树、销毁二叉树、树状输出二叉树等功能放在文件 LinkBiTree.h 中。在前文的实例中，这些代码曾出现过，这里略去这些重复代码。

7.2.3 由中序和后序序列构造二叉树

问题描述

已知一棵二叉树的中序序列为 *D*、*B*、*G*、*E*、*A*、*C*、*F*，后序序列为 *D*、*G*、*E*、*B*、*F*、*C*、*A*，给出其对应的二叉树。

【分析】

这是西北大学考研试题。由先序序列和中序序列可以唯一地确定一棵二叉树。同样，由中序序列和后序序列也可以唯一地确定一棵二叉树。先来分析中序序列和后序序列有什么特点。根据二叉树遍历的递归定义，二叉树的后序遍历是先后序遍历左子树，然后后序遍历右子树，最后访问根节点。因此，在后序遍历的过程中，根节点位于后序序列的最后。在二叉树的中序遍历过程中，先中序遍历左子树，然后是根节点，最后中序遍历右子树。因此，在二叉树的中序序列中，根节点将中序序列分割为左子树序列和右子树序列两个部分。由中序序列的左子树节点个数，通过扫描后序序列，可以将后序序列分为左子树序列和右子树序列。以此类推，就可以构造出二叉树。

例如，给定中序序列 *D*、*B*、*G*、*E*、*A*、*C*、*F* 和后序序列 *D*、*G*、*E*、*B*、*F*、*C*、*A*，则可以唯一确定一棵二叉树，如图 7.22（a）～（d）所示。

由后序序列可知，*A* 是二叉树的根节点。再根据中序序列得知，*A* 的左子树的中序序列为 *D*、*B*、*G*、*E*，右子树的中序序列为 *C*、*F*。然后，在后序序列中，可以确定 *A* 的左子树的后序序列为 *D*、*G*、*E*、*B*，右子树的后序序列为 *F*、*C*。进一步，由 *A* 的左子树的后序序列得知，*B* 是子树{*D*、*G*、*E*}的根节点，由中序序列 *D*、*B*、*G*、*E* 可知，*B* 的左子树是 *D*，右子树的中序序列是 *G*、*E*，而后序序列为 *G*、*E*。子树{*G*、*E*}的根节点为 *E*，从而左子树为 *G*。因此，确定了 *A* 的左子树，同理，可以确定 A 的右子树。

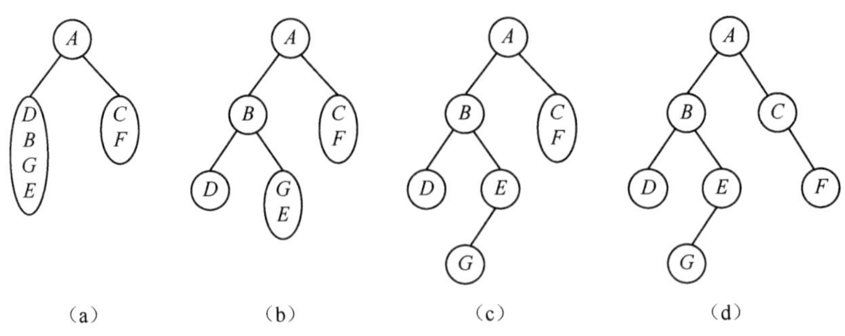

图 7.22　由中序序列和后序序列确定二叉树的过程

☞第 7 章\实例 7-05.cpp

```
/*********************************************
*实例说明：由中序序列和后序序列确定二叉树
*********************************************/
#include"stdio.h"
#include"stdlib.h"
#include"string.h"
#define MAXSIZE 100
typedef struct Node
{
    char data;
    struct Node * lchild,*rchild;
}BitNode,*BiTree;
void CreateBiTree(BiTree *T,char *in,char *post,int len);
void PrintLevel(BiTree T);
void PreTraverse(BiTree T);
void PrintLevel(BiTree T)
/*层次输出二叉树的节点*/
{
    BiTree Queue[MAXSIZE];
    int front,rear;
    if(T==NULL)
        return;
    front=-1;                               /*初始化队列*/
        rear=0;
    Queue[rear]=T;
    while(front!=rear)
    {
        front++;
        printf("%4c",Queue[front]->data);
        if(Queue[front]->lchild!=NULL)
        {
            rear++;
            Queue[rear]=Queue[front]->lchild;
        }
        if(Queue[front]->rchild!=NULL)
        {
            rear++;
            Queue[rear]=Queue[front]->rchild;
        }
    }
}
void PreTraverse(BiTree T)
/*先序输出二叉树的节点*/
{
    if(T!=NULL)
    {
```

```
        printf("%4c ",T->data);                  /*输出根节点*/
        PreTraverse(T->lchild);                  /*先序遍历左子树*/
        PreTraverse(T->rchild);                  /*先序遍历右子树*/
    }
}
void CreateBiTree(BiTree *T,char *in,char *post,int len)
/*由中序序列和后序序列构造二叉树*/
{

    int k;
    char *temp;
    if(len<=0)
    {
        *T=NULL;
        return;
    }
    for(temp=in;temp<in+len;temp++)              /*在中序序列中找到根节点所在的位置*/
        if(*(post+len-1)==*temp)
        {
            k=temp-in;                           /*左子树的长度*/
            (*T)=(BitNode*)malloc(sizeof(BitNode));
            (*T)->data =*temp;
            break;
        }
    CreateBiTree(&((*T)->lchild),in,post,k);    /*创建左子树*/
    CreateBiTree(&((*T)->rchild),in+k+1,post+k,len-k-1); /*创建右子树*/
}
void TreePrint(BiTree T,int level)
/*按树状输出的二叉树*/
{
    int i;
    if(T==NULL)
        return;
    TreePrint(T->rchild,level+1);
    for(i=0;i<level;i++)
        printf("   ");
    printf("%c\n",T->data);
    TreePrint(T->lchild,level+1);
}
void main()
{
    BiTree T;
    int len;
    char in[MAXSIZE],post[MAXSIZE];
    printf("由中序序列和后序序列构造二叉树：\n");
    printf("请你输入中序的字符串序列：");
    gets(in);
    printf("请你输入后序的字符串序列：");
    gets(post);
    len=strlen(post);
    CreateBiTree(&T,in,post,len);
    TreePrint(T,1);
    printf("\n 二叉树先序遍历结果是\n");
    PreTraverse(T);
    printf("\n 二叉树层次遍历结果是\n");
    PrintLevel(T);
    printf("\n");
}
```

运行结果如图 7.23 所示。

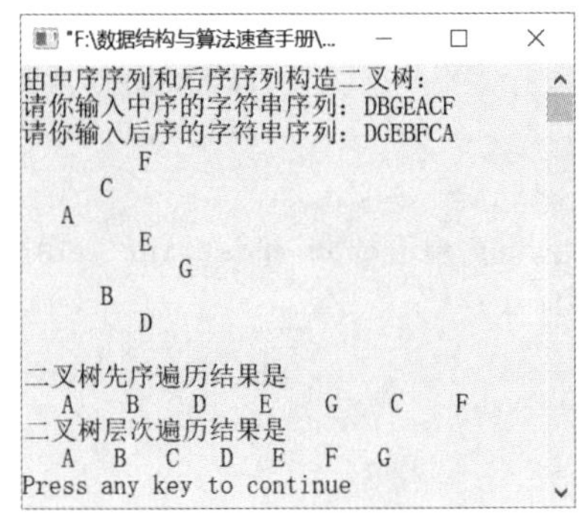

图 7.23　运行结果

7.2.4　输出树的各条边

问题描述

树采用子节点-兄弟节点表示法存放，节点结构如下。

fch→data→nsib

其中，fch 表示指向第一个子节点，nsib 表示指向下一个兄弟节点。编写算法，要求由根节点开始逐层输出树中的各条边，边输出格式为(K_i,K_j)。例如，对于图 7.24 所示的树，输出的边为 *AB*、*AC*、*AD*、*BE*、*BF*、*CG*。

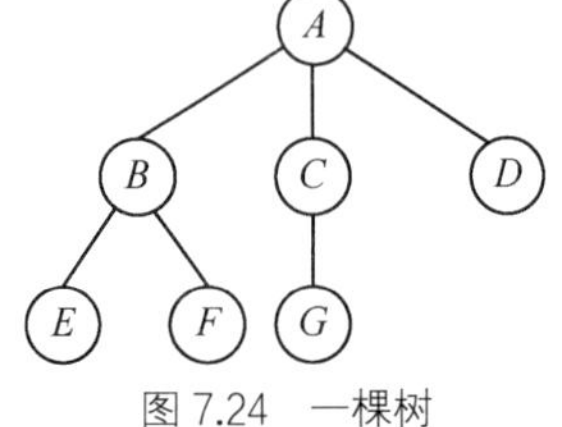

图 7.24　一棵树

【分析】

这是西北大学考研试题。这个题目主要考查对树的子节点-兄弟节点表示法的理解和树的遍历算法设计思想。首先根据树的结构画出树的子节点-兄弟节点表示，然后考虑如何按照以上顺序输出各条边。具体算法思想如下。

（1）如果树为空树，则直接返回。

（2）如果节点处有子树，则输出这个节点的子树的各条边。

（3）递归调用函数输出兄弟节点的子树的边。

（4）递归调用函数输出下一层所有子树的边。

其中，步骤（3）与（4）分别输出兄弟节点和下一层子树的边，两者顺序不能颠倒。

☞第 7 章\实例 7-06.cpp

```
/*********************************************
*实例说明：输出树的各条边
*********************************************/
#include<stdio.h>
#include<stdlib.h>
#include<iostream.h>
#include<assert.h>
typedef struct node
{
    struct node * fch;
    char data;
    struct node * nsib;
    int level;
} NODE;
typedef NODE    * TREE;
#define SET(pos, c, l)
{
```

```
    pos = (NODE*)malloc(sizeof(NODE));
    pos->data = c;
    pos->level = 1;
    pos->fch = NULL;
    pos->nsib = NULL;
    return pos;
}
void Display(TREE tree);
void ListPrintTree(TREE T);
TREE InitTree()
{
    TREE tree;
    SET(tree, '\0', 0);
}
void ReleaseTree(TREE tree)
{
    assert(tree);
    if (tree->fch != NULL)
        ReleaseTree(tree->fch);
    if (tree->nsib != NULL)
        ReleaseTree(tree->nsib);
    free(tree);
}
TREE Insert(TREE tree, char data, int level)
{
    assert(tree);
    if (tree->level == level - 1)
        SET(tree->fch, data, level);
    if (tree->level == level)
        SET(tree->nsib, data, level);
    return NULL;
}
void main()
{
    TREE T = InitTree(), temp1, temp2, temp3, temp4;
    temp1 = Insert(T, 'A', 1);
    temp2 = Insert(temp1, 'B', 2);
    temp3 = Insert(temp2, 'C', 2);
    Insert(temp3, 'D', 2);
    temp4 = Insert(temp2, 'E', 3);
    Insert(temp4, 'F', 3);
    Insert(temp3, 'G', 3);
    cout<<"树的各条边分别是"<<endl;
    Display(T->fch);
    cout<<endl;
    cout<<"以广义表形式输出树结构:\n";
    ListPrintTree(T);
    cout<<endl;
    ReleaseTree(T);
}
void Display(TREE tree)
//输出树中的各条边
{
    NODE   * p;
    if (tree == NULL)
        return;
    if (tree->fch != NULL)          //如果有子节点
    {
        //则输出全部边
        for (p = tree->fch; p != NULL; p = p->nsib)
            printf("%c%c,", tree->data, p->data);
    }
```

```
    //输出兄弟节点的全部边
    if (tree->nsib != NULL)
    Display(tree->nsib);
    //进入下一层
    if (tree->fch != NULL)
        Display(tree->fch);
}
void ListPrintTree(TREE T)
//以广义表形式输出树结构
{
    TREE p;
    if(T==NULL)
        return;
    cout<<T->data;
    p=T->fch;
    if(p!=NULL)
    {
        cout<<"(";
        ListPrintTree(p);
        p=p->nsib;
        while(p!=NULL)
        {
            cout<<",";
            ListPrintTree(p);
            p=p->nsib;
        }
        cout<<")";
    }
}
```

运行结果如图 7.25 所示。

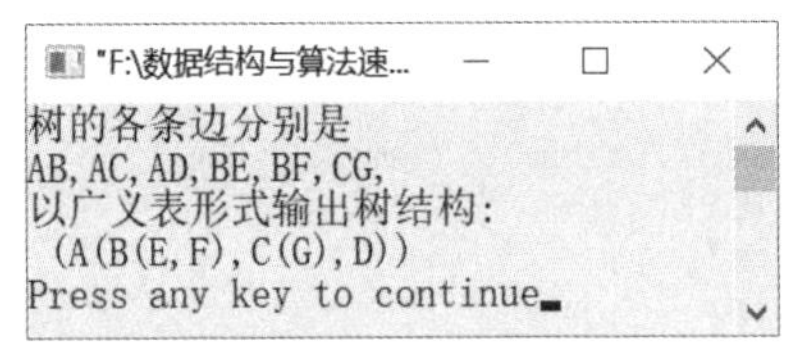

图 7.25　运行结果

7.3 二叉树的应用

7.3.1 求树中节点的个数

问题描述

已知二叉树采用二叉链表存储，要求编写算法，计算二叉树中度为 0 和度为 1 的节点个数。

【分析】

这是西北大学考研试题。

求二叉树中度为 0 的节点个数，即求叶子节点的个数，递归定义如下。

$$\text{Degrees0}(T)=\begin{cases}0 & T\text{=NULL}\\ 1 & T\text{的左右子节点均为空}\\ \text{Degrees0}(T\text{->lchild})+\text{Degrees0}(T\text{->rchild}) & \text{其他情况}\end{cases}$$

当二叉树为空时，其叶子节点个数为 0。当二叉树只有一个根节点时，根节点就是叶子节点，叶子节点个数为 1。其他情况下，计算左子树与右子树中叶子节点的和。

求二叉树中度为 1 的节点个数的递归定义如下。

$$\text{Degrees } 1(T)=\begin{cases}0 & T\text{=NULL}\\ 1\text{+Degrees1}(T\text{->lchild})\text{+Degrees1}(T\text{->rchild}) & T\text{只有一个左子节点或右子节点}\\ \text{Degrees1}(T\text{->lchild})\text{+Degrees1}(T\text{->rchild}) & \text{其他情况}\end{cases}$$

当二叉树已空时，度为 1 的节点个数为 0。当某个节点只有一个左子节点或右子节点时，则这个节点就是度为 1 的节点，再加上左右子树中度为 1 的节点个数就是这棵子树中度为 1 的节点个数。其他情况下，左右子树中度为 1 的节点个数之和就是这棵二叉树中度为 1 的节点个数。

☞第 7 章\实例 7-07.cpp

```
/*******************************************
*实例说明: 求度为 1 和度为 0 的节点个数
*******************************************/
#include"stdio.h"
#include"stdlib.h"
#include"string.h"
#include<iostream.h>
#define MAXSIZE 100
typedef char DataType;
typedef struct Node
{
    DataType data;
    struct Node   * lchild,*rchild;
}BitNode,*BiTree;
void TreePrint(BiTree T,int level);
BiTree CreateBitTree();
int Degrees1(BitNode *T);
int Degrees0(BitNode *T);
BiTree CreateBitTree()
/*利用先序输入方式创建二叉树*/
{
    DataType ch;
    BiTree bt;
    scanf("%c",&ch);
    if(ch=='#')
        bt=NULL;
    else
    {
        bt=(BitNode*)malloc(sizeof(BitNode));
        bt->data=ch;
        bt->lchild=CreateBitTree();
        bt->rchild=CreateBitTree();
    }
    return bt;
}
int Degrees1(BitNode *T)
//求二叉树中度为 1 的节点个数
{
    if(T==NULL)                        //空二叉树
        return 0;                      //度为 1 的节点个数为 0
    if(T->lchild!=NULL && T->rchild==NULL || T->lchild==NULL && T->rchild!=NULL)
    //若只有左子树或右子树
        return 1 + Degrees1(T->lchild) + Degrees1(T->rchild);
    //则该节点的度为 1，求左子树和右子树中度为 1 的节点个数之和
    return  Degrees1(T->lchild) + Degrees1(T->rchild);//其他情况下求左右子树中度为 1 的节点
    //个数之和
}
```

```
int Degrees0(BiTree T)
/*求二叉树中度为 0 的节点个数*/
{
    if(!T)                              /*如果二叉树是空二叉树，返回 0*/
        return 0;
    else
        if(!T->lchild&&!T->rchild)     /*如果左子树和右子树都已空，返回 1*/
            return 1;
        else
            return Degrees0(T->lchild)+Degrees0(T->rchild);      /*把左子树的叶子节点个数
            与右子树的叶子节点个数相加*/
}
void TreePrint(BiTree T,int level)
/*按树状输出的二叉树*/
{
    int i;
    if(T==NULL)                         /*如果指针已空，返回上一层*/
        return;
    TreePrint(T->rchild,level+1);      /*输出右子树，并将层次加 1*/
    for(i=0;i<level;i++)               /*按照递归的层次输出空格*/
        cout<<"    ";
    cout<<T->data<<endl;               /*输出根节点*/
    TreePrint(T->lchild,level+1);      /*输出左子树，并将层次加 1*/
}
void main()
{
    BiTree T;
    cout<<"请按照先序方式输入二叉树的节点："<<endl;
    T=CreateBitTree();
    cout<<"创建的二叉树："<<endl;
    TreePrint(T,1);
    cout<<"度为 0 的节点个数:"<<Degrees0(T)<<endl;
    cout<<"度为 1 的节点个数:"<<Degrees1(T)<<endl;
}
```

运行结果如图 7.26 所示。

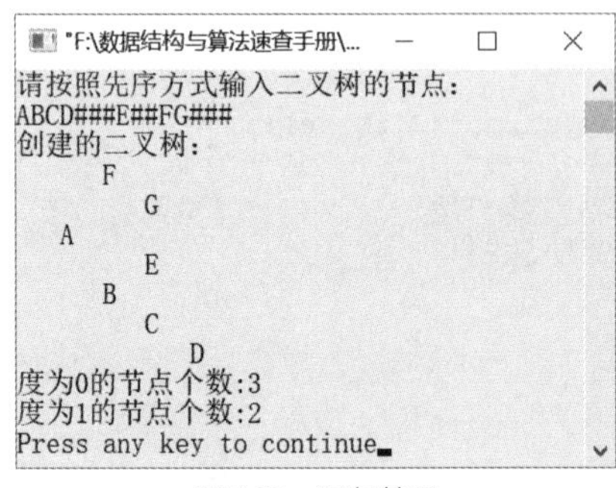

图 7.26　运行结果

7.3.2　交换二叉树的左右子树

问题描述

编写算法，要求实现以下功能。

（1）实现一个创建二叉树的算法，要求二叉树按二叉链表形式存储。

（2）已知二叉树用二叉链表形式存储，要求实现算法，将该二叉树的左右子树交换。

【分析】

这是西北大学考研试题。例如，一棵二叉树在左右子树交换前后的情况如图 7.27（a）与（b）所示。

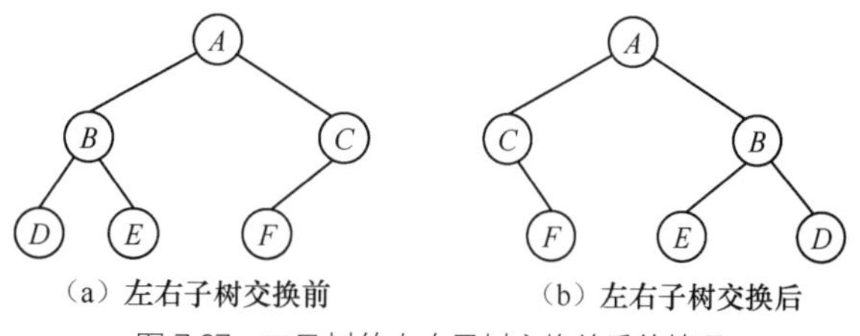

图 7.27　二叉树的左右子树交换前后的情况

本题考查二叉树的创建算法思想和左右子树交换算法思想。左右子树交换可用递归实现，类似于二叉树的先序遍历算法，通过对先序遍历算法的改进就可以将左右子树交换。从根节点开始，先交换根节点处左右两棵子树的指针，然后分别递归调用左右两棵子树，交换子树的各个节点的左右两个指针，这样就完成了两棵子树的交换。

☞第 7 章\实例 7-08.cpp

```
/*******************************************
*实例说明: 交换二叉树的左右子树
*******************************************/
#include"stdio.h"
#include"stdlib.h"
#include"string.h"
#include<iostream.h>
#define MAXSIZE 100
typedef struct Node
{
    char data;
    struct Node     * lchild,*rchild;
}BitNode,*BiTree;
void CreateBitTree(BiTree *T,char str[]);
void PrintLevel(BiTree T);
void SwapSubTree(BiTree *T);
void SwapSubTree(BiTree *T)
//交换左右子树
{
    BitNode *temp;
    if((*T))
    {
        //交换左右子树的指针
        temp=(*T)->lchild;
        (*T)->lchild=(*T)->rchild;
        (*T)->rchild=temp;
        SwapSubTree(&((*T)->lchild));
        SwapSubTree(&((*T)->rchild));
    }
}
void  CreateBitTree(BiTree *T,char str[])
/*利用括号嵌套的字符串创建二叉链表*/
{
    char ch;
    BiTree stack[MAXSIZE];                /*定义栈，用于存放指向二叉树中节点的指针*/
    int top=-1;                           /*初始化栈顶指针*/
    int flag,k;
    BitNode *p;
    *T=NULL,k=0;
    ch=str[k];
    while(ch!='\0')                       /*如果字符串没有结束*/
    {
        switch(ch)
        {
            case '(':
```

```
                stack[++top]=p;
                flag=1;
                break;
            case ')':
                top--;
                break;
            case ',':
                flag=2;
                break;
            default:
                p=(BiTree)malloc(sizeof(BitNode));
                p->data=ch;
                p->lchild=NULL;
                p->rchild=NULL;
                if(*T==NULL)                  /*如果是第一个节点，表示其为根节点*/
                    *T=p;
            else
            {
                switch(flag)
                {
                    case 1:
                        stack[top]->lchild=p;
                        break;
                    case 2:
                        stack[top]->rchild=p;
                        break;
                }
            }
        }
        ch=str[++k];
    }
}
void TreePrint(BiTree T,int level)
/*按树状输出的二叉树*/
{
    int i;
    if(T==NULL)
        return;
    TreePrint(T->rchild,level+1);       /*输出右子树，并将层次加1*/
    for(i=0;i<level;i++)                /*按照递归的层次输出空格*/
        printf("   ");
    printf("%c\n",T->data);             /*输出根节点*/
    TreePrint(T->lchild,level+1);       /*输出左子树，并将层次加1*/
}
void main()
{
    BiTree T;
    char str[MAXSIZE];
    cout<<"请输入二叉树的广义表形式："<<endl;
    cin>>str;
    cout<<"由广义表形式的字符串构造二叉树："<<endl;
    CreateBitTree(&T,str);
    cout<<endl<<"左右子树交换前的二叉树："<<endl;
    TreePrint(T,1);
    SwapSubTree(&T);
    cout<<endl<<"左右子树交换后的二叉树："<<endl;
    TreePrint(T,1);
}
```

运行结果如图7.28所示。

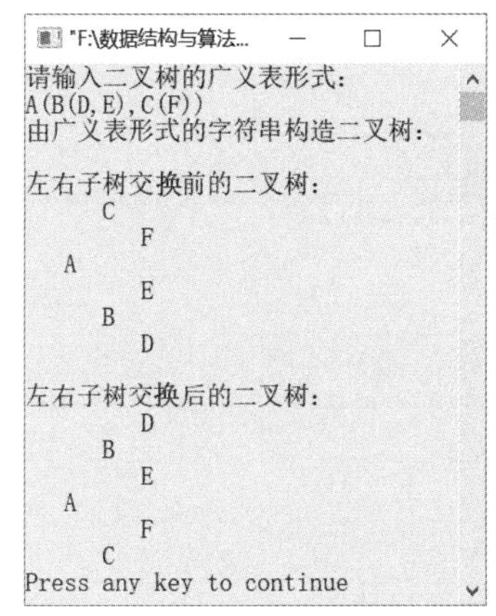

图 7.28 运行结果

7.3.3 判断二叉树是否为完全二叉树

问题描述

要求如下。

（1）实现出一个创建二叉树的算法。

（2）实现一个判断给定的二叉树是否为完全二叉树的算法。完全二叉树满足以下条件。

深度为 K, 具有 N 个节点的二叉树的每个节点都与深度为 K 的满二叉树中编号为 $1\sim N$ 的节点一一对应。

【分析】

这是西北大学考研试题。主要考查考生对创建二叉树的算法思想和完全二叉树的性质的掌握程度。创建二叉树可通过递归实现，可以按照先序方式创建二叉树，也可以根据广义表输入方式创建二叉树。

每层节点都是满的二叉树称为满二叉树，即在满二叉树中，每一层的节点都具有最大的节点个数。图 7.29 就是一棵满二叉树。在满二叉树中，每个节点的度或者为 2，或者为 0（对于叶子节点），不存在度为 1 的节点。

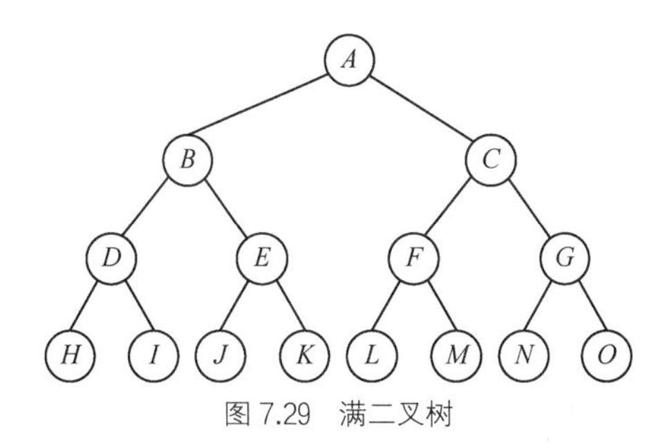

图 7.29 满二叉树

依据“若某节点无左子节点则一定无右子节点”原则，判断给定的二叉树是否为完全二叉树。具体实现时，定义一个标志 tag，初始时为 0，表示二叉树不是完全二叉树。若第一次出现的节点没有左子节点或右子节点，则置 tag 为 1；若之前 tag 已经为 1，但是当前节点还有左子节点或右子节点，则说明它不具备完全二叉树的特征。可借助队列按层次遍历二叉树，初始时将根节点指针入队，然后按照上述性质判断二叉树是否为完全二叉树。本层遍历完毕，然后遍历下一层，直至队列已空。

☞第 7 章\实例 7-09.cpp

```
/********************************************
*实例说明: 判断二叉树是否为完全二叉树
********************************************/
#include"stdio.h"
#include"stdlib.h"
#include"string.h"
#include<iostream.h>
#define MAXSIZE 100
typedef struct Node
{
    char data;
    struct Node    * lchild,*rchild;
}BitNode,*BiTree;
#include"BiTreeQueue.h"
void CreateBitTree(BiTree *T,char str[]);
void TreePrint(BiTree T,int level);
int JudgeComplete(BiTree T)
//判断是否为完全二叉树
{
    int tag=0;
    BiTree p=T;
    Queue Q;
    if(p==NULL)
        return 1;
    InitQueue(&Q);
    EnQueue(&Q,p);
    while(!QueueEmpty(Q))
    {
        DeQueue(&Q,&p);
        if(p->lchild && !tag)
            EnQueue(&Q,p->lchild);
        else if(p->lchild)
            return 0;
        else
            tag=1;
        if(p->rchild && !tag)
            EnQueue(&Q,p->rchild);
        else if(p->rchild)
            return 0;
        else
            tag=1;
    }
    ClearQueue(&Q);
    return 1;
}
void  CreateBitTree(BiTree *T,char str[])
/*利用括号嵌套的字符串创建二叉链表*/
{
    char ch;
    BiTree stack[MAXSIZE];          /*栈用于存放二叉树节点的指针*/
    int top=-1;                     /*初始化栈顶指针*/
    int flag,k;
    BitNode *p;
    *T=NULL,k=0;
    ch=str[k];
    while(ch!='\0')                 /*如果字符串没有结束*/
```

```
    {
        switch(ch)
        {
            case '(':
                stack[++top]=p;
                flag=1;
                break;
            case ')':
                top--;
                break;
            case ',':
                flag=2;
                break;
            default:
                p=(BiTree)malloc(sizeof(BitNode));
                p->data=ch;
                p->lchild=NULL;
                p->rchild=NULL;
                if(*T==NULL)          /*如果节点是第一个节点，表示其为根节点*/
                    *T=p;
                else
                {
                    switch(flag)
                    {
                        case 1:
                            stack[top]->lchild=p;
                            break;
                        case 2:
                            stack[top]->rchild=p;
                            break;
                    }
                }
        }
        ch=str[++k];
    }
}
void TreePrint(BiTree T,int level)
/*按树状输出的二叉树*/
{
    int i;
    if(T==NULL)
        return;
    TreePrint(T->rchild,level+1);
    for(i=0;i<level;i++)
        printf("   ");
    printf("%c\n",T->data);
    TreePrint(T->lchild,level+1);
}
void main()
{
    BiTree T;
    int flag;
    char str[MAXSIZE];
    cout<<"请输入二叉树的广义表形式: "<<endl;
    cin>>str;
    cout<<"由广义表形式的字符串构造二叉树: "<<endl;
    CreateBitTree(&T,str);
    TreePrint(T,1);
    flag=JudgeComplete(T);
    if(flag)
        cout<<"是完全二叉树!"<<endl;
    else
        cout<<"不是完全二叉树!"<<endl;
```

```
    cout<<"请输入二叉树的广义表形式: "<<endl;
    cin>>str;
    cout<<"由广义表形式的字符串构造二叉树: "<<endl;
    CreateBitTree(&T,str);
    TreePrint(T,1);
    flag=JudgeComplete(T);
    if(flag)
        cout<<"是完全二叉树!"<<endl;
    else
        cout<<"不是完全二叉树!"<<endl;
}
```

相应的算法实现如下。

```
/*节点类型定义*/
typedef struct QNode
{
    BitNode *data;                              /*节点类型为二叉树节点类型指针*/
    struct QNode* next;
}LQNode,*QueuePtr;
/*队列类型定义*/
typedef struct
{
    QueuePtr front;
    QueuePtr rear;
}Queue;
void InitQueue(Queue *LQ)
/*初始化链式队列*/
{
    LQ->front=LQ->rear=(LQNode*)malloc(sizeof(LQNode));
    if(LQ->front==NULL) exit(-1);
    LQ->front->next=NULL;                    /*把头节点的指针域置为空*/
}
int QueueEmpty(Queue LQ)
/*判断链式队列是否为空*/
{
    if(LQ.front->next==NULL)                  /*当链式队列为空时*/
        return 1;                             /*返回 1*/
    else                                      /*否则*/
        return 0;                             /*返回 0*/
}
int EnQueue(Queue *LQ,BitNode  * x)
/*将指针 x 插入链式队列 LQ 中, 插入成功返回 1*/
{
    LQNode *s;
    s=(LQNode*)malloc(sizeof(LQNode));
    if(!s) exit(-1);
    s->data=x;
    s->next=NULL;
    LQ->rear->next=s;
    LQ->rear=s;
    return 1;
}
int DeQueue(Queue *LQ,BitNode **e)
/*删除链式队列中的队头元素, 并将该指针赋给 e*/
{
    LQNode *s;
    if(LQ->front==LQ->rear)
        return 0;
    else
```

```
    {
        s=LQ->front->next;
        *e=s->data;
        LQ->front->next=s->next;
        if(LQ->rear==s) LQ->rear=LQ->front;
        free(s);
        return 1;
    }
}
void ClearQueue(Queue *LQ)
/*清空队列*/
{
    while(LQ->front!=NULL)
    {
        LQ->rear=LQ->front->next;
        free(LQ->front);
        LQ->front=LQ->rear;
    }
}
```

运行结果如图 7.30 所示。

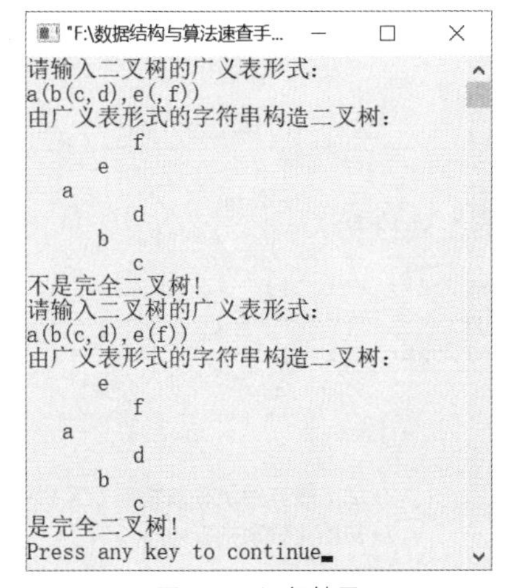

图 7.30　运行结果

该算法用到了队列，可以定义一个数组作为队列，也可以利用链式队列实现，但是还需要对队列的入队和出队操作进行修改。因为这里需要入队和出队的元素是二叉树节点的指针，修改也很简单，所以只需要将原来的元素类型 DataType 换成 BitNode 即可，但是要注意指针作为函数参数传递的方式。读者需要深刻理解一级指针、二级指针的使用时机及为什么要使用二级指针、什么时候用。

7.3.4　计算二叉树的高度和最大宽度

问题描述

二叉树采用二叉链表存储。

（1）编写计算二叉树高度的算法。

（2）编写计算二叉树最大宽度的算法。二叉树的最大宽度是指二叉树所有层中节点个数的最大值。

【分析】

这是西北大学考研试题。

二叉树的高度递归定义如下。

$$\text{depth}(T)=\begin{cases}0 & T\text{=NULL}\\ 1 & T\text{的左、右子树均已空}\\ \max(\text{depth}(T\text{->lchild})+\text{depth}(T\text{->rchild})) & \text{其他情况}\end{cases}$$

当二叉树已空时，其高度为0。当二叉树只有根节点（即节点的左、右子树均已空）时，二叉树的深度为1。其他情况下，二叉树的左、右子树高度的最大值再加1（根节点）就是二叉树的高度。

求二叉树的最大宽度可通过层次遍历二叉树实现。具体思路为依次将每一层中节点的指针入队，然后再分别将当前层的指针出队，统计其节点个数，并将下一层节点的指针入队，记录每一层节点个数，得出节点个数最大值。遍历完毕后，节点个数最大值就是二叉树的最大宽度。

☞第7章\实例7-10.cpp

```
/*********************************************
*实例说明：求二叉树的高度和最大宽度
*********************************************/
#include"stdio.h"
#include"stdlib.h"
#include"string.h"
#include<iostream.h>
#define MAXSIZE 100
typedef struct Node
{
    char data;
    struct Node    * lchild,*rchild;
}BitNode,*BiTree;
void CreateBitTree(BiTree *T,char str[]);
void PrintLevel(BiTree T);
void CreateBitTree(BiTree *T,char str[])
/*利用括号嵌套法创建二叉链表*/
{
    char ch;
    BiTree stack[MAXSIZE];       /*定义栈，用于存放指向二叉树中节点的指针*/
    int top=-1;                  /*初始化栈顶指针*/
    int flag,k;
    BitNode *p;
    *T=NULL,k=0;
    ch=str[k];
    while(ch!='\0')              /*如果字符串没有结束*/
    {
        switch(ch)
        {
            case '(':
                stack[++top]=p;
                flag=1;
                break;
            case ')':
                top--;
                break;
            case ',':
                flag=2;
                break;
            default:
                p=(BiTree)malloc(sizeof(BitNode));
                p->data=ch;
                p->lchild=NULL;
                p->rchild=NULL;
                if(*T==NULL)/*如果节点是第一个节点，表示它为根节点*/
```

```
                    *T=p;
                else
                {
                    switch(flag)
                    {
                        case 1:
                            stack[top]->lchild=p;
                            break;
                        case 2:
                            stack[top]->rchild=p;
                            break;
                    }
                }
        }
        ch=str[++k];
    }
}
void TreePrint(BiTree T,int level)
/*按树状输出的二叉树*/
{
    int i;
    if(T==NULL)
        return;
    TreePrint(T->rchild,level+1);
    for(i=0;i<level;i++)
        printf("    ");
    printf("%c\n",T->data);
    TreePrint(T->lchild,level+1);
}
int BiTreeDepth(BiTree T)
/*计算二叉树的高度*/
{
    if(T == NULL)
        return 0;
    return  BiTreeDepth(T->lchild)>BiTreeDepth(T->rchild)?
            1+BiTreeDepth(T->lchild):1+BiTreeDepth(T->rchild);
}
int BiTreeWidth(BiTree T)
//计算二叉树的最大宽度
{
    int front,rear,last,maxw,temp;
    BiTree Q[MAXSIZE];              //Q是队列，元素为二叉树节点的指针
    BitNode *p;
    if (T==NULL)                    //空二叉树最大宽度为0
        return 0;
    else
    {
        front=1;rear=1;last=1;
        temp=0;
        maxw=0;
        Q[rear]=T;
        while(front<=last)
        {
            p=Q[front++];
            temp++;                         //同层节点数加1
            if (p->lchild!=NULL)
                Q[++rear]=p->lchild;        //左子节点入队
            if (p->rchild!=NULL)
                Q[++rear]=p->rchild;        //右子节点入队
```

```
            if (front>last)                    //一层结束
            {
                last=rear;
                if(temp>maxw)
                    maxw=temp;                 //last 指向下层最右节点，更新当前最大宽度
                temp=0;
            }
        }
        return maxw;
    }
}
void main()
{
    BiTree T;
    char str[MAXSIZE];
    cout<<"请输入二叉树的广义表形式: "<<endl;
    cin>>str;
    cout<<"由广义表形式的字符串构造二叉树: "<<endl;
    CreateBitTree(&T,str);
    TreePrint(T,1);
    cout<<"这棵二叉树的高度为"<<BiTreeDepth(T)<<endl;
    cout<<"这棵二叉树的最大宽度为"<<BiTreeWidth(T)<<endl;
}
```

运行结果如图 7.31 所示。

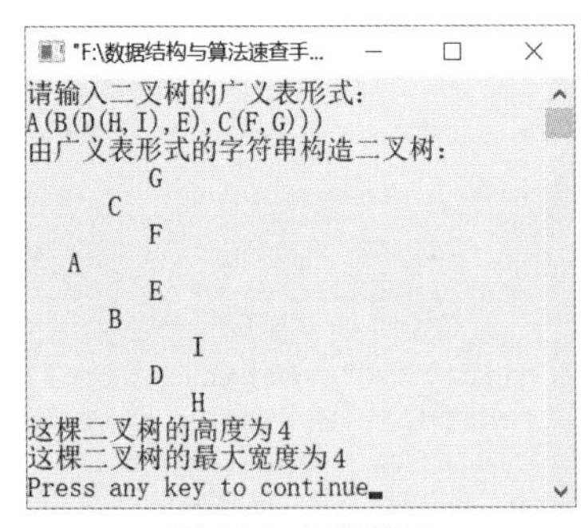

图 7.31　运行结果

7.3.5　求树中根节点到任意节点之间的路径

问题描述

已知一棵二叉树用二叉链表存储，t 指向根节点，p 指向树中任意节点。要求编写算法，输出从 t 到 p 之间路径上的节点。

【分析】

这是南京航空航天大学的考研试题，主要考查二叉树的后序遍历。由于后序遍历二叉树的过程中，访问指针 r 所指节点时，栈中所有节点均为 r 所指节点的“祖先”，由这些祖先便构成了一条从根节点到 r 所指节点之间的路径，因此可采用后序遍历。

☞第 7 章\实例 7-11.cpp

```
/************************************************
*实例说明: 求根节点到任意节点之间的路径
************************************************/
#include"stdio.h"
#include"stdlib.h"
```

```
#include"string.h"
#include<iostream.h>
#include<iomanip.h>
typedef char DataType;
#define MAXSIZE 100
typedef struct Node
{
    DataType data;
    struct Node    * lchild,*rchild;
}BitNode,*BiTree;
void CreateBitTree(BiTree *T,char str[]);
void PrintLevel(BiTree T);
void CreateBitTree(BiTree *T,char str[])
/*利用括号嵌套法创建二叉链表*/
{
    char ch;
    BiTree stack[MAXSIZE];      /*栈用于存放指向二叉树中节点的指针*/
    int top=-1;                 /*初始化栈顶指针*/
    int flag,k;
    BitNode *p;
    *T=NULL,k=0;
    ch=str[k];
    while(ch!='\0')             /*如果字符串没有结束*/
    {
        switch(ch)
        {
            case '(':
                stack[++top]=p;
                flag=1;
                break;
            case ')':
                top--;
                break;
            case ',':
                flag=2;
                break;
            default:
                p=(BiTree)malloc(sizeof(BitNode));
                p->data=ch;
                p->lchild=NULL;
                p->rchild=NULL;
            if(*T==NULL)         /*如果节点是第一个节点，表示它为根节点*/
                *T=p;
            else
            {
                switch(flag)
                {
                    case 1:
                        stack[top]->lchild=p;
                        break;
                    case 2:
                        stack[top]->rchild=p;
                        break;
                }
            }
        }
        ch=str[++k];
    }
}
void TreePrint(BiTree T,int level)
/*按树状输出的二叉树*/
{
    int i;
```

```
    if(T==NULL)/*如果指针为空，返回上一层*/
        return;
    TreePrint(T->rchild,level+1);
    for(i=0;i<level;i++)
        printf("    ");
    printf("%c\n",T->data);
    TreePrint(T->lchild,level+1);
}
void Path(BiTree root, BitNode *r)
//输出从 root 到 r 之间路径上的节点
{
    BitNode *p,*q;
    int i,top=0;
    BitNode *s[MAXSIZE];
    q=NULL;
    p=root;
    while(p!=NULL||top!=0)
    {
        while(p!=NULL)
        /*遍历左子树*/
        {
            top++;
            if(top>=MAXSIZE)
                exit(-1);
            s[top]=p;
            p=p->lchild;
        }
        if(top>0)
        {
            p=s[top];
            if(p->rchild == NULL || p->rchild==q)  /*根节点*/
            {
                if(p==r)
                {
                    for(i=1;i<=top;i++)
                        cout<<setw(4)<<s[i]->data;
                    top=0;p=NULL;          /*将栈置为空且 p=NULL，目的是退出整个循环*/
                }
                else
                {
                    q=p;                   /*用 q 保存刚刚遍历过的节点*/
                    top--;                 /*将栈顶指针退栈，回到上一层*/
                    p=NULL;
                }
            }
            else
                p=p->rchild;               /*遍历右子树*/
        }
    }
}
BiTree FindPointer(BiTree T,DataType e)
/*查找元素值为 e 的节点的指针*/
{
    BiTree Q[MAXSIZE];
    int front=0,rear=0;
    BitNode *p;
    if(T)
    {
        Q[rear]=T;
```

```
        rear++;
        while(front!=rear)              /*如果队列非空*/
        {
            p=Q[front];
            front++;
            if(p->data==e)
                return p;
            if(p->lchild)
            {
                Q[rear]=p->lchild;
                rear++;
            }
            if(p->rchild)
            {
                Q[rear]=p->rchild;
                rear++;
            }
        }
    }
    return NULL;
}
void main()
{
    BiTree T;
    BitNode *s;
    DataType e;
    char str[MAXSIZE];
    cout<<"请输入二叉树的广义表形式："<<endl;
    cin>>str;
    cout<<"由广义表形式的字符串创建二叉树"<<endl;
    CreateBitTree(&T,str);
    TreePrint(T,1);
    cout<<"请输入一个节点："<<endl;
    cin>>e;
    s=FindPointer(T,e);
    cout<<"从根节点到节点"<<e<<"之间路径上的节点为"<<endl;
    Path(T,s);
    cout<<endl;
}
```

运行结果如图 7.32 所示。

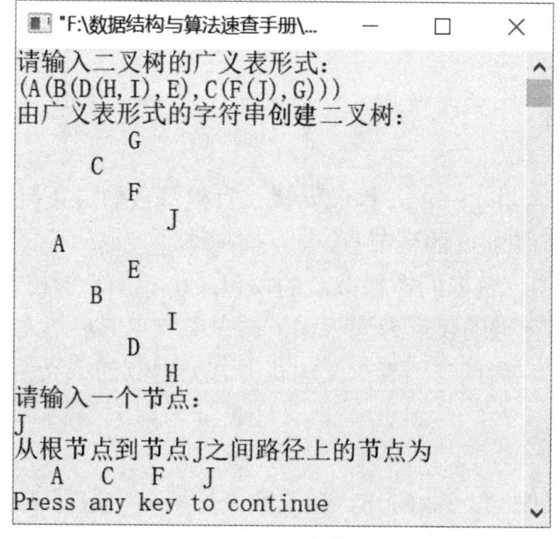

图 7.32　运行结果

为了输出根节点到输入节点之间路径上的节点，还需要根据节点元素值找到对应的指针，这样才能调用 Path 函数。这里在查找节点的指针时，也运用了层次遍历的算法。

7.4 哈夫曼树

【定义】

哈夫曼（Huffman）树又称最优二叉树。它是一种带权路径长度最小的二叉树。

节点的带权路径长度为从该节点到根节点之间的路径长度与节点上权值的乘积。二叉树的带权路径长度为二叉树中所有叶子节点的带权路径长度之和，通常记作

$$\mathrm{WPL}=\sum_{i=1}^{n} w_i l_i$$

其中，n 是二叉树中叶子节点的个数，w_i 是第 i 个叶子节点的权值，l_i 是第 i 个叶子节点的路径长度。

例如，图 7.33（a）～（c）所示的权值分别为 7、11、3、5 的二叉树的带权路径长度分别如下。

（a）WPL=7×2+11×2+3×2+5×2=52。

（b）WPL=5×2+11×3+7×3+3×1=67。

（c）WPL=11×1+7×2+3×3+5×3=49。

因此，第 3 棵树的带权路径长度最小，它就是一棵哈夫曼树。在哈夫曼树中，权值越小的节点越远离根节点，权值越大的节点越靠近根节点。

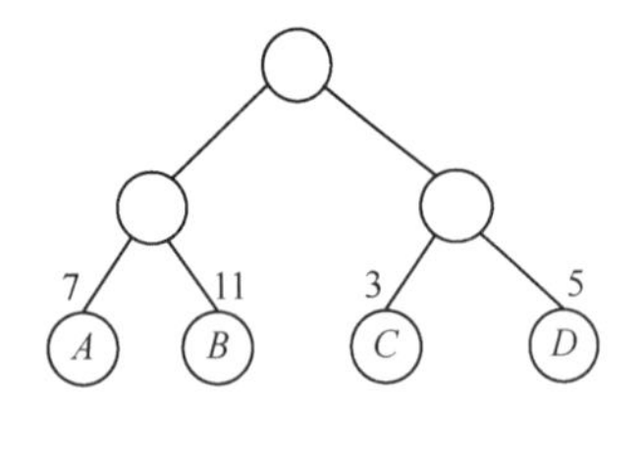

（a）带权路径长度为52

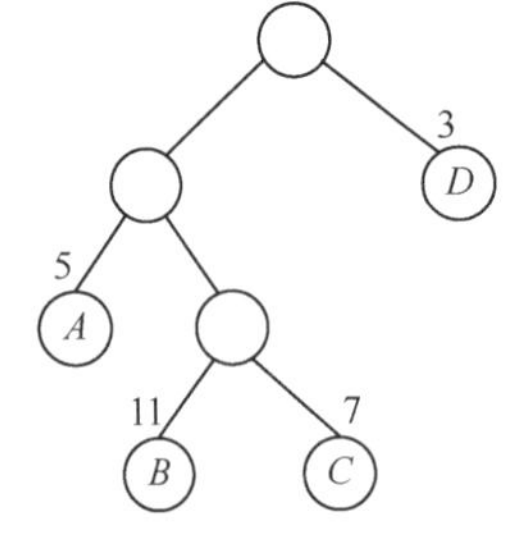

（b）带权路径长度为67

（c）带权路径长度为49

图 7.33　二叉树的带权路径长度

【哈夫曼树的构造算法】

哈夫曼树的构造算法如下。

（1）由给定的 n 个权值 $w_1,w_2,\cdots,w_n$，构成 n 棵只有根节点的二叉树集合 $F=\{T_1,T_2,\cdots,T_n\}$，其中每棵二叉树 T_i 中只有一个权值为 w_i 的根节点，其左右子树均为空。

（2）在二叉树集合 F 中，选取两棵根节点的权值最小和次小的树，作为左、右子树构造一棵新的二叉树，新二叉树的根节点的权值为这两棵子树中根节点的权值之和。

（3）在二叉树集合 F 中，删除这两棵二叉树，并将新得到的二叉树加入集合 F 中。

（4）重复步骤（2）和（3），直到集合 F 中只剩下一棵二叉树为止。这棵二叉树就是哈夫曼树。

例如，假设给定一组权值 2、3、6、8，按照哈夫曼树的构造算法对权值集合构造哈夫曼树的过程如图 7.34 所示。其中，实线表示集合中的元素，虚线表示非集合中的元素。

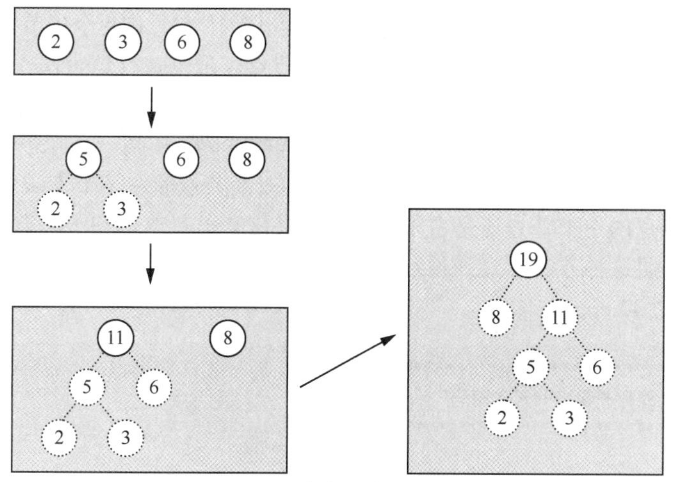

图 7.34　哈夫曼树构造过程

【哈夫曼编码的定义】

如果规定哈夫曼树的左子节点分支为 0，右子节点分支为 1，那么从根节点到每个叶子节点经过的分支所组成的 0 和 1 序列就是节点的哈夫曼编码。

例如，图 7.34 所示的哈夫曼树对应的哈夫曼编码如图 7.35 所示。权值为 2 的叶子节点的哈夫曼编码为 100，权值为 3 的叶子节点的哈夫曼编码为 101，权值为 6 的叶子节点的哈夫曼编码为 11，权值为 8 的叶子节点的哈夫曼编码为 0。

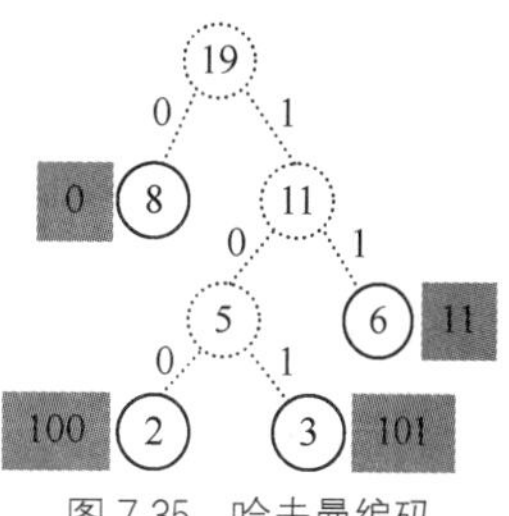

图 7.35　哈夫曼编码

创建哈夫曼树并输出哈夫曼编码

问题描述

为一组权值分别为 2、4、7、15 的节点序列创建一棵哈夫曼树，然后输出相应叶子节点的哈夫曼编码。

【分析】

为了便于设计，可利用一个二维数组实现创建哈夫曼树的算法。因为需要保存字符的权值、双亲节点的位置、左子节点的位置和右子节点的位置，所以需要将数组设计成 *n* 行 4 列。因此，哈夫曼树的类型定义如下。

```
typedef struct                          /*哈夫曼树类型定义*/
{
    unsigned int weight;
    unsigned int parent,lchild,rchild;
}HTNode,*HuffmanTree;
typedef char **HuffmanCode;            /*存放哈夫曼编码*/
```

【算法实现】

定义一个类型为 HuffmanCode 的数组 HT，用来存放每一个叶子节点的哈夫曼编码。将每一个叶子节点的双亲节点域、左子节点域和右子节点域初始化为 0。如果有 *n* 个叶子节点，则非叶子节点有 *n*−1 个，所以总节点数是（2*n*−1）。同时也要将剩下的（*n*−1）个双亲节点域初始化为 0，这主要是为了方便查找权值最小的节点。

依次选择两个权值最小的节点，分别作为左子节点和右子节点，修改它们的双亲节点域，使它们指向同一个双亲节点，同时修改双亲节点的权值，使其等于左、右两个子节点权值的和，并修改双亲节点的左、右子节点域，使其分别指向左、右子节点。重复执行这种操作（n−1）次，即求出（n−1）个非叶子节点的权值。这样就得到了一棵哈夫曼树。

通过求得的哈夫曼树，得到每一个叶子节点的哈夫曼编码。从某一个叶子节点开始，通过该叶子节点的双亲节点域，找到叶子节点的双亲，然后通过双亲节点的左子节点域和右子节点域判断该叶子节点是其双亲节点的左子节点还是右子节点。如果该叶子节点是左子节点，则编码为“0”；否则，编码为“1”。按照这种方法，直到找到根节点，即可以求出叶子节点的哈夫曼编码。

☞第 7 章\实例 7-12.cpp

```
/*********************************************
*实例说明：创建哈夫曼树并输出哈夫曼编码
*********************************************/
typedef struct                          //哈夫曼树类型定义
{
    unsigned int weight;
    unsigned int parent,lchild,rchild;
}HTNode,*HuffmanTree;
typedef char **HuffmanCode;             //存放哈夫曼编码
#include<stdio.h>
#include<stdlib.h>
#include<string.h>
#include<malloc.h>
#include<iostream.h>
#define infinity 10000                  //定义一个较大的值
int Min(HuffmanTree t,int n);
void Select(HuffmanTree *t,int n,int *s1,int *s2);
void HuffmanCoding(HuffmanTree *HT,HuffmanCode *HC,int *w,int n);
void main()
{
    HuffmanTree HT;
    HuffmanCode HC;
    int *w,n,i;
    cout<<"请输入叶子节点的个数：";
    cin>>n;
    w=(int*)malloc(n*sizeof(int));  //为n个节点的权值分配内存空间
    for(i=0;i<n;i++)
    {
        cout<<"请输入第"<<i+1<<"个节点的权值:";
        cin>>w[i];
    }
    HuffmanCoding(&HT,&HC,w,n);
    for(i=1;i<=n;i++)
    {
        cout<<"权值为"<<w[i-1]<<"的哈夫曼编码:";
        cout<<HC[i]<<endl;
    }
//释放内存空间
    for(i=1;i<=n;i++)
        free(HC[i]);
    free(HC);
    free(HT);
}
void HuffmanCoding(HuffmanTree *HT,HuffmanCode *HC,int *w,int n)
//构造哈夫曼树HT，哈夫曼编码存放在HC中，w为n个字符的权值
{
    int m,i,s1,s2,start;
    unsigned int c,f;
```

```
    HuffmanTree p;
    char *cd;
    if(n<=1)
        return;
    m=2*n-1;
    *HT=(HuffmanTree)malloc((m+1)*sizeof(HTNode));
    for(p=*HT+1,i=1;i<=n;i++,p++,w++)        //初始化 n 个叶子节点
    {
        (*p).weight=*w;
        (*p).parent=0;
        (*p).lchild=0;
        (*p).rchild=0;
    }
    for(;i<=m;i++,p++)                       //将（n-1）个非叶子节点的双亲节点初始化为 0
        (*p).parent=0;
    for(i=n+1;i<=m;++i)                      //构造哈夫曼树
    {
        Select(HT,i-1,&s1,&s2);              //查找哈夫曼树中权值最小的两个节点
        (*HT)[s1].parent=(*HT)[s2].parent=i;
        (*HT)[i].lchild=s1;
        (*HT)[i].rchild=s2;
        (*HT)[i].weight=(*HT)[s1].weight+(*HT)[s2].weight;
    }
//从叶子节点到根节点求每个字符的哈夫曼编码
    *HC=(HuffmanCode)malloc((n+1)*sizeof(char*));
    cd=(char*)malloc(n*sizeof(char));        //为哈夫曼编码动态分配空间
    cd[n-1]='\0';
//求 n 个叶子节点的哈夫曼编码
    for(i=1;i<=n;i++)
    {
        start=n-1;
        for(c=i,f=(*HT)[i].parent;f!=0;c=f,f=(*HT)[f].parent)
            if((*HT)[f].lchild==c)
                cd[--start]='0';
            else
                cd[--start]='1';
            (*HC)[i]=(char*)malloc((n-start)*sizeof(char));
            strcpy((*HC)[i],&cd[start]);
    }
    free(cd);
}
int Min(HuffmanTree t,int n)
//返回哈夫曼树中 n 个节点中权值最小的节点序号
{
    int i,flag;
    int f=infinity;                    //f 为一个较大的值
    for(i=1;i<=n;i++)
        if(t[i].weight<f&&t[i].parent==0)
            f=t[i].weight;
            flag=i;
            t[flag].parent=1;
        return flag;
}
void Select(HuffmanTree *t,int n,int *s1,int *s2)
//在 n 个节点中选择两个权值最小的节点，其中 s1 最小，s2 次小
{
    int x;
```

```
    *s1=Min(*t,n);
    *s2=Min(*t,n);
    if((*t)[*s1].weight>(*t)[*s2].weight)      //如果 s1 的权值大于 s2 的权值，则将两者交换，
    //使 s1 最小，s2 次小
    {
        x=*s1;
        *s1=*s2;
        *s2=x;
    }
}
```

运行结果如图 7.36 所示。

生成的哈夫曼树如图 7.37 所示，权值为 2、4、7 和 15 的叶子节点的哈夫曼编码分别是 000、001、01 与 1。

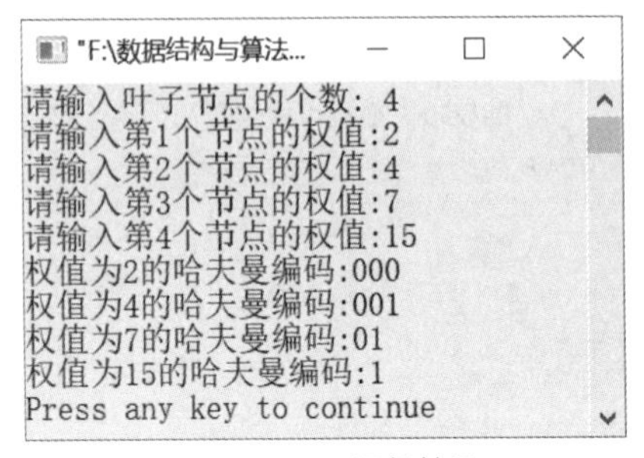

图 7.36　运行结果

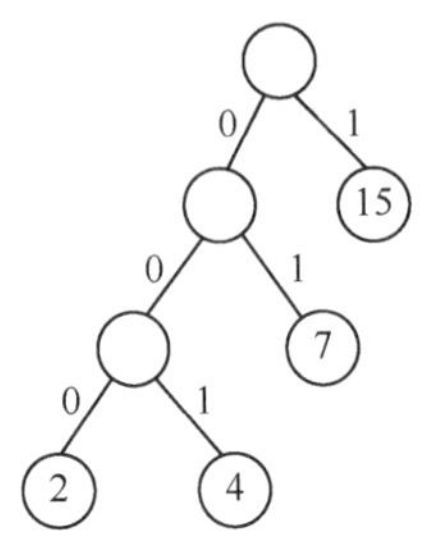

图 7.37　哈夫曼树

在算法的实现过程中，数组 HT 在初始时的状态及哈夫曼树生成后的状态变化情况如图 7.38（a）与（b）所示。

数组下标	weight	parent	lchild	rchild
1	2	0	0	0
2	4	0	0	0
3	7	0	0	0
4	15	0	0	0
5		0		
6		0		
7		0		

（a）数组HT初始时的状态

数组下标	weight	parent	lchild	rchild
1	2	5	0	0
2	4	5	0	0
3	7	6	0	0
4	15	7	0	0
5	6	6	1	2
6	13	7	5	3
7	28	0	6	4

（b）生成哈夫曼树后HT的状态

图 7.38　数组 HT 在初始时的状态及哈夫曼树生成后的状态变化情况

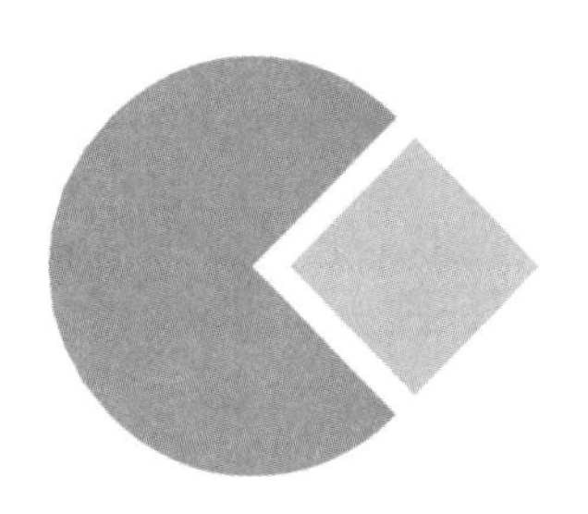

第8章　图

图（graph）是一种网状结构，是比树更复杂的非线性结构。在图中，任意两个节点之间都可能相关，即节点之间的邻接关系可以是任意的。每个节点既可有多个直接前驱，也可有多个直接后继。图被应用于描述各种复杂的数据对象，在自然科学、社会科学和人文科学等领域和日常生活中有着非常广泛的应用，如化学分子结构分析、遗传学、通信线路、交通航线等。

8.1　图的表示及应用

【定义】

图是由非空的数据元素集合与边的集合构成的二元组。

$$\boldsymbol{G}=(V,E)$$

其中，G 表示图，V 表示顶点（vertex）集合，E 表示顶点之间的关系即边（edge）集合。图中的数据元素通常称为顶点。

如果$<x,y>\in E$，则$<x,y>$表示顶点 x 到顶点 y 之间存在一条弧（arc），x 称为弧尾（tail）或起始点（initial node），y 称为弧头（head）或终端点（terminal node），这样的图称为有向图（digraph）。

如果$<x,y>\in E$ 且有$<y,x>\in E$，即 E 是对称的，则用无序对(x,y)代替有序对$<x,y>$和$<y,x>$，表示顶点 x 与顶点 y 之间存在一条边，这样的图称为无向图（undigraph）。有向图和无向图如图 8.1（a）与（b）所示。

图 G 的形式化定义为 $G=(V, E)$。其中，$V=\{x|x\in$ 顶点集合$\}$，$E=\{<x, y>|\text{Path}(x, y)\wedge(x\in V, y\in V)\}$。$\text{Path}(x, y)$表示边$<x, y>$的相关信息。

如图 8.1 所示，有向图 G_1 可以表示为 $G_1=(V_1, E_1)$。其中，顶点集合为 $V_1=\{a,b,c,d,e,f\}$，边集合为 $E_1=\{<a,b>,<a,c>,<a,d>,<b,c>,<c,e>,<d,a>,<d,b>, <d,e>,<d,f>,<e,f>\}$。无向图 G_2 可以表示为 $G_2=(V_2, E_2)$，其中，顶点集合为 $V_2=\{a,b,c,d,e\}$，边集合为 $E_2=\{(a,b),(a,d),(a,e),(b,c),(c,d),(c,e),(d,e)\}$。

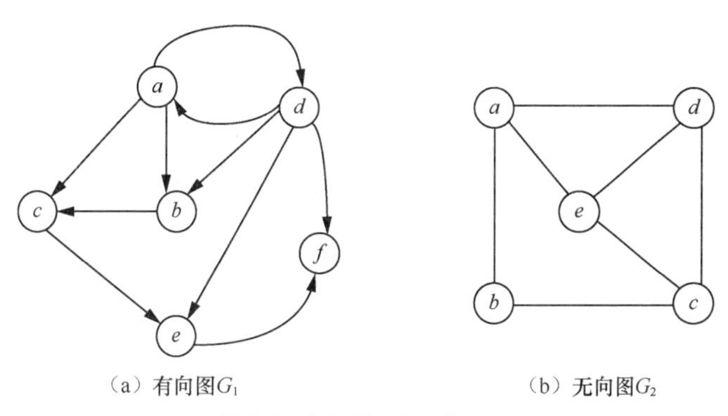

（a）有向图G_1　　（b）无向图G_2

图 8.1　有向图 G_1与无向图 G_2

一般情况下，有向图中顶点之间的关系称为弧，无向图中顶点之间的关系称为边。

【邻接点】

对于无向图 $G=(V, E)$，若边$(v_i, v_j)\in E$，则称顶点 v_i 和顶点 v_j 互为邻接（adjacent）点，即 v_i 和 v_j 相邻接。对于有向图 $G=(V, A)$，若弧$<v_i,v_j>\in A$，则称顶点 v_i 邻接到顶点 v_j，顶点 v_j 邻接自顶点 v_i。弧$<v_i,v_j>$和顶点 v_i、v_j 相关联。

在无向图 G_2 中，顶点 a 和 b 互为邻接点，边(a, b)依附于顶点 a 和 b；顶点 b 和 c 互为邻接点，边(b, c)依附于顶点 b 和 c。在有向图 G_1 中，弧$<a,b>$与顶点 a 和 b 相关联，也可以说，顶点 a 邻接到顶点 b；弧$<d,e>$与顶点 d 和 e 相关联，也可以说顶点 e 邻接到顶点 d。

【顶点的度】

对于无向图，顶点 v 的度（degree）是指与 v 相关联的边的数目，记作 TD(v)。对于有向图，以顶点 v 为弧头的数目称为顶点 v 的入度（indegree），记作 ID(v)；以顶点 v 为弧尾的数目称为顶点 v 的出度（outdegree），记作 OD(v)。顶点 v 的度为 TD(v)=ID(v)+OD(v)。

有向图 G_1 中顶点 a、b、c、d、e 和 f 的入度分别为 1、2、2、1、2 与 2，顶点 a、b、c、d、e 和 f 的出度分别为 3、1、1、4、1 与 0，所以顶点 a、b、c、d、e 和 f 的度分别为 4、3、3、5、3 与 2。无向图 G_2 中顶点 a、b、c、d、e 的度分别为 3、2、3、3 和 3。

若图的顶点的个数为 n，边数或弧数为 e，顶点 v_i 的度记作 TD(v_i)，则顶点的度与弧数或者边数满足关系 $e=\frac{1}{2}\sum_{i=1}^{n}\mathrm{TD}(v_i)$。

【路径】

无向图 G 中，从顶点 v 到顶点 v' 的路径（path）指从 v 出发，经过一系列的顶点序列到达顶点 v'。如果 G 是有向图，则路径也是有向的，路径的长度是路径上弧或边的数目。第一个顶点和最后一个顶点相同的路径称为**回路**或**环**（cycle）。序列中顶点不重复出现的路径称为简单路径。除了第一个顶点和最后一个顶点外，其他顶点不重复出现的回路，称为简单回路或简单环。

在图 8.1（a）所示的有向图 G_1 中，顶点序列 $a\rightarrow b\rightarrow c\rightarrow a$ 就构成了一个简单回路。

【图的邻接矩阵表示法】

图的存储方式主要有 4 种——邻接矩阵表示法、邻接表表示法、十字链表表示法和邻接多重链表表示法。其中，邻接矩阵表示法和邻接表表示法最常用。

图的邻接矩阵表示法可利用两个数组实现：一个一维数组用来存储图中的顶点信息；另一个二维数组用来存储图中的顶点之间的关系，该二维数组称为邻接矩阵。如果图是一个无权图，则邻接矩阵表示为

$$\boldsymbol{A}[i][j]=\begin{cases}1 & <v_i,v_j>\in E\text{或}(v_i,v_j)\in E\\ 0 & \text{其他}\end{cases}$$

对于带权图，有

$$\boldsymbol{A}[i][j]=\begin{cases}w_{ij} & <v_i,v_j>\in E\text{或}(v_i,v_j)\in E\\ \infty & \text{其他}\end{cases}$$

其中，w_{ij} 表示顶点 i 与顶点 j 构成的弧或边的权值。如果顶点之间不存在弧或边，则用∞表示。

图 8.1（a）与（b）所示的两个图 G_1 和 G_2 的邻接矩阵表示如图 8.2（a）与（b）所示。在无向图中，如果边(a,b)存在，则邻接矩阵中$<a,b>$和$<b,a>$的对应位置都为 1。

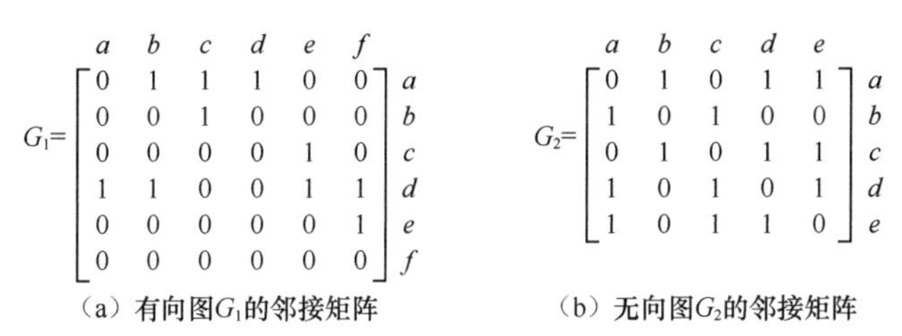

（a）有向图G_1的邻接矩阵　　（b）无向图G_2的邻接矩阵

图 8.2　图的邻接矩阵表示

带权图的邻接矩阵表示如图 8.3 所示。

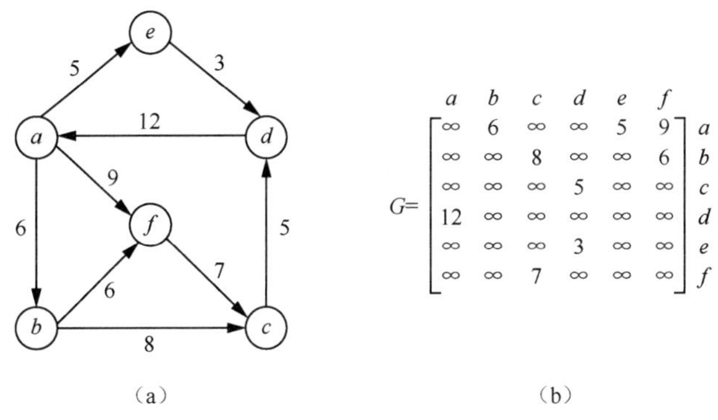

（a）　　（b）

图 8.3　带权图的邻接矩阵表示

【图的邻接矩阵存储结构】

```
#define INFINITY 65535                    /*65535 被视为一个无穷大的值*/
#define MAXSIZE 100                       /*最大顶点数*/
typedef enum{DG,DN,UG,UN}GraphKind;       /*图的类型，包括有向图、有向网、无向图和无向网*/
typedef struct
{
    VRType adj;                           /*对于无权图，1 表示相邻，0 表示不相邻；对于带权图，存储权值*/
    InfoPtr *info;                        /*与弧或边有关的信息*/
}ArcNode,AdjMatrix[MAXSIZE][MAXSIZE];
typedef struct                            /*图的类型定义*/
{
    VertexType vex[MAXSIZE];              /*用于存储顶点元素值*/
    AdjMatrix arc;                        /*邻接矩阵，存储边或弧的信息*/
    int vexnum,arcnum;                    /*顶点数和边（弧）的数目*/
    GraphKind kind;                       /*图的类型*/
}MGraph;
```

其中，数组 vex 用于存储图中的顶点元素值，如 a、b、c、d，arc 表示图中顶点间的边或弧的信息。

【图的邻接表表示法】

邻接表（adjacency list）是图的一种链式存储方式。采用邻接表表示图一般需要两个表结构——边表和表头节点表。

- **边表**：在邻接表中，对图中的每个顶点都建立一个单链表，第 i 个单链表中的节点表示依附于顶点 v_i 的边（对于有向图来说是以顶点 v_i 为弧尾的弧）。这种链表称为边表。其中节点称为边表节点，边表节点由 3 个域组成，分别是邻接点（adjvex）域、数据（info）域和指针（nextarc）域。其中，邻接点域表示与相应的表头顶点邻接的位置，数据域存储与边或弧相关的信息，指针域用来指示下一条边或弧的节点。

● **表头节点表**：在每个链表前面设置一个头节点，表头节点除了有存储各个顶点信息的数据（data）域外，还有指向链表中第一个节点的指针（firstarc）域。我们把这种表称为表头节点表，相应地，节点称为表头节点。通常情况下，表头节点采用顺序存储结构实现，这样可以随机地访问任意顶点。

表头节点和边表节点的存储结构如图 8.4 所示。图 8.3（a）所示的带权图对应的邻接表如图 8.5 所示。

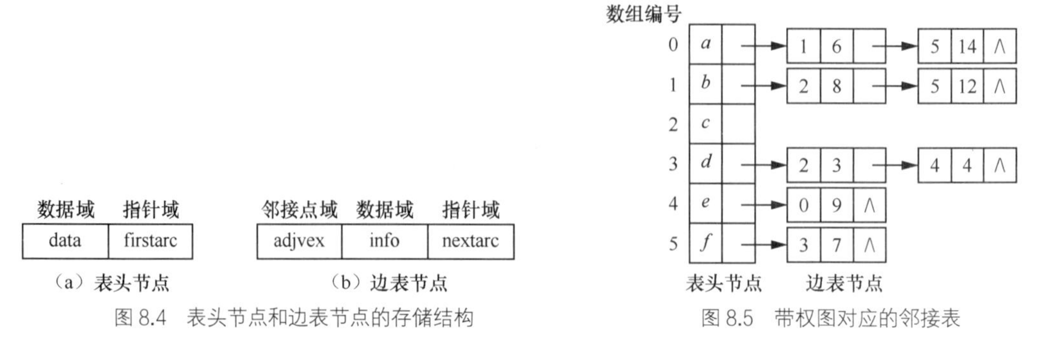

图 8.4 表头节点和边表节点的存储结构

图 8.5 带权图对应的邻接表

【图的邻接表存储结构】

```
#define MAXSIZE 100                       /*最大顶点个数*/
typedef enum{DG,DN,UG,UN}GraphKind;       /*图的类型，包括有向图、有向网、无向图和无向网*/
typedef struct ArcNode                    /*边节点的类型定义*/
{
    int adjvex;                           /*弧指向的顶点的位置*/
    InfoPtr *info;                        /*与弧相关的信息*/
    struct ArcNode *nextarc;              /*指示下一个与该顶点相邻接的顶点*/
}ArcNode;
typedef struct VNode                      /*表头节点的类型定义*/
{
    VertexType data;                      /*用于存储顶点*/
    ArcNode *firstarc;                    /*指示第一个与该顶点邻接的顶点*/
}VNode,AdjList[MAXSIZE];
typedef struct                            /*图的类型定义*/
{
    AdjList vertex;
    int vexnum,arcnum;                    /*图的顶点数与弧的数目*/
    GraphKind kind;                       /*图的类型*/
}AdjGraph;
```

8.1.1 利用邻接矩阵创建有向网

问题描述

编写算法，利用邻接矩阵表示法创建有向网（即带权的有向图）。

【分析】

算法实现可分为两个部分。首先顶点信息，可用一个一维数组存储顶点信息。然后指定弧的信息，包括弧的相关顶点和权值，可存储到二维数组中，其中，二维数组的两个下标分别表示两个顶点的弧尾和弧头编号，权值存放在对应的数组中。

☞第 8 章\实例 8-01.cpp

```
/*******************************************
*实例说明：利用邻接矩阵表示法创建有向网
*******************************************/
#include<stdio.h>
#include<string.h>
#include<malloc.h>
#include<stdlib.h>
#include<iostream.h>
#include<iomanip.h>
typedef char VertexType[4];
typedef char InfoPtr;
typedef int VRType;
#define INFINITY 65535                /*定义一个无限大的值*/
#define MAXSIZE 100                   /*最大顶点个数*/
typedef enum{DG,DN,UG,UN}GraphKind;   /*图的类型——有向图、有向网、无向图和无向网*/
typedef struct
{
    VRType adj;                       /*对于无权图，用 1 表示相邻，0 表示不相邻；对于带权图，存储权值*/
    InfoPtr *info;                    /*与弧或边相关的信息*/
}ArcNode,AdjMatrix[MAXSIZE][MAXSIZE];
typedef struct                        /*图的类型定义*/
{
    VertexType vex[MAXSIZE];
    AdjMatrix arc;
    int vexnum,arcnum;
    GraphKind kind;
}MGraph;
void CreateGraph(MGraph *N);
int LocateVertex(MGraph N,VertexType v);
void DestroyGraph(MGraph *N);
void DisplayGraph(MGraph N);
void main()
{
    MGraph N;
    cout<<"创建一个有向网："<<endl;
    CreateGraph(&N);
    cout<<"输出有向网的顶点和弧："<<endl;
    DisplayGraph(N);
    DestroyGraph(&N);
}
void CreateGraph(MGraph *N)
/*采用邻接矩阵表示法创建有向网 N*/
{
    int i,j,k,w;
    VertexType v1,v2;
    cout<<"请输入有向网 N 的顶点数和弧数：";
    cin>>(*N).vexnum>>(*N).arcnum;
    cout<<"请输入"<<N->vexnum<<"个顶点的值:"<<endl;
    for(i=0;i<N->vexnum;i++)          /*创建一个数组，用于保存有向网的各个顶点*/
    cin>>N->vex[i];
    for(i=0;i<N->vexnum;i++)          /*初始化邻接矩阵*/
    for(j=0;j<N->vexnum;j++)
    {
    N->arc[i][j].adj=INFINITY;
    N->arc[i][j].info=NULL;           /*弧的信息初始化为空*/
    }
    cout<<"请分别输入"<<N->arcnum<<"条弧的结尾　开头　权值(以空格分隔):"<<endl;
```

```
    for(k=0;k<N->arcnum;k++)
    {
    cin>>v1>>v2>>w;                        /*输入两个顶点和弧的权值*/
    i=LocateVertex(*N,v1);
    j=LocateVertex(*N,v2);
    N->arc[i][j].adj=w;
    }
    N->kind=DN;                            /*图的类型为有向网*/
}
int LocateVertex(MGraph N,VertexType v)
/*在顶点向量中查找顶点 v*/
{
    int i;
    for(i=0;i<N.vexnum;++i)
    if(strcmp(N.vex[i],v)==0)
    return i;
    return -1;
}
void DestroyGraph(MGraph *N)
/*销毁有向网 N*/
{
    int i,j;
    for(i=0;i<N->vexnum;i++)                /*释放弧的相关信息*/
    for(j=0;j<N->vexnum;j++)
    if(N->arc[i][j].adj!=INFINITY)
    if(N->arc[i][j].info!=NULL)
    {
    free(N->arc[i][j].info);
    N->arc[i][j].info=NULL;
    }
    N->vexnum=0;
    N->arcnum=0;
}
void DisplayGraph(MGraph N)
/*输出邻接矩阵存储表示的有向图 N*/
{
    int i,j;
    cout<<"有向网具有"<<N.vexnum<<"个顶点"<<N.arcnum<<"条弧，顶点依次是 ";
    for(i=0;i<N.vexnum;++i)                 /*输出有向网的顶点*/
    cout<<N.vex[i]<<" ";
        cout<<endl<<"有向网 N:"<<endl;        /*输出有向网 N 的弧*/
        cout<<"顶点：   ";
        for(i=0;i<N.vexnum;i++)
            cout<<N.vex[i]<<setw(4);
        cout<<endl;
        for(i=0;i<N.vexnum;i++)
        {
            cout<<setw(5)<<N.vex[i];
            for(j=0;j<N.vexnum;j++)
            {
                if(N.arc[i][j].adj!=INFINITY)
                    cout<<setw(4)<<N.arc[i][j].adj;
                else
                    cout<<setw(4)<<"∞";
            }
            cout<<endl;
}
  }
```

运行结果如图 8.6 所示。

```
"F:\数据结构与算法速查手册\数据结构与算法...
创建一个有向网:
请输入有向网N的顶点数和弧数: 6 9
请输入6个顶点的值:
a b c d e f
请分别输入9条弧的结尾 开头 权值(以空格分隔):
a b 6
a e 5
a f 9
f c 7
b c 8
b f 6
c d 5
d a 12
e d 3
输出有向网的顶点和弧:
有向网具有6个顶点9条弧，顶点依次是 a b c d e f
有向网N:
顶点:  a   b   c   d   e   f
   a   ∞   6   ∞   ∞   5   9
   b   ∞   ∞   8   ∞   ∞   6
   c   ∞   ∞   ∞   5   ∞   ∞
   d   12  ∞   ∞   ∞   ∞   ∞
   e   ∞   ∞   ∞   3   ∞   ∞
   f   ∞   ∞   7   ∞   ∞   ∞
Press any key to continue
```

图 8.6 运行结果

8.1.2 利用邻接表创建有向图

问题描述

假设以邻接表作为图的存储结构，编写算法，创建有向图并输出邻接表。

【分析】

本题主要考查对邻接表的理解。图的邻接表分为两个部分——表头节点和边表节点。因此利用邻接表创建有向图也分为两个部分。一是创建表头节点，二是创建边表节点构成的边表。

创建表头节点就是根据输入的顶点信息，将顶点直接存入对应的数据域中，并且将该顶点的指针域置为空。

```
for(i=0;i<G->vexnum;i++)                    //将顶点存储在表头节点中
{
    cin>>G->vertex[i].data;
    G->vertex[i].firstarc=NULL;             //将相关联的顶点的指针域置为空
}
```

创建边表就是根据输入的弧信息，创建新节点，并将该节点插入对应的链表中。

```
for(k=0;k<G->arcnum;k++)                    //建立边表
{
    cin>>v1>>v2;
    i=LocateVertex(*G,v1);                  /*确定 v1 对应的编号*/
    j=LocateVertex(*G,v2);                  /*确定 v2 对应的编号*/
    p=(ArcNode*)malloc(sizeof(ArcNode));
    p->adjvex=j;
    p->nextarc=G->vertex[i].firstarc;       //插入编号为 i 的链表中
    G->vertex[i].firstarc=p;
}
```

☞第 8 章\实例 8-02.cpp

```
/*********************************************
*实例说明: 利用邻接表创建有向图
```

```
********************************************/
#include<stdlib.h>
#include<stdio.h>
#include<malloc.h>
#include<string.h>
#include<iostream.h>
/*图的邻接表类型定义*/
typedef char VertexType[4];
typedef char InfoPtr;
typedef int VRType;
#define MAXSIZE 100
typedef enum{DG,DN,UG,UN}GraphKind;
typedef struct ArcNode
{
    int adjvex;
    InfoPtr *info;
    struct ArcNode *nextarc;
}ArcNode;
typedef struct VNode
{
    VertexType data;
    ArcNode *firstarc;
}VNode,AdjList[MAXSIZE];
typedef struct
{
    AdjList vertex;
    int vexnum,arcnum;
    GraphKind kind;
}AdjGraph;
int LocateVertex(AdjGraph G,VertexType v);
void CreateGraph(AdjGraph *G);
void DisplayGraph(AdjGraph *G);
void DestroyGraph(AdjGraph *G);

int LocateVertex(AdjGraph G,VertexType v)
//返回有向图中顶点对应的位置
{
    int i;
    for(i=0;i<G.vexnum;i++)
    if(strcmp(G.vertex[i].data,v)==0)
    return i;
    return -1;
}
void CreateGraph(AdjGraph *G)
//采用邻接表创建有向图G
{
    int i,j,k;
    VertexType v1,v2;                      //定义两个顶点v1和v2
    ArcNode *p;
    cout<<"请输入有向图的顶点数和边数: ";
    cin>>(*G).vexnum>>(*G).arcnum;
    cout<<"请输入"<<G->vexnum<<"个顶点的值:"<<endl;
    for(i=0;i<G->vexnum;i++)               //将顶点存储在表头节点中
{
    cin>>G->vertex[i].data;
    G->vertex[i].firstarc=NULL;            //将相关联的顶点的指针域置为空
}
cout<<"请输入弧尾  弧头:"<<endl;
for(k=0;k<G->arcnum;k++)                   //建立边表
{
```

```
    cin>>v1>>v2;
    i=LocateVertex(*G,v1);              /*确定 v1 对应的编号*/
    j=LocateVertex(*G,v2);              /*确定 v2 对应的编号*/
    /*以 j 为弧头、i 为弧尾创建邻接表*/
    p=(ArcNode*)malloc(sizeof(ArcNode));
    p->adjvex=j;
    p->info=NULL;
    p->nextarc=G->vertex[i].firstarc;
    G->vertex[i].firstarc=p;
}
 (*G).kind=DG;
}
void DestroyGraph(AdjGraph *G)
//销毁有向图 G
{
    int i;
    ArcNode *p,*q;
    for(i=0;i<(*G).vexnum;i++)          //释放有向图中的边表节点
        {
        p=G->vertex[i].firstarc;        //p 指向边表的第一个节点
        if(p!=NULL)                     //如果边表不为空，则释放边表的节点
        {
    q=p->nextarc;
    free(p);
    p=q;
    }
    }
     (*G).vexnum=0;
     (*G).arcnum=0;
}

void DisplayGraph(AdjGraph G)
//输出有向图的邻接矩阵
{
    int i;
    ArcNode *p;
    cout<<G.vexnum<<"个顶点："<<endl;
    for(i=0;i<G.vexnum;i++)
    cout<<G.vertex[i].data<<" ";
    cout<<endl<<G.arcnum<<"条边:"<<endl;
    for(i=0;i<G.vexnum;i++)
        {
        p=G.vertex[i].firstarc;
    while(p)
    {
        cout<<G.vertex[i].data<<"→"<<G.vertex[p->adjvex].data<<" ";
        p=p->nextarc;
    }
    cout<<endl;
}
}
void main()
{
    AdjGraph G;
    cout<<"采用邻接矩阵创建有向图 G："<<endl;
    CreateGraph(&G);
    cout<<"输出有向图 G 的邻接表："<<endl;
    DisplayGraph(G);
    DestroyGraph(&G);
}
```

运行结果如图 8.7 所示。

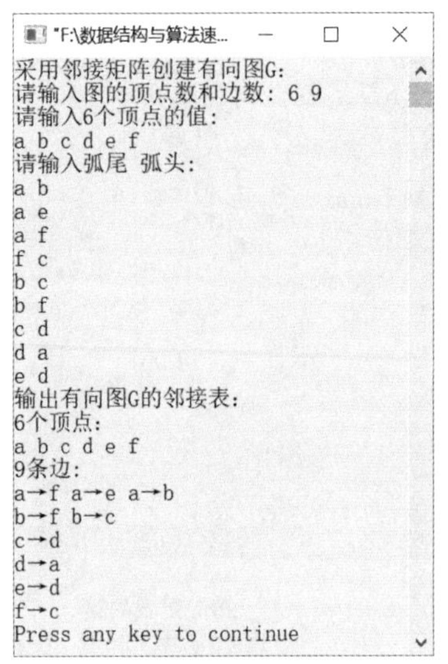

图 8.7　运行结果

8.1.3　把图的邻接矩阵表示转换为邻接表表示

问题描述

编写算法，试把图的邻接矩阵表示转换为邻接表表示。

【分析】

这是哈尔滨工业大学考研试题。本题要求实现图邻接矩阵表示到邻接表表示的转换，因此需要熟悉图的邻接矩阵存储结构和图的邻接表存储结构的特点。由于有向图和无向图的邻接存储结构不同，并与带权图的存储存在一定差别，因此这里只给出有向图的邻接矩阵表示到邻接表表示的转换。

☞第 8 章\实例 8-03.cpp

```
/*********************************************
*实例说明: 把有向图的邻接矩阵表示转换为邻接表表示
*********************************************/
#include<stdio.h>
#include<string.h>
#include<malloc.h>
#include<stdlib.h>
#include<iostream.h>
#include<iomanip.h>
typedef char VertexType[4];
typedef char InfoPtr;
typedef int VRType;
#define MAXSIZE 50
typedef enum{DG,DN,UG,UN}GraphKind;
//以下是邻接矩阵的类型定义
typedef struct
{
    VRType adj;
    InfoPtr *info;
}AdjMatrix[MAXSIZE][MAXSIZE];
typedef struct
{
```

```
    VertexType vex[MAXSIZE];
    AdjMatrix arc;
    int vexnum,arcnum;
    GraphKind kind;
}MGraph;
//以下是邻接表的类型定义
typedef struct ArcNode
{
    int adjvex;
    InfoPtr *info;
    struct ArcNode *nextarc;
}ArcNode;
typedef struct VNode
{
    VertexType data;
    ArcNode *firstarc;
}VNode,AdjList[MAXSIZE];
typedef struct
{
    AdjList vertex;
    int vexnum,arcnum;
    GraphKind kind;
}AdjGraph;
void CreateGraph(MGraph *G);
int LocateVertex(MGraph G,VertexType v);
void DestroyGraph(MGraph *G);
void DisplayGraph(MGraph G);
void DisplayAdjGraph(AdjGraph G);
void ConvertGraph(AdjGraph *A,MGraph M);
void main()
{
    MGraph M;
    AdjGraph A;
    cout<<"创建一个有向图: "<<endl;
    CreateGraph(&M);
    cout<<"输出有向网的顶点和弧: "<<endl;
    DisplayGraph(M);
    ConvertGraph(&A,M);
    DisplayAdjGraph(A);
    DestroyGraph(&M);
}
void CreateGraph(MGraph *G)
/*采用邻接矩阵创建有向图 G*/
{
    int i,j,k;
    VertexType v1,v2;
    cout<<"请输入有向图 G 的顶点数和弧数: ";
    cin>>(*G).vexnum>>(*G).arcnum;
    cout<<"请输入"<<G->vexnum<<"个顶点的值:"<<endl;
    for(i=0;i<G->vexnum;i++)          /*创建一个数组，以保存有向图的各个顶点*/
    cin>>G->vex[i];
    for(i=0;i<G->vexnum;i++)          /*初始化邻接矩阵*/
    for(j=0;j<G->vexnum;j++)
    {
        G->arc[i][j].adj=0;
        G->arc[i][j].info=NULL;       /*弧的信息初始化为空*/
    }
    cout<<"请输入"<<G->arcnum<<"条弧的结尾  开头(以空格分隔): "<<endl;
    for(k=0;k<G->arcnum;k++)
    {
        cin>>v1>>v2;                  /*输入两个顶点元素*/
```

```
    i=LocateVertex(*G,v1);
    j=LocateVertex(*G,v2);
    G->arc[i][j].adj=1;
    }
    G->kind=DG;                          /*图的类型为有向图*/
}
int LocateVertex(MGraph G,VertexType v)
{
    int i;
    for(i=0;i<G.vexnum;++i)
    if(strcmp(G.vex[i],v)==0)
    return i;
    return -1;
}
void DestroyGraph(MGraph *G)
/*销毁有向图 G*/
{
    int i,j;
    for(i=0;i<G->vexnum;i++)
        for(j=0;j<G->vexnum;j++)
        if(G->arc[i][j].adj!=0)
        if(G->arc[i][j].info!=NULL)
{
        free(G->arc[i][j].info);
        G->arc[i][j].info=NULL;
}
G->vexnum=0;
G->arcnum=0;
}
void DisplayGraph(MGraph G)
/*输出邻接矩阵存储表示的有向图 G*/
{
    int i,j;
    cout<<"有向图具有"<<G.vexnum<<"个顶点"  <<G.arcnum<<"条弧，顶点依次是 ";
    for(i=0;i<G.vexnum;++i)              /*输出有向图的顶点*/
        cout<<"  "<<G.vex[i];
        cout<<endl<<"有向图 G:"<<endl;
        /*输出有向图 G 的邻接矩阵*/
        cout<<"顶点: ";
    for(i=0;i<G.vexnum;i++)
        cout<<setw(4)<<G.vex[i];
        cout<<endl;
        for(i=0;i<G.vexnum;i++)
    {
            cout<<setw(6)<<G.vex[i];
            for(j=0;j<G.vexnum;j++)
            cout<<setw(4)<<G.arc[i][j].adj;
            cout<<endl;
    }
}
void ConvertGraph(AdjGraph *A,MGraph M)
//将采用邻接矩阵表示的有向图 M 转换成邻接表 A
{
    int i,j;
    ArcNode *p;
    A->vexnum=M.vexnum;
    A->arcnum=M.arcnum;
    A->kind=M.kind;
    for(i=0;i<A->vexnum;i++)                 /*将顶点存储在表头节点中*/
    {
        strcpy(A->vertex[i].data,M.vex[i]);
```

```
        A->vertex[i].firstarc=NULL;     /*将相关联的顶点置为空*/
}
    printf("请输入弧尾和弧头(以空格作为间隔):\n");
    for(i=0;i<M.arcnum;i++)              /*建立边表*/
        for(j=0;j<M.arcnum;j++)
        if(M.arc[i][j].adj==1)
        {
            /*j 为弧头、i 为弧尾创建邻接表*/
            p=(ArcNode*)malloc(sizeof(ArcNode));
            p->adjvex=j;
            p->info=NULL;
            p->nextarc=A->vertex[i].firstarc;
            A->vertex[i].firstarc=p;
        }
        (*A).kind=DG;
}
void DisplayAdjGraph(AdjGraph G)
/*输出有向图的邻接矩阵 G*/
{
    int i;
    ArcNode *p;
    cout<<G.vexnum<<"个顶点："<<endl;
    for(i=0;i<G.vexnum;i++)
        cout<<G.vertex[i].data<<" ";
        cout<<endl<<G.arcnum<<"条边:"<<endl;
    for(i=0;i<G.vexnum;i++)
    {
        p=G.vertex[i].firstarc;
    while(p)
    {
        cout<<G.vertex[i].data<<"→"
        <<G.vertex[p->adjvex].data<<" ";
        p=p->nextarc;
    }
    cout<<endl;
    }
}
```

运行结果如图 8.8 所示。

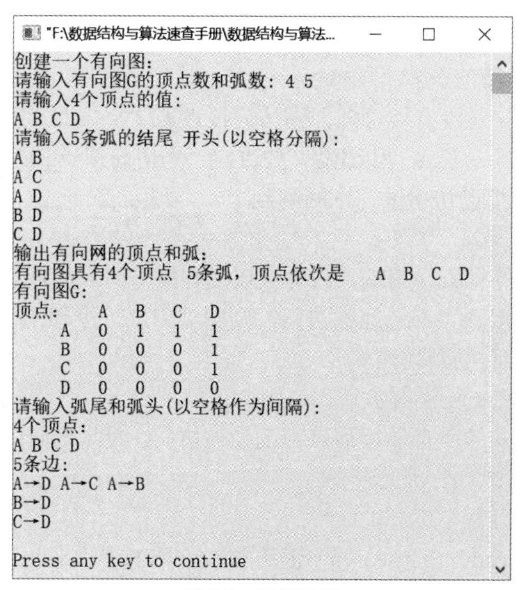

图 8.8 运行结果

8.2 图的遍历

【图的深度优先搜索遍历】

图的深度优先搜索（depth_first search）遍历是树的先序遍历的推广。图的深度优先搜索遍历的思想如下。

从图中某个顶点 v_0 出发，访问顶点 v_0 的第一个邻接顶点，然后以该邻接顶点为新的顶点，访问该顶点的邻接顶点。重复执行以上操作，直到当前顶点没有邻接顶点为止。接下来，返回上一个已经访问过但还有未被访问的邻接顶点的顶点，按照以上步骤继续访问该顶点的其他未被访问的邻接顶点。以此类推，直到图中所有的顶点都被访问过。

对于图 8.9（a）所示的无向图，深度优先搜索遍历过程如图 8.9（b）所示。其中，实线箭头表示访问顶点的方向，虚线箭头表示回溯，带阴影的数字编号表示访问的顺序，不带阴影的数字编号表示回溯的顺序。

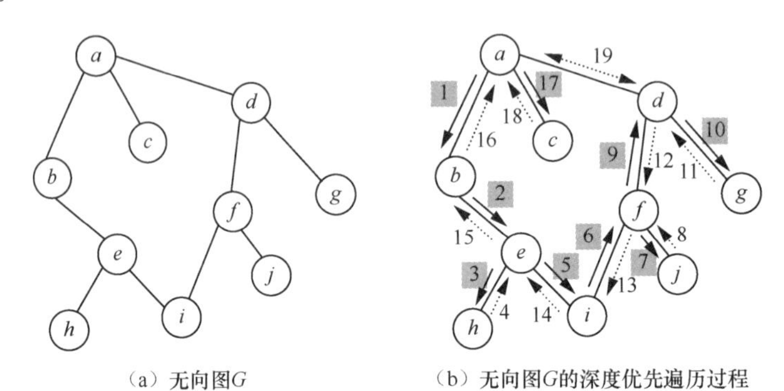

（a）无向图G　　（b）无向图G的深度优先遍历过程

图 8.9　无向图 G 及其深度优先搜索遍历过程

图的深度优先搜索遍历过程如下。

（1）访问顶点 a，顶点 a 的邻接顶点有 b、c、d，因此开始访问顶点 a 的第一个邻接顶点 b。

（2）顶点 b 未访问的邻接顶点只有顶点 e，因此访问顶点 e。

（3）顶点 e 的邻接顶点有 h 和 i，且都未被访问，先访问顶点 h。

（4）顶点 h 的邻接顶点只有 e，且已被访问，回溯到上一个顶点 e。

（5）访问 e 的下一个邻接顶点 i。

（6）顶点 i 的邻接顶点 f 还没有被访问，则访问顶点 f。

（7）顶点 f 的邻接顶点有 j 和 d，且都没有被访问，先访问顶点 j。

（8）顶点 j 的邻接顶点都已访问过，则回溯到上一个顶点 f。

（9）访问顶点 d。

（10）顶点 d 的邻接顶点有 f、g 和 a，只有 g 还没有被访问，因此访问顶点 g。

（11）顶点 g 的所有邻接顶点都已经被访问，则回溯到上一个顶点 d，同理顶点 d 的所有邻接顶点也已经被访问，则继续回溯到顶点 a。

（12）顶点 a 的邻接顶点 c 还没有被访问，因此访问顶点 c。顶点 c 没有未被访问的邻接顶点，回溯到上一个顶点 a，顶点 a 的所有邻接顶点都已经被访问，因此无向图 G 的深度优先搜索遍历序列为 a、b、e、h、i、f、j、d、g、c。

【图的广度优先搜索遍历】

图的广度优先搜索（breadth first search）遍历类似于树的层次遍历过程。图的广度优先搜索遍历的思想如下。

从图的某个顶点 v 出发，在访问了 v 之后依次访问 v 的各个未曾访问过的邻接顶点，然后分别从这些邻接顶点出发依次访问它们的邻接顶点，并使“先被访问的顶点的邻接顶点”先于“后被访问的顶点的邻接顶点”被访问，直至图中所有已被访问的顶点的邻接顶点都被访问到。若此时图中还有顶点未被访问，则另选图中一个未曾被访问的顶点作为起始顶点，重复上述过程，直至图中的所有顶点都被访问为止。

例如，图 8.9 所示无向图 G 的广度优先搜索遍历过程如图 8.10 所示。其中，箭头和数字编号分别表示广度优先搜索遍历的方向和顺序。图 G 的广度优先搜索遍历的过程如下。

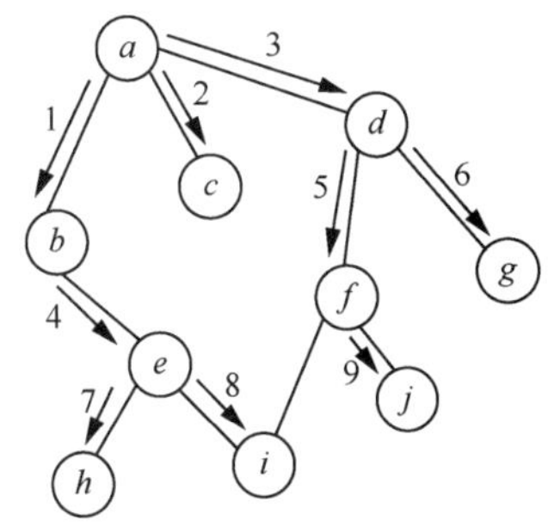

图 8.10 图 G 的广度优先搜索遍历过程

（1）从顶点 a 出发，因为顶点 a 还未被访问过，所以访问顶点 a。

（2）顶点 a 的邻接顶点有 b、c、d，先访问 a 的第 1 个邻接顶点 b。

（3）顶点 a 的邻接顶点 c 还没有被访问，故访问邻接顶点 c。

（4）同上，访问邻接顶点 d。

（5）顶点 b 的邻接顶点 e 未被访问，故访问邻接顶点 e。

（6）顶点 d 的邻接顶点 f 和 g 未被访问，故访问邻接顶点 f。

（7）访问邻接顶点 g。

（8）顶点 e 的邻接顶点有 h 和 i，且未被访问，故访问邻接顶点 h。

（9）访问邻接顶点 i。

（10）顶点 f 的邻接顶点是 i 和 j，其中邻接顶点 i 已被访问，故访问邻接顶点 j。

因此，图 G 的广度优先搜索遍历序列为 a、b、c、d、e、f、g、h、i、j。

8.2.1 判断有向图中是否存在回路

问题描述

实现算法，判断在给定的有向图中是否存在一个回路。若存在，则以顶点序列的方式输出该回路（找到一条即可）（注：图中不存在顶点到自身的弧）。

【分析】

这是清华大学的考研试题。为了判断有向图中是否存在回路，可通过深度优先搜索遍历的方法实现。从编号为 0 的顶点出发，若两个顶点间存在路径，则记录起始顶点，并将该顶点标记为已访问（标记为-1）。在遍历的过程中，若有顶点与起始顶点相同，则说明存在回路。

☞第 8 章\实例 8-04.cpp

```
/*********************************************
*实例说明：判断有向图中是否存在回路
*********************************************/
#include<iostream.h>
#include<stdlib.h>
#include<stdio.h>
#include<string.h>
#include<conio.h>
const int N=100;
int G[N][N];//0 表示不存在弧，1 表示存在弧
int path[N], visited[N],n,cycle;
int DFS(int u,int start)
//深度优先搜索遍历有向图
```

```
{
    int i;
    visited[u] =-1;              //顶点 u 标记为已访问
    path[u] =start;              //记录起始顶点
    for(i=0;i<n;i++)
    {
        if(G[u][i]&&i!=start)
        {
            if(visited[i]<0)
            {
            cycle =u;
            return 0;
            }
    if(!DFS(i,u))                //若存在路径，则继续深度优先搜索遍历
    return 0;
    }
    }
    visited[u] =1;
    return 1;
}
void DisPath(int u)
//输出回路中的顶点
{
    if(u<0)
    return;
    DisPath(path[u]);
    cout<<" "<<u;
}
void main()
{
    int i,j;
    cout<<"请输入图中的顶点个数:"<<endl;
    cin>>n;
 memset(G,0,sizeof(G));
    cout<<"请输入一个"<<n<<"*"<<n<<"矩阵（1 表示存在弧，0 表示不存在弧）:"<<endl;
for(i = 0;i < n;i++)
{
    for(j = 0;j < n;j++)
    {
        cin>>G[i][j];
}
 }
cycle =-1;
for(i=0;i<n;i++)
{
    if(!visited[i]&&!DFS(i,-1))        //顶点 i 还没有被访问
    break;
}
if(cycle<0)
    cout<<"不存在回路!"<<endl;
else
{
    cout<<"存在回路!"<<endl;
    DisPath(cycle);
    cout<<endl;
}
}
```

运行结果如图 8.11 所示。

创建的 4×4 矩阵对应的有向图如图 8.12 所示。

```
"F:\数据结构与算法速查手册\数据结构与算法...
请输入图中的顶点个数:
4
请输入一个4*4矩阵（1表示存在弧，0表示不存在弧）:
0 1 1 0
0 0 1 1
0 0 0 0
1 0 0 0
存在回路!
 0 1 3
Press any key to continue
```

图 8.11 运行结果

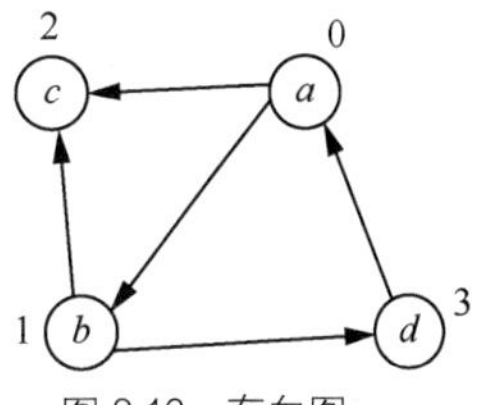

图 8.12 有向图

其中，*a*、*b*、*c*、*d* 对应的编号分别为 0、1、2、3。有向图有 5 条弧，分别是<*a*,*b*>、<*a*,*c*>、<*b*,*c*>、<*b*,*d*>和<*d*,*a*>。因此存在回路——*a*→*b*→*d*→*a*。

8.2.2 深度优先搜索遍历无向图

问题描述

实现一个递归算法，采用深度优先搜索对无向图进行遍历，并对算法中的无向图的存储结构予以简单说明。

【分析】

这是大连理工大学的考研试题。

在无向图的深度优先搜索遍历过程中，无向图中可能存在回路。因此，在访问了某个顶点之后，沿着某条路径遍历，有可能又回到该顶点。例如，对于图 8.9 所示的无向图 *G*，在访问了顶点 *a* 之后，接着访问顶点 *b*、*e*、*h*、*i*、*f*、*j*、*d*、*g*、*c*。顶点 *d* 的邻接顶点是顶点 *a*，沿着边(*d*,*a*)遍历会再次访问顶点 *a*。为了避免再次访问已访问过的顶点，需设置一个数组 visited，记录顶点是否已被访问。

定义一个数组 visited，记录顶点是否被访问过，初始时为 0，访问过为 1。然后对每个没有被访问过的顶点进行深度优先搜索遍历。若某个顶点 *u* 未被访问，则输出该顶点，并将该顶点标记为已访问，接着准备遍历 *u* 的第一个邻接顶点 *v*；若 *u* 的这个邻接顶点 *v* 还没有被访问，则对该邻接顶点 *v* 进行深度优先搜索遍历；若 *v* 的所有邻接顶点已经被访问，则开始遍历 *u* 的其他邻接顶点。重复以上过程，直到所有顶点都已被访问。

例如，图 8.10 中的无向图 *G* 的深度优先搜索遍历序列有 *a*、*b*、*e*、*h*、*i*、*f*、*j*、*d*、*g*、*c* 和 *a*、*d*、*g*、*f*、*i*、*e*、*b*、*h*、*j*、*c*。

☞第 8 章\实例 8-05.cpp

```
/*******************************************
*实例说明：深度优先搜索遍历无向图
*******************************************/
#include<stdlib.h>
#include<stdio.h>
#include<malloc.h>
#include<string.h>
#include<iostream.h>
/*图的邻接表类型定义*/
typedef char VertexType[4];
typedef char InfoPtr;
typedef int VRType;
#define MAXSIZE 100
typedef enum{DG,DN,UG,UN}GraphKind;
typedef struct ArcNode
{
```

```
    int adjvex;
    InfoPtr *info;
    struct ArcNode *nextarc;
}ArcNode;
typedef struct VNode
{
    VertexType data;
    ArcNode *firstarc;
}VNode,AdjList[MAXSIZE];
typedef struct
{
    AdjList vertex;
    int vexnum,arcnum;
    GraphKind kind;
}AdjGraph;
int LocateVertex(AdjGraph G,VertexType v);
void CreateGraph(AdjGraph *G);
void DisplayGraph(AdjGraph G);
void DestroyGraph(AdjGraph *G);
void DFSTraverse(AdjGraph G);
int LocateVertex(AdjGraph G,VertexType v)
//返回无向图中顶点对应的位置
{
    int i;
    for(i=0;i<G.vexnum;i++)
        if(strcmp(G.vertex[i].data,v)==0)
        return i;
    return -1;
}
void CreateGraph(AdjGraph *G)
//采用邻接表创建无向图 G
{
        int i,j,k;
        VertexType v1,v2;                          //定义两个顶点 v1 和 v2
        ArcNode *p;
        cout<<"请输入无向图的顶点数和边数: ";
        cin>>(*G).vexnum>>(*G).arcnum;
        cout<<"请输入"<<G->vexnum<<"个顶点的值:"<<endl;
    for(i=0;i<G->vexnum;i++)                      //将顶点存储在表头节点中
    {
        cin>>G->vertex[i].data;
        G->vertex[i].firstarc=NULL;               //将相关联的顶点置为空
    }
    cout<<"请输入弧尾  弧头:"<<endl;
    for(k=0;k<G->arcnum;k++)                      //建立边表
    {
        cin>>v1>>v2;
        i=LocateVertex(*G,v1);                    /*确定 v1 对应的编号*/
        j=LocateVertex(*G,v2);                    /*确定 v2 对应的编号*/
        //以 j 为弧头、i 为弧尾创建邻接表
        p=(ArcNode*)malloc(sizeof(ArcNode));
        p->adjvex=j;
        p->info=NULL;
        p->nextarc=G->vertex[i].firstarc;
        G->vertex[i].firstarc=p;
        //以 i 为弧头、j 为弧尾创建邻接表
        p=(ArcNode*)malloc(sizeof(ArcNode));
        p->adjvex=i;
        p->info=NULL;
        p->nextarc=G->vertex[j].firstarc;
        G->vertex[j].firstarc=p;
    }
```

```
        (*G).kind=UG;
}
void DestroyGraph(AdjGraph *G)
//销毁无向图 G
{
    int i;
    ArcNode *p,*q;
    for(i=0;i<(*G).vexnum;i++)
    {
        p=G->vertex[i].firstarc;
        if(p!=NULL)
    {
        q=p->nextarc;
        free(p);
        p=q;
        }
        }
        (*G).vexnum=0;
        (*G).arcnum=0;
}
void DFS(AdjGraph G,int i,int visited[])
//从顶点 v 出发递归深度优先搜索遍历无向图 G
{
    ArcNode *p;
    if(!visited[i])
            cout<<G.vertex[i].data<<" ";
            visited[i]=1;
            p=G.vertex[i].firstarc;   //得到 i 号顶点的第一个邻接顶点
    while(p!=NULL)
    {
        if(!visited[p->adjvex])
        DFS(G,p->adjvex,visited);
        p=p->nextarc;                 //得到 i 号顶点的下一个邻接顶点
    }
    }
    void DFSTraverse(AdjGraph G)
    //从 v=0 出发深度优先搜索遍历整个无向图
    {
        int v,u,visited[MAXSIZE];
        for(v=0;v<G.vexnum;v++)
    visited[v]=0;
    for(u=0;u<G.vexnum;u++)
    if(!visited[u])
        DFS(G,u,visited);
}
void DisplayGraph(AdjGraph G)
//输出无向图的邻接矩阵 G
{
    int i;
    ArcNode *p;
    cout<<G.vexnum<<"个顶点: "<<endl;
    for(i=0;i<G.vexnum;i++)
        cout<<G.vertex[i].data<<" ";
        cout<<endl<<G.arcnum<<"条边:"<<endl;
    for(i=0;i<G.vexnum;i++)
    {
        p=G.vertex[i].firstarc;
    while(p)
    {
        cout<<G.vertex[i].data<<"→"<<G.vertex[p->adjvex].data<<" ";
        p=p->nextarc;
    }
    cout<<endl;
}
}
```

```
void main()
{
    AdjGraph G;
    cout<<"采用邻接矩阵创建无向图 G: "<<endl;
    CreateGraph(&G);
    cout<<"输出无向图 G 的邻接表: "<<endl;
    DisplayGraph(G);
    cout<<"深度优先搜索遍历无向图 G: "<<endl;
    DFSTraverse(G);
    cout<<endl;
    DestroyGraph(&G);
}
```

运行结果如图 8.13 所示。

图 8.13　运行结果

【说明】

创建无向图和有向图的邻接表的区别仅在于：对于有向图，只需要创建以 i 为弧尾、j 为弧头的链表；对于无向图，还需要创建一个以 i 为弧头、j 为弧尾的链表。

8.2.3　图的广度优先搜索遍历

问题描述

假设一个无向图以邻接表方式存储，编写一个广度优先搜索遍历图的算法。

【分析】

定义一个数组 visited，用来标记顶点是否已被访问。初始时，数组初始化为 0，表示顶点未被访问；数组初始化为 1，表示顶点已被访问。从第 1 个顶点 v_0 出发，访问该顶点并置 visited[v_0]为 1，然后将 v_0 入队。若队列不为空，则将队头元素（即顶点）出队，依次访问该顶点的所有邻接顶点，同时将这些顶点标记为已访问，并将其邻接顶点依次入队。重复以上操作，直到无向图中的所有顶点都已被访问过。

☞第 8 章\实例 8-06.cpp

```
/*******************************************
*实例说明：图的广度优先搜索遍历
*******************************************/
#include<stdlib.h>
#include<stdio.h>
#include<malloc.h>
#include<string.h>
#include<iostream.h>
/*图的邻接表类型定义*/
typedef char VertexType[4];
typedef char InfoPtr;
typedef int VRType;
#define MAXSIZE 100
typedef enum{DG,DN,UG,UN}GraphKind;
typedef struct ArcNode
{
    int adjvex;
    InfoPtr *info;
    struct ArcNode *nextarc;
}ArcNode;
typedef struct VNode
{
    VertexType data;
    ArcNode *firstarc;
}VNode,AdjList[MAXSIZE];
typedef struct
{
    AdjList vertex;
    int vexnum,arcnum;
    GraphKind kind;
}AdjGraph;
int LocateVertex(AdjGraph G,VertexType v);
void CreateGraph(AdjGraph *G);
void DisplayGraph(AdjGraph G);
void DestroyGraph(AdjGraph *G);
void DFSTraverse(AdjGraph G);
int LocateVertex(AdjGraph G,VertexType v)
//返回无向图中顶点对应的位置
{
    int i;
    for(i=0;i<G.vexnum;i++)
        if(strcmp(G.vertex[i].data,v)==0)
            return i;
    return -1;
}
void CreateGraph(AdjGraph *G)
//采用邻接表创建无向图 G
{
    int i,j,k;
    VertexType v1,v2;                          //定义两个顶点 v1 和 v2
    ArcNode *p;
    cout<<"请输入无向图的顶点数和边数: ";
    cin>>(*G).vexnum>>(*G).arcnum;
    cout<<"请输入"<<G->vexnum<<"个顶点的值:"<<endl;
    for(i=0;i<G->vexnum;i++)                  //将顶点存储在表头节点中
    {
        cin>>G->vertex[i].data;
        G->vertex[i].firstarc=NULL;          //将相关联的顶点置为空
    }
```

```
    cout<<"请输入弧尾  弧头:"<<endl;
    for(k=0;k<G->arcnum;k++)                    //建立边表
    {
        cin>>v1>>v2;
        i=LocateVertex(*G,v1);                  /*确定 v1 对应的编号*/
        j=LocateVertex(*G,v2);                  /*确定 v2 对应的编号*/
        //以 j 为弧头、i 为弧尾创建邻接表
        p=(ArcNode*)malloc(sizeof(ArcNode));
        p->adjvex=j;
        p->info=NULL;
        p->nextarc=G->vertex[i].firstarc;
        G->vertex[i].firstarc=p;
        //以 i 为弧头、j 为弧尾创建邻接表
        p=(ArcNode*)malloc(sizeof(ArcNode));
        p->adjvex=i;
        p->info=NULL;
        p->nextarc=G->vertex[j].firstarc;
        G->vertex[j].firstarc=p;
    }
    (*G).kind=UG;
}

void DestroyGraph(AdjGraph *G)
//销毁无向图 G
{
    int i;
    ArcNode *p,*q;
    for(i=0;i<(*G).vexnum;i++)
    {
        p=G->vertex[i].firstarc;
        if(p!=NULL)
        {
            q=p->nextarc;
            free(p);
            p=q;
        }
    }
     (*G).vexnum=0;
     (*G).arcnum=0;
}
void BFSTraverse(AdjGraph G)
//非递归广度优先搜索遍历无向图 G
{
    int v,front,rear,visited[MAXSIZE];
    int queue[MAXSIZE];
    ArcNode *p;
    front=rear=-1;
    for(v=0;v<G.vexnum;v++)
        visited[v]=0;
    v=0;
    visited[v]=1;
    cout<<G.vertex[v].data<<" ";
    rear=(rear+1)%MAXSIZE;
    queue[rear]=v;
    while(front<rear)
    {
        front=(front+1)%MAXSIZE;
        v=queue[front];
        p=G.vertex[v].firstarc;
        while(p!=NULL)
        {
            if(visited[p->adjvex]==0)
```

```
                {
                    visited[p->adjvex]=1;
                    cout<<G.vertex[p->adjvex].data<<" ";
                    rear=(rear+1)%MAXSIZE;
                    queue[rear]=p->adjvex;
                }
                p=p->nextarc;
            }
        }
}
void DisplayGraph(AdjGraph G)
//输出无向图的邻接矩阵 G
{
    int i;
    ArcNode *p;
    cout<<G.vexnum<<"个顶点: "<<endl;
    for(i=0;i<G.vexnum;i++)
        cout<<G.vertex[i].data<<" ";
    cout<<endl<<2*G.arcnum<<"条边:"<<endl;
    for(i=0;i<G.vexnum;i++)
    {
        p=G.vertex[i].firstarc;
        while(p)
        {
            cout<<G.vertex[i].data<<"→"<<G.vertex[p->adjvex].data<<" ";
            p=p->nextarc;
        }
        cout<<endl;
    }
}
void main()
{
    AdjGraph G;
    cout<<"采用邻接矩阵创建无向图 G: "<<endl;
    CreateGraph(&G);
    cout<<"输出无向图 G 的邻接表: "<<endl;
    DisplayGraph(G);
    cout<<"广度优先搜索遍历无向图 G: "<<endl;
    BFSTraverse(G);
    cout<<endl;
    DestroyGraph(&G);
}
```

运行结果如图 8.14 所示。

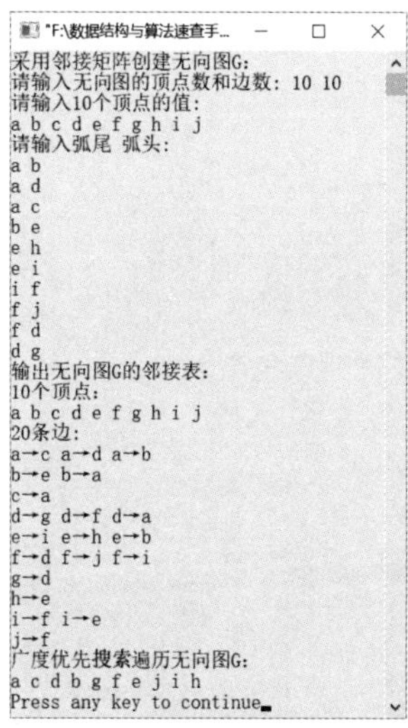

图 8.14 运行结果

8.2.4　判断有向图中是否有根顶点

问题描述

在有向图 G 中，如果顶点 r 到 G 中每个顶点都有路径可达，则称顶点 r 为有向图 G 的根顶点。编写一个算法判断有向图 G 中是否有根顶点，如果有，则输出所有根顶点的值。

【分析】

这是东北大学和浙江大学的考研试题，主要考查对图的深度优先搜索遍历的理解。若从某个顶点出发可遍历到所有其他顶点，则该顶点为根顶点；否则，不是根顶点。对每个顶点遍历一次即可完成任务。

☞第 8 章\实例 8-07.cpp

```
/**********************************************
*实例说明: 判断有向图中是否有根顶点
**********************************************/
#include<stdlib.h>
#include<stdio.h>
#include<malloc.h>
#include<string.h>
#include<iostream.h>
//图的邻接表类型定义
typedef char VertexType[4];
typedef char InfoPtr;
typedef int VRType;
#define MAXSIZE 100
typedef enum{DG,DN,UG,UN}GraphKind;
typedef struct ArcNode
{
    int adjvex;
    InfoPtr *info;
    struct ArcNode *nextarc;
}ArcNode;
typedef struct VNode
{
    VertexType data;
    ArcNode *firstarc;
}VNode,AdjList[MAXSIZE];
typedef struct
{
    AdjList vertex;
    int vexnum,arcnum;
    GraphKind kind;
}AdjGraph;
//函数声明
int LocateVertex(AdjGraph G,VertexType v);
void CreateGraph(AdjGraph *G);
void DisplayGraph(AdjGraph G);
void DestroyGraph(AdjGraph *G);
void DFSTraverse(AdjGraph G);
int LocateVertex(AdjGraph G,VertexType v)
//返回无向图中顶点对应的位置
{
    int i;
    for(i=0;i<G.vexnum;i++)
        if(strcmp(G.vertex[i].data,v)==0)
```

```
            return i;
        return -1;
}
void CreateGraph(AdjGraph *G)
//采用邻接表创建有向图 G
{
    int i,j,k;
    VertexType v1,v2;                     //定义两个顶点 v1 和 v2
    ArcNode *p;
    printf("请输入有向图的顶点数,边数(以逗号分隔): ");
    scanf("%d,%d",&(*G).vexnum,&(*G).arcnum);
    printf("请输入%d 个顶点的值:\n",G->vexnum);
    for(i=0;i<G->vexnum;i++)              //将顶点存储在表头节点中
    {
        scanf("%s",G->vertex[i].data);
        G->vertex[i].firstarc=NULL;       //将相关联的顶点置为空
    }
    printf("请输入弧尾和弧头(以空格作为间隔):\n");
    for(k=0;k<G->arcnum;k++)              //建立边表
    {
        scanf("%s%s",v1,v2);
        i=LocateVertex(*G,v1);
        j=LocateVertex(*G,v2);
        //以 j 为弧头、i 为弧尾创建邻接表
        p=(ArcNode*)malloc(sizeof(ArcNode));
        p->adjvex=j;
        p->info=NULL;
        p->nextarc=G->vertex[i].firstarc;
        G->vertex[i].firstarc=p;
    }
     (*G).kind=DG;
}
void DestroyGraph(AdjGraph *G)
//销毁有向图 G
{
    int i;
    ArcNode *p,*q;
    for(i=0;i<(*G).vexnum;++i)
    {
        p=G->vertex[i].firstarc;
        if(p!=NULL)
        {
            q=p->nextarc;
            free(p);
            p=q;
        }
    }
     (*G).vexnum=0;
     (*G).arcnum=0;
}
void DisplayGraph(AdjGraph G)
//输出有向图的邻接矩阵
{
    int i;
    ArcNode *p;
    printf("%d 个顶点: \n",G.vexnum);
    for(i=0;i<G.vexnum;i++)
        cout<<G.vertex[i].data<<" ";
    cout<<endl<<G.arcnum<<"条边:"<<endl;
```

```
    for(i=0;i<G.vexnum;i++)
    {
        p=G.vertex[i].firstarc;
        while(p)
        {
            cout<<G.vertex[i].data<<"→"<<G.vertex[p->adjvex].data;
            p=p->nextarc;
        }
        cout<<endl;
    }
}
void visitvex(AdjGraph G,int i)
//输出有向图中第 i 个顶点
{
    cout<<G.vertex[i].data<<"  ";
}
void DFS(AdjGraph G,int i,int visited[],int *n)
//从顶点 v 出发深度优先搜索遍历有向图 G
{
    ArcNode *p;
    visited[i]=1;
     (*n)++;
    visitvex(G,i);
    p=G.vertex[i].firstarc;                    //得到 i 号顶点的第一个邻接顶点
    while(p!=NULL)
    {
        if(!visited[p->adjvex])
            DFS(G,p->adjvex,visited,n);
        p=p->nextarc;                          //得到 i 号顶点的下一个邻接顶点
    }
}
void DFSTraverse(AdjGraph G)
//从 v=0 出发深度优先搜索遍历整个有向图
{
    int v,u,n,visited[MAXSIZE];
    for(v=0;v<G.vexnum;v++)
    {
        cout<<"从"<<G.vertex[v].data<<"开始搜索: ";
        for(u=0;u<G.vexnum;u++)
            visited[u]=0;
        n=0;
        DFS(G,v,visited,&n);
        if(n==G.vexnum)
            cout<<". "<<G.vertex[v].data<<"是根顶点"<<endl;
        else
            cout<<". "<<G.vertex[v].data<<"不是根顶点"<<endl;
    }
}
void main()
{
    AdjGraph G;
    cout<<"采用邻接表创建有向图 G: "<<endl;
    CreateGraph(&G);
    cout<<"输出有向图 G: ";
    DisplayGraph(G);
    DFSTraverse(G);
    DestroyGraph(&G);
}
```

运行结果如图 8.15 所示。

```
"F:\数据结构与算法速查手册...
采用邻接表创建有向图G:
请输入有向图的顶点数,边数(以逗号分隔): 4,5
请输入4个顶点的值:
a b c d
请输入弧尾和弧头(以空格作为间隔):
a b
a c
a d
b d
c d
4个顶点:
输出有向图G: a b c d
5条边:
a→d a→c a→b
b→d
c→d

从a开始搜索: a  d  c  b  . a是根顶点
从b开始搜索: b  d  . b不是根顶点
从c开始搜索: c  d  . c不是根顶点
从d开始搜索: d  . d不是根顶点
Press any key to continue
```

图 8.15 运行结果

8.2.5 求距离顶点 v_0 的最短路径长度为 k 的所有顶点

问题描述

实现算法，求出无向图中距离顶点 v_0 的最短路径长度（最短路径长度以边数为单位计算）为 k 的所有顶点，要求尽可能地节省时间。

【分析】

这是西北大学的考研试题。本题应用广度优先搜索遍历求解，若以顶点 v_0 作为生成树的根，即第 1 层，则距离顶点 v_0 的最短路径长度为 k 的顶点均在第（k+1）层。可用队列存放顶点，将遍历访问顶点的操作改为入队操作。队列中设头尾指针分别为 f 和 r，用 level 表示层数。

本题主要考察图的遍历。可以采用图的广度优先搜索遍历，找出第 k 层的所有顶点。一个无向图如图 8.16 所示，该图具有 8 个顶点和 9 条边。

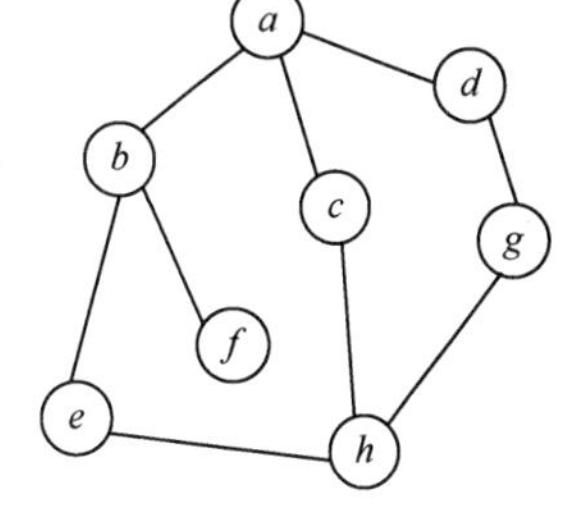

图 8.16 无向图

利用广度优先搜索遍历对图进行遍历。从 v_0 开始，依次访问与 v_0 相邻接的各个顶点，利用一个队列存储所有已经访问过的顶点和该顶点与 v_0 之间的最短路径，并将该顶点的标志位置为 1，表示已经访问过。依次取出队列的各个顶点，如果该顶点存在未访问过的邻接顶点，则首先判断该顶点是否距离 v_0 的最短路径长度为 k。如果满足条件，则将该邻接顶点输出；否则，将该邻接顶点入队，并将距离 v_0 的路径长度加 1。重复执行以上操作，直到队列为空或者存在满足条件的顶点为止。

☞第 8 章\实例 8-08.cpp

```
/*********************************************
*实例说明: 求距离顶点 v0 的最短路径长度为 k 的所有顶点
*********************************************/
#include<stdlib.h>
#include<stdio.h>
#include<malloc.h>
#include<string.h>
#include<iostream.h>
/*图的邻接表类型定义*/
typedef char VertexType[4];
typedef char InfoPtr;
```

```
typedef int VRType;
#define MAXSIZE 100                           /*最大顶点个数*/
typedef enum{DG,DN,UG,UN}GraphKind;
typedef struct ArcNode
{
    int adjvex;
    InfoPtr *info;
    struct ArcNode *nextarc;
}ArcNode;
typedef struct VNode
{
    VertexType data;
    ArcNode *firstarc;
}VNode,AdjList[MAXSIZE];
typedef struct
{
    AdjList vertex;
    int vexnum,arcnum;
    GraphKind kind;
}AdjGraph;
void BsfLevel(AdjGraph G,int v0,int k)
/*在无向图 G 中，求距离顶点 v0 最短路径长度为 k 的所有顶点*/
{
    int visited[MAXSIZE];
    int queue[MAXSIZE][2];
    的路径长度*/
    int front=0,rear=-1,v,i,level,yes=0;
    ArcNode *p;
    for(i=0;i<G.vexnum;i++)
        visited[i]=0;
    rear=(rear+1)% MAXSIZE;
    queue[rear][0]=v0;
    queue[rear][1]=1;
    visited[v0]=1;
    level=1;
    do{
        v=queue[front][0];
        level=queue[front][1];
        front=(front+1)% MAXSIZE;
        p=G.vertex[v].firstarc;           /*p 指向 v 的第一个邻接点*/
        while(p!=NULL)
        {
            if(visited[p->adjvex]==0)     /*如果该邻接顶点未被访问*/
            {
                if(level==k)
                {
                    if(yes==0)
                        cout<<"距离"<<G.vertex[v0].data<<"的最短路径为"<<k<<"的顶点有
                        "<<G.vertex[p->adjvex].data;
                    else
                        cout<<","<<G.vertex[p->adjvex].data;
                    yes=1;
                }
                visited[p->adjvex]=1;       /*访问标志置为 1*/
                rear=(rear+1)% MAXSIZE;     /*并将该顶点入队*/
                queue[rear][0]=p->adjvex;
                queue[rear][1]=level+1;
            }
            p=p->nextarc;
```

```
        }
    }while(front!=rear&&level<k+1);
    cout<<endl;
}
void DisplayGraph(AdjGraph G)
/*无向图 G 的邻接表的输出*/
{
    int i;
    ArcNode *p;
    cout<<"该图中有"<<G.vexnum<<"个顶点: ";
    for(i=0;i<G.vexnum;i++)
        cout<<G.vertex[i].data<<" ";
    cout<<endl<<"图中共有"<<2*G.arcnum<<"条边:"<<endl;
    for(i=0;i<G.vexnum;i++)
    {
        p=G.vertex[i].firstarc;
        while(p)
        {
    cout<<"("<<G.vertex[i].data<<","<<G.vertex[p->adjvex].data<<")";
    p=p->nextarc;
        }
        cout<<endl;
    }
}
int LocateVertex(AdjGraph G,VertexType v)
/*返回无向图中顶点对应的位置*/
{
    int i;
    for(i=0;i<G.vexnum;i++)
        if(strcmp(G.vertex[i].data,v)==0)
            return i;
        return -1;
}
void CreateGraph(AdjGraph *G)
/*采用邻接表创建无向图 G*/
{
    int i,j,k;
    VertexType v1,v2;                   /*定义两个顶点 v1 和 v2*/
    ArcNode *p;
    cout<<"请输入无向图的顶点数和边数: ";
    cin>>(*G).vexnum>>(*G).arcnum;
    cout<<"请输入"<<G->vexnum<<"个顶点的值:"<<endl;
    for(i=0;i<G->vexnum;i++)            /*将顶点存储在表头节点中*/
    {
        cin>>G->vertex[i].data;
        G->vertex[i].firstarc=NULL;     /*将相关联的顶点置为空*/
    }
    cout<<"请输入弧尾和弧头(用空格分隔):"<<endl;
    for(k=0;k<G->arcnum;k++)            /*建立边表*/
    {
        cin>>v1>>v2;
        i=LocateVertex(*G,v1);
        j=LocateVertex(*G,v2);
        /*以 j 为弧头、i 为弧尾创建邻接表*/
        p=(ArcNode*)malloc(sizeof(ArcNode));
        p->adjvex=j;
        p->info=NULL;
        p->nextarc=G->vertex[i].firstarc;
        G->vertex[i].firstarc=p;
        /*以 i 为弧头、j 为弧尾创建邻接表*/
        p=(ArcNode*)malloc(sizeof(ArcNode));
```

```
            p->adjvex=i;
            p->info=NULL;
            p->nextarc=G->vertex[j].firstarc;
            G->vertex[j].firstarc=p;
        }
        (*G).kind=UG;
}
void DestroyGraph(AdjGraph *G)
/*销毁无向图 G*/
{
    int i;
    ArcNode *p,*q;
    for(i=0;i<(*G).vexnum;++i)              /*释放无向图中的边表节点*/
    {
        p=G->vertex[i].firstarc;
        if(p!=NULL)
        {
            q=p->nextarc;
            free(p);
            p=q;
        }
    }
        (*G).vexnum=0;
        (*G).arcnum=0;
}
void main()
{
    int k;
    AdjGraph G;
    CreateGraph(&G);                        /*采用邻接表创建无向图 G*/
    DisplayGraph(G);                        /*输出无向图 G*/
    cout<<"请输入你要查找距离顶点 v0 路径为多长的顶点:"<<endl;
    cin>>k;
    BsfLevel(G,0,k);
    DestroyGraph(&G);
}
```

运行结果如图 8.17 所示。

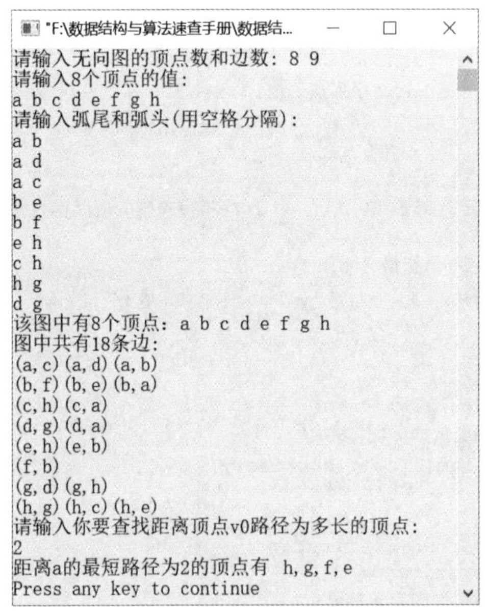

图 8.17　运行结果

8.2.6 判断顶点 *u* 和顶点 *v* 之间是否存在简单路径

问题描述

已有用邻接表表示的无向图，设计算法判断顶点 *u* 和顶点 *v* 之间是否存在简单路径，若存在，则输出该路径上的顶点。要求先描述无向图的存储结构，并简述算法思路。查找邻接顶点等图的算法要自己实现（尽量采用非递归算法）。

【分析】

这是浙江大学考研试题，主要考查无向图的广度优先搜索遍历。从顶点 *u* 开始对有向图进行广度优先搜索遍历，如果访问到顶点 *v*，则说明顶点 *u* 和顶点 *v* 之间存在一条路径。因为在有向图的遍历过程中，要求每个顶点只能访问一次，所以该路径一定是简单路径。在遍历过程中，将当前访问到的顶点都记录下来，就得到了从顶点 *u* 到顶点 *v* 的简单路径。可以利用一个一维数组 parent 记录访问过的顶点，如 path[*u*]=*w*，则表示顶点 *w* 是顶点 *u* 的前驱顶点。如果顶点 *u* 到顶点 *v* 是一条简单路径，则输出该路径。

☞第 8 章\实例 8-09.cpp

```
/*******************************************
*实例说明：判断顶点 u 和顶点 v 之间是否存在简单路径
*******************************************/
#include<stdlib.h>
#include<stdio.h>
#include<malloc.h>
#include<string.h>
#include<iostream.h>
#include"SeqStack.h"
/*图的邻接表类型定义*/
typedef char VertexType[4];
typedef char InfoPtr;
typedef int VRType;
#define MAXSIZE 100
typedef enum{DG,DN,UG,UN}GraphKind;
typedef struct ArcNode
{
    int adjvex;
    InfoPtr *info;
    struct ArcNode *nextarc;
}ArcNode;
typedef struct VNode
{
    VertexType data;
    ArcNode *firstarc;
}VNode,AdjList[MAXSIZE];
typedef struct
{
    AdjList vertex;
    int vexnum,arcnum;
    GraphKind kind;
}AdjGraph;
int LocateVertex(AdjGraph G,VertexType v);
void CreateGraph(AdjGraph *G);
void DisplayGraph(AdjGraph G);
void DestroyGraph(AdjGraph *G);
void DFSTraverse(AdjGraph G);
```

```
int LocateVertex(AdjGraph G,VertexType v)
//返回有向图中顶点对应的位置
{
    int i;
    for(i=0;i<G.vexnum;i++)
        if(strcmp(G.vertex[i].data,v)==0)
            return i;
        return -1;
}
void CreateGraph(AdjGraph *G)
//采用邻接表创建无向图 G
{
    int i,j,k;
    VertexType v1,v2;                        //定义两个顶点 v1 和 v2
    ArcNode *p;
    cout<<"请输入图的顶点数和边数: ";
    cin>>(*G).vexnum>>(*G).arcnum;
    cout<<"请输入"<<G->vexnum<<"个顶点的值:"<<endl;
    for(i=0;i<G->vexnum;i++)                 //将顶点存储在表头节点中
    {
        cin>>G->vertex[i].data;
        G->vertex[i].firstarc=NULL;          //将相关联的顶点置为空
    }
    cout<<"请输入弧尾  弧头:"<<endl;
    for(k=0;k<G->arcnum;k++)                 //建立边表
    {
        cin>>v1>>v2;
        i=LocateVertex(*G,v1);               /*确定 v1 对应的编号*/
        j=LocateVertex(*G,v2);               /*确定 v2 对应的编号*/
        //以 j 为弧头、i 为弧尾创建邻接表
        p=(ArcNode*)malloc(sizeof(ArcNode));
        p->adjvex=j;
        p->info=NULL;
        p->nextarc=G->vertex[i].firstarc;
        G->vertex[i].firstarc=p;
        //以 i 为弧头、j 为弧尾创建邻接表
        p=(ArcNode*)malloc(sizeof(ArcNode));
        p->adjvex=i;
        p->info=NULL;
        p->nextarc=G->vertex[j].firstarc;
        G->vertex[j].firstarc=p;
    }
    (*G).kind=UG;
}
void DestroyGraph(AdjGraph *G)
//销毁无向图 G
{
    int i;
    ArcNode *p,*q;
    for(i=0;i<(*G).vexnum;i++)               //释放有向图中的边表节点的空间
    {
        p=G->vertex[i].firstarc;             //p 指向边表的第一个节点
        if(p!=NULL)                          //如果边表不为空，则释放边表的节点空间
        {
            q=p->nextarc;
            free(p);
            p=q;
        }
    }
```

```
    (*G).vexnum=0;                         //将顶点数目置为 0
    (*G).arcnum=0;                         //将边的数目置为 0
}
void DisplayGraph(AdjGraph G)
//输出无向图的邻接矩阵
{
    int i;
    ArcNode *p;
    cout<<G.vexnum<<"个顶点: "<<endl;
    for(i=0;i<G.vexnum;i++)
        cout<<G.vertex[i].data<<" ";
    cout<<endl<<2*G.arcnum<<"条边:"<<endl;
    for(i=0;i<G.vexnum;i++)
    {
        p=G.vertex[i].firstarc;
        while(p)
        {
            cout<<G.vertex[i].data<<"→"<<G.vertex[p->adjvex].data<<" ";
            p=p->nextarc;
        }
        cout<<endl;
    }
}
void BriefPath(AdjGraph G,int u,int v)
/*求无向图 G 中从顶点 u 到顶点 v 的一条简单路径*/
{
    int k,i;
    SeqStack S,T;
    ArcNode *p;
    int visited[MAXSIZE];
    int parent[MAXSIZE];
    InitStack(&S);
    InitStack(&T);
    for(k=0;k<G.vexnum;k++)
        visited[k]=0;
    PushStack(&S,u);
    visited[u]=1;
    while(!StackEmpty(S))
    {
        PopStack(&S,&k);
        p=G.vertex[k].firstarc;
        while(p!=NULL)
        {
            if(p->adjvex==v)                    /*如果找到顶点 v*/
            {
                parent[p->adjvex]=k;
                printf("顶点%s 到顶点%s 的路径是",G.vertex[u].data,G.vertex[v].data);
                i=v;
                do                              /*从顶点 v 开始将路径中的顶点依次入栈*/
                {
                    PushStack(&T,i);
                    i=parent[i];
                }while(i!=u);
                PushStack(&T,u);
                while(!StackEmpty(T))
                {
                    PopStack(&T,&i);
                    printf("%s ",G.vertex[i].data);
                }
                printf("\n");
            }
```

```
                else if(visited[p->adjvex]==0)
                {
                    visited[p->adjvex]=1;
                    parent[p->adjvex]=k;
                    PushStack(&S,p->adjvex);
                }
                p=p->nextarc;
            }
        }
}
void main()
{
    AdjGraph G;
    VertexType u,v;
    int i,j;
    cout<<"采用邻接表创建无向图 G："<<endl;
    CreateGraph(&G);
    cout<<"输出无向图 G 的邻接表："<<endl;
    DisplayGraph(G);
    cout<<"请输入要查找哪两个顶点之间的简单路径："<<endl;
    cin>>u>>v;
    i=LocateVertex(G,u);
    j=LocateVertex(G,v);
    BriefPath(G,i,j);
    cout<<endl;
    DestroyGraph(&G);
}
```

运行结果如图 8.18 所示。

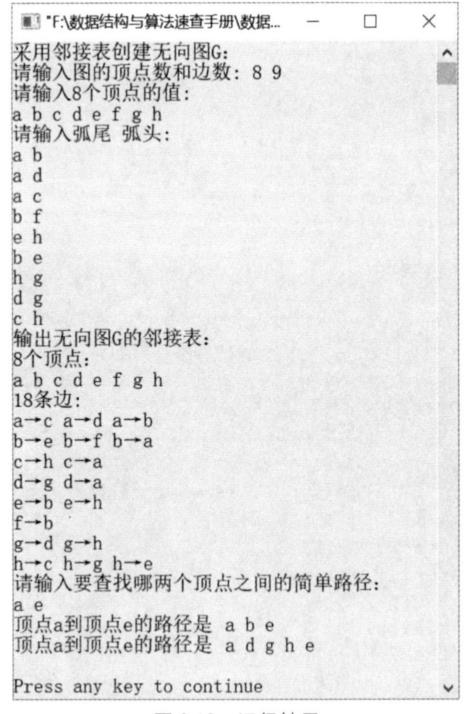

图 8.18 运行结果

注意，在 BriefPath(AdjGraph G,int u,int v)中，需要定义两个栈 S 和 T，S 用来存储广度优先搜

索遍历过的上一层顶点，T 用来存储顶点 u 到顶点 v 之间经过的顶点；若只用一个栈 S，就会出现莫名其妙的输出结果。

当然，广度优先搜索遍历的过程也可以利用队列来实现。这里栈和队列并没有本质区别，区别仅在于访问顶点的先后顺序，但这并不影响最终的结果。

8.2.7 判断无向图是否为一棵树

问题描述

实现算法，判断一个无向图是否为一棵树。

【分析】

一个无向图 G 是一棵树的条件是 G 必须是无回路的连通图（即任意两个顶点都能够连通的无向图）或是有（n−1）条边的连通图。这里我们采用后者作为判断条件。例如，图 8.19 所示的无向图就是一棵树，它有 6 个顶点，5 条边。

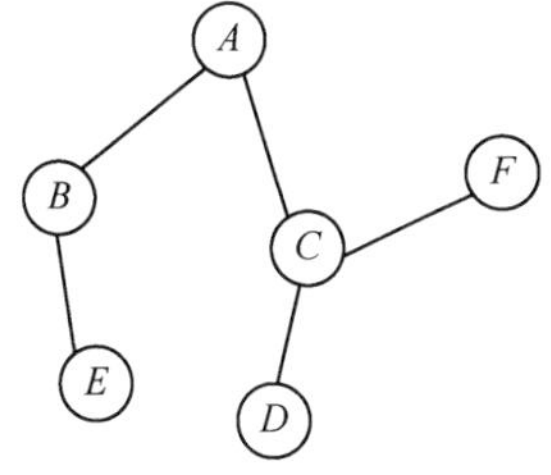

图 8.19 无向图

☞第 8 章\实例 8-10.cpp

```
/*********************************************
*实例说明：判断一个无向图是否为一棵树
*********************************************/
#include<stdlib.h>
#include<stdio.h>
#include<malloc.h>
#include<string.h>
#include<iostream.h>
/*图的邻接表类型定义*/
typedef char VertexType[4];
typedef char InfoPtr;
typedef int VRType;
#define MAXSIZE 100
typedef enum{DG,DN,UG,UN}GraphKind;
typedef struct ArcNode
{
    int adjvex;
    InfoPtr *info;
    struct ArcNode *nextarc;
}ArcNode;
typedef struct VNode
{
    VertexType data;
    ArcNode *firstarc;
}VNode,AdjList[MAXSIZE];
typedef struct
{
    AdjList vertex;
    int vexnum,arcnum;
    GraphKind kind;
}AdjGraph;
int LocateVertex(AdjGraph G,VertexType v);
void CreateGraph(AdjGraph *G);
void DisplayGraph(AdjGraph G);
void DestroyGraph(AdjGraph *G);
void DFS(AdjGraph *G,int v,int *vNum,int *eNum,int visited[]);
int LocateVertex(AdjGraph G,VertexType v)
```

```
//返回无向图中顶点对应的位置
{
    int i;
    for(i=0;i<G.vexnum;i++)
        if(strcmp(G.vertex[i].data,v)==0)
            return i;
    return -1;
}
void CreateGraph(AdjGraph *G)
//采用邻接表创建无向图 G
{
    int i,j,k;
    VertexType v1,v2;                       //定义两个顶点 v1 和 v2
    ArcNode *p;
    cout<<"请输入无向图的顶点数和边数: ";
    cin>>(*G).vexnum>>(*G).arcnum;
    cout<<"请输入"<<G->vexnum<<"个顶点的值:"<<endl;
    for(i=0;i<G->vexnum;i++)                //将顶点存储在表头节点中
    {
        cin>>G->vertex[i].data;
        G->vertex[i].firstarc=NULL;         //将相关联的顶点置为空
    }
    cout<<"请输入弧尾 弧头:"<<endl;
    for(k=0;k<G->arcnum;k++)                //建立边表
    {
        cin>>v1>>v2;
        i=LocateVertex(*G,v1);              /*确定 v1 对应的编号*/
        j=LocateVertex(*G,v2);              /*确定 v2 对应的编号*/
        //以 j 为弧头、i 为弧尾创建邻接表
        p=(ArcNode*)malloc(sizeof(ArcNode));
        p->adjvex=j;
        p->info=NULL;
        p->nextarc=G->vertex[i].firstarc;
        G->vertex[i].firstarc=p;
        //以 i 为弧头、j 为弧尾创建邻接表
        p=(ArcNode*)malloc(sizeof(ArcNode));
        p->adjvex=i;
        p->info=NULL;
        p->nextarc=G->vertex[j].firstarc;
        G->vertex[j].firstarc=p;
    }
    (*G).kind=UG;
}
void DestroyGraph(AdjGraph *G)
//销毁无向图 G
{
    int i;
    ArcNode *p,*q;
    for(i=0;i<(*G).vexnum;i++)              //释放无向图中的边表节点的空间
    {
        p=G->vertex[i].firstarc;
        if(p!=NULL)
        {
            q=p->nextarc;
            free(p);
            p=q;
        }
    }
    (*G).vexnum=0;                          //将顶点数目置为 0
```

```
    (*G).arcnum=0;                          //将边的数目置为 0
}
void DisplayGraph(AdjGraph G)
//输出无向图的邻接矩阵
{
    int i;
    ArcNode *p;
    cout<<G.vexnum<<"个顶点: "<<endl;
    for(i=0;i<G.vexnum;i++)
        cout<<G.vertex[i].data<<" ";
    cout<<endl<<G.arcnum<<"条边:"<<endl;
    for(i=0;i<G.vexnum;i++)
    {
        p=G.vertex[i].firstarc;
        while(p)
        {
            cout<<G.vertex[i].data<<"→"<<G.vertex[p->adjvex].data<<" ";
            p=p->nextarc;
        }
        cout<<endl;
    }
}
int IsTree(AdjGraph *G)
{
    int vNum=0,eNum=0,i,visited[MAXSIZE];
    for(i=0;i<G->vexnum;i++)
        visited[i]=0;
    DFS(G,0,&vNum,&eNum,visited);
    if(vNum==G->vexnum && eNum==2*(G->vexnum-1))
        return 1;
    else
        return 0;
}
void DFS(AdjGraph *G,int v,int *vNum,int *eNum,int visited[])
{
    ArcNode *p;
    visited[v]=1;
    (*vNum)++;
    p=G->vertex[v].firstarc;
    while(p!=NULL)
    {
        (*eNum)++;
        if(visited[p->adjvex]==0)
            DFS(G,p->adjvex,vNum,eNum,visited);
        p=p->nextarc;
    }
}
void main()
{
    AdjGraph G;
    cout<<"采用邻接表创建无向图 G: "<<endl;
    CreateGraph(&G);
    cout<<"输出无向图 G 的邻接表: "<<endl;
    DisplayGraph(G);
    if(IsTree(&G))
        cout<<"无向图 G 是一棵树!"<<endl;
    else
        cout<<"无向图 G 不是一棵树!"<<endl;
    DestroyGraph(&G);
}
```

运行结果如图 8.20 所示。

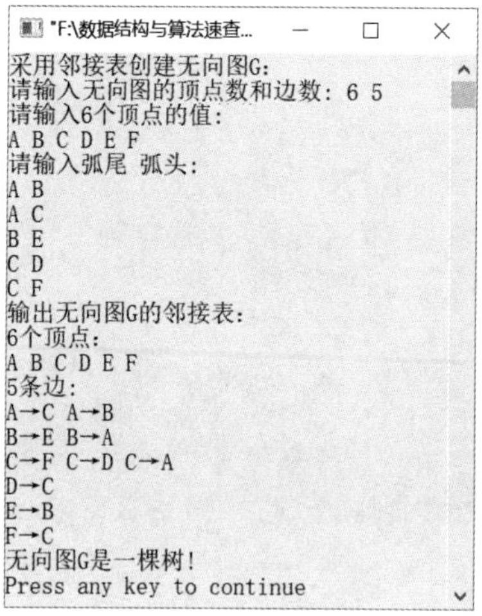

```
"F:\数据结构与算法速查...
采用邻接表创建无向图G:
请输入无向图的顶点数和边数: 6 5
请输入6个顶点的值:
A B C D E F
请输入弧尾 弧头:
A B
A C
B E
C D
C F
输出无向图G的邻接表:
6个顶点:
A B C D E F
5条边:
A→C A→B
B→E B→A
C→F C→D C→A
D→C
E→B
F→C
无向图G是一棵树!
Press any key to continue
```

图 8.20　运行结果

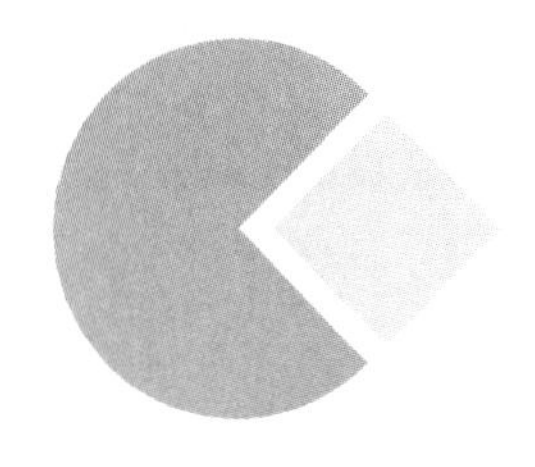

第二部分　算法

算法（algorithm）是特定问题求解步骤的描述，在计算机中表现为有限的操作序列。数据结构与算法的区别在于数据结构关注的是数据的逻辑结构、存储结构以及基本操作，而算法研究适合计算机实现的求解问题的方法，更多地关注如何在数据结构的基础上解决实际问题。该部分主要介绍一些常用的算法和技术，包括查找算法、排序算法、递推算法、递归算法、枚举算法、贪心算法、回溯算法、数值算法、实用算法、程序调试技术等内容。

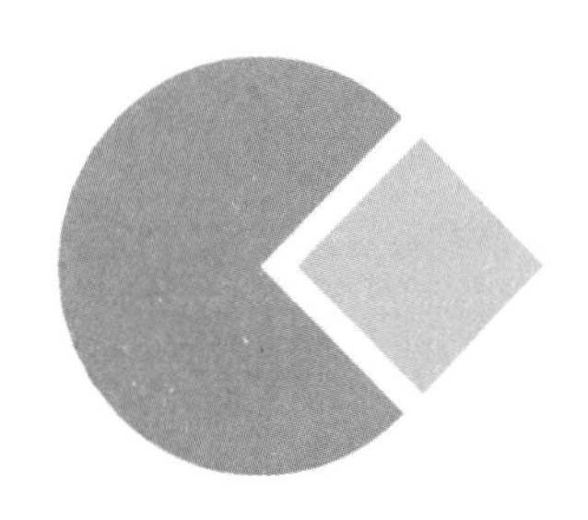

第 9 章　查找算法

查找也称检索，是指从一批记录中找到指定记录的过程。查找算法是程序设计过程中处理非数值问题常用的操作之一。例如，从英汉词典中查找某个单词的含义，从联系人中查找朋友的联系方式等。常用的查找算法包括基于线性表的查找、基于树的查找、哈希表的查找。

9.1 与查找算法相关的概念

- **查找表**（search table）：由同一种类型的数据元素构成的集合。查找表中的数据元素是完全松散的，数据元素之间没有直接的联系。
- **查找**（search）：根据关键字在特定的查找表中找到一个与给定关键字相同的数据元素的操作。如果在查找表中找到相应的数据元素，则查找是成功的；否则，查找是失败的。例如，表 9.1 所示为学生学籍信息。如果要查找入学年份为“2008”并且姓名是“刘*平”的学生，则可以先利用姓名将记录定位（如果有重名的），然后查找入学年份为“2008”的记录。

表 9.1　学生学籍信息

学号	姓名	性别	出生年月	所在院系	籍贯	入学年份
200609001	张*	男	1988.09	信息管理	陕西西安	2006
200709002	王*	女	1987.12	信息管理	四川成都	2007
200909107	陈*	女	1988.01	通信工程	安徽合肥	2009
200809021	刘*平	男	1988.11	计算机科学	江苏常州	2008
200709008	赵*	女	1987.07	法学院	山东济宁	2007

- **关键字**（key）：数据元素中某个数据项的值。如果该关键字可以将所有的数据元素区别开来，也就是说，可以唯一标识一个数据元素，则该关键字称为主关键字；否则，称为次关键字。特别地，如果数据元素只有一个数据项，则数据元素的值就是关键字。
- **静态查找**（static search）：仅仅在数据元素集合中查找是否存在与关键字相等的数据元素。在静态查找过程中使用的存储结构称为静态查找表。
- **动态查找**（dynamic search）：在查找过程中，同时在数据元素集合中插入某个数据元素，或者在数据元素集合中删除某个数据元素。动态查找过程中使用的存储结构称为动态查找表。
- **平均查找长度**（Average Search Length，ASL）：在查找过程中，需要比较关键字的平均次数，它是衡量查找算法效率的标准。平均查找长度的数学定义为 $\mathrm{ASL}=\sum_{i=1}^{n}P_iC_i$。其中，$P_i$ 表示查找表中第 i 个数据元素出现的概率，C_i 表示在找到第 i 个数据元素时，与关键字比较的次数。

9.2 基于线性表的查找

基于线性表的查找包括顺序查找、折半查找和分块查找。

9.2.1 顺序查找

问题描述

利用顺序查找，在元素序列{73,12,67,32,21,39,55,48}中查找指定的元素。

【分析】

顺序查找是指从顺序表的一端开始，逐个将待查找元素与表中的每个元素进行比较。如果某个元素与待查找元素相等，则查找成功，函数返回该元素所在的顺序表的位置；否则，查找失败，返回0。

【示例】

假设有一个元素序列{73,12,67,32,21,39,55,48}，待查找元素为32。顺序查找元素32的过程如图9.1（a）～（d）所示。

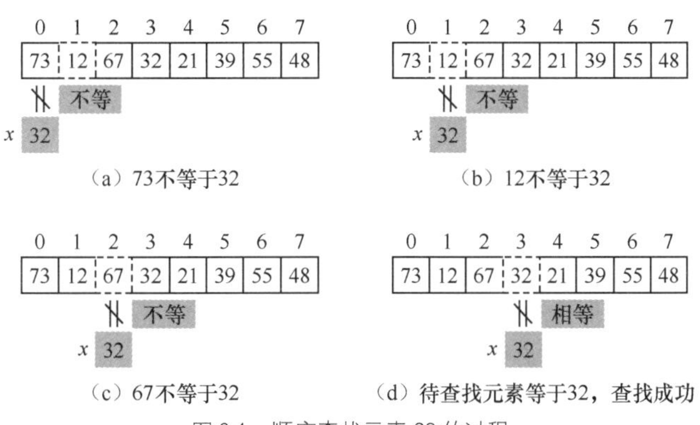

图9.1 顺序查找元素32的过程

将待查找元素32与第1个元素（即下标为0的）元素进行比较。如果不等，则继续比较下一个元素，直到遇到第4个元素，查找成功。

☞第9章\实例9-01.cpp

```
/**********************************************
*实例说明：顺序查找
**********************************************/
#include<stdio.h>
#define MaxSize 100
typedef struct
{
    int list[MaxSize];
    int length;
}Table;
int SeqSearch(Table S,int x)
/*在顺序表中查找元素x*/
{
    int i=0;
    while(i<S.length&&S.list[i]!=x)      /*从表的第1个元素开始查找*/
        i++;
```

```
    if(S.list[i]==x)           /*如果找到 x，则返回元素的位置*/
        return i+1;
    else                       /*否则，返回 0*/
        return 0;
}
void main()
{
    Table T={{73,12,67,32,21,39,55,48},8};
    int i,position,x;
    printf("表中的元素:\n");
    for(i=0;i<T.length;i++)
        printf("%4d",T.list[i]);
        printf("\n 请输入要查找的元素:");
        scanf("%d",&x);
        position=SeqSearch(T,x);
    if(position)
        printf("%d 是表的第%d 个元素.\n",x,position);
    else
        printf("没有找到%d.",x);
}
```

运行结果如图 9.2 所示。

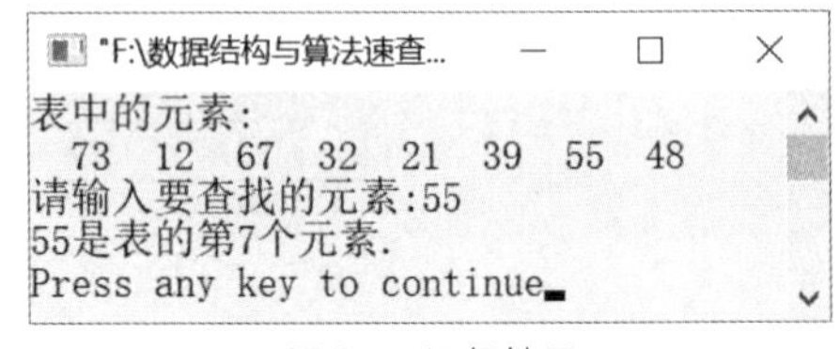

图 9.2 运行结果

【特点】

- 顺序查找所需时间少，但是效率较低，主要用于对效率要求不高的情况。
- 顺序查找可以利用顺序结构实现，也可以利用链式结构实现。

【效率分析】

假设顺序表中有 n 个元素，则查找第 i 个元素需要进行（$n-i+1$）次比较。如果元素在顺序表中出现的概率都相等，即 $\frac{1}{n}$，则顺序表在查找成功时的平均查找长度如下。

$$\text{ASL}_{成功}=\sum_{i=1}^{n}P_iC_i=\sum_{i=1}^{n}\frac{1}{n}(n-i+1)=\frac{n+1}{2}$$

即查找成功时平均比较次数约为表长的一半。

9.2.2 折半查找

问题描述

编写算法，要求利用折半查找算法查找给定的元素。

【分析】

折半查找又称为二分查找，这种查找算法要求待查找的元素序列必须是从小到大排列的有序序列。折半查找的算法描述如下。

将待查找元素与顺序表中间位置的元素进行比较。如果两者相等，则说明查找成功；否则，利用中间位置将顺序表分成两部分。如果待查找元素小于中间位置的元素值，则继续与前一个子表的中间位置元素进行比较；否则，与后一个子表的中间位置元素进行比较。不断重复以上操作，直到找到与待查找元素相等的元素，表明查找成功。如果子表变为空表，则表明查找失败。

【示例】

一个有序顺序表为{7,15,22,29,41,55,67,78,81,99}，这里查找元素 67。利用折半查找算法的思想，查找元素 67 的折半查找过程如图 9.3（a）～（d）所示。

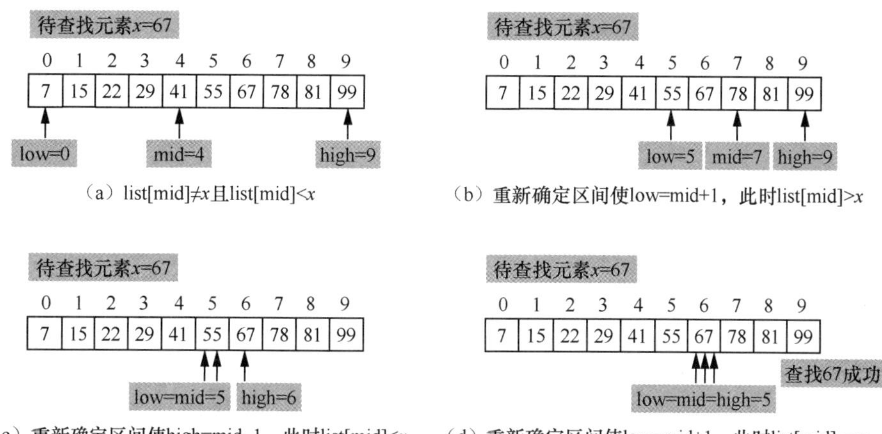

（a）list[mid]≠x且list[mid]<x　（b）重新确定区间使low=mid+1，此时list[mid]>x

（c）重新确定区间使high=mid–1，此时list[mid]<x　（d）重新确定区间使low=mid+1，此时list[mid]==x

图 9.3 折半查找过程

其中，low 和 high 表示两个指针，分别指向待查找顺序表的下界和上界，指针 mid 指向 low 和 high 的中间位置，即 mid=(low+high)/2。

初始时，low=0，high=9，mid=(0+9)/2=4，因为 list[mid]<*x*，所以需要在右半区间继续查找 67。此时 low=5，high=9，mid=(5+9)/2=7，因为 list[mid]>*x*，所以需要在左半区间继续查找 67。此时 low=5，high=6，mid=5，因为 list[mid]<*x*，所以需要在右半区间继续查找 67。此时 low=6，high=6，mid=6，因为有 list[mid]==*x*，所以查找 67 成功。

☞第 9 章\实例 9-02.cpp

```
/*********************************************
*实例说明：折半查找
*********************************************/
1  #include<stdio.h>
2  #define MaxSize 100
3  typedef struct
4  {
5      int list[MaxSize];
6      int length;
7  }Table;
8  int BinarySearch(Table S,int x);
9  void main()
10 {
11     Table T={{7,15,22,29,41,55,67,78,81,99},10};
12     int i,find,x;
13     printf("有序顺序表中的元素:\n");
14     for(i=0;i<T.length;i++)
15         printf("%4d",T.list[i]);
16     printf("\n 请输入要查找的元素:");
17     scanf("%d",&x);
18     find=BinarySearch(T,x);
19     if(find)
20         printf("元素%d 是顺序表中的第%d 个元素.\n",x,find);
21     else
22         printf("没有找到该元素.\n");
23 }
24 int BinarySearch(Table S,int x)
```

```
25 /*在有序顺序表中折半查找元素 x*/
26 {
27     int low,high,mid;
28     low=0,high=S.length-1;              /*设置待查找顺序表的下界和上界*/
29     while(low<=high)
30     {
31         mid=(low+high)/2;
32         if(S.list[mid]==x)
33             return mid+1;
34         else if(S.list[mid]<x)
35             low=mid+1;
36         else if(S.list[mid]>x)
37             high=mid-1;
38     }
39     return 0;
40 }
```

运行结果如图 9.4 所示。

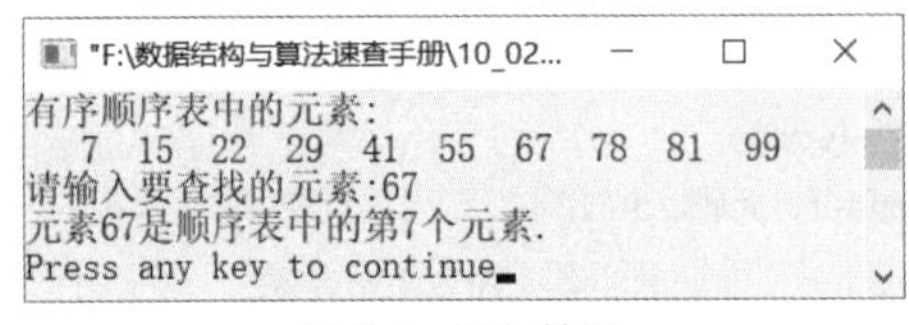

"F:\数据结构与算法速查手册\10_02...
有序顺序表中的元素:
7 15 22 29 41 55 67 78 81 99
请输入要查找的元素:67
元素67是顺序表中的第7个元素.
Press any key to continue

图 9.4　运行结果

【特点】

- 折半查找算法要求待排序元素必须是一个有序的序列。
- 折半查找算法的查找效率高于顺序查找算法的效率。

【效率分析】

折半查找过程可以用一个判定树来描述。例如，用折半查找算法查找 41 需要比较 1 次，查找元素 78 需要比较两次，查找元素 55 需要比较 3 次，查找元素 67 需要比较 4 次。整个查找过程可以用二叉判定树来表示，如图 9.5 所示。

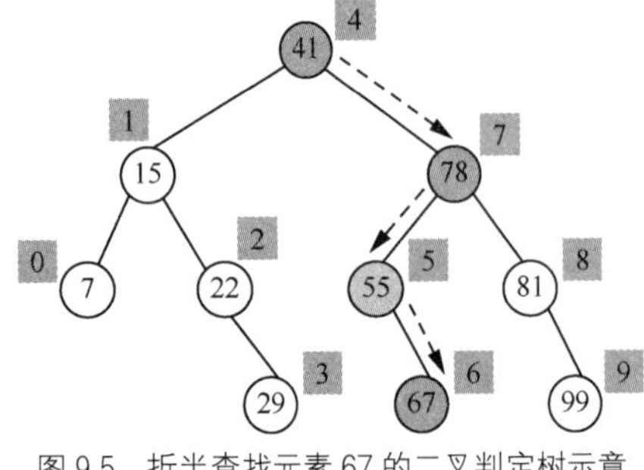

图 9.5　折半查找元素 67 的二叉判定树示意

其中，节点旁边的序号为该元素在序列中的下标。从图 9.5 所示的二叉判定树不难看出，折半查找元素 67 的路径正好是从根节点到元素值为 67 的节点的路径。查找元素 67 的比较次数正好是该元素在二叉判定树中的层次。因此，如果顺序表中有 n 个元素，那么折半查找成功时，至多需要比较的次数为 $\lfloor \log_2 n \rfloor + 1$。

对于具有 n 个节点的有序表（恰好构成一个深度为 h 的满二叉树）来说，有 $h = \lfloor \log_2(n+1) \rfloor$，二叉树中第 i 层的节点个数是 2^i-1。假设有序表中每个元素的查找概率相等，即 $P_i = \dfrac{1}{n}$，则有序表在折半查找成功时的平均查找长度如下。

$$\text{ASL}_{\text{成功}} = \sum_{i=1}^{n} P_i C_i = \sum_{i=1}^{h} 2^i \frac{1}{n} i = \frac{n+1}{n}\log_2(n+1) + 1$$

折半查找失败时，有序表的平均查找长度如下。

$$\text{ASL}_{\text{失败}} = \sum_{i=1}^{n} P_i C_i = \sum_{i=1}^{h} \frac{1}{n}\log_2(n+1) = \log_2(n+1)$$

9.2.3 分块查找

问题描述

对给定的元素序列{8, 13, 25, 19, 22, 29, 46, 38, 30, 35, 50, 60, 49, 57, 55, 65, 70, 89, 92, 70}，设计一个分块查找算法，查找指定的元素。

【分析】

分块查找也称为索引顺序表查找。分块查找就是将顺序表（主表）分成若干个块，然后为每个块建立一个索引表，利用索引表在其中一个块中进行查找。其中，索引表分为两部分。一部分用来存储每块中的最大的元素值，另一部分用来存储每块中第1个元素的下标。

索引表中的元素必须是有序的，顺序表中的元素可以是有序排列的，也可以是块内无序但块之间是有序的，即后一个块中的所有元素值都大于前一个块中的所有元素值。例如，一个索引顺序表如图9.6所示。

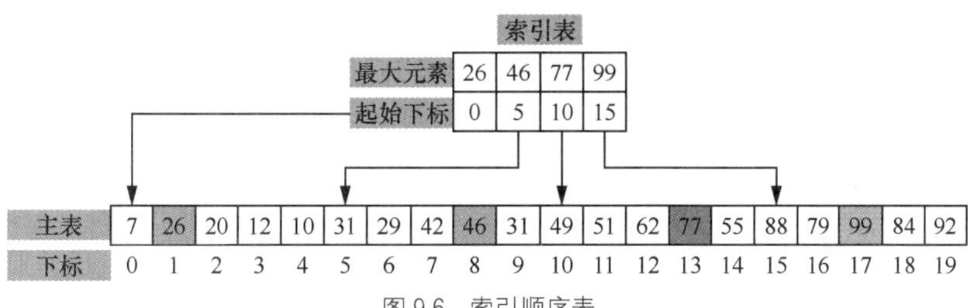

图9.6 索引顺序表

从图9.6可以看出，索引表将主表分为4块，每块包含5个元素。查找主表中的某个元素，需要分两步。首先需要确定要查找元素所在的块，然后在该块查找指定的元素。例如，要查找元素62，首先需要将62与索引表中的元素进行比较，因为46<62<77，所以需要在第3个块中查找，该块的起始下标是10。因此，从主表中下标为10的位置开始查找62，直到找到该元素为止。如果在该块中没有找到62，则说明主表中不存在该元素，查找失败。

☞第9章\实例9-03.cpp

```
/*********************************************
*实例说明：分块查找
*********************************************/
1  #include<stdio.h>
2  #define TableSize 100
3  #define IndexSize 20
4  typedef struct              /*顺序表类型*/
5  {
6     int list[TableSize];
7     int length;
8  }Table;
9  typedef struct              /*索引表类型*/
10 {
11    int maxvalue;
12    int index;
13 }IndexTable[IndexSize];
14 int SeqIndexSearch(Table S,IndexTable T,int m,int x);
15 void main()
16 {
17    Table S={{8,13,25,19,22,29,46,38,30,35,50,60,49,57,55,65,70,89,92,70},20};
18    IndexTable T={{25,0},{46,5},{60,10},{92,15}};
19    int x=49,pos,i;
```

```
20    printf("索引表 T:\n");
21    printf("\t 最大元素值:");
22    for(i=0;i<4;i++)
23        printf("%3d",T[i].maxvalue);
24    printf("\n\t 起始下标   :");
25    for(i=0;i<4;i++)
26        printf("%3d",T[i].index);
27    printf("\n 顺序表 S 中的元素:\n");
28    for(i=0;i<S.length;i++)
29        printf("%3d",S.list[i]);
30    if((pos=SeqIndexSearch(S,T,4,x))!=0)
31        printf("\n 元素%d 在主表中的位置是%2d\n",x,pos);
32    else
33        printf("\n 查找失败!\n");
34 }
35 int SeqIndexSearch(Table S,IndexTable T,int m,int x)
36 /*在主表 S 中查找元素 x，T 为索引表*/
37 {
38     int i,j,bl;
39     for(i=0;i<m;i++)           /*通过索引表确定要查找元素在主表中的块*/
40         if(T[i].maxvalue>=x)
41             break;
42     if(i>=m)                   /*如果要查找的元素不在主表 S 中，则返回 0*/
43         return 0;
44     j=T[i].index;
45     if(i<m-1)
46         bl=T[i+1].index-T[i].index;
47     else
48         bl=S.length-T[i].index;
49     while(j<T[i].index+bl)
50         if(S.list[j]==x)       /*如果找到元素 x，则返回 x 在主表中所在的位置*/
51             return j+1;
52         else
53             j++;
54     return 0;
55 }
```

运行结果如图 9.7 所示。

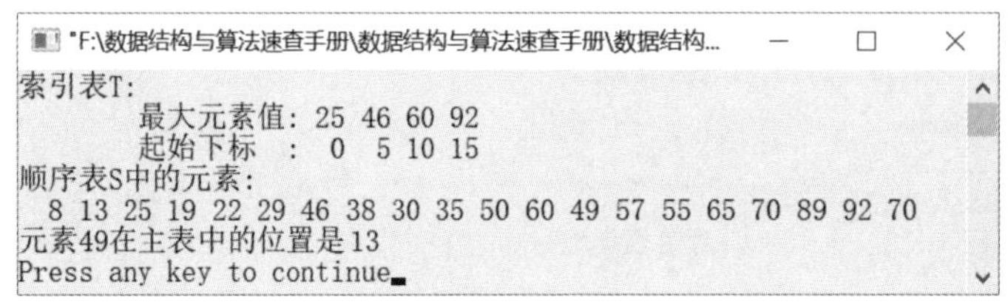

图 9.7　运行结果

【特点】

- 索引顺序表由主表和索引表构成，主表中的元素不一定有序，但索引表中的元素一定是有序的。
- 当待查找的元素较多时，利用分块查找可以快速确定待查找元素的大体位置，这样可以减少比较次数，从而提高查找效率。

【效率分析】

索引表中的元素是有序排列的。在确定元素所在的块时，可以用顺序查找算法查找索引表，也可以用折半查找算法查找索引表。若主表中的元素是无序的，则只能采用顺序查找算法查找。

索引顺序表的平均查找长度可以表示为 $ASL=L_{index}+L_{unit}$。其中，L_{index} 是索引表的平均查找长度，

L_{unit} 是块中元素的平均查找长度。

如果主表中的元素个数为 n，并将该主表平均分为 b 个块，且每个块有 s 个元素，则有 $b=n/s$。在主表中的元素查找概率相等的情况下，每个块中元素的查找概率是 $1/s$，主表中每个块的查找概率是 $1/b$。如果用顺序查找法查找索引表中的元素，则索引顺序表查找成功时的平均查找长度如下。

$$\text{ASL}_{\text{成功}}=L_{\text{index}}+L_{\text{unit}}=\frac{1}{b}\sum_{i=1}^{b}i+\frac{1}{s}\sum_{j=1}^{s}j=\frac{b+1}{2}+\frac{s+1}{2}=\frac{1}{2}\left(\frac{n}{s}+s\right)+1$$

如果用折半查找法查找索引表中的元素，则有 $L_{\text{index}}=\frac{b+1}{b}\log_2(b+1)+1\approx\log_2(b+1)-1$。将其代入 $\text{ASL}_{\text{成功}}=L_{\text{index}}+L_{\text{unit}}$ 中，则索引顺序表查找成功时的平均查找长度如下。

$$\text{ASL}_{\text{成功}}=L_{\text{index}}+L_{\text{unit}}=\log_2(b+1)-1+\frac{1}{s}\sum_{j=1}^{s}j=\log_2(b+1)-1+\frac{s+1}{2}$$

$$\approx\log_2(n/s+1)+\frac{s}{2}$$

【特殊情况】

一般情况下，每个块中的元素个数是相等的。当每个块中的元素个数不相等时，就需要在索引表中增加一项，用来存储主表中每个块中元素的个数。我们把这种索引顺序表称为不等长索引顺序表。例如，不等长索引顺序表如图 9.8 所示。

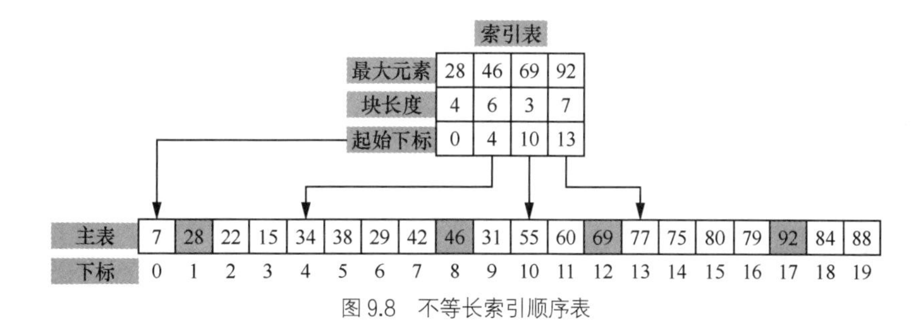

图 9.8 不等长索引顺序表

9.3 基于树的查找

基于树的查找是把待查找表组织成树形结构再进行查找的算法。基于树的查找最常用的算法是基于二叉排序树的查找。

二叉排序树的创建和插入操作

问题描述

实现算法，要求根据一个元素序列创建一棵二叉排序树，并将给定的元素插入二叉排序树中，使其仍然是一棵二叉排序树。

【二叉排序树的定义】

二叉排序树也称为二叉查找树，它或者是一棵空二叉树，或者具有以下性质。

- 如果二叉排序树的左子树不空，则左子树上的每一个节点的元素值都小于其对应的根节点元素值。
- 如果二叉排序树的右子树不空，则右子树上的每一个节点的元素值都大于其对应的根节点点的元素值。

- 该二叉排序树的左子树和右子树也满足前两个性质，即左子树和右子树也是一棵二叉排序树。

显然，这是一个递归的二叉排序树定义。例如，一棵二叉排序树如图 9.9 所示。

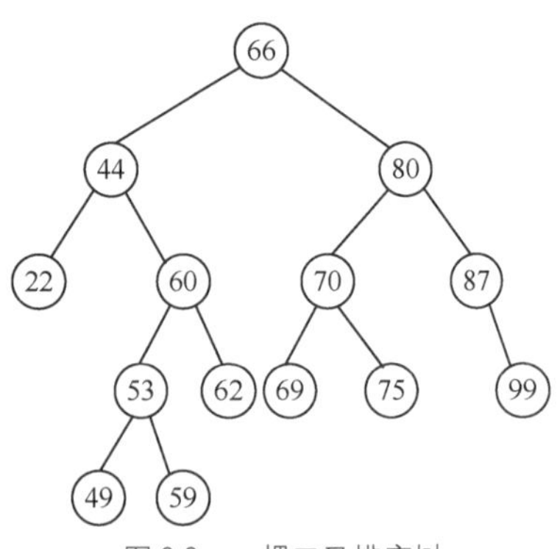

图 9.9　一棵二叉排序树

从图 9.9 中不难看出，每个节点元素值都大于其所有左子树中的节点元素值，且小于其所有右子树中的节点元素值。例如，80 大于左子节点的元素值 70，小于右子节点的元素值 87。

【分析】

二叉排序树的插入操作过程其实就是二叉排序树的建立过程。二叉排序树的插入操作从根节点开始，首先要检查当前节点元素是否是要查找的元素，如果是，则不进行插入操作；否则，将节点插入查找失败时节点的左指针或右指针处。在算法的实现过程中，需要设置一个指向下一个要访问节点的双亲节点指针 parent，就是需要记下前驱节点的位置，以便在查找失败时进行插入操作。

初始时，当前节点指针 cur 为空，说明查找失败，将插入的第 1 个元素作为根节点元素，然后让 parent 指向根节点元素。如果 parent->data 小于要插入的节点元素值 x，则需要将 parent 的左指针指向 x，使 x 成为 parent 的左子节点元素；如果 parent->data 大于要插入的节点元素值 x，则需要将 parent 的右指针指向 x，使 x 成为 parent 的右子节点元素。在整个二叉排序树的插入过程中，插入操作都是在叶子节点处进行的。

【示例】

假设一个元素序列{55,43,66,88,18,80,33,21,72}，根据二叉排序树的插入算法思想，对应的二叉排序树的插入操作过程如图 9.10（a）～（i）所示。

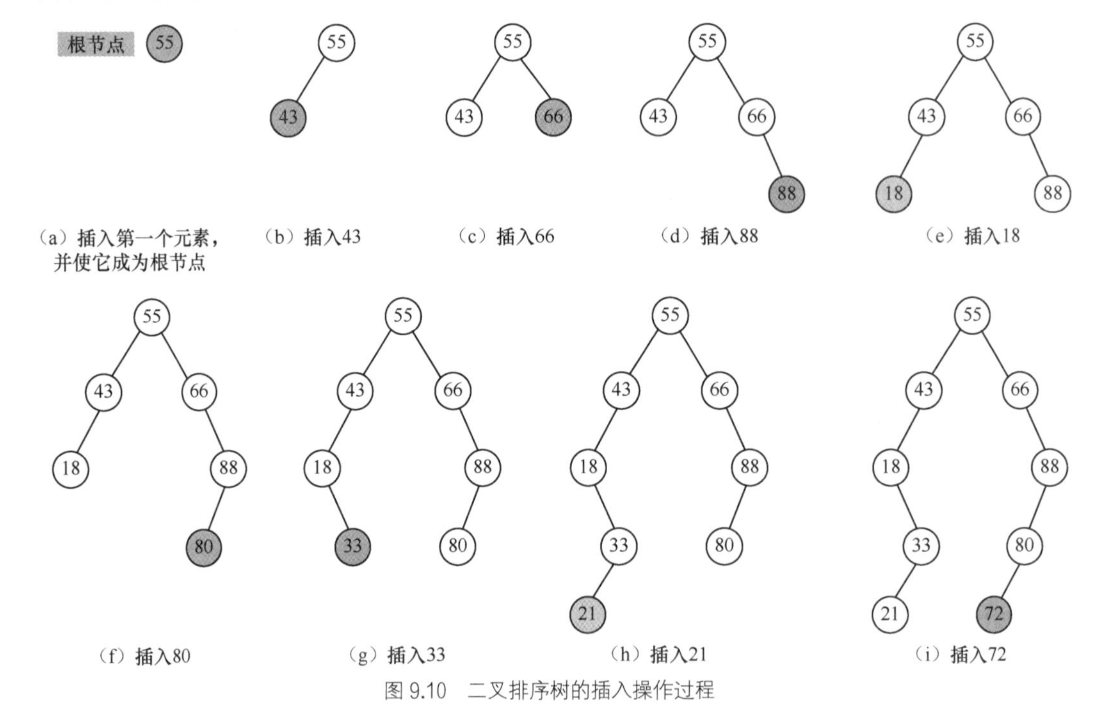

图 9.10　二叉排序树的插入操作过程

从图 9.10 中可以看出，通过中序遍历二叉排序树，可以得到一个有序的元素序列{18,21,33,43,55,66,72,80,88}。

☞第 9 章\实例 9-04.cpp

```
/********************************************
*实例说明：基于二叉排序树的查找
********************************************/
#include<stdio.h>
#include<malloc.h>
typedef struct Node     /*二叉排序树的类型定义*/
{
    int data;
    struct Node *lchild,*rchild;
}BiTreeNode,*BiTree;
BiTree BSTSearch(BiTree T,int x);
int BSTInsert(BiTree *T,int x);
void InOrderTraverse(BiTree T);
void main()
{
    BiTree T=NULL,p;
    int table[]={55,33,44,66,99,77,88,22,11};
    int n=sizeof(table)/sizeof(table[0]);
    int x,i;
    for(i=0;i<n;i++)
        BSTInsert(&T,table[i]);
    printf("中序遍历二叉排序树得到的序列为\n");
    InOrderTraverse(T);
    printf("\n 请输入要查找的元素:");
    scanf("%d",&x);
    p=BSTSearch(T,x);
    if(p!=NULL)
        printf("二叉排序树查找:元素%d 查找成功.\n",x);
    else
        printf("二叉排序树查找:没有找到元素%d.\n",x);
}
BiTree BSTSearch(BiTree T,int x)
/*二叉排序树的查找操作*/
{
    BiTreeNode *p;
    if(T!=NULL)                    /*如果二叉排序树不空*/
    {
        p=T;
        while(p!=NULL)
        {
            if(p->data==x)
                return p;
            else if(x<p->data)
                p=p->lchild;
            else
                p=p->rchild;
        }
    }
    return NULL;
}
int BSTInsert(BiTree *T,int x)
```

```
/*二叉排序树的插入操作*/
{
    BiTreeNode *p,*cur,*parent=NULL;
    cur=*T;
    while(cur!=NULL)
    {
        if(cur->data==x)
            return 0;
        parent=cur;
        if(x<cur->data)
            cur=cur->lchild;
        else
            cur=cur->rchild;
    }
    p=(BiTreeNode*)malloc(sizeof(BiTreeNode));
    if(!p)
        exit(-1);
    p->data=x;
    p->lchild=NULL;
    p->rchild=NULL;
    if(!parent)                 /*如果二叉排序树已空，则第一个节点成为根节点*/
        *T=p;
    else if(x<parent->data)
        parent->lchild=p;
    else
        parent->rchild=p;
    return 1;
}
void InOrderTraverse(BiTree T)
/*中序遍历二叉排序树*/
{
    if(T)                                   /*如果二叉排序树不空*/
    {
        InOrderTraverse(T->lchild);
        printf("%4d",T->data);
        InOrderTraverse(T->rchild);
    }
}
```

运行结果如图 9.11 所示。

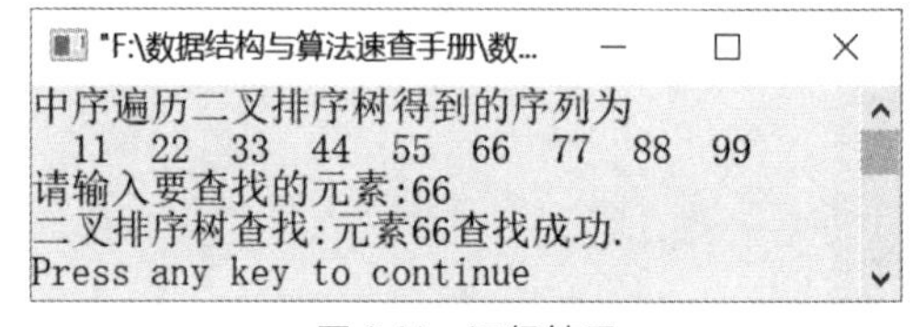

图 9.11 运行结果

【特点】

- 基于二叉排序树的查找算法分为插入操作和查找操作两个部分。
- 插入操作不需要移动节点，仅需要移动节点的指针。

【效率分析】

在基于二叉排序树的查找过程中，查找某个元素的过程正好经过从根节点到要查找节点的路径，其比较的次数正好是路径长度加 1，这类似于折半查找。与折半查找不同的是，由 n 个节点构成的判定树是唯一的，而由 n 个节点构成的二叉排序树则不唯一。例如，元素序列{6,12,24,30,44,55,70}对应的两棵不同形态的二叉排序树如图 9.12（a）与（b）所示。

在图 9.12 中，假设每个元素的查找概率都相等，则在查找成功时左边的树的 $ASL_{成功}=\frac{1}{7}\times(1+2\times$

$2+4\times3)=\frac{17}{7}$，右边的树的 $ASL_{成功}=\frac{1}{7}\times(1+2+3+4+5+6+7)=\frac{28}{7}$。

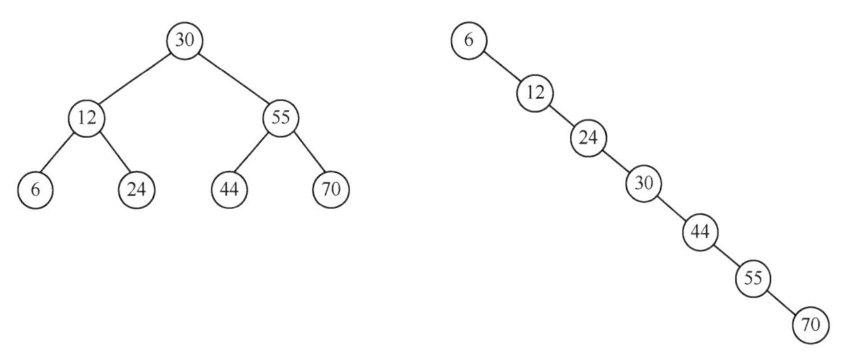

（a）二叉排序树的高度为3　　（b）二叉排序树的高度为7

图 9.12　两棵不同形态的二叉排序树

因此，平均查找长度与二叉排序树的形态有关。如果二叉排序树有 n 个节点，则在最坏的情况下，平均查找长度为 $(n+1)/2$；在最好的情况下，平均查找长度为 $\log_2 n$。

9.4 哈希表的查找

哈希表也称为散列表，利用哈希表可以快速查找指定元素。利用哈希表查找元素需要解决两个问题——构造哈希表和处理冲突。

哈希表的构造与元素的查找

问题描述

给定一组元素{78,90,66,70,155,82,123,231}，设哈希表长 m=11、p=11、n=8。要求构造一个哈希表，并用线性探测再散列法处理冲突，并求平均查找长度。

【哈希表的定义】

哈希表利用待查找元素与其存储地址建立起一种对应关系，在构造哈希表时直接将元素存放在相应的地址，有了这种对应关系，在查找时直接利用对应关系从相应的地址找到该元素即可。通常用 key 表示待查找元素，h 表示对应关系，则 h(key)表示元素的存储地址。把对应关系 h 称为哈希函数，利用哈希函数可以构造哈希表。

【除留余数法】

构造哈希函数的目的主要是使元素尽可能地均匀分布以减少或避免产生冲突，使计算方法尽可能简便以提高运算效率。哈希函数的常见构造方法的是除留余数法。

除留余数法主要通过对元素取余，将得到的余数作为哈希地址。其主要方法为设哈希表长为 m，p 为小于或等于 m 的最大质数，则哈希函数 h(key)=key%p。除留余数法是一种常用的求哈希函数的方法。

对于元素序列{78,90,66,70,155,82,123,231}，取 p=13，这组元素在哈希表中的存储方式如图 9.13 所示。

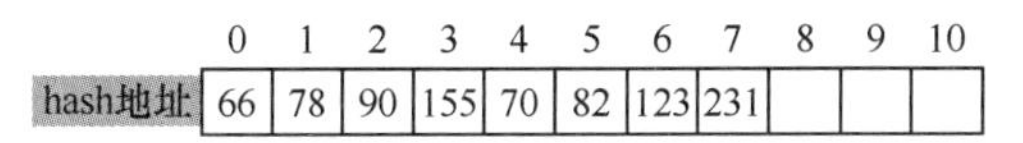

	0	1	2	3	4	5	6	7	8	9	10
hash地址	66	78	90	155	70	82	123	231			

图 9.13　元素在哈希表中的存储方式

【处理冲突的方法】

在构造哈希函数的过程中，不可避免地会出现冲突。处理冲突就是利用新得到的哈希地址 h_i（i=1,2,…,n）存放元素。常见的处理冲突的方法有开放定址法和链地址法。

1. 开放定址法

开放定址法也称再散列法，它是处理冲突比较常用的方法之一。当冲突发生时，用下列公式处理冲突。

$$h_i=(h(\text{key})+d_i)\%m$$

其中，i=1,2,…,m−1，h(key)为哈希函数，m 为哈希表表长，d_i 为地址增量。地址增量 d_i 可以通过以下 3 种方法获得。

- 线性探测再散列：在冲突发生时，地址增量 d_i 依次取 1,2, …,m−1 自然数列，即 d_i=1,2,…, m−1。
- 二次探测再散列：在冲突发生时，地址增量 d_i 依次取自然数的平方，即 $d_i=1^2, -1^2, 2^2, -2^2, \cdots, k^2, -k^2$。
- 伪随机数再散列：在冲突发生时，地址增量 d_i 依次取随机数序列。

例如，在长度为 14 的哈希表中，取 p=13，元素序列{37,561,49,86}在哈希表中的存放方式如图 9.14 所示。

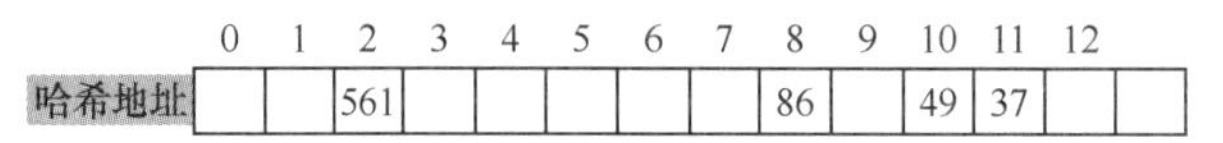

图 9.14　冲突发生前哈希表中元素序列的存放方式

当要插入元素 232 时，由哈希函数得 $h(232)$=232%13=11，而单元 11 已经有元素，产生冲突。利用线性探测再散列法解决冲突，即 h_1=(11+1)%14=12，因此把 232 存放在单元 12 中，如图 9.15 所示。

图 9.15　插入元素 232 后的哈希表

当要插入元素 50 时，由哈希函数得 $h(50)$=50%13=11，而单元 11 已经有元素，产生冲突。利用线性探测再散列法解决冲突，即 h_1=(11+1)%14=12，仍然冲突。继续利用线性探测再散列法，即 h_2=(11+2)%14=13，单元 13 空闲，因此将 50 存放在单元 13 中，如图 9.16 所示。

	0	1	2	3	4	5	6	7	8	9	10	11	12	13
哈希地址			561						86		49	37	232	50

图 9.16　插入元素 50 后的哈希表

当然，当冲突发生时，也可以使用二次探测再散列和伪随机数再散列处理冲突。

2. 链地址法

链地址法就是将具有相同哈希地址的元素用一个线性链表存储起来。每个线性链表设置一个头指针指向该链表。链地址法的存储表示类似于图的邻接表表示。元素插入的位置可以是表尾、表头、中间。链地址法的主要优点是方便在哈希表中插入元素和删除元素。

例如，一个元素序列{66,53,123,77, 89,48,274,92,26,230}，采用哈希函数 h(key)=key%13 构造哈

希表，用链地址法处理冲突，哈希表如图 9.17 所示。

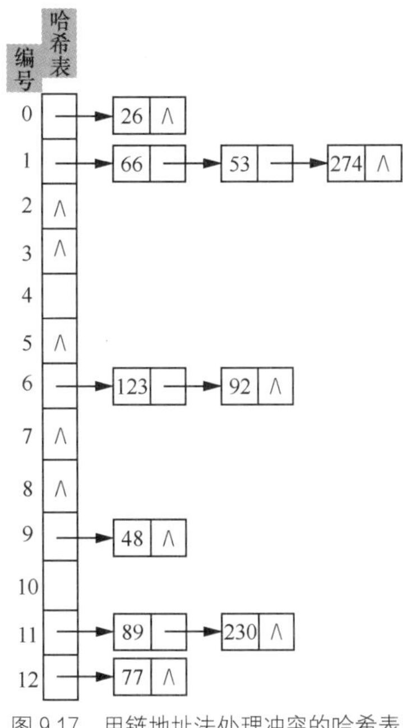

图 9.17 用链地址法处理冲突的哈希表

【哈希表的查找】

哈希表的查找类似于哈希表的创建，就是通过哈希函数和处理冲突的方法求解元素在哈希表中的位置，然后确定该位置上的元素是否为要查找的元素。例如，若采用开放定址法处理冲突，在图 9.13 中要查找 key=155，由哈希函数 $h(155)=155\%11=1$，与第 1 号单元中的关键字 78 比较，因为 $155\neq78$，$h_1=(1+1)\%11=2$，所以将第 2 号单元的关键字 90 与 155 比较。因为 $155\neq90$，$h_2=(1+2)\%11=3$，所以将第 3 号单元中关键字 155 与 key 比较，因为 key=155，所以查找成功，返回序号 2。

☞第 9 章\实例 9-05.cpp

```
/*******************************************
*实例说明：哈希表的查找
*******************************************/
#include<stdio.h>
#include<malloc.h>
#include<stdlib.h>
typedef struct                  /*定义元素类型*/
{
    int value;                  /*元素值*/
    int hi;                     /*冲突次数*/
}DataType;
typedef struct                  /*定义哈希表*/
{
    DataType *data;
    int length;                 /*长度*/
    int num;                    /*元素个数*/
}HashTable;
void CreateHashTable(HashTable *H,int m,int p,int hash[],int n);
int SearchHash(HashTable H,int k);
void HashASL(HashTable H,int m);
void DisplayHash(HashTable H,int m);
void main()
{
    int hash[]={78,90,66,70,155,82,123,231};
    HashTable H;
    int m=11,p=11,n=8,pos,v;
    CreateHashTable(&H,m,p,hash,n);
    DisplayHash(H,m);
    printf("请输入待查找的元素:");
    scanf("%d",&v);
    pos=SearchHash(H,v);
    printf("元素%d 在哈希表中的位置:%d\n",v,pos);
    HashASL(H,m);
}
void CreateHashTable(HashTable *H,int m,int p,int hash[],int n)
/*构造哈希表，并处理冲突*/
{
    int i,sum,addr,di,k=1;
    /*为哈希表分配存储空间*/
    (*H).data=(DataType*)malloc(m*sizeof(DataType));
```

```
    if(!(*H).data)
        exit(-1);
    (*H).num=n;
    (*H).length=m;
    for(i=0;i<m;i++)
    {
        (*H).data[i].value=-1;
        (*H).data[i].hi=0;
    }
    /*构造哈希表并处理冲突*/
    for(i=0;i<n;i++)
    {
        sum=0;
        addr=hash[i]%p;
        di=addr;
        if((*H).data[addr].value==-1)     /*如果不冲突，则将元素存储在哈希表中*/
        {
            (*H).data[addr].value=hash[i];
            (*H).data[addr].hi=1;
        }
        else                   /*用线性探测再散列法处理冲突*/
        {
            do
            {
                di=(di+k)%m;
                sum+=1;
            } while((*H).data[di].value!=-1);
            (*H).data[di].value=hash[i];
            (*H).data[di].hi=sum+1;
        }
    }
}
int SearchHash(HashTable H,int v)
/*在哈希表 H 中查找值为 v 的元素*/
{
    int d,d1,m;
    m=H.length;
    d=d1=v%m;
    while(H.data[d].value!=-1)
    {
        if(H.data[d].value==v)
            return d;
        else
            d=(d+1)%m;
        if(d==d1)
            return 0;
    }
    return 0;
}
void HashASL(HashTable H,int m)
/*求哈希表的平均查找长度*/
{
    float average=0;
    int i;
    for(i=0;i<m;i++)
        average=average+H.data[i].hi;
    average=average/H.num;
    printf("平均查找长度:%.2f\n",average);
}
void DisplayHash(HashTable H,int m)
/*输出哈希表*/
```

```
{
    int i;
    printf("哈希表地址:  ");
    for(i=0;i<m;i++)                    /*输出哈希表的地址*/
        printf("%-5d",i);
    printf("\n");
    printf("元素值 value: ");
    for(i=0;i<m;i++)                    /*输出哈希表的元素值*/
        printf("%-5d",H.data[i].value);
    printf("\n");
    printf("冲突次数:     ");
    for(i=0;i<m;i++)                    /*输出冲突次数*/
        printf("%-5d",H.data[i].hi);
    printf("\n");
}
```

运行结果如图 9.18 所示。

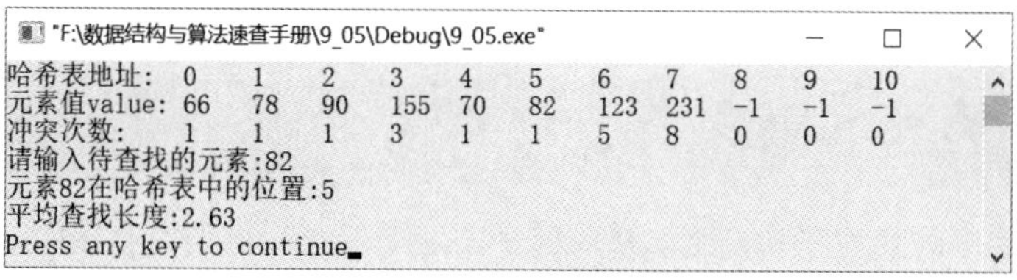

```
"F:\数据结构与算法速查手册\9_05\Debug\9_05.exe"
哈希表地址:  0    1    2    3    4    5    6    7    8    9    10
元素值value: 66   78   90   155  70   82   123  231  -1   -1   -1
冲突次数:    1    1    1    3    1    1    5    8    0    0    0
请输入待查找的元素:82
元素82在哈希表中的位置:5
平均查找长度:2.63
Press any key to continue
```

图 9.18 运行结果

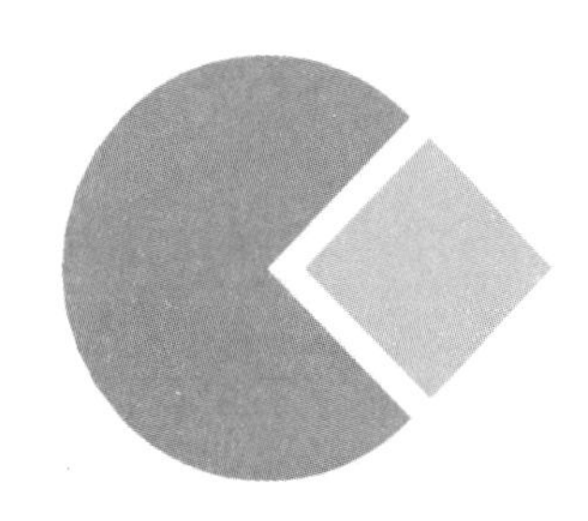

第 10 章　排序算法

排序算法是程序设计中最常用的算法之一。**排序**（sorting）是程序设计中的一种重要技术，它将由若干数据元素（或记录）组成的无序序列重新排列成一个按关键字排列的有序序列。一般来说，排序算法按照排序策略可分为插入排序、交换排序、选择排序、归并排序和基数排序。

10.1 排序的基本概念

排序：把一个无序的元素序列按照元素关键字的递增或递减排列为有序的序列。设包含 n 个元素的序列为$(E_1,E_2,\cdots,E_n)$，其对应的关键字为$(k_1,k_2,\cdots,k_n)$，为了将元素按照非递减（或非递增）排列，需要让下标 $1,2,\cdots,n$ 构成一种能够让元素按照非递减（或非递增）排列的顺序即 $p_1,p_2,\cdots,p_n$，使关键字呈非递减（或非递增）排列，即 $k_{p_1} \leqslant k_{p_2} \leqslant \cdots \leqslant k_{p_n}$，从而使元素构成一个非递减（或非递增）的序列，即$(E_{p_1}, E_{p_2}, \cdots, E_{p_n})$。这样的一种操作称为排序。

稳定排序和不稳定排序：在排序过程中，如果存在两个关键字相等，即 $k_i=k_j(1\leqslant i\leqslant n,1\leqslant j\leqslant n,i\neq j)$，在排序之前对应的元素 E_i 在 E_j 之前，在排序之后，如果元素 E_i 仍然在 E_j 之前，则称这种排序是稳定排序；如果经过排序之后，元素 E_i 位于 E_j 之后，则称这种排序是不稳定排序。

无论是稳定排序还是不稳定排序，都能正确地完成排序。一个排序算法的性能可以通过时间复杂度、空间复杂度和稳定性来衡量。

内排序和外排序：根据排序过程中所利用的内存储器和外存储器的情况，将排序分为内部排序和外部排序。内部排序也称为内排序，外部排序也称为外排序。所谓内排序是指需要排序的元素数量不是特别多，排序过程完全在内存中进行的排序方法。所谓外排序是指需要排序的数据非常多，在内存中不能一次完成排序，需要不断地在内存和外存中交替才能完成的排序方法。

这些排序方法各有优点和不足，在使用时，可根据具体情况选择比较合适的方法。

在排序过程中，主要需要进行以下两种基本操作。

（1）比较两个元素相应关键字的大小。

（2）将元素从一个位置移动到另一个位置。

其中，第二种操作（即移动元素）通过采用链表存储方式可以避免；而比较关键字的大小，不管采用何种存储结构都是不可避免的。

待排序的元素的存储结构有以下 3 种。

- 顺序存储。将待排序的元素存储在一组连续的存储单元中，这类似于线性表的顺序存储，元素 E_i 和 E_j 逻辑上相邻，其物理位置也相邻。在排序过程中，需要移动元素。
- 链式存储。将待排序元素存储在一组不连续的存储单元中，这类似于线性表的链式存储，

元素 E_i 和 E_j 逻辑上相邻，其物理位置不一定相邻。在进行排序时，不需要移动元素，只需要修改相应的指针即可。

- 静态链表。元素之间的关系可以通过元素对应的游标指示，游标类似于链表中的指针。

为了方便描述，本章的排序算法主要采用顺序存储结构。相应的数据类型描述如下。

```
#define MaxSize 50
typedef int KeyType;
typedef struct      /*数据元素类型定义*/
{
    KeyType key;    /*关键字*/
}DataType;
typedef struct      /*顺序表类型定义*/
{
    DataType data[MaxSize];
    int length;
}SqList;
```

10.2 插入排序

在插入排序中，将待排序元素分为两个集合，即有序集和无序集，每趟排序都是从无序集中选择一个元素并插入有序集中，使有序集仍然有序。重复以上过程，直到所有元素都有序为止。

10.2.1　直接插入排序

问题描述

编写算法，利用直接插入排序让元素序列{17,46,32,87,58,9,50,38}按照从小到大的顺序排列。

【分析】

直接插入排序是一种非常简单的插入排序算法。它的基本算法思想描述如下。

假设待排序元素有 n 个。初始时，有序集中只有 1 个元素，无序集中是剩下的（n−1）个元素。例如，有 4 个待排序元素 35、12、5 和 21，排序前的初始状态如图 10.1 所示。

{35}	{12　5　21}
有序集	无序集

图 10.1　待排序元素的初始状态

第 1 趟排序中，将无序集中的第 1 个元素（也就是 12）与有序集中的元素 35 进行比较。因为 35>12，所以需要先将 35 向右移动一个位置，然后将 12 插入有序集中的第 1 个位置，如图 10.2（a）～（c）所示。其中，阴影部分表示无序集，白色部分表示有序集。

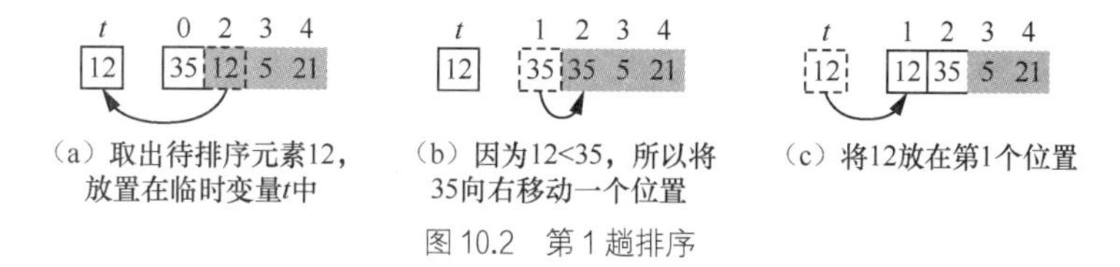

（a）取出待排序元素12，放置在临时变量t中　（b）因为12<35，所以将35向右移动一个位置　（c）将12放在第1个位置

图 10.2　第 1 趟排序

第 2 趟排序中，将无序集的第 2 个元素 5 依次与有序集中的元素从右到左比较。即先与 35 比较，因为 5<35，所以先将 35 向右移动一个位置，然后将 5 与第 1 个元素 12 比较。因为 5<12，所以将 12 向右移动一个位置，将 5 放在第 1 个位置。第 2 趟排序如图 10.3（a）～（d）所示。

第 3 趟排序中，将无序集中的元素 21 与有序集中的元素从右到左依次比较。先与 35 比较，因为 21<35，所以需将 35 向右移动一个位置并与前一个元素 12 比较。由于 21>12，故需将 21 放置在 12 与 35 之间，即插入第 3 个位置。第 3 趟排序如图 10.4（a）～（c）所示。

经过以上排序之后，有序集有 4 个元素，无序集为空集。此时直接插入排序完毕，整个序列变成一个有序序列。

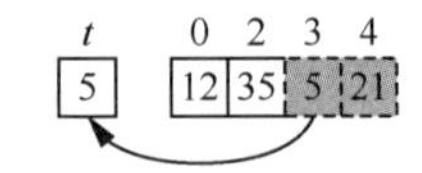

（a）取出待排序元素5，放置在临时变量t中

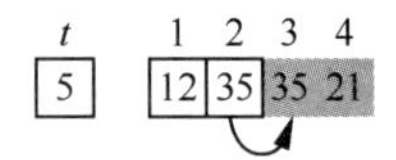

（b）因为5<35，所以将35向右移动一个位置

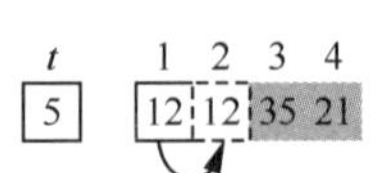

（c）因为5<12，所以将12向右移动一个位置

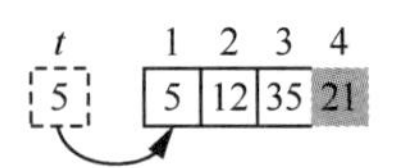

（d）将5放在第1个位置

图 10.3　第 2 趟排序

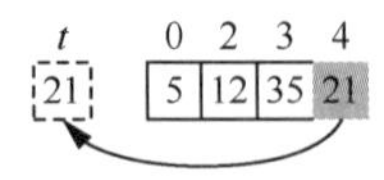

（a）取出带排序元素21，放置在临时变量t中

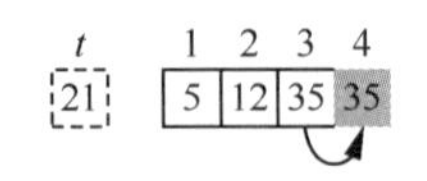

（b）因为35>21，所以将35向右移动一个位置

（c）因为21>12，所以将21放在第3个位置

图 10.4　第 3 趟排序

【示例】

假设待排序元素有 8 个，分别是 17、46、32、87、58、9、50、38。使用直接插入排序对元素进行排序的过程如图 10.5 所示。

排序前：{17}　{46　32　87　58　9　50　38}

第1趟排序后：{17　46}　{ 32　87　58　9　50　38}

第2趟排序后：{17　32　46}　{ 87　58　9　50　38}

第3趟排序后：{17　32　46　87}　{ 58　9　50　38}

第4趟排序后：{17　32　46　58　87}　{ 9　50　38}

第5趟排序后：{9　17　32　46　58　87}　{ 50　38}

第6趟排序后：{9　17　32　46　50　58　87}　{ 38}

第7趟排序后：{9　17　32　38　46　50　58　87}　{ }

最终排序结果：9　17　32　38　46　50　58　87

图 10.5　直接插入排序

在图 10.5 中，所有元素被花括号分为两个集合，前一个为有序集，后一个为无序集。直接插入排序就是将无序集中的元素依次插入有序集中的对应位置，直到无序集已空。

☞第 10 章\实例 10-01.cpp

```
/*********************************************
*实例说明：直接插入排序
*********************************************/
#include<stdio.h>
void PrintArray(int a[],int n);
void main()
{
    int a[]={17,46,32,87,58,9,50,38};
    int t,i,j,n;
    n=sizeof(a)/sizeof(a[0]);
    printf("直接插入排序前:\n");
    PrintArray(a,n);
    printf("直接插入排序:\n");
for(i=1;i<n;i++)
```

```
{
    t=a[i];
    for(j=i-1;j>=0&&t<a[j];j--)
        a[j+1]=a[j];
        a[j+1]=t;
PrintArray(a,n);
}
}
void PrintArray(int a[],int n)
{
    int i;
    for(i=0;i<n;i++)
        printf("%4d",a[i]);
        printf("\n");
}
```

运行结果如图 10.6 所示。

```
"F:\数据结构与算法速查手...
直接插入排序前:
  17  46  32  87  58   9  50  38
直接插入排序:
  17  46  32  87  58   9  50  38
  17  32  46  87  58   9  50  38
  17  32  46  87  58   9  50  38
  17  32  46  58  87   9  50  38
   9  17  32  46  58  87  50  38
   9  17  32  46  50  58  87  38
   9  17  32  38  46  50  58  87
Press any key to continue
```

图 10.6　运行结果

【主要用途】

直接插入排序实现简单，适用于待排序元素较少且元素基本有序的情况。在元素基本有序时，需要比较的次数和移动的次数很少，因此在这种情况下使用直接插入排序最佳。

【稳定性与复杂度】

直接插入排序属于稳定排序，直接插入排序算法的时间复杂度为 $O(n^2)$（n 为元素个数），空间复杂度为 $O(1)$。

10.2.2　折半插入排序

问题描述

实现折半插入排序算法，让元素序列{75, 61, 82, 36, 99, 26, 41}按照从小到大的顺序排列。

【分析】

折半插入排序是对直接插入排序的一种改进。主要思想是在查找插入位置的过程中引入折半查找算法，利用折半查找算法在有序集中确定待排序元素的插入位置。

【与直接插入排序的区别】

直接插入排序从右到左按顺序查找插入的位置，折半插入排序在有序集中查找插入的位置。

【示例】

假设有 7 个待排序元素——75、61、82、36、99、26、41。使用折半插入排序算法对该元素序列进行第 1 趟排序的过程如图 10.7（a）～（e）所示。

其中，low、high 分别表示待插入序列中的第一个元素的下标和最后一个元素的下标，mid 为中间的元素的下标。i=1 表示第 1 趟排序，待排序元素为 a[1]，t 存放的是待排序元素。当 low>high 时，low 指向元素要插入的位置。依次将 low～i–1 的元素向后移动一个位置，然后将 t 的值插入 a[low]中。

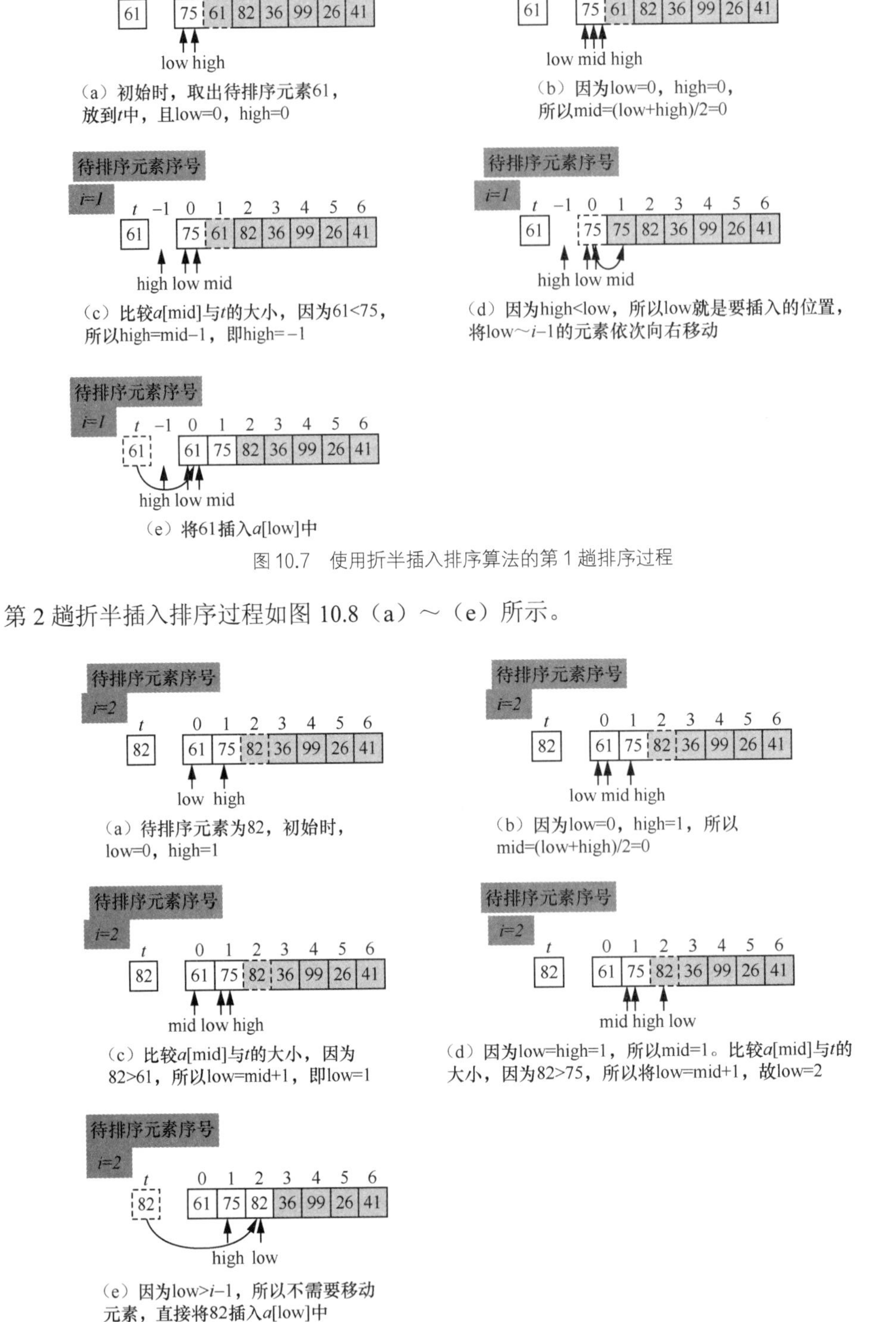

（a）初始时，取出待排序元素61，放到t中，且low=0，high=0

（b）因为low=0，high=0，所以mid=(low+high)/2=0

（c）比较a[mid]与t的大小，因为61<75，所以high=mid−1，即high=−1

（d）因为high<low，所以low就是要插入的位置，将low～i−1的元素依次向右移动

（e）将61插入a[low]中

图 10.7　使用折半插入排序算法的第 1 趟排序过程

第 2 趟折半插入排序过程如图 10.8（a）～（e）所示。

（a）待排序元素为82，初始时，low=0，high=1

（b）因为low=0，high=1，所以mid=(low+high)/2=0

（c）比较a[mid]与t的大小，因为82>61，所以low=mid+1，即low=1

（d）因为low=high=1，所以mid=1。比较a[mid]与t的大小，因为82>75，所以将low=mid+1，故low=2

（e）因为low>i−1，所以不需要移动元素，直接将82插入a[low]中

图 10.8　第 2 趟折半插入排序过程

从以上两趟排序过程可以看出，折半插入排序与直接插入排序的区别仅仅在于查找插入位置的方法不同。一般情况下，折半查找的效率要高于顺序查找的效率。

☞第 10 章\实例 10-02.cpp

```
/*******************************************
*实例说明: 折半插入排序
*******************************************/
#include<stdio.h>
void PrintArray(int a[],int n);
void main()
{
    int a[]={75,61,82,36,99,26,41};
    int t,i,j,low,high,mid,n;
    n=sizeof(a)/sizeof(a[0]);
    printf("折半插入排序前:\n");
    PrintArray(a,n);
    printf("折半插入排序:\n");
    for(i=1;i<n;i++)
{
        t=a[i];
        for(low=0,high=i-1;high>=low;)
{
            mid=(low+high)/2;
            if(t<a[mid])
            high=mid-1;
            else
            low=mid+1;
}
for(j=i-1;j>=low;j--)
    a[j+1]=a[j];
    a[low]=t;
    PrintArray(a,n);
}
}
void PrintArray(int a[],int n)
{
    int i;
    for(i=0;i<n;i++)
        printf("%4d",a[i]);
        printf("\n");
}
```

运行结果如图 10.9 所示。

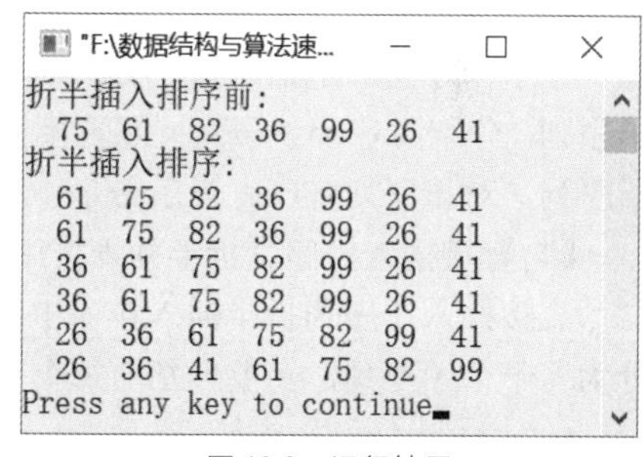

图 10.9 运行结果

【插入排序的链式实现】

L 指向有序链表，*p* 指向待排序链表。初始时，令 *L*->next=NULL，即有序链表为空。若有序链表为空，则将 *p* 指向的节点直接插入空链表中。然后将 *p* 指向的第二个节点与 *L* 所指向的有序链表中的每一个节点比较，并将节点**p* 插入 *L* 所指向的有序链表的相应位置，使其有序排列。重复执行以上操作，直到待排序链表中的所有节点都插入 *L* 指向的有序链表中。此时，*L* 所指向的就是一个有元素的有序链表。

```
void InsertSort(LinkList L)
/*插入排序的链式实现*/
{
    ListNode *p=L->next,*pre,*q;
    L->next=NULL;
    while(p!=NULL)            /*p 指向待排序的节点*/
    {
        if(L->next==NULL)     /*如果*p 是第一个节点，则插入 L 指向的有序链表，并令已排序的最后一个节点的
        指针域为空*/
```

```
        {
            L->next=p;
            p=p->next;
            L->next->next=NULL;
        }
        else                    /*p 指向待排序的节点，在 L 指向的已经排好序的链表中查找插入位置*/
        {
            pre=L;
            q=L->next;
            while(q!=NULL&&q->data<p->data)
            {
                pre=q;
                q=q->next;
            }
            q=p->next;
            p->next=pre->next;
            pre->next=p;
            p=q;
        }
    }
}
```

【主要用途】

与直接插入排序类似，折半插入排序通常用于待排序元素的个数较少的情况。如果待排序元素基本有序，则最好采用直接插入排序算法。

【稳定性与复杂度】

折半插入排序也是一种稳定排序算法。虽然折半插入排序在查找插入的位置时改进了查找方法，减少了比较次数，比较次数由 $O(n)$变为 $O(n\log_2 n)$，但是移动元素的时间复杂度仍然没有改变，因此折半查找排序算法的整体时间复杂度仍然为 $O(n^2)$，它的空间复杂度为 $O(1)$。

10.2.3　希尔排序

问题描述

利用希尔排序算法，让元素序列{55, 72, 31, 24, 86, 16, 37, 8}按照从小到大的顺序排列。

【分析】

希尔排序也属于插入排序算法。希尔排序通过减小增量（距离），将待排序元素划分为若干个子序列，分别对各个子序列按照直接插入排序算法进行排序。当增量为 1 时，待排序元素构成一个子序列，对该序列排序完毕后希尔排序算法结束。

【与直接插入排序、折半插入排序的区别】

直接插入排序和折半插入排序中，待排序元素构成一个子序列；希尔排序中，待排序元素被划分为若干个子序列，需要分别对每个子序列进行排序。

【示例】

假设待排序元素有 8 个，分别是 55、72、31、24、86、16、37、8。假设增量依次为 4、2、1，使用希尔排序对该元素序列进行排序，过程如图 10.10 所示。

当增量为 4 时，第 1 个元素与第 5 个元素为一组。第 2 个元素与第 6 个元素为一组，第 3 个元素与第 7 个元素为一组，第 4 个元素与第 8 个元素为一组。本组内的元素进行直接插入排序，即完成第 1 趟希尔排序。当增量为 2 时，第 1、3、5、7 个元素为一组，第 2、4、6、8 个元素为一组，本组内的元素进行直接插入排序，即完成第 2 趟希尔排序。当增量为 1 时，将所有的元素进行直接插入排序。此时，所有的元素都从小到大排列，希尔排序算法结束。

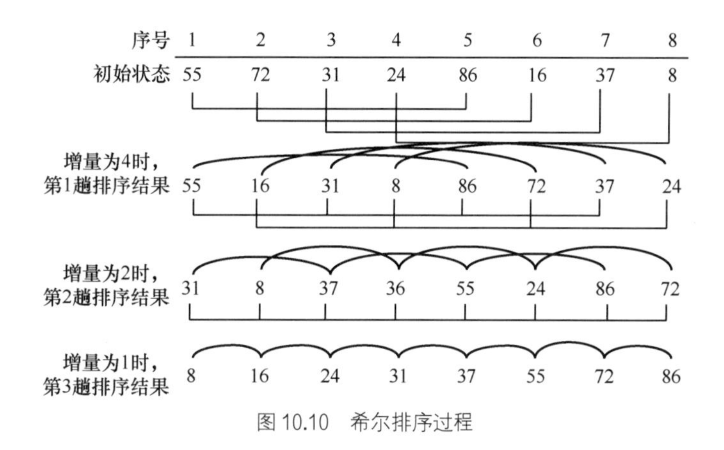

图 10.10 希尔排序过程

☞第 10 章\实例 10-03.cpp

```
/*********************************************
*实例说明：希尔排序
**********************************************/
#include<stdio.h>
void ShellSort(int a[],int length,int delta[],int m);
void ShellInsert(int a[],int length,int c);
void DispArray(int a[],int length);
void main()
{
    int a[]={55,72,31,24,86,16,37,8};
    int delta[]={4,2,1},m=3,n;
    n=sizeof(a)/sizeof(a[0]);
    printf("希尔排序前:\n");
    DispArray(a,n);
    ShellSort(a,n,delta,m);
    printf("希尔排序结果:");
    DispArray(a,n);
}
void ShellInsert(int a[],int length,int c)
/*对数组中的元素进行希尔排序，c 是增量*/
{
int i,j,t;
for(i=c;i<length;i++)
{
    if(a[i]<a[i-c])
    {
        t=a[i];
        for(j=i-c;j>=0&&t<a[j];j=j-c)
        a[j+c]=a[j];
        a[j+c]=t;
    }
}
}
void ShellSort(int a[],int length,int delta[],int m)
/*希尔排序，每次调用 ShellInsert 函数，delta 是存放增量的数组*/
{
int i;
for(i=0;i<m;i++)              /*进行 m 次希尔排序*/
{
    ShellInsert(a,length,delta[i]);
    printf("第%d 趟排序结果:",i+1);
    DispArray(a,length);
    }
}
```

```
void DispArray(int a[],int length)
/*输出数组 a 中的元素*/
{
    int i;
    for(i=0;i<length;i++)
        printf("%4d",a[i]);
        printf("\n");
}
```

运行结果如图 10.11 所示。

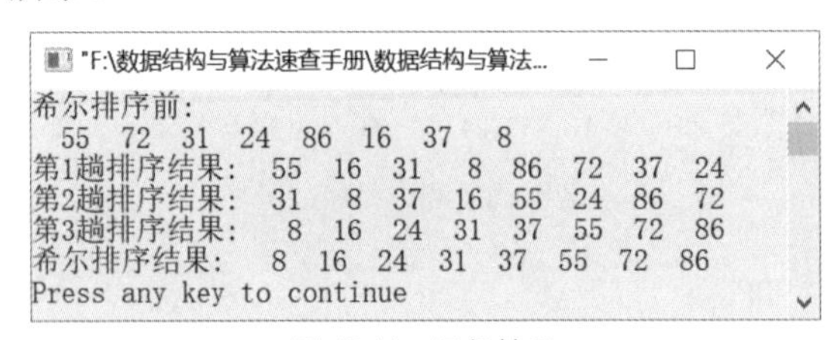

图 10.11　运行结果

【主要用途】

希尔排序算法可以使值较小的元素很快向前移动。当待排序元素基本有序时，再使用直接插入排序处理，效率会高很多。希尔排序主要用在元素个数在 5000 以下且速度要求并不是很高的场合。

【稳定性与复杂度】

希尔排序是一种不稳定的排序算法。由于增量的选择是随机的，因此分析希尔排序算法的时间复杂度就变成一件非常复杂的事情。但是经过研究发现，当增量序列为 2^{t-k+1}（其中，t 为排序趟数，$1 \leqslant k \leqslant t \leqslant \lfloor \log_2(n+1) \rfloor$）时，希尔排序的时间复杂度为 $O(n^{3/2})$。希尔排序的空间复杂度为 $O(1)$。

10.3 交换排序

交换排序的算法思想是通过交换逆序的元素实现排序。交换排序主要有两种，分别是冒泡排序和快速排序。

10.3.1　冒泡排序

问题描述

实现冒泡排序算法，让元素序列{56,22,67,32,59,12,89,26,48,37}从小到大排序。

【分析】

冒泡排序是一种简单的交换排序算法，它通过交换相邻的两个元素，逐步将待排序序列变成有序序列。它的基本算法思想描述如下。

假设待排序元素有 n 个。从第 1 个元素开始，依次交换相邻的两个逆序元素，直到到达最后一个元素为止。当第 1 趟排序结束时，就会将最大的元素移动到序列的末尾。然后按照以上方法进行第 2 趟排序，第二大的元素将会被移动到序列的倒数第 2 个位置。以此类推，经过（$n-1$）趟排序后，整个元素序列就成了有序的序列。每趟排序过程中，值小的元素向前移动，值大的元素向后移动，就像气泡一样向上升，因此将这种排序算法称为冒泡排序。

【示例】

例如，一个元素序列为{56,22,67,32,59,12,89,26,48,37}，对该元素序列进行冒泡排序，第 1 趟冒泡排序过程如图 10.12 所示。

经过第 1 趟冒泡排序后，值最大的元素 89 移动到了序列的最后。按以上方法，对第 1 个元素到倒数第 1 个元素重复以上过程，倒数第二大的元素将排在倒数第 2 个位置。以此类推，直到所有的元素均有序，冒泡排序结束。

序号	1	2	3	4	5	6	7	8	9	10
初始状态	[56	22	67	32	59	12	89	26	48	37]
第1趟：将第1个元素与第2个元素交换	[22	56	67	32	59	12	89	26	48	37]
第1趟：$a[2]<a[3]$，不需要交换	[22	56	67	32	59	12	89	26	48	37]
第1趟：将第3个元素与第4个元素交换	[22	56	32	67	59	12	89	26	48	37]
第1趟：将第4个元素与第5个元素交换	[22	56	32	59	67	12	89	26	48	37]
第1趟：将第5个元素与第6个元素交换	[22	56	32	59	12	67	89	26	48	37]
第1趟：$a[6]<a[7]$，不需要交换	[22	56	32	59	12	67	89	26	48	37]
第1趟：将第7个元素与第8个元素交换	[22	56	32	59	12	67	26	89	48	37]
第1趟：将第8个元素与第9个元素交换	[22	56	32	59	12	67	26	48	89	37]
第1趟：将第9个元素与第10个元素交换	[22	56	32	59	12	67	26	48	37	89]
第一趟排序结果	22	56	32	59	12	67	26	48	37	[89]

图 10.12 第 1 趟冒泡排序过程

对元素序列{56,22,67,32,59,12,89,26,48,37}进行冒泡排序的全过程如图 10.13 所示。

序号	1	2	3	4	5	6	7	8	9	10
初始状态	[56	22	67	32	59	12	89	26	48	37]
第1趟排序结果：	22	56	32	59	12	67	26	48	37	[89]
第2趟排序结果：	22	32	56	12	59	26	48	37	[67	89]
第3趟排序结果：	22	32	12	56	26	48	37	[59	67	89]
第4趟排序结果：	22	12	32	26	48	37	[56	59	67	89]
第5趟排序结果：	12	22	26	32	37	[48	56	59	67	89]
第6趟排序结果：	12	22	26	32	[37	48	56	59	67	89]
第7趟排序结果：	12	22	26	[32	37	48	56	59	67	89]
第8趟排序结果：	12	22	[26	32	37	48	56	59	67	89]
第9趟排序结果：	12	[22	26	32	37	48	56	59	67	89]
最终排序结果：	[12	22	26	32	37	48	56	59	67	89]

图 10.13 冒泡排序的全过程

在冒泡排序中，如果待排序元素的个数为 n，则需要（n−1）趟冒泡排序。对于第 i 趟冒泡排序，需要比较的次数为（i-1）。

☞第 10 章\实例 10-04.cpp

```
/*******************************************
*实例说明：冒泡排序
*******************************************/
#include<stdio.h>
void PrintArray(int a[],int n);
void BubbleSort(int a[],int n);
void main()
{
    int a[]={56,22,67,32,59,12,89,26,48,37};
    int n=sizeof(a)/sizeof(a[0]);
    printf("冒泡排序前:\n");
    PrintArray(a,n);
    printf("冒泡排序:\n");
    BubbleSort(a,n);
}
void BubbleSort(int a[],int n)
{
    int i,j,t;
    for(i=1;i<n;i++)
    {
    for(j=0;j<n-i;j++)
    {
        if(a[j]>a[j+1])
        {
            t=a[j];
            a[j]=a[j+1];
            a[j+1]=t;
        }
    }
    printf("第%d趟排序结果:",i);
    PrintArray(a,n);
    }
}
void PrintArray(int a[],int n)
{
int i;
for(i=0;i<n;i++)
    printf("%4d",a[i]);
    printf("\n");
}
```

运行结果如图 10.14 所示。

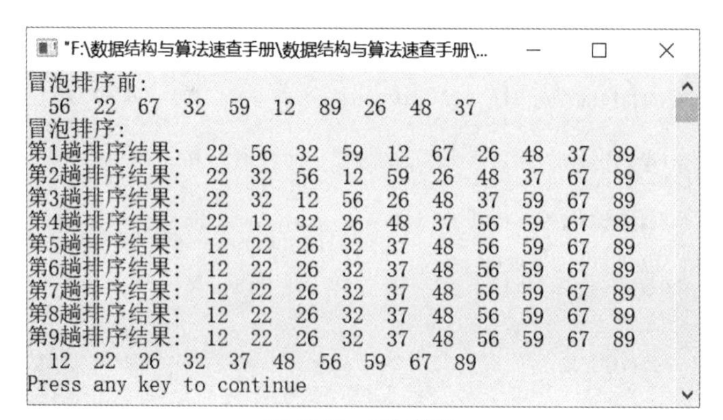

图 10.14　运行结果

【主要用途】

冒泡排序算法的实现简单，适用于待排序元素较少且对速度要求不高的场合。

【稳定性与复杂度】

冒泡排序是一种稳定的排序算法。假设待排序元素为 n 个，则需要进行（$n-1$）趟冒泡排序，每趟冒泡排序需要进行($n-i$)次比较，其中 $i=1,2,\cdots,n-1$。因此，冒泡排序的比较次数为 $\sum_{i=1}^{n-1} i=\frac{n(n-1)}{2}$，移动元素的次数为 $\frac{3n(n-1)}{2}$，它的时间复杂度为 $O(n^2)$，空间复杂度为 $O(1)$。

【双向冒泡排序】

双向冒泡排序就是从前后两个方向交替进行扫描，第一趟把值最大的元素排在序列的最后面，第二趟把值最小的元素排在序列的最前面。如此反复进行，直到序列中不存在逆序元素。奇数趟中从前向后扫描相邻元素，遇到逆序则交换之，直至把序列中最大的元素排在最后。偶数趟中从后向前扫描相邻元素，遇到逆序则交换之，直至将值最小的元素排在最前面。

```
void BubbleSort2(int a[],int n)
/*双向冒泡排序，从前后两个方向进行冒泡排序*/
{
int i,t,flag=1;                /*一趟排序后元素是否有交换*/
int low=0,high=n-1;
while(low<high && flag)        /*当 flag 为 0 时说明已没有逆序元素*/
{
    flag=0;                    /*每趟开始时将 flag 置为 0*/
for(i=low;i<high;i++)          /*从前向后进行冒泡排序*/
{
    if(a[i]>a[i+1])
    {
        t=a[i];
        a[i]=a[i+1];
        a[i+1]=t;
        flag=1;
}
}
high--;                        /*更新上界*/
for(i=high;i>low;i--)          /*从后向前进行冒泡排序*/
{
    if(a[i]<a[i-1])
    {
        t=a[i];
        a[i]=a[i-1];
        a[i-1]=t;
        flag=1;
}
}
low++;                         /*更新下界*/
printf("第%d趟排序结果:",i);
PrintArray(a,n);
}
}
```

如果 flag 为 1，则表示序列中存在逆序元素，需要进行交换；如果 flag 为 0，则表示序列中不存在逆序元素，不需要进行交换。在比较两个元素前，将标志 flag 置为 0，如果元素序列中存在逆序，则将 flag 置为 1。

10.3.2 快速排序

问题描述

编写一个快速排序算法，让元素序列{37,19,43,22,22,89,26,92}按照从小到大的顺序排列。

【分析】

快速排序是冒泡排序算法的改进，也属于交换排序算法。它的基本算法思想描述如下。

假设待排序元素个数为 n，存放在数组 $a[1,\cdots,n]$中。令第 1 个元素为参考元素（枢轴元素），即 pivot=$a[1]$。初始时，i=1，j=n，然后按照以下步骤操作。

（1）从第 j 个元素开始向前依次将每个元素与 pivot 比较。如果当前元素大于或等于 pivot，则比较前一个元素与 pivot 的大小，即比较 $a[j-1]$与 pivot 的大小；否则，将当前元素移动到第 i 个位置并执行步骤（2）。

（2）从第 i 个元素开始向后依次将每个元素与 pivot 比较。如果当前元素小于 pivot，则比较后一个元素与 pivot 的大小，即比较 $a[i+1]$与 pivot 的大小；否则，将当前元素移动到第 j 个位置并执行步骤（3）。

（3）重复执行步骤（1）和（2），直到 $i \geqslant j$，将元素 pivot 移动到 $a[i]$中。此时，整个元素序列被划分为两个部分（子序列）：小于 $a[i]$的元素位于第 i 个位置之前，大于或等于 $a[i]$的元素位于第 i 个位置之后。这样就完成一趟快速排序，即一次划分。

按照以上方法，对每个子序列进行类似的划分操作，直到每个子序列都只有一个元素为止，这样整个元素序列就构成了一个有序的序列。

【示例】

例如，一个元素序列为{37,19,43,22,22,89,26,92}，根据快速排序算法思想，第 1 趟快速排序过程如图 10.15 所示。

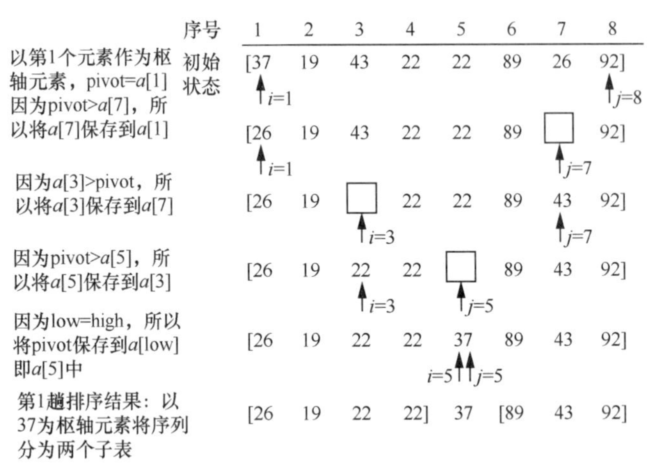

图 10.15 第 1 趟快速排序过程

从图 10.15 容易看出，当第 1 趟快速排序完毕之后，整个元素序列被枢轴元素 37 划分为两个子序列，左边子序列的元素值都小于 37，右边子序列的元素值都大于 37。使用快速排序对示例中的元素序列进行排序的整个过程如图 10.16 所示。

通过图 10.16 所示的排序过程不难看出，快速排序算法可以通过递归调用实现。快速排序的过程其实就是不断地对元素序列进行划分，直到每一个子序列都不能划分时即完成快速排序。

	序号	1	2	3	4	5	6	7	8
以第1个元素作为枢轴元素，pivot=*a*[1]	初始状态	[37 ↑*i*=1	19	43	22	22	89	26	92] ↑*j*=8
第1趟排序结果:		[26	19	22	22]	37	[89	43	92]
第2趟排序结果:		[22	19	22]	26	37	[43]	89	[92]
第3趟排序结果:		[19]	22	[22]	26	37	43	89	92]
最终排序结果:		[19	22	22	26	37	43	89	92

图 10.16 快速排序的整个过程

☞第 10 章\实例 10-05.cpp

```
/*******************************************
*实例说明: 快速排序
*******************************************/
#include<stdio.h>
void DispArray(int a[],int n);
void DispArray2(int a[],int n,int pivot,int count);
void QSort(int a[],int n,int low,int high);
void QuickSort(int a[],int n);
int Partition(int a[],int low,int high);
void QSort(int a[],int n,int low,int high)
/*利用快速排序算法对数组 a 中的元素排序*/
{
    int pivot;
    static count=1;
    if(low<high)
    {
        pivot=Partition(a,low,high);
        DispArray2(a,n,pivot,count);
        count++;
        QSort(a,n,low,pivot-1);
        QSort(a,n,pivot+1,high);
    }
}
void QuickSort(int a[],int n)
/*对数组 a 进行快速排序*/
{
    QSort(a,n,0,n-1);
}
int Partition(int a[],int low,int high)
/*对数组 a 的元素进行排序*/
{
    int t,pivot;
    pivot=a[low];
    t=a[low];
    while(low<high)
    {
        while(low<high&&a[high]>=pivot)
            high--;
        if(low<high)
        {
            a[low]=a[high];
            low++;
        }
        while(low<high&&a[low]<=pivot)
            low++;
        if(low<high)
        {
            a[high]=a[low];
            high--;
        }
```

```
        a[low]=t;
    }
    return low;
}
void DispArray2(int a[],int n,int pivot,int count)
/*输出每次划分的结果*/
{
    int i;
    printf("第%d 次划分结果:[",count);
    for(i=0;i<pivot;i++)
        printf("%-4d",a[i]);
    printf("]");
    printf("%3d ",a[pivot]);
    printf("[");
    for(i=pivot+1;i<n;i++)
        printf("%-4d",a[i]);
    printf("]");
    printf("\n");
}
void main()
{
    int a[]={37,19,43,22,22,89,26,92};
    int n=sizeof(a)/sizeof(a[0]);
    printf("快速排序前:");
    DispArray(a,n);
    QuickSort(a,n);
    printf("快速排序结果:");
    DispArray(a,n);
}
void DispArray(int a[],int n)
/*输出数组中的元素*/
{
    int i;
    for(i=0;i<n;i++)
        printf("%4d",a[i]);
    printf("\n");
}
```

运行结果如图 10.17 所示。

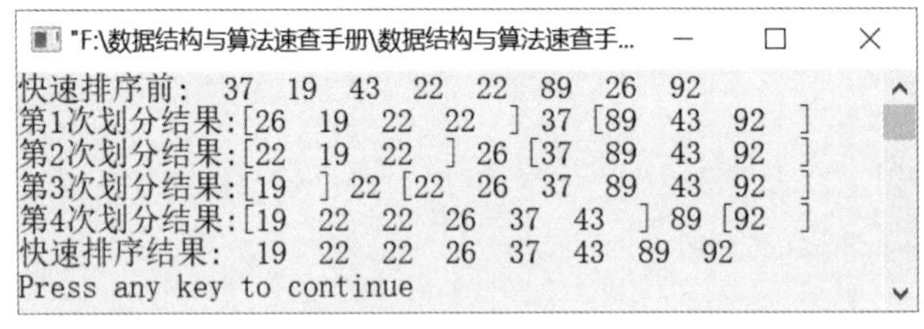

图 10.17　运行结果

【主要用途】

快速排序算法是冒泡排序算法的改进，实现比较复杂，它主要用在需要对大量元素进行排序的情况中。它的效率要远高于冒泡排序，在元素个数特别多的情况下这一优势特别明显。

【稳定性与复杂度】

快速排序是一种不稳定的排序算法。

在最好的情况下，每趟排序都是将元素序列正好划分为两个等长的子序列。这样，快速排序中子序列的划分过程就是创建完全二叉树的过程，划分的次数等于二叉树的深度即 $\log_2 n$，因此快速排序总的比较次数为 $T(n) \leqslant n+2T(n/2) \leqslant n+2[n/2+2T(n/4)]=2n+4T(n/4) \leqslant 3n+8T(n/8) \leqslant \cdots \leqslant n\log_2 n+nT(1)$。因此，在最好的情况下，快速排序的时间复杂度为 $O(n^2)$。

在最坏的情况下，待排序元素序列已经是有序的，则时间的花费主要集中在元素的比较次数上。第 1 趟需要比较（$n-1$）次，第 2 趟需要比较（$n-2$）次，以此类推，共需要比较 $n(n-1)/2$ 次。因此时间复杂度为 $O(n^2)$。

在平均情况下，快速排序的时间复杂度为 $O(n\log_2 n)$。

快速排序的空间复杂度为 $O(\log_2 n)$。

10.4 选择排序

选择排序就是从待排序的元素序列中选择最小（最大）的元素，将其放在有序序列的相应位置，使这些元素构成有序序列。选择排序主要有两种——简单选择排序和堆排序。

10.4.1 简单选择排序

问题描述

实现算法，要求使用简单选择排序算法让元素序列{65,32,71,28,83,7,53,49}按照从小到大的顺序排列。

【分析】

简单选择排序是一种简单的选择排序算法，它的基本算法思想描述如下。

假设待排序的元素有 n 个。在第 1 趟排序过程中，从 n 个元素中选择最小的元素，并将其放在元素序列的最前面（即第 1 个位置）。在第 2 趟排序过程中，从剩余的（$n-1$）个元素中，选择最小的元素，将其放在第 2 个位置。以此类推，直到没有待比较的元素，简单选择排序结束。

例如，给定一个元素序列{55,33,22,66,44}。简单选择排序的过程如下。

（1）从第 1 个元素开始，将第 1 个元素与第 2 个元素进行比较，因为 55>33，所以 33 是较小的元素。继续将 33 与第 3 个元素 22 比较，因为 33>22，所以 22 成为较小的元素。将 22 与第 4 个元素 66 比较，因为 22<66，所以 22 仍然是较小的一个元素。最后将 22 与第 5 个元素 44 比较，因为 22<44，所以 22 就是这 5 个元素中最小的元素，并将 22 与第 1 个元素交换。此时，完成第 1 趟排序。第 1 趟排序过程如图 10.18（a）～（f）所示。初始时，假设最小元素的下标为 0。在比较过程中，用 j 记下最小元素的下标。第 1 趟排序后，最小的元素位于第 1 个位置上（处于正确的位置）。

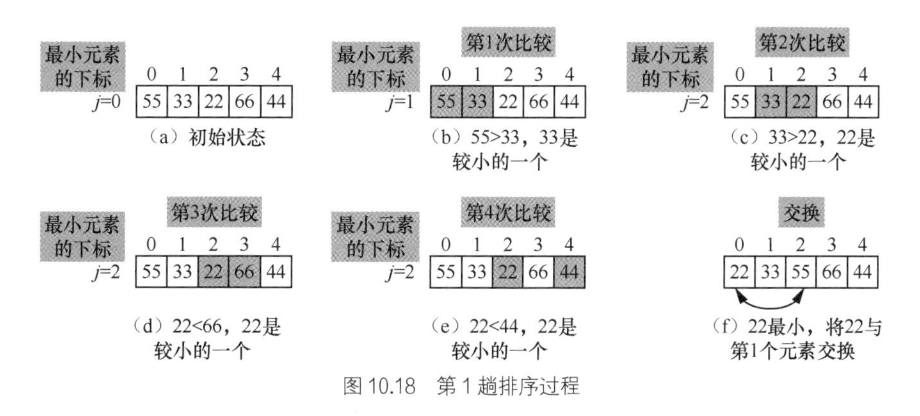

图 10.18 第 1 趟排序过程

（2）从第 2 个元素开始，将第 2 个元素与第 3 个元素进行比较，因为 33<55，所以 33 是较小的元素。继续将 33 与第 4 个元素 66 比较，因为 33<66，所以 33 仍然是较小的元素。将 33 与第 5 个元素 44 比较，因为 33<44，所以 33 就是最小的元素。此时，完成第 2 趟排序。第 2 趟排序过程如图 10.19（a）～（e）所示。在第 2 趟排序过程中，33 是最小的元素，本来就位于第 2 个位置，不需要移动元素。

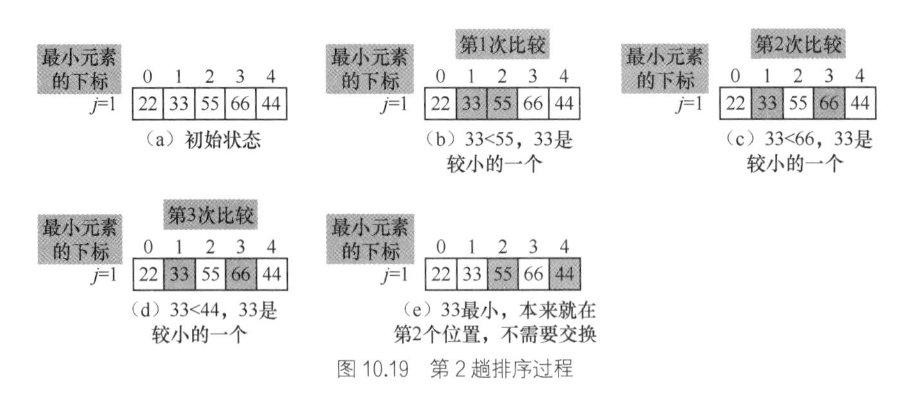

图 10.19　第 2 趟排序过程

（3）从第 3 个元素开始，将第 3 个元素与第 4 个元素进行比较，因为 55<66，所以 55 是较小的元素。继续将 55 与第 5 个元素 44 比较，因为 55>44，所以 44 成为较小的元素，并将 44 与第 3 个元素交换。此时，完成第 3 趟排序。第 3 趟排序过程如图 10.20（a）～（d）所示。到目前为止，前 3 个元素都已经有序，接下来只需要确定第 4 个元素和第 5 个元素的顺序即可。

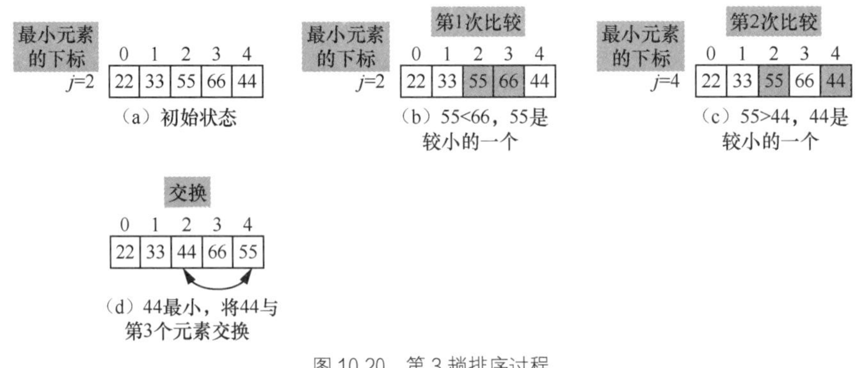

图 10.20　第 3 趟排序过程

（4）比较第 4 个元素与第 5 个元素，即 66 与 55 的大小，因为 66>55，所以 55 是较小的元素，并将 66 与 55 交换。此时，完成第 4 趟排序。第 4 趟排序过程如图 10.21（a）～（c）所示。

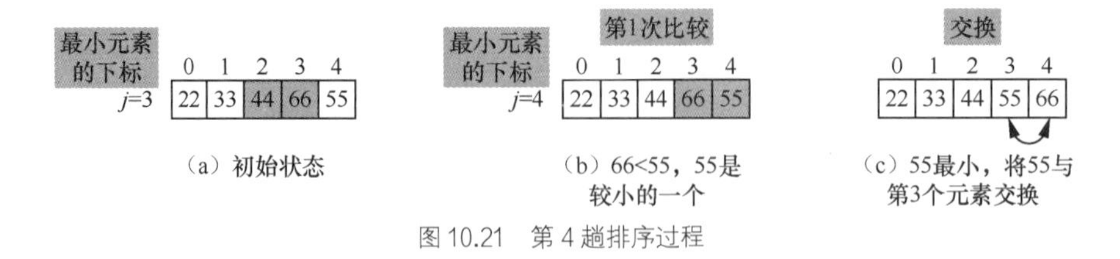

图 10.21　第 4 趟排序过程

此时，前 4 个元素都已经有序并且位于正确的位置上，那么，第 5 个元素也位于正确的位置上。至此，简单选择排序结束。

【示例】

假设待排序元素有 8 个，分别是 65、32、71、28、83、7、53、49。使用简单选择排序对该元素序列进行排序的过程如图 10.22 所示。待排序元素的个数为 *n*，则需要（*n*−1）趟排序。对于第 *i* 趟排序，需要比较的次数为（*i*−1）。当第 *i* 趟排序完毕，将该趟排序过程中最小的元素放在第 *i* 个位置。此时，前 *i* 个元素都已有序且在正确的位置上。

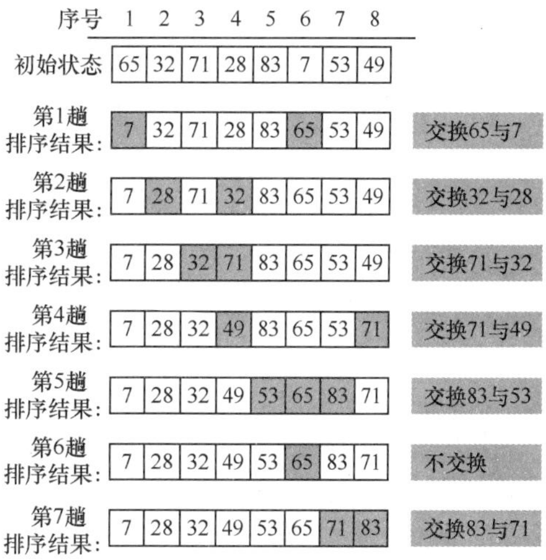

序号	1	2	3	4	5	6	7	8	
初始状态	65	32	71	28	83	7	53	49	
第1趟排序结果：	7	32	71	28	83	65	53	49	交换65与7
第2趟排序结果：	7	28	71	32	83	65	53	49	交换32与28
第3趟排序结果：	7	28	32	71	83	65	53	49	交换71与32
第4趟排序结果：	7	28	32	49	83	65	53	71	交换71与49
第5趟排序结果：	7	28	32	49	53	65	83	71	交换83与53
第6趟排序结果：	7	28	32	49	53	65	83	71	不交换
第7趟排序结果：	7	28	32	49	53	65	71	83	交换83与71

图 10.22　简单选择排序过程

☞第 10 章\实例 10-06.cpp

```
/*********************************************
*实例说明：简单选择排序
*********************************************/
#include<stdio.h>
void SelectSort(int a[],int n);
void DispArray(int a[],int n);
void main()
{
    int a[]={65,32,71,28,83,7,53,49};
    int n=sizeof(a)/sizeof(a[0]);
    printf("排序前:\n");
    DispArray(a,n);
    SelectSort(a,n);
    printf("最终排序结果:");
    DispArray(a,n);
}
void SelectSort(int a[],int n)
/*简单选择排序*/
{
    int i,j,k,t;
    for(i=0;i<n-1;i++)
{
        j=i;
        for(k=i+1;k<n;k++)
            if(a[k]<a[j])
            j=k;
            if(j!=i)
            {
                t=a[i];
                a[i]=a[j];
                a[j]=t;
}
    printf("第%d 趟排序结果:",i+1);
    DispArray(a,n);
}
}
    void DispArray(int a[],int n)
    /*输出数组中的元素*/
    {
    int i;
    for(i=0;i<n;i++)
        printf("%4d",a[i]);
    printf("\n");
}
```

运行结果如图 10.23 所示。

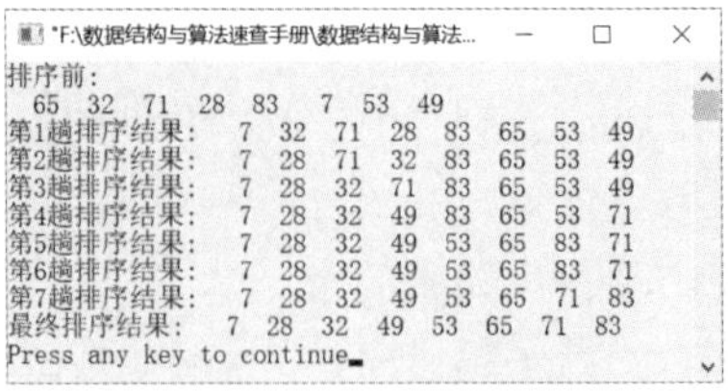

```
"F:\数据结构与算法速查手册\数据结构与算法...
排序前:
  65  32  71  28  83   7  53  49
第1趟排序结果:    7  32  71  28  83  65  53  49
第2趟排序结果:    7  28  71  32  83  65  53  49
第3趟排序结果:    7  28  32  71  83  65  53  49
第4趟排序结果:    7  28  32  49  83  65  53  71
第5趟排序结果:    7  28  32  49  53  65  83  71
第6趟排序结果:    7  28  32  49  53  65  83  71
第7趟排序结果:    7  28  32  49  53  65  71  83
最终排序结果:   7  28  32  49  53  65  71  83
Press any key to continue
```

图 10.23　运行结果

【主要用途】

简单选择排序算法实现简单，适用于待排序元素较少且对速度要求不高的场合。

【稳定性与复杂度】

简单选择排序是一种不稳定的排序算法。

在最好的情况下，待排序元素按照非递减排列，则不需要移动元素。在最坏的情况下，待排序元素按照非递增排列，则在每一趟排序时都需要移动元素，移动元素的次数为 $3(n-1)$。在任何情况下，简单选择排序算法都需要进行 $n(n-1)/2$ 次的比较。综上所述，简单选择排序算法的时间复杂度是 $O(n^2)$。

简单选择排序的空间复杂度是 $O(1)$。

10.4.2　堆排序

问题描述

利用堆排序算法思想，让元素序列{67,48,23,81,38,19,52,40}按照从小到大的顺序排列。

【大顶堆与小顶堆的定义】

堆排序是简单选择排序算法的一种改进。堆排序利用完全二叉树的性质对元素进行排序，将完全二叉树从上到下、从左到右依次编号，如果每一个双亲节点的元素值大（小）于或等于子节点的元素值，则根据编号构成的元素序列就是大（小）顶堆。

假设有一个元素序列$\{k_1, k_2, \cdots, k_n\}$，如果它们满足以下关系，则称这样的元素序列为小顶堆或大顶堆。

$$\begin{cases} k_i \leqslant k_{2i} \\ k_i \leqslant k_{2i+1} \end{cases} \text{或} \begin{cases} k_i \geqslant k_{2i} \\ k_i \geqslant k_{2i+1} \end{cases}$$

其中，下标 1～n 分别表示第 1～n 个元素，i=1，2，…，$\left\lfloor \frac{n}{2} \right\rfloor$。

例如，元素序列{89,77,65,62,32,55,60,48}和{18,37,29,48,50,43,33,69,77,60}都是堆，相应的完全二叉树表示如图 10.24（a）与（b）所示。

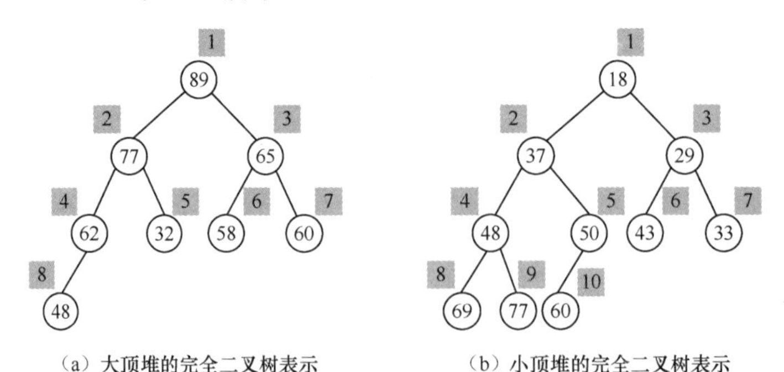

（a）大顶堆的完全二叉树表示　　（b）小顶堆的完全二叉树表示

图 10.24　完全二叉树表示

在大顶堆中，根节点对应的元素值最大；在小顶堆中，根节点对应的元素值最小。

【分析】

假设一个大顶堆中有 n 个元素，将大顶堆中的根节点元素输出之后，用剩下的（$n-1$）个元素重新建立一个新大顶堆，并将新大顶堆的根节点元素输出。然后用剩下的（$n-2$）个元素重新建立大顶堆，重复执行以上操作，直到大顶堆中没有元素为止。输出的元素就组成一个有序的序列，这样的排序方法就称为堆排序。

因此，堆排序可以分为两个过程——创建堆和调整堆。

1. 创建堆

假设待排序元素有 n 个，依次存放在数组 a 中。第 1 个元素 $a[1]$表示完全二叉树的根节点，剩下的元素 $a[2, \cdots, n]$依次与完全二叉树中的编号一一对应。例如，$a[1]$的左子节点元素存放在 $a[2]$中，右子节点元素存放在 $a[3]$中；$a[i]$的左子节点元素存放在 $a[2i]$中，右子节点元素存放在 $a[2i+1]$中。

如果元素序列是大顶堆，则有 $a[i] \geqslant a[2i]$且 $a[i] \geqslant a[2i+1]$（$i=1,2,\cdots,\left\lfloor \frac{n}{2} \right\rfloor$）。如果元素序列是小顶堆，则有 $a[i] \leqslant a[2i]$且 $a[i] \leqslant a[2i+1]$（$i=1,2,\cdots,\left\lfloor \frac{n}{2} \right\rfloor$）。

创建一个大顶堆就是将一个无序的元素序列构建为一个满足条件 $a[i] \geqslant a[2i]$且 $a[i] \geqslant a[2i+1]$（$i=1,2,\cdots,\left\lfloor \frac{n}{2} \right\rfloor$）的元素序列。

创建大顶堆的算法描述：从位于元素序列中的最后一个非叶子节点（即第$\left\lfloor \frac{n}{2} \right\rfloor$个元素）开始，逐层比较并调整元素的位置使其满足条件 $a[i] \geqslant a[2i]$且 $a[i] \geqslant a[2i+1]$，直到到达根节点为止。具体方法如下。

假设当前节点的序号为 i，则当前元素为 $a[i]$，其左、右子节点元素分别为 $a[2i]$和 $a[2i+1]$。将 $a[2i]$和 $a[2i+1]$中的较大者与 $a[i]$比较。如果子节点元素值大于当前节点值，则交换两者；否则，不进行交换；逐层向上执行此操作，直到到达根节点，这样就创建了一个大顶堆。创建小顶堆的算法与创建大顶堆类似。

例如，给定一个元素序列{27,58,42,53,42,69,50,62}，创建大顶堆的过程如图 10.25 所示。

如图 10.25（a）～（f）所示，创建后的大顶堆中的子节点元素值都小于或等于双亲节点元素值，其中，根节点的元素值 69 是最大的元素。创建后的大顶堆的元素序列为{69,62,50,58,42, 42,27,53}。

2. 调整堆

其实，调整堆也是重新建堆的过程。由于除了堆顶元素外，剩下的元素本身就具有 $a[i] \geqslant a[2*i]$且 $a[i] \geqslant a[2i+1]$（$i=1,2,\cdots,\left\lfloor \frac{n}{2} \right\rfloor$）的性质，即元素值由大到小逐层排列，因此，将剩下的元素调整成大顶堆只需要从上往下逐层比较，找出最大的元素并将其放在根节点的位置即构成了新的大顶堆。

调整堆的算法描述如下。

输出堆顶元素可以将堆顶元素放在堆的最后，即将第 1 个元素与最后一个元素交换，则需要调整的元素序列就是 $a[1, \cdots, n-1]$。从根节点开始，如果其左、右子节点元素值大于根节点元素值，则选择较大的一个与其进行交换。也就是说，如果 $a[2]>a[3]$，则将 $a[1]$与 $a[2]$比较；如果 $a[1]>a[2]$，则将 $a[1]$与 $a[2]$交换；否则，不交换。如果 $a[2]<a[3]$，则将 $a[1]$与 $a[3]$比较；如果 $a[1]>a[3]$，则将 $a[1]$与 $a[3]$交换；否则，不交换。逐层重复执行此操作，直到叶子节点，就完成了堆的调整，构成了一个新堆。

例如，一个大顶堆的元素序列为{85,73,68, 51,29,55,36,32}，输出 85 后大顶堆的调整过程如图 10.26（a）～（d）所示。

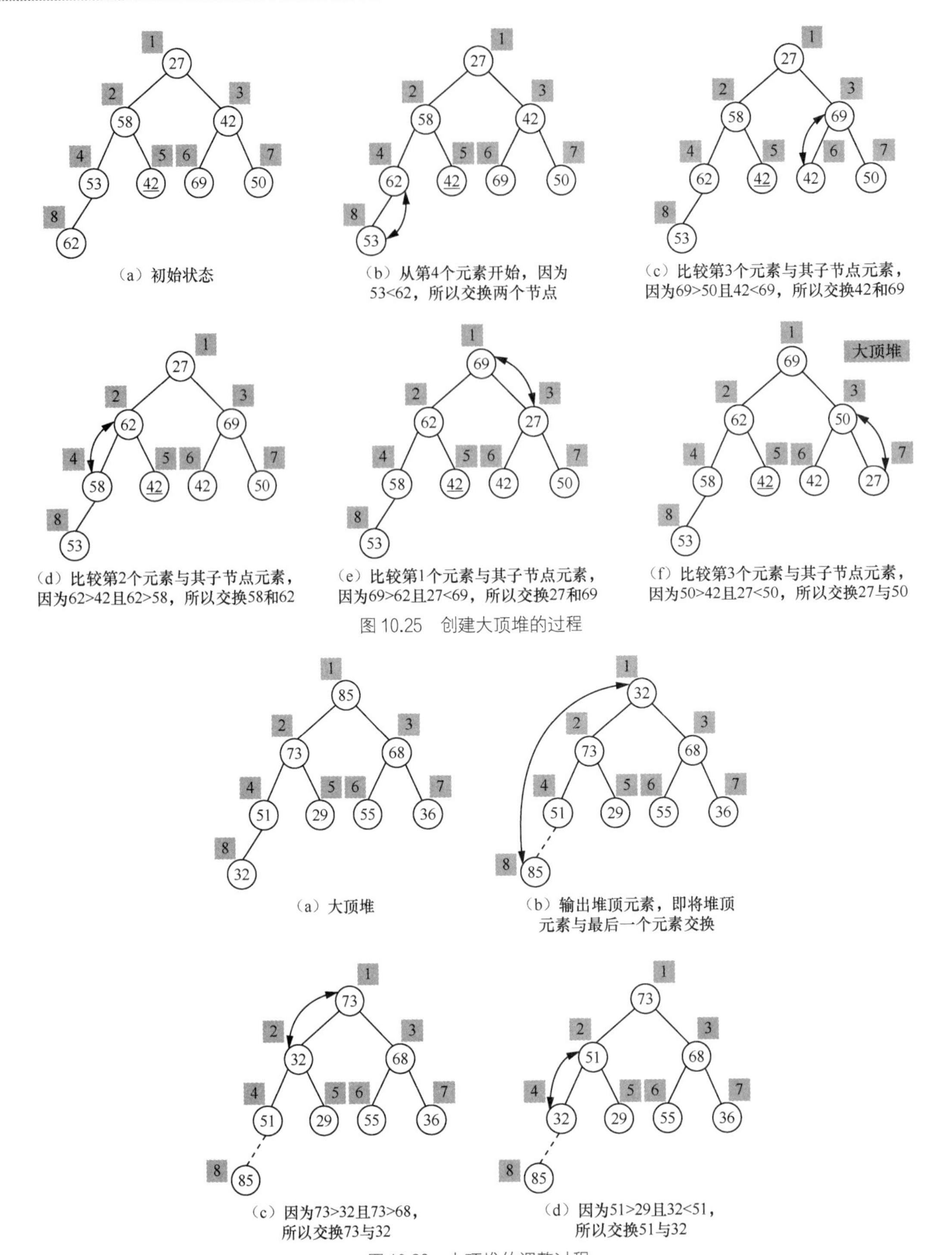

（a）初始状态

（b）从第4个元素开始，因为53<62，所以交换两个节点

（c）比较第3个元素与其子节点元素，因为69>50且42<69，所以交换42和69

（d）比较第2个元素与其子节点元素，因为62>42且62>58，所以交换58和62

（e）比较第1个元素与其子节点元素，因为69>62且27<69，所以交换27和69

（f）比较第3个元素与其子节点元素，因为50>42且27<50，所以交换27与50

图 10.25 创建大顶堆的过程

（a）大顶堆

（b）输出堆顶元素，即将堆顶元素与最后一个元素交换

（c）因为73>32且73>68，所以交换73与32

（d）因为51>29且32<51，所以交换51与32

图 10.26 大顶堆的调整过程

新的大顶堆同样满足条件 $a[i] \geqslant a[2i]$ 且 $a[i] \geqslant a[2i+1]$。继续将堆顶元素 73 输出，即与最后一个元素 36 交换，重新按照以上过程调整堆，直到堆中没有元素需要调整，这就完成了一个堆排序过程。此时依次输出的堆顶元素构成的序列就是一个有序的序列。

【示例】

例如，一个大顶堆的元素序列为{67,48,23,81,38,19,52,40}，按照调整堆的算法描述进行完整的堆排序过程如图 10.27（a）～（o）所示。

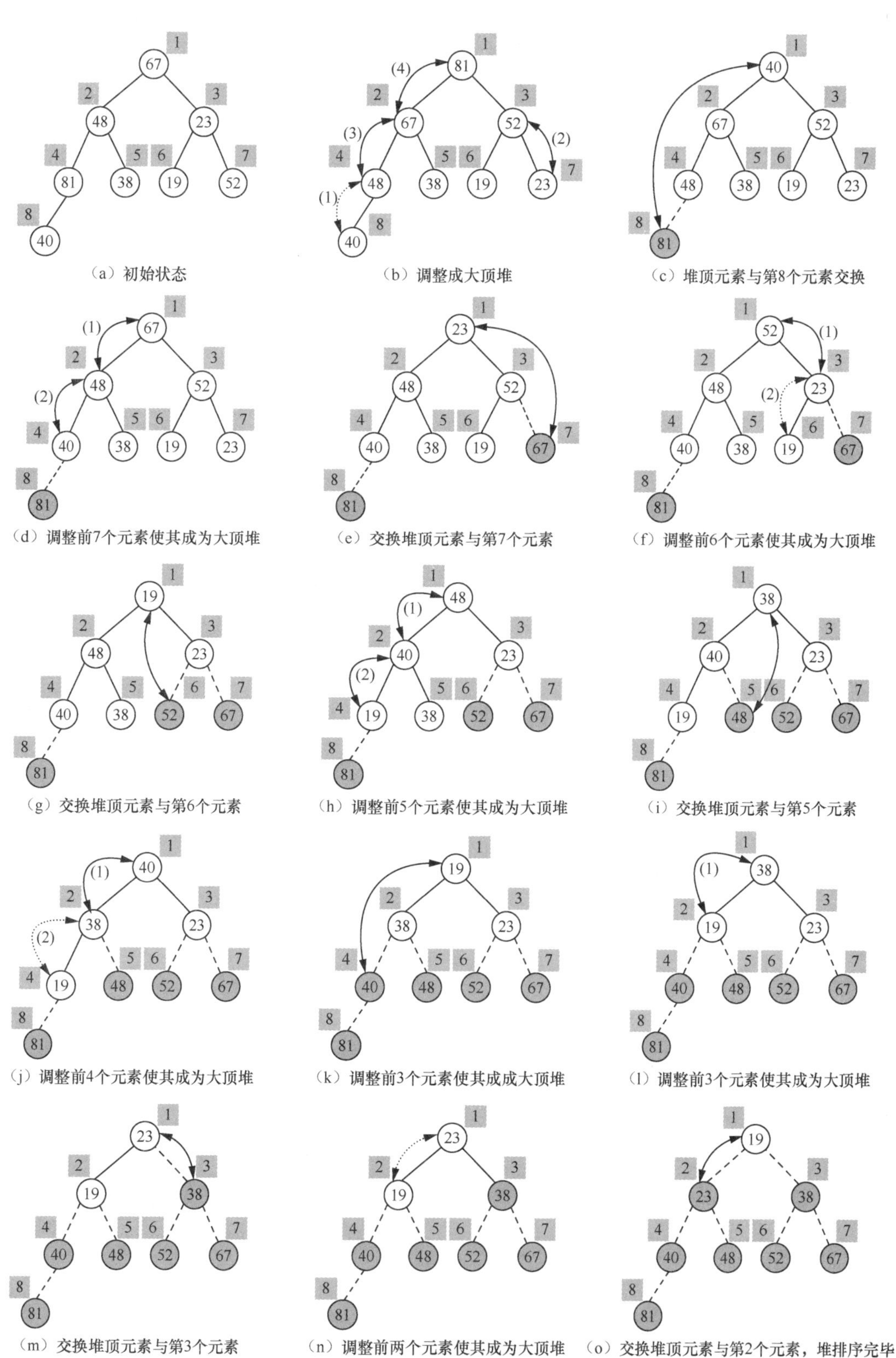

（a）初始状态　（b）调整成大顶堆　（c）堆顶元素与第8个元素交换

（d）调整前7个元素使其成为大顶堆　（e）交换堆顶元素与第7个元素　（f）调整前6个元素使其成为大顶堆

（g）交换堆顶元素与第6个元素　（h）调整前5个元素使其成为大顶堆　（i）交换堆顶元素与第5个元素

（j）调整前4个元素使其成为大顶堆　（k）调整前3个元素使其成成大顶堆　（l）调整前3个元素使其成为大顶堆

（m）交换堆顶元素与第3个元素　（n）调整前两个元素使其成为大顶堆　（o）交换堆顶元素与第2个元素，堆排序完毕

图 10.27　一个完整的堆排序过程

经过若干次创建堆、调整堆之后，输出的序列为{19,23,38,40,48,52,67,81}。

图 10.27 中的阴影部分表示已有序元素，实线箭头表示两个元素交换，虚线箭头表示两个元素比较但不需要交换，箭头上的序号①②③④表示调整堆的顺序编号。

☞第 10 章\实例 10-07.cpp

```
/********************************************
*实例说明：堆排序
*********************************************/
1  #include<stdio.h>
2  void DispArray(int a[],int n);
3  void AdjustHeap(int a[],int s,int m);
4  void CreateHeap(int a[],int n);
5  void HeapSort(int a[],int n);
6  void main()
7  {
8      int a[]={67,48,23,81,38,19,52,40};
9      int n=sizeof(a)/sizeof(a[0]);
10     printf("排序前:");
11     DispArray(a,n);
12     HeapSort(a,n);
13     printf("堆排序结果:");
14     DispArray(a,n);
15 }
16 void DispArray(int a[],int n)
17 /*输出数组中的元素*/
18 {
19     int i;
20     for(i=0;i<n;i++)
21         printf("%4d",a[i]);
22     printf("\n");
23 }
24 void CreateHeap(int a[],int n)
25 /*建立大顶堆*/
26 {
27     int i;
28     for(i=n/2-1;i>=0;i--)
29         AdjustHeap(a,i,n-1);
30 }
31 void AdjustHeap(int a[],int s,int m)
32 /*调整 a[s,...,m]，使其成为一个大顶堆*/
33 {
34     int t,j;
35     t=a[s];
36     for(j=2*s+1;j<=m;j*=2+1)
37     {
38         if(j<m&&a[j]<a[j+1])           /*沿元素值较大的子节点向下筛选*/
39            j++;
40         if(t>a[j])
41            break;
42         a[s]=a[j];
43         s=j;
```

```
44      }
45      a[s]=t;
46 }
47 void HeapSort(int a[],int n)
48 /*利用堆排序算法对数组 a 中的元素进行排序*/
49 {
50      int t,i;
51      CreateHeap(a,n);
52      for(i=n-1;i>0;i--)
53      {
54          t=a[0];
55          a[0]=a[i];
56          a[i]=t;
57          printf("第%d 趟排序结果:",n-i);
58          DispArray(a,n);
59          AdjustHeap(a,0,i-1);
60       }
61 }
```

运行结果如图 10.28 所示。

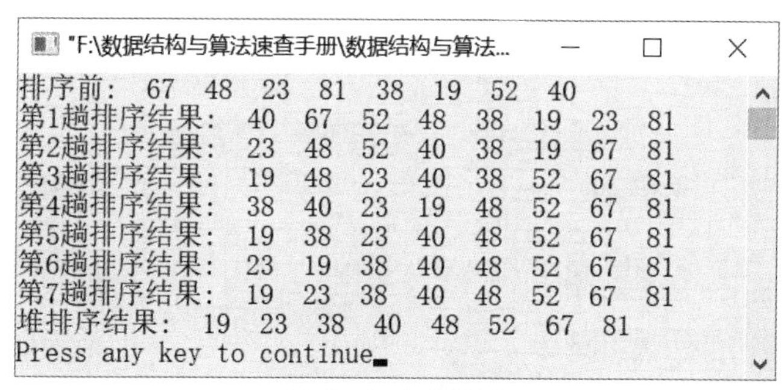

图 10.28 运行结果

【主要用途】

堆排序算法实现比较复杂，它主要适用于大规模的元素排序。例如，如果需要在 10 万个元素中找出前 10 个最小的元素或最大的元素，则使用堆排序算法效率最高。

【稳定性与复杂度】

从上面实例不难看出，堆排序属于不稳定的排序算法。

堆排序的时间主要耗费在创建堆和调整堆上。对于一个深度为 h、元素个数为 n 的堆，其调整算法的比较次数最多为 $2(h-1)$；而其创建算法的比较次数最多为 $4n$。一个完整的堆排序过程总共的比较次数为 $2(\lfloor \log_2(n-1) \rfloor + \lfloor \log_2(n-2) \rfloor + \cdots + \lfloor \log_2 2 \rfloor) < 2n\log_2 n$。因此，堆排序的平均时间复杂度和最坏情况下的时间复杂度都是 $O(n\log_2 n)$。

堆排序的空间复杂度为 $O(1)$。

10.5 归并排序

归并排序的算法思想是将两个或两个以上的有序序列合并为一个有序序列。其中，二路归并排序是最常见的归并排序之一。

二路归并排序

问题描述

实现算法，要求使用二路归并排序让元素序列{49,23,66,52,34,75,99,18}按照从小到大的顺序排列。

【分析】

二路归并排序的主要算法思想如下。

假设元素的个数是 n，将每个元素作为一个有序的子序列，然后将相邻的两个子序列两两合并，得到 $\left\lceil \frac{n}{2} \right\rceil$ 个长度为 2 的有序子序列。继续将相邻的两个有序子序列两两合并，得到 $\left\lceil \frac{n}{4} \right\rceil$ 个长度为 4 的有序子序列。以此类推，直到有序序列合并为 1 个为止。这样，待排序元素序列就整体有序了。

【示例】

假设待排序元素序列为{49,23,66,52,34,75,99,18}。使用二路归并排序对该元素序列进行排序的过程如图 10.29 所示。

初始时，可以将单个元素看作一个有序的子序列，通过将两个相邻的子序列合并，子序列中的元素个数就变成了 2。如此不断反复，直到子序列的个数只有一个。这样，待排序元素序列就构成了一个有序的序列。

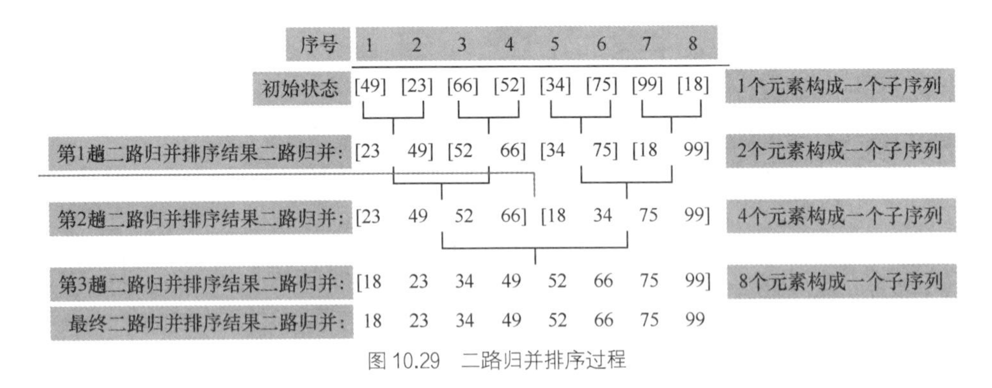

图 10.29　二路归并排序过程

☞第 10 章\实例 10-08.cpp

```
/**********************************************
*实例说明：二路归并排序
**********************************************/
1  #include<stdio.h>
2  #include<malloc.h>
3  void CopyArray(int source[], int dest[],int len,int first);
4  void MergeSort(int a[],int left,int right);
5  void Merge(int a[],int left,int right);
6  void DispArray(int a[],int n);
7  void main()
8  {
9     int a[]={49,23,66,52,34,75,99,18};
10    int len=sizeof(a)/sizeof(int);
11    printf("排序前数组中的元素:\n");
12    DispArray(a,len);
```

```
13    MergeSort(a,0,len-1);
14    printf("排序后数组中的元素:\n");
15    DispArray(a,len);
16 }
17 void MergeSort(int a[],int left,int right)
18 /*二路归并排序*/
19 {
20    int i;
21    if(left<right)
22    {
23       i=(left+right)/2;
24       MergeSort(a,left,i);
25       MergeSort(a,i+1,right);
26       Merge(a,left,right);
27     }
28 }
29 void Merge(int a[],int left,int right)
30 /*合并两个子序列中的元素*/
31 {
32     int begin1,begin2,mid,k=0,len,*b;
33     begin1=left;
34     mid=(left+right)/2;
35     begin2=mid+1;
36     len=right-left+1;
37     b=(int*)malloc(len*sizeof(int));
38     while(begin1<=mid && begin2<=right)
39     {
40        if(a[begin1]<=a[begin2])
41           b[k++]=a[begin1++];
42        else
43           b[k++]=a[begin2++];
44     }
45     while(begin1<=mid)
46        b[k++]=a[begin1++];
47     while(begin2<=right)
48        b[k++]=a[begin2++];
49     CopyArray(b,a,len,left);
50     free(b);
51 }
52 void CopyArray(int source[], int dest[],int len,int start)
53 /*将 source 数组中的元素复制到 dest 数组中,
54 其中, len 是源数组长度, start 是目标数组起始位置*/
55 {
56     int i,j=start;
57     for(i=0;i<len;i++)
58     {
59         dest[j]=source[i];
60         j++;
61     }
62 }
63 void DispArray(int a[],int n)
64 /*输出数组中的元素*/
```

```
65 {
66     int i;
67     for(i=0;i<n;i++)
68         printf("%4d",a[i]);
69     printf("\n");
70 }
```

运行结果如图 10.30 所示。

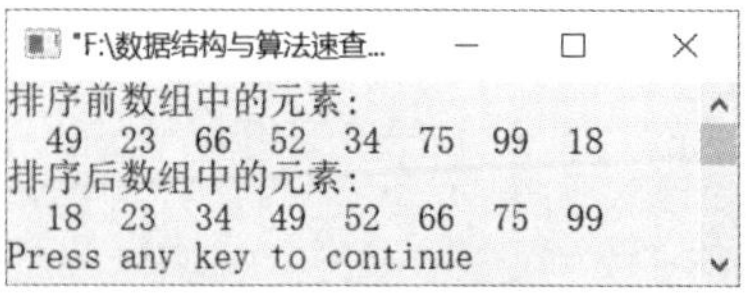

```
"F:\数据结构与算法速查...
排序前数组中的元素:
  49  23  66  52  34  75  99  18
排序后数组中的元素:
  18  23  34  49  52  66  75  99
Press any key to continue
```

图 10.30　运行结果

【主要用途】

二路归并排序算法实现复杂。因为二路归并排序算法需要的临时空间较大，所以常常用在外部排序中。

【稳定性与复杂度】

二路归并排序是一种稳定排序算法。

二路归并排序需要进行$\lceil \log_2 n \rceil$趟。二路归并排序需要多次递归调用自己，其递归调用的过程可以构成一个二叉树，它的时间复杂度为 $T(n) \leqslant n+2T(n/2) \leqslant n+2(n/2+2T(n/4))= 2n+4T(n/4) \leqslant 3n+8T(n/8) \leqslant \cdots \leqslant n\log_2 n+nT(1)$，即 $O(n\log_2 n)$。

二路归并排序算法的空间复杂度为 $O(n)$。

10.6 基数排序

基数排序不同于前面的各种排序算法，前面的排序算法都是基于元素的比较实现的，而基数排序则是利用分类进行排序的算法。

基数排序

问题描述

已知一个元素序列{325,138,29,214,927,631,732,205}，编写算法，利用基数排序让该元素序列按照从小到大的顺序排列。

【分析】

基数排序是一种多关键字排序算法。基数排序将对所有元素根据关键字进行分类，然后按照关键字的顺序将这些元素收集起来，通过这样的方法完成对元素序列的排序。因此，基数排序算法分为两个过程——分配和收集。

具体算法描述如下。

假设第 i 个元素 a_i 的关键字为 key_i，key_i 是由 d 位十进制数字组成的，即 $\text{key}_i=ki^d ki^{d-1}\cdots ki^1$，其中 ki^1 为最低位。ki^d 为最高位，关键字的每一位数字都可作为一个子关键字。将每一个元素依次按照每个关键字进行分配并收集，直到按照所有的元素都分配、收集完毕，这样就完成了排序。

【示例】

例如，一个元素序列为{325,138,29,214,927,631,732,205}。这组元素的位数最多是 3，在排序之前，首先将所有元素都转换为 3 位数字组成的数，不够 3 位数的在前面添加 0，即{325,138,029,214,927,631,732,205}。对这组元素进行基数排序需要进行 3 趟分配和收集。首先需要对该元素序列的关键字的最低位（即个位）上的数字进行分配和收集，然后对十位数字进行分配和收集，最后对最高位的数字进行分配和收集。一般情况下，采用链表实现基数排序。

对最低位进行分配和收集的过程如图 10.31 所示。

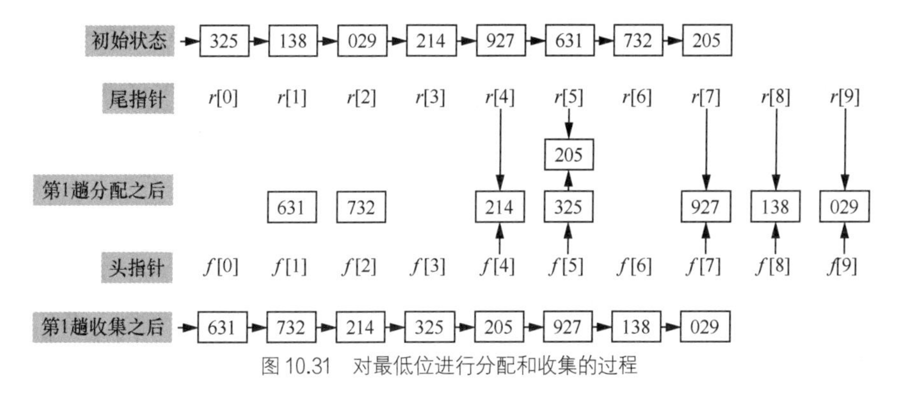

图 10.31　对最低位进行分配和收集的过程

其中，数组 $f[i]$保存第 i 个链表的头指针，数组 $r[i]$保存第 i 个链表的尾指针。

对十位数字进行分配和收集的过程如图 10.32 所示。

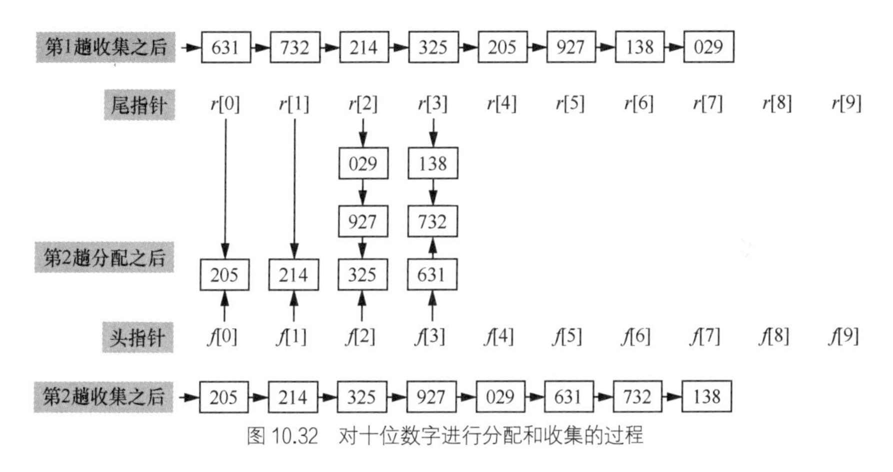

图 10.32　对十位数字进行分配和收集的过程

对最高位进行分配和收集的过程如图 10.33 所示。

由以上过程很容易看出，经过第 1 趟分配和收集（即以个位数字作为关键字进行分配后），关键字分为 10 类，个位数字相同的数字被划分为一类，对分配后的元素进行收集之后，得到以个位数字非递减排列的元素。同理，经过第 2 趟（即以十位数字为关键字进行分配和收集后），得到以十位数字非递减排列的元素序列。经过第 3 趟，得到最终的排序结果。

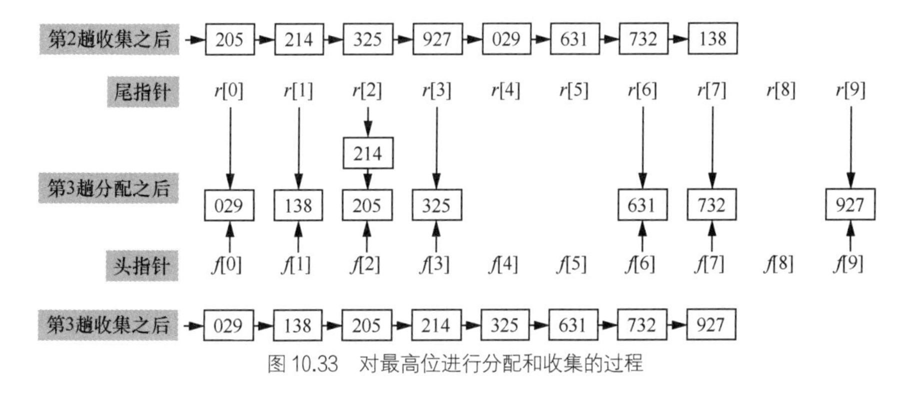

图 10.33　对最高位进行分配和收集的过程

【存储结构】

为实现以上算法，可采用静态链表。其中，静态链表可通过一维数组来描述，用游标模拟指针。游标的作用就是指示元素的直接后继。这里游标的数据类型不再是指针类型，而是一个整型。

要实现静态链表，需要通过一个结构体数组描述节点，节点包括两个域——数据域和指针域。数据域用来存放节点的数据信息，指针域指向直接后继元素。静态链表的类型描述如下。

```
#define ListSize 100
typedef struct
{
    DataType data;
    int cur;
}SListNode;
typedef struct
{
    SListNode list[ListSize];
    int av;
}SLinkList;
```

在以上静态链表的类型定义中，SListNode 是一个节点类型，SLinkList 是一个静态链表类型，av 是备用链表的指针，即 av 指向静态链表中一个未使用的位置。数组的一个分量（元素）表示一个节点，游标 cur 代替指针指示节点在数组中的位置。数组的第 0 个分量可以表示成头节点，头节点的 cur 指向静态链表中的第一个节点。静态链表中的最后一个节点的指针域为 0，指向头节点，这样就构成一个静态循环链表。

例如，线性表(Yang,Zheng,Feng,Xu, Wu,Wang,Geng)采用静态链表存储的情况如图 10.34 所示。

数组编号	数据域	指针域
0		1
1	Yang	2
2	Zheng	3
3	Feng	4
4	Xu	5
5	Wu	6
6	Wang	7
7	Geng	0
8		
9		

图 10.34　静态链表

假设 *s* 为 SLinkList 类型变量，则 *s*[0].cur 指示第一个节点在数组的位置，如果 *i*=*s*[0].cur，则 *s*[*i*].data 表示静态链表中的第一个元素，*s*[*i*].cur 指示第二个元素在数组中的位置。与动态链表的操作类似，游标 cur 代表指针域，*i*=*s*[*i*].cur 表示指针后移，相当于 *p*=*p*->next。

【基本运算】

（1）静态链表的初始化。

在初始化静态链表时，只需要把静态链表的游标 cur 指向下一个节点，并将静态链表的最后一个节点的指针域置为 0。

```
SLinkList InitSList(SLinkList L)
/*静态链表的初始化*/
{
    int i;
    for(i=0;i<ListSize;i++)
        L.list[i].cur=i+1;
    L.list[ListSize-1].cur=0;
    L.av=1;
    return L;
}
```

（2）分配节点。

分配节点就是要从备用静态链表中取出一个节点空间，分配给要插入静态链表中的元素，返回值为要插入节点的位置。

```
int AssignNode(SLinkList L)
/*分配节点*/
{
    int i;
```

```
    i=L.av;
    L.av=L.list[i].cur;
    return i;
}
```

（3）回收节点。

回收节点就是将空闲的节点空间回收，使其成为备用静态链表的空间。

```
void FreeNode(SLinkList L,int pos)
/*回收节点*/
{
    L.list[pos].cur=L.av;
    L.av=pos;
}
```

（4）插入操作。

插入操作就是在静态链表中第 i 个位置插入一个元素。首先从备用链表中取出一个可用的节点，然后将其插入已用静态链表的第 i 个位置。

例如，要在图 10.34 所示的静态链表中的第 5 个元素后插入元素“Chen”，具体步骤如下。

① 为新节点分配一个节点空间，即静态链表的数组编号为 8 的位置，即 k=L.av，同时修改备用指针 L.av=L.list[k].cur；

② 在编号为 8 的位置上插入一个元素“Chen”，即 L.list[8].data=“chen”；

③ 修改第 5 个元素位置的指针域，即 L.list[5].cur=L.list[8].cur，L.list[8].cur=6。

插入结果如图 10.35 所示。

数组编号	数据域	指针域
0		1
1	Yang	2
2	Zheng	4
3	Feng	4
4	Xu	5
5	Wu	8
6	Wang	7
7	Geng	0
8	Chen	6
9		

图 10.35　插入结果

插入操作的算法描述如下。

```
SLinkList InsertSList(SLinkList L,int i,DataType e)
/*插入操作*/
{
    int j,k,x;
    k=L.av;
    L.av=L.list[k].cur;
    L.list[k].data=e;
    j=L.list[0].cur;
    for(x=1;x<i-1;x++)
        j=L.list[j].cur;
    L.list[k].cur=L.list[j].cur;
    L.list[j].cur=k;
    return L;
}
```

（5）删除操作。

删除操作就是将静态链表中第 i 个位置的元素删除。首先找到第（i−1）个元素的位置，修改指针域使其指向第（i+1）个元素，然后将被删除的节点空间放到备用链表中。

例如，要删除图 10.35 所示的静态链表中的第 3 个元素，需要根据游标找到第 2 个元素，将其指针域修改为第 4 个元素的位置，即 L.list[2].cur=L.list[3].cur。最后要将删除元素的节点空间回收。删除结果如图 10.36 所示。

数组编号	数据域	指针域
0		1
1	Yang	2
2	Zheng	4
3	Feng	4
4	Xu	5
5	Wu	8
6	Wang	7
7	Geng	0
8	Chen	6
9		

图 10.36　删除结果

删除操作的算法描述如下。

```
SLinkList DeleteSList(SLinkList L,int i)
/*删除操作*/
{
    int j,k,x;
    if(i==1)
    {
        k=L.list[0].cur;
        L.list[0].cur=L.list[k].cur;
    }
    else
    {
       j=L.list[0].cur;
       for(x=1;x<i-1;x++)
            j=L.list[j].cur;
       k=L.list[j].cur;
       L.list[j].cur=L.list[k].cur;
    }
    L.list[k].cur=L.av;
    L.deldata=L.list[k].data;
    L.av=k;
    return L;
}
```

☞第 10 章\实例 10-09.cpp

```
/*******************************************
*实例说明：基数排序
*******************************************/
1  #include<stdio.h>
2  #include<malloc.h>
3  #include<stdlib.h>
4  #include<string.h>
5  #include<math.h>
6  #define MaxSize 200                /*待排序元素的最大个数*/
7  #define N 8                        /*待排序元素的实际个数*/
8  #define MaxNumKey 6                /*关键字个数的最大值*/
9  #define Radix 10                   /*关键字基数，10 表示十进制数字可以分为 10 组*/
10 /*静态链表的节点，存放待排序元素*/
11 typedef struct
12 {
13     int key[MaxNumKey];            /*关键字*/
14     int next;
15 }SListCell;
16 /*静态链表，存放元素序列*/
17 typedef struct
18 {
19     SListCell data[MaxSize];
20     int keynum;
21     int length;
22 }SList;
23 typedef int addr[Radix];
24 void DispList(SList L);
25 void DispStaticList(SList L);
26 SList InitList(SList L,int d[],int n);
27 int Trans(char c);                 /*将字符转换为数字*/
28 voidDistribute(SListCell data[],int i,addr f,addr r);      /*分配*/
29 voidCollect(SListCell data[],addr f,addr r);          /*收集*/
30 SListRadixSort(SList L);           /*基数排序*/
31 void Distribute(SListCell data[],int i,addr f,addr r)
```

```
32 /*为data数组中的第i个关键字建立Radix个子表，使同一子表中元素的key[i]相同*/
33 /*f[0，…，Radix-1]和r[0，…，Radix-1]分别指向各个子表中第一个与最后一个元素*/
34 {
35     int j,p;
36     for(j=0;j<Radix;j++)                /*初始化各个子表*/
37         f[j]=0;
38     for(p=data[0].next;p;p=data[p].next)
39     {
40         j=Trans(data[p].key[i]);        /*将关键字转换为数字*/
41         if(!f[j])                       /*若f[j]是空表，则f[j]指示第一个元素*/
42             f[j]=p;
43         else
44             data[r[j]].next=p;
45         r[j]=p;
46     }
47 }
48 void Collect(SListCell data[],addr f,addr r)
49 /*收集*/
50 {
51     int j,t;
52     for(j=0;!f[j];j++);                 /*找第一个非空子表*/
53     data[0].next=f[j];
54     t=r[j];                             /*r[0].next指向第一个非空子表中的第一个节点*/
55     while(j<Radix-1)
56     {
57         for(j=j+1;j<Radix-1&&!f[j];j++);
58         if(f[j])
59         {
60             data[t].next=f[j];
61             t=r[j];
62         }
63      }
64      data[t].next=0;                    /*t指向最后一个非空子表中的最后一个节点*/
65 }
66 SList RadixSort(SList L)
67 /*基数排序*/
68 {
69     int i;
70     addr f,r;
71     for(i=0;i<L.keynum;i++)
72     {
73         Distribute(L.data,i,f,r);
74         Collect(L.data,f,r);
75         printf("第%d趟收集后:",i+1);
76         DispStaticList(L);
77     }
78     return L;
79 }
80 void InitList(SList L,int a[],int n)
81 /*初始化静态链表L*/
82 {
83     char ch[MaxNumKey],ch2[MaxNumKey];
84     int i,j,max=a[0];
85     for(i=1;i<n;i++)
86         if(max<a[i])
87             max=a[i];
88     L.keynum=(int)(log10(max))+1;
89     L.length=n;
90     for(i=1;i<=n;i++)
```

```
91      {
92          itoa(a[i-1],ch,10);
93          for(j=strlen(ch);j<L.keynum;j++)
94          {
95              strcpy(ch2,"0");
96              strcat(ch2,ch);
97              strcpy(ch,ch2);
98          }
99          for(j=0;j<L.keynum;j++)          /*将每个元素的各位数存入 key，作为关键字*/
100             L.data[i].key[j]=ch[L.keynum-1-j];
101     }
102     for(i=0;i<L.length;i++)              /*初始化静态链表*/
103         L.data[i].next=i+1;
104     L.data[L.length].next=0;
105     return L;
106 }
107 void main()
108 {
109     int d[N]={325,138,29,214,927,631,732,205};
110     SList L;
111     L=InitList(L,d,N);
112     printf("待排序元素个数是%d,关键字个数为%d\n",L. length,L.keynum);
113     printf("排序前的元素序列:");
114     DispStaticList(L);
115     printf("排序前的元素的存放情况:\n");
116     DispList(L);
117     L=RadixSort(L);
118     printf("排序后元素的存放情况:\n");
119     DispList(L);
120 }
121 void DispList(SList L)
122 /*按数组序号形式输出静态链表*/
123 {
124     int i,j;
125     printf("序号  关键字  地址\n");
126     for(i=1;i<=L.length;i++)
127     {
128         printf("%2d    ",i);
129         for(j=L.keynum-1;j>=0;j--)
130             printf("%c",L.data[i].key[j]);
131         printf("    %d\n",L.data[i].next);
132     }
133 }
134 void DispStaticList(SList L)
135 /*按链表形式输出静态链表*/
136 {
137     int i=L.data[0].next,j;
138     while(i)
139     {
140         for(j=L.keynum-1;j>=0;j--)
141             printf("%c",L.data[i].key[j]);
142         printf(" ");
143         i=L.data[i].next;
144     }
145     printf("\n");
146 }
147 int Trans(char c)
148 /*将字符 c 转化为对应的整数*/
```

```
149 {
150     return c-'0';
151 }
```

运行结果如图 10.37 所示。

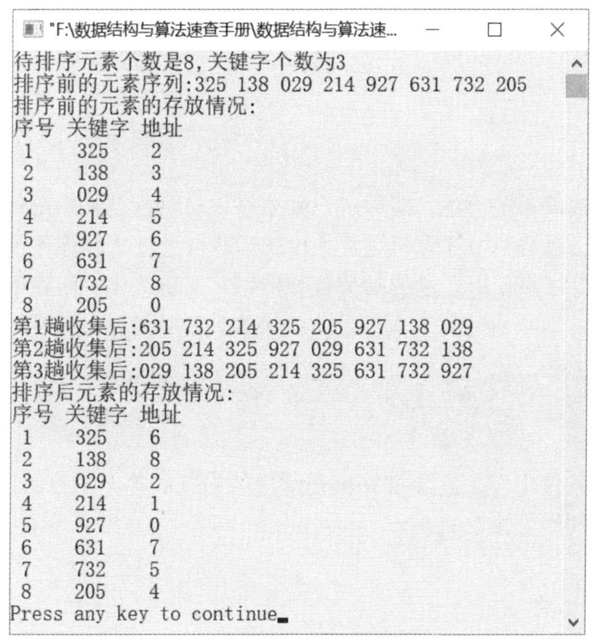

图 10.37 运行结果

【主要用途】

基数排序算法实现复杂，它是一种多关键字排序算法，属于分配排序。因为基数排序算法不需要过多比较元素，所以在元素较多的情况下，采用基数排序算法的效率要优于前面讲到的排序算法。

【稳定性与复杂度】

基数排序是一种稳定的排序算法。

基数排序算法的时间复杂度是 $O(d(n+r))$。其中，n 表示待排序的元素个数，d 是关键字的个数，r 表示基数。一趟分配的时间复杂度是 $O(n)$，一趟收集的时间复杂度是 $O(r)$。

基数排序需要 $2r$ 个指向链式队列的辅助空间。

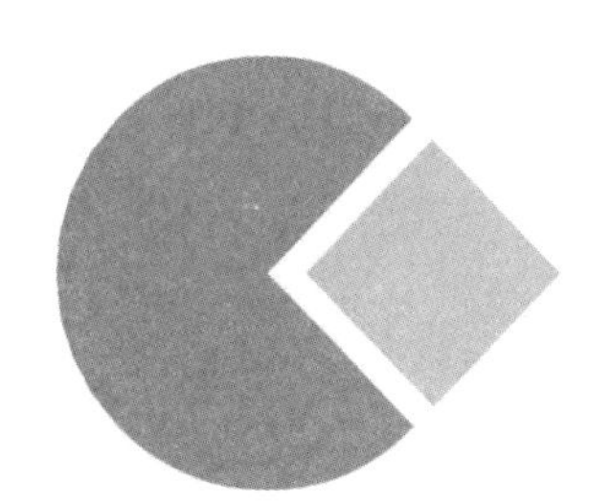

第 11 章　递推算法

递推算法是一种比较简单的算法，即通过已知条件，利用特定关系得到中间结论，然后得到最后结果的算法。递推算法通常利用计算机运算速度快、适合进行重复操作的特点，让计算机对一组操作重复执行，每次执行时都使用变量的新值代替旧值，不断迭代对问题进行求解。递推算法可分为顺推法和逆推法两种，本章通过几个典型的实例来说明递推算法的应用。

11.1 顺推法

顺推法是指从已知条件出发，逐步推算出要解决的问题的答案的算法。例如，斐波那契数列、进制转换等问题都可以利用顺推法解决。

11.1.1　斐波那契数列

问题描述

如果 1 对兔子每月能繁殖 1 对小兔子，而每对兔子在它出生后的第 3 个月，又能开始繁殖 1 对小兔子。假定在不发生死亡的情况下，由 1 对兔子开始，1 年后能繁殖成多少对兔子？

【分析】

斐波那契数列指的是这样一个数列。

$$0,1,1,2,3,5,8,13,21,\cdots$$

这个数列从第 3 项开始，每一项正好等于前两项之和。如果设 $F(n)$为该数列的第 n 项，那么斐波那契数列可以写成如下形式。

$$F(0)=0,\ F(1)=1,\ F(n)=F(n-1)+F(n-2)\ (n\geqslant 2)$$

显然，这是一个线性递推数列。

【分析】

我们将兔子分为 3 种——大兔子、1 个月大的小兔子、两个月大的小兔子。其中，大兔子指的是已经能繁殖小兔子的兔子，1 个月大的兔子是当月繁殖的兔子，两个月大的兔子是上个月繁殖的兔子。到了第 3 个月，两个月大的兔子就能繁殖小兔子了。具体解决思路如下。

- 初始时，只有 1 对初生的小兔子，因此总共有 1 对。
- 第 1 个月时，1 个月大的小兔子长成两个月大的小兔子，但还没有繁殖能力。因此，总共有 1 对。
- 第 2 个月时，两个月大的小兔子成为大兔子，已经有繁殖能力，繁殖了 1 对 1 个月大的小兔子。因此，总共有两对。
- 第 3 个月时，只有 1 对大兔子又繁殖了 1 对 1 个月大的小兔子；同时，上个月繁殖的 1 月大的小兔子成长为两个月大的小兔子。因此，总共有 3 对。

以此类推，具体过程如表 11.1 所示。

表 11.1　兔子的繁殖过程

月份	大兔子对数	1 个月大的小兔子对数	两个月大的小兔子对数	兔子对数
初始时	0	1	0	1
1	0	0	1	1
2	1	1	0	2
3	1	1	1	3
4	2	2	1	5
5	3	3	2	8
6	5	5	3	13
7	8	8	5	21
8	13	13	8	34
9	21	21	13	55
10	34	34	21	89
11	55	55	34	144
12	89	89	55	233

从表 11.1 不难看出，兔子的总对数分别是 1,1,2,3,5,8,13,…，构成一个数列。这个数列正好构成斐波那契数列。

- 初始时，设 f_0=1，第 0 个月兔子的总对数为 1。
- 第 1 个月时，f_1=1，第 1 个月兔子的总对数为 1。
- 第 2 个月时，兔子总对数为 $f_2=f_0+f_1$。
- 第 3 个月时，兔子总对数为 $f_3=f_1+f_2$。

以此类推，第 *n* 个月兔子总对数为 $f_n=f_{n-2}+f_{n-1}$。

☞第 11 章\实例 11-01.c

```
/********************************************
*实例说明：斐波那契数列
********************************************/
1  #include<stdio.h>
2  #define N 12
3  void main()
4  {
5      int f[N+1],i;
6      f[0]=1;
7      f[1]=1;
8      for(i=2;i<=N;i++)
9          f[i]=f[i-1]+f[i-2];
10     for(i=0;i<=N;i++)
11         printf("第%d 个月的兔子总对数为%d\n",i,f[i]);
12 }
```

运行结果如图 11.1 所示。

图 11.1　运行结果

斐波那契数列是在中世纪由意大利数学家斐波那契在《算盘全书》中提出的。这个数列的通项公式，除了用 $a_n=a_{n-2}+a_{n-1}$ 表示外，还可以用通项公式表示为 $a_n=(1/\sqrt{5})\times\left[\left(\frac{1+\sqrt{5}}{2}\right)^n-\left(\frac{1-\sqrt{5}}{2}\right)^n\right]$。

上面的算法无法获得斐波那契数列的第 80 项，项数取值超过整型的取值范围时计算机会无法处理。为了表示更大范围的取值，从而输出斐波那契数列的第 80 项及以后的数据，可用数组存储得到的数据。代码如下。

```
#include<iostream.h>
#include<iomanip.h>
#define MAXN 100
void main()
{
    int i,j,k,n,p,d,x,a[MAXN],b[MAXN],c[MAXN];
    cout<<"请输入一个整数(n<100):"<<endl;
    cin>>n;
    p=n/2+1;
    for(i=1;i<=p;i++)
    {
        a[i]=b[i]=c[i]=0;
    }
    a[1]=b[1]=1;
    for(i=3;i<=n;i++)
    {
        d=0;
        for(j=1;j<=p;j++)
        {
            c[j]=a[j]+b[j]+d;
            d=c[j]/10;
            c[j]=c[j]%10;
        }
        for(k=1;k<=p;k++)
        {
            a[k]=b[k];
            b[k]=c[k];
        }
    }
    x=p;
    while(c[x]==0)
        x--;
    cout<<"斐波那契数列的第"<<n<<"项的值是"<<endl;
```

```
    for(i=x;i>=1;i--)
        cout<<c[i];
    cout<<endl;
}
```

运行结果如图 11.2 所示。

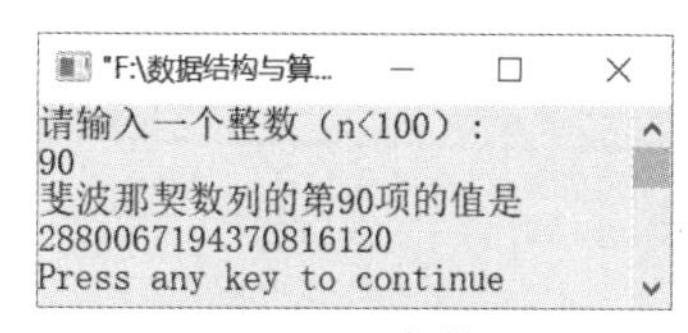

图 11.2　运行结果

11.1.2　角谷猜想

问题描述

输入一个正整数，求出角谷猜想过程中的每一个数。

【定义】

日本数学家角谷静夫在研究自然数时发现了一个现象：对于任意一个自然数 n，如果 n 为偶数，则将其除以 2；如果 n 为奇数，则将其乘以 3，然后再加 1。按照以上方法经过有限次运算后，总可以得到自然数 1。人们将角谷静夫的这一发现称作“角谷猜想”。

例如，对于自然数 21，因为 21 是奇数，将 21 乘以 3，再加上 1，得到 64。64 是偶数，将 64 除以 2，得到 32。因为 32 是偶数，将 32 除以 2，得到 16。如此继续下去，直到得到 1。按照角谷猜想，整个过程的数字序列如下。

$$21\rightarrow64\rightarrow32\rightarrow16\rightarrow8\rightarrow4\rightarrow2\rightarrow1$$

【分析】

任何一个数的角谷猜想算法步骤如下。

当 n 不为 1 时，如果 n 为偶数，则使 n 除以 2，并用商取代 n，输出商；如果 n 为奇数，则使 n 乘以 3 加 1 取代 n，并输出该值；当 n 为 1 时，算法结束。

☞第 11 章\实例 11-02.c

```
/**********************************************
*实例说明：角谷猜想
**********************************************/
1  #include<stdio.h>
2  void main()
3  {
4      int n;
5      printf("请输入一个正整数:");
6      scanf("%d",&n);
7      printf("角谷猜想过程中的每一个数:\n%d",n);
8      while(n!=1)
9      {
10         if(n%2==0)
11         {
12             n/=2;
13             printf("->%d",n);
14         }
15         else
16         {
17             n=n*3+1;
```

```
18              printf("->%d",n);
19          }
20      }
21      printf("\n");
22 }
```

运行结果如图 11.3 所示。

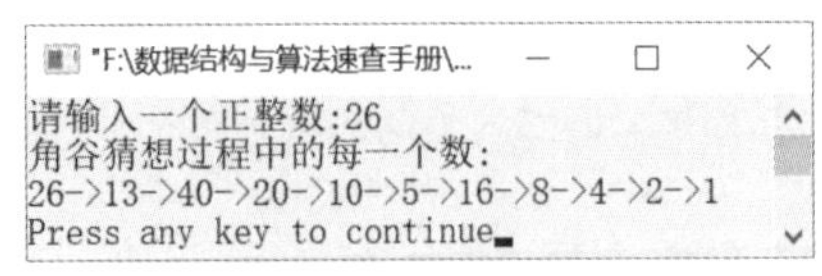

图 11.3　运行结果

11.1.3　将十进制整数转换为二进制整数

问题描述

编写算法，输入一个十进制整数，将其转换为二进制整数。

【分析】

用除以 2 取余法。具体步骤如下。

（1）将该数除以 2，得到商和余数。

（2）将商作为被除数，并除以 2，得到新的商和余数。

（3）重复执行步骤（2），直到商为 0 为止。将余数反向排列即为所求。

☞第 11 章\实例 11-03.c

```
/**********************************************
*实例说明：将十进制整数转换为二进制整数
**********************************************/
1  #include<stdio.h>
2  void main()
3  {
4      int i,n,x,a[16];
5      printf("请输入一个十进制整数:");
6      scanf("%d",&x);
7      n=1;
8      while(x!=0)
9      {
10         a[n]=x%2;
11         x=x/2;
12         n++;
13     }
14     printf("二进制整数:");
15     for(i=n-1;i>=1;i--)
16         printf("%d",a[i]);
17     printf("\n");
18 }
```

运行结果如图 11.4 所示。

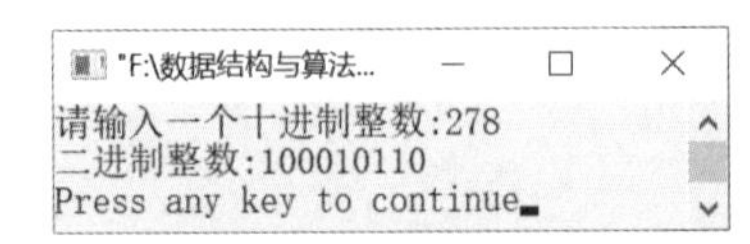

图 11.4　运行结果

【注意事项】

在算法中，因为 $x<2^{16}$，所以数组 a 的长度为 15，使用下标 1～15。

11.1.4 将十进制浮点数转换为二进制数

问题描述

实现算法，输入一个十进制浮点数，将其转换为二进制数。

【分析】

十进制浮点数可分为整数部分和小数部分，将十进制浮点数转换为二进制数可以分别将整数和小数部分进行转换。其中，将十进制整数转换为二进制整数采用的方法是“除以 2 取余”，将十进制小数转换为二进制小数采用的方法是“乘以 2 取整”。

1. 除以 2 取余法——将十进制整数转换为二进制整数

所谓除以 2 取余法，就是把十进制整数除以 2，得到商和余数，并记下该余数。再将商作为被除数除以 2，得到新的商和余数，并记下余数。不断地重复以上过程，直到商为 0 为止。每次得到的余数（0 和 1）分别对应二进制整数从低位到高位的数字。例如，十进制整数 86 转换为对应二进制整数的过程如图 11.5 所示。

2. 乘以 2 取整法——将十进制小数转换为二进制小数

所谓乘以 2 取整法，就是用 2 乘以十进制小数，得到一个整数和小数。然后继续使用 2 乘以小数部分，得到整数部分和小数部分。不断重复下去，直到余下的小数部分为 0 或者满足一定的精度为止。得到的整数部分依先后次序排列就构成了相应的二进制小数。

例如，十进制小数$(0.8125)_{10}$转换为二进制小数的过程如图 11.6 所示。

需要注意的是，在将一个十进制小数转换为对应的二进制小数的过程中，不一定都精确地转换为二进制小数。如果最终的小数部分不能恰好等于 0，则只需要满足一定精度即可。

最后将转换后的整数部分和小数部分组合在一起就构成了转换后的二进制数。例如，$(86.8125)_{10}$=$(1010110.1101)_2$。

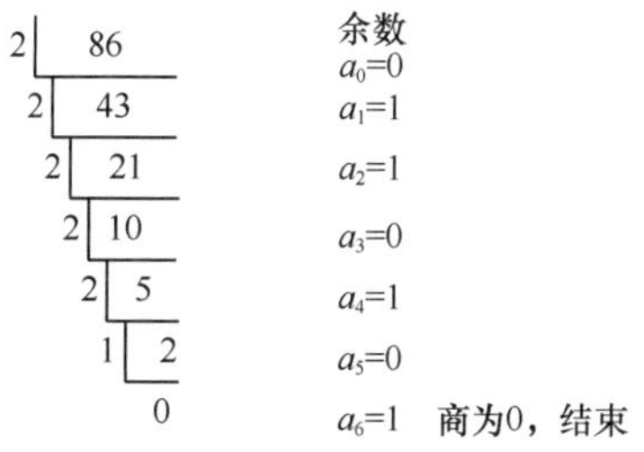

除数	被除数/商	余数
2	86	$a_0=0$
2	43	$a_1=1$
2	21	$a_2=1$
2	10	$a_3=0$
2	5	$a_4=1$
1	2	$a_5=0$
	0	$a_6=1$ 商为0，结束

$(86)_{10}=(a_6a_5a_4a_3a_2a_1a_0)_2=(1010110)_2$

图 11.5 十进制整数 86 转换为二进制整数的过程

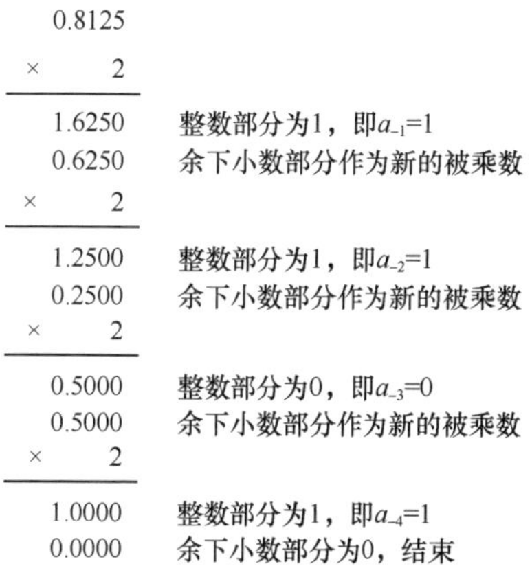

```
   0.8125
×       2
---------
   1.6250     整数部分为1，即a_{-1}=1
   0.6250     余下小数部分作为新的被乘数
×       2
---------
   1.2500     整数部分为1，即a_{-2}=1
   0.2500     余下小数部分作为新的被乘数
×       2
---------
   0.5000     整数部分为0，即a_{-3}=0
   0.5000     余下小数部分作为新的被乘数
×       2
---------
   1.0000     整数部分为1，即a_{-4}=1
   0.0000     余下小数部分为0，结束
```

$(0.8125)_{10}=(0.a_{-1}a_{-2}a_{-3}a_{-4})_2=(0.1101)_2$

图 11.6 十进制小数 0.8125 转换为二进制小数的过程

☞第 11 章\实例 11-04.c

```
/*********************************************
*实例说明：将十进制浮点数转换为二进制数
*********************************************/
```

```
#include<stdio.h>
#include<math.h>
#define N 8
void main()
{
        int a[N+1],b[N+1],i,k=0,value;
        float x;
        double ipart;
        for(i=0;i<=N;i++)
            b[i]=0;
        printf("请输入一个十进制小数:");
        scanf("%f",&x);
        x=modf(x,&ipart);
        value=(int)ipart;
        while(value)
        {
            b[k++]=value%2;
            value/=2;
        }
        for(i=1;i<=N;i++)
        {
            x*=2;
            if(x>=1.0)
            {
                x-=1;
                a[i]=1;
            }
            else
                a[i]=0;
        }
        printf("二进制数:");
        for(i=k;i>0;i--)
            printf("%d",b[i]);
        printf(".");
        for(i=1;i<=N;i++)
        {
            if(a[i]==0)
                printf("0");
            else
                printf("1");
        }
        printf("\n");
}
```

运行结果如图 11.7 所示。

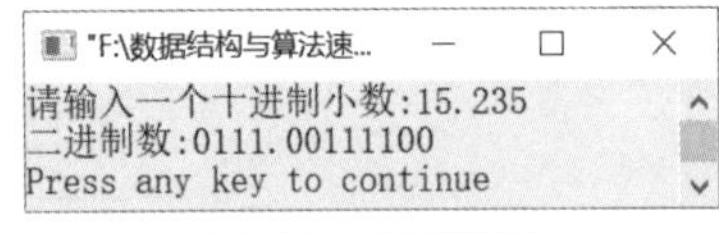

图 11.7　运行结果

11.1.5　母牛生小牛问题

问题描述

有一头母牛，每年年初生一头小母牛，每头小母牛从第 3 年起，每年年初也生一头小母牛。求在第 20 年时共有多少头母牛。

【分析】

令 x_{0i}、x_{1i}、x_{2i}、x_{3i} 分别表示第 i 年后刚生下的母牛、满 1 岁的母牛、满两岁的母牛及可生小母牛的母牛。根据题意，可以得到以下递推公式。

$x_{0i}=x_{3i}=x_{2i-1}+x_{3i-1}$　（满两岁、3 岁的母牛成为下一年的育龄母牛且都能生下 1 头小母牛）

$x_{11}=x_{0i-1}$　（刚生下的小母牛到下一年成为满 1 岁的小母牛）

$x_{2i}=x_{1i-1}$　（满 1 岁的小母牛到下一年成为满两岁的小母牛）

$x_{00}=1$

$x_{10}=x_{20}=x_{30}=0$　（初始时，只有一头小母牛）

其中，i=1, 2, 3, ···, 20。

初始时，只有一头刚出生的小母牛，因此有 $x_{00}=1$，$x_{10}=x_{20}=x_{30}=0$；第（i−1）年刚生下的小母牛变为第 i 年的满 1 岁小母牛，即 $x_{1i}=x_{0(i-1)}$；第（i−1）年满 1 岁的小母牛成为第 i 年满两岁的小母牛，即 $x_{2i}=x_{1(i-1)}$；第（i−1）年满两岁和满 3 岁的小母牛都会在第 i 年生下小母牛，即 $x_{0i}=x_{2(i-1)}+x_{3(i-1)}$；第（$i$−1）年满两岁和满 3 岁的小母牛都成为育龄母牛，即 $x_{3i}=x_{2(i-1)}+x_{3(i-1)}$。

☞第 11 章\实例 11-05.c

```
/***********************************************
*实例说明：母牛生小牛问题
***********************************************/
1  #include<stdio.h>
2  #define N 20
3  void main()
4  {
5      int x0[N+1],x1[N+1],x2[N+1],x3[N+1],i,s;
6      /*初始时，只有一头刚出生的母牛*/
7      x0[0]=1;
8      x1[0]=x2[0]=x3[0]=0;
9      for(i=1;i<=N;i++)
10     {
11         x0[i]=x3[i]=x2[i-1]+x3[i-1];/*满两岁和满 3 岁的母牛成为育龄母牛，且都生了小母牛*/
12         x1[i]=x0[i-1];/*刚生下的小母牛成为下一年的满 1 岁的母牛*/
13         x2[i]=x1[i-1];/*满 1 岁的小母牛成为下一年的满两岁的母牛*/
14         s=x0[i]+x1[i]+x2[i]+x3[i];/*第 i 年的母牛总数*/
15         printf("第%d 年后母牛的总数:%4d\n",i,s);
16     }
17 }
```

运行结果如图 11.8 所示。

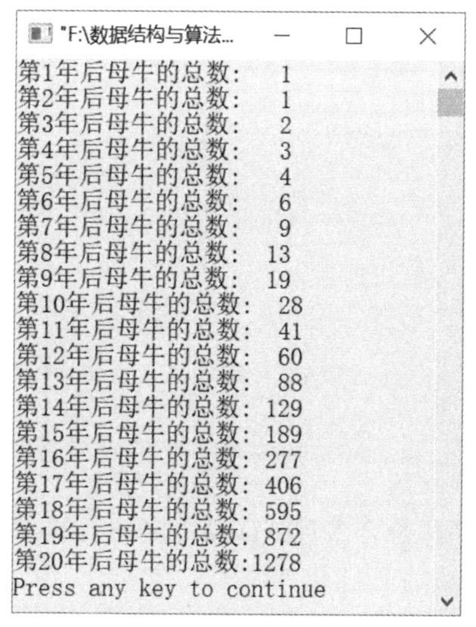

图 11.8　运行结果

11.1.6　输出杨辉三角

问题描述

实现算法，要求输出 n 阶杨辉三角。

【定义】

杨辉三角具有二项展开式的二项式系数即组合数的性质，这是研究杨辉三角其他规律的基础。杨辉三角具有以下特性。

（1）每行数字左右对称，由 1 开始逐渐变大，然后变小，回到 1。

（2）第 n 行的数字个数为 n。

（3）第 n 行数字和为 2^{n-1}。

（4）每个数字等于上一行的左右两个数字之和，即 $C_n^i = C_{n-1}^{i-1} + C_{n-1}^i$。

（5）第 n 行的第 1 个数为 1，第 2 个数为 1 $(n-1)$，第 3 个数为 $1(n-1)(n-2)/2$，第 4 个数为 $[1(n-1)(n-2)/2]\ (n-3)/3$，以此类推。

一个 8 阶的杨辉三角如图 11.9 所示。

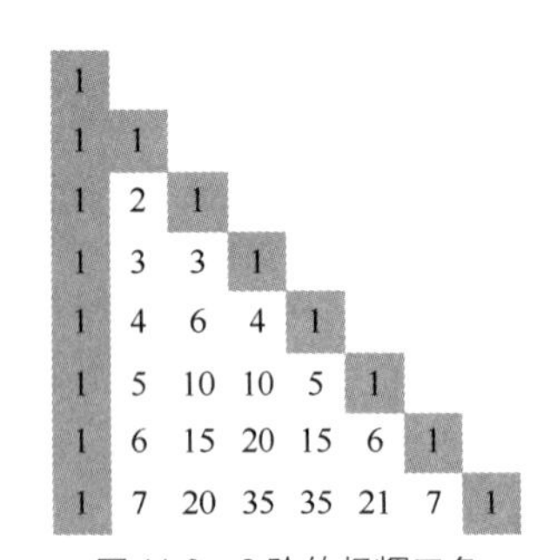

图 11.9　8 阶的杨辉三角

【分析】

为了程序设计上的方便，可以使用二维数组存放杨辉三角中的每个元素。初始时，将第 1 列和对角线上的元素初始化为 1，即 $a[i][0]=a[i][i]=1$。然后利用每一行元素值是它上一行两个相邻元素之和求其他部分的元素值，即 $a[i][j]=a[i-1][j]+a[i-1][j-1]$。最后将二维数组中的元素按行输出即可。

☞第 11 章\实例 11-06.c

```
/**********************************************
*实例说明：杨辉三角
**********************************************/
1  #include<stdio.h>
2  #define N 8
3  void main()
4  {
5      int a[N+1][N+1],i,j;
6      for(i=0;i<=N;i++)
7          a[i][i]=a[i][0]=1;
8      for(i=2;i<=N;i++)
9          for(j=1;j<i;j++)
10             a[i][j]=a[i-1][j]+a[i-1][j-1];
11     printf("%d 阶杨辉三角如下:\n",N+1);
12     for(i=0;i<=N;i++)
13     {
14         for(j=0;j<=i;j++)
15             printf("%3d",a[i][j]);
16         printf("\n");
17     }
18 }
```

运行结果如图 11.10 所示。

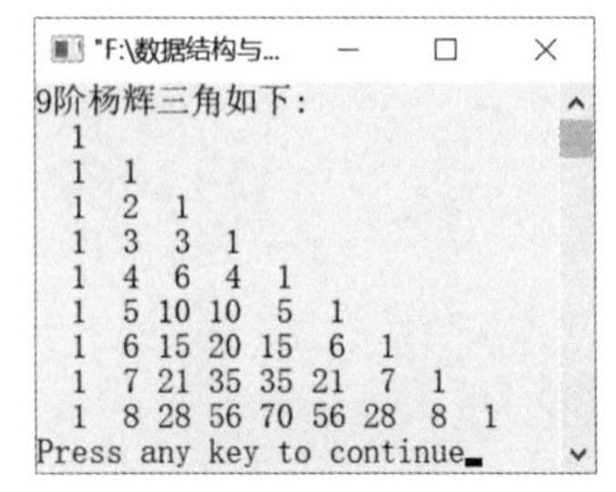

图 11.10　运行结果

【说明】

杨辉三角中的每一行的数字都符合多项式 $(a+b)^n$ 展开后的各个项的二次项系数的规律。

11.1.7 质因数分解

问题描述

任给一个整数 m，编写算法对其进行质因数分解。

【分析】

算法步骤如下。

（1）如果 m 不为 1，则从 x=2 开始。让 m 除以 x，如果能够被整除，则 x 是其中的一个因子，将 x 存入数组 a 中，并用商代替 m。

（2）如果 m 能被 x 整除，则执行步骤（1）；否则，将 x 增 1。

（3）如果 m 不为 1，则执行步骤（1）；否则，算法结束。

数组 a 中的元素即为所求。

☞第 11 章\实例 11-07.c

```
/*********************************************
*实例说明：质因数分解
*********************************************/
1  #include<stdio.h>
2  void main()
3  {
4      int a[16],m,m0,x=2,i=0,j;
5      printf("请输入一个待分解的整数:");
6      scanf("%d",&m0);
7      m=m0;
8      while(m!=1)
9      {
10         while(m%x==0)
11         {
12             i++;
13             a[i]=x;
14             m=m/x;
15         }
16         x=x+1;
17     }
18     printf("因式分解:%d=",m0);
19     for(j=1;j<i;j++)
20         printf("%d*",a[j]);
21     printf("%d",a[i]);
22     printf("\n");
23 }
```

运行结果如图 11.11 所示。

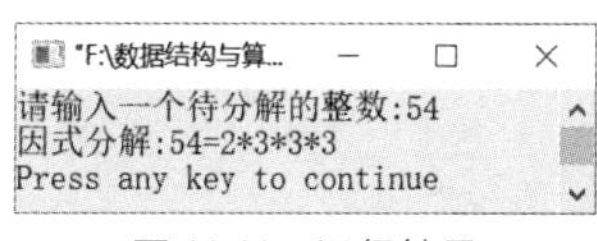
"F:\数据结构与算...
请输入一个待分解的整数:54
因式分解:54=2*3*3*3
Press any key to continue

图 11.11 运行结果

【说明】

为了在最后能够输出待分解的整数 m，需要定义一个变量 m_0 以保存 m。

11.1.8 求最大公约数和最小公倍数

问题描述

任给两个正整数 m 和 n，求最大公约数和最小公倍数。

【分析】

利用辗转相除法求最大公约数，然后根据最大公约数得到最小公倍数。辗转相除法求最大公约数的步骤如下。

（1）用 m 对 n 求余，余数记作 r，即 $r=m\%n$。

（2）将除数作为被除数，余数作为除数求新的余数，即 $m=n$，$n=r$。

（3）重复执行步骤（2），直到余数为 0 为止，此时的 n 即为所求。

最小公倍数=mn/最大公约数。

☞第 11 章\实例 11-08.c

```
/*********************************************
*实例说明：求最大公约数和最小公倍数
*********************************************/
1  #include<stdio.h>
2  void main()
3  {
4      int m,n,m1,n1,r;
5      printf("请输入两个正整数:");
6      scanf("%d,%d",&m,&n);
7      m1=m;
8      n1=n;
9      r=m%n;
10     while(r!=0)
11     {
12         m=n;
13         n=r;
14         r=m%n;
15     }
16     printf("%d 和%d 的最大公约数是%d\n",m1,n1,n);
17     printf("%d 和%d 的最小公倍数是%d\n",m1,n1,m1*n1/n);
18 }
```

运行结果如图 11.12 所示。

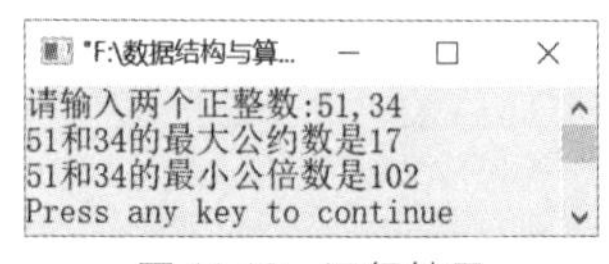

"F:\数据结构与算...
请输入两个正整数:51,34
51和34的最大公约数是17
51和34的最小公倍数是102
Press any key to continue

图 11.12　运行结果

【说明】

在算法中，为了能输出原来的正整数 m 和 n，需要重新定义变量 $m1$ 和 $n1$，将原来的 m 和 n 保存起来。

11.2 逆推法

逆推法根据结果推出已知条件，推算方法与顺推法类似，只是需要将结果作为初始条件向前推算。比较典型的逆推案例是猴子摘桃和存钱问题。

11.2.1　猴子摘桃

问题描述

猴子第 1 天摘了若干个桃子，当即吃了一半，还不过瘾，又多吃了一个。第 2 天早上又将剩下的桃子吃掉一半，又多吃了一个。以后每天早上都吃前一天的“一半零一个”。到第 10 天早上想再多吃时，发现只剩下一个桃子了。求第 1 天共摘了多少桃子?

【分析】

根据第 10 天的桃子个数往前推算。第 10 天只剩下 1 个桃子，第 9 天吃了桃子的一半零一个，假设吃第 9 天吃桃子之前桃子个数为 x，则有 $x-(x/2+1)=1$，即 $x=2\times(1+1)$。其中，括号中的第 1 个 1 表示第 10 天的桃子个数。接着往前推算，假设第 8 天吃桃子前桃子有 x 个，第 9 天吃桃子前桃子有 y 个（第 9 天的桃子个数可以由第 10 天的桃子个数推算得到），则有 $x-(x/2+1)=y$，即 $x=2(y+1)$。以此类推，可以得到第 1 天的桃子个数。推算桃子总数的过程如图 11.13 所示。

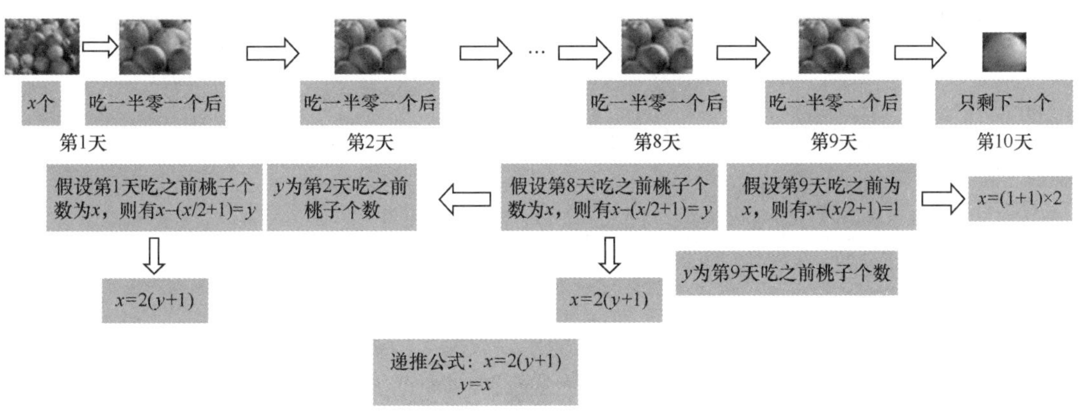

图 11.13　推算桃子总数的过程

这个逆推过程可以使用循环实现。

☞第 11 章\实例 11-09.c

```
/**********************************************
*实例说明：猴子摘桃
**********************************************/
1  #include<stdio.h>
2  void main()
3  {
4      int day,x,y;
5      day=10;
6      y=1;
7      while(day>1)
8      {
9          x=(y+1)*2;
10         y=x;
11         day--;
12     }
13     printf("第一天摘到的桃子总数是%d\n",x);
14 }
```

运行结果如图 11.14 所示。

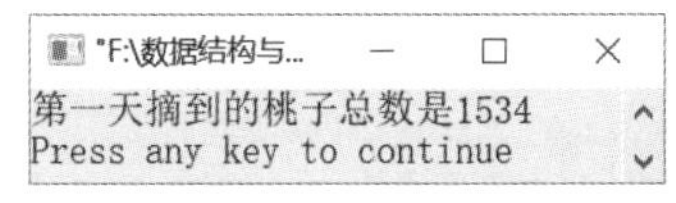

图 11.14　运行结果

11.2.2　存钱问题

问题描述

小明为自己的 3 年研究生生活准备了一笔钱，并一次性存入银行，保证在每年年底取出 1 000

元，到第 3 年学习结束时刚好取完。假设银行一年整存零取的月息为 0.31%，请计算需要存入银行多少钱？

【分析】

这也是一个根据已知结果求已知条件的问题，同样采用逆推法。如果第 3 年年底连本带息要取出 1 000 元，则需要先求出第 3 年年初的银行存款。

假设第 3 年年初的银行存款是 x，则有 $x(1+0.0031\times12)=1000$，故 $x=1000/(1+0.0031\times12)$，即第 3 年年初的银行存款为 1000/(1+0.0031×12)。同理，可得到第 2 年年初的银行存款、第 1 年年初的银行存款，计算过程如下。

第 2 年年初的银行存款=(第 3 年年初的银行存款+1000)/(1+0.0031×12)

第 1 年年初的银行存款=(第 2 年年初的银行存款+1000)/(1+0.0031×12)

其中，第 1 年年初的银行存款就是需要存入银行的存款，这个逆推过程可以使用循环实现。

☞第 11 章\实例 11-10.c

```
/**********************************************
*实例说明：存钱问题
***********************************************/
1  #include<stdio.h>
2  void main()
3  {
4      int i;
5      float total=0.0;
6      for(i=0;i<3;i++)
7      total=(total+1000)/(1+0.0031*12);
8      printf("第一次必须向银行存入%.2f 元\n",total);
9  }
```

运行结果如图 11.15 所示。

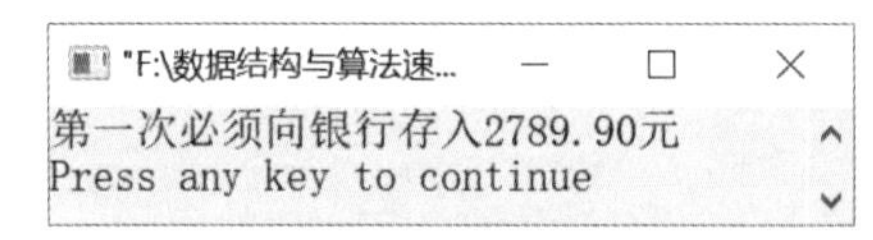

图 11.15　运行结果

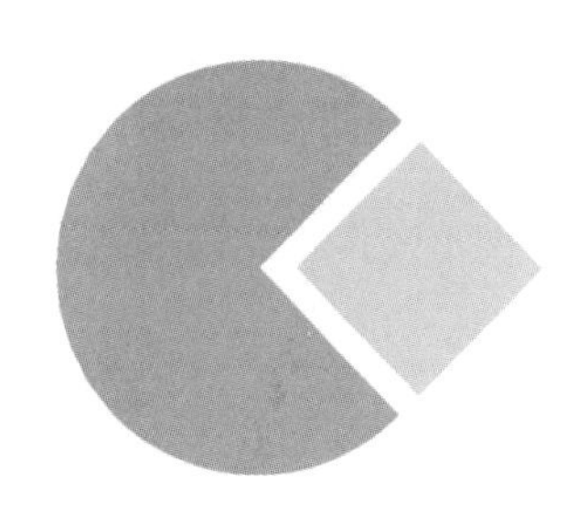

第 12 章　递归算法

递归就是自己调用自己，它是设计和描述算法的一种有力的工具，常常用来解决比较复杂的问题。递归是一种分而治之、将复杂问题转换为简单问题的求解方法。一般情况下，能采用递归描述的算法通常有以下特征：为求解规模为 N 的问题，设法将它分解成规模较小的问题，从小问题的解更容易构造出大问题的解，并且这些规模较小的问题也能采用同样的分解方法，分解成规模更小的问题，并能从这些更小问题的解构造出规模较大问题的解。一般情况下，规模 N=1 时，问题的解是已知的。

以上求解过程也利用了分治算法的思想。分治算法将一个大规模问题分解为若干子问题，子问题相互独立，然后将子问题的解合并就可得到原问题的解。分治算法具体可以使用递归实现。

递归算法具有以下优缺点。

- 优点：使用递归编写的程序简洁、结构清晰，程序的正确性很容易证明，不需要了解递归调用的具体细节。
- 缺点：递归函数在调用过程中，每一层调用都需要保存临时变量、返回地址、传递参数，因此递归函数的执行效率低。

12.1 简单递归

求 n 的阶乘、求斐波那契数列、求 n 个数中的最大者、数制转换、求最大公约数等都属于比较简单的递归。

12.1.1　求 n 的阶乘

问题描述

通过键盘输入一个整数 n，编写算法，输出该整数的阶乘。

【分析】

递归的过程分为两个阶段——回推和递推。回推就是根据要求解的问题找到最基本问题的解，这个过程需要系统栈保存临时变量的值；递推就是根据最基本问题的解得到所求问题的解，这个过程逐步释放系统栈的空间，直到得到问题的解。

求 n 的阶乘的过程分为回推和递推。

1. 回推

求 n 的阶乘的回推过程如下。

$n!=n(n-1)!$

$(n-1)!=(n-1)(n-2)!$

(*n*-2)!=(*n*−2)(*n*−3)!

…

2!=2×1!

1!=1×0!

已知条件：0!=1，1!=1。

例如，求 5!的过程如下。

5!=5×4!

4!=4×3!

3!=3×2!

2!=2×1!

1!=1

如果把 *n*！写成函数的形式，即 $f(n)$，则 $f(5)$就表示 5!。求 5!的过程可以写成如下形式。

$f(5)$=5$f(4)$

$f(4)$=4$f(3)$

$f(3)$=3$f(2)$

$f(2)$=2$f(1)$

$f(1)$=1

从上面的过程可以看出，求 $f(5)$需要调用函数 $f(4)$，求 $f(4)$需要调用 $f(3)$。以此类推，求 $f(2)$需要调用 $f(1)$。其中，$f(5)$、$f(4)$、$f(3)$、$f(2)$、$f(1)$都会调用同一个函数 *f*，只是参数不同而已。上面的回推过程如图 12.1 所示。

2. 递推

根据 $f(1)$=1 这个最基本的已知条件，得到 2!、3!、4!、5!，这个过程称为递推。由递推可以得到最终的结果，如图 12.2 所示。

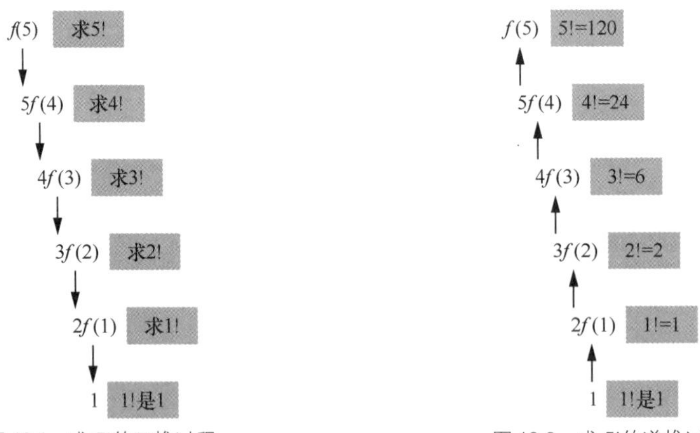

图 12.1　求 5!的回推过程　　　图 12.2　求 5!的递推过程

综上所述，回推的过程是将一个复杂的问题变为一个最简单的问题，递推的过程是由最简单的问题的解得到复杂问题的解。

求 5!的递归函数调用的完整过程如图 12.3 所示。

【算法描述】

通过以上分析可知，当 n=0 或 n=1 时，$f(n)$=1；否则，$f(n)=nf(n-1)$。因此，求 *n* 的阶乘 $f(n)$可写成如下公式。

$$f(n)=\begin{cases}1 & n=0,1\\ nf(n-1) & n=2,3,4,\cdots\end{cases}$$

其实，这就是一个递归定义的公式。

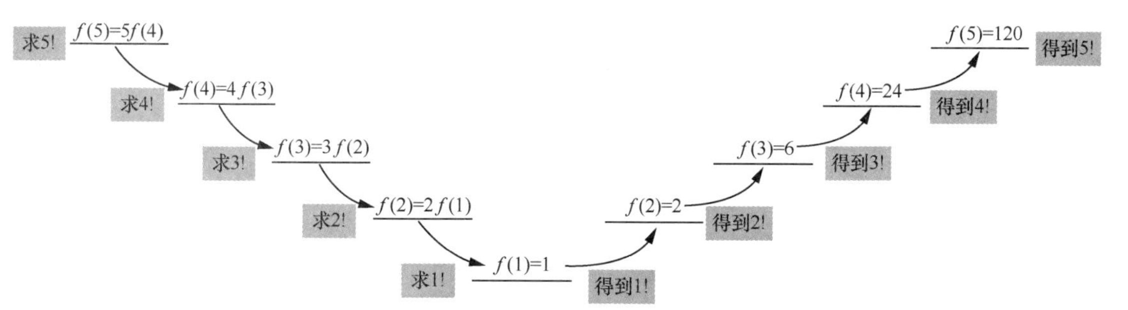

图 12.3　求 5!的递归函数调用的完整过程

☞第 12 章\实例 12-01.c

```
/*********************************************
*实例说明：求 n 的阶乘
*********************************************/
1  #include<stdio.h>
2  long int Fact(int n);
3  void main()
4  {
5      int n;
6      printf("请输入一个整数:");
7      scanf("%d",&n);
8      printf("%d!=%d\n",n,Fact(n));
9  }
10 long int Fact(int n)
11 {
12     int x;
13     long int y;
14     if(n < 0)
15     {
16         printf("参数错!");
17         return -1;
18     }
19     if(n == 0)
20         return 1;
21     else
22     {
23         return n*Fact(n - 1);
24     }
25 }
```

运行结果如图 12.4 所示。

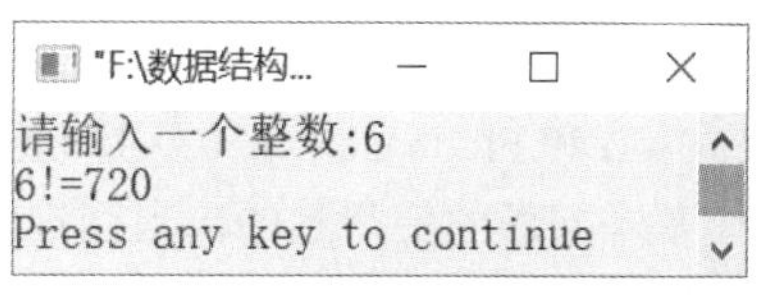

图 12.4　算法运行结果

（1）函数 f 是递归函数，它的作用是求 n 的阶乘。从函数 f 的实现来看，它与 $f(n)$ 的递归公式没有什么区别，只是将条件变为了用 C 语言描述的 if 语句。需要注意的是，因为这个函数需要有返回结果，所以在 if 语句中，必须使用 return 语句。

①在递归函数中，必须要有一个结束递归过程的条件，即递归的出口。在该程序中，n==0||n==1 就是结束递归过程的条件。这也是求递归问题中的一个已知基本问题的解，即最小问题的解。

②在递归函数 f 的实现中，函数类型为 long 型，而不是 int 型。这主要是因为 n 的阶乘的值比较大，long 型能容纳更大范围的数据。

③递归就是自己调用自己。一个函数在定义时直接或间接地调用自身，这样的函数称为递归函数。它通常将一个复杂的问题转化为一个与原问题相似且规模较小的问题来求解。

（2）递归函数中的局部变量和参数只局限于当前调用层。当进入下一层时，上一层的参数和局部变量被屏蔽。

12.1.2　斐波那契数列

问题描述

我们把形如 0,1,1,2,3,5,8,13,21,34,55,89,…的数列称为斐波那契数列。不难发现，从第 3 个数起，每个数都是前两个数之和。编写算法，输出斐波那契数列的前 n 项。

【分析】

斐波那契数列可以写成如下公式。

$$\text{Fibonacci}(n)=\begin{cases}0 & n=0\\ 1 & n=1\\ \text{Fibonacci}(n-1)+\text{Fibonacci}(n-2) & n=2,3,4,\cdots\end{cases}$$

当 n=4 时，求 Fibonacci(4)的值的过程如图 12.5 所示。

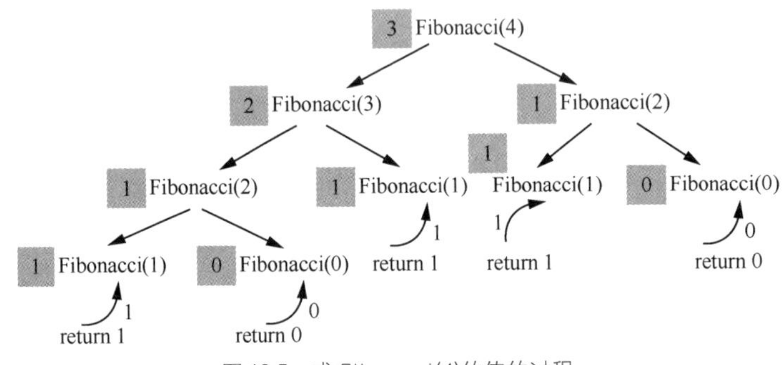

图 12.5　求 Fibonacci(4)的值的过程

图中的阴影部分是右边的函数的对应值。求 Fibonacci(4)的值，需要先求出 Fibonacci(2)与 Fibonacci(3)的值；而求 Fibonacci(3)的值，需要先求出 Fibonacci(1)与 Fibonacci(2)的值；依次类推，直到求出 Fibonacci(1)和 Fibonacci(0)的值。因为当 n=0 和 n=1 时，Fibonacci(0)=0，Fibonacci(1)=1，所以直接将 1 和 0 返回。Fibonacci(0)=0 和 Fibonacci(1)=1 就是 Fibonacci(4)的基本问题的解。同理，Fibonacci(n)（n≥2）也是根据这个基本问题的解得到的。当回推到 n=0 或 n=1 时，开始递推，直到求出 Fibonacci(4)的值。最后，Fibonacci(4)的值为 3。求 Fibonacci(n)的过程与此类似。

☞第 12 章\实例 12-02.c

```
/*******************************************
*实例说明：斐波那契数列
*******************************************/
1  #include<stdio.h>
2  int fib(int n);
3  void main()
4  {
5      int n;
6      printf("请输入项数:");
7      scanf("%d",&n);
8      printf("第%d 项的值:%d\n",n,fib(n));
9  }
10 int fib(int n)
11 {
12     if (n==0)
13         return 0;
14     if (n==1)
15         return 1;
16     if (n>1)
17         return fib(n-1)+fib(n-2);
18 }
```

运行结果如图 12.6 所示。

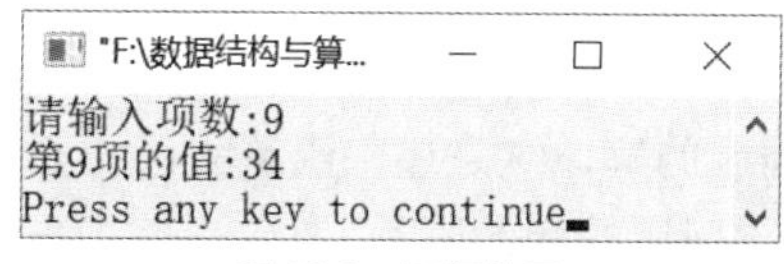

图 12.6　运行结果

12.1.3　求 n 个元素中的最大者

问题描述

求元素序列{55,33,22,77,99,88,11,44}中的最大者。

【分析】

假设元素序列存放在数组 a 中，数组 a 中 n 个元素的最大者 findmax(a, n)可以通过将 $a[n-1]$ 与前（n−1）个元素最大者比较之后得到。当 n=1 时，findmax(a,n)=a[0]；当 n>1 时，findmax(a,n)=($a[n-1]$> findmax(a,n−1)?$a[n-1]$:findmax(n−1)。

也就是说，数组 a 中只有一个元素时，最大者是 a[0]；超过一个元素时，则要比较最后一个元素 $a[n-1]$和前（n−1）个元素中的最大者，其中较大的一个即是所求。而前（n−1）个元素的最大者需要继续调用 findmax 函数。

☞第 12 章\实例 12-03.c

```
/*******************************************
*实例说明：求 n 个元素中的最大者
*******************************************/
1  #include<stdio.h>
2  int findmax(int a[],int n);
3  void main()
4  {
```

```
5       int a[]={55,33,22,77,99,88,11,44},n,i;
6       n=sizeof(a)/sizeof(a[0]);
7       printf("数组中的元素:");
8       for(i=0;i<n;i++)
9           printf("%4d",a[i]);
10      printf("\n 最大的元素:%d\n",findmax(a,n));
11 }
12 int findmax(int a[],int n)
13 {
14      int m;
15      if(n<=1)
16          return a[0];
17      else
18      {
19          m=findmax(a,n-1);
20          return a[n-1]>=m?a[n-1]:m;
21      }
22 }
```

运行结果如图 12.7 所示。

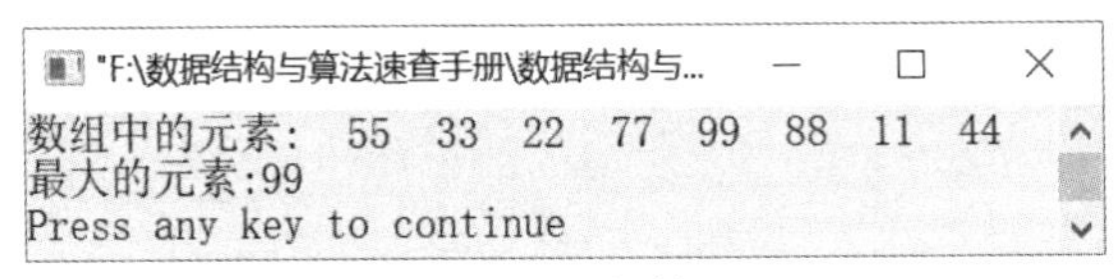

图 12.7 运行结果

【说明】

findmax(a,1)=a[0]就是基本问题的解，这是递归函数的已知条件。当 n>1 时，findmax 函数通过这个已知条件不断递归得到所求问题的解。

12.1.4 求 n 个数的和

问题描述

求序列{1,2,3,4,5,6,7,8,9,10}中元素的和。

【分析】

该题与前面求 n 个数的最大者算法思想类似。假设 n 个元素存放在数组 a 中，求 n 个数的和就是求第 n 个数与前（n−1）个数的和，这样就将求 n 个数和的问题分解为求前（n−1）个数的和的问题。当 n<1 时，n 个数的和就是 a[0]，即返回 a[0]；当 n>1 时，前 n 个数的和就等于 a[n−1]+AddFunc(a,n-1)。其中，AddFunc(a,n−1)表示求数组 a 中前（n−1）个数的和的函数。

☞第 12 章\实例 12-04.c

```
/*********************************************
*实例说明：求 n 个数的和
*********************************************/
#include<stdio.h>
int AddFunc(int a[],int n);
void main()
{
    int a[]={1,2,3,4,5,6,7,8,9,10},n,i;
    n=sizeof(a)/sizeof(a[0]);
    printf("一个元素序列:\n");
```

```
    for(i=0;i<n;i++)
        printf("%4d",a[i]);
    printf("\n");
    printf("元素序列的和为");
    printf("%d\n",AddFunc(a,n));
}
int AddFunc(int a[],int n)
{
    if(n<=1)
        return a[0];
    return a[n-1]+AddFunc(a,n-1);
}
```

运行结果如图 12.8 所示。

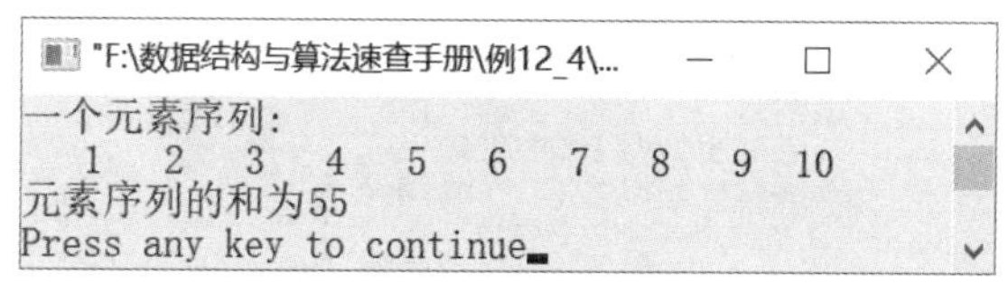

图 12.8 运行结果

【说明】

当 $n \leq 1$ 时，return a[0]就是基本问题的解，这是递归函数的结束条件。当 $n>1$ 时，通过不断调用 AddFunc(a,n-1)函数求解前（$n-1$）个数的和。

12.1.5 将十进制整数转换为二进制整数

问题描述

使用递归函数将十进制整数转换为二进制整数。

【分析】

使用除以 2 取余法，不断地将商作为新的被除数除以 2，而每次得到的余数序列就是所求的二进制整数。函数 DectoBin 的定义如下。

```
void DectoBin(int num)
```

当 num==0 时，回推阶段结束，开始递推，并返回；否则，将商作为新的被除数，即调用函数 DectoBin(num/2)，同时输出每层的余数，即 printf("%d",num%2)。

☞第 12 章\实例 12-05.c

```
/*******************************************
*实例说明：将十进制整数转换为二进制整数
*******************************************/
1  #include<stdio.h>
2  void DectoBin(int num);
3  void main()
4  {
5      int n;
6      printf("请输入一个十进制整数:");
7      scanf("%d",&n);
8      printf("二进制数是");
9      DectoBin(n);
```

```
10      printf("\n");
11 }
12 void DectoBin(int num)
13 {
14      if(num==0)
15         return;
16      else
17      {
18         DectoBin(num/2);
19         printf("%d",num%2);
20      }
21 }
```

运行结果如图 12.9 所示。

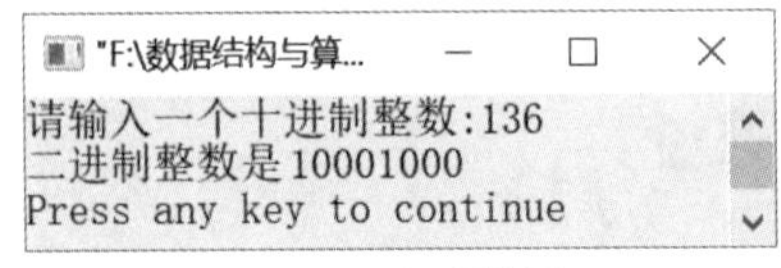
"F:\数据结构与算...
请输入一个十进制整数:136
二进制整数是 10001000
Press any key to continue

图 12.9　运行结果

【说明】

- 因为当商为 0 时，递推阶段结束，需要停止递推，也不需要返回值，所以只需要一个空的返回语句即 return。
- 为了将商作为新的被除数，需要将 num/2 作为参数传递给函数 DectoBin，同时输出余数，即 num%2。

12.1.6　求整数的逆序数

问题描述

实现递归算法，输入一个整数，输出该整数的逆序数。例如，输入 1234，则输出 4321。

【分析】

设输入的整数为 n。为了输出 n 的逆序数，可利用 n 对 10 取余，得到末位数，存放到数组 a[]中。然后将 n 除以 10，得到新的整数 n，再对 10 取余，存放到数组 a[]中。这个过程可利用递归函数实现，参数为 $n/10$，递归出口为 $n \leq 0$。

☞第 12 章\实例 12-06.c

```
/*********************************************
*实例说明：求整数的逆序数
*********************************************/
#include<stdio.h>
#include<malloc.h>
#define N 20
int a[N],i=0;
void RevNum(int n)
{
   if(n > 0)                  //判断该数是否大于 0
   {
       printf("%d", n%10);    //输出末位数
       a[i++]=n%10;
       RevNum(n/10);
   }
}
```

```
int LenNum(int n)
{
    int c=0;
    while(n)
    {
        n/=10;
        c++;
    }
    return c;
}
void main()
{
    int n,len,i;
    printf("请输入一个整数:");
    scanf("%d",&n);
    len=LenNum(n);
    RevNum(n);
    printf("逆序数为");
    for(i=0;i<len;i++)
        printf("%d",a[i]);
    printf("\n");
}
```

运行结果如图 12.10 所示。

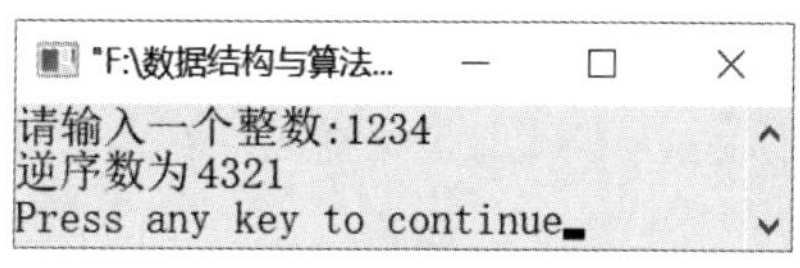

图 12.10 运行结果

12.1.7 求最大公约数

问题描述

用递归函数求两个整数 m 和 n 的最大公约数。

【分析】

两个整数 m 和 n 的最大公约数 gcd 具有以下性质。

$$\text{gcd}=\begin{cases}\text{gcd}(m-n,n) & m>n\\ \text{gcd}(m,n-m) & m<n\\ m & m=n\end{cases}$$

用 C 语言描述如下。

```
if(m>n)
    return gcd(m-n,n);
else if(m<n)
    return gcd(m,n-m);
else
    return m;
```

☞第 12 章\实例 12-07.c

```
/**********************************************
*实例说明：求最大公约数
**********************************************/
1  #include<stdio.h>
2  int gcd(int m,int n);
```

```
3  void main()
4  {
5      int m,n;
6      printf("请输入两个正整数:");
7      scanf("%d,%d",&m,&n);
8      printf("最大公约数是%d\n",gcd(m,n));
9  }
10 int gcd(int m,int n)
11 {
12     if(m>n)
13         return gcd(m-n,n);
14     else if(m<n)
15         return gcd(m,n-m);
16     else
17         return m;
18 }
```

运行结果如图 12.11 所示。

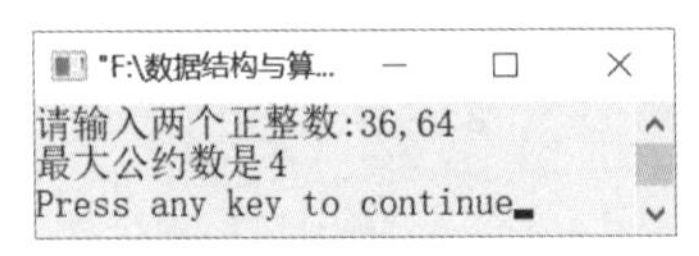

图 12.11　运行结果

【说明】

这种不断相减的方法与辗转相除法本质上是一样的，都是在寻找 m 和 n 公用的部分。

12.1.8　求 Ackermann 函数的值

问题描述

Ackermann 函数的定义如下。

$$\mathrm{Ack}(m,n)=\begin{cases} n+1 & m=0 \\ \mathrm{Ack}(m-1,1) & m\neq 0, n=0 \\ \mathrm{Ack}(m-1,\mathrm{Ack}(m,n-1)) & m\neq 0, n\neq 0 \end{cases}$$

要求编写以上函数的递归算法，当输入 m 和 n 时，求 Ackermann 函数的值。

☞第 12 章\实例 12-08.cpp

```
/**********************************************
*实例说明：求 Ackermann 函数的值
**********************************************/
#include<iostream.h>
int Ackermann(int m, int n);
void main()
{
    int m,n,s;
    cout<<"请输入 m 和 n 函数的值（整数）"<<endl;
    cin>>m>>n;
    s=Ackermann(m,n);
    cout<<"Ackermann 函数的值为"<<s<<endl;
}

int Ackermann(int m,int n)
{
    if (m==0)
        return n+1;
```

```
        else if (n==0)
            return Ackermann(m-1,1);
        else
            return Ackermann(m-1,Ackermann(m,n-1));
}
```

运行结果如图 12.12 所示。

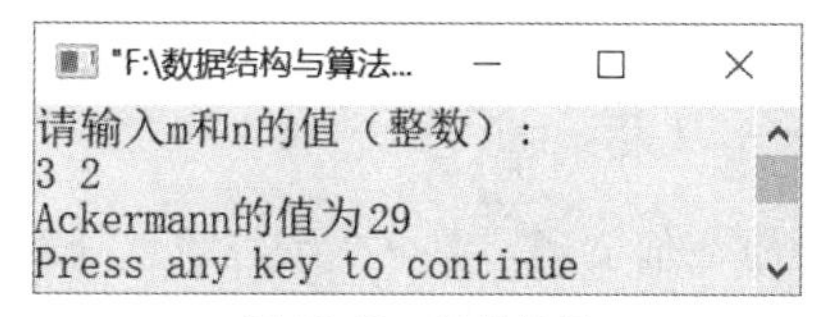

图 12.12　运行结果

12.1.9　求 $C(n,m)$的值

问题描述

$C(n,m)$的定义如下。

$$C(n,m)=\begin{cases}1 & n=m \text{ 或 } m=0\\ C(n-1,m)+C(n-1,m-1) & 0<m<n\end{cases}$$

要求实现以上函数的递归算法，当输入 m 和 n 时，求 $C(n,m)$的值。

☞第 12 章\实例 12-09.cpp

```
/*********************************************
*实例说明: 求C(n,m)的值
*********************************************/
#include<iostream.h>
int Comb(int n, int m);
void main()
{
    int n,m;
    cout<<"求组合数"<<endl;
    cout<<"请输入两个非负的整数n m (n>m>=0):"<<endl;
    cin>>n>>m;
    cout<<"C("<<n<<","<<m<<")="<<Comb(n,m)<<endl;
}
int Comb(int n, int m)
{
    if(n==m || m==0)
        return 1;
    else if(n>m && m>0)
        return Comb(n-1,m)+Comb(n-1,m-1);
}
```

运行结果如图 12.13 所示。

```
"F:\数据结构与算法速查手...
求组合数
请输入两个非负的整数n m (n>m>=0):
10 2
C(10,2)=45
Press any key to continue
```

图 12.13　运行结果

12.2 复杂递归

复杂递归就是在递归调用函数的过程中，还需要进行一些处理，例如保存或修改元素值。逆置字符串、和式分解、汉诺塔等问题都属于比较复杂的递归算法。

12.2.1 逆置字符串

问题描述

编写递归算法，不占用额外的存储空间，将一个字符串就地逆置，并重新存放在原字符串中。

【分析】

假设字符串存放在字符数组 *s* 中，递归函数原型如下。

```
int RevStr(char s[],int i);
```

为逆置当前位置的字符，需要先求出逆置后当前字符在字符串中的存放位置。递归函数首先将当前位置的字符读取到一个变量 ch 中。若当前位置的字符是字符串结束符，函数返回 0，并告知上次的递归调用函数，最末字符应存放到字符串的首位置。代码如下。

```
    char ch=s[i];
    if(ch=='\0')
        return 0;
```

对于其他情况，函数以 *s* 和字符位置 *i*+1 作为参数递归调用函数 RevStr，求得当前字符的存放位置 *k*，并将字符存放在位置 *k* 中。同时，下一个位置用来存放前一个字符。代码如下。

```
  k=RevStr(s,i+1);
  s[k]=ch;
  return k+1;
```

综合以上两种情况，可以很容易写出逆置字符串的递归函数。

☞第 12 章\实例 12-10.c

```
/*********************************************
*实例说明：逆置字符串
*********************************************/
1  #include<stdio.h>
2  int RevStr(char s[],int i);
3  void main()
4  {
5      char s[]="Welcome to Northwest University!";
6      printf("颠倒前:%s\n",s);
7      RevStr(s,0);
8      printf("颠倒后:%s\n",s);
9  }
10 int RevStr(char s[],int i)
11 {
12     int k;
13     char ch=s[i];
14     if(ch=='\0')
15        return 0;
16     else
17     {
```

```
18          k=RevStr(s,i+1);
19          s[k]=ch;
20          return k+1;
21      }
22 }
```

运行结果如图 12.14 所示。

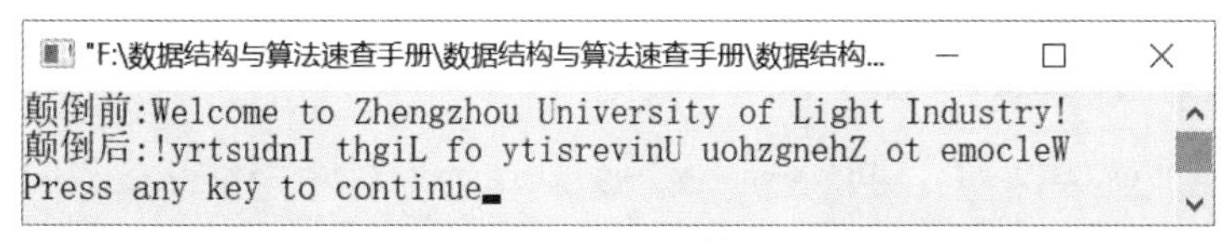

"F:\数据结构与算法速查手册\数据结构与算法速查手册\数据结构...
颠倒前:Welcome to Zhengzhou University of Light Industry!
颠倒后:!yrtsudnI thgiL fo ytisrevinU uohzgnehZ ot emocleW
Press any key to continue

图 12.14 运行结果

【说明】

（1）条件 ch=='\0'实际上就是递归函数的出口，返回 0 表示已经到了字符串的结束位置，应将前一个字符即最末一个字符存放在第 0 个位置。

（2）在其他情况下，不断递归调用函数 RevStr，返回值 *k* 就是当前字符应存放的位置。每一层递归调用函数的返回值为 *k*+1（从前往后），表示依次将递归调用返回的字符 ch（从后往前）存放在相应的位置。

12.2.2 求最大和次大元素

问题描述

已知有 n 个元素的无序序列，要求编写一个算法，求该无序序列中的最大和次大元素。

【分析】

对于无序序列 *a*[low, …, high]，可采用分而治之的方法（即将问题规模缩小为 *k* 个子问题加以解决）求最大和次大元素。该问题可分为以下几种情况。

- 若无序序列 *a*[low, …, high]中只有一个元素，则最大元素为 *a*[low]，次大元素为−32768。
- 若无序序列 *a*[low, …, high]中有两个元素，则最大元素为 *a*[low]和 *a*[high]中的较大者，次大元素为较小者。
- 若无序序列 *a*[low, …, high]中元素个数超过 2，则从中间位置 mid=(low+high)/2 将该无序序列分为两区间——*a*[low, …, mid]和 *a*[mid+1, …, high]。然后分别通过递归调用的方式得到两个区间中的最大元素和次大元素。其中，从左边区间求出的最大元素与次大元素分别存放在 lmax1 和 lmax2 中，从右边区间求出的最大元素和次大元素分别存放在 rmax1 和 rmax2 中。若 lmax1>rmax1，则最大元素为 lmax1，次大元素为 lmax2 和 rmax1 中的较大者；若 lmax≤rmax1，则最大元素为 rmax1，次大元素为 lmax1 和 rmax2 中的较大者。

☞第 12 章\实例 12-11.c

```
/*******************************************
*实例说明：求最大和次大元素
*******************************************/
1  #include<iostream.h>
2  #include<iomanip.h>
3  #define MIN -32768
4  void MaxMinNum(int a[],int low,int high,int *max,int *min);
5  void main()
6  {
7      int a[]={21,19,29,36,78,95,55,66,80,12},n,low,high,max,min,i;
8      n=sizeof(a)/sizeof(a[0]);
```

```
9       cout<<"序列中的元素："<<endl;
10      for(i=0;i<n;i++)
11          cout<<setw(3)<<a[i];
12      cout<<endl;
13      low=0;
14      high=n-1;
15      max=min=a[0];
16      MaxMinNum(a,low,high,&max,&min);
17      cout<<"最大的数是"<<max<<endl;
18      cout<<"次大的数是"<<min<<endl;
19  }
20  void MaxMinNum(int a[],int low,int high,int *max1,int *max2)
21  {
22      int mid,lmax1,lmax2,rmax1,rmax2;
23      if(low==high)
24      {
25          *max1=a[low];
26          *max2=MIN;
27      }
28      else if(low==high-1)
29      {
30          *max1=a[low]>a[high]?a[low]:a[high];
31          *max2=a[low]>a[high]?a[high]:a[low];
32      }
33      else
34      {
35          mid=(low+high)/2;
36          MaxMinNum(a,low,mid,&lmax1,&lmax2);
37          MaxMinNum(a,mid+1,high,&rmax1,&rmax2);
38          if(lmax1>rmax1)
39          {
40              *max1=lmax1;
41              *max2=lmax2>rmax1?lmax2:rmax1;
42          }
43          else
44          {
45              *max1=rmax1;
46              *max2=lmax1>rmax2?lmax1:rmax2;
47          }
48      }
49  }
```

运行结果如图 12.15 所示。

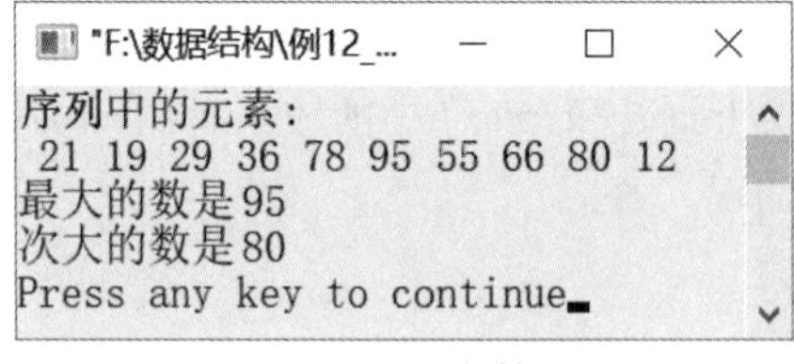

图 12.15　运行结果

【说明】

第 23～27 行中，若无序序列 *a*[low, …, high]中只有一个元素，则 *a*[low]为最大元素并赋给 max1，MIN 为次大元素并赋给 max2。

第 28～32 行中，若无序序列 *a*[low, …, high]中只有两个元素，则将较大的赋给 max1，较小的赋给 max2。

第 33～37 行中，若无序序列 *a*[low, …, high]中元素个数超过两个，则先从中间位置将该无序序列分为两个区间，然后递归调用函数 MaxMinNum(a,low,mid,&lmax1,&lmax2)和 MaxMinNum(a,mid+1, high, &rmax1,&rmax2)，分别求出左半区间与右半区间中的最大和次大元素，分别存在 lmax1 和 lmax2 以及 rmax1 和 rmax2 中。

第 38～42 行中，若 lmax1>rmax1，则最大元素为 lmax1，将其赋给 max1，并从 lmax2 和 rmax1 中找出较大者，将其赋给 max2。

第 43～47 行中，若 lmax1≤rmax1，则最大元素为 rmax1，将其赋给 max1，并从 rmax2 和 lmax1 中找出较大者，将其赋给 max2。

12.2.3 求无序序列中第 *k* 大的元素

问题描述

给定 *n* 个无序的元素，要求编写一个递归算法，求该序列中第 *k* 大的元素。

【分析】

该题也可以像求最大和次大元素一样利用分而治之的算法思想求解。具体地，可利用快速排序的思想，通过确定某个子序列的枢轴元素 pos，将这些元素分成若干个子区间，并不断缩小子区间直至区间中只有一个元素。假设这些无序元素存放在数组 *a* 中，确定子区间的划分位置分为以下几种情况。

- 如果枢轴元素 pos=*n*−*k*（其中 *n* 是无序元素的长度），则表明找到了第 *k* 大的元素，返回该元素。
- 如果 pos> *n* − *k*，那么第 *k* 大的元素一定在子区间 *a*[0]～*a*[pos − 1]内，继续在该子区间查找即可。
- 如果 pos< *n* − *k*，那么第 *k* 大的元素一定在子区间 *a*[pos+1]～*a*[*n* − 1]内，继续在该子区间查找即可。

具体在划分子区间时，即确定枢轴元素的位置时，利用快速排序算法分别从区间的第一个元素和最后一个元素开始，分别与枢轴元素进行比较。若遇到 *a*[high]<*a*[pos]且 *a*[low]>*a*[pos]，则将两个元素交换。以此类推，直至 high≤low。最后将 *a*[pos]放置在 *a*[low]的位置上，这样 *a*[pos]就将该区间划分为左右两个子区间，左边的子区间元素值均小于 *a*[pos]，右边的子区间元素值均大于或等于 *a*[pos]。

☞第 12 章\实例 12-12.c

```
/*********************************************
*实例说明：求无序序列中第 k 大的元素
*********************************************/
#include<stdio.h>
#include<iostream.h>
#include<iomanip.h>
int Partition(int a[],int low ,int high);
int Find_K_Largest(int a[],int low, int high,int n ,int k);
int Partition(int a[],int low ,int high)
//以 low 为枢轴元素划分子区间
  {
    int t = a[low];
    while(low < high)
    {
        while(low < high && a[high] >= t)
            high--;
        a[low] = a[high];
        while(low < high && a[low] <= t)
            low++;
```

```
            a[high] = a[low];
        }
        a[low] = t;
        return low;
   }
  int Find_K_Largest(int a[],int low, int high,int n ,int k)
  {
        int pos;
        if(a == NULL || low >= high || k > n)
            return 0;
        pos = Partition(a,low,high);
        while(pos != n  - k)
        {
            if(pos > n - k)
            {
                high = pos - 1;
                pos = Partition(a,low,high);
            }
            if(pos < n - k)
            {
                low = pos + 1;
                pos = Partition(a,low,high);
           }
        }
        return arr[pos];
  }
   void main()
   {
       int a[]={100,200,50,23,300,560,789,456,123,258},i,first,last,n,k;
       n=sizeof(a)/sizeof(a[0]);
       first=0;
       last=n-1;
       k=3;
       cout<<"数组中的元素"<<endl;
       for(i=0;i<n;i++)
           cout<<setw(4)<<a[i];
       cout<<endl;
       cout<<"第"<<k<<"大元素是";
       cout<<Find_K_Largest(a,first,last,n,k)<<endl;
   }
```

运行结果如图 12.16 所示。

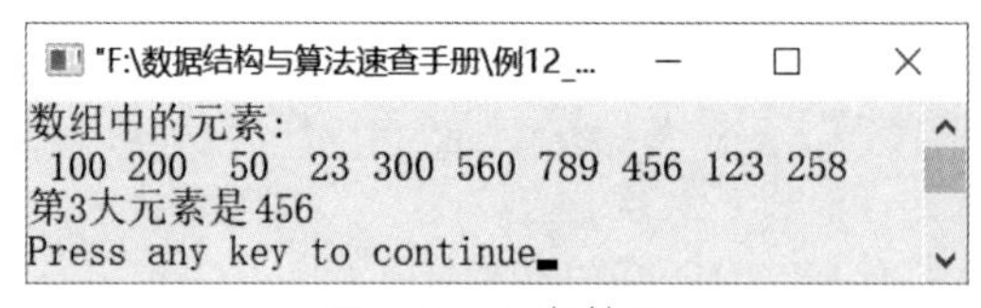

图 12.16　运行结果

12.2.4　和式分解

问题描述

实现一个递归函数，要求给定一个正整数 i，输出和为 i 的所有非递增的正整数和式。例如，若 i=5，则输出的和式结果如下。

```
5=5
5=4+1
```

```
5=3+2
5=3+1+1
5=2+2+1
5=2+1+1+1
5=1+1+1+1+1
```

【分析】

这是 2009 年中国人民银行考研的笔试题目。引入数组 *a*，用来存放分解出来的和数。其中，*a*[*k*]存放第 *k* 步分解出来的和数。递归函数应设置 3 个参数：第 1 个参数是数组名 *a*，用来将数组中的元素传递给被调用函数；第 2 个参数（*i*）表示本次递归调用要分解的数；第 3 个参数（*k*）是本次递归调用将要分解出的第 *k* 个和数。递归函数的原型如下。

```
void rd(int a[],int i,int k)
```

对将要分解的数 *i*，可分解出的和数 *j* 共有 *i* 种可能，它们是 *i*, *i*−1,⋯, 2, 1。但为了保证分解出来的和数依次构成不增的正整数序列，要求从 *i* 分解出来的和数 *j* 不能超过 *a*[*k*−1]，即上次分解出来的和数。

特别地，为保证对第一步（*k*=1）的分解也成立，算法可在 *a*[0]预置 *n*，即第一个和数最大为 *n*。在分解过程中，当分解出来的和数 *j* 等于 *i* 时，说明已完成一个和式分解，应将和式输出；当分解出来的和数 *j*<*i* 时，说明还有 *i*−*j* 需要进行第 *k*+1 次分解。

☞第 12 章\实例 12-13.c

```
/*********************************************
*实例说明：和式分解
*********************************************/
1  #include<stdio.h>
2  #define N 50
3  void rd(int a[],int i,int k);
4  void main()
5  {
6       int n,a[N];
7       printf("请输入一个正整数n(0<=n<50):");
8       scanf("%d",&n);
9       a[0]=n;
10      printf("和式分解结果:\n");
11      rd(a,n,1);
12 }
13 void rd(int a[],int i,int k)
14 {
15      int j,p;
16      for(j=i;j>=1;j--)
17      {
18          if(j<=a[k-1])
19          {
20             a[k]=j;
21             if(j==i)
22             {
23                printf("%d=%d",a[0],a[1]);
24                for(p=2;p<=k;p++)
25                    printf("+%d",a[p]);
26                printf("\n");
27             }
28             else
29                rd(a,i-j,k+1);
30          }
31      }
```

```
32 }
```

运行结果如图 12.17 所示。

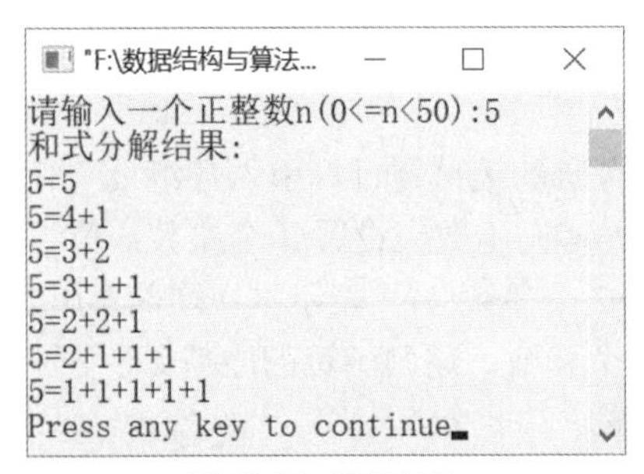

图 12.17　运行结果

【说明】

第 16 行中，循环语句表示待分解的数的范围为从 i 到 1。

第 18 行中，表示如果当前待分解的和数 j 小于已经分解的和数 $a[k-1]$，这是为了保证分解出的和数按照不增的顺序排列。

第 20 行中，将当前的待分解的和数 j 存放到序号为 k 的数组位置。

第 21～27 行中，如果 j 等于 i，则表示已完成一个和式分解，输出该和式。

第 28～29 行中，将还未分解的数 i–j 和分解的和数次数 k 传递给 rd 函数进行递归调用求解。

12.2.5　台阶问题

问题描述

某人上台阶，一次可以上 1 级台阶、2 级台阶或 3 级台阶，共有 n 级台阶。编程输出他所有可能的上台阶法。例如，有 4 级台阶，输出结果如下。

```
1    1    1    1
1    1    2
1    2    1
1    3
2    1    1
2    2
3    1
```

【分析】

由题意可知，可以将问题分成 3 种情况，分别是一次上 1 级台阶、一次上 2 级台阶、一次上 3 级台阶。在递归函数中，需要引入一个参数 n，用来表示每次上多少级台阶。函数原型如下。

```
void step(int n);
```

用数组 queue 存放每次上的台阶级数。如果上 1 级台阶，则将 1 存放到数组 queue 中，代码如下。

```
queue[index++]=1;
step(n-1);
--index;
```

如果上两级台阶，则将 2 存放到数组 queue 中，代码如下。

```
if (n>1)
```

```
{
    queue[index++]=2;
    step(n-2);
    --index;
}
```

如果上 3 级台阶，则将 3 存放到数组 queue 中，代码如下。

```
if(n>2)
{
   queue[index++]=3;
   step(n-3);
   --index;
}
```

当 n=0 时，输出每次上台阶的方法。

☞第 12 章\实例 12-14.c

```
/*********************************************
*实例说明：台阶问题
*********************************************/
1  #include<stdio.h>
2  void output();
3  void step();
4  #define STAIR_NUM 4
5  int queue[STAIR_NUM];
6  int total=0;
7  int index;
8  main()
9  {
10    printf("  %d 级台阶\n",STAIR_NUM);
11 printf("-------------------------------\n");
12    printf("              上台阶的方法                \n");
13    printf("-------------------------------\n");
14    step(STAIR_NUM);
15    printf("\n 共有 %d 种方法 \n",total);
16 }
17 void step(int n)
18 {
19     if (n==0)
20     {
21         total++;
22         printf("---------第%d 种方法 ----------\n",total);
23         output();
24         return ;
25     }
26     queue[index++]=1;
27     step(n-1);
28     --index;
29     if (n>1)
30     {
31         queue[index++]=2;
32         step(n-2);
33         --index;
34     }
35     if(n>2)
36     {
37         queue[index++]=3;
38         step(n-3);
```

```
39          --index;
40      }
41 }
42 void output()
43 {
44      int i;
45      for(i=0;i<index;i++)
46          printf("-%d",queue[i]);
47      printf("-\n");
48 }
```

运行结果如图 12.18 所示。

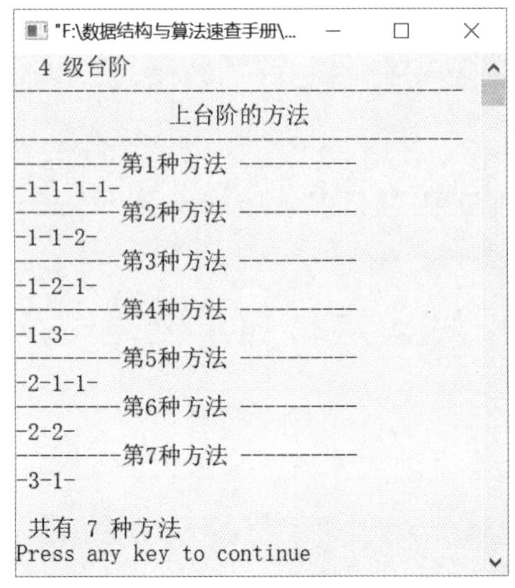

图 12.18　运行结果

【说明】

第 19～25 行中，当 n=0 时说明已经构成一个完整的上台阶方法，输出该方法。

第 26 行中，将 1 存放到数组 queue 中，表示上 1 级台阶。

第 27 行中，递归调用函数 step，参数为 n−1，求下一次上多少级台阶。

第 28 行中，将 index 减 1，恢复 index 的值。

第 29～34 行中，当 n>1 时，表示一次可以上两级台阶，将 2 存放到数组 queue 中，同时将 n−2 作为参数递归调用 step 函数。

第 33 行中，在递归调用完毕时，需要恢复 index 的值。

第 35～40 行中，当 n>2 时，表示一次可以上 3 级台阶，将 3 存放到数组 queue 中，并将 n−3 作为参数调用 step 函数。

第 39 行中，在递归调用结束时，需要恢复 index 的值。

12.2.6　汉诺塔问题

问题描述

汉诺塔问题源于印度的一个古老传说。在该传说中，最初有 3 根柱子，在一根柱子上从下往上按从大到小的顺序摞着 64 个圆盘。要求把圆盘从下面开始按从大到小的顺序重新摆放在另一根柱子上。同时规定，在小圆盘上不能放大圆盘，在 3 根柱子之间一次只能移动 1 个圆盘。

【分析】

这个问题其实就是将 n 个圆盘从柱子 A 移动到柱子 C 上，在移动的过程中可以利用柱子 B，每次只能移动 1 个圆盘，且始终保持大圆盘在下，小圆盘在上。

要把 n 个圆盘从柱子 A 借助柱子 B 移动到柱子 C，要先把上面的（n−1）个圆盘从柱子 A 借助柱子 C 移动到柱子 B，然后把第 n 个圆盘直接移到柱子 C 上，最后再把（n−1）个圆盘从柱子 B 借助柱子 A 移动到柱子 C，这样就把规模为 n 的问题分解成规模为（n−1）的问题。

这样就可以实现将 n 个圆盘从柱子 A 移动到柱子 C 上了，但是还有一个问题没有解决。怎样才能将（n−1）个圆盘从柱子 A 移动到柱子 B 上，然后再从柱子 B 移动到柱子 C 上呢？

要把（n−1）个圆盘从柱子 A 移动到柱子 B 上，需要先将上面的（n−2）个圆盘借助柱子 B 从柱子 A 移动到柱子 C 上，然后将第（n−1）个圆盘直接移动到柱子 B 上，之后再借助柱子 A 将（n−2）个圆盘从柱子 C 移动到柱子 B 上。

要将（n−1）个圆盘从柱子 B 移动到柱子 C 还要借助递归实现。移动圆盘的过程正好符合递归的特点，即将规模较大的问题简化为规模较小的子问题。递归结束的条件就是一次只需要移动一个圆盘，否则递归继续进行下去。

为了使问题简化，我们分析一下将 3 个圆盘从柱子 A 借助柱子 B 移动到柱子 C 上的过程。

（1）将柱子 A 上的两个圆盘移动到柱子 B 上（借助柱子 C）。

（2）将柱子 A 上的一个圆盘直接移动到柱子 C 上（A→C）。

（3）将柱子 B 上的两个圆盘移动到柱子 C 上（借助柱子 A）。

其中，第（2）步可以直接实现，第（1）步可以继续分解为如下步骤。

① 将柱子 A 上的 1 个圆盘直接移动到柱子 C 上（A→C）。

② 将柱子 A 上的 1 个圆盘直接移动到柱子 B 上（A→B）。

③ 将柱子 C 上的 1 个圆盘直接移动到柱子 B 上（C→B）。

第（3）步可以继续分解为如下步骤。

① 将柱子 B 上的 1 个圆盘直接移动到柱子 A 上（B→A）。

② 将柱子 B 上的 1 个圆盘直接移动到柱子 C 上（B→C）。

③ 将柱子 A 上的 1 个圆盘直接移动到柱子 C 上（A→C）。

综上，移动 3 个圆盘的步骤如下。

A→C，A→B，C→B，A→C，B→A，B→C，A→C。

☞第 12 章\实例 12-15.c

```
/********************************************
*实例说明：汉诺塔问题
********************************************/
1  #include<stdio.h>
2  void hanoi(int n,char one,char two,char three);
3  void move(char x,char y);
4  void main()
5  {
6      int n;
7      printf("请输入圆盘的个数:");
8      scanf("%d",&n);
9      printf("移动步骤如下:\n");
10     hanoi(n,'A','B','C');
11 }
12 void move(char x,char y)
13 {
14     printf("%c-->%c\n",x,y);
```

```
15 }
16 void hanoi(int n,char one ,char two,char three)
17 {
18     if(n==1)
19         move(one,three);
20     else
21     {
22         hanoi(n-1,one,three,two);
23         move(one,three);
24         hanoi(n-1,two,one,three);
25     }
26 }
```

运行结果如图 12.19 所示。

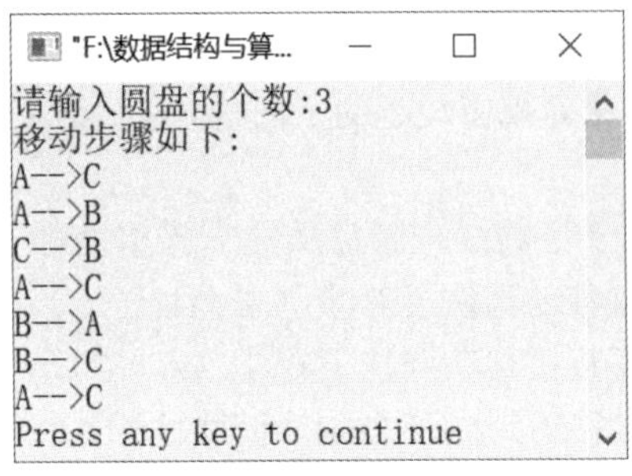

图 12.19　运行结果

【说明】

第 18～19 行中，当只有 1 个圆盘时，只需要将圆盘直接从第 1 个柱子移动到第 3 个柱子上即可。

第 22 行中，将（n−1）个圆盘借助第 3 个柱子从第 1 个柱子移动到第 2 个柱子上。

第 23 行中，将 1 个圆盘直接从第 1 个柱子移动到第 3 个柱子上。

第 24 行中，将（n−1）个圆盘借助第 1 个柱子从第 2 个柱子移动到第 3 个柱子上。

12.2.7　大牛生小牛问题

问题描述

1 头刚出生的小牛，4 年后生 1 头小牛，且以后每年生 1 头。现有 1 头刚出生的小牛，问 20 年后共有牛多少头？

【分析】

由题意可以看出，本题可以分为两种情况处理：小于 4 年时，只有 1 头小牛；大于或等于 4 年时，小牛成长为大牛，开始生小牛。递归函数的原型如下。

```
long Cow(int years);
```

如果 years<4，则返回 1，表示只有 1 头牛；当 years≥4 时，第 4 年的大牛开始生小牛，每年生 1 头牛。同时，每隔 3 年，小牛成长为大牛，开始生小牛。因此需要递归调用 Cow 函数。代码如下。

```
1  i = 4;
2  while (i <= years)
3  {
4      subYears = i - 3;
5      count += Cow(subYears);
```

```
6       i++;
7   }
```

☞第 12 章\实例 12-16.c

```
/*********************************************
*实例说明：大牛生小牛问题
*********************************************/
1  #include<stdio.h>
2  long Cow(int years);
3  void main()
4  {
5      long n;
6      int year;
7      printf("请输入年数:");
8      scanf("%d",&year);
9      n=Cow(year);
10     printf("%d 年后牛的总数:%d\n",year,n);
11 }
12 long Cow(int years)
13 {
14     long count=1;
15     int i,subYears;
16     if (years<=3)
17     {
18         return 1;
19     }
20     i=4;
21     while (i<=years)
22     {
23         subYears =i-3;
24         count += Cow(subYears);
25         i++;
26     }
27     return count;
28 }
```

运行结果如图 12.20 所示。

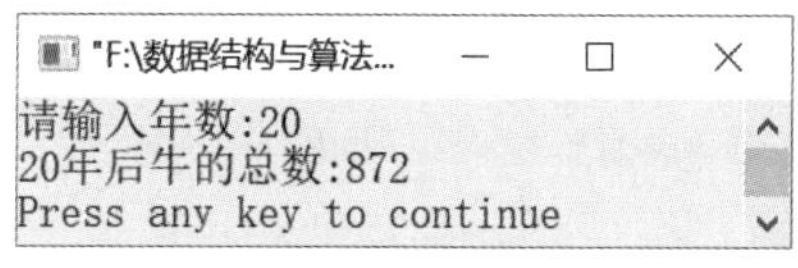

图 12.20 运行结果

【说明】

第 16～19 行中，若小牛还不到生育年龄，返回 1，即原来大牛的头数。

第 20 行从第 4 年开始逐年计算牛的头数。

第 21～26 行计算大牛和生的小牛的总头数。

第 23 行准备计算第 4 年的生的小牛头数。

第 24 行递归调用 Cow 函数计算大牛和生的小牛总头数。

12.2.8 从自然数 1～n 中任选 r 个数的所有组合数

问题描述

实现递归算法，求从自然数 1～n 中任选 r 个数的所有组合数。

【分析】

利用分而治之的方法，将从 n 个数中选取 r 个数的问题分解为较小的问题进行解决。当组合数中的第一个数选定后，可从剩下的（n−1）个数中取（k−1）个数的组合。假设用数组 a 存放求出的组合数。在求每组组合数的时候，首先将当前组合数的第一个数字存放在 $a[k]$中，然后调用递归函数从剩下的（n−1）个数中求其他组合数。若 $k \leqslant 1$，则表明得到一组组合数，将该组合数输出即可。然后再求其他组合数，直到所有的组合数输出为止。

☞第 12 章\实例 12-17.cpp

```
/*********************************************
*实例说明：从自然数 1～n 中任选 r 个数的所有组合数
*********************************************/
#include<iostream.h>
#define N 100
int a[N];
void Comb(int m,int k)
{
    int i,j;
    for(i=m;i>=k;i--)
    {
        a[k]=i;
        if(k>1)     //未完成一个组合数
            Comb(i-1,k-1);
        else     //完成一个组合数，则输出该组合数的所有数字
        {
            for(j=a[0];j>0;j--)
                cout<<a[j]<<"  ";
            cout<<endl;
        }
    }
}
void main()
{
    int n,r;
    cout<<"请输入 n 和 r 的值(正整数且 n>r):"<<endl;
    cin>>n>>r;
    if(r>n)
        cout<<"输入 n 和 r 的值错误!"<<endl;
    else
    {
        cout<<"从 1～"<<n<<"中选择其中"<<r<<"个数的组合数:"<<endl;
        a[0]=r;
        Comb(n,r);
    }
}
```

运行结果如图 12.21 所示。

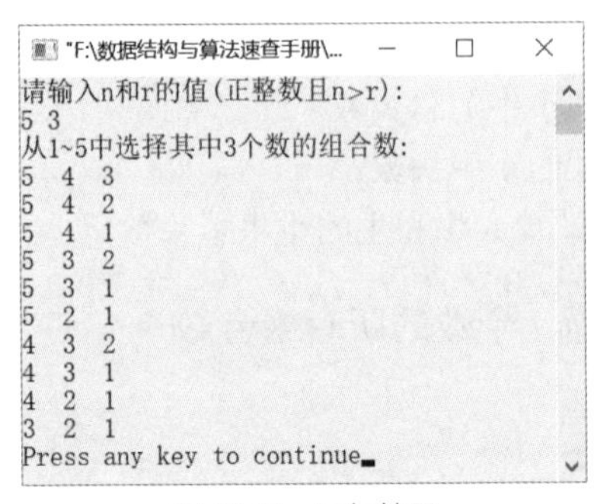

图 12.21　运行结果

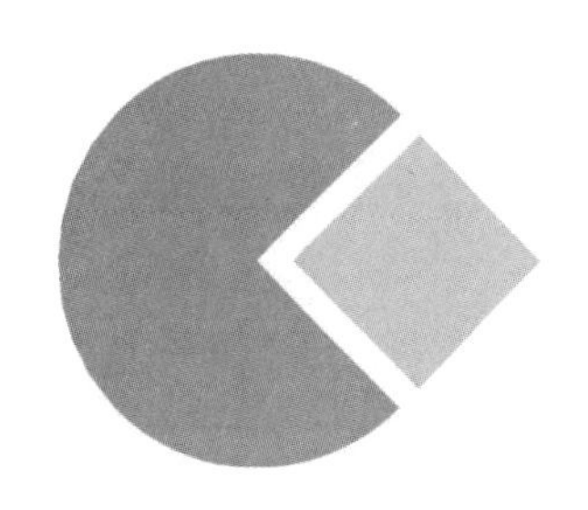

第13章　枚举算法

枚举算法，也称穷举算法，它是编程中常用的一种算法。在解决某些问题时，可能无法按照一定规律从众多的候选解中找出正确的解。此时，可以从众多的候选解中逐一取出候选解，并验证候选解是否为正确的解。我们将这种方法称为枚举算法。

枚举算法的缺点是运算量比较大，解题效率不高。如果枚举范围太大，那么就会耗费过多。枚举算法的优点是思路简单，程序编写和调试方便。因此，如果问题的规模不是很大，且要求在规定的时间和空间下能够求出解，那么我们最好采用枚举算法，而不需要太在意是否还有更快的算法。

13.1 判断 *n* 是否能被 3、5、7 整除

问题描述

输入一个正整数 *n*，判断 *n* 是否能被 3、5、7 整除，并输出以下信息。

（1）能同时被 3、5、7 整除。

（2）能被其中两个数（要指出是哪两个）整除。

（3）能被其中一个数（要指出是哪一个）整除。

【分析】

可以用简单的 if…else 选择语句判断 *n* 是否能被 3、5、7 整除。代码如下。

```
1  if(n%3==0&&n%5==0&&n%7==0)
2      printf("该整数能同时被 3、5、7 整除");
3  else if(n%3==0&&n%5==0&&n%7!=0)
4      printf("该整数能被其中两个数 3、5 整除");
5  else if(n%3==0&&n%5!=0&&n%7==0)
6      printf("该整数能被其中两个数 3、7 整除");
7  else if(n%3!=0&&n%5==0&&n%7==0)
8      printf("该整数能被其中两个数 5,7 整除");
9  else if(n%3==0&&n%5!=0&&n%7!=0)
10     printf("该整数能被其中一个数 3 整除");
11 else if(n%5==0&&n%3!=0&&n%7!=0)
12     printf("该整数能被其中一个数 5 整除");
13 else if(n%7==0&&n%3!=0&&n%5!=0)
14     printf("该整数能被其中一个数 7 整除");
15 else
16     printf("该整数不能被 3,5,7 中的任一个整除");
```

以上代码使用了过多的选择语句，结构不是很清晰。除了以上方法之外，还可以结合二进制数的性质利用枚举算法求解，具体方法如下。

将 *n* 能被整除用 1 表示，不能被整除用 0 表示。用 3 位二进制数表示 *n* 是否能被 3、5、7 整除，从高位到低位分别表示 *n* 是否能被 3、5、7 整除。例如，1（即$(001)_2$）表示能被 7 整除，4（即$(100)_2$）表示能被 3 整除，6（即$(110)_2$）表示能被 3 和 5 同时整除，如图 13.1 所示。

从图中可以看出，共有 8 种可能情况。为了表示该二进制数，需要定义 3 个变量 *c*1、*c*2、*c*3，分别表示 *n* 是否能被 3、5、7 整除。在判断 *n* 是否能被 3、5、7 整除前，需要先判断 *c*1、*c*2、*c*3 分别是否能被 3、5、7 整除。代码如下。

```
c1=n%3==0;
c2=n%5==0;
c3=n%7==0;
```

	是否能被3整除	是否能被5整除	是否能被7整除	
只能被3整除	1	0	0	4
只能被5整除	0	1	0	2
只能被7整除	0	0	1	1
能被3和5整除	1	1	0	6
能被3和7整除	1	0	1	5
能被5和7整除	0	1	1	3
能被3、5和7整除	1	1	1	7
不能被3、5、7中的任何一个整除	0	0	0	0

图 13.1　是否能被 3、5、7 整除的二进制表示

将 *c*1 左移 2 位，将 *c*2 左移 1 位，并将移位后的 *c*1、*c*2 与 *c*3 相加，即(*c*1<<2)+(*c*2<<1)+*c*3。该和有 8 种取值，范围为 0～7，接着判断 3 个数的和并输出结果。

☞第 13 章\实例 13-01.c

```
/**********************************************
*实例说明：判断 n 是否能被 3、5、7 整除
**********************************************/
1  #include<stdio.h>
2  void main()
3  {
4      int n,c1,c2,c3;
5      printf("请输入一个整数:");
6      scanf("%d",&n);
7      c1=n%3==0;
8      c2=n%5==0;
9      c3=n%7==0;
10     switch((c1<<2)+(c2<<1)+c3)
11     {
12         case 0:
13                 printf("不能被 3、5、7 整除.\n");
14                 break;
15         case 1:
16                 printf("只能被 7 整除.\n");
17                 break;
18         case 2:
19                 printf("只能被 5 整除.\n");
20                 break;
21         case 3:
22                 printf("可以被 5、7 整除.\n");
23                 break;
24         case 4:
25                 printf("只能被 3 整除.\n");
26                 break;
27         case 5:
28                 printf("可以被 3、7 整除.\n");
29                 break;
30         case 6:
31                 printf("可以被 3、5 整除\n");
```

```
32                break;
33            case 7:
34                printf("可以被3、5、7整除\n");
35                break;
36    }
37 }
```

运行结果如图 13.2 所示。

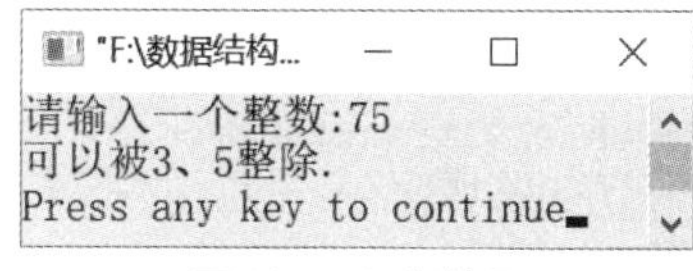

图 13.2 运行结果

【说明】

（1）利用 switch 选择语句判断 *n* 是否能被 3、5、7 整除，结构上清晰、简洁明了。

（2）灵活使用了二进制数的左移运算，需要读者熟练掌握二进制数的使用。

13.2 百钱买百鸡

问题描述

公鸡 3 元 1 只，母鸡 5 元 1 只，小鸡 1 元 3 只，100 元钱买 100 只鸡。请求出公鸡、母鸡和小鸡的数目。

【分析】

假设公鸡数为 cock，母鸡数为 hen，小鸡数为 chick，得到两个关系式，分别是 cock+hen+chick=100 和 3cock+5hen+chick/3=100。我们可以枚举公鸡、母鸡和小鸡的个数，然后以上面的两个关系式作为判定条件，当符合条件时，即是所求。

从上面的关系式中，我们不难得出公鸡、母鸡、小鸡的取值范围：公鸡最多有 33 只，最少为 0 只，即 cock 的范围是 0～33；母鸡最多有 20 只，最少为 0 只，即 hen 的范围是 0～20；小鸡最多有 300 只，最少为 0 只，即 chick 的范围是 0～300。

☞第 13 章\实例 13-02.c

```
/*********************************************
*实例说明：百钱买百鸡
*********************************************/
1  #include<stdio.h>
2  const int COCKPRICE=3;
3  const int HENPRICE=5;
4  const int CHICKS=3;
5  void Scheme(int money, int chooks);
6  void main()
7  {
8      int money=100;
9      int chooks=100;
10     printf("购买方案如下 0\n");
11     Scheme(money, chooks);
12 }
13 void Scheme(int money, int chooks)
14 /*计算并输出购买方案*/
15 {
```

```
16      int maxCock=money / COCKPRICE;
17      int maxHen=money / HENPRICE;
18      int maxChick=chooks;
19      int cock, hen, chick;
20      for (cock=0; cock<maxCock; ++cock)
21      {
22         for (hen=0; hen<maxHen; hen++)
23         {
24            for (chick=0; chick<maxChick; chick++)/*枚举小鸡的可能数量*/
25            {
26               /*约束条件*/
27                if (0==chick%CHICKS&&cock+hen+chick==chooks
28                   &&COCKPRICE*cock+HENPRICE*hen+chick/CHICKS==money)
29                {
30                   printf("公鸡: %2d; 母鸡: %2d; 小鸡: %2d\n", cock,
                     hen, chick);
31                }
32            }
33         }
34      }
35 }
```

运行结果如图 13.3 所示。

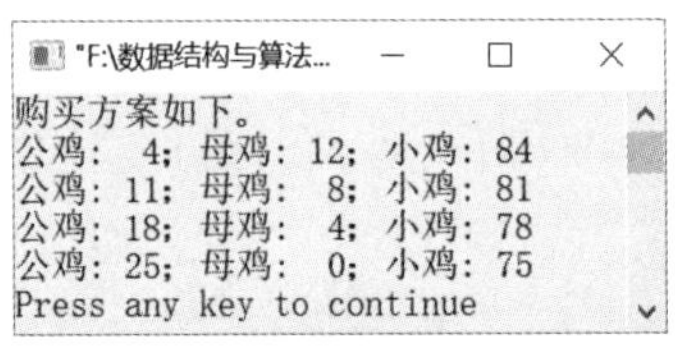

图 13.3　运行结果

【说明】

在验证候选解时，需要保证小鸡的数量是 3 的倍数，即保证不出现小数，增加如下条件。

```
chick%3==0
```

13.3 五猴分桃

问题描述

5 只猴子一起摘了一堆桃子，因为太累了，它们商量决定先睡一觉再分。一会儿，第 1 只猴子来了，它见别的猴子没来，便将这堆桃子平均分成 5 份，结果多了 1 个，就将多的这个吃了，并拿走其中的 1 份。一会儿，第 2 只猴子来了，它不知道已经有 1 个同伴来过，还以为自己是第 1 个到的，于是将地上的桃子堆起来，再一次平均分成 5 份，发现也多了 1 个，同样吃了这 1 个桃子，并拿走其中 1 份。接着来的第 3 只、第 4 只、第 5 只猴子都是这样做的。

根据上面的条件，这 5 只猴子至少摘了多少个桃子?第 5 只猴子走后还剩下多少个桃子?

【分析】

设总的桃子数为 S_0，5 只猴子分得的桃子数分别为 S_1、S_2、S_3、S_4、S_5，则有以下关系式，

$$S_0=5S_1+1$$

$$4S_1=5S_2+1$$

$$4S_2=5S_3+1$$

$$4S_3=5S_4+1$$

$$4S_4=5S_5+1$$

我们可以枚举桃子总数 S_0。从 $S_5=1$ 开始枚举，由 S_5 得到 S_4，即 $S_4=5S_5+1$，并判断 S_4 是否能被 4 整除。如果能被 4 整除，则由 S_4 得到 S_3，即 $S_3=5S_4+1$；否则，将 S_5 加 1，继续以上过程。

以此类推，直到得到 S_0 为止。此时，S_0 的值就是最少的总桃子数。

☞第 13 章\实例 13-03.c

```
/*******************************************
*实例说明：五猴分桃
*******************************************/
1  #include<stdio.h>
2  void main()
3  {
4      int s[6]={0},i;
5      for(s[5]=1;;s[5]++)
6      {
7          s[4]=5*s[5]+1;
8          if (s[4]%4)
9              continue;
10         else
11             s[4]/=4;
12         s[3]=5*s[4]+1;
13         if (s[3]%4)
14             continue;
15         else
16             s[3]/=4;
17         s[2]=5*s[3]+1;
18         if (s[2]%4)
19             continue;
20         else
21             s[2]/=4;
22         s[1]=5*s[2]+1;
23         if (s[1]%4)
24             continue;
25         else
26             s[1]/=4;
27         s[0]=5*s[1]+1;
28         break;
29     }
30     for(i=1;i<6;i++)
31         printf("第%d 个猴子将桃子分为 5 堆，每堆%4d 个桃子\n",i,s[i]);
32     printf("共摘了%d 个桃子，剩下%d 个桃子\n", s[0], s[5]*4);
33 }
```

运行结果如图 13.4 所示。

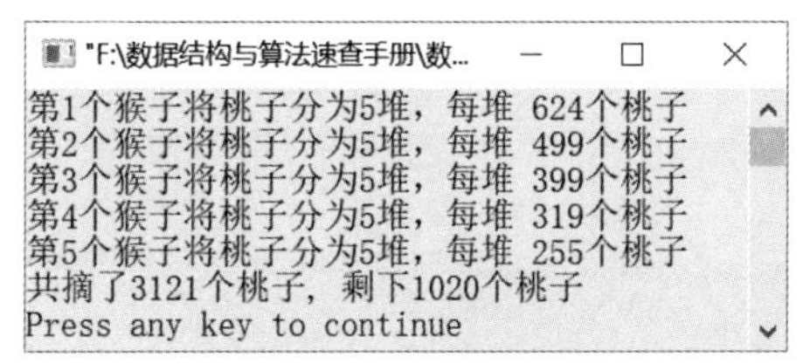

图 13.4 运行结果

【说明】

第 5 行从 S[5]=1 开始枚举，验证候选解是否是所求解。

第 7 行根据 S[5]得到 S[4]。

第 8～11 行判断 S[4]是否能被 4 整除。如果不能被 4 整除，则说明 S[4]不是所求解，需要继续验证下一个候选解，并将 S[5]增 1；否则，将 S[4]除以 4，得到 S[4]。

第 12 行根据 S[4]得到 S[3]。

第 13～16 行判断 S[3]是否能被 4 整除。如果不能被 4 整除，则说明 S[3]不是所求解，需要继续验证下一个候选解，并将 S[5]增 1；否则，将 S[3]除以 4，得到 S[3]。

第 17～21 行求出 S[2]。

第 22～26 行求出 S[1]。

第 27 行求出 S[0]。

第 28 行跳出 for 循环语句。

第 30～31 行输出每只猴子分成的堆数、桃子个数。

第 32 行输出桃子的总个数和剩下的桃子个数。

13.4 输出“水仙花数”

问题描述

输出“水仙花数”。“水仙花数”是指这样的一个 3 位数，其各位数字的立方和等于该数本身。例如，因为 $153=1^3+5^3+3^3$，所以 153 是一个“水仙花数”。

【分析】

（1）列举出所有的候选解，即 100～999 的所有整数。代码如下。

```
for(n=100;n<1000;n++)
```

（2）依次求出每个候选解的百位、十位、个位上的数字。代码如下。

```
i=n/100;            /*百位上的数字*/
j=n/10%10;          /*十位上的数字*/
k=n%10;             /*个位上的数字*/
```

（3）判断候选解是否是所求的解。如果是，则输出候选解。代码如下。

```
if(i*100+j*10+k==i*i*i+j*j*j+k*k*k)
    printf("%5d",n);
```

☞第 13 章\实例 13-04.c

```
/*********************************************
*实例说明：输出“水仙花数”
*********************************************/
1  #include<stdio.h>
2  void main()
3  {
4      int i,j,k,n;
5      printf("水仙花数是");
6      for(n=100;n<1000;n++)
7      {
8          i=n/100;            /*百位上的数字*/
9          j=n/10%10;          /*十位上的数字*/
10         k=n%10;             /*个位上的数字*/
```

```
11         if(i*100+j*10+k==i*i*i+j*j*j+k*k*k)
12                 printf("%5d",n);
13     }
14     printf("\n");
15 }
```

运行结果如图 13.5 所示。

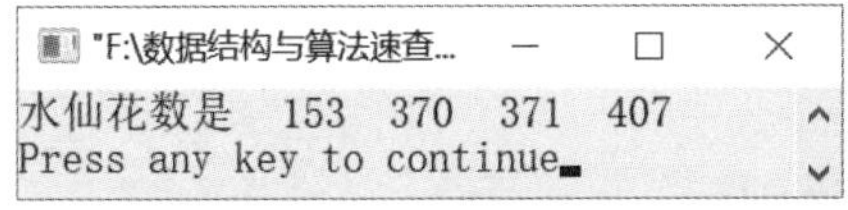

图 13.5　运行结果

【说明】

第 6 行枚举每个候选解，范围是 100～999。

第 8 行求出每个候选解的百位上的数字。

第 9 行求出每个候选解的十位上的数字。

第 10 行求出每个候选解的个位上的数字。

第 11～12 行判断候选解是不是所求解。如果是，则输出候选解。

13.5 Mary 的借书方案

问题描述

已知 Mary 有 6 本新书，若借给 A、B 和 C 这 3 位同学，每个人只能借 1 本，则共有多少种借书方案？

【分析】

假设 Mary 的 6 本新书编号为 1、2、3、4、5、6，每位同学借到的新书就是这 6 本书的组合。A 借到的书可以是 1～6 本新书中的任意 1 本，B 借到的新书就是除了 A 借到的新书之外的 5 本，C 借书的方案只有 4 种，因此总共的借书方案有 6×5×4=120 种。

可采用枚举算法求解该问题。A、B 和 C 分别可以选取 1～6 本新书的任意 1 本，但是 3 人不能借到同一本新书，这就是该算法的约束条件，即 $x!=y\&\&x!=z\&\&y!=z$。

☞第 13 章\实例 13-05.cpp

```
/*********************************************
*实例说明: Mary 的借书方案
*********************************************/
#include<iostream.h>
#include<iomanip.h>
void main()
{
    int x,y,z;
    int n=6,c,total;
    c=total=0;
    cout<<"Mary 共有"<<n<<"本新书，借给 A、B 和 C 三个人，借书方案如下:"<<endl;
    for(x=1;x<=n;x++)
        for(y=1;y<=n;y++)
            for(z=1;z<=n;z++)
            {
                if(x!=y && x!=z && y!=z)
                {
                    cout<<"("<<x<<","<<y<<","<<z<<")"<<setw(2);
```

```
                        c++;
                        total++;
                    }
                    if(c%6==0&&c!=0)
                    {
                        cout<<endl;
                        c=0;
                    }
                }
    cout<<"共有"<<total<<"种借书方案！"<<endl;
}
```

运行结果如图 13.6 所示。

```
"F:\数据结构与算法速查手册\13_05\Debug\1...
Mary共有6本新书，借给A、B和C三个人，借书方案如下：
(1,2,3) (1,2,4) (1,2,5) (1,2,6) (1,3,2) (1,3,4)
(1,3,5) (1,3,6) (1,4,2) (1,4,3) (1,4,5) (1,4,6)
(1,5,2) (1,5,3) (1,5,4) (1,5,6) (1,6,2) (1,6,3)
(1,6,4) (1,6,5) (2,1,3) (2,1,4) (2,1,5) (2,1,6)
(2,3,1) (2,3,4) (2,3,5) (2,3,6) (2,4,1) (2,4,3)
(2,4,5) (2,4,6) (2,5,1) (2,5,3) (2,5,4) (2,5,6)
(2,6,1) (2,6,3) (2,6,4) (2,6,5) (3,1,2) (3,1,4)
(3,1,5) (3,1,6) (3,2,1) (3,2,4) (3,2,5) (3,2,6)
(3,4,1) (3,4,2) (3,4,5) (3,4,6) (3,5,1) (3,5,2)
(3,5,4) (3,5,6) (3,6,1) (3,6,2) (3,6,4) (3,6,5)
(4,1,2) (4,1,3) (4,1,5) (4,1,6) (4,2,1) (4,2,3)
(4,2,5) (4,2,6) (4,3,1) (4,3,2) (4,3,5) (4,3,6)
(4,5,1) (4,5,2) (4,5,3) (4,5,6) (4,6,1) (4,6,2)
(4,6,3) (4,6,5) (5,1,2) (5,1,3) (5,1,4) (5,1,6)
(5,2,1) (5,2,3) (5,2,4) (5,2,6) (5,3,1) (5,3,2)
(5,3,4) (5,3,6) (5,4,1) (5,4,2) (5,4,3) (5,4,6)
(5,6,1) (5,6,2) (5,6,3) (5,6,4) (6,1,2) (6,1,3)
(6,1,4) (6,1,5) (6,2,1) (6,2,3) (6,2,4) (6,2,5)
(6,3,1) (6,3,2) (6,3,4) (6,3,5) (6,4,1) (6,4,2)
(6,4,3) (6,4,5) (6,5,1) (6,5,2) (6,5,3) (6,5,4)
共有120种借书方案！
Press any key to continue
```

图 13.6　运行结果

13.6 整币换零

问题描述

若将 100 元兑换为 1 元、2 元、5 元、10 元、20 元和 50 元，共有多少种兑换方式？

【分析】

假设 1 元、2 元、5 元、10 元、20 元和 50 元的张数分别为 c_1、c_2、c_3、c_4、c_5、c_6，则将 100 元人民币兑换为以上面值就相当于解以下六元一次方程。

$$1c_1+2c_2+5c_3+10c_4+20c_5+50c_6=100$$

其中，c_1～c_6 为非负整数，其取值范围均为[0,100]。类似于实例 13-05，以上兑换方式可利用枚举算法求解。

☞第 13 章\实例 13-06.cpp

```
/********************************************
*实例说明：整币换零
********************************************/
#include<iostream.h>
#include<iomanip.h>
void main()
{
    int c1,c2,c3,c4,c5,c6,n=100,c=0;
    cout<<"100 元兑换为 1 元，2 元，5 元，10 元，20 元和 50 元的方式："<<endl;
```

```
    for(c1=0;c1<=n;c1++)
        for(c2=0;c2<=n;c2++)
            for(c3=0;c3<=n;c3++)
                for(c4=0;c4<=n;c4++)
                    for(c5=0;c5<=n;c5++)
                        for(c6=0;c6<=n;c6++)
                        {
                            if(c1+c2*2+c3*5+c4*10+c5*20+c6*50==n)
                            {
                                cout<<"("<<c1<<","<<c2<<","<<c3<<","
                                <<c4<<","<<c5<<","<<c6<<")"<<setw(2);
                                c++;
                                if(c%6==0&&c!=0)
                                    cout<<endl;
                            }
                        }
    cout<<"共有"<<c<<"种选择方案!"<<endl;
}
```

部分运行结果（运行结果太长，这里只截取了部分结果）如图 13.7 所示。

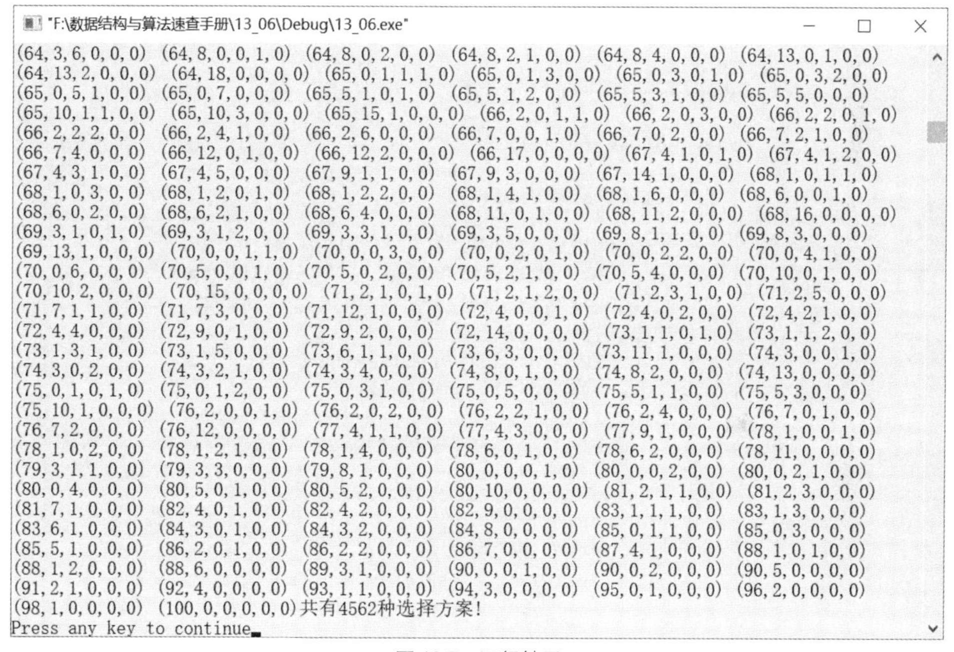

图 13.7 运行结果

【注意】

利用枚举算法求解问题时，特别是在循环层次较多情况下，算法的效率比较低。

13.7 填数游戏

问题描述

如图 13.8 所示，每个汉字代表一个数字，不同的汉字代表的数字不同，要求填写这些汉字代表的数字。

【分析】

从图 13.8 不难看出，共有 5 个汉字，每个汉字代表数字 0～9 中的任意一个。显然，“北”和

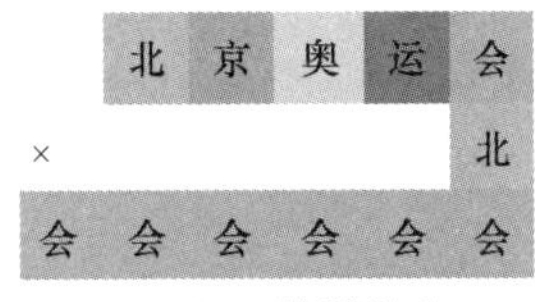

图 13.8　填数游戏

“会”两个字不能是 0。利用 5 个循环，枚举每个汉字代表的数字，然后判断相乘的结果是否与列出的算式相等。如果相等，则说明找到一个正确的解；否则，说明没有找到正确的解。

例如，如果用 1、2、3、4、5 分别代表“北”“京”“奥”“运”“会”，则将 12345×1 与 55555 比较，二者显然是不相等的。因此，不是正确的解。

☞第 13 章\实例 13-07.cpp

```
/*********************************************
*实例说明：填数游戏
*********************************************/
1  #include<stdio.h>
2  void main()
3  {
4       int i1,i2,i3,i4,i5;
5       long mult,r;
6       for(i1=0;i1<=9;i1++)
7       {
8            for(i2=0;i2<=9;i2++)
9            {
10                for(i3=0;i3<=9;i3++)
11                {
12                     for(i4=0;i4<=9;i4++)
13                     {
14                          for(i5=1;i5<=9;i5++)
15                          {
16                               mult=i1*10000+i2*1000+i3*100+i4*10+i5;
17                               r=i5*100000+i5*10000+i5*1000+i5*100+i5*10+i5;
18                               if(mult*i1==r&&i1!=i2&&i1!=i3&&i1!=
                                 i4&&i1!=i5&&
19                                    i2!=i3&&i2!=i4&&i2!=i5&&i3!=
                                      i4&&i3!=i5&&i4!=i5)
20                               {
21                                    printf("%4d%4d%4d%4d%4d\n",i1,i2,
                                      i3,i4,i5);
22                                    printf("×%18d\n",i1);
23                                    printf("______________________\n",i1);
24                                    printf("%5d%3d%3d%3d%3d%3d\n",
                                      i5,i5,i5,i5,i5,i5);
25                               }
26                          }
27                     }
28                }
29           }
30      }
31 }
```

运行结果如图 13.9 所示。

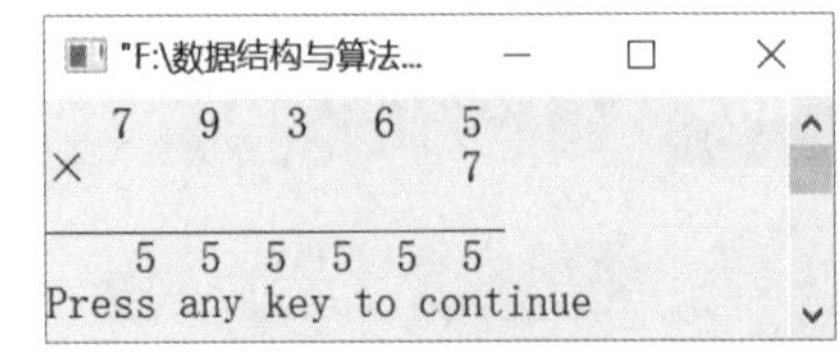

图 13.9　运行结果

【说明】

第 6～14 行枚举汉字“北”“京”“奥”“运”“会”对应的数字。

第 16 行求出被乘数。

第 17 行求出已知的积。

第 18～25 行判断候选解是否是正确的解，如果是，则输出解。

13.8 谁在说谎

问题描述

张三说李四在说谎，李四说王五在说谎，王五说张三、李四都在说谎。请判断到底谁在说谎。

【分析】

这是一个逻辑推理题，用正常的推理方法无法得出答案。我们可以先假设一个条件成立，然后根据这个条件进行推理。如果得出的结果不与条件矛盾，则说明条件成立；如果得出的结果与条件矛盾，则说明条件是不成立。这种方法在数学上叫反证法。

如果张三没有说谎，则李四在说谎，进一步推出王五没有说谎。如果李四没有说谎，则王五在说谎，张三在说谎。如果王五没说谎，则张三和李四都在说谎。推理过程如图 13.10 所示。

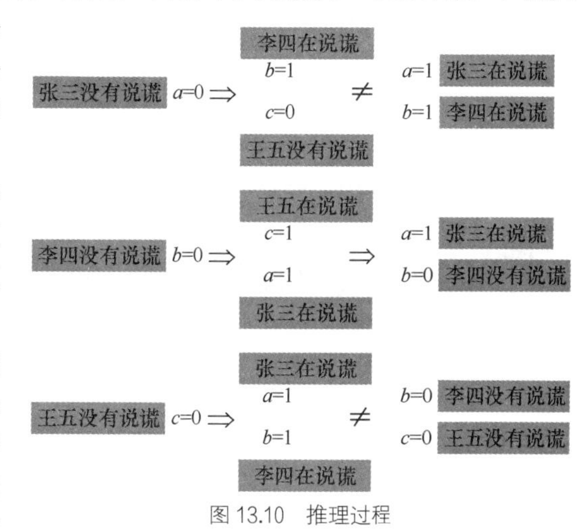

图 13.10　推理过程

在程序设计过程中，我们可以利用枚举算法解决这种问题。依次枚举 a（张三）、b（李四）、c（王五）的候选解，然后利用候选解推出结果，将这个结果与条件比较，检查是否有矛盾出现。如果有矛盾出现，则说明当前的候选解不是正确的解；否则，候选解是正确的解。

☞第 13 章\实例 13-08.cpp

```
/********************************************
*实例说明：谁在说谎
********************************************/
1  #include<stdio.h>
2  void main()
3  {
4       int a,b,c;
5       for(a=0;a<=1;a++)
6            for(b=0;b<=1;b++)
7                 for(c=0;c<=1;c++)
8                 {
9                      if(a==0)            /*如果张三没有说谎*/
10                          if(b==1)       /*如果李四在说谎*/
11                               if(c==0)  /*如果王五没有说谎*/
12                                    if(a==1&&b==1)
13                                         printf("%3d,%3d,%3d\n",a,b,c);
14                     if(b==0)                  /*如果李四没有说谎*/
15                          if(a==1&&c==1)       /*如果张三和王五在说谎*/
16                               if(a==0||b==0)
17                                    printf("%3d,%3d,%3d\n",a,b,c);
18                     if(c==0)                  /*如果王五没有说谎*/
19                          if(a==1&&b==1)       /*如果张三和李四在说谎*/
20                               if(b==0)
21                                    printf("%3d,%3d,%3d\n",a,b,c);
22                }
23 }
```

运行结果如图 13.11 所示。

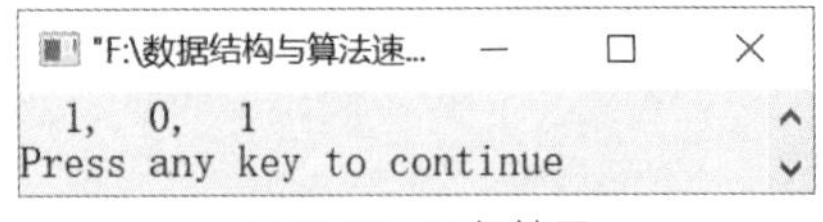

图 13.11　运行结果

【说明】

从运行结果上可以看出，张三和王五在说谎，李四没有说谎。

第 5～7 行依次枚举 *a*、*b*、*c* 的候选解。候选解只有两种取值 0 和 1，0 表示没有说谎，1 表示说谎。

第 9～13 行假设张三没有说谎，并验证推出的结果是否矛盾。

第 14～17 行假设李四没有说谎，并验证推出的结果是否矛盾。

第 18～21 行假设王五没有说谎，并验证推出的结果是否矛盾。

13.9 求最大连续子序列和

问题描述

已知一个包含 *n* 个元素的序列，求最大连续子序列和。例如，序列{20, −31,36, −22, −16,12, −5, −2,8,21, −9,16, −31}的最大子序列和为 41，子序列下标为 5～11，即该子序列为{12, −5, −2,8,21, −9,16}。

【分析】

假设包含 *n* 个元素的序列存放在数组 *a* 中，从第 0 个元素开始依次求元素的和 thissum，并将最大值存放在 maxsum 中。然后从第 1 个元素开始依次求后面元素的和 thissum，并与 maxsum 比较，将最大值存放在 maxsum 中。以此类推，直到得到从第 *n*−1 个元素开始的子序列和，maxsum 的值即为最大连续子序列和。为了获得子序列的下标，在每次得到最大子序列和时，将起始下标和终止下标分别保存到变量 index_start 与 index_end 中。

☞第 13 章\实例 13-09.cpp

```
/**********************************************
*实例说明：求最大连续子序列和
**********************************************/
#include<iostream.h>
#include<iomanip.h>
int MaxSum(int a[], int n, int *index_start, int *index_end);
void main()
{
    int a[]={20,-31,36,-22,-16,12,-5,-2,8,21,-9,16,-31};
    int n,i,index_start,index_end;
    n=sizeof(a)/sizeof(a[0]);
    cout<<"一个整数序列为"<<endl;
    for(i=0;i<n;i++)
    {
        cout<<setw(5)<<a[i];
        if(i%6==0&&i!=0)
            cout<<endl;
    }
    cout<<endl;
```

```
    cout<<"它的最大连续子序列和是"<<MaxSum(a,n,&index_start,&index_end)<<endl;
    cout<<"起始下标:"<<setw(3)<<index_start<<";终止下标:"<<setw(3)<<index_end<<endl;
}
int MaxSum(int a[], int n, int *index_start,int *index_end)
{
    int maxsum,thissum,i,j;
    for(i=0;i<n;i++)                //从下标 0 开始计算连续子序列和
    {
        thissum=0;
        for(j=i;j<n;j++)
        {
            thissum+=a[j];
            if(thissum>maxsum)
            {
                maxsum=thissum;
                *index_start=i;
                *index_end=j;
            }
        }
    }
    return maxsum;
}
```

运行结果如图 13.12 所示。

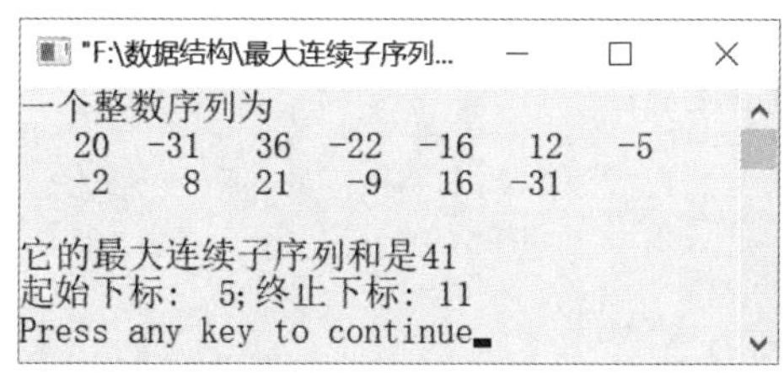

图 13.12 运行结果

13.10 0/1 背包问题

问题描述

有 n 个重量为 $w_1, w_2, \cdots, w_n$ 的物品，编号为 1～n，价值分别为 $v_1, v_2, \cdots, v_n$。要求从中选择物品装入重量为 W 的背包，这些物品只能装入背包或不装入背包，不能选择物品的某一部分装入背包，请设计算法使背包中的物品价值达到最大。

【分析】

假设物品的个数为 n，则有 $2n$ 个装入背包的组合方式。穷举所有组合方式，先从第一个组合开始，依次将该组合中的物品取出。若装入背包，则检查背包中物品的重量是否超过背包的限制，若不超过限制且当前物品总价值大于之前的组合，则更新表示物品最大价值的 maxvalue 变量并保存选择的物品编号。为了获取所有组合方式，可模拟二进制加法从 00…0 加到 11…1。其中，每一位 0 和 1 对应于 n 个物品，表示是否选择装入背包，可用数组 put[]依次存放这 n 个数字。例如，put[i]=1 表示将第 i+1 个物品装入背包，put[i]=0 表示第 i+1 个物品不装入背包。

☞第 13 章\实例 13-10.cpp

```
/**********************************************
*实例说明: 0/1 背包问题
**********************************************/
```

```
#include<stdio.h>
#define MAXN 20
typedef struct
{
    int weight[MAXN];
    int value[MAXN];
    int limitw;
    int num;
}Goods;
int Bin(int a[],int n);
void Knapsack(Goods *g,int select[]);
int BinTraverse(int a[],int n)
/*利用二进制模拟遍历数组中的每一位，达到枚举所有组合方式的目的*/
{
    int i,carry=0;
    a[0] += 1;
    for (i = 0; i < n; i++)
    {
        a[i] += carry;
        carry = a[i] /2;
        a[i] %= 2;
        if (carry==0)
            return 0;
    }
    return carry;
}
void Knapsack(Goods *g,int select[])
/*使用枚举算法求解背包问题*/
{
    int i,flag;
    int put[MAXN];
    double maxvalue = 0,tw,tv;
    for (i = 0; i < g->num; i++)          /*初始化背包*/
        put[i] = 0;
    while(BinTraverse(put, g->num) == 0)
    {
        tw = 0;
        tv = 0;
        flag = 1;
        for (i = 0; i < g->num; i++)
        {
            if (put[i] == 1)
            {
                tw += g->weight[i];
                tv += g->value[i];
                if (tw > g->limitw)
                {
                    flag = 0;
                    break;
                }
            }
        }
        if(flag && maxvalue < tv)
        {
            maxvalue = tv;
            for(i = 0; i < g->num; i++)
                select[i] = put[i];
        }
    }
```

```
}
void main()
{
    Goods g={{16,8,9,6,10},{20,12,18,9,10},35,5};/*初始化物品的重量、价值和背包的重量*/
    int totalweight,maxvalue,i;
    int select[MAXN];
    Knapsack(&g,select);
    totalweight=0;
    maxvalue=0;
    printf("背包的重量为%d\n",g.limitw);
    printf("物品数为%d\n",g.num);
    for(i=0;i<g.num;i++)
        printf("编号%d，重量:%d，价值:%d\n",i+1,g.weight[i],g.value[i]);
    printf("可将以下物品装入背包,达到价值最大:\n");
    for (i = 0; i < g.num; ++i)
    if (select[i])
    {
        printf("物品编号%d:重量为%d,价值为%d\n",i + 1,g.weight[i],g.value[i]);
        totalweight+=g.weight[i];
        maxvalue+=g.value[i];
    }
    printf("总重量为%d,总价值为%d\n",totalweight, maxvalue);
}
```

运行结果如图 13.13 所示。

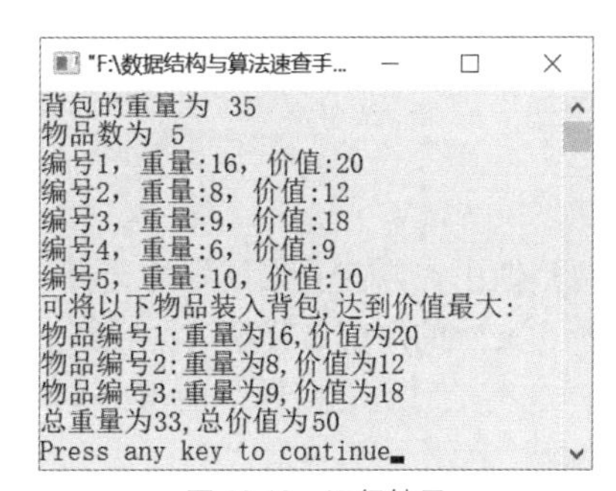

图 13.13　运行结果

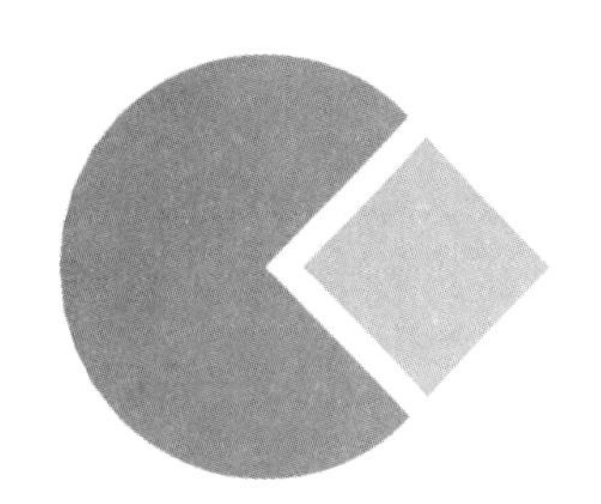

第 14 章　贪心算法

贪心算法（greedy algorithm）是一种不追求最优解，只希望找到较满意解的算法。贪心算法省去了为找最优解要穷尽所有可能而必须耗费的大量时间，因此它一般可以快速得到比较满意的解。贪心算法常以当前情况为基础做最优选择，而不考虑各种可能的整体情况，所以贪心算法不需要回溯。

贪心算法的典型应用包括找零钱问题、最优装载问题、哈夫曼编码加油站问题、背包问题等。例如，平时购物找零钱时，为使找回的零钱的硬币数最少，不要求穷举出找零钱的所有方案，而是从最大面值的币种开始，按递减的顺序考虑各面额。先尽量用大面值的面额，当不足大面值时才去考虑下一个较小面值，这就是应用了贪心算法的思想。

14.1 贪心算法的基础

贪心算法所做的选择看起来都是当前最佳的，期望通过局部最优解产生一个全局最优解。

14.1.1　贪心算法的基本思想

在对问题求解时，贪心算法总是做出在当前看来最好的选择。也就是说，它不从整体最优上考虑，它所做出的选择仅仅是在某种意义上的局部最优解。贪心算法没有固定的算法框架，算法设计的关键是贪心策略的选择。贪心算法不是对所有问题都能得到全局最优解，但当满足一定条件时，这些局部最优解就转变为全局最优解。

14.1.2　贪心选择性质

贪心选择性质是指所求问题的全局最优解可以通过一系列局部最优解得到。换句话说，当考虑做何种选择的时候，贪心算法只考虑对当前问题最佳的选择而不考虑子问题的选择。这是贪心算法可行的第一个基本要素。贪心算法通常以自顶向下的方式求解子问题，以迭代的方式做出相继的贪心选择，每一步贪心选择都可得到问题的一个局部最优解。虽然每一步都要保证能获得局部最优解，但由此产生的全局最优解有时不一定是最优的。使用贪心算法解决的问题在程序的运行中无回溯过程。

对于一个具体问题，要判断其是否具有贪心选择性质，必须证明每一步贪心选择最终都会导致问题的全局最优解。首先证明存在问题的一个全局最优解必定包含第一步贪心选择，然后证明在一步贪心选择后，原问题简化为规模较小的类似子问题，即可继续使用贪心选择。当一个问题的全局最优解包含其子问题的全局最优解时，称此问题具有最优子结构性质。问题的最优子结构性质是该问题可用贪心算法求解的关键特征。

14.1.3　贪心算法的求解步骤

利用贪心算法求解问题的基本步骤如下。

（1）建立数学模型来描述最优化问题。

（2）把求解的问题划分为若干个子问题，做出一次选择，并证明这是当前状态下的最佳选择。

（3）对每个子问题求解，得到子问题的局部最优解（当前看来最佳的选择）。

（4）把子问题的局部最优解合成原问题的一个全局最优解。

14.2 找零钱问题

问题描述

人民币的面额有 100 元、50 元、10 元、5 元、2 元、1 元等。在找零钱时，可以有多种方案。例如，146 元的找零方案如下。

（1）100+20+20+5+1。

（2）100+20+10+10+5+1。

（3）100+20+10+10+2+2+2。

（4）100+10+10+10+10+1+1+1+1+1+1。

【分析】

利用贪心算法，则选择的是第 1 种方案。首先选择一张最大面额的人民币，即 100 元，然后在剩下的 46 元中选择面额最大即 20 元。以此类推，每次的选择都是局部最优解。

☞第 14 章\实例 14-01.cpp

```
/*********************************************
*实例说明：找零钱问题
*********************************************/
1  #include<stdio.h>
2  #define N 60
3  int exchange(float n,float *a,int c,float *r);
4  void main()
5  {
6      float rmb[]={100,50,20,10,5,2,1,0.5,0.2,0.1};
7      int n=sizeof(rmb)/sizeof(rmb[0]),k,i;
8      float change,r[N];;
9      printf("请输入要找的零钱数:");
10     scanf("%f",&change);
11     for(i=0;i<n;i++)
12         if(change>=rmb[i])
13             break;
14     k=exchange(change,&rmb[i],n-i,r);
15     if(k<=0)
16        printf("找不开!\n");
17     else
18     {
19        printf("找零钱的方案:%.2f=",change);
20        if(r[0]>=1.0)
21                printf("%.0f",r[0]);
22        else
23                printf("%.2f",r[0]);
24        for(i=1;i<k;i++)
25        {
26            if(r[i]>=1.0)
27                printf("+%.0f",r[i]);
28            else
29                 printf("+%.2f",r[i]);
30            }
```

```
31                printf("\n");
32        }
33 }
34 int exchage(float n,float *a,int c,float *r)
35 {
36     int m;
37     if(n==0.0)
38         return 0;
39     if(c==0)
40         return -1;
41     if(n<*a)
42         return exchage(n,a+1,c-1,r);
43     else
44     {
45         *r=*a;
46         m=exchage(n-*a,a,c,r+1);
47         if(m>=0)
48             return m+1;
49         return -1;
50     }
51 }
```

运行结果如图 14.1 所示。

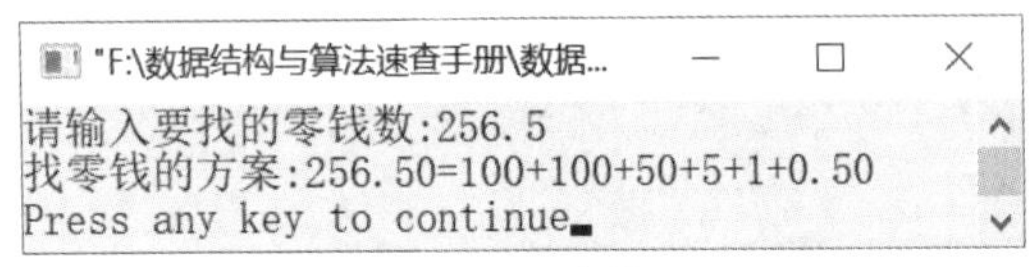

图 14.1　运行结果

【说明】

第 6 行存放人民币的各种面额大小。

第 11～13 行找到第 1 个小于 change 的人民币面额。

第 14 行调用 exchange 函数并返回找零的零钱张数。

第 15～16 行中，如果返回小于或等于 0 的数，则表示找不开零钱。

第 17～32 行输出找零钱的方案。

第 37～38 行表示找零钱成功，返回 0。

第 39～40 行表示没有找到合适的找零钱方案，返回-1。

第 41～42 行继续寻找合适的面额。

第 45 行将零钱保存到数组 *r* 中。

第 46 行继续分解剩下的零钱。

第 47～48 行返回找零的零钱张数。

14.3 会议安排问题

问题描述

假设要在会场里安排若干个会议，每个会议 i 都有开始时间 s_i 以及结束时间 e_i，并且 $s_i<e_i$。如果存在两个会议 i、j，且 $[s_i,e_i)$、$[s_j,e_j)$ 均在“有限的时间”内并且不相交，就称会议 i 与会议 j 相容。会议安排问题要求在所给的会议集合中选出最大的相容会议子集，即尽可能在有限的时间内召开更多的会议。

例如，假设有 4 个会议，其会议开始时间依次为 1 点、2 点、4 点、6 点，会议结束时间依次为 3 点、5 点、8 点、10 点，安排会议的最佳方案是什么？最多可安排几场会议？

【分析】

为了保证尽可能多地利用资源，可利用贪心算法求解。约束条件为一个会议的结束时间和另一场会议的开始时间没有交叉，每一步选择总是能使剩下的会议时间安排最大化，使得兼容的会议尽可能多。因此，可按会议结束时间从小到大进行排序，然后从头开始选择会议。选择会议 *i* 前，需要判断 *s*[*i*]是否不小于 *e*[*j*]。若会议 *i* 的开始时间晚于会议 *j*，则将会议 *i* 标记为已选择，即令 *p*[*i*]=1，同时记录下当前选择会议的编号，以便下次选择进行比较。

☞第 14 章\实例 14-02.cpp

```
/********************************************
*实例说明：会议安排问题
********************************************/
#include<stdio.h>
#include<stdlib.h>
#define MAXN 30
void GreedySelect(int n, int s[], int f[], int p[]);
int Partition(int s[], int e[], int first, int last);
//完成以枢轴元素为中心的一次划分
{
    int i = first+1, j = last, t, x, y;
    x = e[first];
    y = s[first];
    while (1)
    {
        while (e[i]<x)
            i++;
        while (e[j]>x)
            j--;
        if (i >= j)
            break;
        else
        {
            t = e[i];
            e[i] = e[j];
            e[j] = t;
            t = s[i];
            s[i] = s[j];
            s[j] = t;
        }
    }
    e[first] = e[j];
    s[first] = s[j];
    e[j] = x;
    s[j] = y;
    return j;
}
void QuickSort(int s[], int e[], int first, int last)
//快速排序，对会议结束时间进行排序
{
    int pivot;
    if (first<last)
    {
        pivot = Partition(s, e, first, last);
        QuickSort(s, e, first, pivot - 1);/*对左半部分排序*/
        QuickSort(s, e, pivot + 1, last);/*对右半部分排序*/
```

```
    }
}
void GreedySelect(int n, int s[], int e[], int p[])
{
    int i,j;
    p[1] = 1;   //从第一个会议开始选择，加入会议安排中
    j = 1;      //j 记录最近一次加入会议安排中的会议
    for (i = 2; i <= n; i++)
    {
        if (s[i] >= e[j])
        {
            p[i] = 1;
            j = i;
        }
        else
            p[i] = 0;
    }
}
void main()
{
    int n, i,c=0;
    int s[MAXN];/*会议开始时间*/
    int e[MAXN];/*会议结束时间*/
    int p[MAXN];/*p[]存放是否安排会议,1 表示安排，0 表示不安排*/
    printf("请输入会议的个数(0<n<30): \n");
    scanf("%d", &n);
    printf("请依次输入会议开始时间 s[i]和结束时间 e[i]（如 2 5）:\n");
    for (i = 1; i <= n; i++)
    {
        printf("s[%d]=", i, i);
        scanf("%d", &s[i]);
        printf("e[%d]=", i, i);
        scanf("%d", &e[i]);
    }
    QuickSort(s, e, 1, n); //按结束时间非降序排列
    printf("按会议结束时间非递减排列:\n"); /*输出排序结果*/
    printf("  序号\t 开始时间 结束时间\n");
    printf("**************************\n");
    for (i = 1; i <= n; i++)
        printf("   %d\t   %d\t   %d\n", i, s[i], e[i]);
    printf("**************************\n");
    GreedySelect(n, s, e, p);
    printf("安排的会议序号依次为");
    for (i = 1; i <= n; i++)
    {
        if (p[i])
        {
            printf("%d ", i);
            c++;
        }
    }
    printf("\n 可安排的会议个数为%d。\n",c);
}
```

运行结果如图 14.2 所示。

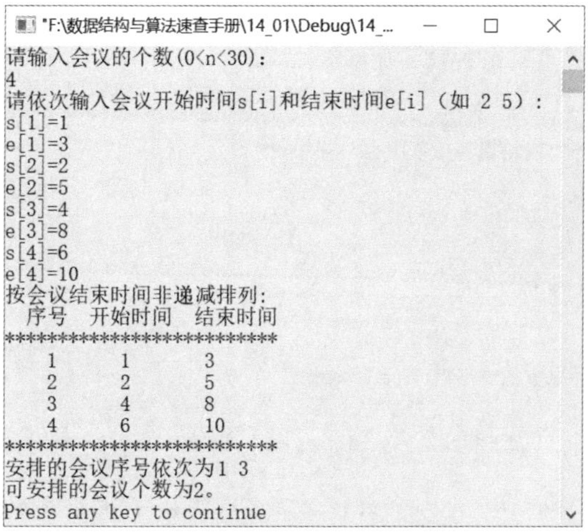

```
"F:\数据结构与算法速查手册\14_01\Debug\14_...
请输入会议的个数(0<n<30):
4
请依次输入会议开始时间s[i]和结束时间e[i]（如 2 5）:
s[1]=1
e[1]=3
s[2]=2
e[2]=5
s[3]=4
e[3]=8
s[4]=6
e[4]=10
按会议结束时间非递减排列:
  序号   开始时间   结束时间
**************************
    1        1        3
    2        2        5
    3        4        8
    4        6        10
**************************
安排的会议序号依次为1 3
可安排的会议个数为2。
Press any key to continue
```

图 14.2　运行结果

14.4 最优装载问题

问题描述

有一批集装箱要装上一艘载重量为 c 的轮船。其中，集装箱 i 的重量为 w_i。要求确定在装载体积不受限制的情况下，将尽可能多的集装箱装上轮船的方案。

【分析】

这是一个最优装载问题，可采用贪心算法求解。对 w_i 从小到大排列得到$\{w_1,w_2,\ldots,w_n\}$，设$(x_1,x_2,\cdots, x_n)$是最优装载问题的满足贪心选择性质的全局最优解，则有 $x_1=1$，而$(x_2,x_3,\cdots, x_n)$是轮船载重为 $c-w_1$，并且待装船集装箱为$\{w_2,w_3,\ldots,w_n\}$时相应最优装载问题的全局最优解。因此，最优装载问题具有最优子结构性质。采用重量最轻者先装上轮船的贪心选择策略，即可产生最优装载问题的全局最优解。

☞第 14 章\实例 14-03.cpp

```
/*********************************************
*实例说明: 最优装载问题
*********************************************/
#include <iostream.h>
#include<string.h>
#include<malloc.h>
void Swap1(int *a,int *b);
void Swap2(float *a,float *b);
void Loading(int x[],  float w[], float c, int n);
void SelectSort(float w[],int *t,int n);
const int N = 5;
 void main()
 {
     float c = 100,w[] = {20,40,35,28,10},total=0.0;
     int goods[N],i;
     cout<<"轮船载重为"<<c<<endl;
     cout<<"待装物品的重量分别为"<<endl;
     for(i=0; i<N; i++)
         cout<<w[i]<<" ";
     cout<<endl;
```

```
        Loading(goods,w,c,N);
        cout<<"贪心选择结果为"<<endl;
        for(i=0; i<N; i++)
            cout<<goods[i]<<" ";
        cout<<endl<<"选择的货物重量依次是"<<endl;
        for(i=0;i<N;i++)
            if(goods[i])
            {
                cout<<w[i]<<" ";
                total+=w[i];
            }
        cout<<endl<<"实际总重量为"<<total<<endl;
  }
  void Loading(int goods[],float w[], float c, int n)
  {
        int i,*t = (int*)malloc(n*sizeof(int));//存放排完序后数组 w 的原始索引
        SelectSort(w, t, n);
        for(i=0; i<n; i++)
            goods[i] = 0;//初始化数组 x
        for(i=0; i<n && w[t[i]]<c; i++)
        {
            goods[t[i]] = 1;
            c -= w[t[i]];
        }
        free(t);
  }
  void SelectSort(float w[],int *t,int n)
  {
        float a[N];
        int min,i,j;
        memcpy(a,w,n*sizeof(float));//将 w 复制到临时数组 a 中
        for(i=0;i<n;i++)
            t[i] = i;
        for(i=0;i<n;i++)
        {
            min=i;
            for(j=i+1;j<n;j++)
            {
                if(a[min]>a[j])
                    min=j;
            }
            Swap2(&a[i],&a[min]);
            Swap1(&t[i],&t[min]);
        }
  }
  void Swap2(float *a,float *b)
  {
        float t;
        t= *a;
        *a = *b;
        *b = t;
  }
  void Swap1(int *a,int *b)
  {
        int t;
        t= *a;
        *a = *b;
        *b = t;
  }
```

运行结果如图 14.3 所示。

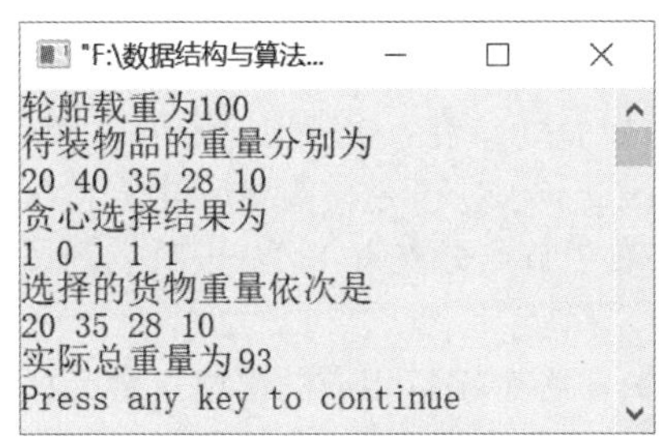

图 14.3 运行结果

14.5 哈夫曼编码

问题描述

利用给定的节点权值构造哈夫曼树，并输出每个节点的哈夫曼编码。

【构造哈夫曼树】

假设有 n 个叶子节点，对应的权值分别是 $w_1,w_2,\cdots,w_n$，则哈夫曼树的构造方法如下。

（1）将 $w_1,w_2,\cdots,w_n$ 看成有 n 棵树的森林（每棵树仅有一个节点）。

（2）在森林中选出两棵根节点权值最小的树合并，作为一棵新树的左、右子树，且新树的根节点权值为其左、右子树根节点权值之和。

（3）从森林中删除选取的两棵树，并将新树加入森林。

（4）重复执行步骤（2）和（3），直到森林中只剩一棵树为止，该树即为所求的哈夫曼树。

例如，用 A、B、C、D 节点构造哈夫曼树的过程如图 14.4（a）～（b）所示。

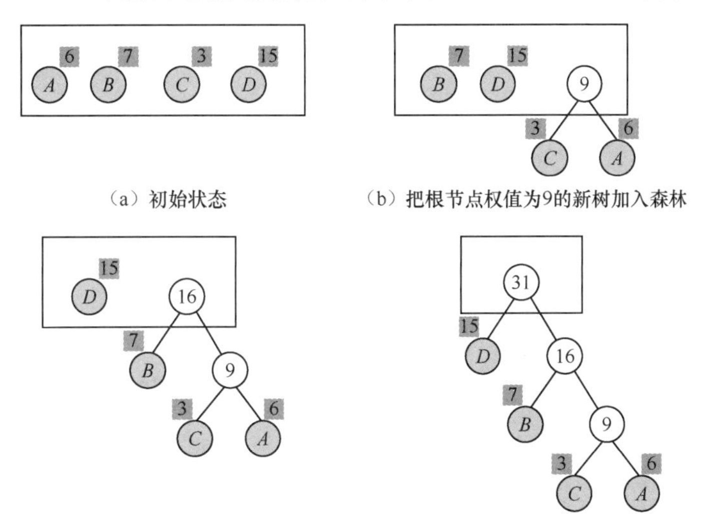

图 14.4 构造哈夫曼树的过程

【示例】

哈夫曼编码常应用在数据通信中，在传送数据时，需要将字符转换为二进制的字符串。例如，如果传送的电文是 ACBAADCB，电文中有 A、B、C 和 D 这 4 种字符。如果规定 A、B、C 和 D 的编码分别为 00、01、10 和 11，则上面的电文编码为 0010010000111001，共 16 个二进制数。

在传送电文时，通常希望电文的编码尽可能短。如果每个字符进行长度不等的编码，出现频率高的字符采用尽可能短的编码，那么电文的编码长度就会缩短。可以利用哈夫曼树对电文进行编码，最后得到的编码就是长度最短的编码。具体构造方法如下。

假设需要编码的字符集合为$\{c_1,c_2,\cdots,c_n\}$。相应地，字符在电文中的出现次数为$\{w_1,w_2,\cdots,w_n\}$。以字符$c_1,c_2,\cdots,c_n$作为叶子节点，以$w_1,w_2,\cdots,w_n$作为对应叶子节点的权值构造一棵哈夫曼树，规定哈夫曼树的左子节点分支为 0，右子节点分支为 1，从根节点到每个叶子节点经过的分支组成的 0 和 1 序列就是节点对应的编码。

例如，字符集合为{A,B,C,D}，各个字符相应的出现次数为{4,1,1,2}。将这些字符作为叶子节点，出现次数作为叶子节点的权值，相应的哈夫曼树如图 14.5 所示。

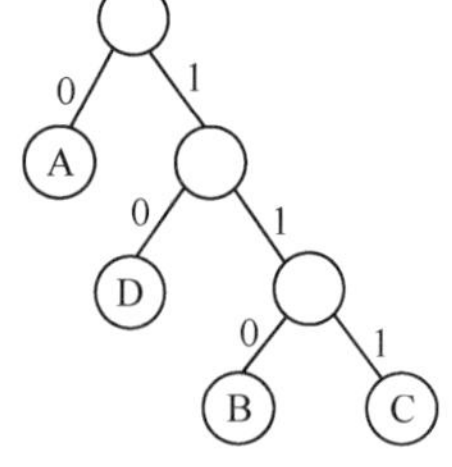

图 14.5　哈夫曼树

从图 14.5 中不难看出，字符 A 的编码为 0，字符 B 的编码为 110，字符 C 的编码为 111，字符 D 的编码为 10。因此，可以得到电文 ACBAADCB 的哈夫曼编码为 01111100010111110，这样就保证了电文的编码长度最短。

在设计不等长编码时，必须使任何一个字符的编码都不是另外一个字符编码的前缀。例如，若字符 A 的编码为 11，字符 B 的编码为 110，则字符 A 的编码就称为字符 B 的编码的前缀。如果一个编码为 11010，在进行译码时，就无法确定是将前两位译为 A，还是要将前 3 位译为 B。但是在利用哈夫曼树进行编码时，不会出现一个字符的编码是另一个字符编码的前缀。

【分析】

构造哈夫曼树的过程利用了贪心选择性质，每次都是从节点集合中选择权值最小的两个节点构造一棵新树。这就保证了贪心选择的局部最优解的性质。

☞第 14 章\实例 14-04.cpp

```
/*********************************************
*实例说明：哈夫曼编码
*********************************************/
1  #include<stdio.h>
2  #include<stdlib.h>
3  #include<string.h>
4  typedef struct
5  {
6      unsigned int weight;
7      unsigned int parent,LChild,RChild;
8  } HTNode, *HuffmanTree;
9  typedef char *HuffmanCode;
10 void CreateHuffmanTree(HuffmanTree *ht,int *w,int n);
11 void Select(HuffmanTree *ht,int n,int *s1,int *s2);
12 void CreateHuffmanCode(HuffmanTree *ht, HuffmanCode *hc, int n);
13 void main()
14 {
15     HuffmanTree HT;
16     HuffmanCode HC;
17     int *w,i,n,w1;
18     printf("***********哈夫曼编码***********\n" );
19     printf("请输入节点个数:" );
20     scanf("%d",&n);
21     w=(int *)malloc((n+1)*sizeof(int));
22     printf("输入这%d 个元素的权值。\n",n);
23     for(i=1; i<=n; i++)
24     {
```

```
25          printf("%d: ",i);
26          scanf("%d",&w1);
27          w[i]=w1;
28      }
29      CreateHuffmanTree(&HT,w,n);
30      CreateHuffmanCode(&HT,&HC,n);
31 }
32 void CreateHuffmanTree(HuffmanTree *ht,int *w,int n)
33 /*构造哈夫曼树ht,w存放已知的n个权值*/
34 {
35      int m,i,s1,s2;
36      m=2*n-1;                                /*节点总数*/
37      *ht=(HuffmanTree)malloc((m+1)*sizeof(HTNode));
38      for(i=1; i<=n; i++)                     /*初始化叶子节点*/
39      {
40          (*ht)[i].weight=w[i];
41          (*ht)[i].LChild=0;
42          (*ht)[i].parent=0;
43          (*ht)[i].RChild=0;
44      }
45      for(i=n+1; i<=m; i++)                   /*初始化非叶子节点*/
46      {
47          (*ht)[i].weight=0;
48          (*ht)[i].LChild=0;
49          (*ht)[i].parent=0;
50          (*ht)[i].RChild=0;
51      }
52      printf("\n哈夫曼树为 \n");
53      for(i=n+1; i<=m; i++)           /*创建非叶子节点，构造哈夫曼树*/
54      /*在(*ht)[1]~(*ht)[i-1]的范围内选择两个权值最小的节点*/
55      {
56          Select(ht,i-1,&s1,&s2);
57          (*ht)[s1].parent=i;
58          (*ht)[s2].parent=i;
59          (*ht)[i].LChild=s1;
60          (*ht)[i].RChild=s2;
61          (*ht)[i].weight=(*ht)[s1].weight+(*ht)[s2].weight;
62          printf("%d (%d, %d)\n",
63          (*ht)[i].weight,(*ht)[s1].weight,(*ht)[s2].weight);
64      }
65      printf("\n");
66 }
67 void CreateHuffmanCode(HuffmanTree *ht, HuffmanCode *hc, int n)
68 /*从叶子节点到根，逆向求每个叶子节点对应的哈夫曼编码*/
69 {
70      char *cd;
71      int a[100];
72      int i,start,p,w=0;
73      unsigned int c;
74      /*分配n个编码的头指针*/
75      hc=(HuffmanCode *)malloc((n+1)*sizeof(char *));
76      cd=(char *)malloc(n*sizeof(char));
77      cd[n-1]='\0';
78      for(i=1; i<=n; i++)
79      /*求n个叶子节点对应的哈夫曼编码*/
80      {
81          a[i]=0;
```

```
82          start=n-1;  /*起始指针位置在最右边*/
83          for(c=i,p=(*ht)[i].parent; p!=0; c=p,p=(*ht)[p].parent)
84          /*从叶子节点到根节点求哈夫曼编码*/
85          {
86              if( (*ht)[p].LChild==c)
87              {
88                  cd[--start]='0';
89                  a[i]++;
90              }
91              else
92              {
93                  cd[--start]='1';
94                  a[i]++;
95              }
96          }
97          /*为第 i 个哈夫曼编码分配空间*/
98          hc[i]=(char *)malloc((n-start)*sizeof(char));
99          strcpy(hc[i],&cd[start]); /*将 cd 复制到 hc*/
100     }
101     free(cd);
102     for(i=1; i<=n; i++)
103         printf("权值为%d 的哈夫曼编码为%s\n",(*ht)[i].weight,hc[i]);
104     for(i=1; i<=n; i++)
105         w+=(*ht)[i].weight*a[i];
106     printf("带权路径为%d\n",w);
107 }
108 void Select(HuffmanTree *ht,int n,int *s1,int *s2)
109 /*选择两个 parent 为 0 且 weight 最小的节点 s1 和 s2*/
110 {
111     int i,min;
112     for(i=1; i<=n; i++)
113     {
114         if((*ht)[i].parent==0)
115         {
116             min=i;
117             break;
118         }
119     }
120     for(i=1; i<=n; i++)
121     {
122         if((*ht)[i].parent==0)
123         {
124             if((*ht)[i].weight<(*ht)[min].weight)
125                 min=i;
126         }
127     }
128     *s1=min;
129     for(i=1; i<=n; i++)
130     {
131         if((*ht)[i].parent==0 && i!=(*s1))
132         {
133             min=i;
134             break;
135         }
136     }
137     for(i=1; i<=n; i++)
138     {
139         if((*ht)[i].parent==0 && i!=(*s1))
140         {
141             if((*ht)[i].weight<(*ht)[min].weight)
142                 min=i;
143         }
```

```
144     }
145     *s2=min;
146 }
```

运行结果如图 14.6 所示。

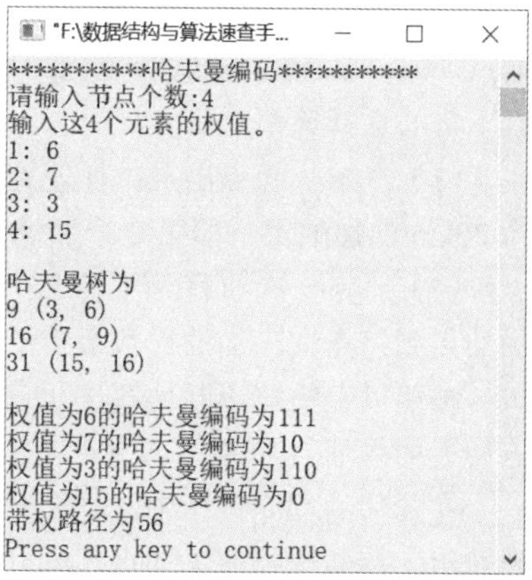

```
***********哈夫曼编码***********
请输入节点个数:4
输入这4个元素的权值。
1: 6
2: 7
3: 3
4: 15

哈夫曼树为
9 (3, 6)
16 (7, 9)
31 (15, 16)

权值为6的哈夫曼编码为111
权值为7的哈夫曼编码为10
权值为3的哈夫曼编码为110
权值为15的哈夫曼编码为0
带权路径为56
Press any key to continue
```

图 14.6 运行结果

【说明】

第 36 行求出哈夫曼树所有节点的总数。

第 38～44 行初始化叶子节点，将每个节点看作一棵树。

第 45～51 行初始化非叶子节点。

第 53～64 行构造哈夫曼树，找出两个权值最小的节点，构造它们的根节点。

第 56 行调用 Select 函数选择权值最小的两个节点。

第 57～58 行将第 i 个节点作为权值最小的节点 s1 和 s2 的根节点。

第 59～60 行分别让第 i 个节点的左右子节点指针指向 s1 和 s2。

第 61 行将 s1 和 s2 的权值之和作为第 i 个节点的权值。

第 62～63 行输出第 i 个节点、s1 节点和 s2 节点的权值。

第 83～96 行从第 0 个节点开始向上直到根节点，为每个叶子节点构造哈夫曼编码。

第 86～90 行中，如果是左子节点分支，则用 0 表示。

第 91～95 行中，如果是右子节点分支，则用 1 表示。

第 99 行将每个叶子节点的哈夫曼编码复制到 hc 中。

第 102～103 行输出每个叶子节点的哈夫曼编码。

第 104～105 行求出每个叶子节点的带权路径长度。

第 112～119 行先找出一个参考节点的权值编号。

第 120～128 行找出权值最小的节点。

第 129～136 行找出一个编号不是 min 的参考节点的权值编号。

第 137～145 行找出一个编号不是 min 且权值最小的节点，即权值次小的节点。

14.6 加油点问题

问题描述

一辆汽车加满油后可以行驶 n 千米。沿途中有若干个加油点，为了使沿途加油次数最少，实现一个算法，输出最佳的加油方案。

例如，假设沿途有 9 个加油点，总路程为 100km，加满油后汽车行驶的最远距离为 20km。汽车加油的位置如图 14.7 所示。

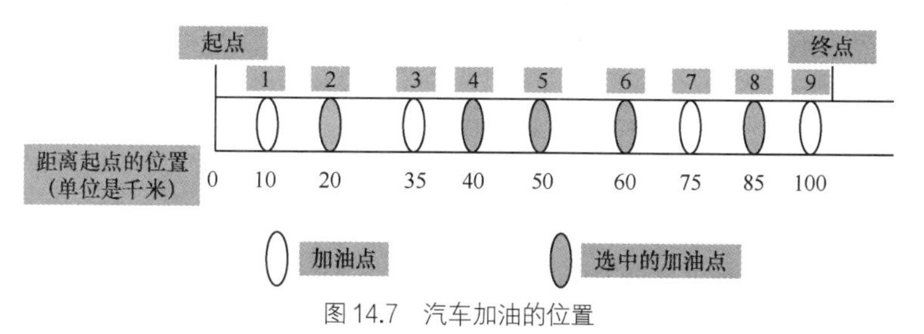

图 14.7 汽车加油的位置

【分析】

在行驶的过程中，为了使汽车在沿途加油次数最少，应行驶到汽车能到达并且离起点最远的加油点。即需要让汽车加过一次油后行驶的路程尽可能远，然后再加下一次油。按照这种思想，制订以下贪心选择策略。

（1）汽车从起点出发，行使到 20km 时，选择一个距离终点最近的加油点，应选择在距离起点为 20km 的加油点（即第 2 个加油点）加油。

（2）加完一次油后，汽车处于满油状态，这与汽车出发前的状态一致，这样就将问题归结为求加油点到终点汽车加油次数最少的一个规模更小的子问题。

按照以上策略不断地解决子问题，即每次找到从前一次选择的加油点开始往前 n 千米、距离终点最近的加油点加油。

在具体的程序设计中，设置一个数组 x，用于存储加油点距离起点的距离。全程长度用 S 表示，用数组 a 存储选择的加油点，total 表示已经行驶的最长路程。

☞第 14 章\实例 14-05.cpp

```
/*********************************************
*实例说明：加油点问题
*********************************************/
1  #include<stdio.h>
2  #define S 100                                  /*S 为全程长度*/
3  void main()
4  {
5      int i,j,n,k=0,total,dist;
6      int x[]={10,20,35,40,50,65,75,85,100};
7      int a[10];
8      n=sizeof(x)/sizeof(x[0]);                  /*n 为沿途加油点的个数*/
9      printf("请输入最远行车距离(15<=n<100):");
10     scanf("%d",&dist);
11     total=dist;                                /*total 为已经行驶的最长路程*/
12     j=1;                                       /*j 为选择的加油点个数*/
13     while(total<S)                             /*如果汽车未走完全程*/
14     {
15         for(i=k;i<n;i++)
16         {
17             if(x[i]>total)
18             {
19                 a[j]=x[i-1];
20                 j++;
21                 total=x[i-1]+dist;
22                 k=i;
23                 break;
24             }
25         }
26     }
27     printf("行驶%d 公里应该选择的加油点:\n",S);
28     for(i=1;i<j;i++)                           /*输出选择的加油点*/
29         printf("%4d",a[i]);
30     printf("\n");
31 }
```

运行结果如图 14.8 所示。

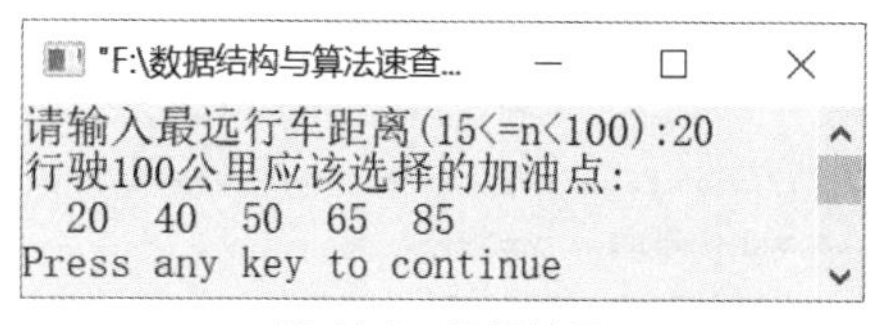

图 14.8 运行结果

【说明】

第 11 行初始化刚开始时能行驶的最远距离。

第 13 行判断汽车是否已经行驶了全程。

第 15 行循环变量 i 表示从第 k 个加油点开始计算加油的位置。

第 17 行中，如果距离下一个加油点太远，则说明汽车行驶不到该加油点，需要在当前加油点加油。

第 19 行表示在当前加油点加油，将加油点存放在数组 a 中。

第 21 行求出在当前加油点加完油后能行驶的最远距离。

第 22 行将下一个加油点的位置下标赋值给 k，表示下一次加油应从 $x[k]$开始。

第 28～29 行输出选择加油点的位置。

14.7 背包问题

问题描述

设有一个背包，重量是 W=120，若现有 6 个物品 A、B、C、D、E、F，其重量分别是 25、 35、50、30、20、20，价值分别是 10、40、30、30、35、30。

物品可以分割成任意大小。要求尽可能让装入背包中的物品总价值最大，但物品重量不能超过背包总重量。请设计算法并实现。

【分析】

该问题可利用贪心算法求解，设 x_i 表示物品 i 是否装入背包，其中 $0 \leqslant x_i \leqslant 1$。根据问题描述和要求，其目标函数和约束条件如下。

$$\max\left(\sum_{i=1}^{n} v_i x_i\right) \sum_{i=1}^{n} w_i x_i \leqslant W\text{，}\quad 0 \leqslant x_i \leqslant 1\text{，}\quad 0 \leqslant i \leqslant n$$

其中，n 为物品总数，v_i 为物品 i 的价值，w_i 为物品 i 的重量。所求问题就是在以上约束条件下，找到一个使目标函数达到最大值的解向量$(x_1,x_2,\cdots, x_n)$。对于以上物品，有 n=6，W=120，$(w_1, w_2, w_3, w_4, w_5, w_6)$=(25, 35, 50, 30, 20, 20)，$(v_1, v_2, v_3, v_4, v_5, v_6)$=(10, 40, 30, 30, 35, 30)。为了使背包中装入的物品价值最大，就要让单位物品的价值最大，可分别求出每个物品的价值与重量的比值，优先选择比值大的物品装入背包，利用贪心选择策略的求解过程如下。

（1）求出每个物品的价值和重量的比值 $v[i]/w[v]$，并按比值从高到低的顺序进行排序，以上物品的价值和重量比值排序结果为(1.75, 1.5, 1.14, 1, 0.6, 0.4)，并对物品的编号重新排序。

（2）按照价值和重量的比值，从大到小将物品依次装入背包。每装入一个物品，就需要判断背包中是否还能继续装入其他物品。设背包还能装入物品的重量为 c。初始时，$c=W$。在试着将第 1 个物品装入背包时，先判断物品重量是否小于 c，即 $w[0]<c$。若判断结果为真，则表明第 1 个物品即物品 E 可以装入，然后令 $x[0]$=1，计算背包中的物品价值，即 sum+=$v[0]$，并重新调整背包剩余能装物品的重量，使 $c=c-w[0]$。继续判断是否能装入第 2 个物品，重复执行上述过程，直至背包中不能装入物品。此时，背包里已经装入了物品 E、F、B、D，背包中的物品总重量为 105，还能装入的重量为 15，不能将第 5 个物品（即物品 C）全部装入，计算装入比例 15/50=0.3，则 $x[4]$=0.3，c=0。算法结束，得到 $x[6]$=（1, 1, 1, 1, 0.3, 0）。

☞第 14 章\实例 14-06.cpp

```
/*******************************************
*实例说明：背包问题
*******************************************/
#include<stdio.h>
#include<malloc.h>
float Knapsack(float w[],float v[],float x[],float c,int n);
float Knapsack(float w[],float v[],float x[],float c,int n)
{
    int i,j,l;
    float t,sum=0;
    float *a=(float*)malloc(sizeof(float)*n);
    for(i=0;i<n;i++)
        a[i]=v[i]/w[i];
    printf("\n");
    printf("物品的重量、价值、价值/重量：\n");
    for(i=0;i<n;i++)
    {
        printf("%f\t%f\t%f\t",w[i],v[i],a[i]);
        printf("\n");
    }
    for(i=0;i<n-1;i++)
        for(j=0;j<n-1-i;j++)
        {
            if(a[j]<a[j+1])
            {
                t=a[j];
                a[j]=a[j+1];
                a[j+1]=t;
                t=w[j];
                w[j]=w[j+1];
                w[j+1]=t;
                t=v[j];
                v[j]=v[j+1];
                v[j+1]=t;
            }
        }
        printf("\n");
        printf("根据价值/重量从高到低排序：w[]  v[]  a[]  \n");
        for(i=0;i<n;i++)
            printf("%f  %f  %f\n",w[i],v[i],a[i]);
        for(l=0;l<n;l++)
        {
            if(w[l]<=c)
            {
                x[l]=1;
                sum=sum+v[l];
                c=c-w[l];
            }
            else
                break;
        }
        x[l]=c/w[l];
        sum=sum+x[l]*v[l];
        for(i=l+1;i<n;i++)
            x[i]=0;
        free(a);
        printf("排序后的物品分别装入背包多少?\n");
        for(i=0;i<n;i++)
            printf("%.2f  ",x[i]);
```

```
        printf("\n");
        printf("x[]=[");
        for(i=0;i<n-1;i++)
            printf("%g,",x[i]);
        printf("%g]\n",x[n-1]);
        printf("装入背包后总价值为%f\n",sum);
        return sum;
}
void main()
{
    float c;
    int n,i;
    printf("背包的重量为 ");
    scanf("%f",&c);
    printf("一共有 n 个物品, n 的值为 ");
    scanf("%d",&n);
    float *w=(float*)malloc(sizeof(float)*n);
    float *v=(float*)malloc(sizeof(float)*n);
    float *x=(float*)malloc(sizeof(float)*n);
    printf("请分别输入物品的重量、价值(例如, 输入格式:30 45(换行输入物品 2)):\n");
    for(i=0;i<n;i++)
        scanf("%f %f",&w[i],&v[i]);
    Knapsack(w,v,x,c,n);
    free(w);
    free(v);
    free(x);
}
```

运行结果如图 14.9 所示。

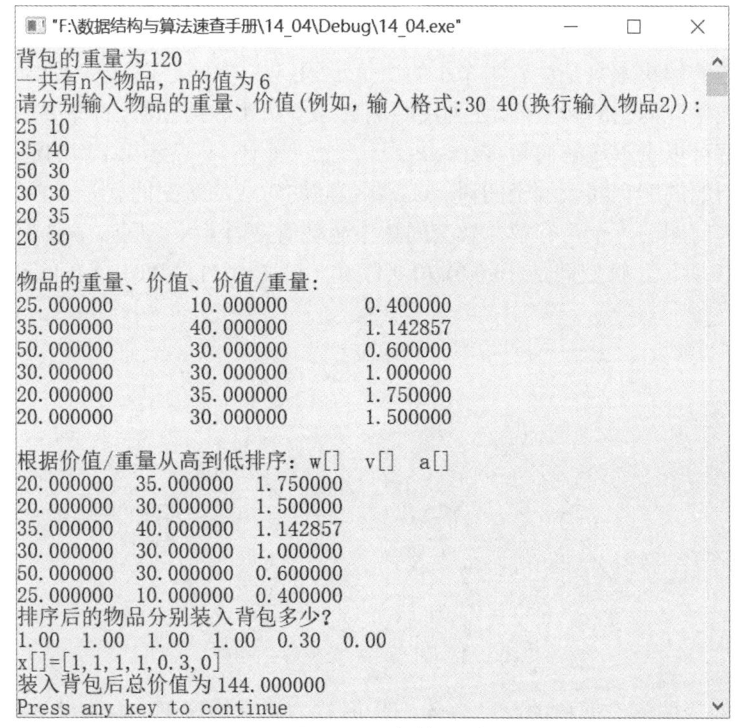

图 14.9 运行结果

第 15 章　回溯算法

回溯（backtracking）算法，又称为试探算法，实际上类似于枚举的搜索尝试过程。它在搜索尝试过程中寻找问题的解，当发现不满足求解条件时，就"回溯"返回，尝试其他路径。回溯算法是一种选优搜索法，按选优条件向前搜索，以达到目标。但当搜索到某一步时，发现原先的选择并不优或达不到目标，就退回上一步重新选择。这种走不通就退回再走的方法称为回溯，而满足回溯条件的某个状态的点称为"回溯点"。许多复杂的、规模较大的问题都可以使用回溯算法求解，回溯算法有"通用解题算法"的美称。

15.1 回溯算法的基础

回溯算法类似于枚举的搜索尝试过程，主要是在搜索的过程中寻找问题的解，若发现不满足求解条件就开始回退，尝试其他路径。

15.1.1 回溯算法的解空间

一个复杂问题的解决方案是由若干个小的决策步骤组成的决策序列，而找出一个问题的所有可能决策序列就构成了此问题的解空间。在利用回溯算法解决实际问题时，首先要明确问题的解空间。一个问题的可行解可以表示成解向量 $\boldsymbol{X}=(x_1, x_2, \cdots, x_n)$。其中，$x_i$ 表示第 i 步的选择，$\boldsymbol{X}$ 中各分量 x_i 的所有取值组成问题的解空间或解空间树。0/1 背包问题对应的解空间就是一棵解空间树，树中所有节点都可能成为问题的一个可行解。解空间树中至多有 2^n 个叶子节点。n=3 时，0/1 背包问题的解空间树如图 15.1 所示。解空间是{(0,0,0), (0,0,1), (0,1,0), (0,1,1),(1,0,0), (1,0,1), (1,1,0), (1,1,1)}。

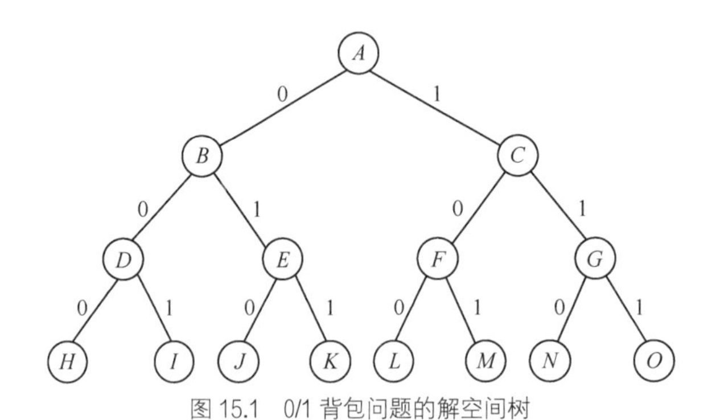

图 15.1　0/1 背包问题的解空间树

当 n=3 时，对应的解空间树的高度为 4（即 n+1）。通常情况下，从根节点到叶子节点的路径构成解空间的一个可行解。

15.1.2 回溯算法的搜索

确定了解空间的组织结构后，回溯算法就从开始节点（即根节点）出发，以深度优先搜索的方式搜索整个解空间。该开始节点就成为一个活节点，同时也成为当前的扩展节点。从该扩展节点开始，搜索向纵深方向移至一个新节点。该新节点又成为新的活节点，并成为当前的扩展节点。若在当前节点的扩展节点处不能继续向纵深方向移动，则当前的扩展节点就成为死节点。此时，应往回移动（回溯）至最近的活节点处，并使这个活节点成为当前扩展节点。回溯算法就是以这种方式递归地在解空间中搜索，直到找到要求的解或解空间中无活节点为止。在回溯算法中，每次扩大当前部分解时，都面临一个可选的状态集合，新的解就在该集合中选择构造而成。回溯算法通常有两种实现方式——递归回溯的深度优先搜索和非递归迭代回溯的深度优先搜索。

用递归实现回溯的算法框架如下。

```
void Backtrack(int m)
{
    if(m>n)
        Output(x);
    else
    {
        for(i=下界;i<=上界;i++)
        {
            x[m]取一个可能的值;
            if(Constraint(m) && Bound(m))
                Backtrack(m+1);
        }
    }
}
```

其中，*m* 为递归深度，即当前扩展节点在解空间树中的深度；*n* 用来控制递归的深度，即解空间树的高度。当 $m>n$ 时，表示回溯算法已搜索到一个叶子节点，则输出可行解。

非递归迭代实现回溯的算法框架如下。

```
void Backtrack(int m)
{
    int m=1;
while(m>0)
    {
if(IsExist(m))//若当前节点存在子节点
        {
for(i=下界;i<=上界;i++)
            {
                if(Constraint(m) && Bound(m))
                {
                    if(Solution(m))//若找到问题的可行解
                        Output(m);//输出可行解
                    else//若不是问题的可行解
                    {
                        m++;//继续向纵深方向搜索
                    }
                }
            }
    }
    else//若当前节点不存在子节点，则回溯
        m--;
}
```

其中，Solution(*m*)用于判断是否找到问题的一个可行解。若为真，则输出可行解；否则，则继续向纵深方向搜索。IsExist(*m*)用于判断当前节点是否存在子节点。若存在，则向前搜索；否则，则返回上一层，即回溯。

回溯算法与枚举算法有一定联系，它们都是基于试探的算法。枚举算法要将一个可行解的各个部分全部生成后，才检查是否满足条件；若不满足，则直接放弃该可行解，然后再尝试另一个可能的可行解，它并没有沿着一个可能的可行解的各个部分逐步回退，生成可行解。而对于回溯算法，一个可行解的各个部分是逐步生成的，当发现当前生成的某部分不满足约束条件时，就放弃该步所做的工作，退到上一步（回溯）进行新的尝试，而不是放弃整个可行解重新开始。

15.2 求自然数 1～*n* 中 *r* 个数的所有组合

问题描述

找出从自然数 1～*n* 中任取 *r* 个数的所有组合。例如 n=5，r=3 的所有组合如下。

（1）1，2，3。

（2）1，2，4。

（3）1，2，5。

（4）1，3，4。

（5）1，3，5。

（6）1，4，5。

（7）2，3，4。

（8）2，3，5。

（9）2，4，5。

（10）3，4，5。

【分析】

按回溯算法的思想，将找到的组合按从小到大的顺序存放在数组 $a[0],a[1],\cdots,a[r-1]$中，组合中的元素满足以下性质。

（1）$a[i+1]>a[i]$，即后一个数大于前一个数。

（2）$a[i]-i\leqslant n-r+1$。

按照回溯法思想，求解的过程描述如下。

首先暂时不考虑组合数个数为 *r* 的条件，从候选组合中只有一个数字 1 开始。因为该候选解满足除问题规模之外的全部条件，所以扩大其规模，并使其满足上述条件（1），得到候选解 1、2。继续这一过程，得到候选解 1、2、3。该候选解满足包括问题规模在内的全部条件，因而是一个解。在该候选解的基础上，找出下一个候选解。因为 3 调整为 4 和 5 都满足问题的全部条件，所以解为 1、2、4 和 1、2、5。由于 5 不能继续进行调整，因此就要从 $a[2]$回溯到 $a[1]$，可以将 $a[1]$从 2 调整为 3，并向前试探，得到解 1、3、4。重复上述向前试探和向后回溯过程，直到从 $a[0]$再回溯为止，此时表明已经找完问题的全部可行解。

☞第 15 章\实例 15-01.cpp

```
/**********************************************
*实例说明：求自然数 1～n 中 r 个数的所有组合
**********************************************/
```

```
1  #include<stdio.h>
2  #define MAX 100
3  int a[MAX];
4  void comb(int n,int r)
5  {
6      int i,j;
7      i=0;
8      a[i]=1;
9      do
10     {
11         if(a[i]-i<=n-r+1)
12         {
13             if (i==r-1)
14             {
15                 for(j=0;j<r;j++)
16                     printf("%4d",a[j]);
17                 printf("\n");
18                 a[i]++;
19                 continue;
20             }
21             i++;
22             a[i]=a[i-1]+1;
23         }
24         else                          /*回溯*/
25         {
26             if(i==0)
27                 return;
28             a[--i]++;
29         }
30     }while(1);
31 }
32 void main()
33 {
34     printf("正整数 1～5 中的 3 个数的任意组合:\n");
35     comb(5,3);
36 }
```

运行结果如图 15.2 所示。

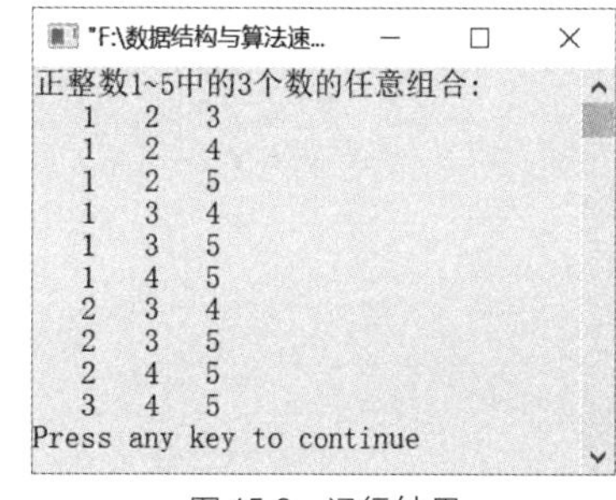

图 15.2　运行结果

【说明】

第 11 行用于判断是否还可以向前试探。

第 13 行表示如果找到一个候选解。

第 15～16 行输出该候选解。

第 18 行扩大候选解的规模。

第 21～22 行继续向前试探。

第 26～27 行表示若找完全部候选解则返回。

第 28 行向后回溯，继续寻找候选解。

15.3 填字游戏

问题描述

在 3×3 的方格中填入整数 1～N（$N \geqslant 0$）中的某 9 个整数，每个方格填 1 个整数，使相邻的两个方格中的整数之和为质数。求满足以上要求的各种填法。

【分析】

利用回溯算法找到问题的解，即从第一个方格开始，为当前方格寻找一个合理的整数填入，并在当前位置正确填入后，为下一方格寻找可填入的合理整数。如果不能为当前方格找到一个合理的可填整数，就要回退到前一方格，调整前一方格的填入整数。当第 9 个方格也填入合理的整数后，就找到了一个解，将该解输出，并调整第 9 个填入的整数，继续寻找下一个解。为了检查当前方格填入整数的合理性，引入二维数组 checkmatrix，存放需要合理性检查的相邻方格的序号。

为了找到一个满足要求的 9 个整数的填法，按照某种顺序（如从小到大）每次在当前位置填入一个整数，然后检查当前填入的整数是否能够满足要求。在满足要求的情况下，继续用同样的方法为下一方格填入整数。如果最近填入的整数不能满足要求，就改变填入的整数。如果对当前方格试尽所有可能的整数，都不能满足要求，就得回退到前一方格（回溯），并调整该方格填入的整数。如此重复扩展、检查、调整，直到找到一个满足问题要求的解，将解输出。

用回溯算法找一个解。

```
int m=0,ok=1;
int n=8;
do
{
    if (ok)
        扩展;
    else
        调整;
    ok=检查前 m 个整数填放的合理性;
} while ((!ok||m!=n)&&(m!=0));
if (m!=0)
    输出解;
else
    输出无解报告;
```

如果程序要找全部解，则将找到的解输出后，应继续调整最后位置上填放的整数，试图去找下一个解。相应的算法如下。

用回溯算法找全部解。

```
int m=0,ok=1;
int n=8;
do
{
    if (ok)
    {
        if (m==n)
        {
            输出解;
            调整;
        }
        else
            扩展;
    }
    else
        调整;
    ok=检查前 m 个整数填放的合理性;
} while (m!=0);
```

为了确保程序能够终止，调整时必须保证曾被放弃过的填数序列不会被再次试探，即要求按某种序列模型生成填数序列，并设定一个被检验的顺序，按这个顺序逐一形成候选解并检验。调整时，找当前候选解中下一个未使用过的整数。

☞第 15 章\实例 15-02.cpp

```
/*********************************************
*实例说明：填字游戏
*********************************************/
1     #include<stdio.h>
2     #define N 12
3     int b[N+1];
4     int a[10];/*存放方格填入的整数*/
5     int total=0;/*共有多少种填法*/
6     int checkmatrix[][3]={ {-1},{0,-1},{1,-1},
7                     {0,-1},{1,3,-1},{2,4,-1},
8                     {3,-1},{4,6,-1},{5,7,-1}};
9     void write(int a[])
10     /*输出方格中的整数*/
11     {
12         int i,j;
13         for (i=0;i<3;i++)
14         {
15             for (j=0;j<3;j++)
16                 printf("%3d",a[3*i+j]);
17             printf("\n");
18         }
19     }
20     int isprime(int m)
21     /*判断 m 是否是质数*/
22     {
23         int i;
24         int primes[]={2,3,5,7,11,17,19,23,29,-1};
25         if(m==1||m%2==0)
26             return 0;
27         for(i=0;primes[i]>0;i++)
28             if (m==primes[i])
29                 return 1;
30         for (i=3;i*i<=m;)
31         {
32             if (m%i==0)
33                 return 0;
34             i+=2;
35         }
36         return 1;
37     }
38     int selectnum(int start)
39     /*从 start 开始选择没有使用过的整数*/
40     {
41         int j;
42         for (j=start;j<=N;j++)
43             if (b[j])
44                 return j;
45         return 0;
46     }
47     int check(int pos)
48     /*检查填入第 pos 个位置的整数是否合理*/
49     {
50         int i,j;
51         if(pos<0)
```

```
52              return 0;
53          /*判断相邻的两个整数是否是质数*/
54          for(i=0;(j=checkmatrix[pos][i])>=0;i++)
55              if(!isprime(a[pos]+a[j]))
56                  return 0;
57          return 1;
58      }
59      int extend(int pos)
60      /*为下一个方格找一个还没有使用过的整数*/
61      {
62          a[++pos]=selectnum(1);
63          b[a[pos]]=0;
64          return pos;
65      }
66      int change(int pos)
67      /*调整填入的整数，为当前方格寻找下一个还没有使用过的整数*/
68      {
69          int j;
70          /*找到第一个没有使用过的整数*/
71          while (pos>=0&&(j=selectnum(a[pos]+1))==0)
72              b[a[pos--]]=1;
73          if (pos<0)
74              return -1;
75          b[a[pos]]=1;
76          a[pos]=j;
77          b[j]=0;
78          return pos;
79      }
80      void find()
81      /*查找*/
82      {
83          int ok=0,pos=0;
84          a[pos]=1;
85          b[a[pos]]=0;
86          do
87          {
88              if (ok)
89                  if (pos==8)
90                  {
91                      total++;
92                      printf("第%d 种填法\n",total);
93                      write(a);
94                      pos=change(pos);     /*调整*/
95                  }
96                  else
97                      pos=extend(pos);     /*扩展*/
98              else
99                  pos=change(pos);         /*调整*/
100             ok=check(pos);               /*检查*/
101         } while (pos>=0);
102     }
103     void main()
104     {
105         int i;
106         for (i=1;i<=N;i++)
107             b[i]=1;
108         find();
109         printf("共有%d 种填法\n",total);
110     }
```

运行结果（部分）如图 15.3 所示。

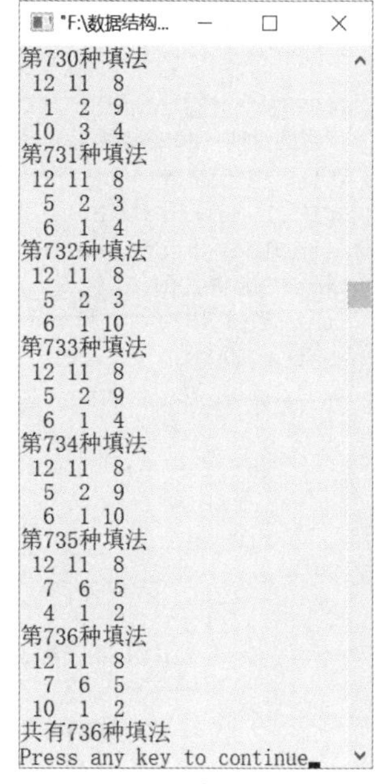

图 15.3 运行结果（部分）

【说明】

第 6～8 行中，数组 checkmatrix 是一个二维数组，可作为检测两个相邻整数是否是质数的辅助数组。

第 9～19 行输出方格中的整数。

第 20～37 行判断 *m* 是否是质数。

第 38～46 行选择一个还没有使用过的整数。

第 47～58 行检查在第 pos 个位置填入的整数是否合理。

第 59～65 行为下一个方格找还没有使用过的整数，并将该整数的使用标志置为 0。

第 66～79 行调整填入的整数，为当前方格寻找下一个还没有使用过的整数。

第 84 行表示初始时将方格中的第一个位置设置为 1。

第 89～95 行中，如果填满该方格，则输出方格中的整数，并调整最后一个方格中的整数。

第 97 行扩展第 pos 个位置中的整数。

第 99 行从第 pos 个位置开始调整填入的整数，试求其他位置填入的整数。

第 100 行检查填入的整数是否正确。

15.4 和式分解（非递归实现）

问题描述

编写非递归算法，要求输入一个正整数 *n*，输出和等于 *n* 且不增的所有序列。例如，*n*=4 时，输出结果如下。

4=4

4=3+1

4=2+2

4=2+1+1

4=1+1+1+1

【分析】

利用数组 *a* 存放分解出的和数。其中，*a*[*k*+1]存放第（*k*+1）步分解出来的和数。利用数组 *r* 存放分解出和数后还未分解的余数，*r*[*k*+1]用于存放分解出和数 *a*[*k*+1]后，还未分解的余数。为保证上述要求能对第一步（*k*=0）分解也成立，在 *a*[0]和 *r*[0]中的值设置为 *n*，表示第一个分解出来的和数为 *n*。第（*k*+1）步要继续分解的数是前一步分解后的余数，即 *r*[*k*]。在分解过程中，当某步欲分解的数 *r*[*k*]为 0 时，表明已完成一个完整的和式分解，将该和式输出。然后在前提条件 *a*[*k*]>1 时，调整原来所分解的和数 *a*[*k*]和余数 *r*[*k*]，进行新的和式分解，即令 *a*[*k*] −1 作为新的待分解和数，*r*[*k*]+1 就成为新的余数。若 *a*[*k*]=1，则表明当前和数不能继续分解，需要进行回溯。回退到上一步，即令 *k*=*k*−1，直至 *a*[*k*]>1 停止回溯，调整新的和数与余数。为了保证分解出的和数依次构成不增的正整数序列，要求从 *r*[*k*]分解出的最大和数不能超过 *a*[*k*]。当 *k*=0 时，表明完成所有的和式分解。

☞第 15 章\实例 15-03.cpp

```
/*********************************************
*实例说明：和式分解（非递归实现）
*********************************************/
#include<conio.h>
#include<stdio.h>
#define MAXN 100
int a[MAXN];
int r[MAXN];
void Sum_Depcompose(int n)                //非递归实现和式分解
{
    int i = 0;
    int k = 0;
    r[0] = n;                             //r[0]存放余数
    do
    {
        if (r[k] == 0)                    //表明已完成一次和式分解，输出和式分解
        {
            printf("%d = %d", a[0], a[1]);
            for (i = 2; i <= k; i++)
            {
                printf("+%d", a[i]);
            }
            printf("\n");
            while (k>0 && a[k]==1)        //若当前待分解的和数为 1，则回溯
            {
                k--;
            }
            if (k > 0)//调整和数与余数
            {
                a[k]--;
                r[k]++;
            }
        }
        else//继续和式分解
        {
            a[k+1] = a[k]<r[k]? a[k]:r[k];
            r[k+1] = r[k] - a[k+1];
            k++;
        }
    } while (k > 0);
}
void main()
{
    int i,test_data[] = {3,4,5};
    for (i =0; i <sizeof(test_data)/sizeof(int); i++)
    {
        a[0] = test_data[i];  //a[0]存放待分解的和数
        Sum_Depcompose (test_data[i]);
        printf("\n---------\n\n");
    }
}
```

运行结果如图 15.4 所示。

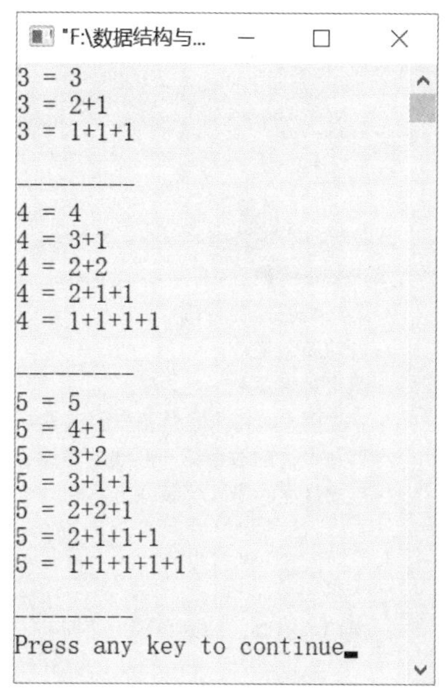

图 15.4 运行结果

15.5 装箱问题

问题描述

有 n 个集装箱要装到两艘船上，每艘船的装载量分别为 c_1、c_2，第 i 个集装箱可以承载的重量为 w_i，同时满足 $w_1+w_2+\cdots+w_n \leqslant c_1+c_2$。确定一个最佳的方案把这些集装箱装入这两艘船。

【分析】

首先将第一艘船尽量装满，再把剩下的集装箱装在第二艘船上。第一艘船尽量装满，等价于从 n 个集装箱中选取一个子集，使得该子集的总重量与第一艘船的装载量 c_1 最接近，这样就类似于 0/1 背包问题。

问题解空间为$(x_1,x_2,x_3,\cdots,x_n)$。其中，x_i 为 0 表示不装在第一艘船上，为 1 表示装在第一艘船上。

约束条件如下。

- 可行性约束条件：$w_1x_1+w_2x_2+\cdots+w_ix_i+\cdots+w_nx_n \leqslant c_1$。
- 最优解约束条件：remain+cw>bestw（remain 表示剩余集装箱重量，cw 表示当前已装上的集装箱的重量，bestw 表示当前的最优装载量）。

例如，集装箱的个数为 4，重量分别是 10t、20t、35t、40t，第一艘船的最大载重量是 50t，则最优装载是将重量为 10t 和 40t 的集装箱装入。首先从第一个集装箱开始，将重量为 10t 的集装箱装入第一艘船，然后将重量为 20t 的集装箱装入，此时有 10t+20t≤50t。然后试探将重量为 35t 的集装箱装入，但是 10t+20t+35t>50t，所以不能装入重量为 35t 的集装箱。紧接着试探装入重量为 40t 的集装箱，因为 10t+20t+40t>50t，所以也不能装入。因此 30t 成为当前的最优装载量。

取出重量为 20t 的集装箱（回溯，重新调整问题的解），如果将重量为 35t 的集装箱装入第一艘船，因为 10t+35t≤50t，所以能够装入。因为 45t>bestw，所以以 45t 作为当前最优装载量。

继续取出重量为 35t 的集装箱，如果将重量为 40t 的集装箱装入第一艘船，因为 10t+40t≤50t，所以装入第一艘船。因为 50t>bestw，所以以 50t 作为当前最优装载量。

☞第 15 章\实例 15-04.cpp

```
/**********************************************
*实例说明：装箱问题
**********************************************/
1  #include<stdio.h>
2  #include<malloc.h>
3  int *w;                    /*存放每个集装箱的重量*/
4  int n;                     /*集装箱的数目*/
5  int c;                     /*第一艘船的装载量*/
6  int cw=0;                  /*当前装载量*/
7  int remain;                /*剩余装载量*/
8  int    *x;                 /*存放搜索时每个集装箱是否选取*/
9  int bestw;                 /*存放最优的放在第一艘船的重量*/
10 int    *bestx;             /*存放最优的集装箱装载方案*/
11 void Backtrace(int k)
12 {
13     int i;
14     if(k>n)                /*递归的出口，如果找到一个解*/
15     {
16         for(i=1;i<=n;i++)  /*则将解存入 bestx 数组中*/
17            bestx[i]=x[i];
18         bestw=cw;          /*记下当前的最优装载量*/
19         return;
20     }
21     else
22     {
23         remain-=w[k];
24         if (cw+w[k]<=c)              /*如果装入 w[k]，还小于或等于 c*/
25         {
26            x[k]=1;                   /*则装入 w[k]*/
27            cw+=w[k];
28            Backtrace(k+1);
                                        /*继续检查剩下的集装箱是否能装入*/
29            cw-=w[k];      /*不装入 w[k]*/
30         }
31         if (remain+cw > bestw)
                          /*如果剩余的集装箱不能完全装入*/
32         {

33                x[k]=0;
34                Backtrace(k+1);       /*继续从剩余的集装箱中检查是否能装入*/
35         }
36         remain+=w[k];
37     }
38 }
39 int BestSoution(int *w,int n,int c)
40 /*搜索最优的装载方案:w 存放每个集装箱的重量，
41 n 表示集装箱数目，c 表示第一艘船的装载量*/
42 {
43     int i;
44     remain=0;                 /*第一艘船剩下的装载量*/
45     for(i=1;i<=n;i++)
46     {
47         remain+=w[i];
48     }
49     bestw=0;
```

```
50     Backtrace(1);
51     return bestw;
52 }
53 void main()
54 {
55     int i;
56     printf("请输入集装箱的数目:");
57     scanf("%d",&n);
58     w=(int*)malloc(sizeof(int)*(n+1));
59     x=(int*)malloc(sizeof(int)*(n+1));
60     bestx=(int*)malloc(sizeof(int)*(n+1));
61     printf("请输入第一艘船的装载量:");
62     scanf("%d",&c);
63     printf("请输入每个集装箱的重量\n");
64     for (i=1;i<=n;i++)
65     {
66         printf("第%d个集装箱的重量:",i);
67         scanf("%d",&w[i]);
68     }
69     bestw=BestSoution(w,n,c);
70     for (i=1;i<=n;i++)
71     {
72        printf("%4d",bestx[i]);
73     }
74     printf("\n");
75     printf("存放在第一艘船上的集装箱的重量:%d\n",bestw);
76     free(w);
77     free(x);
78     free(bestx);
79 }
```

运行结果如图 15.5 所示。

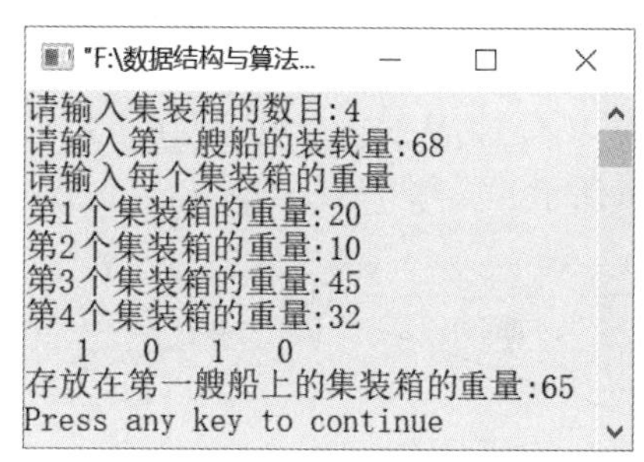

图 15.5 运行结果

【说明】

第 14～20 行是递归的出口，如果找到问题的一个解，则将解存入 bestx 数组中，并将 cw 记作当前的最优装载量。

第 23 行从剩余的集装箱中取出第 k 个集装箱（重量为 $w[k]$）。

第 24 行中，如果将第 k 个集装箱装入第一艘船上，总重量小于或等于 c，则说明可以装入第一艘船。

第 26～27 行表示将第 k 个集装箱装入第一艘船上。

第 28 行继续检查剩下的集装箱，并选择合适的集装箱装入第一艘船。

第 29 行取出第 k 个集装箱，用来调整装入第一艘船的货物。

第 31 行中，如果剩余的集装箱不能完全装入第一艘船。

第 33～34 行表示不装入第 k 个集装箱，并检查剩余的集装箱是否能装入第一艘船。

第 36 行表示第 k 个集装箱重新成为待装入的集装箱。

第 45～48 行表示初始时将所有的集装箱都作为即将装入第一艘船的集装箱。

第 49 行初始化第一艘船的最优装载量。

第 50 行调用 Backtrace 函数从第 1 个集装箱开始试探装入第一艘船。

15.6 0/1 背包问题

问题描述

有 n 个重量分别为 $w_1,w_2,\cdots,w_n$ 的物品，物品编号分别为 1～n，其价值分别为 $v_1,v_2,\cdots,v_n$。设背包容量为 W。利用回溯算法思想，从这些物品中选取一部分物品放入背包，每个物品或者选中，或者不选中，求放入背包的物品的最优价值。

【分析】

假设 n 个物品的重量和价值依次存放在数组 w 和 v 中，物品的编号存放在数组 itemOrder 中，用数组 put 记录物品是否装入背包。由于每个物品只有装入和不装入两种状态，因此其解空间就构成了一棵解空间树，树中每个节点表示背包的一种选择状态，记录当前放入背包的物品总重量和总价值，每个分支节点下的两棵子树分别表示物品是否放入背包。

对于第 i 层的某个分支节点，其对应的状态为 Backtrack(i, cw, cv, put)。其中，i 表示层数，cw 表示装入背包的物品总重量，cv 表示装入背包的总价值，put 记录是否装入背包。通过对每个节点进行以下扩展求解。

（1）选择第 i 个物品放入背包，则 cw+=$w[i]$，cv+=$v[i]$，put[i]=1；然后转向下一层，即 Backtrack(i+1, cw, cv, put)，对应解空间树的左分支。

（2）不选择第 i 个物品，越过当前节点进入下一层，保持 cw、cv 和 put 不变，调用 Backtrack(i+1,cw, cv, put)，即直接转入解空间树的右分支节点执行。

设背包容量为 10，物品数量为 4，物品的重量依次为 6、3、3、2，价值依次为 5、5、3、2。其求解过程的解空间树如图 15.6 所示。

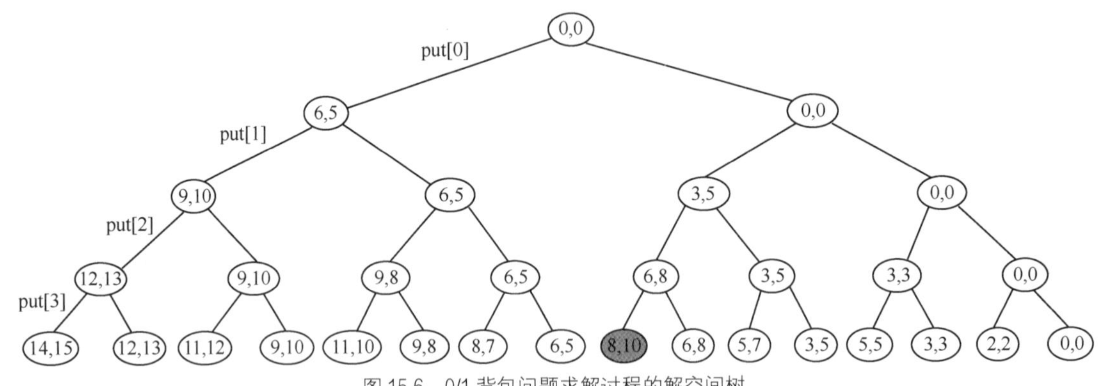

图 15.6 0/1 背包问题求解过程的解空间树

图中每个节点包含两个值——选中物品后的当前背包中的物品总重量和总价值。解空间树的根节点为(0,0)，表示初始时没有选择任何物品。从根节点出发，沿着左右子树到叶子节点，可得到最佳装入方案。最佳装入方案是选择编号为 2、3、4 的物品，其总重量为 8，总价值为 10。

☞第 15 章\实例 15-05.cpp

```
/*********************************************
*实例说明：0/1 背包问题
*********************************************/
#include<stdio.h>
#define MAXN 100
double c;               //背包容量
int n;                  //物品数量
double v[MAXN];         //各个物品的价值
double w[MAXN];         //各个物品的重量
int itemOrder[MAXN];    //物品编号
int put[MAXN];          //记录物品是否装入，1 表示装入，0 表示不装入
double cw = 0.0;        //当前背包重量
double cv = 0.0;        //当前背包中物品总价值
double bestVal = 0.0;   //当前最优价值
double pVal[MAXN];      //单位物品价值(排序后)
void Knapsack();
void Backtrack(int i);
double Bound(int i);
void Swap1(double *a, double *b)
{
    double t;
    t=*a;
    *a=*b;
    *b=t;
}
void Swap2(int *a, int *b)
{
    int t;
    t=*a;
    *a=*b;
    *b=t;
}
void Knapsack()
//对物品按单位价值从大到小排序
{
    int i,j;
    for(i=1;i<=n;i++)
        pVal[i]=v[i]/w[i];                    //计算单位价值
    for(i=1;i<=n-1;i++)
    {
        for(j=i+1;j<=n;j++)
            if(pVal[i]<pVal[j])               //对数组 pVal、itemOrder、v、w 中的数据排序
            {
                Swap1(&pVal[i],&pVal[j]);     //对数组 pVal 中的数据排序
                Swap2(&itemOrder[i],&itemOrder[j]); //对数组 itemOrder 中的数据排序
                Swap1(&v[i],&v[j]);           //对数组 v 中的数据排序
                Swap1(&w[i],&w[j]);           //对数组 w 中的数据排序
            }
    }
}
void Backtrack(int i)
//回溯
{
    //i 用来指示到达的层数（从 0 开始）
    if(i>n) //递归出口
    {
```

```
        bestVal = cv;
        return;
    }
    //如若左子树节点可行，则直接搜索左子树；
    //对于右子树，先计算上界函数，以判断是否将其减去
    if(cw+w[i]<=c)              //将物品 i 放入背包,搜索左子树
    {
        cw+=w[i];
        cv+=v[i];
        put[i]=1;
        Backtrack(i+1);
        cw-=w[i];
        cv-=v[i];
    }
    if(Bound(i+1)>bestVal)      //如若符合条件则搜索右子树
    {
        Backtrack(i+1);
    }
}
double Bound(int i)
//计算上界（剪枝）
{   //判断当前背包的总价值和剩余容量可容纳的最大价值是否小于或等于当前最优价值
    double leftW= c-cw;         //剩余背包容量
    double b = cv;              //记录当前背包的总价值 cv
    while(i<=n && w[i]<=leftW)
    {
        leftW-=w[i];
        b+=v[i];
        i++;
    }
    if(i<=n)  //若装满背包
        b+=v[i]/w[i]*leftW;
    return b; //返回计算出的上界
}
void main()
{
    int i;
    printf("请输入背包的容量和物品的数量：");
    scanf("%lf %d",&c,&n);
    printf("请依次输入%d 个物品的重量:\n",n);
    for(i=1;i<=n;i++)
    {
        scanf("%lf",&w[i]);
        itemOrder[i]=i;
    }
    printf("请依次输入%d 个物品的价值:\n",n);
    for(i=1;i<=n;i++){
        scanf("%lf",&v[i]);
    }
    Knapsack();
    Backtrack(1);
    printf("最优价值为%lf\n",bestVal);
    printf("需要装入的物品编号是");
    for(i=1;i<=n;i++)
    {
        if(put[i]==1)
            printf("%d ",itemOrder[i]);
    }
```

```
    printf("\n");
}
```

运行结果如图 15.7 所示。

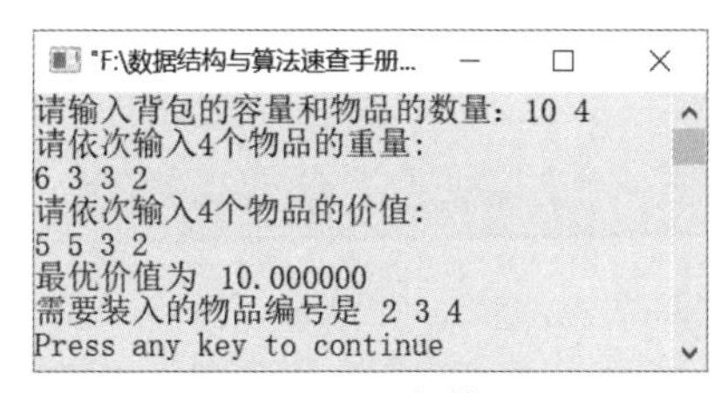

图 15.7　运行结果

第16章 数值算法

数值算法是指使用计算机求解数学问题近似解的算法，并在求解过程中考虑误差、收敛性和稳定性等问题。这些数学问题主要包括解方程或方程组、计算定积分等。数值算法计算的结果是离散的，存在一定误差，主要运用有限逼近的思想进行误差运算。

16.1 求实数的平方根

问题描述

输入一个实数，求这个实数的平方根。

【分析】

求平方根的迭代公式是 $x_1=(1/2)(x_0+a/x_0)$。

算法步骤如下。

（1）自定一个初值 x_0，作为 a 的平方根值，取 $a/2$ 作为 a 的初值。

（2）利用上述迭代公式求出一个 x_1，把求得的 x_1 代入 x_0 中。

（3）再次利用迭代公式求出一个新的 x_1，比较 x_0 和 x_1，如果它们的差值小于指定的 EPS（精度，假设为 1e−6），则该值趋于真正的平方根，x_1 可以作为平方根的近似值；否则，将 x_1 代入 x_0，执行步骤（2）。

☞第 16 章\实例 16-01.cpp

```
/********************************************
*实例说明：求实数的平方根
********************************************/
1  #include<stdio.h>
2  #include<math.h>
3  void main()
4  {
5      double a,x0,x1;
6      printf("请输入一个实数:");
7      scanf("%lf",&a);
8      if(a<0)
9          printf("输入错误，请重新输入!\n");
10     else
11     {
12         x0=a/2;
13         x1=(x0+a/x0)/2;
14         do
15         {
16             x0=x1;
17             x1=(x0+a/x0)/2;
18         }while(fabs(x0-x1)>=1e-6);
19     }
```

```
20      printf("%g 的平方根是%g\n",a,x1);
21 }
```

运行结果如图 16.1 所示。

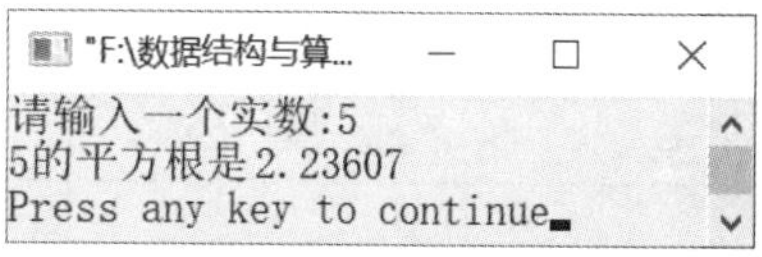

"F:\数据结构与算...
请输入一个实数:5
5的平方根是2.23607
Press any key to continue

图 16.1 运行结果

【说明】

① 设定一个初值 x_0，从 x_0 开始不断“逼近”真正的平方根。

② 利用迭代公式求出 x_1。第一次求出的 x_1 是一个不精确的值，与真正的平方根相比，误差很大，还需要进一步迭代，不断“靠近”真正的平方根。

③ 不断迭代，直到 x_1 与 x_0 的差值的绝对值小于 1e−6 时，我们就将 x_1 作为 a 的平方根。

16.2 利用二分法求方程的根

问题描述

利用二分法求方程 $3x^3-13x+2=0$ 在区间[1,9]的根。

【分析】

1. 相关概念

函数 $y=f(x)$的零点就是 $f(x)=0$ 的根；如果 $y=f(x)$有根，则说明函数 $y=f(x)$的图像与 x 轴有交点。

2. 零点存在的判断方法

函数 $y=f(x)$在区间$[a,b]$上连续，且 $f(a)\ f(b)<0$，则 $y=f(x)$在$[a,b]$内有零点，如图 16.2 所示。

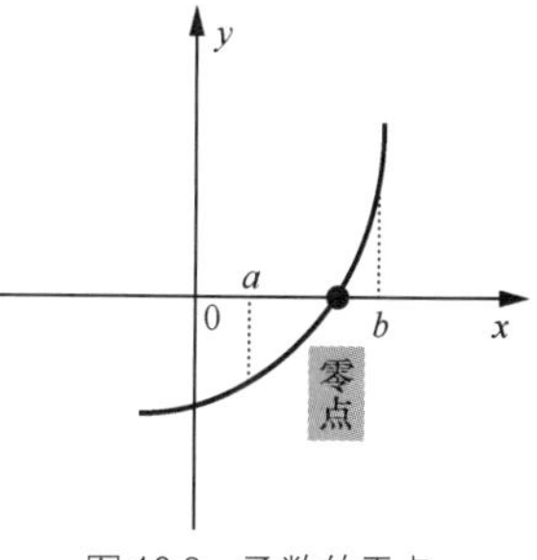

图 16.2 函数的零点

3. 二分法定义

对于在区间$[a,b]$上连续且 $f(a)f(b)<0$ 的函数 $y=f(x)$，通过不断地将函数 $f(x)$的零点所在的区间一分为二，使区间的两个端点逐步逼近零点，进而得到零点近似值的方法叫作二分法。

具体做法如下。

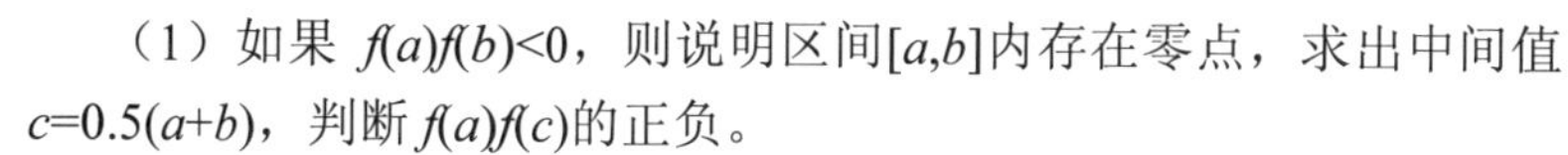

（1）如果 $f(a)f(b)<0$，则说明区间$[a,b]$内存在零点，求出中间值 $c=0.5(a+b)$，判断 $f(a)f(c)$的正负。

（2）如果 $f(a)f(c)<0$，则说明区间$[a,c]$内存在零点，令 $b=c$；否则，说明区间$[c,b]$内存在零点，令 $a=c$。

（3）如果$|f(c)|$>EPS 且$|a-b|$>EPS，则转到步骤（1）；否则，停止执行，将 c 作为近似值。

【示例】

利用二分法求函数 $f(x)= 3x^3-13x+2$ 在区间[1,4]内的零点。

计算过程如下。

（1）令 $a=1$，$b=4$，计算 a 和 b 的中间值 $c=0.5(a+b)=2.5$。

（2）因为 $f(1)=-8$，$f(2.5)=16.375$，所以 $f(1)f(2.5)<0$。因此，零点位于区间[1,2.5]内，令 $b=2.5$。

（3）求出 a 和 b 的中间值 $c=(1+2.5)\times0.5=1.75$。

（4）因为 $f(1)= -8$，$f(1.75) \approx -4.67188$，所以 $f(1)f(1.75)>0$。因此，零点位于区间[1.75,2.5]内，令 $a=1.75$。

（5）不断重复执行以上过程，直到$|f(c)|<EPS$时，停止执行，将 c 看作零点的近似值。

利用二分法求 $f(x)=3x^3-13x+2$ 的零点的过程中得到的中间值如表 16.1 所示。

表 16.1 利用二分法求 $f(x)= 3x^3-13x+2$ 的零点的过程中得到的中间值

区间[a,b]	中间值 c 的值	中间值对应的函数值
[1,4]	2.5	16.375
[1,2.5]	1.75	−4.67188
[1.75,2.5]	2.125	3.162109
[1.75,2.125]	1.9375	−1.36792
[1.9375,2.125]	2.03125	0.73642
[1.9375,2.03125]	1.984375	−0.354992
[1.984375,2.03125]	2.007813	0.180799
[1.984375,2.007813]	1.996094	−0.08956
[1.996094,2.007813]	2.001954	0.045011
[1.996094,2.001954]	1.999024	−0.02243

从表 16.1 中不难看出，随着迭代的进行，中间值 c 的函数值不断趋近于 0，而 c 不断趋近于零点，即逼近 $f(x)=0$ 的根。

☞第 16 章\实例 16-02.cpp

```
/*********************************************
*实例说明：利用二分法求方程的根
*********************************************/
1  #include<stdio.h>
2  #include<math.h>
3  #define EPS 1e-6
4  double f(double x);
5  void main()
6  {
7      double a,b,c;
8      printf("请输入一个区间(如:1,4):");
9      scanf("%lf,%lf",&a,&b);
10     printf("方程 3*x*x*x-13*x+2=0 的解:x=");
11     if (fabs(f(a))<=EPS)
12     {
13         printf("%lg\n", a);
14     }
15     else if (fabs(f(b))<=EPS)
16     {
17         printf("%lg\n", b);
18     }
19     else if (f(a)*f(b)>0)
20     {
21         printf("f(%lg)*f(%lg)>0 请重新输入,
22             使 f(%lg)*f(%lg)<=0 !\n",a,b);
23     }
24     else
25     {
26         while (fabs(f(c))>EPS&&fabs(b-a)>EPS)
27         {
28             c=(a+b)/2.0;
```

```
29              if (f(a)*f(c)<0)
30                  b=c;
31              else
32                  a=c;
33          }
34          printf("%lg\n", c);
35      }
36 }
37 double f(double x)
38 {
39     return 3*x*x*x-13*x+2;
40 }
```

运行结果如图 16.3 所示。

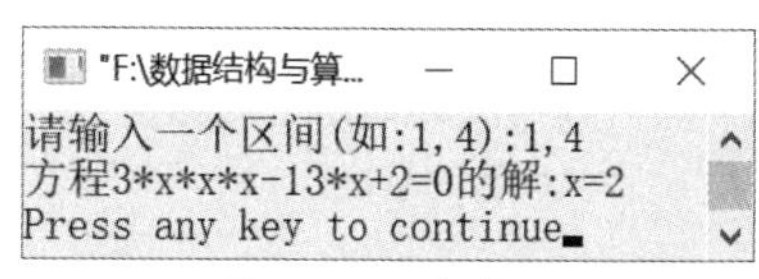

图 16.3 运行结果

【注意事项】

在利用二分法求方程的根时，需要注意两个循环条件：一个是 c 的函数值趋于 0，另一个是区间$[a,b]$变得无穷小。只有这样才能保证求得的 c 可以作为方程的根。

16.3 利用牛顿迭代法求方程的根

问题描述

利用牛顿迭代法求方程 $x^4-3x^3+1.5x^2-4=0$ 的根。

【定义】

牛顿迭代法是求方程或方程组近似根的一种常用的方法。

1. 推导过程

设方程 $f(x)=0$ 的近似根为 x_0，则在 x_0 处的泰勒展开式为

$$f(x)=f(x_0)+f'(x_0)(x-x_0)+\frac{f''(x_0)}{2!}(x-x_0)^2+\cdots$$

取线性部分即泰勒展开式的前两项作为非线性方程 $f(x)=0$ 的近似方程，则有

$$f(x_0)+f'(x_0)(x-x_0)=0$$

如果 $f(x)\neq0$，则方程的解为 $x_1=x_0-\frac{f(x)}{f'(x_0)}$，这样就得到了一个迭代序列。

$$x_{n+1}=x_n-\frac{f(x)}{f'(x_0)}$$

接下来，就可以利用该迭代公式求方程的近似根了。

2. 算法描述

利用迭代公式 $x_{n+1}=x_n-\frac{f(x)}{f'(x_0)}$ 求方程 $f(x)=0$ 的近似根的算法步骤如下。

（1）选一个方程的近似根，赋给变量 x_0。

（2）将 x_0 的值存放到变量 x_1 中，然后计算 $f(x_1)$，并将结果存于变量 x_0 中。

（3）当 x_0 与 x_1 的差的绝对值还小于指定的精度时，重复执行步骤（2）；否则，算法结束。

若方程有根，并且用上述方法计算出来的根序列收敛，则按上述方法求得的 x_0 就被视为方程的根。

☞第 16 章\实例 16-03.cpp

```
/**********************************************
*实例说明：利用牛顿迭代法求方程的根
**********************************************/
1  #include<stdio.h>
2  #include<math.h>
3  #define EPS 1e-6
4  double f(double x);
5  double f1(double x);
6  int Newton(double *x,int iteration);
7  void main()
8  {
9       double x;
10      int iteration;
11      printf("输入初始迭代值 x0:");
12      scanf("%lf",&x);
13          printf("输入迭代的最大次数:");
14      scanf("%d",&iteration);
15      if(1==Newton(&x,iteration))
16          printf("该值附近的根为%lf\n",x);
17      1else
18          printf("迭代失败!\n");
19 }
20 double f(double x)
21 /*函数*/
22 {
23      return x*x*x*x-3*x*x*x+1.5*x*x-4.0;
24 }
25 double f1(double x)
26 /*导函数*/
27 {
28      return 4*x*x*x-9*x*x+3*x;
29 }
30 int Newton(double *x,int iteration)
31 /*迭代次数*/
32 {
33     double x1,x0;
34     int i;
35     x0=*x;                             /*初始方程的近似根*/
36     for(i=0;i<iteration;i++)           /*iteration 是迭代次数*/
37     {
38         if(f1(x0)==0.0)                /*如果导数为 0，则返回 0（该方法失效）*/
39         {
40            printf("迭代过程中导数为 0!\n");
41            return 0;
42         }
43         x1=x0-f(x0)/f1(x0);            /*开始牛顿迭代计算*/
44         if(fabs(x1-x0)<EPS || fabs(f(x1))<EPS)      /*达到结束条件*/
45         {
46            *x=x1;                      /*返回结果*/
47             return 1;
48         }
49         else                           /*未达到结束条件*/
50             x0=x1;                     /*准备下一次迭代*/
51     }
```

```
52 /*迭代次数达到规定的最大值，仍没有达到精度*/
53     printf("超过最大的迭代次数!\n");
54     return 0;
55 }
```

运行结果如图 16.4 所示。

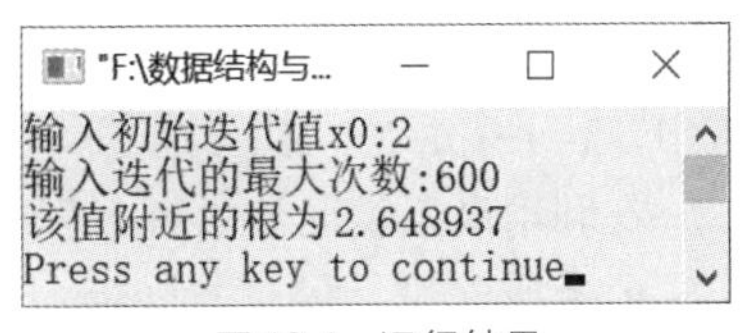

图 16.4　运行结果

【说明】

牛顿迭代法是牛顿提出的一种在实数域和复数域上求方程近似根的方法。牛顿迭代法是求方程根的重要方法之一，其最大优点是在方程 $f(x) = 0$ 的单根附近具有平方收敛的性质，而且该方法还可以用来求方程的重根、复根。

16.4 利用高斯消元法求解线性方程组

问题描述

利用高斯消元法求解以下线性方程组。

$$\begin{cases} x_1 + 2x_2 - 3x_3 = 4 \\ 2x_1 + 3x_2 - 5x_3 = 7 \\ 4x_1 + 3x_2 - 9x_3 = 9 \\ 2x_1 + 5x_2 - 8x_3 = 8 \end{cases}$$

【分析】

线性方程组可写作 ***Ax*=*B***。其中，***A*** 为系数矩阵，***x*** 为变量的列向量，***B*** 为常数列向量。设该线性方程组有 equ_num 个方程，每个方程有 v_num 个变量。将 ***A*** 和 ***B*** 组合在一起，构成增广矩阵 ***A'***，利用初等行变换，将方程组的增广矩阵 ***A'*** 化为阶梯阵，再进行求解。以上线性方程组的初等行变换过程如图 16.5 所示。

$$[\boldsymbol{A}\ \boldsymbol{B}]=\begin{bmatrix} 1 & 2 & -3 & 4 \\ 2 & 3 & -5 & 7 \\ 4 & 3 & -9 & 9 \\ 2 & 5 & -8 & 8 \end{bmatrix} \rightarrow \begin{bmatrix} 1 & 2 & -3 & 4 \\ 0 & -1 & 1 & -1 \\ 0 & -5 & 3 & -7 \\ 0 & 1 & -2 & 0 \end{bmatrix} \rightarrow \begin{bmatrix} 1 & 2 & -3 & 4 \\ 0 & -1 & 1 & -1 \\ 0 & 0 & -2 & -2 \\ 0 & 0 & -1 & -1 \end{bmatrix}$$

$$\rightarrow \begin{bmatrix} 1 & 2 & -3 & 4 \\ 0 & -1 & 1 & -1 \\ 0 & 0 & 1 & 1 \\ 0 & 0 & 0 & 0 \end{bmatrix} \rightarrow \begin{bmatrix} 1 & 2 & 0 & 7 \\ 0 & 1 & 0 & 2 \\ 0 & 0 & 1 & 1 \\ 0 & 0 & 0 & 0 \end{bmatrix} \rightarrow \begin{bmatrix} 1 & 0 & 0 & 3 \\ 0 & 1 & 0 & 2 \\ 0 & 0 & 1 & 1 \\ 0 & 0 & 0 & 0 \end{bmatrix}$$

图 16.5　初等行变换过程

因此，其一般解为 $\begin{cases} x_1 = 3 \\ x_2 = 2 \\ x_3 = 1 \end{cases}$。

为了实现求解以上线性方程组的算法，我们通过模拟以上消元过程，然后再进行回代就可得到方程组的解。循环处理增广矩阵中的每一行，每次找到第 k 行第 col 列中绝对值最大的系数，并与第 k 行第 col 列的系数交换，然后依次求出第 k+1 行到第 equ_num−1 行与第 k 行系数之间的最小公倍数，对第 k+1 行到第 equ_num−1 行的系数进行消元，再进行以下回代。

$$x_n = a_{n,n+1} / a_{n,n}$$

$$x_k = (a_{k,n+1} - \sum_{j=k+1}^{n} a_{k,j} x_j) / a_{k,k}$$

其中，$k=n-1,n-2,\cdots,1$。

在利用高斯消元法求解方程组的解时，分为以下几种情况。

- 有唯一解。经过行变换后，增广矩阵变为严格的上三角矩阵，即 k=equ_num，这种情况下方程组有唯一解，通过回代可得到方程组的解。
- 有无穷多解。若经过行变换后增广矩阵不能变为上三角矩阵，行数小于变量的个数，即 k<equ_num，这种情况下方程组有无穷多解。
- 无解。经过行变换后，若阶梯阵最后一行中出现（0,0,…,0,b）的形式，且其中 b 不为 0，则表明该方程组无解。

☞第 16 章\实例 16-04.c

```
/*********************************************
*实例说明：利用高斯消元法求解线性方程组
*********************************************/
#include<iostream.h>
#include<math.h>
#define N 10
int u_result[N];
int Gcd(int a, int b)                                    //最大公约数
{
    if(a%b==0)
        return b;
    else
        return Gcd(b,a%b);
}
int GaussFun(int a[][N], int equ_num, int v_num, int r[])
{
    int i,j,k,col,b,c,max_r,coef1,coef2,gcd,lcm;
    int t,u_x_num,u_index;
    col=0;
for(k=0;k<equ_num && col<v_num;k++,col++)            //循环处理增广矩阵的各行
    {
        max_r=k;
        for(i=k+1;i<equ_num;i++)
        {
            if(abs(a[i][col])>abs(a[max_r][col]))   //保存绝对值最大的行
                max_r=i;
        }
        if(max_r!=k)
        {
            for(j=k;j<v_num+1;j++)
            {
                t=a[k][j];
                a[k][j]=a[max_r][j];
                a[max_r][j]=t;
            }
        }
        if(a[k][col]==0)
        {
            k--;
            continue;
```

```
            }
            for(i=k+1;i<equ_num;i++)
            {
                if(a[i][col]!=0)
                {
                    b=abs(a[i][col]);
                    c=abs(a[k][col]);
                    gcd=Gcd(b,c);                          //最大公约数
                    lcm=(abs(a[i][col])*abs(a[k][col]))/gcd; //最小公倍数
                    coef1 = lcm/abs(a[i][col]);
                    coef2 = lcm/abs(a[k][col]);
                    if(a[i][col]*a[k][col]<0)
                        coef2= -coef2;
                    for(j=col;j<v_num+1;j++)
                        a[i][j]=a[i][j]*coef1-a[k][j]*coef2;
                }
            }
        }
        for(i=k;i<equ_num;i++)
        {
            if(a[i][col]!=0)
                return -1;
        }
        //若方程组有无穷多解，则将不确定变量的系数存放在数组 r 中
        if(k<v_num) //自由变量为 v_num-k
        {
            for(i=k-1;i>=0;i--)
            {
                u_x_num=0;//当前行中不确定变量的个数为 0
                for(j=0;j<v_num;j++)
                {
                    if(a[i][j]!=0 && u_result[j])
                    {
                        u_x_num++;
                        u_index=j;
                    }
                }
                if(u_x_num>1)
                    continue;
                t=a[i][v_num];
                for(j=0;j<v_num;j++)
                {
                    if(a[i][j]!=0 && j!=u_index)
                        t -=a[i][j]*r[j];
                }
                r[u_index]=t/a[i][u_index];
                u_result[u_index]=0;
            }
            return v_num-k;
        }
    //若方程组有唯一解，则将方程组的解依次存放在数组 r 中
        for(i=v_num-1;i>=0;i--)
        {
            t=a[i][v_num];
            for(j=i+1;j<v_num;j++)
            {
                if(a[i][j]!=0)
                {
                    t -=a[i][j]*r[j];
                }
            }
```

```
 r[i]=t/a[i][i];
    }
    return 0;
}
void main()
{
    int i,flag,equ_num,var_num,r[N];
    int aa[N][N] = {{1,2,-3,4},
    {2,3,-5,7},
    {2,5,-8,8}};//输入的增广矩阵
    equ_num =3;
    var_num = 3;
    flag=GaussFun(aa,equ_num,var_num,r);//调用高斯函数
    if(flag ==-1)
        cout<<"该方程无解。"<<endl;
    else if(flag==-2)
        cout<<"该方程有浮点数解,没有整数解。"<<endl;
    else if(flag>0)
    {
        cout<<"该方程有无穷多解! 自由变量的数量为"<<flag<<endl;
        for(i=0;i<var_num;i++)
        {
            if(unuse_result[i])
                cout<<i+1<<"是不确定的"<<endl;
            else
                cout<<i+1<<r[i]<<endl;
        }
    }
    else
    {
        cout<<"该方程的解为"<<endl;
        for(i=0;i<var_num;i++)
            cout<<"x"<<i+1<<"="<<r[i]<<endl;
    }
}
```

运行结果如图 16.6 所示。

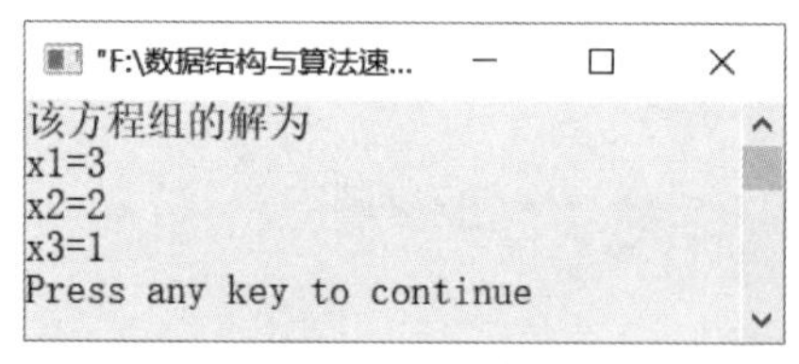

图 16.6　运行结果

16.5 利用梯形法求定积分

问题描述

利用梯形法求定积分 $\int_0^1 \sin x \,\mathrm{d}x$ 的值。

【分析】

定积分 $I=\int_0^1 \sin x \,\mathrm{d}x$ 的几何意义就是曲线 $f(x)$与 y=0、x=a、x=b 所围成的曲顶梯形的面积。为

了得到定积分的值，需要将连续的图像分割为容易求解的子图像，然后利用迭代法对表达式反复操作。求定积分的方法有两种——矩形法和梯形法。

下面我们以梯形法为例讲解。函数 $y=f(x)$的图像如图 16.7 所示。

从图 16.7 中可以看出，一个曲顶梯形可以被分割为许许多多长度为 h 的小曲顶梯形，每个小曲顶梯形可以近似地看作梯形。第 i 个小曲顶梯形的面积为

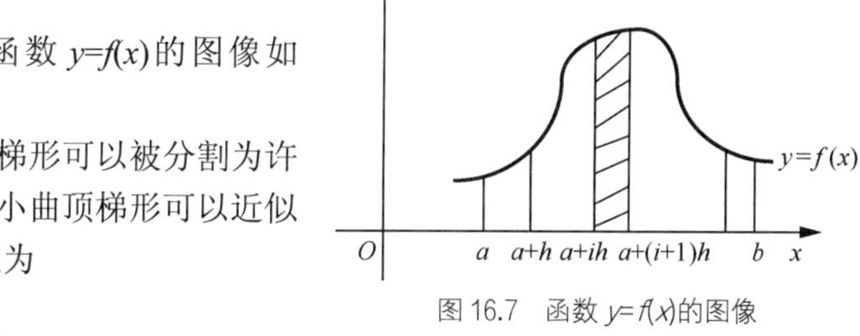

图 16.7　函数 $y=f(x)$的图像

$$s=\frac{h}{2}\{f(a+ih)+f(a+(i+1)h)\}$$

将 $h=(b-a)/n$ 代入上式，有

$$s=\sum_{i=0}^{n}\frac{h}{2}\{f(a+ih)+f(a+(i+1)h)\}$$

其中，a 为下限，b 为上限，n 为小曲顶梯形的个数。将上式展开，有

$$\begin{aligned}s&\approx\frac{h}{2}[f(a)+f(a+h)+f(a+h)+f(a+2h)+f(a+2h)+f(a+3h)+\cdots+\\&f(a+(n-2)h)+f(a+(n-1)h)+f(a+(n-1)h)+f(b)]\\&=\frac{h}{2}\ [f(a)+f(b)+2\sum_{i=1}^{n-1}f(a+ih)]\end{aligned}$$

将上述公式改为迭代形式：

$$s=\frac{h}{2}[f(a)+f(b)]$$

$$s=s+h(a+ih)$$

算法步骤如下。

（1）根据下限 a、上限 b、小曲顶梯形个数 n，求出 $h=(b-a)/n$。

（2）求出初始的 $s=(h/2)(f(a)+f(b))$。

（3）从 $i=1$ 迭代到 $n-1$，把 $h(a+ih)$累加到 s。

s 即为所求定积分。

☞第 16 章\实例 16-05.c

```
/*******************************************
*实例说明：利用梯形法求定积分
*******************************************/
1  #include<stdio.h>
2  #include<math.h>
3  #define N 1000
4  double f(double x);
5  double Integral(double a,double b,int n);
6  void main()
7  {
8      double a,b,value;
9      printf("输入积分下限和上限:");
10     scanf("%lf,%lf",&a,&b);
11     value=Integral(a,b,N);
```

```
12      printf("sin(x)在区间[%lg,%lg]的定积分为:%lf\n",a,b,value);
13 }
14 double f(double x)
15 /*函数 f(x)*/
16 {
17      return sin(x);
18 }
19 double Integral(double a,double b,int n)
20 /*迭代次数*/
21 {
22      double s,h;
23      int i;
24      h=(b-a)/n;
25      s=0.5*h*(f(a)+f(b));
26      for(i=1;i<n;i++)
27          s=s+f(a+i*h)*h;
28      return s;
29 }
```

运行结果如图 16.8 所示。

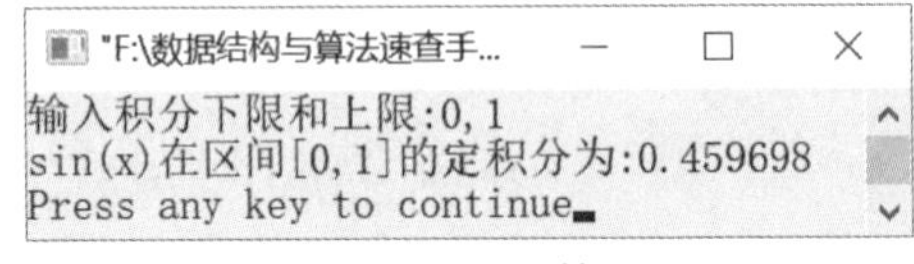

图 16.8　运行结果

【说明】

利用矩形法求定积分的方法与利用梯形法求定积分的方法类似。

利用迭代法解决问题，需要做好以下 3 个方面的工作。

（1）确定迭代变量。在可以用迭代法解决的问题中，至少存在一个直接或间接地不断由旧值递推出新值的变量，这个变量就是迭代变量。

（2）建立迭代关系式。所谓迭代关系式，即如何从变量的前一个值推出下一个值的公式（或关系）。迭代关系式的建立是解决迭代问题的关键，通常可以使用递推或逆推的方法来建立迭代关系式。

（3）对迭代过程进行控制。在什么时候结束迭代过程是迭代程序必须考虑的问题之一，不能让迭代过程无休止地进行。对迭代过程的控制通常可分为两种情况：一种是所需的迭代次数是确定的值，可以计算出来；另一种是所需的迭代次数无法确定。对于前一种情况，可以构建一个固定次数的循环来实现对迭代过程的控制；对于后一种情况，需要根据具体情况分析出用来结束迭代过程的条件。

16.6 计算π的近似值

问题描述

利用割圆术计算π的近似值。割圆术是我国魏晋时期刘徽发明的计算圆周率的方法，它最早记录在公元 263 年刘徽撰写的《九章算术注》中。所谓“割圆术”，是用圆内接正多边形的面积无限逼近圆面积，并求圆周率的方法。

【分析】

对于圆内接正六边形，设圆半径为 1。根据数学知识，圆内接正六边形的边长 y_2 也为 1，圆的周长近似等于 $6y_2=6$。圆周长$=2\pi r$，则 π=圆周长$/(2r)=6/(2\times1)=3=3\times2^0y_2$，如图 16.9（a）所示。对于圆内接正十二边形，可从圆内接正六边形继续切割得到，如图 16.9（b）所示。假设圆内接正十二边形的边长 $AB=y_2$，圆内接正六边形的边长 $BD=y_1$，三角形△AOC 和△ADC 都是直角三角形。

对于△*AOC*，设 *OC*=*a*，则有$\left(\frac{y_1}{2}\right)^2+a^2=1^2$；对于△*ADC*，设 *CD*=*b*，则有$\left(\frac{y_1}{2}\right)^2+b^2=y_2^2$。又由于 *a*+*b*=1，因此依据以上公式，可得$y_2^2=3-\sqrt{2^2-y_1^2}$，圆周率$\pi\approx 6y_2=3\times 2^1 y_2$。

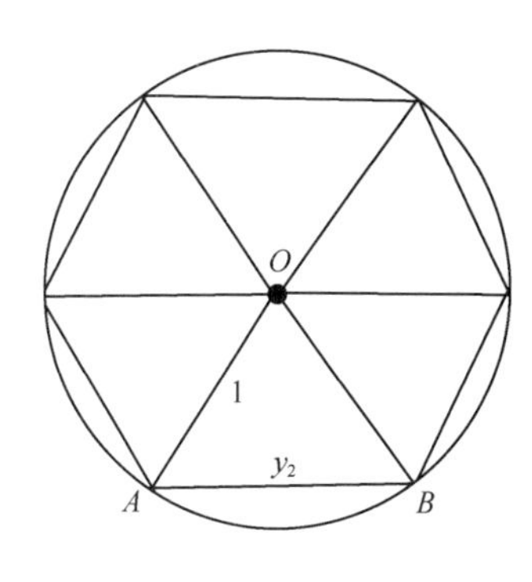

（a）圆内接正六边形

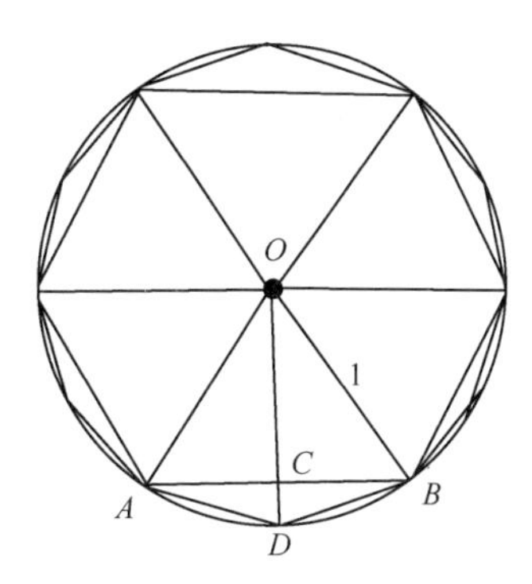

（b）圆内接正十二边形

图 16.9 圆内接正六边形和圆内接正十二边形

对于圆内接正二十四边形，设其边长为 y_2，圆内接正十二边形的边长为 y_1，则可得$y_2^2=2-\sqrt{2^2-y_1^2}$，圆周率 π 的近似值为 $3\times 2^2 y_2$。更一般地，经过若干次切割，得到的圆内接正多边形的边长趋近于圆的周长，可得$y_n^2=2-\sqrt{2^2-y_{n-1}^2}$，其圆周率$\pi\approx 3\times 2^n y_2$。

☞第 16 章\实例 16-06.cpp

```
/*********************************************
*实例说明：计算π的近似值
*********************************************/
#include<iostream.h>
#include<iomanip.h>
#include<math.h>
void main()
{
    int i,n,c;
    double k,yn;
    i=0;         //切割次数
    k=3.0;       //初始值
    yn=1.0;      //圆内接正六边形的边长
    c=6;         //初始圆内接正多边形的边数
    cout<<"输入切割次数："<<endl;
    cin>>n;
    while(i<=n)
    {
        cout<<setiosflags(ios::fixed)<<setprecision(20);
        cout<<"正"<<c<<"边形"<<i<<"次切割，PI="<<k*sqrt(yn)<<endl;
        c*=2;            //边数增加一倍
        k*=2.0;          //3*2^n
        yn=2-sqrt(4-yn);//弦长
        i++;
    }
}
```

运行结果如图 16.10 所示。

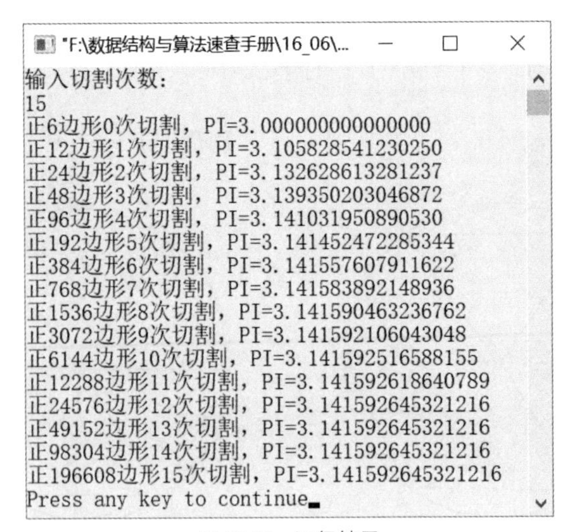
"F:\数据结构与算法速查手册\16_06\...
输入切割次数:
15
正6边形0次切割，PI=3.000000000000000
正12边形1次切割，PI=3.105828541230250
正24边形2次切割，PI=3.132628613281237
正48边形3次切割，PI=3.139350203046872
正96边形4次切割，PI=3.141031950890530
正192边形5次切割，PI=3.141452472285344
正384边形6次切割，PI=3.141557607911622
正768边形7次切割，PI=3.141583892148936
正1536边形8次切割，PI=3.141590463236762
正3072边形9次切割，PI=3.141592106043048
正6144边形10次切割，PI=3.141592516588155
正12288边形11次切割，PI=3.141592618640789
正24576边形12次切割，PI=3.141592645321216
正49152边形13次切割，PI=3.141592645321216
正98304边形14次切割，PI=3.141592645321216
正196608边形15次切割，PI=3.141592645321216
Press any key to continue
图 16.10　运行结果

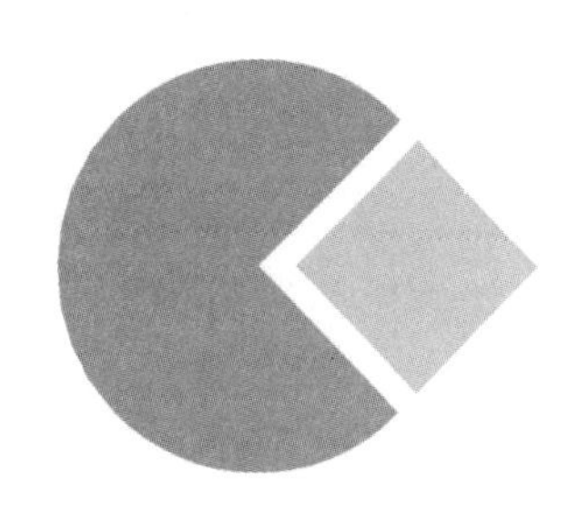

第 17 章　实用算法

除了前文介绍的常用算法外，在日常生活中，一些与实际生活紧密相关的问题可能会涉及数据结构和相关算法方面的知识。例如大小写金额的转换、大整数相乘、求算术表达式的值等。

17.1 阿拉伯数字/中文大写金额的转换

问题描述

在实际工作中，当我们填写人民币数据时，比如报销差旅费时，就需要使用中文大写金额，有时候需要把一系列表格中的阿拉伯数字金额转换为中文大写，这就是阿拉伯数字/中文大写金额转换。例如，10 802.54 的中文大写金额为壹万零捌佰零贰元伍角肆分。

【分析】

将阿拉伯数字金额转换为中文大写金额的方法如下。

（1）求出阿拉伯数字金额对应的整数部分和小数部分。

（2）分别将整数部分和小数部分转换为中文大写金额，即把阿拉伯数字 0～9 分别转换为零、壹、贰、叁、肆、伍、陆、柒、捌、玖，并在大写金额后面加上人民币的单位（即分、角、元）和“拾、佰、仟、万、亿”。

将整数部分转换为中文大写金额时，若整数部分的某位数字为 0，还需要分以下几种情况进行处理。

（1）第 1 位数字为 0，若第 2 位不是“.”或后面仍有其他字符，则输入有误；否则，输出“零元”。

（2）若为 0 的数字不是第 1 位，且不是亿、万、个位，则需要输出“零”；如果是亿、万、个位，则需要添加人民币单位。

其他情况直接将阿拉伯数字转换为中文大写，并输出人民币单位。

在转换小数部分时，当某位数为 0 时，若该位是小数点后第 1 位，则输出“零”；若小数点第 1 位和第 2 位都为 0，则输出“整”；其他情况下则直接将阿拉伯数字转换为中文大写，并输出人民币的单位。

☞第 17 章\实例 17-01.cpp

```
/*******************************************
*实例说明：阿拉伯数字/中文大写金额的转换
*******************************************/
1   #include<stdio.h>
2   #include<stdlib.h>
3   #include<string.h>
4   #define N 30
5   void rmb_units(int k);
```

```
6  void big_write_num(int l);
7  void main()
8  {
9      char c[N],*p;
10     int a,i,j,len,len_integer=0,len_decimal=0;
11         //len_integer 为整数部分长度,len_decimal 为小数部分长度
12     printf("****************************************\n");
13     printf("   本程序是将阿拉伯数字金额转换成中文大写金额!\n");
14     printf("****************************************\n");
15     printf("请输入阿拉伯数字金额: ¥");
16     scanf("%s",c);
17     printf("\n");
18     p=c;
19     len=strlen(p);
20     /*求出整数部分的长度*/
21     for(i=0;i<=len-1 && *(p+i)<='9' && *(p+i)>='0';i++);
22     if(*(p+i)=='.' || *(p+i)=='\0')//*(p+i)=='\0'是没小数点的情况
23         len_integer=i;
24     else
25     {
26         printf("\n 输入有误，整数部分含有错误的字符!\n");
27         exit(-1);
28     }
29     if(len_integer>13)
30     {
31         printf("超过范围，最大万亿! 整数部分最多 13 位!\n");
32         printf("注意: 超过万亿部分只读出数字的中文大写!\n");
33     }
34     printf("¥%s 的中文大写金额: ",c);
35     /*转换整数部分*/
36     for(i=0;i<len_integer;i++)
37     {
38         a=*(p+i)-'0';
39         if(a==0)
40         {
41             if(i==0)
42             {
43                 if(*(p+1)!='.' && *(p+1)!='\0' && *(p+1)!='0')
44                 {
45                     printf("\n 输入有误! 整数部分的第一位后有非法字符，请检查!\n");
46                     printf("程序继续执行,注意: 整数部分的剩下部分将被忽略!\n");
47                 }
48                 printf("零元");
49                 break;
50             }
51             //个、万、亿位为 0 时选择不加零
52             else if(*(p+i+1)!='0' && i!=len_integer-5 && i!=len_integer-1 &&i!=len_ integer-9)
53             {
54                 printf("零");
55                 continue;
56             }
57             //个、万、亿单位不能掉
58             else if(i==len_integer-1 || i==len_integer-5 || i==len_integer-9)
59             {
60                 rmb_units(len_integer+1-i);
61                 continue;
62             }
63             else
64                 continue;
```

```
65         }
66         big_write_num(a);                //阿拉伯数字以中文大写输出
67         rmb_units(len_integer+1-i);
68     }
69     /*求出小数部分的长度*/
70     len_decimal=len-len_integer-1;
71     if(len_decimal<0)            //若只有整数部分，则在最后输出“整”
72     {
73         len_decimal=0;
74         printf("整");
75     }
76     if(len_decimal>2)            //只取两位小数
77         len_decimal=2;
78     p=c;
79     /*转换小数部分*/
80     for(j=0;j<len_decimal;j++)
81     {
82         a=*(p+len_integer+1+j)-'0';
83         //定位到小数部分，等价于 a=*(p+len-len_decimal+j)-'0';
84         if(a<0 || a>9)
85         {
86             printf("\n 输入有误，小数部分含有错误的字符!\n");
87             system("pause");
88             exit(-1);
89         }
90         if(a==0)
91         {
92             if(j+1<len_decimal)
93             {
94                 if(*(p+len_integer+j+2)!='0')
95                     printf("零");
96                 else
97                 {
98                     printf("整");
99                     break;
100                }
101            }
102            continue;
103        }
104        big_write_num(a);
105        rmb_units(1-j);
106    }
107    printf("\n\n");
108 }
109 void rmb_units(int k)
110 {
111    //相当于 const char rmb_units[]="fjysbqwsbqisbqw";
112    switch(k)
113    {
114        case 3:case 7:case 11: printf("拾");break;
115        case 4:case 8:case 12: printf("佰");break;
116        case 5:case 9:case 13: printf("仟");break;
117        case 6: case 14:       printf("万");break;
118        case 10:               printf("亿");break;
119        case 2:                printf("元");break;
120        case 1:                printf("角");break;
121        case 0:                printf("分");break;
122        default:               break;
123    }
124 }
```

```
125 void big_write_num(int l)
126 {
127     //相当于 const char big_write_num[]="0123456789";
128     //"零壹贰叁肆伍陆柒捌玖"
129     switch(l)
130     {
131         case 0:printf("零");break;
132         case 1:printf("壹");break;
133         case 2:printf("贰");break;
134         case 3:printf("叁");break;
135         case 4:printf("肆");break;
136         case 5:printf("伍");break;
137         case 6:printf("陆");break;
138         case 7:printf("柒");break;
139         case 8:printf("捌");break;
140         case 9:printf("玖");break;
141         default:break;
142     }
143 }
```

运行结果如图 17.1 所示。

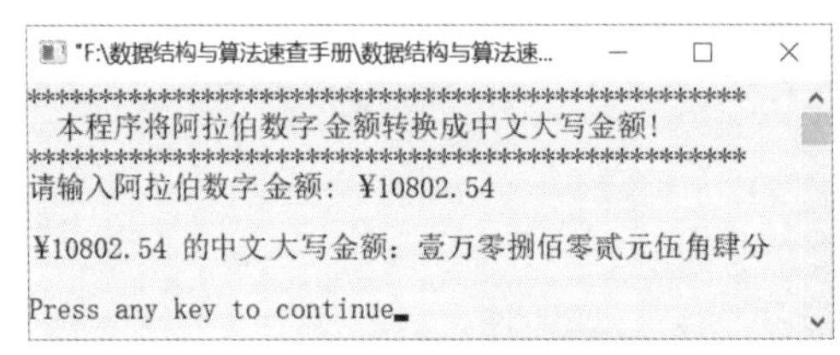

图 17.1 运行结果

【说明】

第 18～19 行求出字符串的长度，即整数部分位数和小数部分位数之和（包括小数点）。

第 21～23 行求出整数部分的长度。

在第 40～50 行中，若第一位整数部分为 0，则输出“零元”。

在第 40～50 行中，如果当前位上数字为 0 且不在个位、万位、亿位上，则输出“零”。

在第 51～56 行中，如果当前位上数字为 0 且在个位、万位、亿位上，则输出人民币单位。

在第 66～67 行中，当前位上数字不为 0，则直接将其转换为大写金额且输出对应的人民币单位。

在第 71～74 行中，若只有整数部分，则在最后输出“整”。

在第 92～99 行中，若小数部分第一位数字为 0，且第二位数字不为 0，则输出“零”；若第一位数字为 0，且第二位数字也为 0，则输出“整”。

在第 104～105 行中，其他情况下，直接将阿拉伯数字金额转换为大写金额，并输出人民币单位。

在第 109～124 行中，rmb_units 函数的功能是输出对应位上的大写人民币单位。

在第 125～141 行中，big_write_num 函数的功能是将阿拉伯数字金额转换为对应的中文大写金额。

17.2 将 15 位身份证号转换为 18 位

问题描述

我国第一代身份证号是 15 位，这主要是自 1984 年起发放的身份证。因为 15 位的身份证号只能为 1900 年 1 月 1 日到 1999 年 12 月 31 日出生的人编号，所以后来将原来的 15 位升级为目前的 18 位。为了验证之前的 15 位身份证号与目前的 18 位身份证号是同一个人的身份证号，就需要按照身份证号转换规则进行验证。编写算法，将 15 位身份证号转换为 18 位身份证号。例如，第一代身份证号为 340524800101001，对应的第二代身份证号为 34052419800101001X，它们之间的区别是第二代身份证号在年份前多了 19，即将出生的年份补充完整，并且最后面多了一位校验位。

【分析】

首先要了解身份证号最后一位的校验位是如何得到的。要计算第 18 位数字，先将前面的身份证号的 17 位数分别乘以不同的系数，从第 1 位到第 17 位的系数分别为 7、9、10、5、8、4、2、1、6、3、7、9、10、5、8、4、2。然后将这 17 位数和系数相乘的结果累加，将该结果除以 11，得到的余数只可能有 0、1、2、3、4、5、6、7、8、9、10 这 11 个数字，其分别对应的身份证最后一位数字为 1、0、X、9、8、7、6、5、4、3、2。

☞第 17 章\实例 17-02.cpp

```
/*******************************************
*实例说明：将 15 位身份证号转换为 18 位
*******************************************/
#include<iostream.h>
#include<string.h>
void main()
{
    char strID[19];
    int weight[]={7,9,10,5,8,4,2,1,6,3,7,9,10,5,8,4,2},m=0,i;
    char verifyCod[]={'1','0','X','9','8','7','6','5','4','3','2'};
    while(1)
    {
        m=0;
        cout<<"请输入 15 位身份证号(输入-1 退出):"<<endl;
        cin>>strID;
        if(strcmp(strID,"-1")==0)
            break;
        for(i=strlen(strID);i>5;i--)
            strID[i+2]=strID[i];
        strID[6]='1';
        strID[7]='9';
        for(i=0; i<strlen(strID);i++)
        {
            m+=(strID[i]-'0')*weight[i];
        }
        strID[17]=verifyCod[m%11];
        strID[18]='\0';
        cout<<"转换后的 18 位身份证号:"<<endl;
        cout<<strID<<endl;
    }
}
```

运行结果如图 17.2 所示。

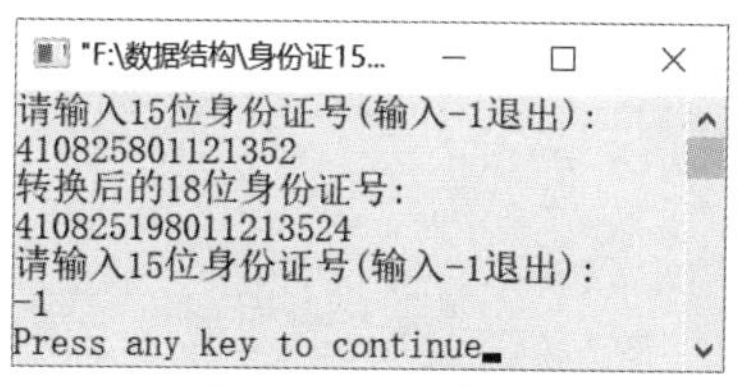

图 17.2　运行结果

17.3 计算 7 的 34 次方

问题描述

编写算法，计算 7 的 34 次方。

【分析】

计算一个数的 *n* 次方可通过简单的一重循环实现，但 7 的 34 次方是一个非常大的数，它超过了计算机的表示范围。这其实是一个大整数存储问题，可利用数组来存储。

要计算 7 的 34 次方，将 1 存储在数组 *a* 中，不断地将其与 7 相乘，循环 34 次，数组 *a* 的值就是 7 的 34 次方。任何一个整数（假设位数为 *n*）与 7 相乘，其结果的位数不会超过 *n*+1。从最低位到最高位，依次将每位数与 7 相乘；如果有进位，则将进位存入临时变量 *c* 中，把余数存入当前位。在将下一位数与 7 相乘时，还需将此时的相乘结果加上进位 *c*。某一次相乘的代码如下。

```
for (j=0;j<=k;j++)
{
    a[j]=a[j]*7+c;
    c=a[j]/10;
    a[j]%=10;
}
```

若最高位上还有进位，则将位数增加 1，并将进位作为乘积的最高位。代码如下。

```
if (c)
    {
        k++;
        a[k]=c;
        c=0;
    }
```

例如，若当前得到了 7 的 2 次方，即 49，其中 *a*[0]=9，*a*[1]=4，接下来要计算 49×7 的值。因此，先计算 9×7，得到 63，存入 *a*[0]中，把进位 6 存入 *c* 中，把 3 存入 *a*[0]中。然后计算 4×7，得到 28，并加上进位 6，把 34 存入 *a*[1]中，把 3 存入 *c* 中，把 4 存入 *a*[1]中。最高位仍然有进位，故将 3 存入 *a*[2]中。于是就得到最终的结果 343。

☞第 17 章\实例 17-03.cpp

```
/*********************************************
*实例说明：计算 7 的 34 次方
*********************************************/
1  #include<stdio.h>
2  void main()
3  {
4      int i,j,k,c=0,a[34];
5      a[0]=1;
6      k=0;
7          printf("7 的 34 次方是 ");
8      for(i=1;i<=34;i++)
9      {
10         for (j=0;j<=k;j++)
11         {
12             a[j]=a[j]*7+c;
13             c=a[j]/10;
14             a[j]%=10;
15         }
16         if (c)
```

```
17          {
18              k++;
19              a[k]=c;
20              c=0;
21          }
22      }
23      for (;k>=0;k--)
24          printf("%d",a[k]);
25      printf("\n");
26  }
```

运行结果如图 17.3 所示。

图 17.3　运行结果

【说明】

在第 10～15 行中，从最低位到最高位，依次与 7 相乘，并把与低位数相乘得到结果的加上进位 *c*，存放在 *a*[*j*]中。此时的进位存入 *c* 中，低位存入 *a*[*j*]中。

在第 16～20 行中，若最高位与 7 相乘有进位，则将进位存入 *a*[*k*+1]中。

在第 23～24 行中，从高位到低位依次输出数组 *a* 中的值，即 7 的 34 次方。

17.4 计算某年某月某日是一年中的第几天

问题描述

根据输入的年月日，计算它是这一年的第几天。

【分析】

输入年（year）、月（month）、日（day），首先根据 year 判断这一年是闰年还是平年，如果是闰年，则 2 月份有 29 天；否则，2 月份有 28 天。然后累加前（month−1）个月的天数，最后加上 day，就得到它是这一年的第几天。

☞第 17 章\实例 17-04.cpp

```
/********************************************
*实例说明：计算某年某月某日是一年中的第几天
********************************************/
1 #include<stdio.h>
2 const int leapYear[12] = { 31, 29, 31, 30, 31, 30, 31, 31, 30, 31, 30, 31 };
3 const int nonLeapYear[12] = { 31, 28, 31, 30, 31, 30, 31, 31, 30, 31, 30, 31 };
4 int IsLeapYear( int iYear )
5 {//判断是否为闰年
6     if(iYear %4==0&&iYear%100!=0||iYear%400==0)
7         return 1;
8     else
9         return 0;
10 }
11 int GetDayInYear( int iYear, int iMonth, int iDay )
12 {//计算某年某月某日是一年中的第几天
13     int i;
14     int iCurMonth = iMonth - 1;
15     int iIndex = 0;
16     if( iYear < 0 )
```

```
17          return -1;
18      if( iMonth > 13 || iMonth < 1 )
19          return -1;
20        if( IsLeapYear( iYear ) )                  //闰年
21      {
22          for( i = 0; i < iCurMonth; i++ )
23          {
24              iIndex += leapYear[i];
25          }
26          if( iDay > leapYear[i] || iDay < 1 )
27              return -1;
28          iIndex += iDay;
29      }
30        else                                       //不是闰年
31      {
32          for( i = 0; i < iCurMonth; i++ )
33          {
34              iIndex += nonLeapYear[i];
35          }
36          if( iDay > nonLeapYear[i] || iDay < 1 )
37              return -1;
38          iIndex += iDay;
39      }
40      return iIndex;
41 }
42 void main( )
43 {
44      int year,month,day;
45         printf("请输入年、月、日:");
46      scanf("%d%d%d",&year,&month,&day);
47         printf( "%d年%d月%d日是这年的第%d天.\n",year,month,day,GetDayInYear(year,month,day ) );
48 }
```

运行结果如图 17.4 所示。

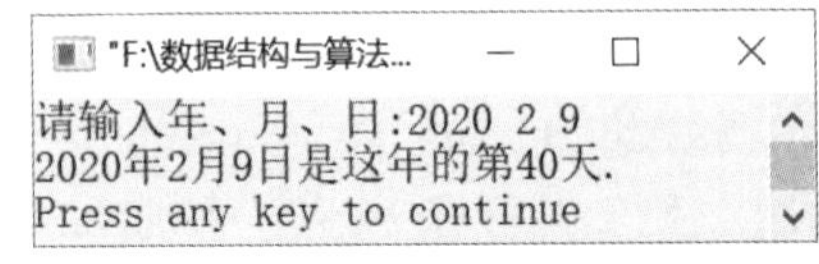

图 17.4　运行结果

【说明】

在第 2～3 行中，定义两个数组 leapYear 和 nonLeapYear，分别存放闰年和平年每个月的天数。

在第 4 行中，IsLeapYear 函数判断 iYear 是否为闰年。若某年能被 4 整除，但不能被 100 整除，那么这一年就是闰年；此外，能被 400 整除的年也是闰年。

在第 20～29 行中，如果 iYear 是闰年，则先将 leapYear 数组中 1～(iMonth−1)月中的天数相加，然后加上当月的日期 iDay。

在第 30～38 行中，如果 iYear 是平年，则将 nonLeapYear 数组中 1～(iMonth−1)月中的天数相加，然后加上当月的日期 iDay。

17.5 大整数相乘

问题描述

利用数组实现算法，求解两个大整数相乘问题。

【分析】

一般情况下，求两个大整数相乘往往利用分治法，理解起来较困难。这里我们使用模拟人类大脑计算两个整数相乘的方式求大整数相乘的结果，中间结果和最后结果仍然使用数组来存储。

假设 A 为被乘数，B 为乘数，分别从 A 和 B 的最低位开始，将 B 的最低位分别与 A 的各位数依次相乘，乘积的最低位存放在数组 $a[i]$中，高位（进位）存放在临时变量 d 中；再将 B 的次低位与 A 的各位数相乘，并加上得到的进位 d 和 $a[i]$，就是 B 中该位数字与 A 中对应位上数字的乘积，其中 $a[i]$是之前得到乘积的第 i 位数字。以此类推，就可得到两个整数的乘积。代码如下。

```
for(i1=0,k=n1-1;i1<n1;i1++,k--)
     for(i2=0,j=n2-1;i2<n2;i2++,j--)
     {
         i=i1+i2;
         b=a[i]+(s1[k]-48)*(s2[j]-48)+d;
         a[i]=b%10;
         d=b/10;
     }
```

如果 B 中的最高位与 A 中对应位数字相乘后有进位，则需要将该进位存放在 $a[i+1]$中，代码如下。

```
while(d>0)
{
    i++;
    a[i]=a[i]+d%10;
    d=d/10;
}
```

☞第 17 章\实例 17-05.cpp

```
/*********************************************
*实例说明：大整数相乘
*********************************************/
1 #include<stdio.h>
2 #include<string.h>
3 void main()
4 {
5     long b,d;
6     int i,i1,i2,j,k,n,n1,n2,a[256];
7     char s1[256],s2[256];
8     printf("输入一个整数:");
9     scanf("%s",&s1);
10    printf("再输入一个整数:");
11    scanf("%s",&s2);
12    for(i=0;i<255;i++)
13        a[i]=0;
14    n1=strlen(s1);
15    n2=strlen(s2);
16    d=0;
17    for(i1=0,k=n1-1;i1<n1;i1++,k--)
18    {
19        for(i2=0,j=n2-1;i2<n2;i2++,j--)
20        {
21            i=i1+i2;
22            b=a[i]+(s1[k]-48)*(s2[j]-48)+d;
23            a[i]=b%10;
24            d=b/10;
25         }
26 if(d>0)
27         {
28            i++;
29            a[i]=a[i]+d%10;
30            d=d/10;
31         }
```

```
32          n=i;
33      }
34      printf("%s * %s= ",s1,s2);
35      for(i=n;i>=0;i--)
36          printf("%d",a[i]);
37      printf("\n");
38 }
```

运行结果如图 17.5 所示。

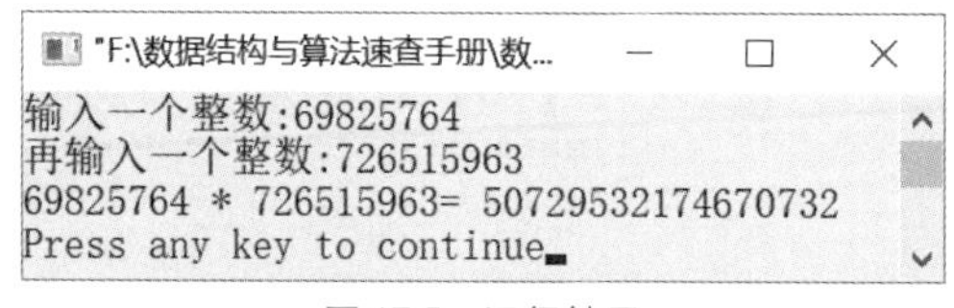

图 17.5　运行结果

【说明】

在第 12～15 行中，将大整数上的每一位都初始化为 0，分别求出两个整数的位数。

在第 17～24 行中，分别将被乘数和乘数的每一位数字相乘，并将当前值存入 *d* 中。然后，把当前位上的数字存入 *a*[*i*]中，把进位存入 *d* 中。

在第 26～30 行中，在乘数的每一位与被乘数相乘结束后，若最高位上还有进位，则将进位加到对应位的 *a*[*i*+1]上。

在第 32 行中，记下当前结果的位数，存入 *n* 中。

在第 35～36 行中，从高位到低位依次输出大整数相乘后的结果。

17.6 输出万年历

问题描述

要求按以下规则输出万年历：每一行输出一周，以“Sun Mon Tue Wed Thu Fri Sat”的形式显示。可根据以下公式获取某年元旦是星期几。

$$w=\left(y+\left(\frac{y-1}{4}\right)-\left(\frac{y-1}{100}\right)+\left(\frac{y-1}{400}\right)\right)\%7 \text{ 或 } w=y+\frac{y}{4}+\frac{c}{4}-2c+\frac{(m+1)}{5}+d-1$$

其中，y 表示年份；c 表示年份的前两位；w 表示星期，取值为 0～6，0 表示星期日，6 表示星期六。

【分析】

我们根据以上公式可获取当年元旦是星期几，然后利用输入的月份和日期定位当前日期是星期几。可以利用系统时间获取当前日期，计算当前日期前的天数，从而得到当前日期是星期几，然后显示当前月份的日历。

☞第 17 章\实例 17-06.cpp

```
/*********************************************
*实例说明：输出万年历
*********************************************/
#include<stdio.h>
#include<stdlib.h>
#include<time.h>
#include<conio.h>
typedef struct today
{
    int day;
    int month;
    int year;
} today;
int days[2][13]={ {0,31,28,31,30,31,30,31,31,30,31,30,31},
```

```
    {0,31,29,31,30,31,30,31,31,30,31,30,31} };
char *week[]= {"Sun","Mon","Tue","Wen","Thu","Fir","Sat"};
struct tm *todayuse;//定义 time 的结构体
today today_current;
int GetWeekDay(today today_usenow)
{
    int w=0,y,c,m;
    int year=today_usenow.year;
    int month=today_usenow.month;
    if(today_usenow.month==1 || today_usenow.month==2)
    {
        month+=12;
        year--;
    }
    y=year%100;
    c=year/100;
    m=month;
    w=y + y/4 + c/4 - 2*c+ 26* (m+1) / 10 + today_usenow.day -1;
    while(w<0)
    {
        w+=7;
    }
    return (w%7);
}
int IsLeapYear(int year) //判断是否为闰年
{
    if( (year%4==0 && year%100!=0) || (year%400==0))
        return 1;
    else
        return 0;
}
int GetMonthDays(int year,int month) //得到当前月的天数
{
    return days[IsLeapYear(year)][month];
}
void PrintCalendar(today today_usenow)
{
    int i,j,hang,m,day,days,daysbefore,daysbefoeit,count,newmonth;
    int firstday=0;
    today today_usehere=today_usenow;
    printf("---------------------------\n");
    printf("  Sun Mon Tue Wen Thu Fir Sat\n");
    today_usehere.day=1;
    day=GetWeekDay(today_usehere);//获取当前日期是星期几
    days=GetMonthDays(today_usenow.year,today_usenow.month);//月总数
    daysbefore=0;
    if((today_usenow.month-1)==0)
    {
        //若现在为 1 月，获取去年的 12 月份
        daysbefore=GetMonthDays(today_usenow.year-1,12);
    }
    else
    {
        daysbefore=GetMonthDays(today_usenow.year,today_usenow.month-1);
    }
    daysbefoeit=daysbefore-day+1;
    printf("");
    count=1;
    if(day==0)
    {
        daysbefoeit-=7;
        for(i=0;i<day+7;i++)
```

```
            {
                printf("%4d", daysbefoeit);
                daysbefoeit++;
            }
            printf("\n");
            count=7;
        }
        else
        {
            for(i=0;i<day;i++)
            {
                printf("%4d", daysbefoeit);
                daysbefoeit++;
            }
            count=day;
        }
        m=1;
        for(i=0;i<=6-day;i++)
        {
            printf("%4d",m);
            m++;
        }
        printf("\n");
        if(day==0)
            count=14;
        else
            count=7;
        hang=0;
        while(m<=days)
        {
            printf("%4d",m);
            hang++;
            if(hang==7)
            {
                printf("\n");
                hang=0;
            }
            m++;
        }
        if(day==0)
        {
            count=days+7;
        }
        else
        {
            count=day+days;
        }
        newmonth=1;
        for(j=hang;j<7;j++)
        {
            printf("%4d",newmonth);
            newmonth++;
        }
        printf("\n");
        count=count+7-hang;
        for(j=0;j< 42-count;j++)
        {
            printf("%4d",newmonth);
            newmonth++;
        }
    }
    void main()
```

```
{
    struct tm *p;
    time_t timep;
    time(&timep);
    p =localtime(&timep); //此函数获得 tm 结构体的时间
    today_current.year=1900+p->tm_year;
    today_current.month=1+p->tm_mon;
    today_current.day= p->tm_mday;
    today use=today_current;
    int c1,c2;
    printf(" %d 年 %d 月 %d 日\n",today_current.year,today_current.month,today_current.day);
    PrintCalendar(today_current);
    while(1)
    {
        c1 = getch();
        if(c1==27)
        {
            printf("您已经退出系统");
            break;
        }
        if(c1==110)
        {
            printf(" %d 年 %d 月 %d 日\n",today_current.year,today_current.month, today_
            current.day);
            PrintCalendar(today_current);
            use=today_current;
            continue;
        }
        c2 = getch();
        if(c1==224 && c2==72)
        {
            use.month+=1;
            if(use.month==13)
            {
                use.month=1;
                use.year+=1;
            }
            printf(" %d 年 %d 月 %d 日\n",use.year,use.month,use.day);
            PrintCalendar(use);
        }
        if(c1==224 && c2==80)
        {
            use.month-=1;
            if(use.month==0)
            {
                use.month=12;
                use.year-=1;
            }
            printf(" %d 年 %d 月 %d 日\n",use.year,use.month,use.day);
            PrintCalendar(use);
        }
        if(c1==224 && c2==75)
        {
            use.year-=1;
            printf(" %d 年 %d 月 %d 日\n",use.year,use.month,use.day);
            PrintCalendar(use);
        }
        if(c1==224 && c2==77)
        {
            use.year+=1;
            printf(" %d 年 %d 月 %d 日\n",use.year,use.month,use.day);
            PrintCalendar(use);
        }
```

```
        printf("\n");
        printf("按上下方向键，进行月份变换\n");
        printf("按左右方向键，进行年份变换\n");
        printf("按 Esc 键，退出系统\n");
        printf("按 N 键，查看当前日期\n");
    }
}
```

运行结果如图 17.6 所示。

图 17.6　运行结果

17.7 求两个正整数的差

问题描述

实现算法，分别输入两个任意长度的正整数，求这两个正整数的差。

【分析】

分别用两个字符数组存放输入的两个正整数（被减数和减数），将两个正整数的差存放在一个整型数组中。在求两个正整数的差之前，先分别求出被减数和减数的位数，然后判断被减数和减数两者的大小，用其中较大者减去较小者。在进行相减运算时，应从低位开始到高位依次对每一位数字相减，若被减数上的数字大于减数的数字，则直接相减；否则，先从较高位上进行借位，然后再进行相减运算。若差为负数，还需要在差前面加上“－”。在输出差时，还应该将差最前面的 0 去掉。

☞第 17 章\实例 17-07.cpp

```
/********************************************
*实例说明：求两个正整数的差
********************************************/
#include<stdio.h>
#include<math.h>
#define N 500
void main()
{
    char s1[N],s2[N];       /*s1[]存放被减数,s2[]存放减数*/
    int r[N]={0};           /*r[]存放两数相减的差*/
    int i,j,k,len1=0,len2=0;
```

```
    printf("请输入被减数(正整数):\n");
    gets(s1);
    printf("请输入减数(正整数):\n");
    gets(s2);
    while(s1[len1]!='\0')/*统计被减数的位数*/
        len1++;
    while(s2[len2]!='\0')/*统计减数的位数*/
        len2++;
    printf("两个数的差为\n");
    i=0;
    while(s1[i]==s2[i])
        i++;
    if ((len1>len2)||(len1==len2)&&(s1[i]>=s2[i]))      /*若被减数大于减数*/
    {
        for (i=len1-1,k=0,j=len2-1;j>=0;i--,j--,k++)   /*从低位到高位依次相减*/
        {
            if (s1[i]>=s2[j])        /*若无借位,则直接相减*/
                r[k]=s1[i]-s2[j];
            else
            {
                s1[i-1]--;       /*向高位借位*/
                r[k]=s1[i]+10-s2[j];      /*借位后相减*/
            }
        }
        for (j=i-1;(s1[j]<'0')&&(j>=0);j--)
        {
            s1[j]=s1[j]+10;
            s1[j-1]--;
        }
        for (;i>=0;i--,k++)
            r[k]=s1[i]-'0';
    }
    else         /*若被减数小于减数*/
    {
        for (i=len2-1,k=0,j=len1-1;j>=0;i--,j--,k++)
        {
            if (s2[i]>=s1[j])
                r[k]=s2[i]-s1[j];       /*减数减去被减数*/
            else
            {
                s2[i-1]--;       /*向高位借位*/
                r[k]=s2[i]+10-s1[j];
            }
        }
        for (j=i-1;s2[j]<'0'&&j>=0;j--)
        {
            s2[j]=s2[j]+10;
            s2[j-1]--;
        }
        for (;i>=0;i--,k++)
            r[k]=s2[i]-'0';
        printf("-");        /*结果为负数，在前面加上-*/
    }
    while(!r[k])/*去掉差前面的0*/
        k--;
    if(k<=-1) /*若差全为0,应输出一个0*/
        printf("0");
    for (;k>=0;k--)
        printf("%d",r[k]);
    printf("\n");

}
```

运行结果如图 17.7 所示。

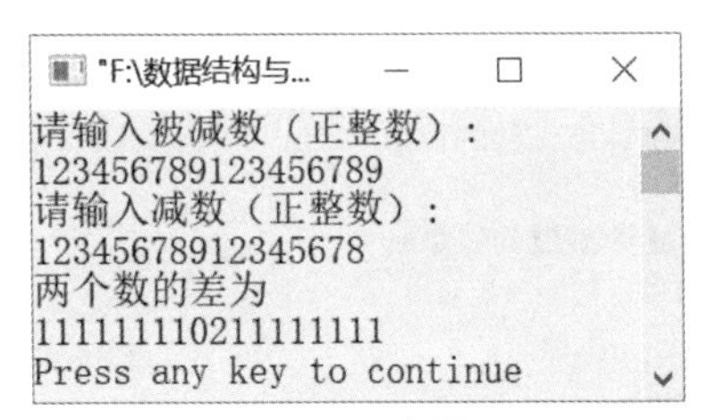

图 17.7　运行结果

17.8 利用二叉树结构计算算术表达式的值

问题描述

例如，输入算术表达式 8−((3+5)*(5−(6/2)))，利用所学二叉树的知识将其转换为后缀表达式，然后计算该表达式的值。

【分析】

为了计算算术表达式的值，需要将算术表达式转换为对应的后缀表达式，可根据输入的算术表达式字符串创建对应的二叉树，然后再利用二叉树的后序遍历计算算术表达式的值。创建二叉树的原则是将运算符作为根节点，操作数作为相应的左右子节点。运算符级别较高的运算符需要优先计算，所以将其放置在二叉树的叶子节点附近，运算符级别较低的运算符放置在二叉树的根节点附近。即运算符优先级越高，其处在二叉树的层数越高；反之，其处在二叉树的层数越低。最后参与运算的运算符为根节点。

为了创建二叉树，需要先确定二叉树的根节点，然后以根节点为分隔符将输入的算术表达式字符串分为左右两棵子树。确定二叉树的根节点，就是查找优先级别较低的运算符。可用变量 flag 记录找到运算符的位置，用变量 in_bracket 表示当前字符是否在括号内，初值为 0；变量 high_level 表示运算先后顺序，初值为 0。依次扫描算术表达式字符串，如果最外层有括号，则先去掉括号。当遇到“(”时，将 in_bracket 置为 1，表示在括号内；若遇到“)”，再将其置为 0，表示不在括号内。若遇到“+”“−”且 in_bracket 为 0，则将 high_level 置为 1，表示可作为根节点。接着判断是否满足不在括号内且不存在“+”“−”节点（即 high_level==0）的“*”“/”运算符，若存在，则将其作为根节点。最后，将 flag 返回，将 exp[flag]作为根节点。

然后利用创建的二叉树，通过后序遍历二叉树得到的后缀表达式计算算术表达式的值。

☞第 17 章\实例 17-08.cpp

```
/*********************************************
*实例说明：利用二叉树结构计算算术表达式的值
*********************************************/
#include<stdio.h>
#include<string.h>
#include<stdlib.h>
typedef struct BNode
{
    char data;
    BNode *lchild;
    BNode *rchild;
}BiNode,*BiTree;
int FindSplit(char exp[], int start, int end);
BiTree CreateBiTree(char *exp, int start, int end)
```

```
//根据输入的中缀表达式创建二叉树
{
    BiTree root = NULL;
    int flag;
    if (start == end)//若只有一个节点，则创建叶子节点
    {
        root = (BiTree)malloc(sizeof(BiNode));
        root->data = exp[start];
        root->lchild = NULL;
        root->rchild = NULL;
    }
    else
    {   //查找运算符，创建以此为根节点的左右子树
        flag = FindSplit(exp, start, end);
        if (flag < 0)//若 flag<0，则输入的算术表达式无效
        {
            printf("输入的算术表达式无效\n");
            exit(-1);
        }
        else//否则，则创建从 exp[flag]为根节点的二叉树
        {
            root = (BiTree)malloc(sizeof(BiNode));//创建根节点
            root->data = exp[flag];
        }
        if (exp[start] == '(' && exp[end] == ')')//去掉左右括号
        {
            start++;
            end--;
        }
        //递归调用，以 flag 为分隔符创建算术表达式的对应二叉树
        root->lchild = CreateBiTree(exp, start, flag - 1);
        root->rchild = CreateBiTree(exp, flag + 1, end);
    }
    return root;
}
int FindSplit(char exp[], int start, int end)
/*查找分隔位置*/
{
    int i,in_bracket=0, high_level=0, flag = -1;
    if (exp[start] == '(' && exp[end] == ')')//忽略左右括号
    {
        start++;
        end--;
    }
    for (i = start; i <= end; i++)
    {
        //记录当前字符是否在括号内
        if (exp[i] == '(')
            in_bracket++;
        else if (exp[i] == ')')
            in_bracket--;
        if (in_bracket == 0 && (exp[i] == '+' || exp[i] == '-'))
        //若当前字符不在括号内，且为 + 或 -，则当前运算符在二叉树中的层级较高
        {
            high_level = 1;
            flag = i;
        }
       else if ((exp[i] == '*' || exp[i] =='/') && high_level == 0 && in_bracket == 0)
        //若当前字符不在括号内且之前未遇到 + 或 -，则当前运算符在二叉树中的层级较高
            flag = i;
```

```
    }
    return flag;
}
float CalPostExpress(BiTree root)
//递归调用计算二叉树表示的后缀表达式的值
{
    if (root == NULL)
        return -1;
    else if ('0' <= root->data && root->data <= '9')
        return (float)(root->data - '0');
    else if(root->data=='+')
        return CalPostExpress(root->lchild) + CalPostExpress(root->rchild);
    else if(root->data=='-')
        return CalPostExpress(root->lchild) - CalPostExpress(root->rchild);
    else if(root->data=='*')
        return CalPostExpress(root->lchild) * CalPostExpress(root->rchild);
    else if(root->data=='/')
        return CalPostExpress(root->lchild) / CalPostExpress(root->rchild);
}
void PostOrderTraverse(BiTree T)
/*后序遍历二叉树的递归实现*/
{
    if(T)                                     /*如果二叉树非空*/
    {
        PostOrderTraverse(T->lchild);         /*后序遍历左子树*/
  PostOrderTraverse(T->rchild);               /*后序遍历右子树*/
        printf("%2c",T->data);                /*访问根节点*/
    }
}
void main()
{
    char a[100],ch;
    BiTree root;
    float r=0;
    printf("请输入中缀表达式: \n");
    scanf("%s", a);
    while ((ch = getchar()) != '\n');      //以回车符作为结束符
    root = CreateBiTree(a, 0, strlen(a)-1);
    r=CalPostExpress(root);
    printf("后缀表达式为");
    PostOrderTraverse(root);
    printf("\n");
    printf("表达式结果为%f\n", r);
}
```

运行结果如图 17.8 所示。

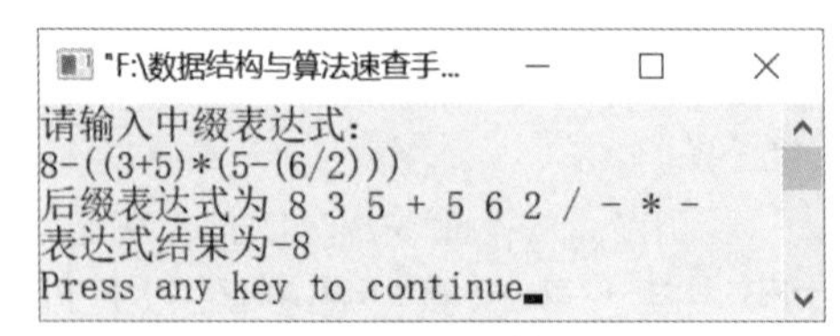

图 17.8　运行结果

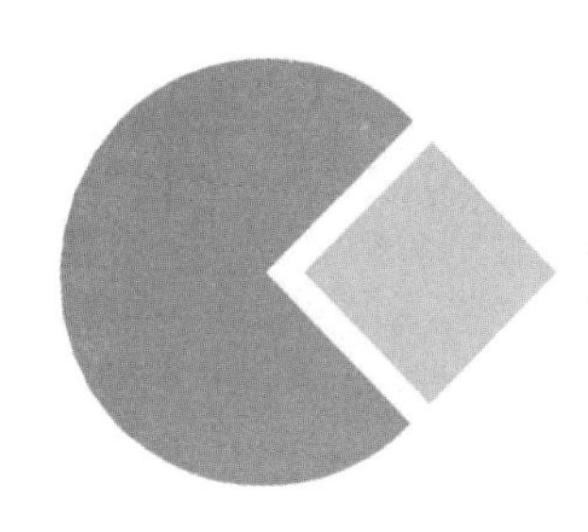

第 18 章 常见错误与程序调试技术

在设计数据结构与实现算法时，即使是算法思想是正确的，也常常会遇到各种类型的错误。因此程序调试成为必不可少的环节之一，只有当程序能正确运行出结果，才说明算法或程序是正确的。程序调试不仅可以验证算法思想和程序的正确性，还可以提高我们的算法设计和程序编写水平。因此，程序调试和算法设计两者是相辅相成的。

Visual C++ 6.0 是一个常用且功能强大的程序调试工具，它可以帮助我们找出程序中的各种错误。本章主要介绍常见的错误类型及如何使用 Visual C++ 6.0 调试程序。

18.1 常见错误

在对程序进行调试之前，我们先来大致了解常见的错误有哪些。

18.1.1 错误分类

我们已经知道，C 程序需要经过编译、链接等步骤才能运行，编译器在每个阶段都会有不同的分工，每个阶段检查出来的错误也就不同。根据错误出现的不同阶段，可以将错误分为 5 类——警告错误、语法错误、链接错误、运行时错误和逻辑错误。其中，警告错误和语法错误是编译阶段检查出来的，链接错误是链接阶段检查出来的，运行时错误是运行程序时检查出来的，而逻辑错误编译器是无法自动检查出来的，这需要调试人员利用调试工具进行检查。

- 警告错误：这类错误一般不会影响程序的运行，大多数可以忽略。这类错误常见的情况是定义了变量但是并没有使用该变量，或者赋值语句中的类型自动转换，比如，将一个 long int 型的数据赋给了 int 型变量可能导致数据的丢弃，因此编译器会给出一个警告。
- 语法错误：这类错误一般是程序书写错误，编译器能准确给出这类错误所在的行号，程序员可根据提示进行修改。例如，少写了一个花括号，在语句的末尾少写了分号，错写了变量名，少写了一个函数参数等。
- 链接错误：这类错误是在链接阶段检查出来的。链接就是将程序用到的所有函数和多个文件链接在一起构成可执行文件。这类错误产生的原因往往是程序中调用的函数不存在或找不到相应的函数。例如，如果一个程序包括两个函数，且在一个函数中调用了另一个函数，被调用函数如果没有定义，则在编译阶段并不会出错，它将在链接阶段出错。链接错误可以看作编译器继续深入检查错误的结果。
- 运行时错误：这类错误是在运行阶段产生的。在没有了语法错误和链接错误之后，运行程序后会显示运行结果窗口。如果程序中存在指针指向错误、除以 0 错误等，则在运行到程序的某一行发现错误时就会检查出一个内存错误异常，程序终止执行。这类错误只有在程序运行阶段才能发现，在编译和链接阶段是无法发现的。
- 逻辑错误：这类错误指程序不存在语法方面的错误，也不存在指针指向等运行时错误，在语法和语用上完全没有问题。这种错误体现在程序员编写的程序不能运行出正确的结果，与正确结果不符。编译器是检查不出这种错误的，这必须由程序员利用编译器单步跟踪调试程序，对一行一行代码进行仔细检查，并且往往还需要程序员熟悉程序代码本身的思想，并仔细分析程序，只有这样才能找出错误所在。例如，要将两个数 *a* 与 *c* 的和赋给变量 *b*，如果写成 *b=a,a=c*，也符合语法规则，编译器并不会报错。对于这种错误，只有利用编译器的单步跟踪调试工具才能发现。

18.1.2　常见错误举例

下面是编写 C 程序时经常出现的一些错误，我们通过这些错误案例和错误提示来说明如何识别这样的错误，帮助初学者调试程序。

1. 忘记分号

忘记分号是编程中最常见的错误之一，这种错误属于语法错误，在编译阶段就会被找出来，所以很容易被纠正。例如，有以下代码。

```
1  #include<stdio.h>
2  void main()
3  {
4       int a=3,b=5,c;
5       c=a+b;
6       printf("c=%d\n",c)
7  }
```

单击工具栏上的按钮后，编译器将给出如下的错误提示信息。

```
e:\数据结构与算法速查手册\例18_1\例18_1.c(7) : error C2143: syntax error : missing ';' before '}'
```

双击该错误提示行后，错误指示符将定位在第 7 行代码。上面的错误提示告诉我们在第 7 行的花括号之前缺少一个分号。

2. 忽略了大小写标识符

在 C 语言中，大小写英文字母是不同的字母，二者不能混用。例如，有如下代码。

```
1  #include<stdio.h>
2  void main()
3  {
4       int a=3,b=5,c;
5       c=sum(a,b);
6       printf("c=%d\n",c);
7  }
8  int Sum(int x,int y)
9  {
10      return x+y;
11 }
```

在编译该程序时并不会出现错误，也就是该程序能通过编译。但是在链接该程序时，将出现如下的错误提示信息。

```
例18_1.obj : error LNK2001: unresolved external symbol _sum
Debug/例21_1.exe : fatal error LNK1120: 1 unresolved externals
例18_1.exe - 2 error(s), 0 warning(s)
```

以上错误提示信息的意思是无法解析 sum。这表明 sum 函数中出现了错误，经过检查就会发现原来是大小写问题。这类错误往往令许多初学者感到莫名其妙，因为编译器并不会指出具体在哪行出现了错误。之所以出现这种错误是因为系统找不到相应的函数，一般是函数名书写错误。

3. 忽略了=与==的区别

在 C 语言中，=与==是不同的，前者表示赋值运算符，后者表示条件运算符中判断两边的值是否相等。在编写程序时，经常会将条件运算符中的==写作=。例如，有如下代码。

```
1  int a=3;
2  if(a=5)
3        printf("a 的值等于 5\n");
```

程序的运行结果如下。

```
a 的值等于 5
```

这显然是不对的。这种错误不会被编译器发现，这是因为以上书写符合语法规定。经过检查发现原来是将 *a*==5 写作了 *a*=5，所以不管 *a* 是什么数都会执行第 3 行的输出语句。这种错误可通过单步跟踪调试找出。

4. 输入时忘记了&运算符

在使用 scanf 函数为变量输入数据时，缺少变量名前的&运算符。例如，有如下代码。

```
1  #include<stdio.h>
2  void main()
3  {
4       int a;
5       scanf("%d",a);
6           printf("a=%d\n",a);
7  }
```

编译链接程序时都不会出现错误，运行结果如图 18.1 所示。

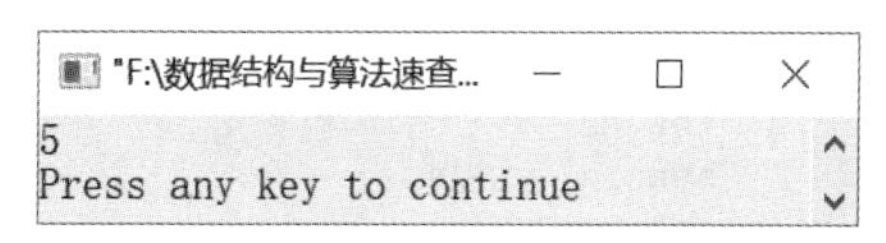

图 18.1 运行结果

输入整数 5，但是并没有像期望的那样输出结果 a=5。通过设置断点，单步跟踪调试程序，出现图 18.2 所示的运行时错误提示。

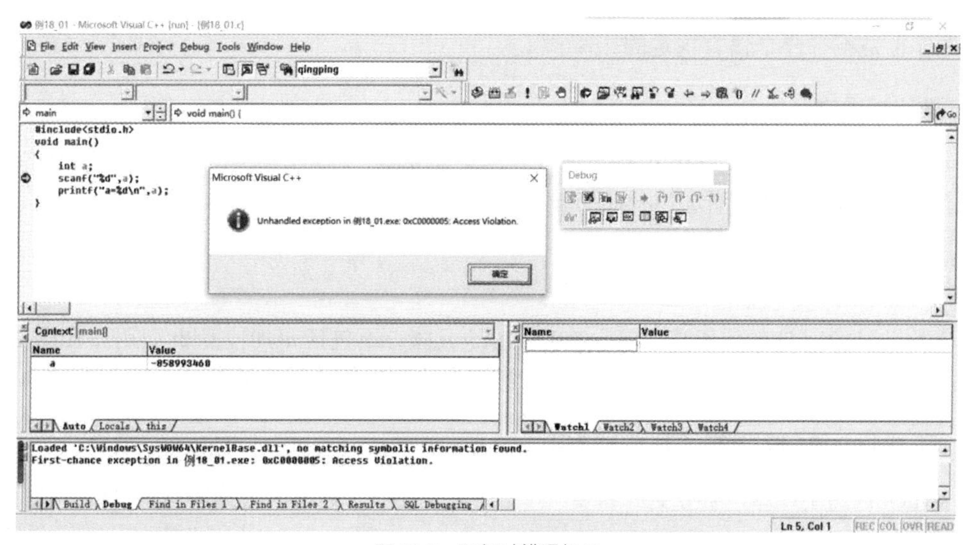

图 18.2 运行时错误提示

这种错误就属于运行时错误，即在运行阶段发现了错误。这种错误也需要单步跟踪调试才能发现，当程序执行到该行时，出现该运行时错误提示，说明这一行存在错误。

5. 数据的输入方式与格式要求不符

例如，有如下代码。

```
1  #include<stdio.h>
2  void main()
3  {
4        int a,b;
5        scanf("%d,%d",&a,&b);
6        printf("a=%d,b=%d\n",a,b);
7  }
```

如果按照以下格式输入数据，则 8 和 6 之间有一个空格，运行结果如图 18.3 所示。

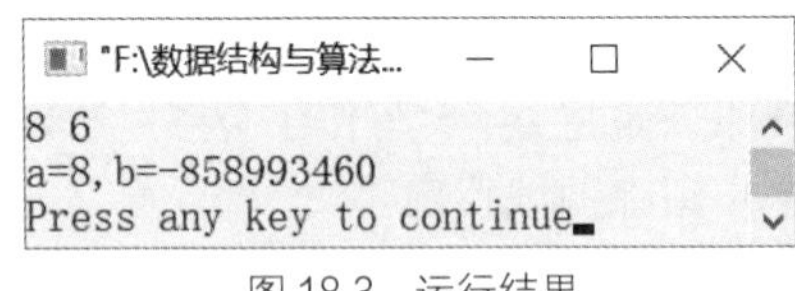

图 18.3　运行结果

造成这样错误的运行结果是因为输入格式不正确，正确的输入格式应该是 8 和 6 之间用逗号分隔。这样的错误属于逻辑错误，这是因为错误的输入方式造成的，可以通过提示输入方式减少错误。

```
86<按 Enter 键>
```

6. 定义数组时误用了变量作为数组的最大长度

在定义数组时，需要指定数组的最大长度。因为数组的空间大小在编译阶段分配，而变量的值在运行阶段才能得到，所以使用变量作为数组的最大长度是错误的。例如，有如下代码。

```
1  int n;
2  scanf("%d",&n);
3  int a[n];
```

n 的值在运行阶段才能得到，而数组 a 的最大长度必须在编译阶段指定，这样的分配时机不合适。另外，scanf 函数是执行语句，而第 3 行是声明语句，声明语句应在执行语句之前，以上代码的语句顺序也是不符合 C 语言规定的。

7. 数组越界错误

在 C 语言中，数组的下标从 0 开始，而不是从 1 开始。在引用数组元素时必须清楚这一点，否则将会造成错误。例如，有如下代码。

```
1  int a[10]={1,2,3,4,5,6,7,8,9,10};
2  printf("%d",a[10]);
```

定义数组 $a[10]$，它的元素是 $a[0]$～$a[9]$的 10 个元素，不包括 $a[10]$。因此引用 $a[10]$是错误的，但是 C 语言并不进行数组下标越界检查。运行程序后将输出一个随机的数。

8. 在 switch 语句中漏掉了 break 语句

在 switch 语句中，每一个分支都需要一个 break 语句以便退出该选择语句。例如，下面的代码是有问题的。

```
1  switch(grade)
2  {
3      case 'A':
4          printf("90~100\n");
5      case 'B':
6          printf("80~89\n");
7      case 'C':
8          printf("70~79\n");
9      case 'D':
10         printf("60~69\n");
11     case 'E':
12         printf("0~59\n");
13  }
```

由于每个分支都没有 break 语句，因此执行其中一个分支语句后，将继续执行后面的语句，而不是退出 switch 语句。如果 grade 的值是“B”，则将输出以下结果。

```
80~89
70~79
60~69
0~59
```

这样的错误也属于逻辑错误，编译器无法自动检查出错误。

9. 直接为指针类型变量赋值

在 C 语言中，必须先为变量分配内存空间才能使用该变量。对于一般的变量来说，定义变量就是为变量分配内存空间。而对于指针类型变量来说，则需要用户自己分配内存空间。例如，有如下代码。

```
1  #include<stdio.h>
2  void main()
3  {
4       int *a;
5       *a=5;
6       printf("%d\n",*a);
7  }
```

第 5 行代码试图将 5 直接赋值给 *a* 指向的内存空间，这样的做法是错误的。对于指针类型变量，它是一个指针，只能指向已经存在的数据。为了将数据正确地保存到内存单元中，必须使用 malloc 函数动态地为该指针分配一个内存单元，否则将产生运行时错误。正确的代码如下。

```
1  #include<stdio.h>
2  void main()
3  {
4       int *a;
5       a=(int*)malloc(sizeof(int));
6       *a=5;
7       printf("%d\n",*a);
8  }
```

这样的错误也是初学指针的人常犯的错误之一。

以上仅仅列举了初学者在学习 C 语言的过程中经常遇到的错误。编译器捕获的时机不同，错误类型就不同。对于初学者来说，了解错误是哪个阶段产生的，属于什么类型的错误，有助于快速选择合适的调试方法找出错误出现的原因和并修改错误。遇到错误时，要静下心对错误逐条进行排查，解决的问题多了，经验就会积累起来，以后就能熟练地运用编译工具快速找出错误并改正。

18.2 程序调试

在程序设计过程中，利用好编译工具可以找出程序或软件中的各种错误，包括潜在的逻辑错误等。Visual C++ 6.0 是一个非常经典的程序调试工具，本节主要介绍如何使用 Visual C++ 6.0 调试程序。

18.2.1 Visual C++ 6.0 开发环境中程序的调试

本节讲解如何调试 C 语言程序。在调试 C 语言程序之前需要建立一个 Visual C++ 6.0 调试环境。

1. 建立 Visual C++ 6.0 调试环境

首先使用 Visual C++ 6.0 开发环境创建一个项目，假设项目名为 Test，然后创建一个 C 程序文件 Test.c。Visual C++ 6.0 开发环境中有两个版本——Debug 版本和 Release 版本。Debug 版本是开发软件时调试用的版本，Release 版本是准备发布的版本。

为了调试程序，需要将调试环境设置成 Debug 版本。设置方法如下。

在 Visual C++主界面中，从菜单栏中选择 Project→Project Settings 命令，弹出对话框，在 Settings For 列表框中选择 Win32 Debug。在默认情况下，项目的版本是 Debug 版本。

2. 设置断点

接下来，就可以调试程序了。调试程序的第 1 步就是设置断点。所谓断点，就是程序执行停止的地方。这样，我们就可以使程序停止在断点处，以观察变量或程序运行的状态了。

对于 C 语言程序来说，断点大致可以设置为 3 种——位置断点、条件断点和数据断点。

1）位置断点

位置断点的设置方法非常简单，只需要在将光标定位在需要设置断点的代码行，并单击工具栏上的图标，或选择 Edit→Breakpoints 或按 F9 键，这样就会在该代码行的左边出现一个圆点，如图 18.4 所示。

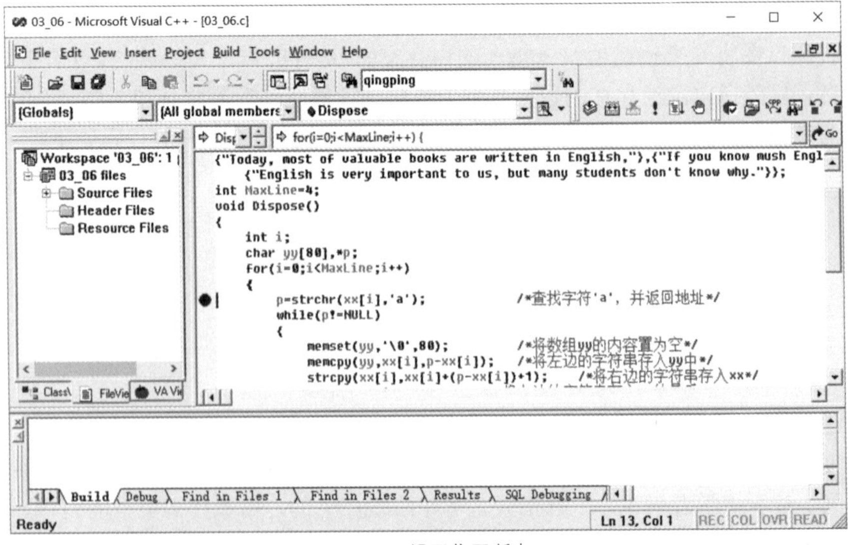

图 18.4　设置位置断点

在调试程序时，程序将运行到该行自动停止，这样就可以观察变量的状态了。

2）条件断点

有时，需要使程序运行到某个条件时停止，然后观察变量的状态。特别是循环次数特别多的情况下，不可能从循环开始每次都观察变量的值，这样的调试效率太低了。为了提高效率，可以使程序直接运行到某个条件后停止，再观察变量的状态。

例如，如果要查看 *i*==6 时变量 stu 的变化情况，需要多次按 F10 键单步跟踪。为了使程序直接定位到该位置，需要为断点设置条件。具体方法如下。

选择 Edit→Breakpoints 或按 Alt+F9 快捷键，弹出 Breakpoints 对话框，如图 18.5 所示。

然后在 Location 选项卡中单击 Condition 按钮，弹出 Breakpoint Condition 对话框，在文本框中输入条件“i==3&&j==6”，如图 18.6 所示。

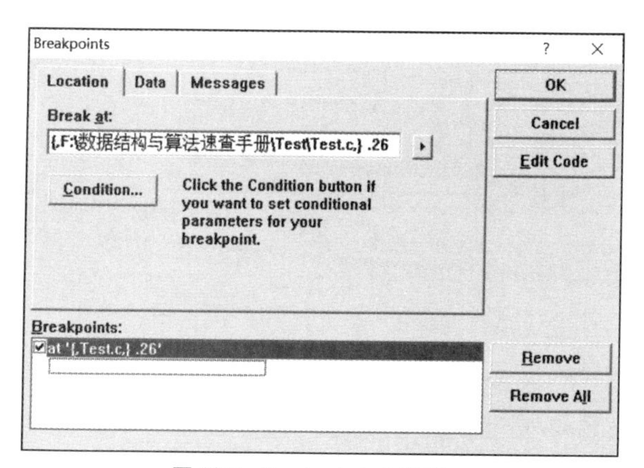

图 18.5　Breakpoints 对话框

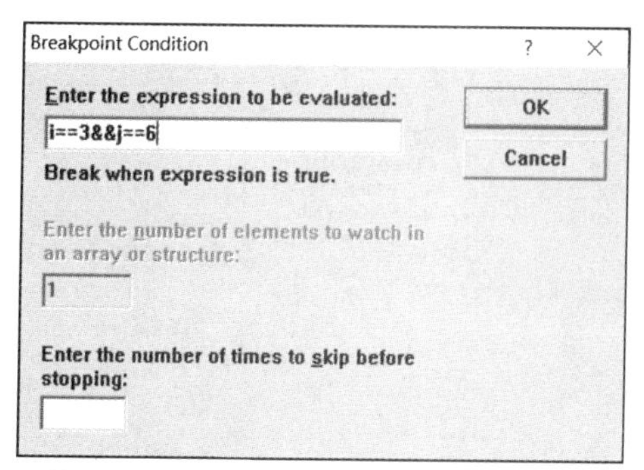

图 18.6　Breakpoint Condition 对话框

单击 OK 按钮，按 F5 键或单击工具栏上的的按钮就会弹出图 18.7 所示的提示对话框。

单击“确定”按钮之后，就可以查看数组 stu 的值了。

3）数据断点

为了监控某些数据是否被修改，可以设置数据断点来观察。当该数据有变化时，编译器就会弹出提示信息。设置数据断点的方法如下。

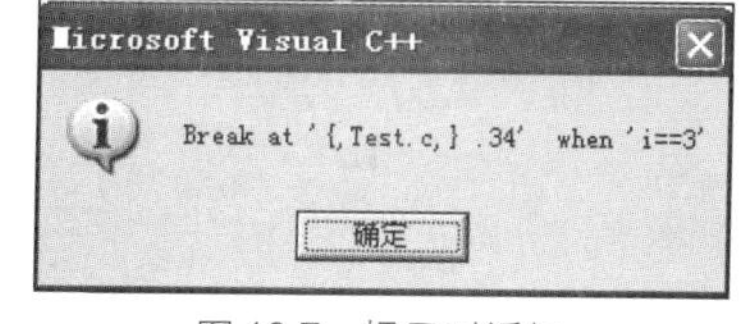

图 18.7　提示对话框

按 Alt+F9 快捷键，弹出 Breakpoints 对话框，选择 Data 选项卡，在文本框中输入一个全局变量“*s*”，即当 *s* 的值有变化时，将会弹出提示信息，如图 18.8 所示。

单击 OK 按钮，按 F5 键调试程序，将弹出图 18.9 所示的提示对话框。

程序将在改变全局变量 *s* 的代码处停止。需要注意的是，设置数据断点的变量必须是全局变量。

3. 程序调试方法

设置了断点之后，就可以使用调试命令对程序进行调试了。常用的调试方法就是按 F10 键、F11 键和 F5 键。其中，按 F10 键和 F11 键单步跟踪命令，每次只执行一行代码，按 F5 键开始调试命令。这里主要介绍单步跟踪命令的使用方法。

首先，在需要调试的程序中的开始位置设置一个断点，如图 18.10 所示。

按 F10 键或 F5 键开始调试程序，程序停留在断点处，通过一个箭头指示该位置，如图 18.11 所示。

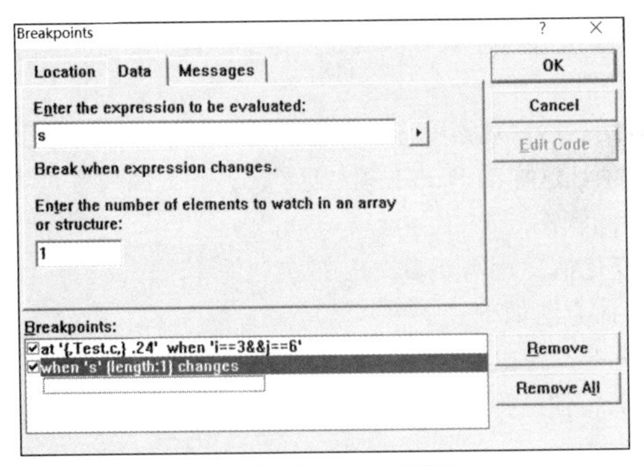

图 18.8 Breakpoints 对话框

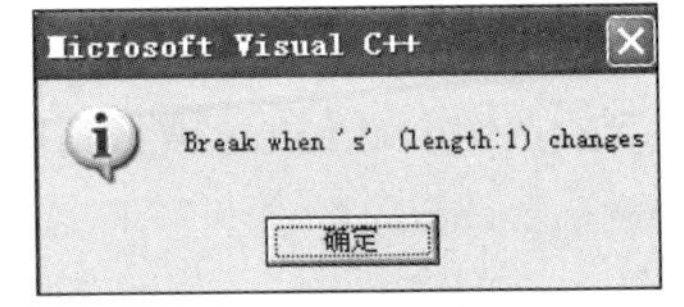

图 18.9　提示对话框

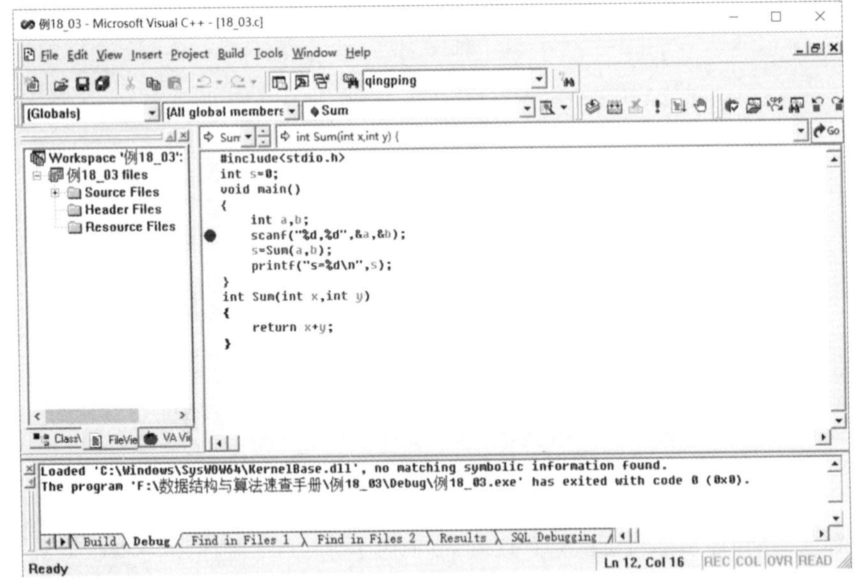

图 18.10　设置断点

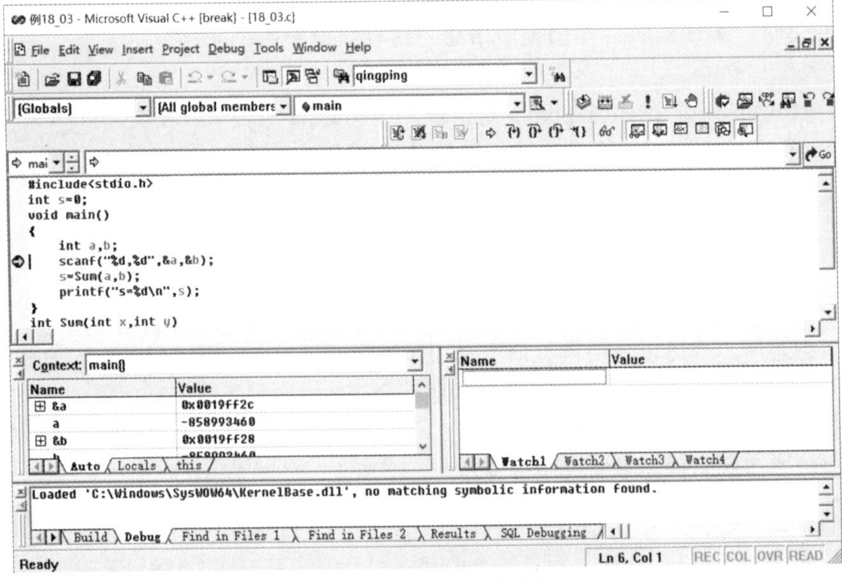

图 18.11　程序执行到断点处停止

然后按 F10 键单步跟踪该程序，在命令窗口处按照以下形式输入两个值。

```
12,25 按 Enter 键>
```

此时，程序运行到下一行代码，通过将光标移动到变量 a 和 b 的位置，可以查看变量 a 和 b 的值，如图 18.12 所示。

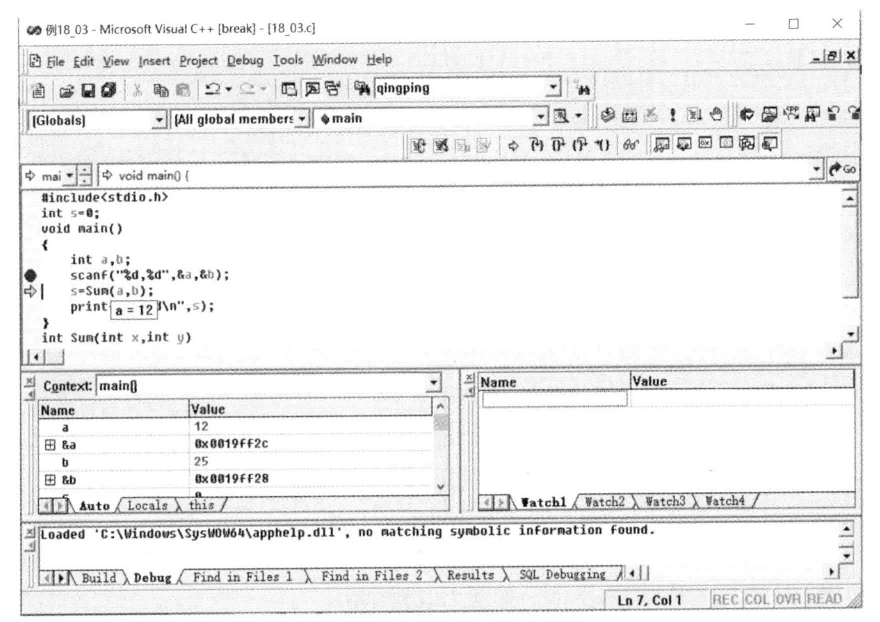

图 18.12　查看变量 a 和 b 的值

当前要执行的代码是求和函数 Sum。如果按 F10 键，程序将不会进入 Sum 函数内部执行，而是直接返回 Sum 函数的值给 s。如果按 F10 键，程序将进入 Sum 函数内部，在 Sum 函数内部逐条语句执行。执行完 Sum 函数的最后一条语句后，程序返回 main 函数调用 Sum 函数处。

按 F10 键，程序跳转到 Sum 函数内部，如图 18.13 所示。

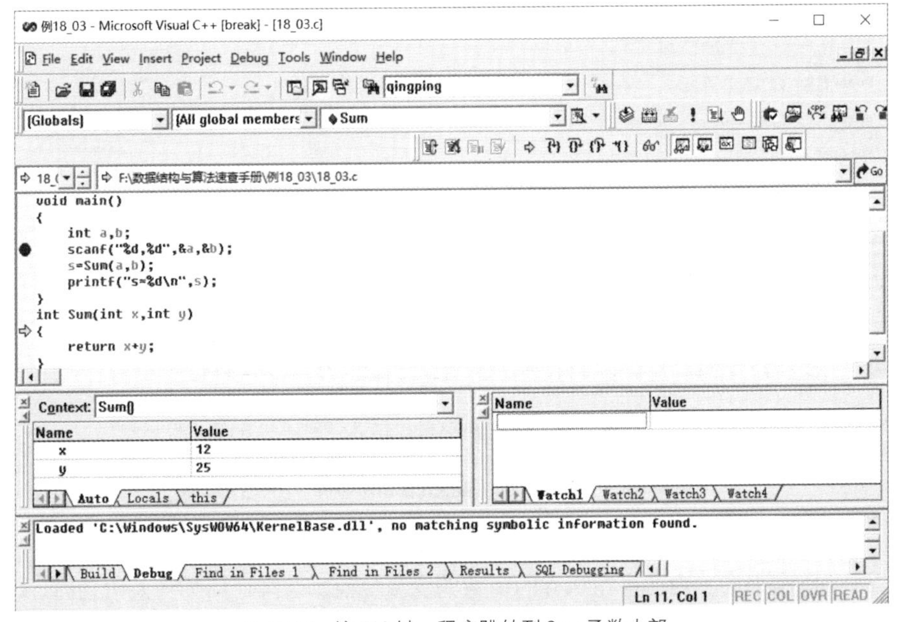

图 18.13　按 F10 键，程序跳转到 Sum 函数内部

继续按 F10 键单步跟踪每一条语句。当遇到 Sum 函数的最后一条语句时，按 F10 键程序返回调用函数。然后按 F10 键或 F11 键继续执行下一条语句。

【说明】

在调试的过程中，执行完一行代码后，可以将光标放置在变量的上面，将出现一个提示标签，显示该变量的值，这样可以观察程序的执行状况。

4. 查看工具

要查看程序的运行状态，如变量的值等就需要使用查看工具。Visual C++ 6.0 开发工具提供的查看工具包括 Watch 窗口、Variables 窗口、Memory 窗口、Call Stack 窗口、Registers 窗口和 Disassembly 窗口。

1）Watch 窗口

Watch 窗口包括 4 个标签页，每个标签页包含一个电子表格，用来显示变量的信息。Watch 窗口如图 18.14 所示。

当程序处于调试阶段时，可通过从菜单栏中选择 View→Debug→Watch 加载该窗口。调试程序时，可以将要查看的变量输入 Name 列，按 Enter 键确定输出，编译器将自动在 Value 列显示出该变量的值。也可以选中要查看的变量将其拖动到 Watch 窗口中。

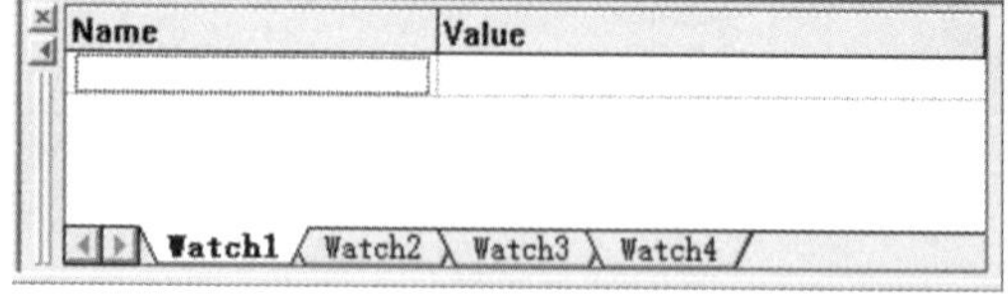

图 18.14 Watch 窗口

例如，在一段程序中设置一个断点，然后调试该程序。将变量 *a* 和 *b* 拖曳到 Watch 窗口中，Watch 窗口位于 Visual C++ 6.0 的右下部，如图 18.15 所示。

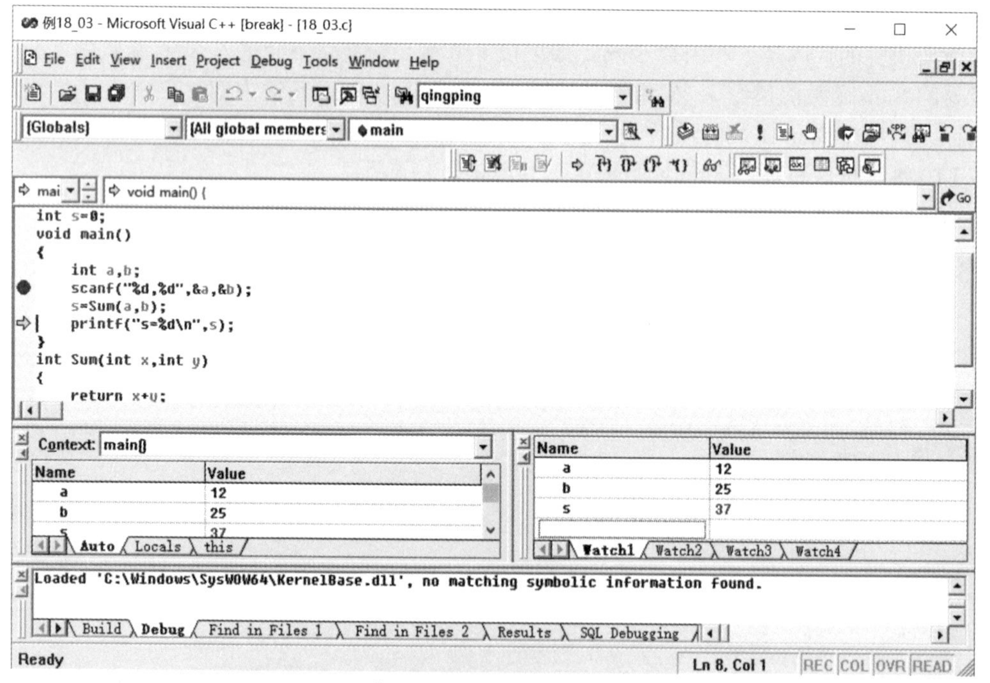

图 18.15 调试程序时在 Watch 窗口中查看 *a* 和 *b* 的值

2）Variables 窗口

Variables 窗口用来显示当前正在执行的函数的变量信息。当执行到某一条语句时，该语句涉及的变量将自动在 Variables 窗口中突出显示，如图 18.16 所示。

左下角为 Variables 窗口。刚刚执行完 s=sum(a,b)，当前的变量为 *s*，以红色显示。

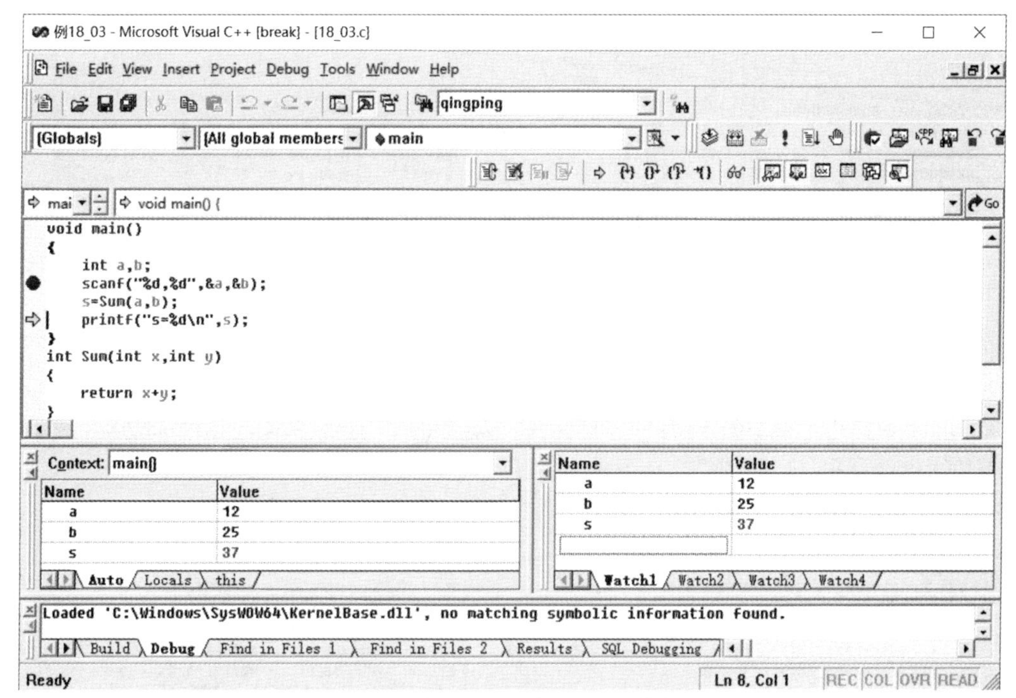

图 18.16　在 Variables 窗口中显示的变量

3）Memory 窗口

Memory 窗口用来显示从某个地址开始的内存信息，默认从 0x00000000 地址开始显示。如果要查看连续多个变量的值，如数组的值，可以使用 Memory 窗口查看。例如，设置一个断点，开始调试该程序，如图 18.17 所示。

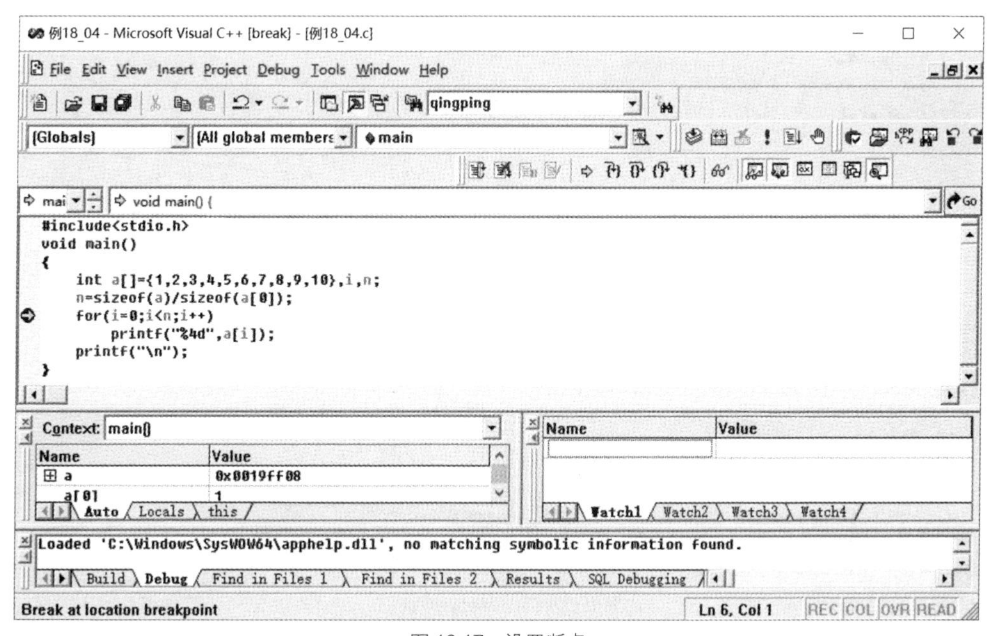

图 18.17　设置断点

按 Alt+F6 快捷键打开 Memory 窗口，如图 18.18 所示。

在文本框中输入数组名“a”，按 Enter 键自动显示出数组 *a* 中的值，如图 18.19 所示。

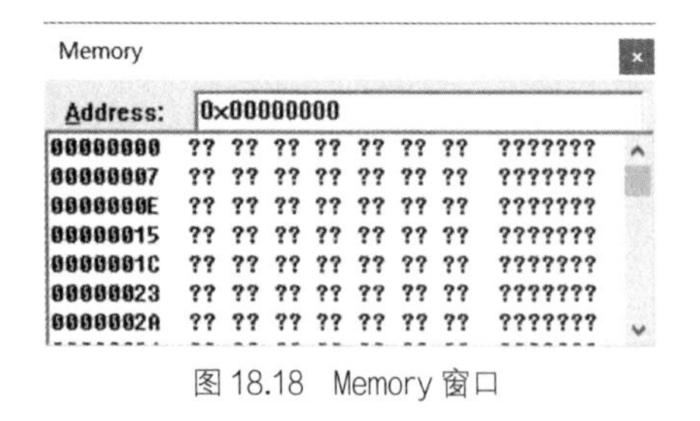

图 18.18　Memory 窗口

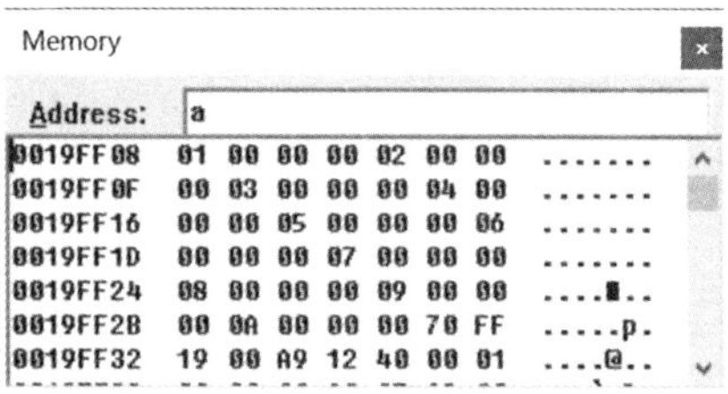

Memory
Address: a
0019FF08 01 00 00 00 02 00 00 ....
0019FF0F 00 03 00 00 00 04 00 ....
0019FF16 00 00 05 00 00 00 06 ....
0019FF1D 00 00 00 07 00 00 00 ....
0019FF24 08 00 00 00 09 00 00 ....
0019FF2B 00 0A 00 00 00 70 FF .....p.
0019FF32 19 00 A9 12 40 00 01 ....@..

图 18.19　数组 *a* 在 Memory 窗口中的值

如图 18.19 所示，Memory 窗口分为 3 列，分别表示地址、数组或变量的值、对应的字符。

4）Call Stack 窗口

Call Stack 窗口用来观察函数的调用情况、每个函数占用的内存情况，如图 18.20 所示。

5）Registers 窗口

Registers 窗口用来显示当前 CPU 的寄存器的名称、数据和标志位信息，如图 18.21 所示。

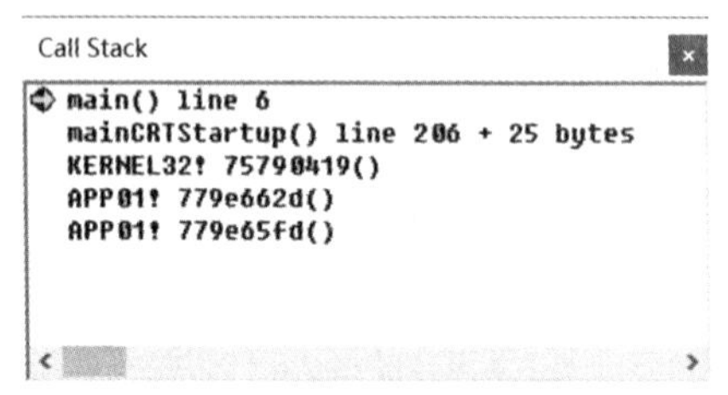

图 18.20　Call Stack 窗口

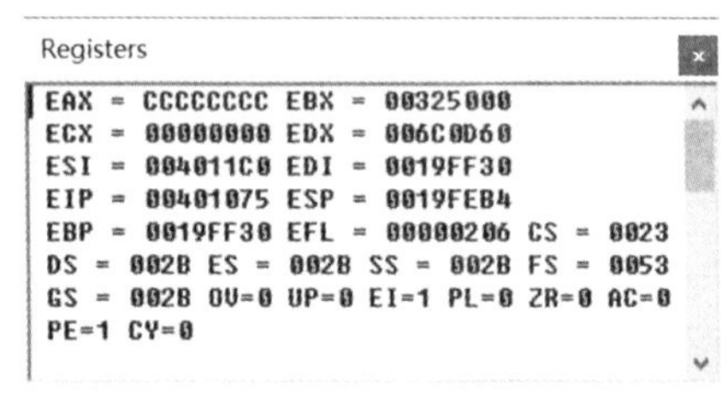

图 18.21　Registers 窗口

在 Registers 窗口中，可以改变任何一个寄存器的值。

6）Disassembly 窗口

Disassembly 窗口用来显示 C 语言源代码对应的反汇编命令。Disassembly 窗口如图 18.22 所示。

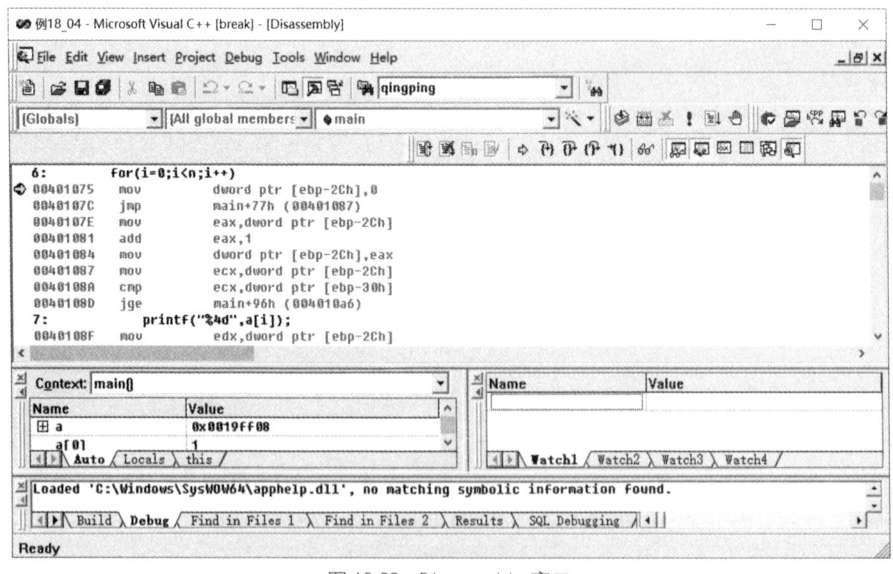

图 18.22　Disassembly 窗口

编辑区显示的是当前行对应的反汇编指令。

18.2.2 程序调试应用举例

下面我们以具体的实例来讲解如何利用 Visual C++6.0 调试 C 语言程序，以下实例都是编者在调试 C 语言过程中遇到的问题。

这个程序用于一个判断二叉树是否为完全二叉树，先运行该程序，查看运行结果。

```
#include"stdio.h"
#include"stdlib.h"
#include"string.h"
#include<iostream.h>
#define MAXSIZE 100
typedef struct Node
{
        char data;
        struct Node * lchild,*rchild;
}BitNode,*BiTree;
#include"BiTreeQueue.h"
void  CreateBitTree(BiTree *T,char str[]);
void PrintLevel(BiTree T);
int JudgeComplete(BiTree T)
//判断二叉树是否为完全二叉树
{
        int tag=0;
        BiTree p=T;
        Queue Q;
        if(p==NULL)
            return 1;
        InitQueue(&Q);
        EnQueue(&Q,p);
        while(!QueueEmpty(Q))
        {
            DeQueue(&Q,&p);
            if(p->lchild && !tag)
                EnQueue(&Q,p->lchild);
            else if(p->lchild)
                return 0;
            else
                tag=1;
            if(p->rchild && !tag)
                EnQueue(&Q,p->rchild);
            else if(p->rchild)
                return 0;
            else
                tag=1;
        }
        ClearQueue(&Q);
        return 1;
}
void  CreateBitTree(BiTree *T,char str[])
/*利用括号嵌套的字符串创建二叉链表*/
{
        char ch;
        BiTree stack[MAXSIZE];
        int top=-1;
        int flag,k;
        BitNode *p;
        *T=NULL,k=0;
        ch=str[k];
        while(ch!='\0')
        {
```

```
            switch(ch)
            {
                case '(':
                    stack[++top]=p;
                    flag=1;
                    break;
                case ')':
                    top--;
                    break;
                case ',':
                    flag=2;
                    break;
                default:
                    p=(BiTree)malloc(sizeof(BitNode));
                    p->data=ch;
                    p->lchild=NULL;
                    p->rchild=NULL;
                    if(*T==NULL)
                        *T=p;
                    else
                    {
                        switch(flag)
                        {
                        case 1:
                            stack[top]->lchild=p;
                            break;
                        case 2:
                            stack[top]->rchild=p;
                            break;
                        }
                    }
            }
            ch=str[++k];
        }
}
void TreePrint(BiTree T,int level)
/*按树状输出的二叉树*/
{
        int i;
        if(T==NULL)
            return;
        TreePrint(T->rchild,level+1);   /*输出右子树，并将层次加 1*/
        for(i=0;i<level;i++)            /*按照递归的层次输出空格*/
            printf("   ");
        printf("%c\n",T->data);          /*输出根节点*/
        TreePrint(T->lchild,level+1);   /*输出左子树，并将层次加 1*/
}
void main()
{
        BiTree T;
        int flag;
        char str[MAXSIZE];
        cout<<"请输入二叉树的广义表形式:"<<endl;
        cin>>str;
        cout<<"由广义表形式的字符串构造二叉树:"<<endl;
        CreateBitTree(&T,str);
        TreePrint(T,1);
        flag=JudgeComplete(T);
        if(flag)
            cout<<"是完全二叉树!"<<endl;
```

```
        else
            cout<<"不是完全二叉树!"<<endl;
        cout<<"请输入二叉树的广义表形式: "<<endl;
        cin>>str;
        cout<<"由广义表形式的字符串构造二叉树: "<<endl;
        CreateBitTree(&T,str);
        TreePrint(T,1);
        flag=JudgeComplete(T);
        if(flag)
            cout<<"是完全二叉树!"<<endl;
        else
            cout<<"不是完全二叉树!"<<endl;
}
```

运行结果如图 18.23 所示。

这棵二叉树如图 18.24 所示。

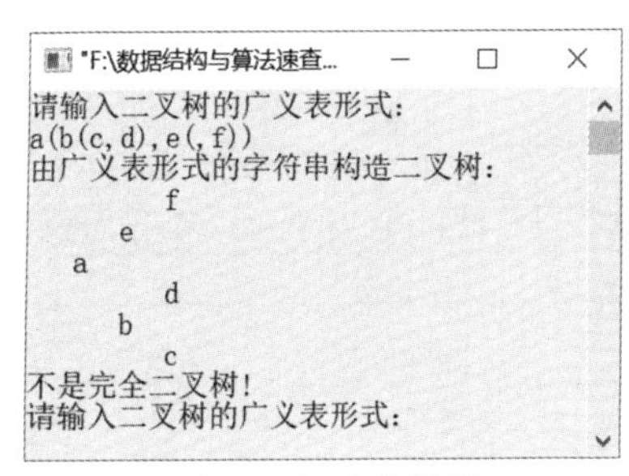

图 18.23 运行结果

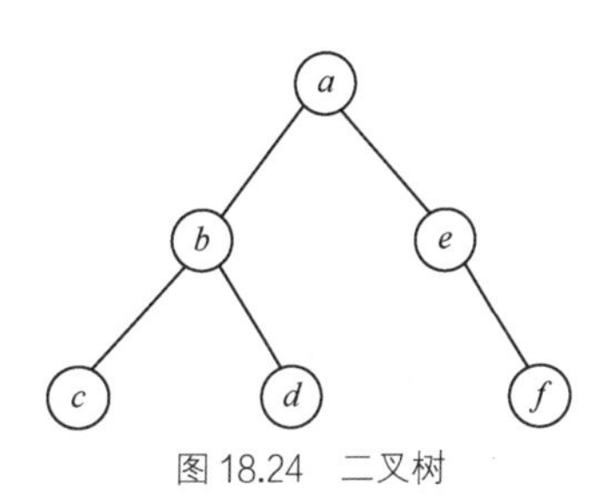

图 18.24 二叉树

显然，这棵二叉树不是完全二叉树。这说明这个程序存在逻辑错误，由于程序本身运行不存在语法错误，初步判断在判断二叉树是否为完全二叉树的函数内有错误。因此，我们在进入 JudgeComplete 函数时设置一个断点，程序运行到这里会暂停。

只需要将光标定位在需要设置断点的代码行，单击工具栏上的图标或选择菜单栏中的 Edit→Breakpoints，或按 F9 键，就会在该行的左边出现一个红色的圆点，如图 18.25 所示。

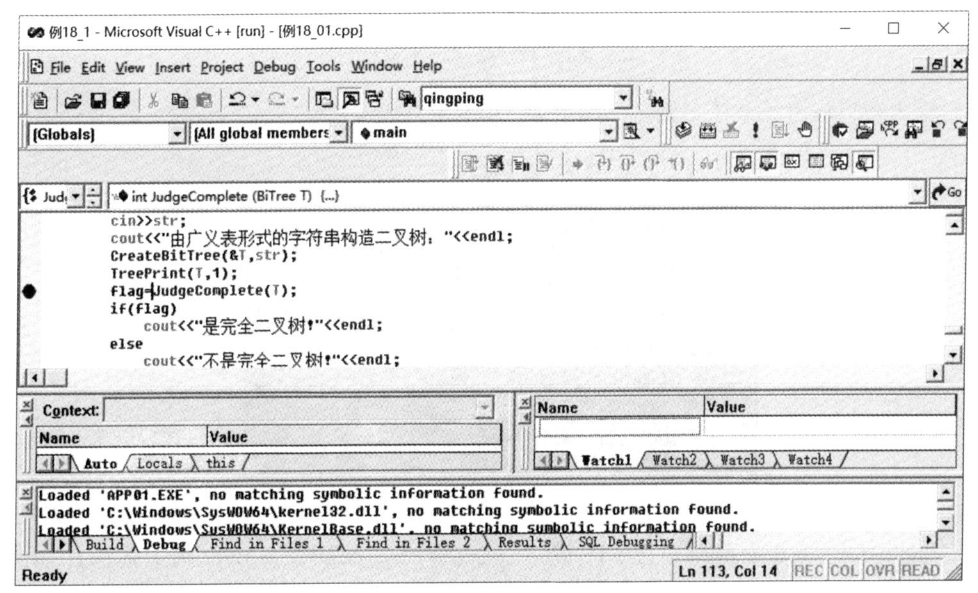

图 18.25 在语句 flag=JudgeComplete(T)处设置断点

然后按 F5 键开始调试程序，弹出图 18.26 所示的输入窗口。

输入二叉树的广义表形式，即 $a(b(c,d),e(,f))$，如图 18.27 所示。

图 18.26　输入对话框

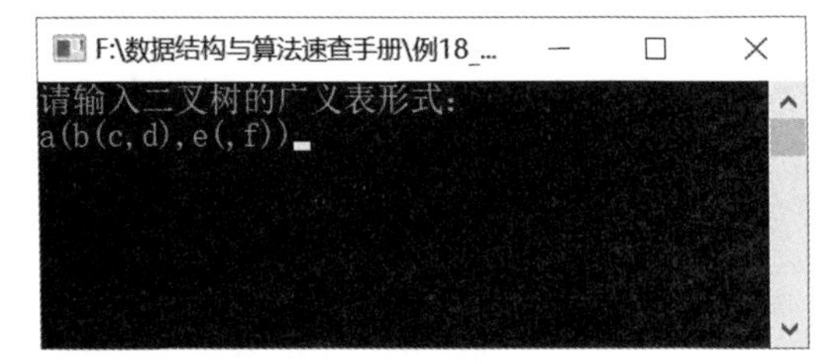

图 18.27　输入二叉树的广义表形式

按 Enter 键后，进入 Visual C++ 6.0 的主窗口，程序运行到断点处，如图 18.28 所示。

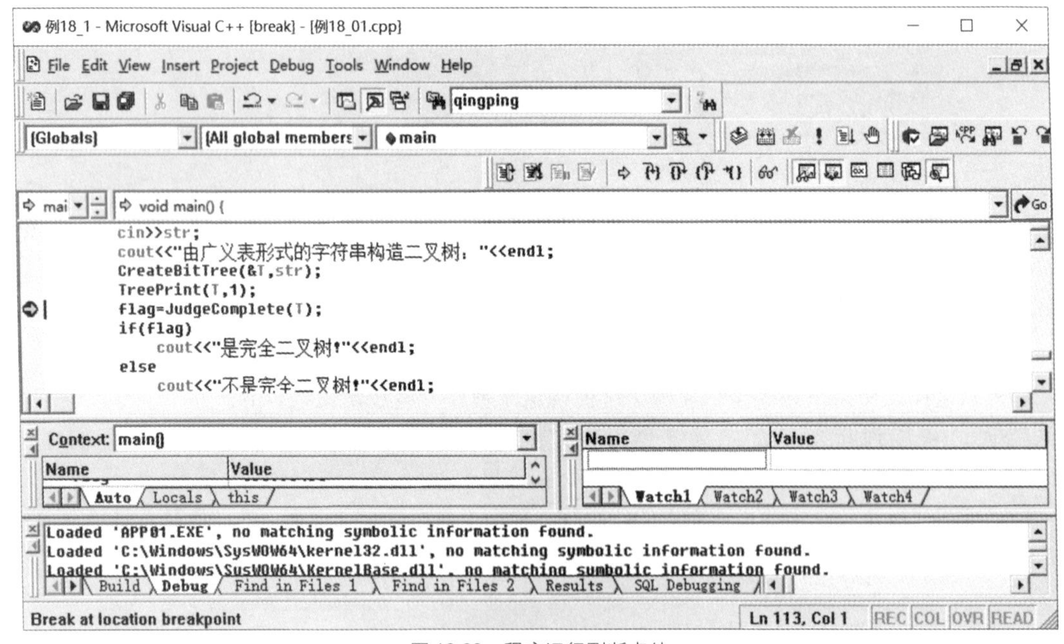

图 18.28　程序运行到断点处

这时输出窗口输出了一棵二叉树，如图 18.29 所示。

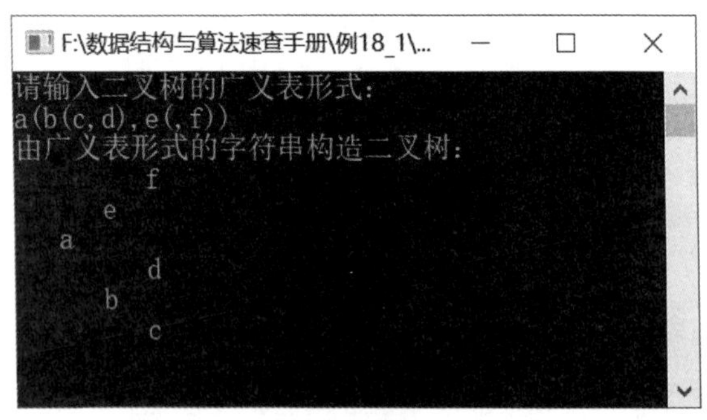

图 18.29　输出二叉树

在 Visual C++ 6.0 主窗口中按 F11 键，程序跳转到 JudgeComplete 函数内部，如图 18.30 所示。

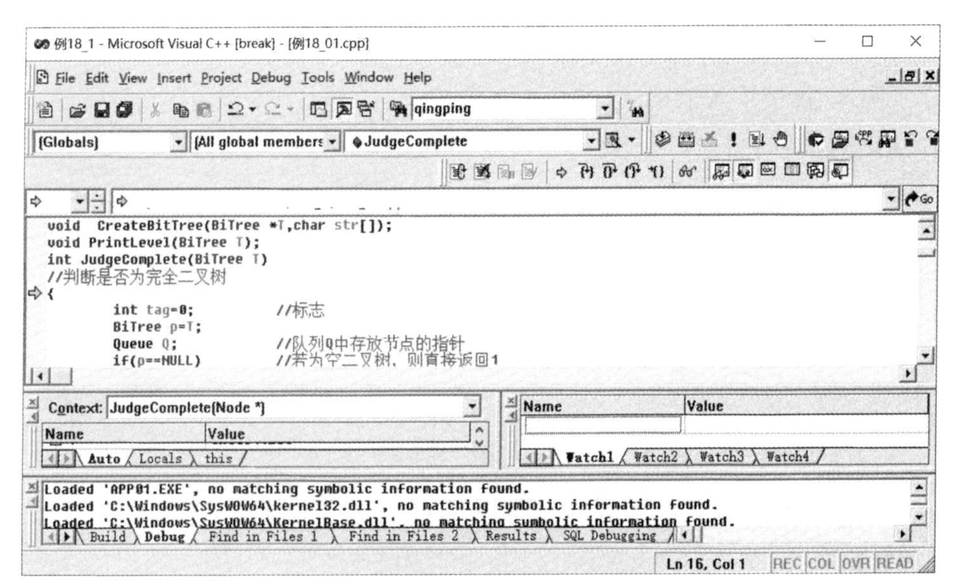

图 18.30　程序跳转到 JudgeComplete 函数内部

然后不断按 F10 键，开始单步跟踪程序的执行。每按一次 F10 键，程序执行一条语句，程序执行到循环判断语句 while(!QueueEmpty(Q))，如图 18.31 所示。

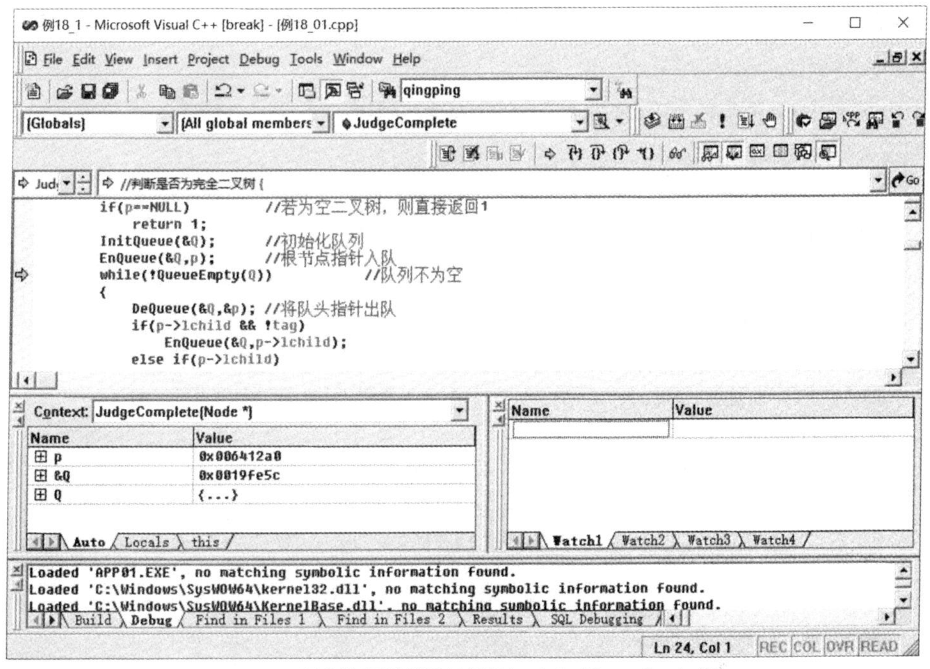

图 18.31　程序执行到循环判断语句 while(!QueueEmpty(Q))

当再次按 F10 键时，程序跳过整个 while 循环，如图 18.32 所示。

这显然是不对的，在 while 循环语句前有 3 条关于队列运算的操作，先初始化队列，然后将根节点指针入队，判断队列是否为空，代码如下。

```
InitQueue(&Q);            //初始化队列
EnQueue(&Q,p);            //根节点指针入队
while(!QueueEmpty(Q))     //队列不为空
```

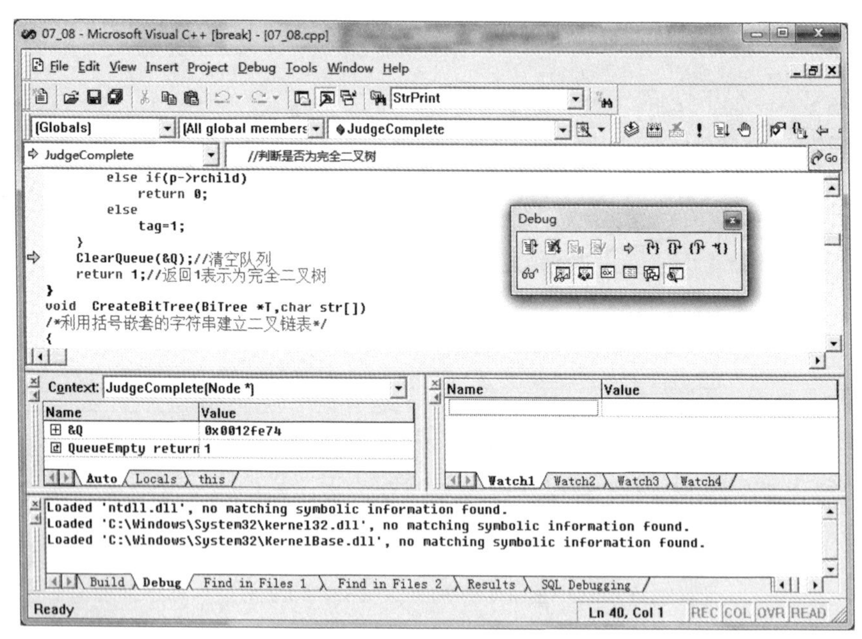

图 18.32　程序跳过整个 while 循环

这表明在循环语句前面就出现了问题，这需要我们进入这两条语句里查看。这时我们需要中断当前的调试，重新执行前面的操作，单步跟踪到以下语句。

```
InitQueue(&Q);
```

如图 18.33 所示，按 F11 键就会进入 InitQueue(&Q)函数。

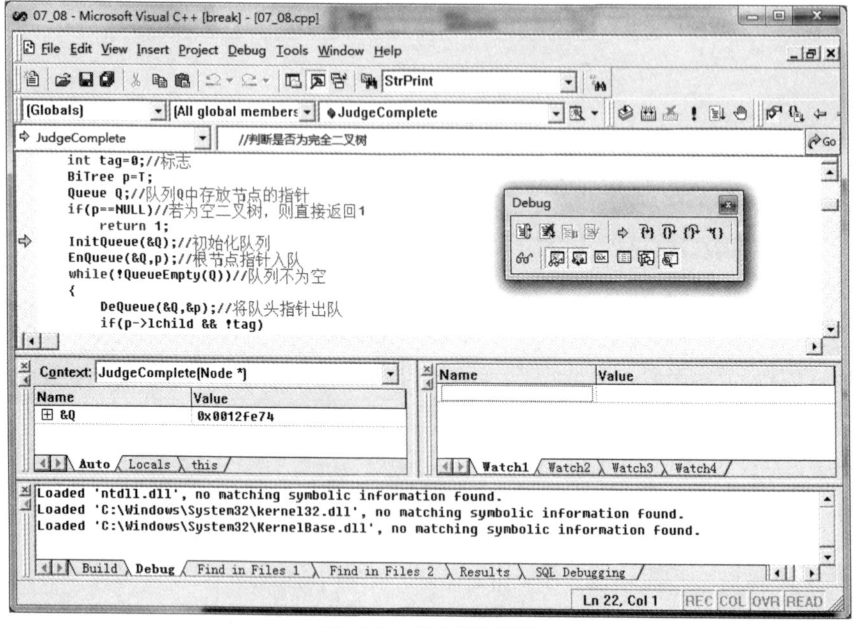

图 18.33　单步跟踪调试

如图 18.34 所示，在 InitQueue 函数内部，按 F10 键单步跟踪每条语句，直到该函数中最后一条语句执行完毕。可以选择变量 LQ，将其拖曳到右下角的 Watch1 窗口中的 Name 列里，这时就可以观察 LQ 变量的值（见图 18.35）。

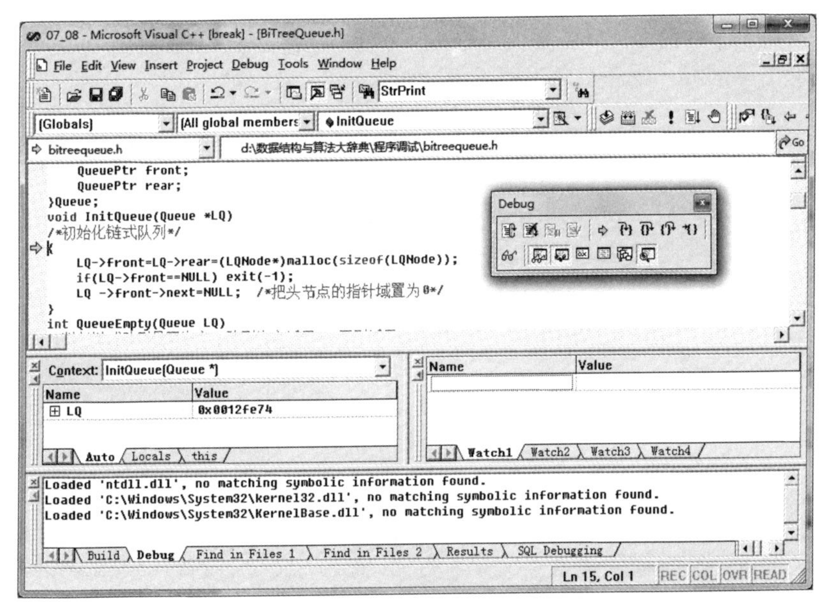

图 18.34　进入 InitQueue 函数内部

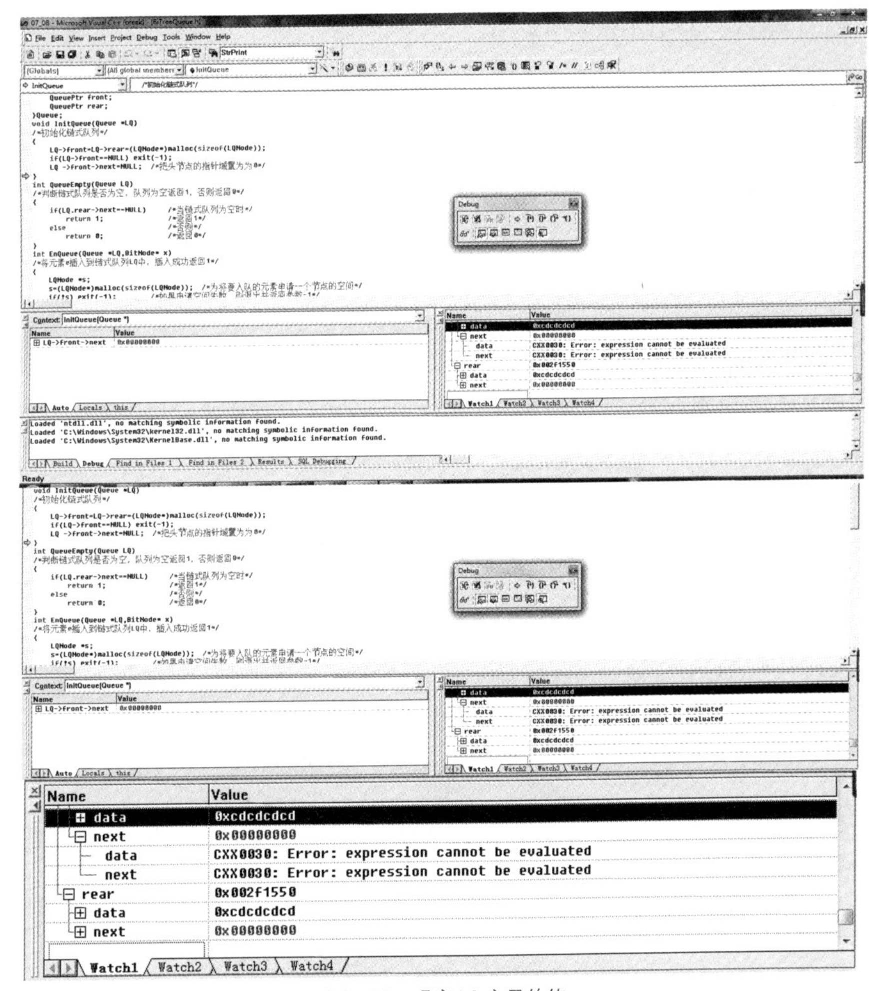

图 18.35　观察 LQ 变量的值

通过观察发现 LQ–>front–>next 和 LQ–>rear–>next 的值均为 0，这说明 InitQueue 函数没有错误。按 F10 键退出该函数，程序重新返回 JudgeComplete 函数，如图 18.36 所示。

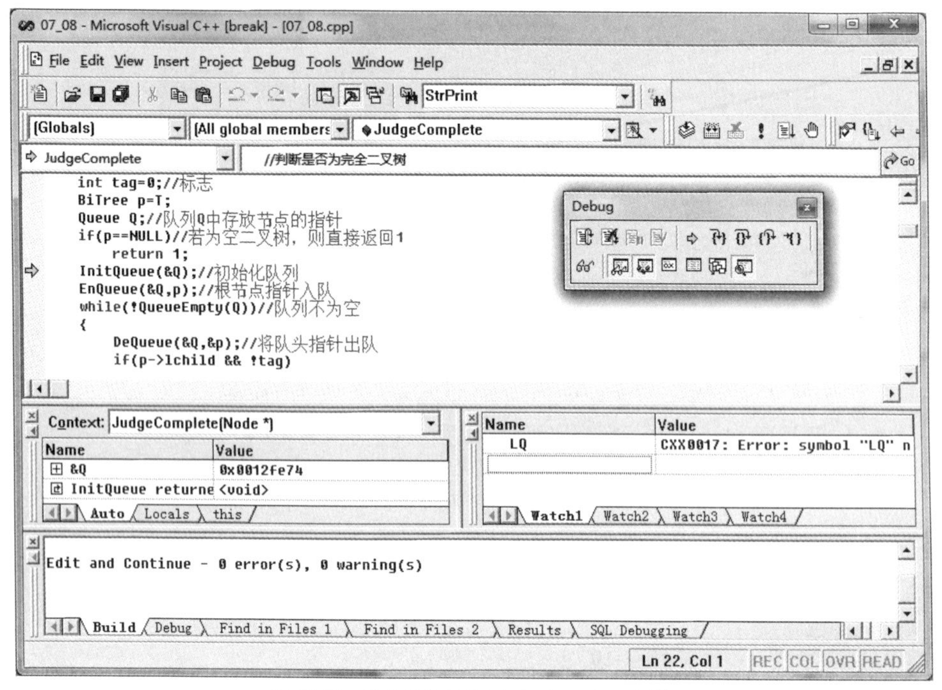

图 18.36　程序重新返回 JudgeComplete 函数

继续按 F10 键，程序进入 EnQueue 函数，如图 18.37 所示。为了进入 EnQueue 函数内部，按 F11 键，如图 18.38 所示。

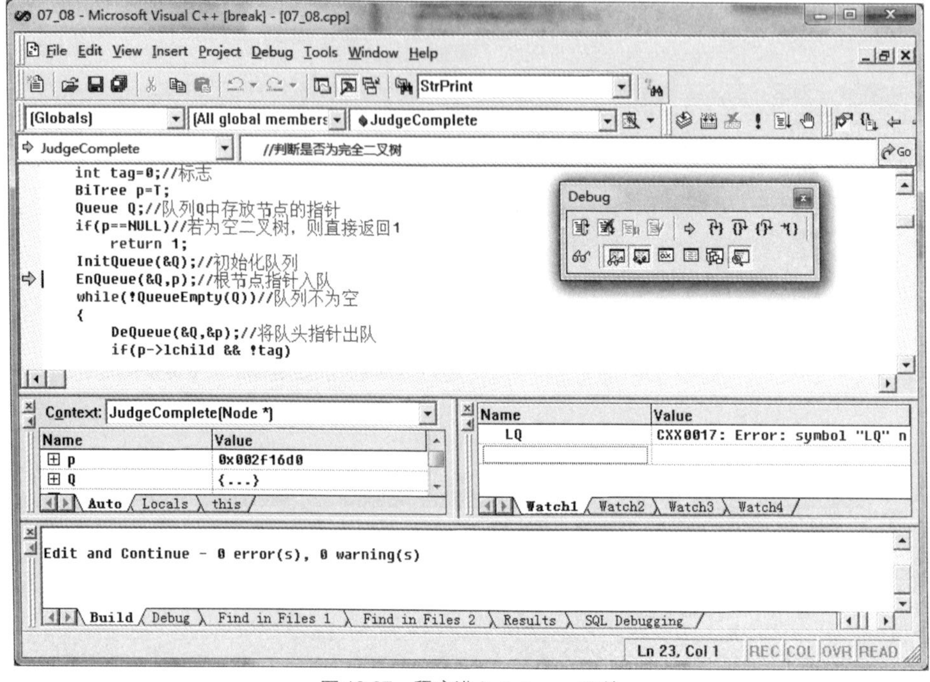

图 18.37　程序进入 EnQueue 函数

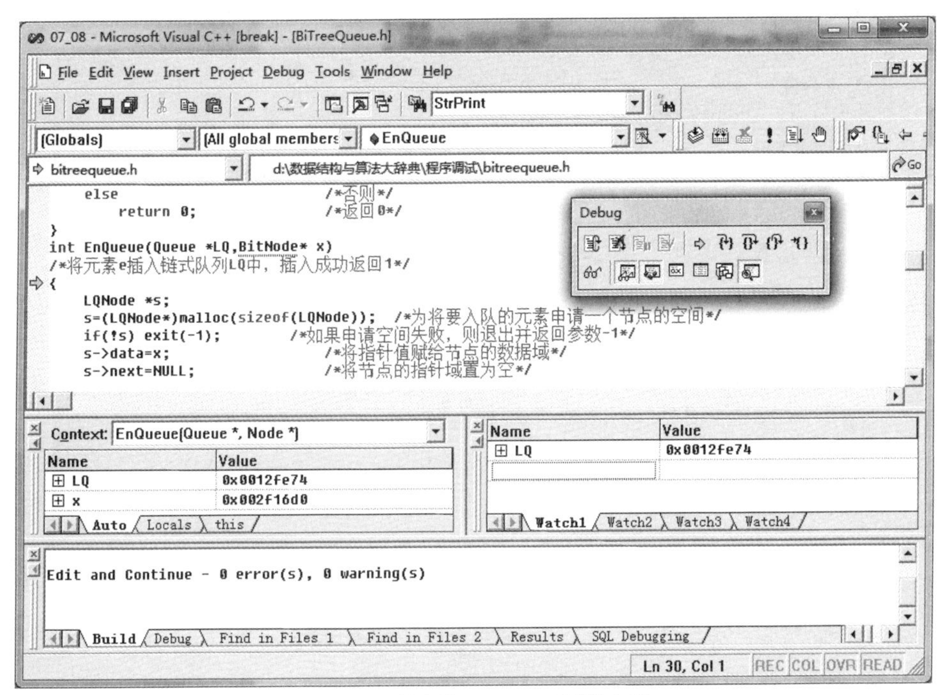

图 18.38 程序进入 EnQueue 函数内部

在 EnQueue 函数内部，一直按 F10 键进行单步跟踪，直到跳出 EnQueue 函数都没有发现异常，程序又回到 JudgeComplete 函数，如图 18.39 所示。

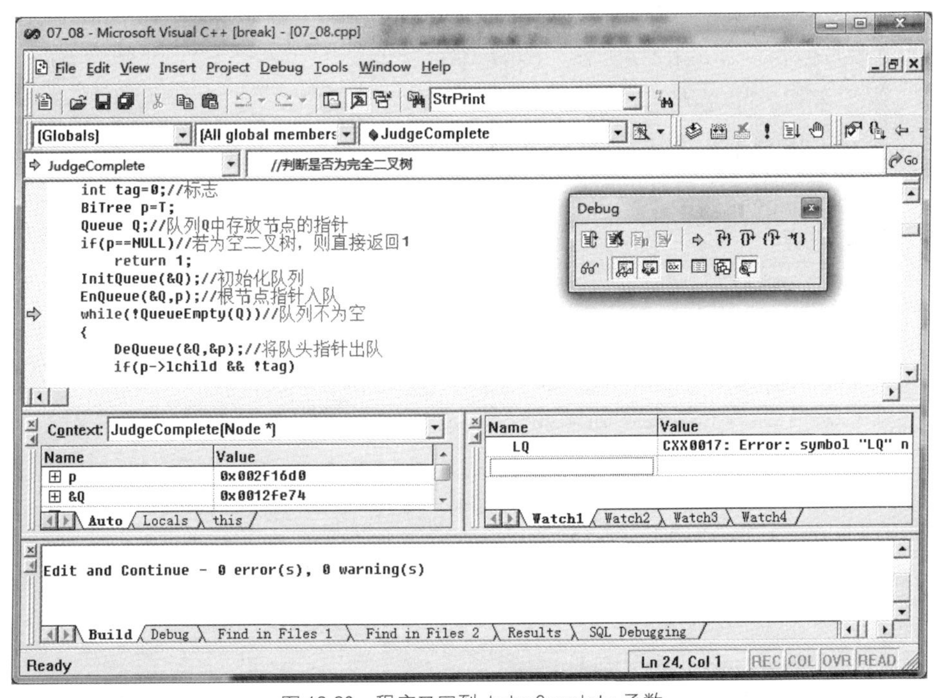

图 18.39 程序又回到 JudgeComplete 函数

接着按 F11 键，进入 QueueEmpty 函数内部，如图 18.40 所示。

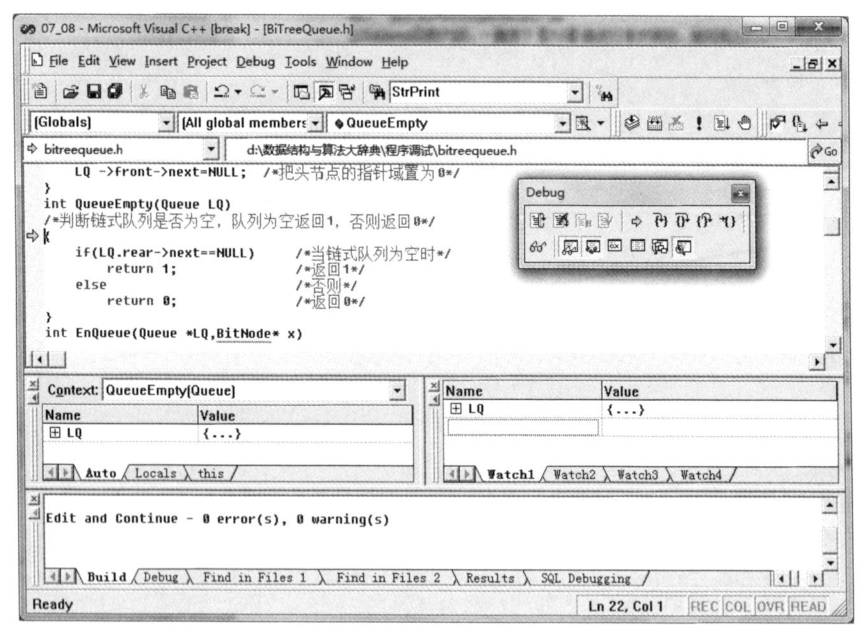

图 18.40　进入 QueueEmpty 函数内部

按 F10 键进行单步跟踪，发现程序进入 if(LQ.rear->next==NULL)内部，如图 18.41 所示。

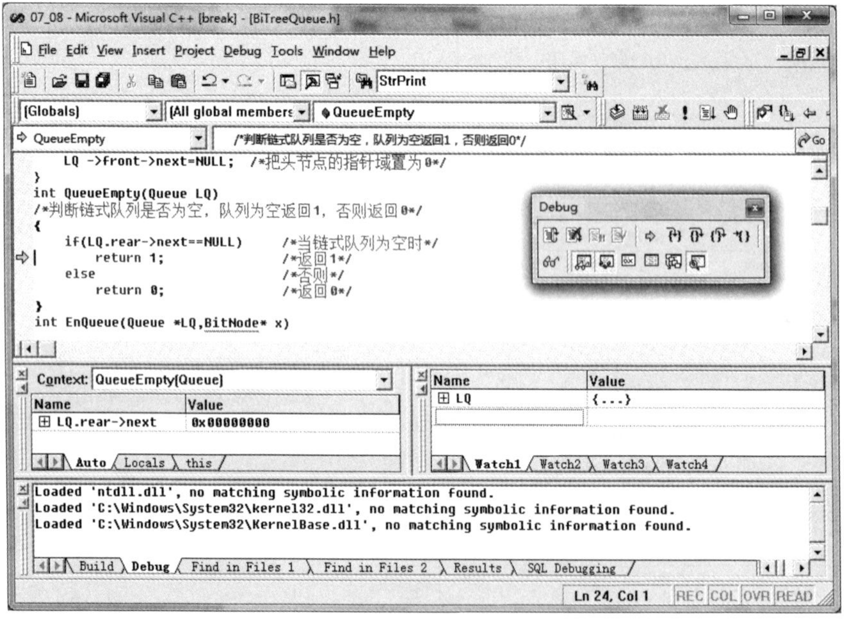

图 18.41　程序进入 if (LQ.rear->next==NULL) 内部

观察 LQ 的值，发现 LQ.rear->next 的值为空，如图 18.42 所示。

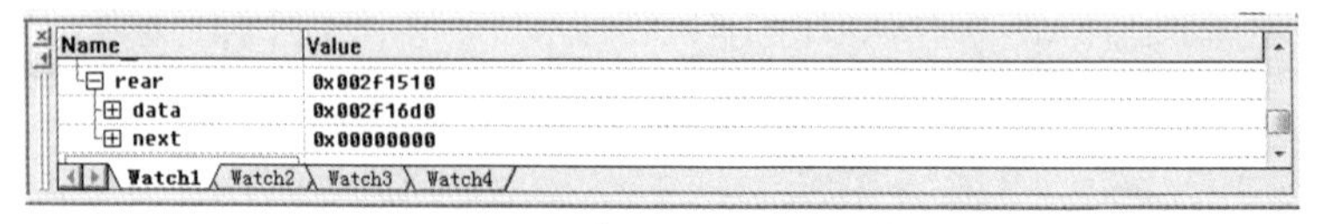

图 18.42　观察 LQ.rear->next 的值

这样就会返回 1 给 while 语句，如图 18.43 所示。

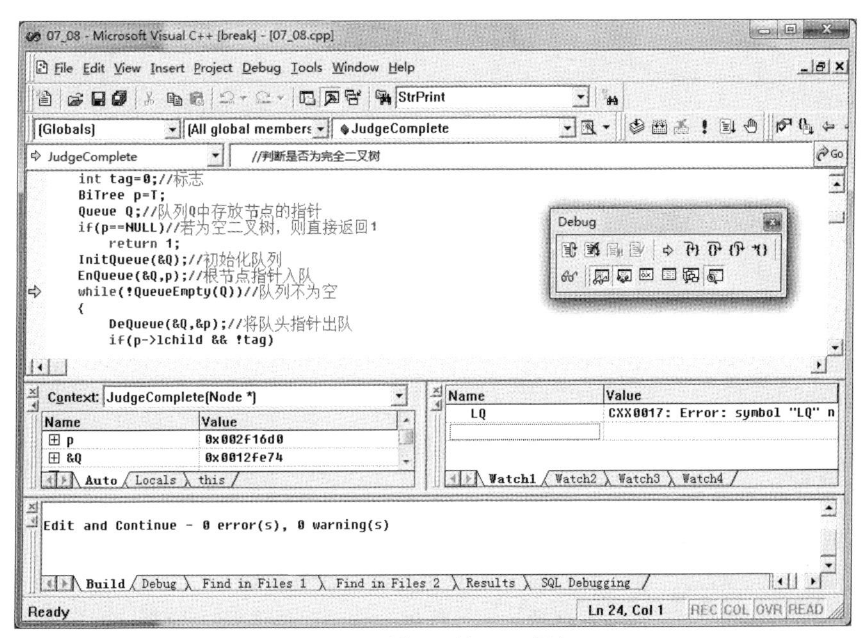

图 18.43　返回 1 给 while 语句

这就是为什么程序并没有执行 while 循环语句中的内容，输出了错误的结果。通过以上调试，我们发现是 QueueEmpty 函数的判断语句出现了错误，队列其实并不为空，但是判断为空，导致产生错误的结果。

在下面的判断链队列是否为空的函数中。

```
int QueueEmpty(Queue LQ)
/*判断链式队列是否为空，队列为空返回 1，否则返回 0*/
{
    if(LQ.rear->next==NULL)         /*当链式队列为空时*/
       return 1;                    /*返回 1*/
    else                            /*否则*/
       return 0;                    /*返回 0*/
}
```

根据判断条件 LQ.rear->next==NULL，因为 rear 永远指向最后一个节点，所以 rear->next 一直是 NULL，于是需要修改这个判断条件为 LQ.front->next==NULL，修改后的 QueueEmpty 函数如下。

```
int QueueEmpty(Queue LQ)
/*判断链式队列是否为空，队列为空返回 1，否则返回 0*/
{
    if(LQ.front->next==NULL)        /*当链式队列为空时*/
       return 1;                    /*返回 1*/
    else                            /*否则*/
       return 0;                    /*返回 0*/
}
```

然后重新运行程序，程序就没有问题了，运行结果如图 18.44 所示。

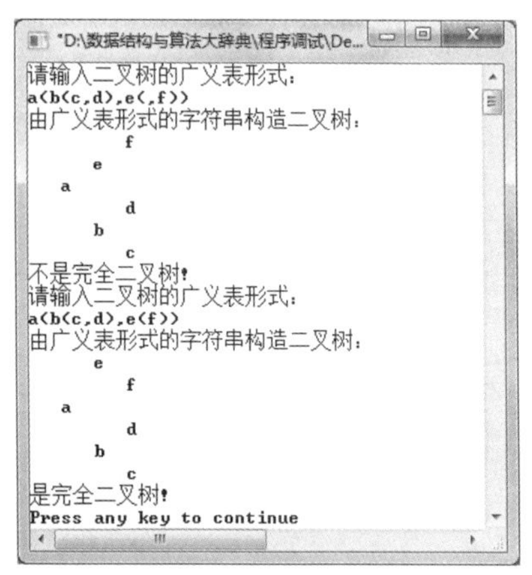

图 18.44　运行结果

18.3 小结

本章主要讲解了用 C 语言实现算法的过程中的常见错误类型和程序调试技术。

无论是多么短小的程序，都需要运行才能知道到底有没有问题，以及是否能得到正确的结果。对于大型的软件开发，面对成千上万行的代码，程序员们不可能逐行去检查错误，人工检查不仅效率低而且极易出错。因此所有的程序写出来之后都要放在编译器上运行，几乎所有的开发工具都可以帮我们自动检查各种错误，并提供各种工具便于我们查找错误。

要想熟练掌握 C 语言，成为一名合格的程序员，不仅需要我们熟练掌握 C 语言的语法知识、数据结构与算法知识，还需要 C 语言开发工具，我们写出的程序都要在开发工具上运行一遍。在调试程序的过程中加强对算法思想的理解和掌握，并且提高我们的调试能力，对于任何一段代码，我们都要快速找出错误并且改正过来，运行出正确的结果。这就要求我们平时多思考，阅读大量程序代码，多上机运行调试程序。只有这样，我们的计算机理论水平和技术水平才能得到更快的提高。